ASTRONOMIE

ASTRONOMIE

Eine Einführung in das Universum der Sterne

www.contmedia.com
Gesamtkonzept und Layout: Contmedia GmbH

Fachberatung:
Stefan Deiters
Dr. Norbert Pailer
Susanne Deyerler

Gesamtherstellung:
Komet Verlag GmbH, Köln
Emil-Hoffmann-Str. 1
D-50996 Köln
www.komet-verlag.de

ISBN-10: 3-89836-598-0
ISBN-13: 978-3-89836-598-7
Printed in China

KAPITEL 1

Einführung in die Astronomie

KAPITEL 2

Faszination Raumfahrt

KAPITEL 3

Zukunft der Raumfahrt

KAPITEL 4

Atlas der Sternbilder

Es gibt wohl keinen Menschen, der sich gar nicht für die Sternenkunde interessiert, und selbst Kinder sind vom Nachthimmel mit dem Mond und den vielen Sternen fasziniert. Zugleich stellt keine Wissenschaft größere Anforderungen an unsere Vorstellungskraft, denn Zeit, Größe und Geschwindigkeiten sind im Weltall wahrhaft „astronomisch".

Einführung in die Astronomie

Wenn wir den klaren Nachthimmel betrachten, erscheint uns die Anzahl der Sterne unendlich. Tatsächlich sind mit bloßem Auge aber nur einige tausend Sterne zu sehen. Erst mit Teleskopen bekommt man einen Eindruck von ihrer wirklichen Menge. Man schätzt die Gesamtzahl der Galaxien auf bis zu 100 Milliarden, von denen jede typischerweise wiederum etwas mehr als 100 Milliarden Sterne hat.

Entsprechend unvorstellbar sind auch die Größen- und Distanzverhältnisse im Universum. So liegt es auf der Hand, dass man besondere Maßangaben geschaffen hat, um Entfernungen im All zu messen. Mit den auf der Erde üblichen Einheiten käme man im Universum nämlich nicht weit: Allein die Entfernung der Erde von der Sonne beträgt rund 150 Millionen Kilometer, die zum äußersten Planeten Pluto fast sechs Milliarden Kilometer. Für Distanzen im Universum bedient man sich daher gerne des Lichtjahrs. Hierbei handelt es sich um die Strecke, die das Licht innerhalb eines Jahres zurücklegt, und das macht bei einer Geschwindigkeit von rund 300.000 Kilometern pro Sekunde nicht weniger als 9,4605 Billionen Kilometer.

Die Schätzungen über das Alter des Universums gehen weit auseinander. Sie liegen zwischen zehn und 20 Milliarden Jahren, wobei man in jüngerer Zeit eher zum höheren Wert tendiert. Seit seiner Entstehung im so genannten Urknall dehnt sich das Weltall aus. Diese beständige Expansion schloss Edwin Hubble aus der Untersuchung von Spektren verschiedener Galaxien. Er entdeckte, dass ihr Licht ins Rote, also in den langwelligen Bereich, verschoben war, und schloss daraus auf die Fluchtbewegung der Objekte. Am Beispiel von Schallwellen kann man sich den Effekt einfach verdeutlichen: Nähert sich ein Wagen mit Martinshornalarm, so steigt die Tonhöhe der Sirene an, weil die Schallwellen nicht aus einer gleich bleibenden Distanz kommen, sondern durch das schnell fahrende Auto quasi „zusammengestaucht" werden. Entfernt sich das Geräusch, verkehrt sich der Effekt, die Wellen werden gedehnt und die Tonhöhe ist viel tiefer als zuvor. Dasselbe geschieht mit dem Licht, das ins Blaue (gestauchte Wellen) oder ins Rote (gedehnte Wellen) „verschoben" wird.

Nach 20 Milliarden Jahren haben sich die Galaxien so weit voneinander entfernt, dass das Universum trotz der unvorstellbar großen Zahl von Himmelskörpern ein ziemlich leerer Ort ist.

Früher glaubte man beim Auftreten von Sternschnuppen, dass dort feurige Sterne vom Himmel fielen, die großes Unheil mit sich bringen würden (hier ein Holzschnitt aus Dürers „Apokalypse" von 1489).

Geschichte der Astronomie

Die alten Hochkulturen der Ägypter und Babylonier sahen den Himmel mit seinen unzähligen Gestirnen als eine Art Botschafter der Götter. So wurde etwa in Ägypten die Sonne als Gott Ra und der Sternenhimmel als Göttin Nut angebetet. Wie in den meisten damaligen Kulturen waren auch die Babylonier davon überzeugt, dass die Erde eine Scheibe ist. Den Himmel stellten sie sich wie eine über die Erde gestülpte Käseglocke vor, an deren Innenseite die Sterne hingen, während die Sonne jeden Tag mit Pferd und Wagen über den Himmel gezogen würde.

Erst die Griechen machten rund 500 v. Chr. aus der reinen Himmelsbeobachtung eine Wissenschaft, die Astronomie. Der Philosoph und Mathematiker Pythagoras (etwa 570–500 v. Chr.) lehrte bereits, dass die Erde eine Kugel sei. Aristoteles (384–322 v. Chr.), ebenfalls ein griechischer Philosoph, bemerkte die Drehbewegungen der Gestirne, glaubte aber, dass Sonne, Mond und Sterne um die Erdkugel rotierten. Diese Ansicht, das so genannte „geozentrische Weltbild", hat sich rund 2.000 Jahre gehalten. Erst der polnische Astronom Nikolaus Kopernikus (1473–1543) erkannte, dass die Sonne im Mittelpunkt des Planetensystems steht. Sein „heliozentrisches Weltbild" fand zunächst allerdings nur wenige Anhänger, da vor allem die einflussreiche Kirche weiterhin an die Erde als gottgegebenen Mittelpunkt glaubte. Der dänische Astronom Tycho Brahe (1546–1601) entwickelte sogar ein Alternativmodell, das so genannte tychonische Weltbild. Darin galt die Erde nach wie vor als unbewegliches Zentrum des Universums, die von Sonne und Mond umkreist wurde. Die restlichen Planeten sollten sich jedoch auf Umlaufbahnen um die Sonne bewegen.

Doch ließ sich der Erkenntnisfortschritt nicht lange bremsen und mit der Akzeptanz des heliozentrischen Weltbildes begann eine atemberaubende Entwicklung der Astronomie, die in der Erkenntnis gipfelte, dass auch unsere Sonne nur einer von vielen Sternen in einer von vielen Galaxien ist. Schließlich „griff" die Menschheit buchstäblich nach den Sternen: Im Oktober 1957 schickte die UdSSR das erste von Menschen geschaffene Objekt ins Weltall, den kleinen Satelliten Sputnik (russisch für „Gefährte"). Dreieinhalb Jahre später war es dann so weit, und am 12. April 1961 startete der russische Kosmonaut Juri Gagarin (1934–1968) als erster Mensch ins Weltall und umkreiste in der Raumkapsel Wostok 1 die Erde. Es folgte der „Wettlauf zum Mond", den die Amerikaner am 20. Juli 1969 mit der Landung von Apollo 11 auf der Mondoberfläche für sich entschieden. Fast sieben Stunden nach dem Aufsetzen betrat der Astronaut Neil Armstrong (geb. 1930) als erster Mensch den Mond. In den folgenden Jahren flogen Raumsonden zu den Nachbarplaneten der Erde, andere brachen in die Tiefen des Sonnensystems auf.

Meilensteine der Astronomie

Bereits in den alten Kulturen der Ägypter, Inkas oder Mayas beobachteten die Menschen den Lauf der Gestirne und konnten viele astronomische Ereignisse vorhersagen. Obwohl im antiken Griechenland die Erde als ein fest stehender Himmelskörper in der Mitte des Sonnensystems betrachtet wurde (nach dem griechischen Astronomen Ptolemäus, etwa 87–165 n. Chr., auch „ptolemäisches Weltbild" benannt), konnten die Griechen mit ihren mathematischen Kenntnissen eine ganze Reihe von Voraussagen treffen, die sich später bestätigten. So stellten die damaligen Himmelsforscher fest, dass die Erde keine Scheibe, sondern eine Kugel ist. Einige Astronomen versuchten sogar bereits zu berechnen, wie weit der Mond von der Erde entfernt ist.

Im 16. Jahrhundert wurde das ptolemäische Weltbild durch das heliozentrische Weltbild des Kopernikus abgelöst. Bald darauf nahm die Astronomie eine rasante Entwicklung. Der deutsche Astronom und Mathematiker Johannes Kepler (1571–1630) verfeinerte die neue, auch kopernikanisches Weltbild genannte Vorstellung und entwickelte die berühmten keplerschen Gesetze, die beschreiben, wie die Planeten die Sonne umkreisen. Im Gegensatz zu Kopernikus, der noch angenommen hatte, dass sich Planeten auf Kreisbahnen bewegen, stellte Kepler die Ellipsenform dieser Rotationsbahnen fest.

Galileo Galilei (1564–1642), italienischer Physiker, Mathematiker und Astronom, nutzte das gerade erfundene Teleskop zur Beobachtung des Firmaments. Er konnte Gebirge auf dem Mond erkennen, Sonnenflecken beobachten und erkannte, dass auch andere Planeten wie z.B. Jupiter von Monden umrundet werden.

Nikolaus Kopernikus (1473–1543), polnischer Astronom

Johannes Kepler (1571–1630), deutscher Astronom

Galileo Galilei (1564–1642), italienischer Naturwissenschaftler

Sir Isaac Newton (1643–1727), englischer Mathematiker, Physiker und Astronom

Einen weiteren Meilenstein der Astronomie setzte der englische Physiker, Mathematiker und Astronom Isaac Newton (1643–1727) mit der Entdeckung des Gravitationsgesetzes. Seine Theorien haben das naturwissenschaftliche Weltbild in den nächsten Jahrhunderten entscheidend beeinflusst. Erst jetzt konnte man erklären, warum sich die Planeten, so wie von Kepler beschrieben, um die Sonne bewegen.

Das 18. und 19. Jahrhundert waren dann von großen Fortschritten in der Teleskoptechnik und von der „Vermessung" des Sonnensystems geprägt. So entdeckte man in dieser Zeit zum Beispiel die Planeten Uranus (1781) und Neptun (1846).

Im 20. Jahrhundert erkannte man schließlich, dass es sich bei einigen der beobachteten nebelartigen Objekte um weit entfernte Galaxien handelte. So bestimmte der amerikanische Astronom Edwin Hubble (1889–1953) die Entfernung des Andromeda-Nebels und stellte dabei fest, dass dieser eine Galaxie wie unsere Milchstraße sein müsse. Er beobachtete eine Vielzahl anderer Galaxien und entdeckte, dass sich diese umso schneller von uns fortbewegten, je weiter sie von uns entfernt waren. Damit lieferte er einen wichtigen Beweis für die Expansion des Universums und für die Urknalltheorie. Einen weiteren Beleg brachte 1965 die Entdeckung der so genannten kosmischen Hintergrundstrahlung durch die Wissenschaftler Arno Penzias (geb. 1933) und Robert Wilson (geb. 1936). Die extrem gleichmäßige Strahlung aus allen Richtungen des Himmels gilt als eine Art Reststrahlung des Urknalls.

Anfang des 20. Jahrhunderts formulierte Albert Einstein (1879–1955) die Allgemeine und die Spezielle Relativitätstheorie, die der Kosmologie ungeahnte Perspektiven eröffneten. Mit ihrer Hilfe werden inzwischen Modelle des Universums berechnet, die darauf hindeuten, dass sich unser Universum wohl bis in alle Ewigkeit ausdehnen wird. Lange Zeit waren sich die Wissenschaftler uneinig, wie die Zukunft des Weltalls aussehen würde, und hielten es ebenso für möglich, dass sich seine Expansion eines Tages umkehrt und es wieder in sich zusammenstürzt. Bis heute sind diese Modelle aber relativ ungenau und enthalten viele unbekannte Größen und Annahmen, sodass das Universum noch eine Vielzahl an Überraschungen für uns bereithalten dürfte. Daher könnte unser „Weltbild" in zehn oder 20 Jahren erneut ganz anders aussehen – trotz aller aufwändigen Berechnungen.

Das Hubble Space Telescope (HST) liefert immer wieder spektakuläre Aufnahmen.

Himmelskunde im Altertum

Der Sternenhimmel hat die Menschen seit Anbeginn fasziniert. Schon die antiken Völker beobachteten auf der ganzen Welt astronomische Ereignisse und Vorgänge, anhand derer sie die Zeit messen und Kalender aufstellen konnten. Dies hatte weniger mit wissenschaftlicher Neugier zu tun, sondern ganz praktische Gründe: So konnte man geografische Richtungen festlegen oder den günstigsten Zeitpunkt für Saat und Ernte bestimmen. Oder aber man beobachtete gewisse Himmelskonstellationen, um daraus die Zukunft zu deuten. Astrologie und Astronomie waren lange Zeit kaum zu trennen.

Bereits in der Steinzeit wurde die Lage von Grabstätten der Verstorbenen an Himmelsrichtungen ausgerichtet. Vor 5.500 Jahren erbaute man gewaltige Steinringe, die bestimmte Himmelsereignisse anzeigten. Ein Beispiel dafür ist Stonehenge im Süden Großbritanniens.

Vor mehr als 2.000 Jahren konnten die Mayas, eine der Hochkulturen Südamerikas, Sonnen- und Mondfinsternisse bereits auf die Stunde genau voraussagen. Auch bei den Inkas waren Tempelanlagen und Städte nach astronomischen Messungen ausgerichtet, während im alten Ägypten Priester die Sterne beobachteten, um die Orientierung der Pyramiden nach Norden vorzunehmen und die jährlichen Überschwemmungen des Nils vorherzusagen.

Die Maya-Pyramide El Castillio ist exakt nach dem Sonnenlauf ausgerichtet. Zweimal im Jahr, zum Frühlingsanfang am 21. März und zum Herbstanfang am 21. September, zeichnet die untergehende Sonne auf der Treppe der Pyramide ein gezacktes Band aus Licht und Schatten. Dieses hat die Form eines Schlangenkörpers, der zu dem abgebildeten Kopf der Schlange am Fuß der Treppe passt. Die Pyramide hat vier Treppen, jede Treppe hat 91 Stufen, was zusammen 364 Stufen ergibt. Mit der Stufe an der Spitze der Pyramide, die zum Hochaltar führt, sind es dann exakt 365 Stufen, also genau die Anzahl der Tage in einem Erdenjahr.

Die Vorstellungen über die Welt waren einst sehr unterschiedlich. Im alten China glaubte man, das Weltall sei wie ein Schirm, an dem Sonne, Mond und Sterne hingen, über der Erde aufgespannt. Rund um die Erde herum befänden sich Ozeane, die das vom Himmel fallende Regenwasser auffingen.

Für die Griechen stand zunächst fest, dass die Erde ein unbewegliches Zentrum sei, um das alle anderen Himmelskörper kreisten. Nach der von Ptolemäus aufgestellten Theorie bestand das Universum aus ineinander verschachtelten Sphären (Kugelschalen), auf denen sich die Planeten bewegten. Mit zunehmend exakten Beobachtungen erwies es sich aber als äußerst kompliziert und wurde daher im 16. Jahrhundert durch das heliozentrische bzw. kopernikanische System abgelöst. In diesem stand die Sonne im Mittelpunkt und wurde von der Erde und den anderen Planeten umkreist.

Wahrscheinlich wurde das südenglische Stonehenge für die Bestimmungen von Winter- und Sommersonnenwende und zur Voraussage von Finsternissen genutzt.

Der 12,50 Meter hohe Turm des Observatoriums von Chichén Itzá steht auf einer zweistöckigen Plattform. Astronomie und Himmelsbeobachtung spielten im religiösen Leben der Mayas eine sehr große Rolle.

Das Observatorium von Oaxaca in Mexiko ist eine der eindrucksvollsten Hinterlassenschaften der Maya-Kultur. Es hat sieben Öffnungen, die wahrscheinlich für astronomische Beobachtungen eingelassen worden waren.

Das ptolemäische Weltbild – auch geozentrisches Weltbild genannt – ist nach Ptolemäus, einem großen Wissenschaftler der Antike, benannt. Besonders die Kirche hielt lange Zeit an diesem Weltbild fest, auch nach der so genannten „kopernikanischen Wende" durch Nikolaus Kopernikus und Galileo Galilei. Das Bild zeigt einen Holzschnitt einer ptolemäischen Weltkarte von 1544.

Himmelskunde der Neuzeit

Vom Altertum bis zum Mittelalter änderte sich das Wissen der westlichen Welt über das Universum praktisch nicht. Das ptolemäische Weltbild bestimmte weiterhin das Weltverständnis, das sehr stark vom Einfluss der Kirche geprägt war. Neue Ideen und Theorien, die den Aussagen der Bibel oder der Kirchenheiligen widersprachen, wurden überhaupt nicht oder nur schwer akzeptiert. Hielt die Kirche einen neuen Gedanken für Ketzerei, drohte gar die Todesstrafe. Nur langsam und zunächst im Geheimen entwickelten sich neue Vorstellungen. Auch Nikolaus Kopernikus musste sich mit dem Widerstand der Kirche auseinander setzen, als er im 16. Jahrhundert die Sonne ins Zentrum des Universums setzte.

Galileo Galilei entwickelte gemeinsam mit Johannes Kepler das heliozentrische System weiter, indem er das neu erfundene Fernrohr für astronomische Beobachtungen nutzte. Er machte bedeutsame Entdeckungen und entdeckte beispielsweise vier der Jupitermonde, die Saturnringe (ohne zu wissen, dass es sich um Ringe handelte), die Sonnenflecken und Gebirge auf dem Mond. Obwohl schon Kepler und andere vermuteten, dass der Umlauf der Planeten um die Sonne etwas mit einer Kraft zu tun haben müsse, die von der Sonne ausgeht, war es Isaac Newton vorbehalten, die physikalischen Prinzipen in mathematischen Sätzen zu formulieren und mit seinem Gravitationsgesetz eine neue Epoche der Astronomie einzuleiten: Demnach beeinflussen sich alle Körper des Weltraumes und natürlich auch auf der Erde durch eine bestimmte Kraft – die Schwerkraft. Newtons Erkenntnisse ermöglichten dem mit ihm befreundeten englischen Mathematiker und Astronomen Edmond Halley (1656–1742) erstmals die Berechnung der elliptischen Bahn des nach ihm benannten Kometen, womit ihm exakte Voraussagen über dessen Wiederkehr gelangen.

Nachdem sich das heliozentrische Weltbild durchgesetzt hatte, blickte man schon bald mit immer besseren Teleskopen über das Sonnensystem hinaus und stellte Gedanken über den Aufbau des Universums an. So machte sich Friedrich Wilhelm Herschel (1738–1822), ein deutsch-englischer Astronom, als Konstrukteur von riesigen Spiegelteleskopen sowie Fernrohren einen Namen und entdeckte 1781 den siebten Planeten Uranus. Darüber hinaus gelang die Sichtung und Vermessung schwach leuchtender und weit entfernter Sterne. Auch die Größe der Planeten konnte jetzt genauer ermittelt werden. Etwa zur Mitte des 19. Jahrhunderts wurde das Spektroskop entwickelt, mit dem man aus dem Licht eines Sterns auf seine Oberflächentemperatur und seine chemische Zusammensetzung schließen konnte. In diese Zeit (1846) fiel auch die Entdeckung des achten Planeten Neptun.

Claudius Ptolemäus (etwa 87–165 n. Chr.), griechischer Astronom und Mathematiker

Edmond Halley (1656–1742), englischer Astronom

Friedrich Wilhelm Herschel (1738–1822), deutsch-englischer Astronom

Danach kam man aufgrund von Berechnungen der Planetenbahnen zu der Auffassung, dass es noch einen weiteren Planeten in größerer Entfernung geben müsse, der die Bahnen der anderen Planeten beeinflusst. Mit dem Bau eines ca. 2.200 Meter hoch gelegenen Observatoriums versuchte der Astronom und Geschäftsmann Percival Lowell (1855–1916), diesen Planeten jenseits der Neptunbahn zu finden. Dies gelang ihm bis zu seinem Tode im Jahr 1916 jedoch nicht. Erst 1930 fand ein Mitarbeiter des Lowell-Observatoriums endlich den gesuchten Himmelskörper, der Pluto genannt wurde.

Das Canada-France-Hawaii-Telescope befindet sich auf dem über 4.000 Meter hohen Mauna Kea, Hawaii.

Mit immer besseren Instrumenten konnten die Planeten genauer untersucht werden. Außer den Planeten hat man bis heute zwei Marsmonde, über 40 Jupitermonde, 30 Saturnmonde, 21 Uranusmonde, elf Neptunmonde und einen Plutomond entdeckt. Daneben beobachtete man über 1.600 Asteroiden und einige hundert Kometen. Seit Anfang der 1990er-Jahre fand man jenseits der Neptunbahn mehr als 300 der bislang dort nur vermuteten Trans-Neptun-Objekte, die den so genannten Kuiper-Gürtel bilden.

Insgesamt sind in den letzten Jahren gewaltige Fortschritte im Bereich der astronomischen Geräte gemacht worden. Mit der heutigen Technik lässt sich Strahlung unterschiedlichster Wellenlängen (zum Beispiel Röntgenstrahlung und Infrarotstrahlung) zur Beobachtung weit entfernter Objekte nutzen. Viele Phänomene können so genauer erforscht werden. Auch die fotografischen Möglichkeiten werden ständig erweitert und verbessern unser „Bild" des Universums.

Kosmische Materie, die kosmische Hintergrundstrahlung oder interstellare Gaswolken, in denen neue Sterne entstehen, sind Forschungsobjekte der Gegenwart. Das 1990 mit dem Space Shuttle Discovery gestartete Hubble-Weltraumteleskop spielt dabei eine wichtige Rolle: Aus einer Umlaufbahn um die Erde werden nämlich Beobachtungen möglich, die wegen der Störungen durch die Atmosphäre mit erdgebundenen Teleskopen nicht durchführbar wären.

Radioastronomie wird seit den 30er-Jahren des 20. Jahrhunderts betrieben, gewann aber erst nach dem Zweiten Weltkrieg an Bedeutung. Die ausrichtbaren Parabolantennen können einen Durchmesser von bis zu 100 Metern haben.

Das 1990 gestartete Weltraumteleskop ist nach dem amerikanischen Astronomen Edwin Hubble benannt.

Astronomische Instrumente

Erste astronomische Himmelsbeobachtungen lassen sich mit bloßem Auge durchführen. So kann man zunächst einmal versuchen, Sterne zu Sternbildern zu gruppieren, um sich leichter am Nachthimmel zu orientieren. Wer jedoch genauere Einsicht in das Universum nehmen will, kommt ohne optische Hilfen nicht aus.

Zu den Geräten, die bereits früh für Himmelsbeobachtungen genutzt wurden, zählen neben der Sonnenuhr, dem ältesten Instrument zur Messung der Zeit, auch Kompass und Sextant. Die Sonnenuhr wurde bereits von frühen Kulturvölkern in Ägypten und Mesopotamien hergestellt. Der Gnomon, ein senkrechter Stab, dessen Schatten auf einer horizontalen Fläche den Sonnenstand angibt, gehörte zu den ersten Uhren. Er wurde schon um 3.500 v. Chr. verwendet. Durch die Eigenrotation der Erde verändert sich der vom Sonnenlicht geworfene Schatten. Fällt am Morgen das Licht sehr schräg ein, wird der Schatten sehr lang. Steigt die Sonne höher, verkürzt sich der Schatten. Mit dem Lauf der Sonne am Himmel verändert sich auch die Richtung des Schattens, den der Stab wirft. Durch Markierungen am Boden kann anhand des aktuellen Schattenwurfs die Tageszeit angezeigt werden. Sonnenuhren wurden bis ins Mittelalter zur Zeitmessung verwendet.

Zur Positionsbestimmung von Himmelskörpern setzten bereits die alten Griechen das Astrolabium ein, das eine Art Vorläufer der drehbaren Sternkarte ist. Damit konnte man den Auf- und Untergang der Sterne errechnen und ihren Standort am Himmel zu unterschiedlichen Zeiten feststellen. Es bestand aus einer senkrecht aufgehängten Scheibe mit einem beweglichen Rahmen. Auf diesem waren die hellsten Sterne markiert. Indem der Astronom den Rahmen drehte, konnte er die Sternenbewegung nachahmen. Zur Bestimmung einer Sternhöhe wurde ein Visierbalken auf den Stern ausgerichtet. Bis ins 18. Jahrhundert spielte das Astrolabium auch für die Navigation eine wichtige Rolle. Im 16. Jahrhundert baute der dänische Astronom Tycho Brahe einen gewaltigen Mauerquadranten von drei Metern Durchmesser, mit dem er die bis zu diesem Zeitpunkt exaktesten Himmelsbeobachtungen machen konnte.

Zur astronomischen Winkelmessung benutzte man im Mittelalter den Jakobsstab. Damit ließ sich die Höhe von Gestirnen messen, aber auch die Lage auf See bestimmen. Das einfache Gerät bestand aus einem Längsstab, der mit einer Skala versehen war, und einem senkrecht dazu angebrachten, verschiebbaren Querstab. Wollte man einen Stern messen, schaute man ihn über das Ende des Längsstabs an und verschob den Querstab so weit, bis der Stern von dem Querstab überdeckt wurde. Der Jakobsstab war ein Vorläufer des Sextanten. Für die Ermittlung der Himmelsrichtungen gab es den Kompass, eine vermutlich chinesische Erfindung, die spätestens ab dem 13. Jahrhundert auch in Europa verwendet wurde. Man setzte ihn vor allem in der Schifffahrt ein, aber auch zur Orientierung im freien Gelände. Zu Beginn des 20. Jahrhunderts wurden zwei Arten von Kompassvarianten weiterentwickelt: der schon lange bekannte Magnetkompass und der Kreiselkompass.

Viele Bauwerke der alten Hochkulturen weisen an den Fassaden Merkmale auf, an denen sich etwa eine bestimmte Tages- oder Jahreszeit aufgrund des Sonnenstandes und des daraus resultierenden Schattenwurfs ablesen lässt.

Die größten optischen Teleskope der Welt

Name	Standort	Höhe	Bemerkungen
Keck	Mauna Kea, Hawaii, USA	4.123 m	Zwei 10-Meter-Teleskope
Hobby-Eberly	Mt. Fowlkes, Texas, USA	2.072 m	9,2-Meter-Teleskop
Subaru	Mauna Kea, Hawaii, USA	4.100 m	8,3-Meter-Teleskop, betrieben vom National Astronomical Observatory of Japan
Very Large Telescope	Cerro Paranal, Chile	2.625 m	Vier 8,2-Meter-Teleskope, betrieben von der Europäischen Südsternwarte (ESO)
Gemini Nord	Mauna Kea, Hawaii, USA	4.100 m	8,1-Meter-Teleskop
Gemini Süd	Cerro Pachon, Chile	2.737 m	8,1-Meter-Teleskop
Multi-Mirror-Telescope	Mt. Hopkins, Arizona, USA	2.600 m	6,5-Meter-Teleskop
Las Campanas Observatory	La Serena, Chile	2.282 m	Zwei 6,5-Meter-Teleskope, auch Magellan I (oder Walter-Baade-Telescope) und Magellan II (Landon-Clay-Telescope) genannt

Zur Himmelsbeobachtung werden bereits seit Galileis Zeiten Fernrohre bzw. andere optische Hilfsmittel verwendet. Zu den meistverwendeten gehören heute die Spiegelteleskope, die es in verschiedenen Bauweisen gibt. Die größten Instrumente dieser Art haben Hauptspiegel mit Durchmessern von bis zu zehn Metern.

Linsenteleskope, auch Refraktoren genannt, sind Fernrohre, bei denen das Objektiv eine Sammellinse ist. In einem bestimmten Abstand, den man als Brennweite bezeichnet, entsteht ein scharfes, umgekehrtes Bild, das dann durch ein Okular stark vergrößert betrachtet werden kann.

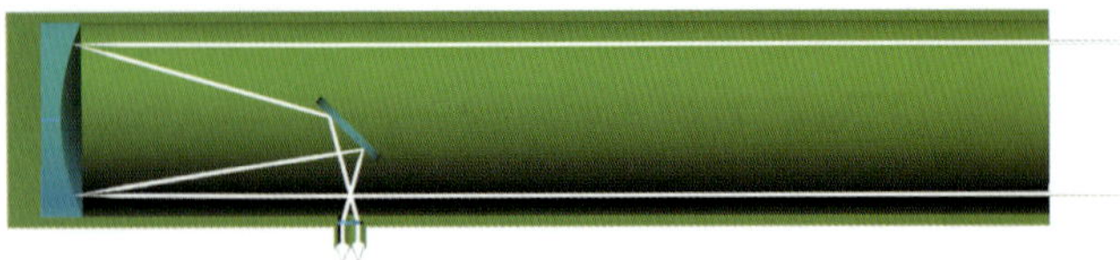

Der Newton-Reflektor ist ein Spiegelteleskop, das einen Fangspiegel vor dem Primärbrennpunkt hat. Kurz vor der Vereinigung der Strahlen, die ein parabolischer Hauptspiegel reflektiert, werden sie durch einen um 45 Grad durch die optische Achse geneigten Planspiegel seitlich aus dem Tubus herausgelenkt.

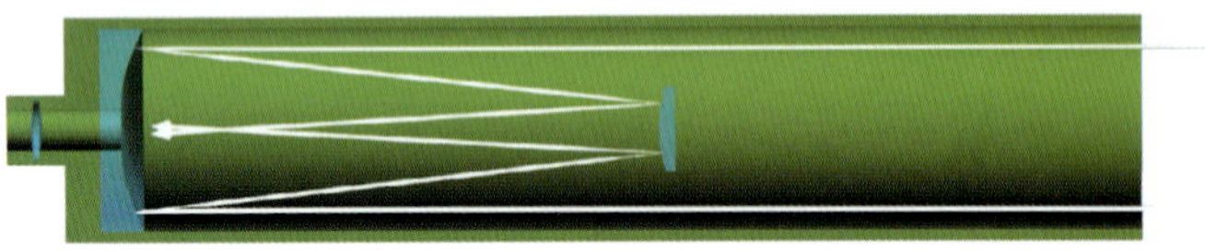

Im katadioptrischen System ist der Hauptspiegel meist sphärisch geschliffen (das heißt, dass er das Licht in mehrere Brennpunkte vereinigt). Das Licht durchläuft dann eine dicke korrigierende Meniskuslinse mit reflektierendem Belag, die den Fangspiegel ersetzt. Solche Systeme lassen sich kurz und daher stabil bauen.

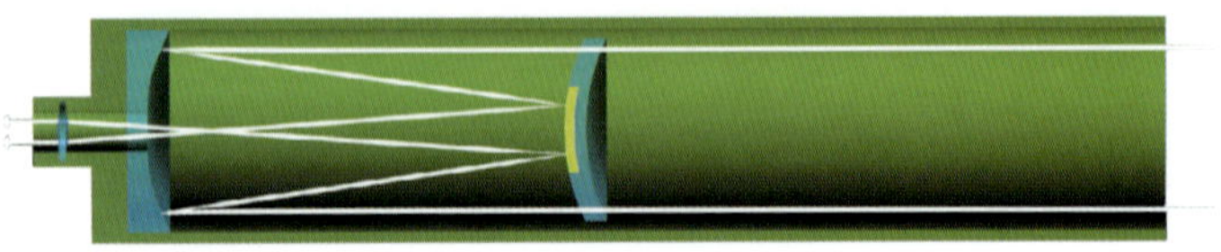

Beim Cassegrain-Teleskop ist ein konvexhyperbolischer Fangspiegel vor dem Primärfokus angebracht. Er spiegelt die vom Hauptspiegel reflektierende Strahlung durch eine Bohrung im Hauptspiegel zum Okular am hinteren Ende des Tubus.

Wichtige Radioteleskope

Name	Beschreibung
Australia Telescope	Standort: New South Wales; Größe: sieben Antennen à 22 m, eine Antenne à 64 m Durchmesser
VLA (Very Large Array)	Standort: Socorro/New Mexico; Größe: 27 Antennen à 25 m Durchmesser in Y-Form über 36 km
James Clerk Maxwell Telescope	Standort: Mauna Kea/Hawaii; Größe: 15 m Durchmesser
California Submillimeter Observatory	Standort: Mauna Kea/Hawaii; Größe: 10,4 m Durchmesser
Ryle	Standort: Cambridge (England); Größe: 5-km-Anordnung
CSIRO Radioheliograph	Standort: Culgoora (Australien); Größe: 3-km-Anordnung
Molonglo	Standort: Australien; Größe: 1,6-km-Anordnung
Westerbork	Standort: Niederlande; Größe: 1,6-km-Anordnung
MERLIN (Multi-Element Radio-Linked Interferometer Network)	Standort: Manchester (England); Größe: 230-km-Anordnung
Arecibo	Standort: Puerto Rico; Größe: 305 m Durchmesser
Effelsberg	Standort: Deutschland; Größe: 100 m Durchmesser
Green Bank	Standort: West Virginia (USA); Größe: Ersatzspiegel für zerstörten 92-m-Spiegel geplant

Radioteleskope sind inzwischen neben den optischen Teleskopen wichtige erdgebundene Beobachtungsinstrumente.

Steinkreise oder Steinalleen, wie hier die Avebury Avenue in der Nähe von Stonehenge, halfen den Menschen früher bei der Festlegung von bestimmten astronomischen Ereignissen.

Erste Teleskope zur Himmelsbeobachtung hat es bereits im 17. Jahrhundert gegeben. Der niederländische Brillenmacher Hans Lippershey soll im Jahr 1608 das erste Teleskop erfunden haben, was jedoch von einigen Wissenschaftlern angezweifelt wird. Sicher ist hingegen, dass Galileo Galilei seine ersten Teleskope 1609 baute. Die Entdeckungen, die er damit machte, sind in die Astronomiegeschichte eingegangen. Das erste Spiegelteleskop entwickelte im Jahr 1668 Isaac Newton. Im Gegensatz zu den alten Fernrohren, die aus einer Linse zum Sammeln des Lichts und einer weiteren zum Betrachten des vergrößerten Bildes bestanden, wurde bei Spiegelteleskopen ein nach innen gewölbter (konkaver) Spiegel zum Sammeln des Lichtes eingesetzt. 1672 erfand der französische Arzt und Astronom Giovanni D. Cassegrain (1625–1712) – auch Guillaume Cassegrain genannt – ein Spiegelteleskop, bei dem er einen nach außen gewölbten (konvexen) Spiegel verwendete. Weitere Verbesserungen stammten von Friedrich Wilhelm Herschel. Das derzeit größte optische Teleskop der Welt ist das 1990 in Betrieb genommene Keck-Teleskop auf dem 4.123 Meter hohen Mauna Kea auf Hawaii, dessen Hauptspiegel einen Durchmesser von zehn Metern hat.

Bei dem von Amateuren häufig benutzten Linsenfernrohr (Refraktor) entsteht in einem bestimmten Abstand (der so genannten Brennweite) hinter dem Objektiv ein umgekehrtes Bild des beobachteten Objekts. Dieses wird über ein Okular stark vergrößert und kann dann angeschaut werden. Je nach Brennweite des verwendeten Okulars ergeben sich unterschiedliche Vergrößerungen. Ein grundlegendes Problem bei Refraktoren besteht darin, dass Licht unterschiedlicher Wellenlänge verschieden gebrochen wird. Dadurch kommt beim Beobachten des Sternenhimmels ein Farbfehler zustande, der zu einem Farbsaum, der so genannten chromatischen Aberration, um hellere Objekte führt. Man kann diesen Saum durch eine sehr lange Brennweite minimieren, wie es bei kleineren Instrumenten gemacht wird. Oder man setzt wie bei den achromatischen Refraktoren eine zweite Linse ein, die den Farbfehler korrigiert. Dadurch kann die Brennweite wieder verringert werden, was zu einem günstigeren Öffnungsverhältnis (d.h., der Objektiv- oder Hauptspiegeldurchmesser dividiert durch die Brennweite) führt. Haben einfache Fernrohre ein Öffnungsverhältnis zwischen 13 und 20, weisen achromatische Refraktoren günstigere Öffnungsverhältnisse zwischen sieben und zwölf auf. Wird noch eine dritte Linse zur weiteren Korrektur des Farbfehlers eingebaut, sind sogar Öffnungsverhältnisse von unter fünf machbar. Der Farbfehler ist bei diesen apochromatisch genannten Refraktoren kaum noch wahrnehmbar.

Neben Refraktoren gibt es Spiegelteleskope oder Reflektoren in verschiedenen Bauarten. Ein häufig verwendeter Reflektor ist der Newton-Spiegel. Das Instrument besteht aus einem parabolförmigen Hohlspiegel, der das Licht eines Objektes reflektiert. So wird im Brennpunkt ein umgekehrtes Bild erzeugt. Damit man dieses Bild betrachten kann, ist ein so genannter Sekundärspiegel kurz vor dem Brennpunkt angebracht, der eine 45-Grad-Neigung gegen die optische Achse des Teleskops hat und das Licht seitlich aus dem Teleskop herauslenkt. Hier kann das Objekt durch ein Okular seitlich am Fernrohr beobachtet werden. Aber selbst Ferngläser sind für astronomische Beobachtungen durchaus geeignet. Mit ihrem großen Gesichtsfeld haben sie sogar Vorteile: Sie sind besonders günstig für die Beobachtungen größerer Objekte am Himmel wie Kometen mit ihren Schweifen oder größere Sternhaufen wie den Plejaden. Auch Einzelheiten der Mondoberfläche sind zu erkennen. Ferngläser sind nach demselben Prinzip wie optischen Fernrohre gebaut.

Doch nicht nur Strahlung im optischen Bereich erreicht die Erde von anderen Himmelsobjekten: Auch Radiowellen aus den Tiefen des Weltalls können empfangen werden. Bereits 1931 entdeckte der amerikanische Rundfunkingenieur Karl Guthe Jansky bei der Untersuchung von Funkstörungen, dass es sich um eine aus dem Kosmos stammende Radiostrahlung handeln musste. Später stellte man fest, dass sie in Richtung des Zentrums der Milchstraße hin besonders intensiv war. Große Fortschritte in der Radioastronomie wurden aber erst nach dem Zweiten Weltkrieg gemacht. Radioteleskope bestehen aus einem Antennensystem, einem Verstärker und einem Integrator, der ein Registriergerät enthält. Mit einer Antenne, die einen Durchmesser von bis zu 300 Metern haben kann, wird die Radiostrahlung aufgefangen. In einer kleineren Antenne, die im Brennpunkt des Systems montiert ist, werden die Strahlen dann gesammelt, verstärkt und so umgewandelt, dass sie schließlich als Signal in ein Registriersystem geleitet werden, wo die Stärke aufgezeichnet werden kann.

Eines der größten Radioteleskope dieser Art steht in Effelsberg in der Eifel und gehört zum Bonner Max-Planck-Institut für Radioastronomie. Der Durchmesser seiner Parabolantenne beträgt 100 Meter. Eine gewaltige andere Radioteleskopvariante liegt in einer Senke bei Arecibo im Norden Puerto Ricos. Die tellerartige Antenne hat einen Durchmesser von 305 Metern und wird unter anderem für die Suche nach Signalen außerirdischer Intelligenz

Amateurteleskope gibt es in nahezu allen Größen und Preisklassen. Vor dem Kauf sollte man sich über die speziellen Eigenschaften aber genau informieren.

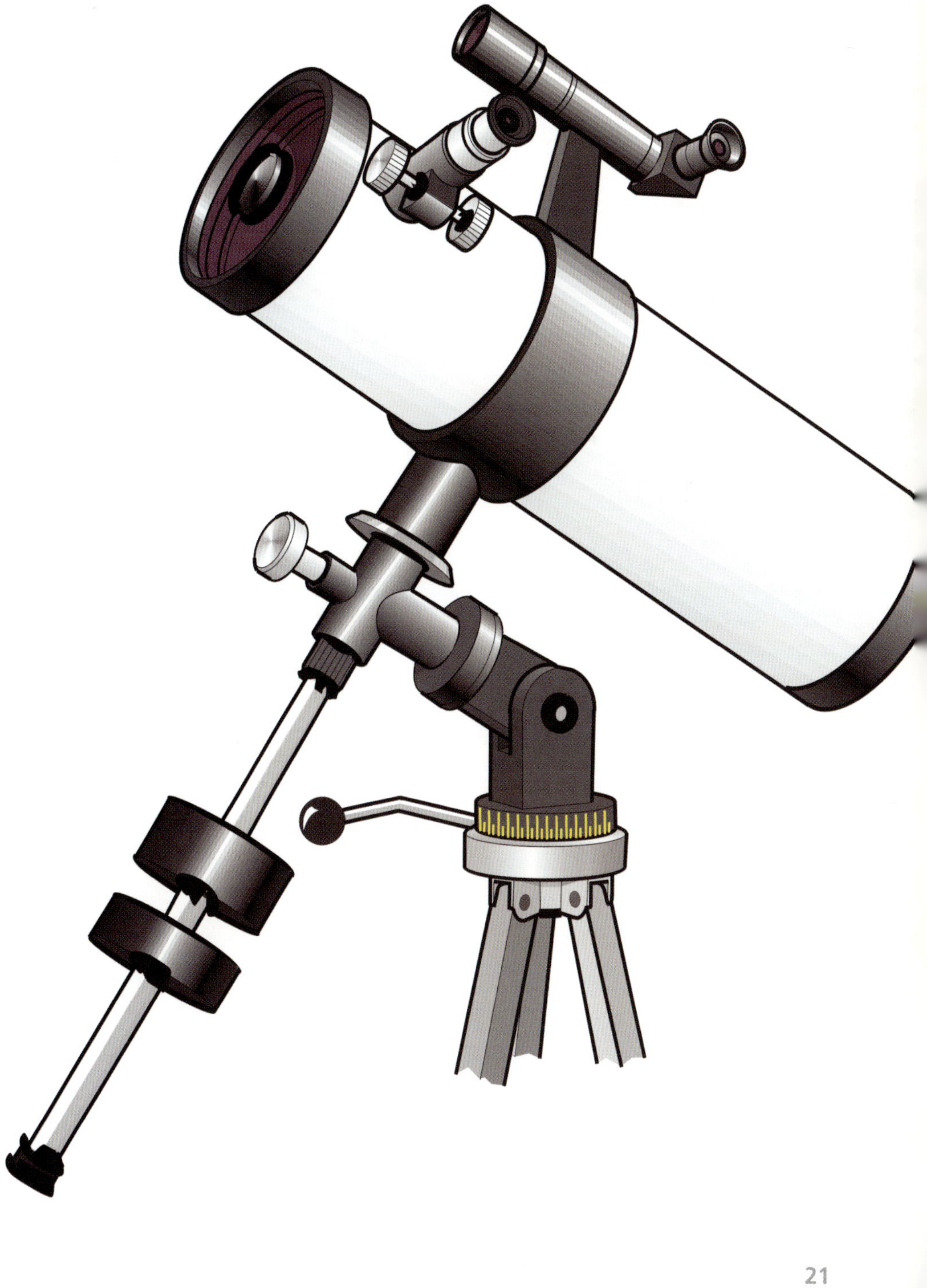

Berühmte Himmelsforscher

Jahrtausendelang versuchen die Menschen, Vorgänge am Himmel und auf der Erde zu ergründen. Weshalb geht die Sonne auf und unter? Auf welchen Bahnen bewegen sich Mond und Planeten, was sind Galaxien, wie ist das Universum aufgebaut? Einige Himmelsforscher sind durch ihre wegweisenden Ideen und wissenschaftlichen Erkenntnisse eng mit der Geschichte der Astronomie verbunden.

Plato
(428–347 v. Chr.)
Einer der herausragenden Denker des Altertums war der Philosoph Plato. Er beschrieb schon damals die Bewegungen der Planeten auf Kreisbahnen, allerdings mit der Erde im Zentrum des Universums. Er vertrat das geozentrische Weltbild und war von der Kugelgestalt der Erde überzeugt.

Eudoxos von Knidos
(408–355 v. Chr.)
Etwa 370 v. Chr. dachte Eudoxos von Knidos, ein griechischer Mathematiker und Astronom, die Planeten würden innerhalb einer Sternenkugel, die sich einmal pro Tag um die Erde drehe, auf unterschiedlichen Kugelschalen kreisen.

Aristoteles
(384–322 v. Chr.)
Aristoteles, ein Schüler Platos, war der Meinung, die Erde ruhe fest in einem runden Weltall und die Planeten würden durch ein Zusammenwirken von insgesamt 55 Kreisen bewegt. Diese Auffassung wurde noch von dem Astronom Aristarchos von Samos (310–230 v. Chr.) weiter ausgeführt und fand in einem von Ptolemäus überlieferten Buch, dem so genannten Almagest, seinen Höhepunkt. Sie behielt als geozentrisches Weltbild bis zur beginnenden Neuzeit Anfang des 16. Jahrhunderts Gültigkeit.

Nikolaus Kopernikus
(1473–1543)
Erst Nikolaus Kopernikus veränderte die Sicht der Welt radikal. Im heliozentrischen Weltbild stellte er die Sonne in den Mittelpunkt des Universums. Er machte diese Auffassung zunächst nur Freunden zugänglich, denn er befürchtete – durchaus zu Recht – Konflikte mit der Kirche.

Galileo Galilei
(1564–1642)
Galileo Galilei sorgte durch seine Beobachtungen mit dafür, dass sich das kopernikanische System auf Dauer durchsetzte. Zwar wurde Galilei von der Inquisition als Ketzer angeklagt und sah sich daher gezwungen, öffentlich seine Behauptungen zu widerrufen, doch hielt er an diesem Weltbild fest.

Johannes Kepler
(1571–1630)
Johannes Kepler verfeinerte das neue „kopernikanische Weltbild" und fand die bekannten, nach ihm benannten „keplerschen Gesetze". Sie beschreiben, wie die Planeten die Sonne umkreisen. Auch Johannes Kepler hatte mit Gegnern des neuen Weltbilds zu kämpfen, doch gab es im schon konfessionell geteilten Deutschland keine zentrale Instanz, die ihn – wie Galilei – hätte zur Rechenschaft ziehen können.

Isaac Newton
(1643–1727)
Grundlage für die Arbeit von Isaac Newton waren Keplers und Galileis Forschungen. Newton versuchte die Frage zu beantworten, warum sich die Planeten so wie von Kepler beschrieben um die Sonne bewegen. Er erkannte, dass dafür das Gleichgewicht zwischen der durch die Kreisbewegung entstehenden Fliehkraft sowie der Kraft der Massenanziehung (Gravitation oder Schwerkraft) verantwortlich ist. Zusätzlich arbeitete Newton an der Konstruktion eines besonders leistungsfähigen Spiegelteleskops und erforschte die Eigenschaften des Lichts.

Friedrich Wilhelm Herschel
(1738–1822)
Im Zuge des enormen Aufschwungs der optischen Astronomie wurden Messungen zur Größe des Sonnensystems durchgeführt. Friedrich Wilhelm Herschel begann, einen systematischen Sternenkatalog zu erarbeiten. Im Jahr 1781 entdeckte er den Planeten Uranus. Als er im darauf folgenden Jahr königlicher Hofastronom wurde, konnte er sich völlig der Astronomie widmen. Mit einem Spiegelteleskop (1,20 Meter Durchmesser, 12,20 Meter Brennweite) entdeckte Herschel zwei Monde des Uranus und den sechsten und siebten Mond des Saturn. Über 800 Doppelsterne wurden von ihm entdeckt und katalogisiert, außerdem beschrieb er die Bewegung dieser Objekte. Als Erster vertrat Herschel die Ansicht, Sterne würden sich aus kosmischen Gas- und Staubnebeln bilden.

Henry Rowland
(1848–1901)
Ende des 19. Jahrhunderts entwickelte sich aus der Kombination der klassischen Astronomie mit modernen physikalischen Untersuchungsmethoden die Astrophysik. Der Physiker und Astronom Henry A. Rowland fand 20.000 Absorptions- und Emissionslinien chemischer Elemente im Spektrum der Sonnenstrahlung.

Plato (428–348 v. Chr.), griechischer Philosoph

Aristoteles (384–322 v. Chr), griechischer Philosoph

Henry A. Rowland (1848–1901), amerikanischer Physiker

Der neueste Vorposten der Menschheit im Weltall ist die Internationale Raumstation ISS, an der viele Nationen gemeinsam arbeiten. Die ISS dient derzeit als Weltraum-Laboratorium, kann aber auch zur Basisstation für bemannte Flüge zu anderen Planeten ausgebaut werden.

George Ellery Hale (1868–1938), amerikanischer Astronom

Henrietta S. Leavitt (1868–1921), amerikanische Astronomin

Karl Guthe Jansky (1905–1950), amerikanischer Radioingenieur

George Ellery Hale
(1868–1938)
George Hale, ein sehr einflussreicher amerikanischer Astrophysiker, zeigte unter anderem, dass im Bereich der Sonnenflecken sehr starke Magnetfelder vorkommen.

Henrietta S. Leavitt
(1868–1921)
Die Astronomin Henrietta S. Leavitt stellte eine Verbindung zwischen der absoluten Helligkeit der veränderlichen Cepheiden und der Periode ihres Lichtwechsels her. Dies war für Entfernungsbestimmungen im Kosmos von großer Bedeutung.

Albert Einstein
(1879–1955)
Anfang des 20. Jahrhunderts formulierte Albert Einstein die Spezielle (1905) und die Allgemeine (1915) Relativitätstheorie. Die Ideen der physikalischen Konstante der Lichtgeschwindigkeit sowie des gekrümmten Raums, die man sich im Zweidimensionalen durch eine Kugelfläche verdeutlichen kann, wurden zum allgemein akzeptierten Weltbild und eröffneten der Kosmologie ganz neue Perspektiven.

Edwin Hubble
(1889–1953)
Edwin P. Hubble gelang ein entscheidender Schritt in der extragalaktischen Astronomie, indem er die Entfernung des Andromeda-Nebels zur Erde bestimmen konnte. Damit ließ sich erstmals die Existenz eines Sternensystems außerhalb unserer Milchstraße nachweisen. Außerdem klassifizierte Hubble die verschiedenen Arten von Galaxien.

Karl Guthe Jansky
(1905–1950)
Der amerikanische Rundfunkingenieur Karl Jansky schuf wichtige Grundlagen für die Radioastronomie. Bei seinen Forschungen stellte er fest, dass einige Radiosignale nicht von irdischen Quellen, sondern aus der Milchstraße stammten.

Grote Reber
(1911–2002)
Der amerikanische Rundfunktechniker und Astronom Grote Reber konstruierte 1944 ein erstes Radioteleskop. Dieses führte später zur Entdeckung der Pulsare und Quasare.

Stephen Hawking
(geb. 1942)
Das Hauptinteresse des britischen Physikers, Astrophysikers und Mathematikers Steven Hawking gilt der Verknüpfung von Allgemeiner Relativitätstheorie und Quantenmechanik. Stephen Hawking sucht dabei eine einheitliche Theorie, welche die vier grundlegenden Kräfte (Elektromagnetismus, Gravitation, starke und schwache Kernkraft) als verschiedene Aspekte einer einzigen Kraft erklärt, die so genannte „Weltformel".

Maßeinheiten

Maßeinheit	Wert	Erklärung
c	299.792.458 m/s	Lichtgeschwindigkeit im Vakuum
1 AE	149.597.870.660 m	mittlere Entfernung Erde–Sonne
1 M	ca. 1,9891 x 10^{30} kg	Sonnenmasse
ae	6.378.140 m	Äquatorradius der Erde
1 Lj	9,4609 x 10^{15} m	Lichtjahr; Strecke, die das Licht in einem Jahr zurücklegt
1 Parsec	206.264,8 AE	3,08567758 x 10^{15} m

Die Bestimmung der einzelnen Positionen der Gestirne im Raum erfolgt über verschiedene Koordinaten.

Orientierung und Himmelsmechanik

Die gebräuchlichsten Koordinatensysteme zur Positionsbestimmung von Sternen sind das Horizontsystem, das Äquatorialsystem und das Ekliptikalsystem. Im Horizontsystem oder auch Azimutsystem verwendet man als erste Koordinate die Höhe eines Gestirns über der vom Horizont auf der Himmelssphäre festgelegten horizontalen Grundebene, angegeben als Winkel (null Grad für die Position am Horizont, 90 Grad für die Position im Zenit). Der Zenit ist der obere Schnittpunkt der Senkrechten auf der Grundebene mit der Himmelskugel (Scheitelpunkt). Der untere Schnittpunkt heißt Nadir oder Fußpunkt. Die zweite Koordinate ist der Azimut, das ist der Winkelabstand des senkrechten Großkreises durch das Gestirn von der Südrichtung, gemessen auf der Horizontalebene. Ein Nachteil des Horizontsystems ist, dass sich wegen der Erddrehung die in diesem System angegebenen Koordinaten eines Gestirns zeitlich laufend ändern.

Damit Objekte aber mit Teleskopen aufgefunden werden können, benötigt man ein festes Koordinatensystem, das unabhängig von der Rotation der Erde ist: die feststehenden Äquatorialkoordinaten. Der Himmelsäquator des Äquator- oder Stundenwinkelsystems ist der Schnittkreis der Äquatorebene der Erde mit der Himmelskugel. Er teilt die Himmelskugel in eine nördliche und eine südliche Hemisphäre. Die Rotationsachse der Erde steht senkrecht auf dieser Äquatorebene und schneidet die Himmelskugel im Himmelsnord- und -südpol. Den Winkelabstand eines Himmelskörpers vom Himmelsäquator bezeichnet man als Deklination. Der zeitabhängige Stundenwinkel gibt den Winkelabstand des Gestirns vom südlichen Längengrad an und kann mithilfe der Sternzeit in die Rektaszension umgerechnet werden. Ein Vollkreis mit 360 Grad wird dabei in 24 Stunden aufgeteilt, sodass jeder Punkt auf dieser Ebene bestimmt werden kann.

Als Ekliptik bezeichnet man die Bahn der Sonne, die diese von der Erde aus gesehen im Laufe eines Tages an der Himmelssphäre beschreibt. Im Ekliptikalsystem benutzt man zur Positionsangabe die ekliptikale Breite und Länge. Die ekliptikale Breite ist der Winkelabstand zur Ekliptik, die ekliptikale Länge der Winkelabstand zum Frühlingspunkt; das ist der Punkt, an dem die Sonne zum Frühlingsanfang den Himmelsäquator überquert. Das Ekliptikalsystem wird nahezu ausschließlich zur Positionsbestimmung von Körpern innerhalb des Sonnensystems verwendet.

Für Entfernungsangaben in unserem Sonnensystem oder zur Veranschaulichung der Verhältnisse in anderen Systemen benutzten Astronomen die Astronomische Einheit (AE). Sie wurde 1976 von der Internationalen Astronomischen Union (IAU) festgelegt und entspricht dem mittleren Abstand zwischen Erde und Sonne: eine AE sind also 149.597.870 Kilometer.

Für weitere Entfernungen wird in der populärwissenschaftlichen Literatur meist das „Lichtjahr" (Lj) verwendet, also die Strecke, die das Licht in einem Jahr zurücklegt. Das sind etwa 9,4605 Billionen Kilometer. Wissenschaftler benutzen stattdessen das „Parsec" (pc). Ein Stern ist ein Parsec entfernt, wenn von diesem Stern aus gesehen die mittlere Entfernung Erde–Sonne (also eine Astronomische Einheit) unter dem Winkel von einer Bogensekunde (1/3.600 Grad) erscheint. „Parsec" ist eine Abkürzung für Parallaxensekunde. 1 pc sind 206.264,8 AE oder 3,2633.

Astronomie im täglichen Leben

Auch in unserem täglichen Leben werden wir immer wieder von astronomischen Gegebenheiten beeinflusst. Der scheinbare Lauf der Sonne am Himmel sorgt für Tag und Nacht, mit dem jährlichen Umlauf der Erde um die Sonne entstehen die Jahreszeiten. Der Mond und auch die Sonne wirken sich auf unsere Ozeane aus, denn sie sind für die Gezeiten, Ebbe und Flut, verantwortlich. Die Sterne sind hilfreich bei der Navigation außerhalb von Küstengewässern.

Um die Zeitmessung und auch die Orientierung an Land und auf dem Wasser zu vereinfachen, entstanden eine Reihe von Hilfsmitteln: Dazu gehören beispielsweise so einfache Geräte wie die Sonnenuhr, aber auch ein Sextant oder Kompass. Zur besseren Orientierung verband man besonders auffällige Sterne zu Sternbildern. Einige von ihnen sind recht bekannt wie zum Beispiel der Große Bär oder der Orion. Die Sternbilder der Ekliptik werden als Tierkreiszeichen bezeichnet und spielen in der Astrologie eine große Rolle. Lange Zeit waren Astronomie und Astrologie eng miteinander verbunden und einige der größten Astronomen haben auch Horoskope erstellt.

Orientierung

Wer sich am Himmel zurechtfinden möchte, sollte sich zu Beginn erst einmal über die vier Haupthimmelsrichtungen Norden, Osten, Süden und Westen orientieren. Der Horizont ist, wissenschaftlich gesprochen, die Grenze zwischen Himmelsgewölbe und Erdoberfläche. Die Stelle des Himmelsgewölbes, die direkt über uns liegt, ist der Zenit. Um einen bestimmten Stern ohne Angabe genauer Koordinaten zu finden, geht man am besten von der Nordrichtung aus. Hier, in der Nähe des nördlichen Himmelspols, liegt ein Stern, der gut mit bloßem Auge zu sehen ist: der Polarstern. Er ist der Hauptstern des Kleinen Bären und nur etwa einen Monddurchmesser vom exakten Himmelsnordpol entfernt. Um ihn zu finden, sucht man das wohl bekannteste Sternbild: den Großen Wagen. Es ist das ganze Jahr über zu sehen und wird deshalb als zirkumpolares Sternbild bezeichnet. Der Große Wagen ist übrigens streng genommen kein eigenständiges Sternbild, sondern wird aus den sieben hellsten Sternen des Großen Bären gebildet. Hat man den Großen Wagen gefunden, zieht man von den beiden hinteren Sternen des Wagens (also quasi der Hinterachse) eine Verbindungslinie. Verlängert man diese um das Fünffache vom Wagen weg, trifft man auf den Polarstern. Das gilt für alle Jahreszeiten, gleichgültig in welcher Stellung sich der Große Wagen befindet. Zieht man von hier aus eine Senkrechte zum Horizont, hat man die Himmelsrichtung Norden gefunden.

Die Zeit

Die Bestimmung der Zeit ist seit jeher eine Sache der Astronomie. Zu ihrer Messung haben sich die Menschen verschiedene Vorgänge am Firmament zunutze gemacht. So wird eine vollständige Drehung der Erde um ihre eigene Achse als „ein Tag" festgelegt. Die Phasengestalt des Mondes (von Neumond bis Neumond) bildete die Grundlage für den Monat, und die Rotation der Erde um die Sonne legt die Jahreszeiten und das Jahr fest. Ein Tag besitzt 23 Stunden, 56 Mi-

Der Steinkreis von Stonehenge in England diente wahrscheinlich auch der Zeitbestimmung.

nuten und 4,1 Sekunden. Steht die Sonne im Meridian, also genau im Süden, wird dies als Mittag bezeichnet. Je nachdem, ob wir uns weiter im Osten oder Westen befinden, ist die Sonne früher oder später in der „Mittagsposition" zu beobachten. Damit nicht für jeden Ort auf der Erde eine andere Zeit gilt, wurde die Erde in Zeitzonen eingeteilt. In einer bestimmten Zeitzone gilt immer die gleiche Uhrzeit. Als Ausgangspunkt für die „Zonenzeit" wurde das Königliche Observatorium in Greenwich in der Nähe von London gewählt, durch das auch der Nullmeridian verläuft. Um einen bestimmten Zeitpunkt weltweit eindeutig definieren zu können, gibt man die aktuelle in Greenwich gültige Uhrzeit an. Diese wird auch als Weltzeit oder Universal Time (UT) bzw. als Greenwich Mean Time (GMT) bezeichnet.

Bei der mitteleuropäischen Zeit (MEZ), die auch bei uns in Deutschland gilt, wird zur Weltzeit (Greenwich Mean Time) eine Stunde addiert. Im Sommer gilt die so genannte mitteleuropäische Sommerzeit (MESZ). Bei dieser „willkürlich" festgelegten Zeit müssen zwei Stunden zur Weltzeit addiert werden.

Eine auf den Polarstern gerichtete Kamera mit geöffnetem Objektiv ermöglichte diese Aufnahme der scheinbar um den Polarstern kreisenden Sterne.

Der erste Zeitmesser in der Geschichte der Menschheit war wahrscheinlich eine Sonnenuhr, die aus einem in den Boden gesteckten Stab bestand. Sonnenuhren wurden noch bis ins Mittelalter verwendet.

Das Jahr

Ein Jahr ist durch die Dauer des Erdumlaufs um die Sonne festgelegt. Was einfach zu sein scheint, entpuppt sich bei genauerer Betrachtung als kompliziert: Entscheidend für die Definition eines Jahres ist nämlich, wie man die Umlaufdauer der Erde um die Sonne misst. So bezeichnet das tropische Jahr oder Sonnenjahr das Zeitintervall zwischen zwei Durchgängen der Sonne durch den Frühlingspunkt, das siderische Jahr oder Sternjahr das Intervall zwischen zwei Vorübergängen der Sonne an einem festgelegten Fixstern und schließlich das anomalistische Jahr das Zeitintervall zwischen zwei Durchgängen der Erde durch das Perihel (also den sonnennächsten Punkt der Erdbahn). Alle drei Messungen unterscheiden sich voneinander.

Für die Erstellung von Kalendern ist jedoch keine dieser Definitionen geeignet. Das bürgerliche Jahr oder Kalenderjahr besteht daher aus 365 Tagen. Da das tropische Jahr aber 365,24219 Tage hat, lag es auf der Hand alle vier Jahre einen „Schalttag" einzuführen. Diese Regel führte – zusammen mit dem uns bekannten Kalender mit zwölf Monaten und siebentägigen Wochen – Julius Cäsar (100–44 v. Chr.) ein. Der Nachteil dieses „julianischen Kalenders" war jedoch, dass trotz der Schaltjahre das tropische Jahr eben doch nicht genau getroffen wurde: Das Kalenderjahr wich elf Minuten vom tropischen Jahr ab, was sich bald zu einigen Tagen summierte.

Im 16. Jahrhundert betrug die Abweichung schon zehn Tage, sodass Papst Gregor XIII. eine Kalenderreform durchführte: Durch das Überspringen von eben zehn Tagen (auf Donnerstag, den 4. Oktober folgte gleich Freitag, der 15. Oktober 1582), glich er die entstandene Zeitdifferenz aus. Parallel dazu wurden neue Regeln aufgestellt, die das gregorianische Jahr innerhalb eines Jahres nur noch 26 Sekunden vom tropischen Jahr abweichen ließen. Erst in 3.320 Jahren wird sich diese Zeitspanne wieder auf einen ganzen Tag summiert haben. Im gregorianischen Kalender sind Jahrhundertjahre nur dann ein Schaltjahr, wenn sie durch 400 teilbar sind.

Wichtige Kalender im Überblick

Kalender der ...	Urheber/Geltungsdauer	Kalenderberechnung	Schaltverfahren
Ägypter	seit dem 4. Jahrtausend v. Chr.	reines Sonnenjahr zu 365 Tagen; 12 Monate zu je 30 Tagen + 5 Zusatztage	keine Schalttage; Jahresanfang durchläuft in 1.461 ägyptischen Jahren das ganze Jahr
Ägypter	238 v. Chr.	reines Sonnenjahr zu 365,25 Tagen	vermutlich in jedem 4. Jahr ein Schalttag
Babylonier	bis zum 6. Jh. v. Chr.	Mondjahr zu 354 Tagen; 12 Monate, abwechselnd 30 und 29 Tage	bei Abweichung vom Sonnenstand willkürlich ein Monat ein- oder ausgeschaltet
Babylonier	vom 6. Jh. v. Chr. an		zyklische (auf Rechnung beruhende) Schaltungsweise
Griechen	seit 383 v. Chr.		7 Schaltmonate für 19 Jahre
Griechen	7. Jh. v. Chr.		Oktaeteris-Zyklus von 2.992 Tagen; 8 Sonnenjahre = 99 Mondmonate
Griechen	Solon (594 v. Chr.)		Oktaeteris, verbessert auf 2923,5 Tage
Griechen	Meton (432 v. Chr.)	Mond-Sonnen-Jahr zu 12 und 13 Monaten	19-jähriger Zyklus von 235 Monaten; Schaltjahre sind die Jahre 3, 5, 8, 11, 13, 16, 19 in diesem Zyklus
Griechen	Kalippos (330 v. Chr.)		verbesserter Metonzyklus; 4 solcher Zyklen = 76 Jahre um einen Tag vermindert, unabhängig davon 10-tägige Woche
Römer	8. und 7. Jh. v. Chr. und auch später	Mondjahr zu 10, seit dem König Numa (715 v. Chr.) zu 12 Monaten	unregelmäßig
Römer	Julius Cäsar (julianischer Kalender): 46 v. Chr.; in den griech.-orth. Ländern bis 1923	reines Sonnenjahr zu 365,25 Tagen	jedes 4. Jahr ein Schalttag
Muslime	seit 16. Juli 622 (Hedschra) reines Mondjahr	reines Mondjahr	30-jähriger Zyklus, in dem 11-mal je ein Tag eingeschaltet wird; unabhängig davon 7-tägige Woche; Tage beginnen mit Sonnenuntergang
Türken	vor dem islamischen Kalender	reines Mondjahr zu 354 Tagen	8-jähriger Zyklus, davon das 2., 5. und 7. Jahr zu 355 Tagen

Wichtige Kalender im Überblick (Fortsetzung)

Kalender der ...	Urheber/Geltungsdauer	Kalenderberechnung	Schaltverfahren
Türken	ab 1677	reines Sonnenjahr	
Türken	seit 1916 gregor. Kalender		
Juden	bis Beginn unserer Zeitrechnung Reform (vielleicht Rabbi Samuel 338)		bei Bedarf ein ganzer Monat eingeschaltet; Monate abwechselnd 29 und 30 Tage
Juden		Mond-Sonnen-Jahr	19-jähriger Zyklus; Jahreslängen mit 353, 354 oder 355 Tagen; Schaltjahre mit 383, 384 oder 385 Tagen; Schaltjahre sind die Jahre 3, 6, 8, 11, 14, 17, 19 des Zyklus
Inder	Zeit des Veda	Mond-Sonnen-Jahr; 12 Monate zu je 30 Tagen	ursprünglich nur Mondjahr, durch willkürliche Spaltung eines 13. Monats mit der Sonne in Einklang gebracht
Inder	Zeit des Siddhanta (4. bis 6. Jh.)	60-jährig (5 Jupiterumläufe) und 12-jährig (1 Umlauf)	Rechnung nach Sonnenmonaten
Chinesen und Japaner	3. Jahrtausend v. Chr.	Jahr zu 360 Tagen	von je 19 Jahren 12 Gemeinjahre 12 und 7 Schaltjahre zu 13 Monaten
Chinesen und Japaner	um 2258 (?) v. Chr .	Mond-Sonnen-Jahr	12 und 7 Schaltjahre zu 13 Monaten; Jahresanfang veränderlich
Japaner	seit 1873 gregor. Kalender		
Altgermanischen Völker		unvollkommenes Mond-Sonnen-Jahr	Schaltungsweise durch ganze Mondmonate nach Bedarf
Isländer und Norweger	bis Einführung des Christentums	Jahr zu 364 Tagen, 7-tägige Woche	6 Winter- und 6 Sommermonate zu 30 Tagen, im 3. Sommermonat 4 Ergänzungstage; 5-mal in 28 Jahren eine Schaltwoche im 3. Sommermonat
Neuzeit	Papst Gregor XIII. (gregorianischer Kalender): in den kath. Ländern seit 15.10.1582, im protestantischen Deutschland 1.3.1700, England 1752, Schweden 1753, Japan 1873, Bulgarien und Türkei 1916, UdSSR 1918, Rumänien 1919, Griechenland 1923, China 1949	reines Sonnenjahr zu 365 Tagen	bei Ersteinführung folgte auf den 4.10.1582 des seitherigen julianischen Kalenders sofort der 15.10.1582. Der Frühlingsanfang wurde auf den 21.3. gelegt; jedes 4. Jahr zu 366 Tagen, mit Ausnahme der durch 400 nicht teilbaren Jahrhunderte. Jahreslänge: 365 Tage, 5 Stunden, 49 Minuten, 12 Sekunden: D.h., das Jahr ist um 26 Sekunden länger als die jetzige Jahreslänge
Neuzeit	Neuer oriental. Kalender (für Griech.-Orthod.): 14.10.1923 von der griech.-orthod. Kirche angenommen		
Neuzeit	franz. Revolutionskalender seit dem 14.7.1790 schrittweise eingeführt. Endgültige Fassung seit dem 5.10.1793. Abgeschafft Ende 1805	12 Monate zu je 30 Tagen + 5 „jours complémentaires"	Jahresbeginn z.Z. des Herbstanfangs: Jahr I ab 1792 bis XIV = 1805, Schaltjahre waren das 3., 7. und 11. Jahr (Revolutionstag). Monate wurden teilweise in 3 Dekaden eingeteilt

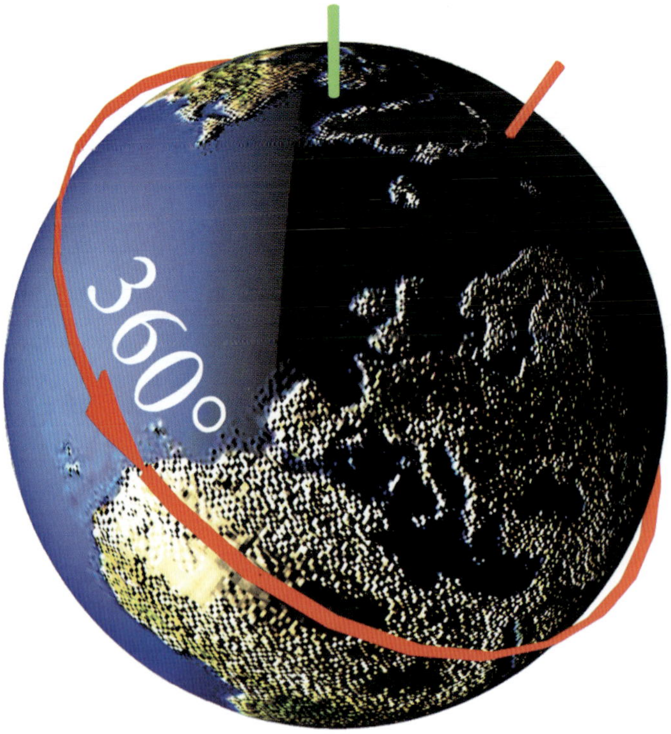

Die Neigung der Erdachse zur Umlaufbahn bzw. Ekliptik beträgt gut 23 Grad.

Die Umdrehung der Erde um die Sonne ist zusammen mit der Neigung der Erdachse für die Jahreszeiten verantwortlich.

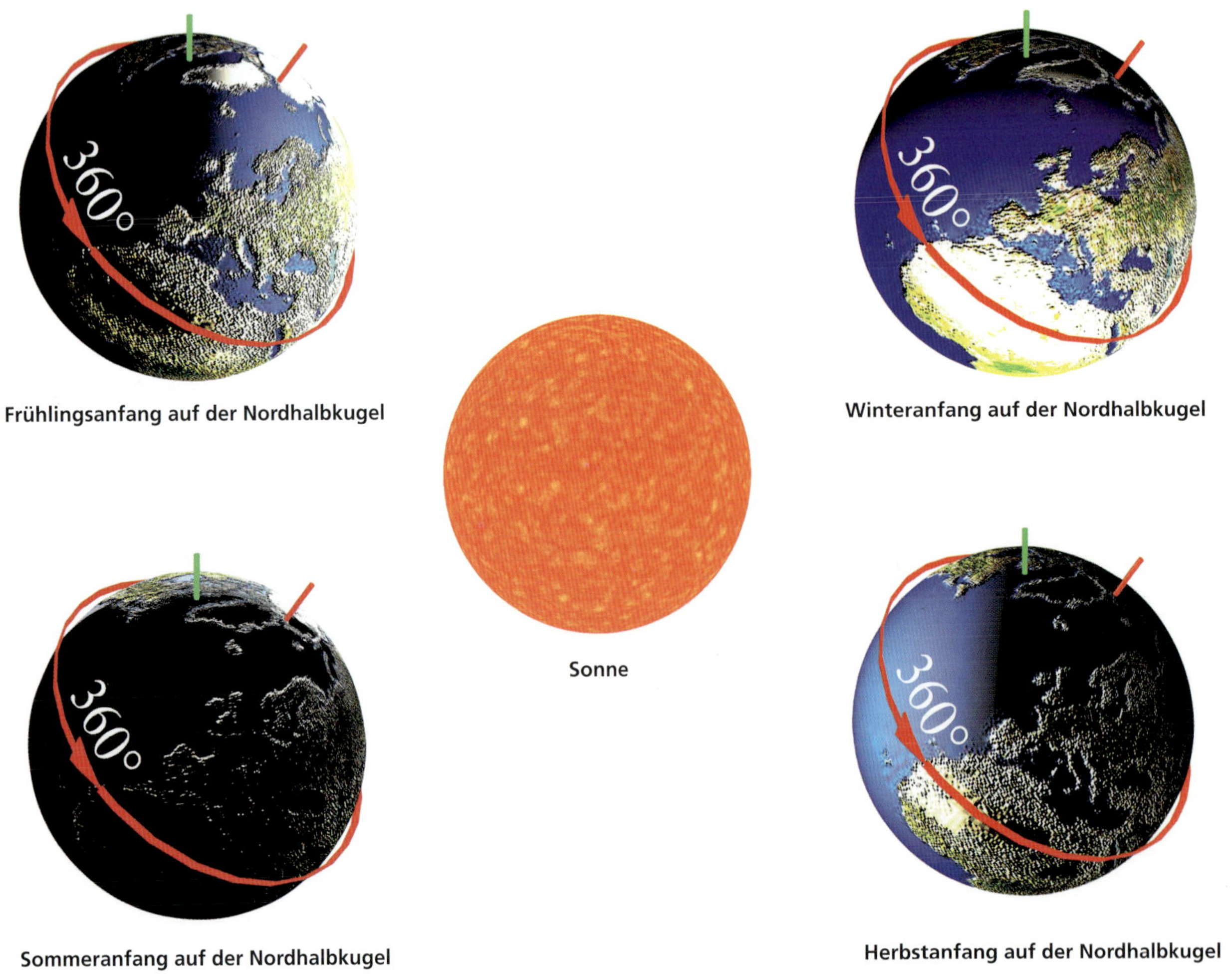

Die Tierkreiszeichen

Innerhalb der Himmelskugel gibt es eine etwa 16 Grad breite Zone, die als Tierkreis bezeichnet wird. Sie liegt beiderseits der Ekliptik, also der scheinbaren Jahresbahn der Sonne am Himmel. Auch die Planeten des Sonnensystems – mit Ausnahme Plutos – bewegen sich auf dieser Ebene.

Der Tierkreis besteht aus zwölf Sternbildern von je 30 Grad Einteilungen, die insgesamt also den ganzen Kreis von 360 Grad bedecken. Jeder Teil der Erdbahnebene wird, am Frühlingspunkt beginnend, nach einem Tierkreissternbild benannt.

Die Tierkreiszeichen sind Widder, Stier, Zwillinge, Krebs, Löwe, Jungfrau, Waage, Skorpion, Schütze, Steinbock, Wassermann und Fische. Der Ursprung der meisten heute verwendeten Tierkreissternbilder geht auf die Sternbilderkunde der Griechen, zum Teil auch der Babylonier und Ägypter zurück.

Die Punkte, an denen sich die Sonne zu Beginn der vier Jahreszeiten befindet, heißen Frühlings-, Sommer-, Herbst- und Winterpunkt. Die Tag-und-Nacht-Gleichen in Frühjahr und Herbst bezeichnet man als Äquinoktium, die Sonnenwenden am 21. oder 22. Juni und am 21. oder 22. Dezember heißen Solstitium.

Durch die Anziehungskraft von Sonne und Mond auf den Äquatorwulst der Erde beschreibt die Erdachse eine langsame Drehung. Innerhalb von fast 26.000 Jahren schwingt sie wie ein schräg stehender Kreisel um die Senkrechte auf der Erdbahnebene herum. Durch dieses Präzession genannte Phänomen rücken Sternbilder und Zeichen innerhalb der Jahrtausende auseinander. So steht mittlerweile das Tierkreiszeichen Widder im Sternbild Fische und das Zeichen Stier im Sternbild Widder. Auch der Frühlingspunkt verschiebt sich durch diese Kreiselbewegung. Eine weitere Konsequenz dieser Erscheinung besteht darin, dass der Polarstern in Zukunft seine besondere Rolle in der Nähe des Himmelspols verlieren wird.

Die Symbole der Tierkreissternbilder

Die bis heute verwendeten Sternbilder sind größtenteils griechischen, babylonischen oder ägyptischen Ursprungs. Ihre heute gültige Mythologie wurde in griechischer Zeit weitgehend vereinheitlicht.

Das romantische Schauspiel der Rötung der untergehenden Sonne entsteht durch eine veränderte Lichtstreuung.

Sonnenauf- und Sonnenuntergang

Seit Menschengedenken wird unser Leben auf der Erde durch den regelmäßigen Wechsel von Tag und Nacht geprägt. Dieses war noch stärker der Fall, bevor uns die Technik das künstlich erzeugte Licht bescherte. Doch warum geht die Sonne auf und wieder unter? Grund dafür ist die Erddrehung: Unser Heimatplanet dreht sich innerhalb eines Tages einmal um die eigene Achse, während sich die Position zur Sonne nur langsam ändert. Dadurch ist immer wieder ein anderer Teil der Erdkugel der Sonne zugewandt.

Am Ende der Nacht geht die Sonne am östlichen Horizont auf. Das Schauspiel beginnt mit der Dämmerung. Die Sonne steht noch in einem schrägen Winkel zur Erdatmosphäre, sodass das Sonnenlicht nur die oberen Luftschichten durchdringt. Diese zerstreuen das Licht und es kommt zu der als Dämmerung bezeichneten Aufhellung des Himmels.

Tagsüber erscheint der wolkenlose Himmel in einem strahlenden Blau. Wie der Engländer Lord Rayleigh (1842–1919), Physiker und Nobelpreisträger, im Jahr 1871 herausfand, entsteht dieses Himmelsblau durch die Streuung des Sonnenlichts an winzigen Partikeln in der Erdatmosphäre. Diese sind wesentlich kleiner als die Wellenlänge des Lichts, weswegen der kurzwellige, blaue Anteil des Lichts wesentlich stärker gestreut wird als das langwellige rote Licht.

Mittags wird die Atmosphäre gleichmäßig über den gesamten Horizont von der Sonne beleuchtet. Jetzt erscheint die Sonne gelb, und auch in der Ferne liegende Regengebiete wirken gelblich. Das liegt an der Streuung des direkt von oben eintretenden Lichts der Sonne.

Am Ende eines Tages neigt sich die Sonne dem Westhorizont zu. Nun müssen die Sonnenstrahlen eine dickere Atmosphärenschicht durchdringen. Dabei verliert sich allmählich die für uns als Himmelsblau erkennbare Streuung des kurzwelligen Lichtanteils. Die Sonne erscheint zunächst in einem noch dunkleren Gelb und geht dann in eine Rottönung über, bevor sie schließlich unter dem Horizont verschwindet. Sobald die Sonne versunken

Bedingt durch die Rotation der Erde „wandert" die Sonne scheinbar über den Himmel.

ist, taucht im Osten der zu Beginn noch blasse Erdschatten auf. Die Blauschattierungen des Himmels werden immer dunkler, bis der Himmel vom Erdschatten erreicht wird. Es erscheinen die ersten Sterne.

Die astronomische Dämmerung wird erreicht, wenn die Sonne 18 Grad unter dem Horizont steht. So lange werden die oberen Luftschichten, die ja das Licht zerstreuen, noch vom Sonnenlicht erfasst. Die Länge eines Tages, d.h. die Zeit zwischen Sonnenauf- und Sonnenuntergang, hängt von der Jahreszeit und der geografischen Breite, in der sich der Beobachter befindet, ab.

Mondlauf

Der Mond rotiert von Westen nach Osten um die Erde. Den gleichen Weg beschreibt die Erde bei ihrer Eigendrehung und bei ihrem Lauf um die Sonne. Ein Mondumlauf dauert 27,3 Tage. Genauso lange benötigt er auch für eine Drehung um die eigene Achse. Man spricht daher von einer „gebundenen Rotation".

Aus diesem Grunde können wir immer nur die gleiche Mondseite von der Erde aus sehen. Dieses Phänomen findet man in unserem Sonnensystem auch noch bei Pluto und seinem Mond Charon. Erde und Mond kreisen um einen gemeinsamen Schwerpunkt. Aufgrund der viel größeren Masse der Erde im Verhältnis zu der des Mondes liegt dieser aber nicht zwischen beiden Körpern, sondern noch innerhalb der Erdkugel.

Die Bahn des Mondes um die Erde ist nicht kreisförmig, sondern elliptisch. Das führt dazu, dass die Geschwindigkeit des Mondes auf seiner Bahn gewissen Schwankungen unterliegt: In Erdnähe läuft der Mond schneller als in Erdferne. Die Rotation des Mondes um die eigene Achse ist aber konstant. Zusätzlich ist die Mondachse noch leicht zur Senkrechten

Tag und Nacht ergeben sich durch die Rotation der Erde um die eigene Achse. Die Tageslänge, also die Zeit zwischen Sonnenauf- und Sonnenuntergang, variiert im Lauf eines Jahres. Je nachdem, in welchem Einfallswinkel die Sonne auf ihrer scheinbaren Bahn die Erdoberfläche erreicht, ergeben sich unterschiedlich lange Tag- und Nachtstunden.

„Erdaufgang" vom Mond aus gesehen

Die Mondphasen sowie Mond- bzw. Sonnenfinsternisse entstehen durch den Umlauf des Mondes um die Erde.

der Bahnebene geneigt. Dies alles führt zu einer als Libration bezeichneten pendelnden Mondbewegung, die dafür sorgt, dass im Laufe der Zeit doch mehr als die Hälfte der Mondoberfläche (ca. 59 Prozent) zu sehen ist. Während des Umlaufs ändert unser Begleiter seine Phasen von Neumond bis Vollmond. Diese entstehen, weil sich der Winkel des einfallenden Sonnenlichts ändert.

Bei Neumond steht der Erdtrabant in Konjunktion zur Sonne, d.h. zwischen Sonne und Erde. Uns ist nur die nicht beleuchtete Seite zugewandt, weshalb wir sie auch nicht sehen können. Im ersten Viertel (zunehmender Mond) ist etwa die Hälfte der erdzugewandten Seite beleuchtet. Wir sehen den Mond je nach Bewölkung eventuell am Nachmittag und dann während der ersten Nachtstunden.

Bei Vollmond ist er die ganze Nacht vollständig zu erkennen. Er steht im Verhältnis zur Erde in Opposition zur Sonne, also, von der Sonne aus gesehen, hinter der Erde, und die uns zugewandte Halbkugel wird komplett angestrahlt.

Im letzten Viertel (abnehmender Mond) ist in der zweiten Nachthälfte ein halber Mond zu sehen. Der Übergang zwischen hellen und dunklen Mondgebieten wird „Terminator“ genannt.

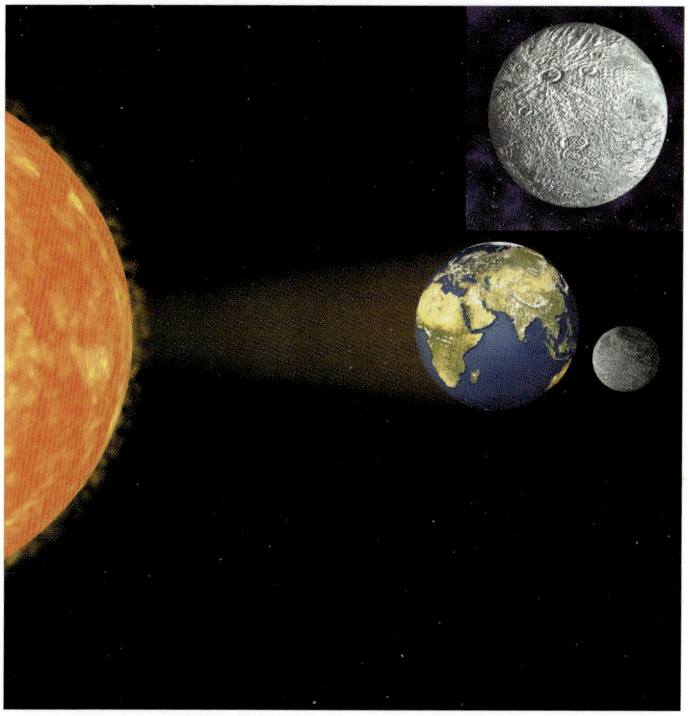

Der Mond ist das hellste Objekt am Nachthimmel. Welchen Teil des reflektierten Mondlichts wir sehen können, hängt von den Mondphasen, also von der Konstellation der Sonne zur Erde und zum Mond, ab.

Wie genau das Universum aussieht, ist der Wissenschaft bis heute ein Rätsel.

Entwicklung des Universums

Die Wissenschaft, die sich mit der Entstehung, Entwicklung und der Zukunft unseres Universums beschäftigt, nennt man Kosmologie. Die Kosmologen entwickelten im Laufe der Zeit die unterschiedlichsten Weltmodelle, darunter statische Universen, die sich nie verändern, und einige weitere, wie das heute allgemein akzeptierte Modell des expandierenden Universums. Ein besonderes Problem dieser Wissenschaft liegt darin, dass Kosmologen nicht viele Möglichkeiten haben, ihre Theorien zu überprüfen, und manche Zahl, die gerade noch messbar ist, lässt sich nur sehr ungenau bestimmen. Deswegen veränderte sich zum Beispiel das angenommene Alter des Weltalls in den letzten Jahrzehnten regelmäßig um ein paar Milliarden Jahre.

Die Geburt des Universums wird in einer heute weit verbreiteten Theorie als Urknall oder „Big Bang" bezeichnet. Irgendwann vor vermutlich 13 Milliarden Jahren sind Zeit, Raum und Materie bei diesem anfänglichen Feuerwerk entstanden. Der Urknall war aber nicht vergleichbar mit einer gewöhnlichen Explosion, bei der die Materie von einem Punkt aus in alle Richtungen versprengt wird. Man kann sich die Vorgänge vielmehr anhand des Bilds eines Luftballons veranschaulichen, der aufgeblasen wird: Auf der Oberfläche des Ballons befinden sich die Galaxien, die beim Aufblasen alle auseinander streben. Trotzdem gibt es auf der Oberfläche des Luftballons keinerlei Zentrum.

Urknall

Warum verabschiedeten sich die Kosmologen nun aber im letzten Jahrhundert von der Idee eines beständigen Universums und ersetzten es durch ein Modell, das mit einem dramatischen Startschuss begann und seitdem nicht mehr zur Ruhe gekommen ist? Die entscheidende Entdeckung machte 1929 der amerikanische Astronom Edwin Hubble. Er bemerkte, dass die von der Erde aus beobachtbaren Galaxien von uns wegstreben und zwar umso schneller, je weiter sie von uns entfernt sind. Die Konstante, die das Verhältnis von Entfernung und Fluchtgeschwindigkeit bestimmt, wird inzwischen nach ihrem Entdecker Hubble-Konstante genannt. Sie gibt die Fluchtgeschwindigkeit als Wert pro eine Million Parsec (also ein Megaparsec; ein Parsec entspricht einer Distanz von 3,09 x 10^{13} km) Entfernung an und liegt bei 75 Kilometer pro Sekunde pro Megaparsec. Wenn jetzt aber alle Galaxien auseinander driften, so müssen sie früher einmal viel dichter beieinander gelegen haben. Es gab also wahrscheinlich einen Anfang des Universums.

Ein weiteres wichtiges Indiz dafür, dass es den Urknall tatsächlich gegeben hat, fanden 1965 der deutsch-amerikanische Astrophysiker Arno Allan Penzias (geb. 1933) und der amerikanische Astrophysiker Robert Woodrow Wilson (geb. 1936). Sie entdeckten bei Messungen zufällig ein starkes Hintergrundrauschen und fanden so den Beleg für eine aus allen Himmelsrichtungen gleichmäßig eintreffende Strahlung, die aus dem Weltall stammte. Sie ist unter dem Namen 3-Kelvin-Hintergrundstrahlung bekannt (drei Grad Kelvin sind drei Grad über dem absoluten Nullpunkt von –273,15 Grad Celsius) und gilt quasi als Restenergie des Urknalls. Sie zeugt von der unvorstellbaren Strahlung eines gewaltigen Feuerballs aus extrem verdichtetem, glühendem Gas mit unvorstellbar hoher Temperatur, das sich in Bruchteilen von Sekunden ausdehnt und damit auch abkühlt.

Nach nur wenigen Minuten sinkt die Temperatur auf eine Milliarde Grad und Kernreaktionen setzen ein: Berechnungen zeigen, dass zu diesem Zeitpunkt rund 75 Prozent Wasserstoff und etwa 25 Prozent Helium entstanden sein müssen. Am Ende der so genannten Strahlungs-Ära konnten die Wasserstoff- und Heliumkerne Elektronen binden und so neutrale Atome bilden. Das Weltall wurde durchsichtig, die kosmische Hintergrundstrahlung wurde frei – etwa 300.000 Jahre nach dem Urknall.

Der Urknall gilt als die Geburtsstunde des Universums.

Entwicklungsphasen nach dem Urknall

Zeitalter	**Entwicklung**
Planck-Ära:	Das Weltall zeigt die größtmögliche Einfachheit. Alle vier Naturkräfte sind vermutlich noch in einer einzigen Kraft vereint.
Quark-Ära:	Quarks, Leptonen und Photonen entstehen.
Hadronen-Ära:	Die Quarks bilden stabile Protonen und Neutronen.
Leptonen-Ära:	Entstehung stabiler Elektronen.
Strahlungs-Ära:	Bildung von Deuterium, Tritium und Helium. Es entsteht neutraler Wasserstoff.
Materie-Ära:	Galaxien und Sterne entwickeln sich. In dieser Epoche leben wir noch heute.

Erstmals konnten die Astronomen Arno Penzias und Robert Wilson 1965 die so genannte kosmische Hintergrundstrahlung, ein Relikt des Urknalls, mit einem Radioteleskop nachweisen.

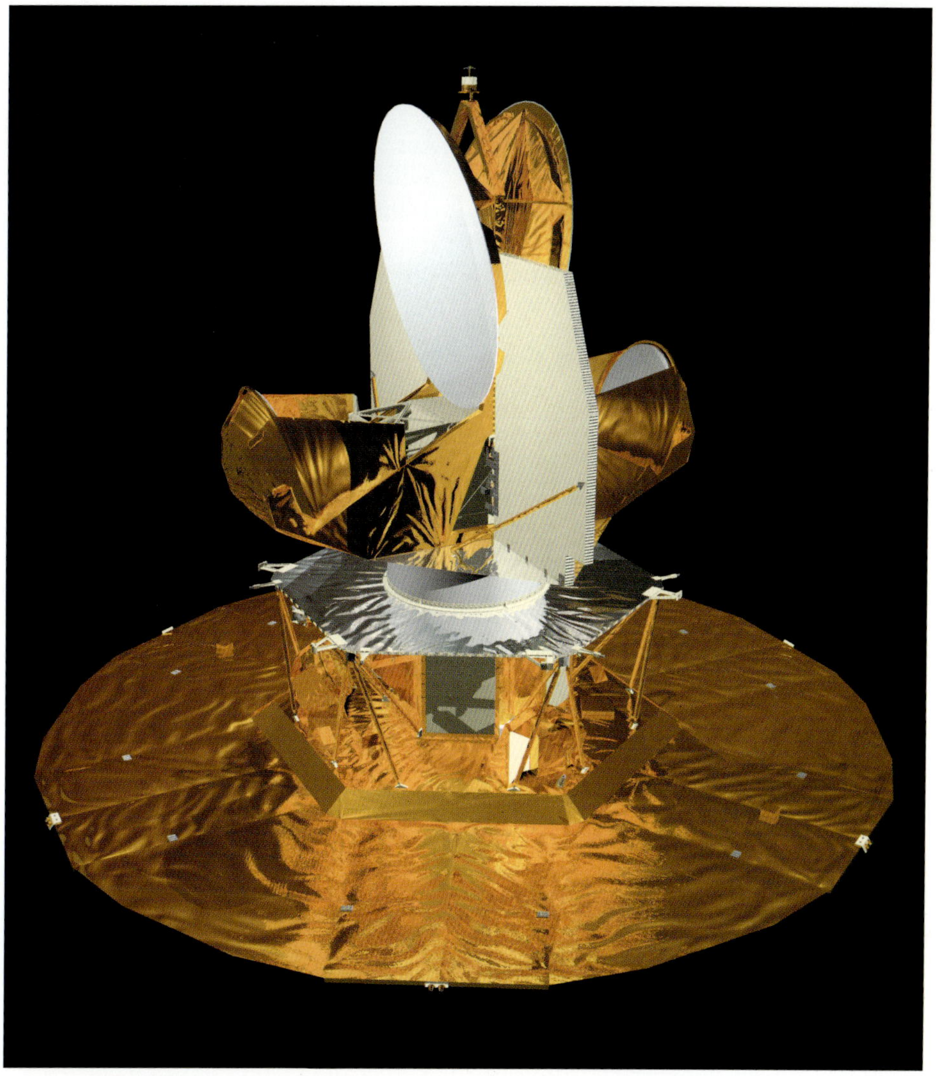

Am 30. Juni 2001 startete die Raumsonde MAP (Microwave Anisotropy Probe) mit dem Ziel, die kosmische Hintergrundstrahlung genau zu vermessen und winzige Unterschiede in der Strahlungsintensität zu kartografieren. Für 2007 plant die NASA eine weitere Expedition mit dem Namen „Planck", um die Strahlung mit noch dreifach höherer Auflösung zu vermessen und dem Geheimnis des Urknalls noch näher zu kommen.

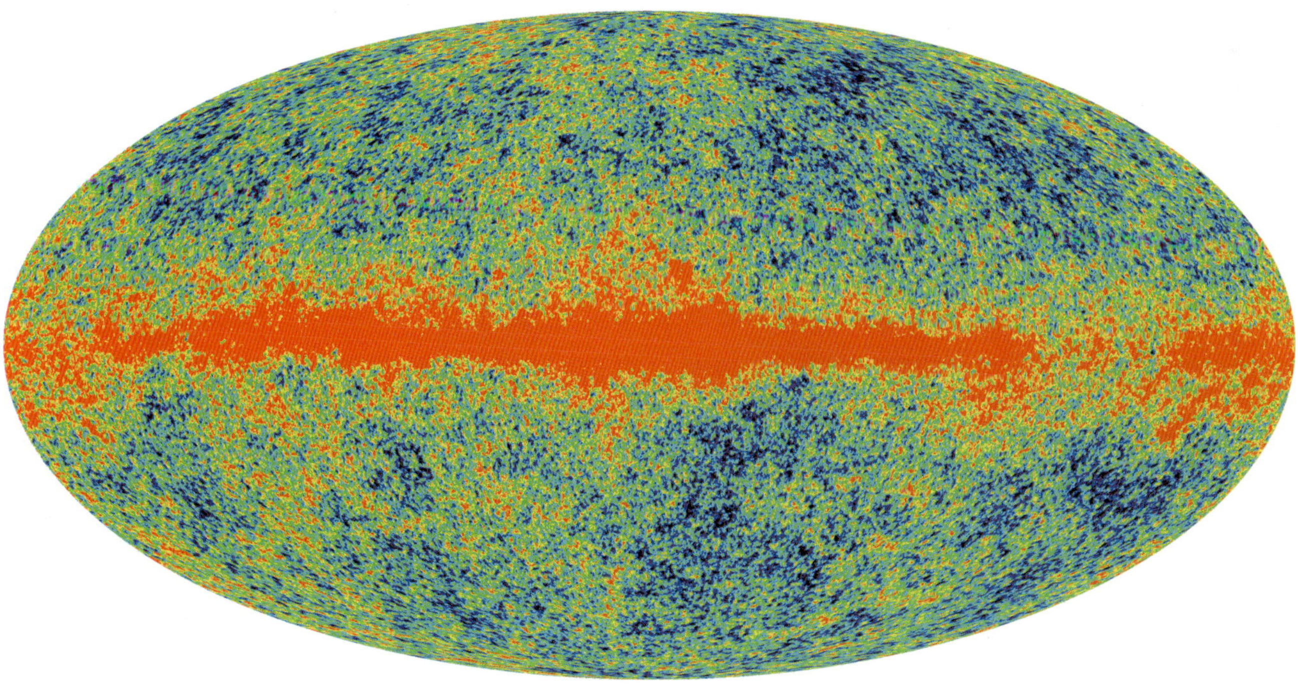

Links: Nach der heute weitgehend anerkannten Theorie entstand das Universum vor ca. 13 Milliarden Jahren im Urknall.

Im April 2002 hatte die Sonde bereits ein erstes vollständiges Bild der kosmischen Hintergrundstrahlung geliefert. Die Farbunterschiede weisen auf winzige Temperaturunterschiede in der Strahlung hin.

Die Entstehung von Sternen

Es ist den Astronomen schon seit langem bekannt, dass der Raum zwischen den Sternen oder Sonnen kein vollkommenes Vakuum ist. Er ist mit einer Mischung aus Gas und winzigen Teilchen, dem so genannten „interstellaren Staub", gefüllt. Diese interstellare Materie ist nicht gleichmäßig verteilt, sondern oft zu wolkenartigen Komplexen konzentriert, die einen Durchmesser von bis zu 30 Lichtjahren haben können. Die in ihnen enthaltene Masse entspricht etwa der zehn- bis 10.000fachen Masse unserer Sonne. Diese interstellaren Wolken sind der Geburtsort von Sternen und Planetensystemen.

Das in ihnen enthaltene Gas besteht zum größten Teil aus Wasserstoff. Rund 20 Prozent können aber auch Helium sein. In diesen Gaswolken finden sich pro Kubikzentimeter nur etwa 100 bis 10.000 Teilchen. An den dichtesten Stellen sind es bis zu 100 Millionen Teilchen. Zum Vergleich: In einem Kubikzentimeter Luft unserer Atmosphäre befinden sich rund 27 Trillionen Teilchen, in der Nachbarschaft unseres Sonnensystems, also außerhalb einer Gaswolke, findet man nur 0,1 Wasserstoffatom pro Kubikzentimeter. Wegen der, gemessen an irdischen Gasen, sehr geringen Dichte in der interstellaren Gaswolke kollidieren Atome und Moleküle nicht sehr oft miteinander. Der Druck in diesem Gas und die Temperatur, die eine Funktion der mittleren Teilchengeschwindigkeit ist, sind gering. Aus diesem Grund senden die Wolken auch kein Licht aus. Lediglich ihre Radiostrahlung kann nachgewiesen werden.

Die Schwerkraft der Wolken reicht bei der geringen Dichte trotz der niedrigen Temperatur nicht aus, um eine Verdichtung zu Sternen anzuregen. Wodurch also die Sternentstehung tatsächlich ausgelöst wird, ist noch nicht genau bekannt. Irgendwann aber beginnen diese dunklen Gaswolken zu kollabieren. Sie ziehen sich unter der eigenen Schwerkraft zusammen. Manche Astronomen glauben, dass Stoßwellen von Supernova-Explosionen, d.h. dem explosiven Ende eines massereichen Sterns, oder starke Sonnenwinde benachbarter Riesensterne die Kontraktion einer interstellaren Wolke einleiten könnten. Mit der beginnenden Zusammenballung setzen mehrere Effekte ein: Der Druck und damit die Temperatur erhöhen sich und die Rotationsgeschwindigkeit der Wolke nimmt zu, da der Drehimpuls der Wolke nach den Gesetzen der Physik erhalten bleiben muss. Dieses Phänomen ist etwa vom Eiskunstlauf bekannt. Wenn ein Eiskunstläufer bei einer Drehung seine Arme an den Körper zieht, dreht er sich schneller.

Innerhalb einer Gaswolke ist die Konzentration der Materie nicht gleichmäßig. An den dichteren Stellen sammelt sich immer mehr Gas an, während andere Bereiche der Wolke zugleich ausgedünnt werden. Es kommt zum Zerfall der Wolke in einzelne Fragmente, die sich individuell zu Sternen weiterentwickeln können. Ab einer Dichte von etwa einer Milliarde Moleküle pro Kubikzentimeter beginnt schließlich ein sich ständig beschleunigender Kollaps. Um die sich mit immer größerer Geschwindigkeit drehende Masse, die man nun Protostern nennt, bildet sich eine flache Scheibe, die Gas, aber auch größere Staubpartikel enthält. Aus ihr können später einmal Planeten entstehen. Kollabiert der Protostern weiter, nehmen Dichte und Temperatur also weiter zu, werden ab einer Temperatur von etwa 2.000 Grad die Wasserstoffmoleküle in einzelne Atome aufgespalten. Der Protostern hat jetzt eine Oberflächentemperatur von rund 700 Grad und recht wenig mit einem fertigen Stern gemein: Der Durchmesser beträgt immer noch mehrere Millionen Kilometer.

Die weitere Kontraktion und die damit verbundene Druckerhöhung im Kern des Protosterns bewirken nun so hohe Temperaturen, dass die Wasserstoffatome ihre Elektronen verlieren. Bei einer Temperatur von 15 Millionen Grad setzen schließlich Kernfusionsprozesse wie auf unserer Sonne ein: Ein neuer Stern ist geboren. Die aus seinem Zentrum stammende Strahlung stoppt nun den Kollaps des Protosterns. Er befindet sich im so genannten hydrostatischen Gleichgewicht

In der Umgebung der gerade geborenen Sonne bilden sich kleine Protoplaneten, die immer mehr Materie aus dem Nebel der Umgebung an sich ziehen und so weiterwachsen können. Am Ende der Entwicklung steht das uns bekannte Planetensystem.

und verbrennt in seinem Inneren Wasserstoff zu Helium. Wie lange die Geburt eines Sterns dauert, hängt ganz entscheidend von seiner Masse ab und kann zwischen einigen 10.000 Jahren bis zu vielen Millionen Jahren dauern.

Auch unsere Sonne ist vor etwa 4,5 Milliarden Jahren auf diese Art und Weise entstanden. Nach den Modellen der Astrophysiker wird sie noch einige Milliarden Jahre in der Lage sein, ihren Wasserstoff zu Helium zu verbrennen. Erst dann wird der Wasserstoffvorrat im Innern der Sonne zu Ende gehen und damit eine recht unruhige Phase in ihrem Leben beginnen: Sie bläht sich auf und wird zu einem Roten Riesen. Vermutlich „verschluckt" sie dabei die inneren Planeten, die Atmosphäre der Erde ist dann aber schon längst verdampft. Unsere Sonne endet als kleiner glühender Sternrest, als so genannter Weißer Zwerg. In den nun folgenden Jahrmilliarden kühlt sie sich immer weiter ab.

Die Entstehung von Planeten

Ein Planet ist ein Himmelskörper, in dem keine nuklearen Fusionsprozesse ablaufen und der sich auf einer Umlaufbahn um einen Stern bewegt. Die Entstehung von Planeten steht nach heutiger Auffassung der Astronomen in unmittelbarem Zusammenhang mit der Entstehung von Sternen. Sterne und ihre Planeten, so die Theorien der Astronomen, bilden sich aus der gleichen Gas- und Staubwolke. Dies wird durch ständige aktuelle Beobachtungen von Sternentstehungsgebieten und durch moderne Computersimulationen bestätigt.

Ausgangspunkt für die Planetenentstehung sind die Gas- und Staubscheiben, die man um gerade entstehende Sterne beobachtet hat. Die winzigen Partikel in dieser so genannten protoplanetaren Scheibe kollidieren miteinander, verbinden sich und verschmelzen zu immer größer werdenden Objekten.

Diese Planetenkeime, die einen Durchmesser zwischen 100 und 1.000 Metern erreichen können, werden von den Astrophysikern „Planetesimale" genannt. Ihre Masse ist irgendwann so groß, dass allein durch ihre Schwerkraft weiteres Material angezogen wird und diese Urplaneten dann immer weiterwachsen.

Auch die weitere Entwicklung der Planeten verläuft nach den Modellen der Astrophysiker nicht ganz ungestört, denn zwischen den einzelnen Planetesimalen kann es immer noch zu Kollisionen kommen. Zudem ist bekannt, dass von jungen Sternen ein äußerst heftiger Sonnenwind ausgeht. Dieser dürfte dafür verantwortlich sein, dass die inneren Planeten die leichtesten Elemente, Wasserstoff und Helium, verloren haben: Der intensive Sonnenwind fegte die Hüllen aus diesen Gasen einfach weg. Bei den weiter entfernt liegenden Planeten sieht es hingegen anders aus: Sie können den größten Teil ihrer Wasserstoffhüllen halten. Der Sonnenwind sorgt schließlich auch noch für den weiteren Effekt, dass das meiste Material, das bisher für das weitere Anwachsen der Planeten sorgte, aus dem jungen Sonnensystem hinausgeblasen wird, sodass nach einiger Zeit ein recht stabiler Zustand erreicht ist.

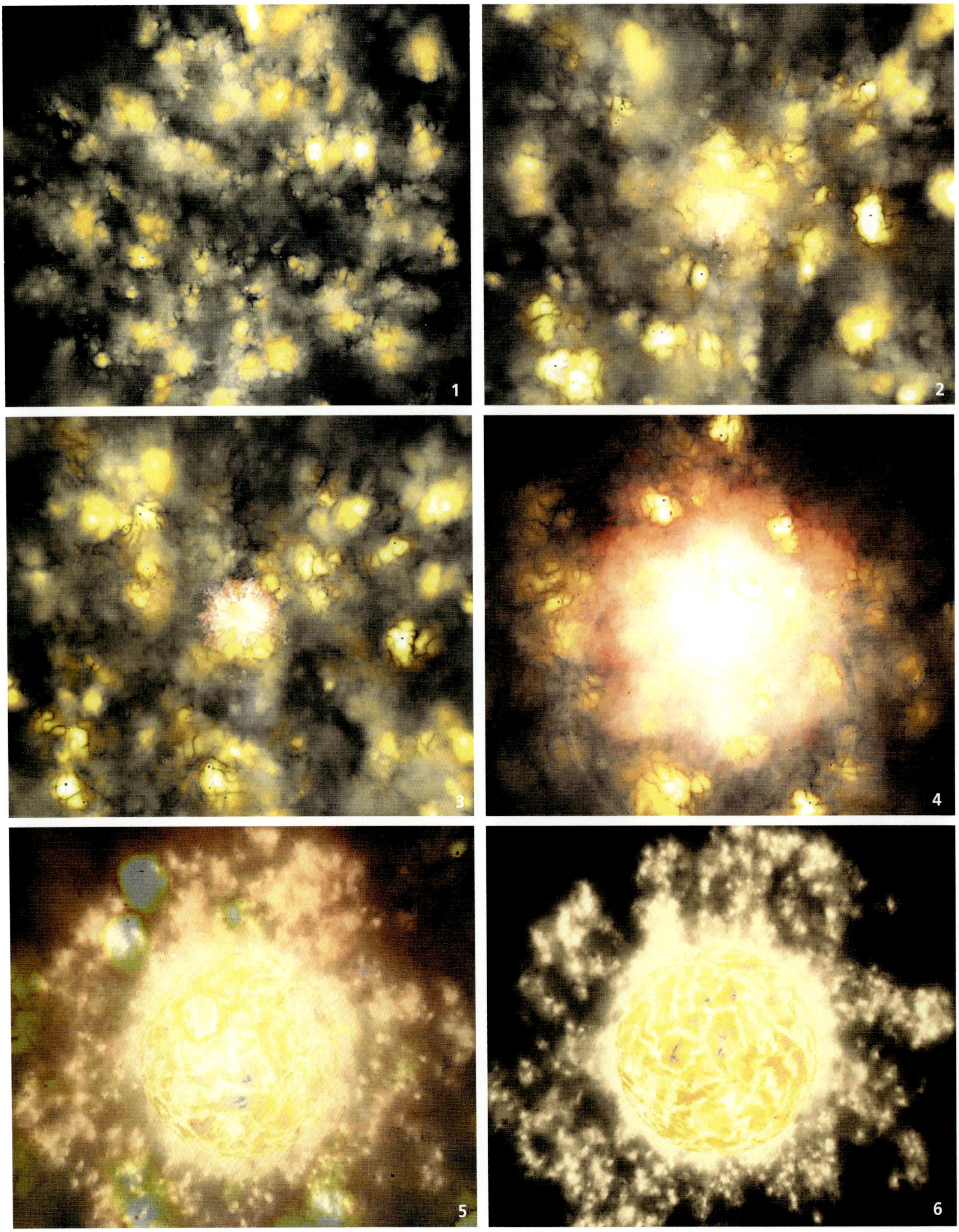

Die Entwicklungsphasen eines Sterns: von einer großen Gaswolke bis zur Ursonne

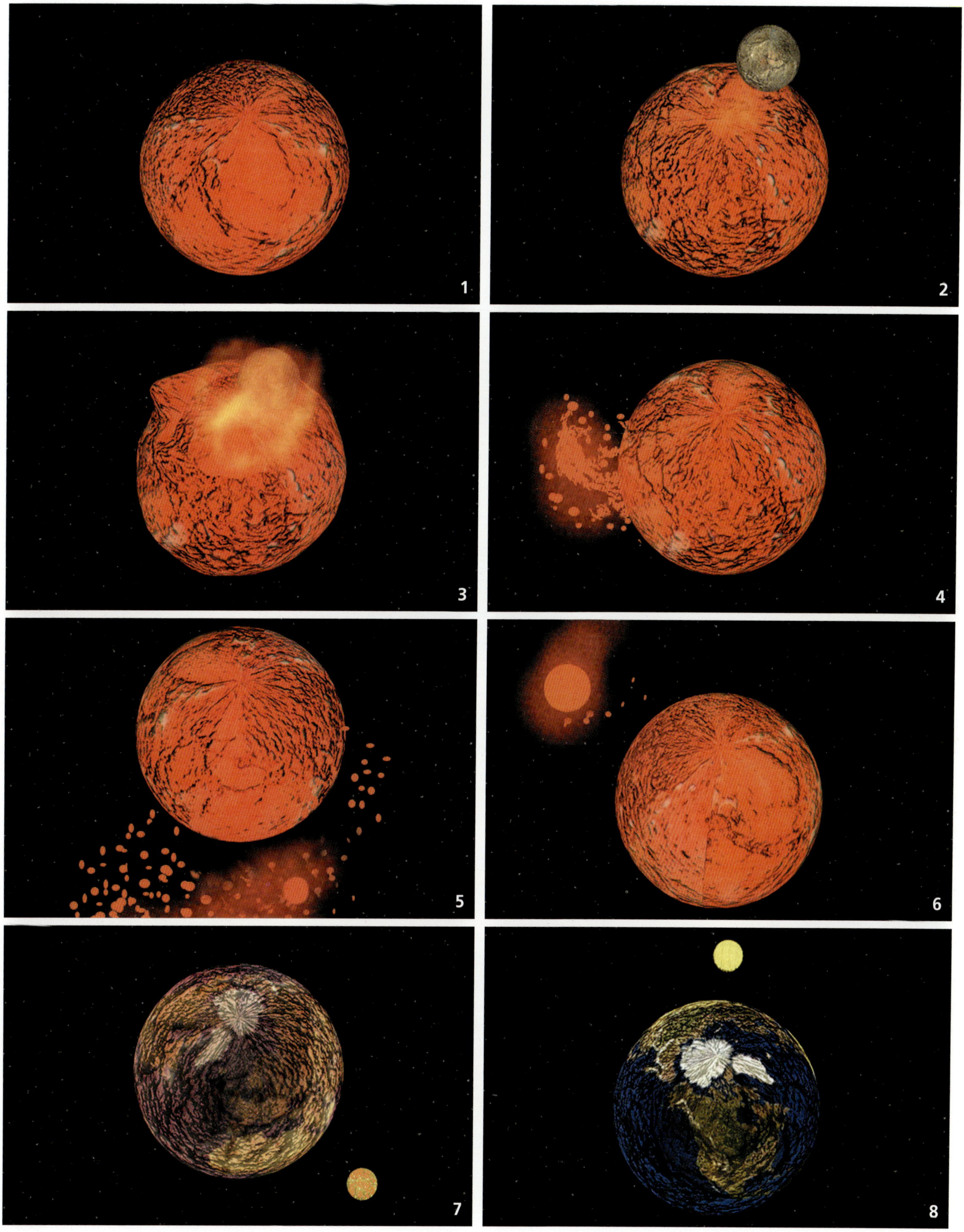

Eine Theorie zur Entstehung des Erdmonds besagt, dass in der Frühzeit des Sonnensystems ein kleinerer Planet mit der noch jungen Erde kollidiert ist. Durch den Aufprall wurde der kleine Planet vollständig zerstört, seine Trümmer und Material aus der noch flüssigen Erdkruste sollen schließlich den heutigen Mond gebildet haben.

Das Sonnensystem

Um das Zentralgestirn unseres Sonnensystems kreisen entgegen dem Uhrzeigersinn die neun Planeten mit ihren Monden. Die Bahnen der Planeten sind zueinander nur wenig geneigt, sie liegen also nahezu in der gleichen Ebene. Der sonnennächste Planet ist Merkur. Darauf folgen Venus, Erde, Mars, Jupiter, Saturn, Uranus, Neptun und Pluto. Die ersten vier (Merkur, Venus, Erde, Mars) nennt man erdähnliche Planeten. Sie haben eine vergleichsweise geringe Masse, keine oder eine nur dünne Atmosphäre und ihre Oberfläche besteht aus Gestein.

Zwischen Mars und dem nächsten Planeten Jupiter liegt der so genannte Asteroidengürtel. Jupiter, Saturn, Uranus und Neptun sind wesentlich massereicher als die erdähnlichen und werden daher Riesenplaneten genannt. Sie haben keine feste Oberfläche und werden zudem von einer mächtigen Atmosphäre umgeben. Pluto, der äußerste Planet unseres Sonnensystems, hat die ungewöhnlichste Umlaufbahn um die Sonne, die so lang gestreckt ist, dass sie diejenige von Neptun schneidet.

Vorhandene Krater scheinen durch flüssiges, aus dem Mondinneren aufgestiegenes Material wieder aufgefüllt worden zu sein.

Links: Die Sonne, die Planeten, Planetoiden, Kometen und Meteoriten ergeben unser Sonnensystem.

Physikalische Daten der Planetenmonde

Viele Monde umkreisen ihren Planeten in einer gebundenen Rotation, d.h., die Rotationszeit des Mondes ist identisch mit dessen Umlaufzeit um den Planeten. In der Spalte „Rotationsperiode“ (auf S. 48/49) ist in diesem Fall ein „G“ vermerkt. Die beiden dort nicht aufgeführten Planeten Merkur und Venus besitzen keine Monde.

Die Planeten des Sonnensystems

Planet	Mittlere Entfernung von der Sonne (in Mio. km)	Umlaufzeit um die Sonne (Tage T/Jahre J)	Rotations-dauer (Stunden h/ Minuten min)	Äquator-durch-messer (km)	Volumen (Erde=1)	Masse (Erde=1)	Dichte (g/cm³)	Zahl der Monde	Ring-sys-tem
Merkur	57,9	87,9 T.	58,6 T.	4.880	0,06	0,055	5,42	0	–
Venus	108,2	224,7 T.	243 T.	12.104	0,88	0,813	5,25	0	–
Erde	149,6	365,3 T.	1 T.	12.756	1	1	5,517	1	–
Mars	227	686,98 T.	24 h 37 min	6.793	0,151	0,108	3,94	2	–
Jupiter	778,3	11,86 J.	9 h 50 min	143.800	1318	317,9	1,314	über 40	ja
Saturn	1.427	29,46 J.	10 h 14 min	120.000	755	95,1	0,69	über 25	ja
Uranus	2.870	84,02 J.	17 h 14 min	52.300	67	14,6	1,19	über 20	ja
Neptun	4.497	164,8 J.	17 h 50 min	49.500	57	17,2	1,66	2	?
Pluto	5.899	247,7 J.	6,38 T.	2.200	0,005	0,002	2,1	1	–

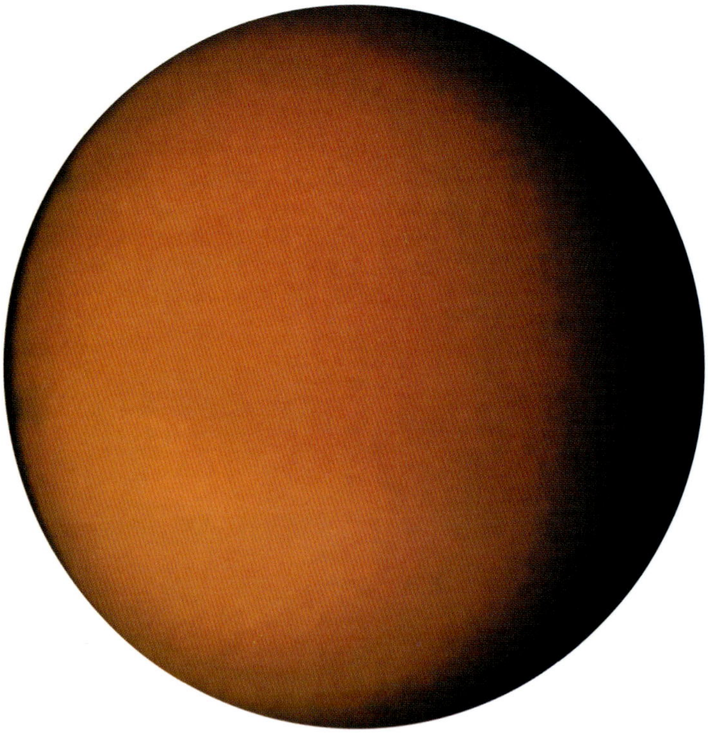

Der Saturnmond Titan besitzt eine dichte Atmosphäre, die keinen Blick auf seine Oberfläche zulässt.

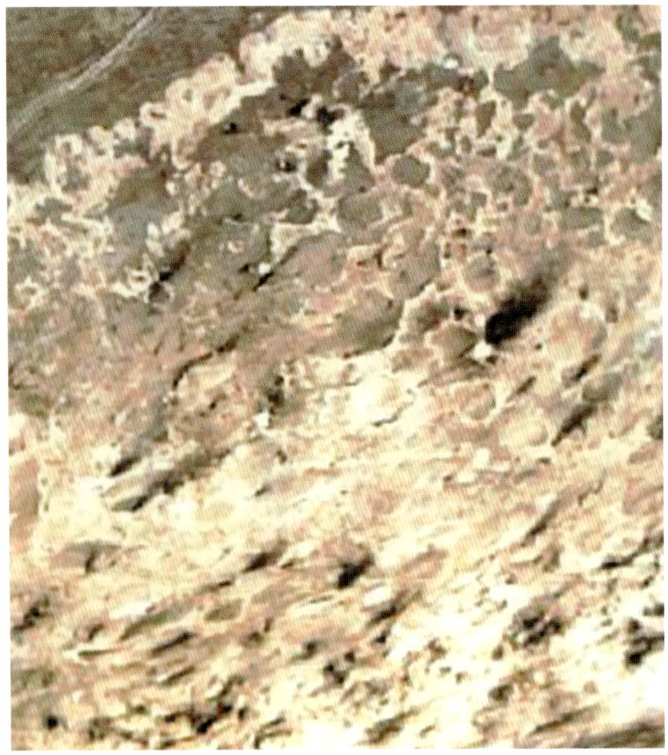

Die Oberfläche des Neptunmondes Triton scheint recht jung, da man wenige Einschlagkrater auf ihm findet.

Physikalische Daten der wichtigsten Planetenmonde

Planet	Mond.-Nr.	Satellit	Masse relativ zum Planeten	Größter Durchmesser (in km)	Rotationsperiode	Bahnneigung gegen Planetenäquator (in Grad)
Erde		Mond	0,01230002	3.476	G	18,28–28,58
Mars	I	Phobos	$1{,}5 \times 10^{-8}$	27	G	1
	II	Deimos	3×10^{-9}	15	G	0,9–2,7
Jupiter	I	Io	$4{,}7 \times 10^{-5}$	3.630	G	0,04
	II	Europa	$2{,}5 \times 10^{-5}$	3.400	G	0,47
	III	Ganymed	$7{,}8 \times 10^{-5}$	5.262	G	0,21
	IV	Kallisto	$5{,}7 \times 10^{-5}$	4.800	G	0,51
	V	Amalthea	38×10^{-10}	270	G	0,4
	VI	Himalia	1×10^{-9}	170	9,5 Stunden	27,63
	VII	Elara	4×10^{-10}	76		24,77
	VIII	Pasiphae	1×10^{-10}	50		145
	IX	Sinope	$0{,}4 \times 10^{-10}$	36		153
	X	Lysithea	$0{,}4 \times 10^{-10}$	36		29,02
	XI	Carme	$0{,}5 \times 10^{-10}$	40		164
	XII	Ananke	$0{,}2 \times 10^{-10}$	30		147
	XIII	Leda	$0{,}03 \times 10^{-10}$	16		26,07
	XIV	Thebe	4×10^{-10}	110	G	0,8
	XV	Adrastea	$0{,}1 \times 10^{-10}$	25	G	~0
	XVI	Metis	$0{,}5 \times 10^{-10}$	40	G	~0
Saturn	I	Mimas	$8{,}0 \times 10^{-8}$	392	G	1,53
	II	Enceladus	$1{,}3 \times 10^{-7}$	500	G	0,02

Physikalische Daten der wichtigsten Planetenmonde (Fortsetzung)

Planet	Mond.-Nr.	Satellit	Masse relativ zum Planeten	Größter Durchmesser (in km)	Rotationsperiode	Bahnneigung gegen Planetenäquator (in Grad)
Saturn	III	Tethys	$1{,}3 \times 10^{-6}$	1.060	G	1,86
	IV	Dione	$1{,}85 \times 10^{-6}$	1.120	G	0,02
	V	Rhea	$4{,}4 \times 10^{-6}$	1.530	G	0,35
	VI	Titan	$2{,}38 \times 10^{-4}$	5.150	G	0,33
	VII	Hyperion	3×10^{-8}	410	14 Tage	0,43
	VIII	Iapetus	$3{,}3 \times 10^{-6}$	1.460	G	14,72
	IX	Phoebe	7×10^{-10}	220	9,4 Stunden	175
	X	Janus		220	G	0,14
	XI	Epimetheus		140	G	0,34
	XII	Helene		36	G	0
	XIII	Telesto		34	G	
	XIV	Calypso		34	G	
	XV	Atlas		40	G	0,3
	XVI	Prometheus		140	G	0
	XVII	Pandora		110	G	0,0
	XVIII	Pan		20	G	
Uranus	I	Ariel	$1{,}56 \times 10^{-5}$	1.158	G	0,3
	II	Umbriel	$1{,}35 \times 10^{-5}$	1.172	G	0,36
	III	Titania	$4{,}06 \times 10^{-5}$	1.580	G	0,14
	IV	Oberon	$3{,}47 \times 10^{-5}$	1.524	G	0,1
	V	Miranda	$0{,}08 \times 10^{-5}$	480	G	3,4
	VI	Cordelia		26	G	0,1
	VII	Ophelia		30	G	0,1
	VIII	Bianca		42	G	0,2
	IX	Cressida		62	G	0
	X	Desdemona		54	G	0,2
	XI	Juliet		84	G	0,1
	XII	Portia		108	G	0,1
	XIII	Rosalind		54	G	0,3
	XIV	Belinda		66	G	0
	XV	Puck		154	G	0,31
Neptun	I	Triton	$2{,}09 \times 10^{-4}$	2.706	G	157,35
	II	Nereid	2×10^{-7}	340		27,6
	III	Naiad		58	G	4,74
	IV	Thalassa		80	G	0,21
	V	Despina		148	G	0,07
	VI	Galatea		158	G	0,05
	VII	Larissa		208	G	0,2
	VIII	Proteus		436	G	0,55
Pluto		Charon	0,22	1.186	G	99

Die Sonne

Die rund 4,5 Milliarden Jahre alte Sonne ist nur einer von vielen Milliarden Sternen innerhalb der Milchstraße. Mit einem Durchmesser von 1.392.530 Kilometern ist diese Gaskugel fast 110-mal so groß wie die Erde. Die Umlaufdauer an der Oberfläche um die eigene Achse variiert zwischen rund 25 Tagen am Äquator und 36 Tagen in der Nähe der Pole. Die Hälfte seines „Lebens" hat unser Zentralgestirn aber schon hinter sich, denn in rund fünf Milliarden Jahren sind die Wasserstoffreserven beinahe verbraucht und die Sonne wird zu einem Roten Riesen.

Ohne die Sonne würden wir nicht existieren. Es gäbe keinen Sauerstoff zum Atmen und kein flüssiges Wasser. Ohne Sonne gäbe es keine Verdunstung, keine atmosphärischen Bewegungen, keinen Regen. Für alles Leben und für alle Vorgänge, die Energie benötigen, bildet die Sonne die Grundlage. Die Sonne hat aber nicht nur gute Seiten. Zum Beispiel schadet uns ihre Ultraviolettstrahlung, indem sie Sonnenbrand mit der Gefahr von Hautkrebs als Spätfolge hervorruft. Intensiver Sonnenwind kann Satelliten beschädigen und elektrische Systeme auf der Erde stören. Die relative Nähe der Sonne – sie liegt „nur" rund 150 Millionen Kilometer entfernt – hat sie schon früh zu einem einzigartien Beobachtungsobjekt werden lassen, denn durch detaillierte Untersuchungen können Astronomen anhand ihres Beispiels die Funktionsweise der Sterne erforschen. Das Licht der Sonne benötigt nur wenige Minuten bis zur Erde. Das Licht des nächstgelegenen Sterns hingegen etwa 4,3 Jahre.

Schon immer wurde die Sonne verehrt, oft sogar vergöttert. So huldigte man im alten Ägypten dem Sonnengott Ra als eine Art König der Götter. Auch in den Kulturen der Azteken und Inka spielte die Sonne eine besondere Rolle.

Bereits früh haben die Menschen den regelmäßigen Lauf der Sonne beobachtet und durch verschiedene Weltmodelle erklärt. Und besondere Ereignisse wurden dokumentiert: Aus dem Jahr 2136 v. Chr. stammt ein chinesischer Bericht über eine Sonnenfinsternis, eine babylonische Quelle aus dem Jahr 763 v. Chr. gibt bereits eine detaillierte Beschreibung eines solchen Ereignisses. Schon vor rund 2.000 Jahren wurden von chinesischen Astronomen Sonnenflecken ausgemacht. Seit dem 17. Jahrhundert werden sie mithilfe des Teleskops weiter erforscht. Lange galten sie als einzige Aktivität der Sonne.

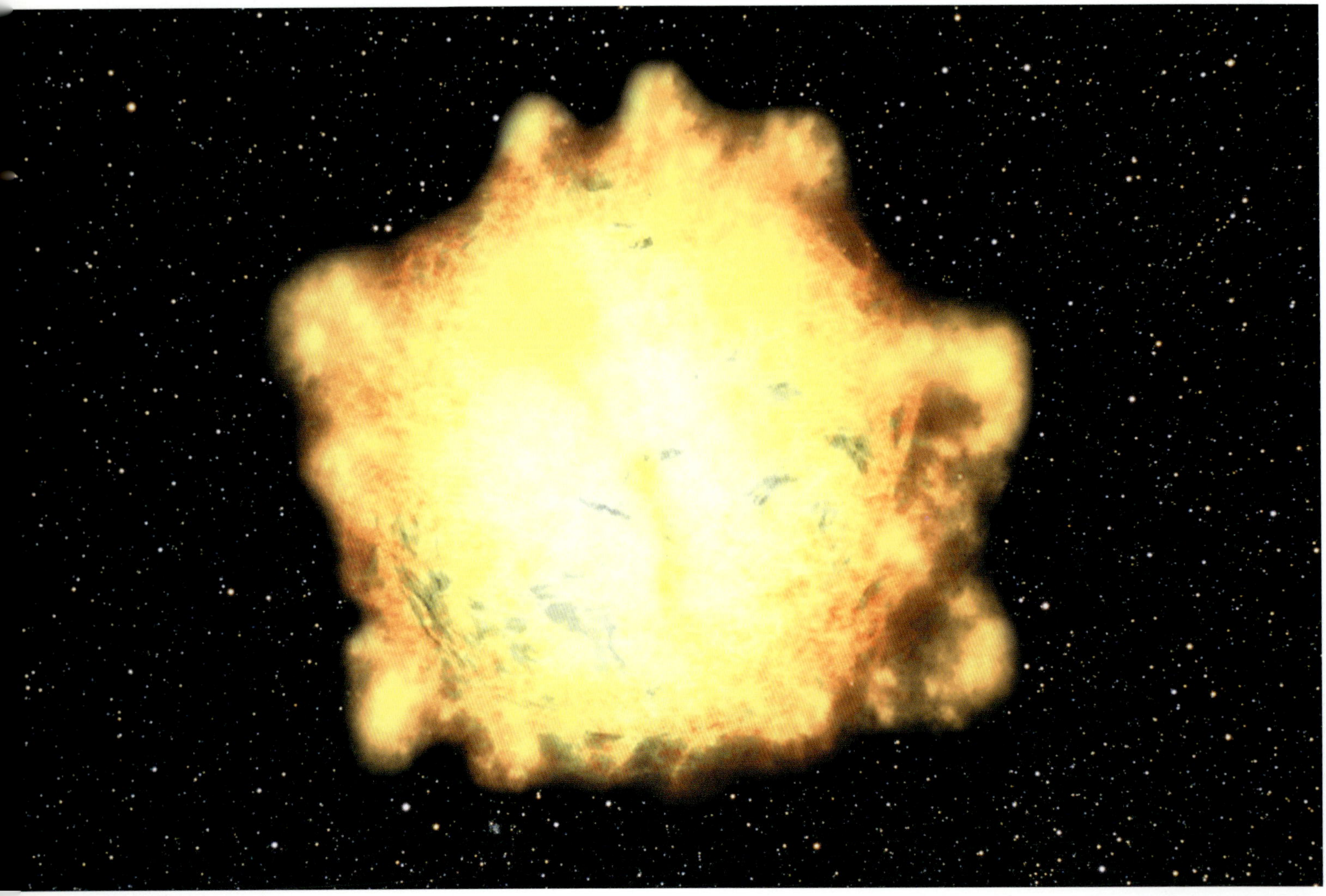

Beobachtungen offenbaren die turbulenten Vorgänge in der für uns sichtbaren Sonnenoberfläche.

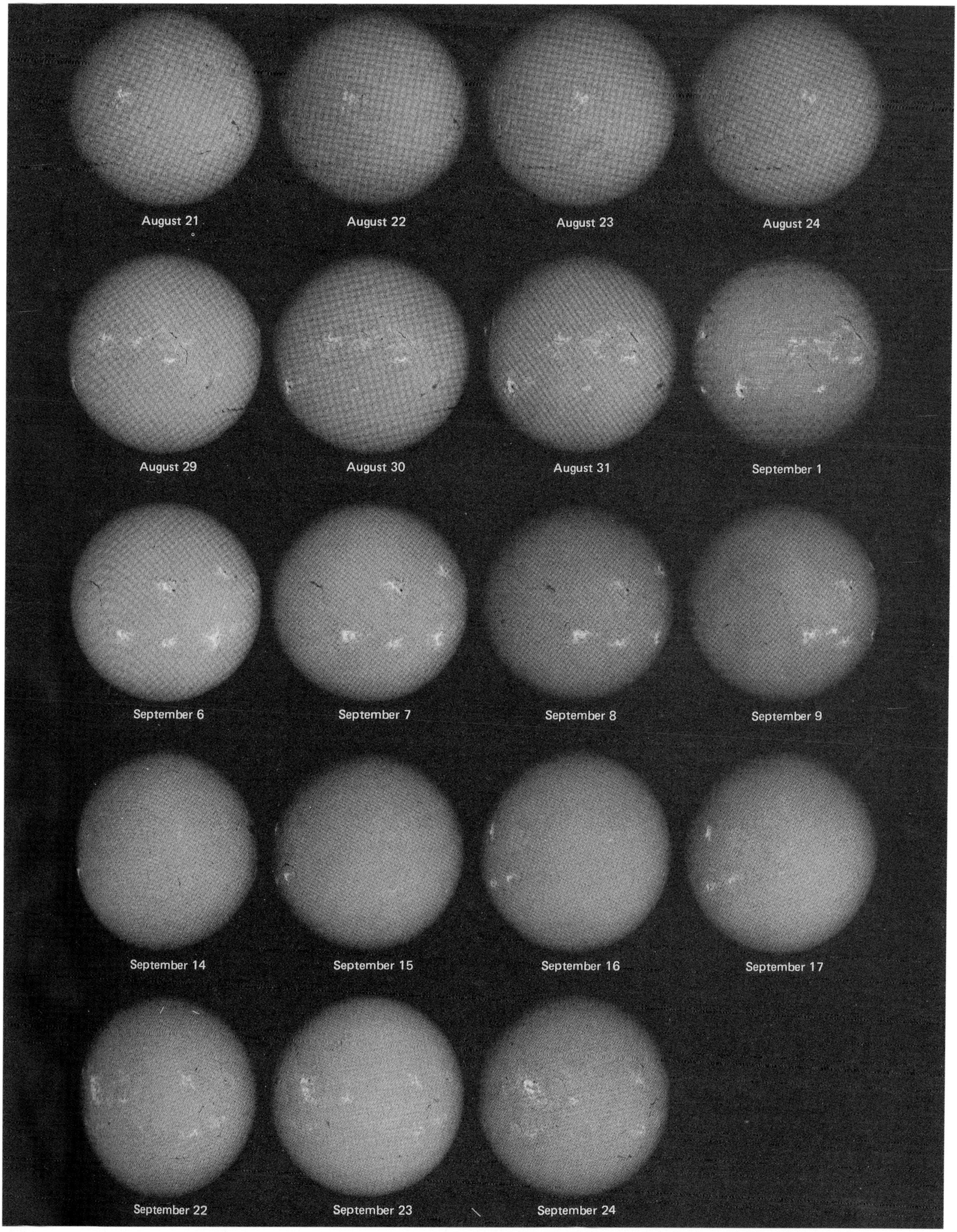

Die Sonne ändert ihr Erscheinungsbild täglich. Diese Fotoserie wurde aus Aufnahmen der Skylab-Mission zusammengestellt. Zu sehen sind die täglichen Veränderungen auf der Sonnenoberfläche vom 21. August bis zum 24. September 1973. Die dargestellten hellen Stellen auf der Sonnenoberfläche sind Indikatoren für erhöhte Aktivität, also etwa für Sonnenflecken oder Protuberanzen.

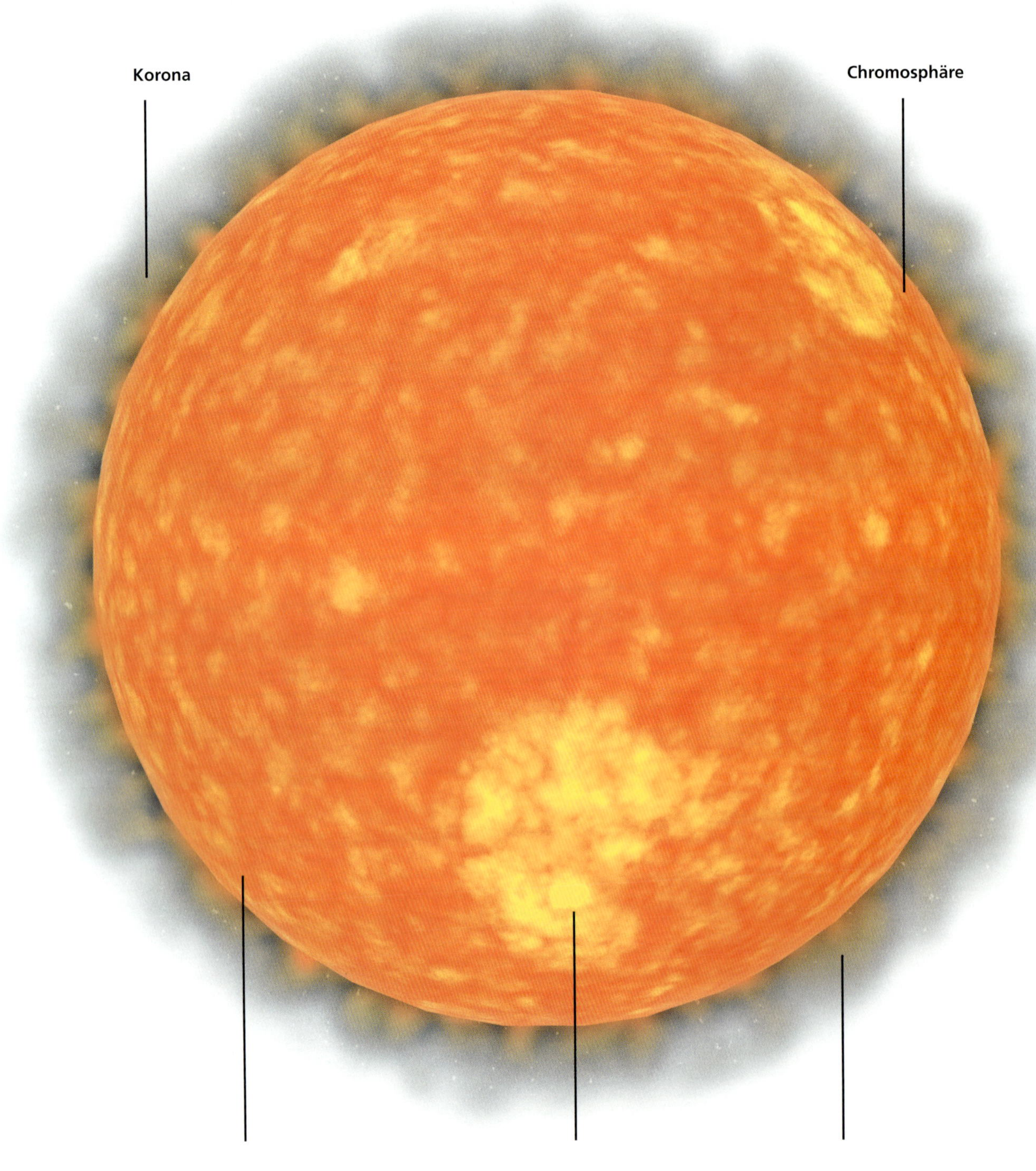

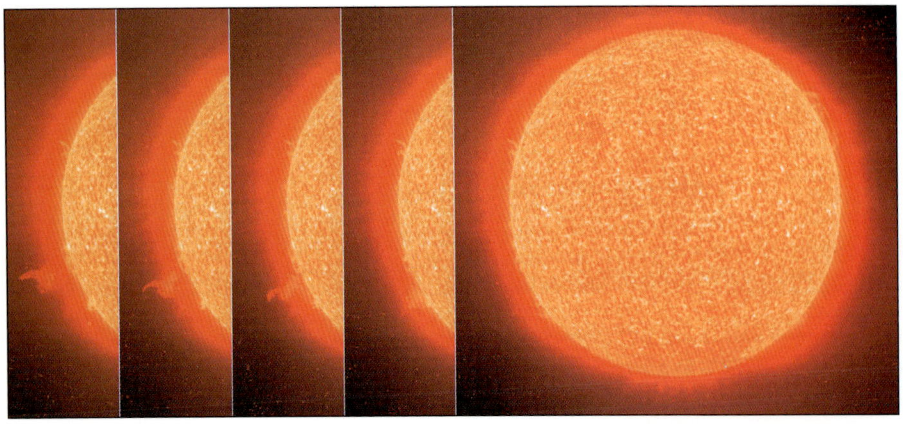

Der Sonnenbeobachtungs-Satellit SOHO (Solar and Heliospheric Observatory) hat diese Serienaufnahme der Sonne gemacht. Im linken unteren Teil ist der Verlauf einer Sonneneruption zu beobachten. Die rund 33.000 Grad Celsius heiße Sonnenmaterie wird hier bis zu 130.000 Kilometer weit in den Weltraum geschleudert.

Die Sonne hat keine feste Oberfläche. Sie wird von der für uns sichtbaren Photosphäre umgeben, an die sich die Chromosphäre und die Korona anschließen. Diese kann man nur bei totalen Sonnenfinsternissen beobachten. In diesen Schichten finden spektakuläre Vorgänge statt. Die Sonne besteht zu ca. 78 Prozent aus Wasserstoff, zu ca. 20 Prozent aus Helium und zu weiteren zwei Prozent aus schwereren Elementen. Im Inneren der Sonne herrschen Temperaturen von 15 Millionen Grad Celsius. Durch diese Hitze kann es zur Kernfusion kommen: Wasserstoff wird in einer Reihe von Einzelreaktionen zu Helium umgewandelt, wodurch Energie frei wird. Diese wird als Strahlung abgegeben.

Innerhalb einer Sekunde werden viele hundert Millionen Tonnen Wasserstoff zu Helium umgewandelt. Die im Kern erzeugte Energie wandert als Strahlung nach außen. Zunächst durch die so genannte Strahlungszone, wo die Strahlung wiederholt absorbiert und erneut abgestrahlt wird. Das bedeutet, dass ein Photon die Sonne nicht auf direktem Weg verlässt, sondern sehr viele „Umwege" machen muss. An die Strahlungszone schließt sich die Konvektionszone an, in der die Energie nur durch die Bewegung der Materie in dieser Region transportiert wird. Umgeben wird die Konvektionszone von der Photosphäre, wo die Temperatur „nur" noch 5.800 Grad Celsius beträgt.

Eruptionen entlang der Magnetfeldlinien machen das komplexe Magnetfeld der Sonne für kurze Zeit sichtbar.

Aufbau der Sonne

Die Sonne ist eine gewaltige Kugel aus Gas, wobei die Gasdichte von innen nach außen abnimmt. Man unterscheidet zwischen dem Sonneninneren und der darüber liegenden Sonnenatmosphäre. Im Zentrum der Sonne finden Kernreaktionen statt, durch die ungeheure Mengen an Energie erzeugt werden. Sie lassen die Sonne leuchten. Pro Sekunde werden etwa fünf Millionen Tonnen Materie in Sonnenenergie umgewandelt. Dabei kommt es zur Verschmelzung eines Protons (Kern des Wasserstoffatoms) mit einem anderen Proton zu Deuterium. Bei diesem Prozess entstehen ein Neutron, ein Neutrino und ein Positron, also ein positiv geladenes Elektron. Neutrinos sind nahezu masselose Teilchen. In einer zweiten Reaktion verschmilzt das Deuterium mit einem weiteren Proton.

Dabei wird Helium-3 erzeugt (ein Neutron und zwei Protonen). Dieses reagiert mit einem anderen Helium-3-Teilchen, worauf sich Helium-4 mit jeweils zwei Protonen und zwei Neutronen bildet. Insgesamt wurden also vier Wasserstoffatome benötigt, um ein Helium-4-Atom zu erzeugen. Die Masse des Helium-4-Atoms ist jedoch ein wenig kleiner als die Masse von vier Wasserstoffatomen. Dieser Masseunterschied wird als Energie frei.

In dieser Fotomontage wurden drei verschiedene Aufnahmen aus dem Ultraviolettbereich übereinander gelegt. Die Aufnahmen entstanden mithilfe des EIT-Teleskops des SOHO-Satelliten im Mai 1998.

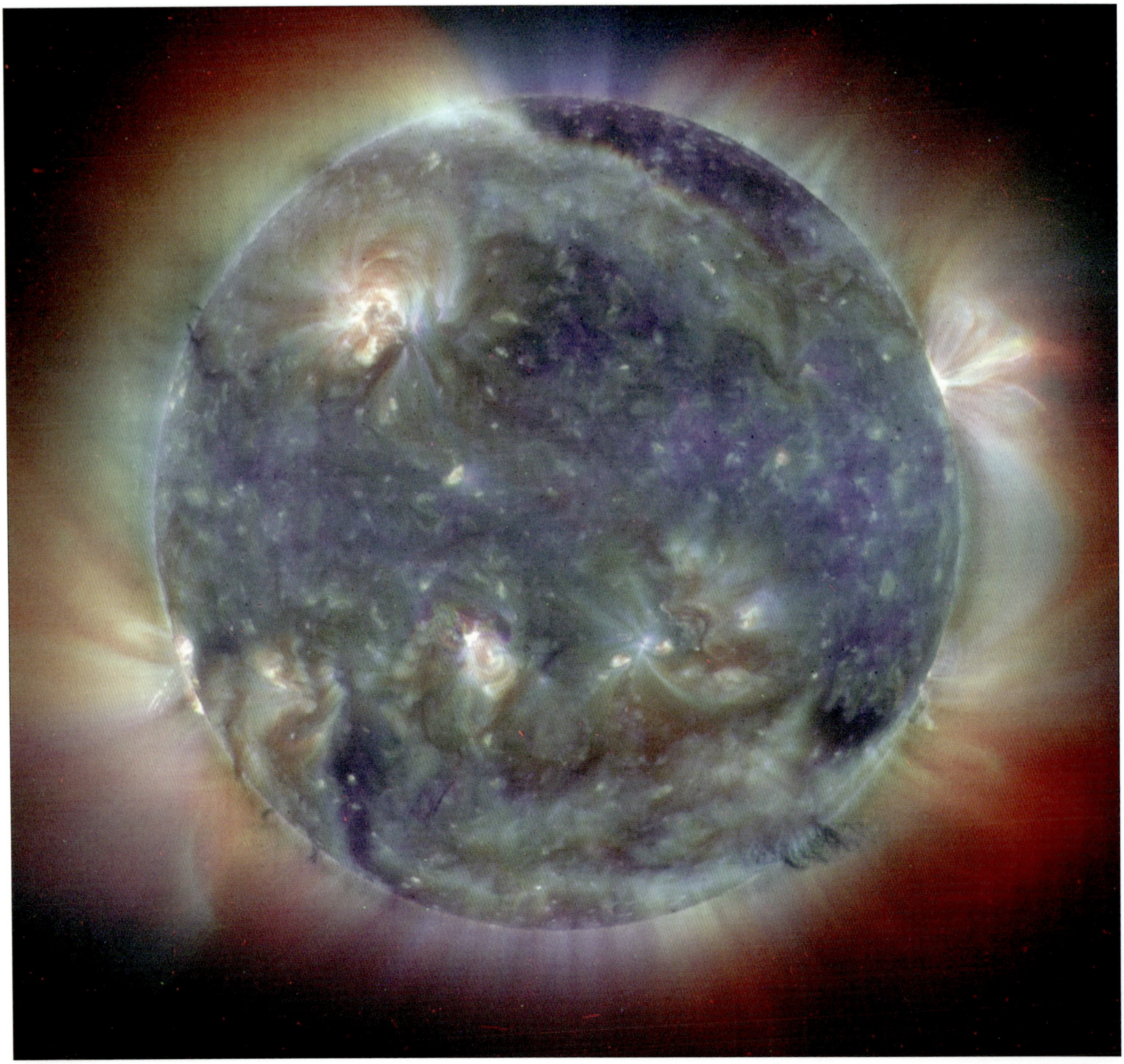

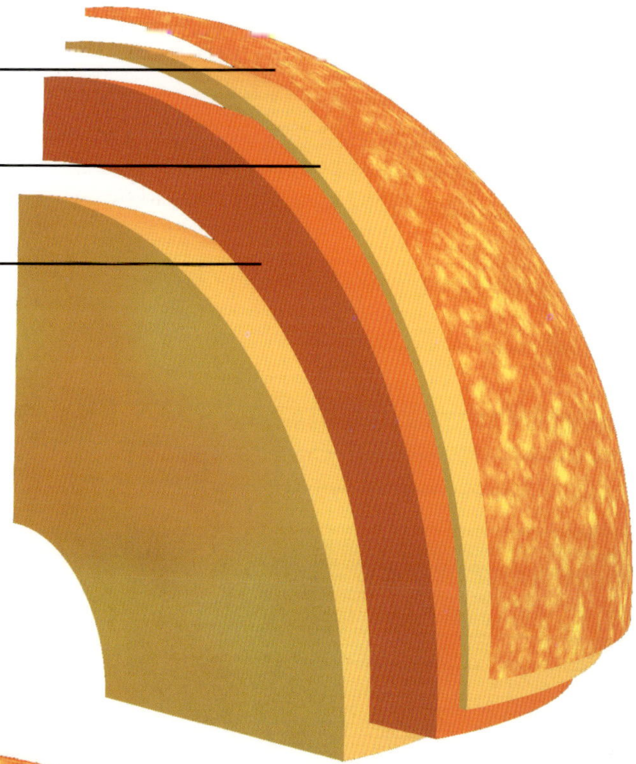

Durchmesser: 1.392.530 km
Masse: 1,989 x 1030 kg
Mittlere Dichte: 1,409 g/cm^3
Gravitation: 274 m/s^2
Äquatorneigung gegen Ekliptik: 7° 8′

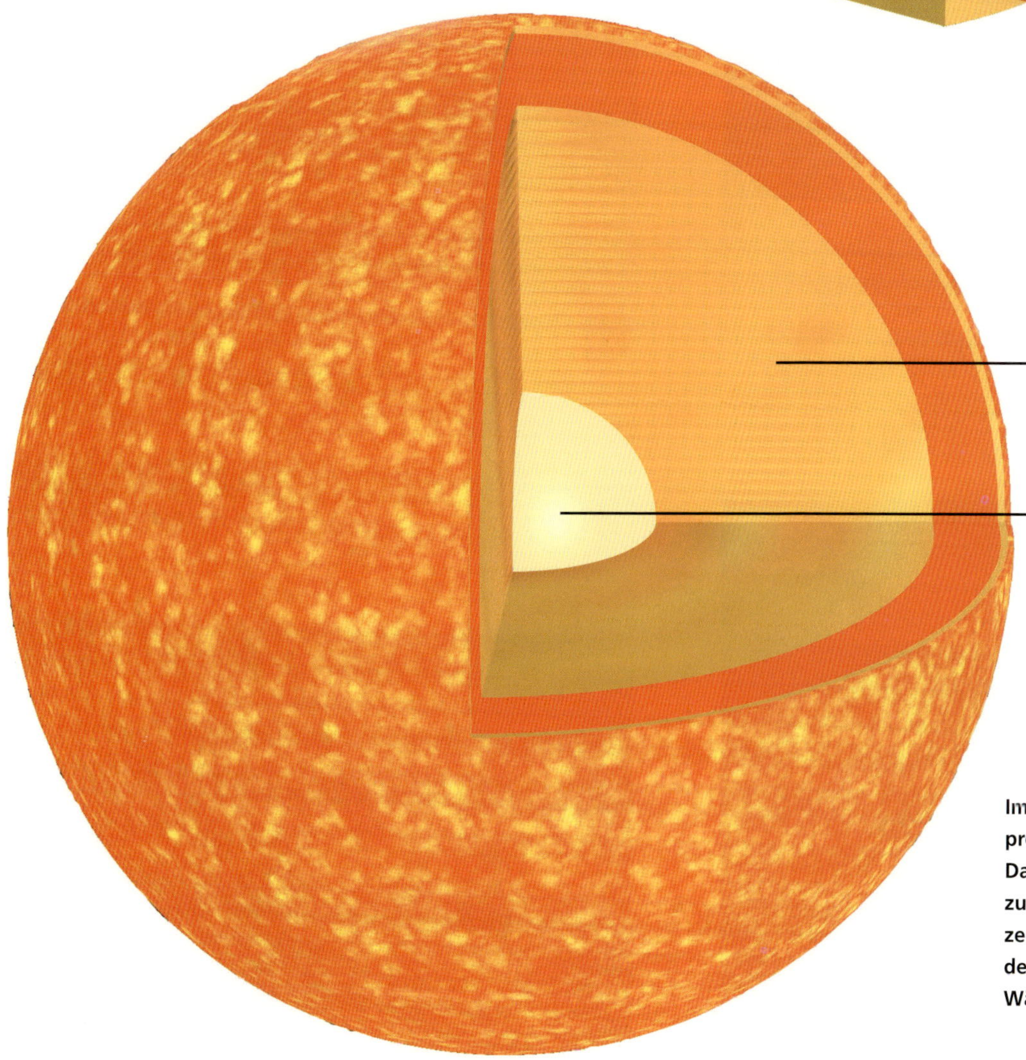

Im Zentrum der Sonne finden Fusionsprozesse zur Energieerzeugung statt. Dabei werden vier Wasserstoffatome zu einem Helium-4-Atom verschmolzen. Die bei diesem Vorgang frei werdende Energie wird dann als Licht und Wärme abgestrahlt.

Aufnahme einer gewaltigen Sonneneruption am 14. September 1999. Die Eruption besteht aus dichtem, relativ kühlem Plasma aus der Sonnenkorona.

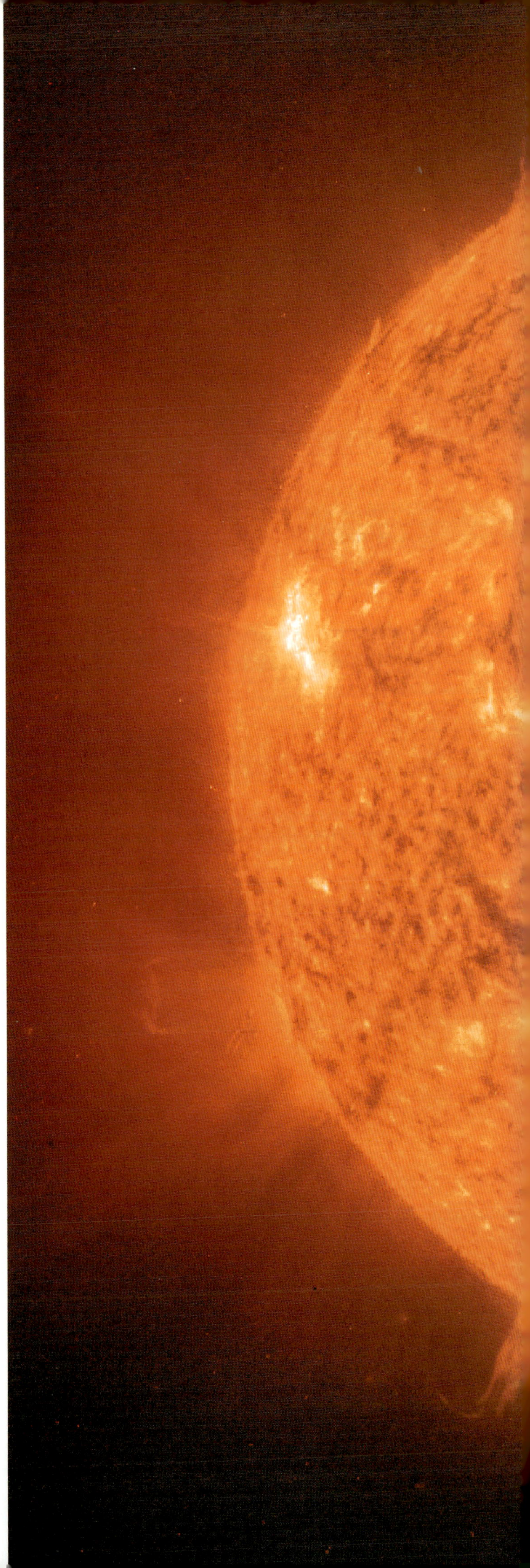

Die außerordentlich starken Aktivitäten in den Schichten der Sonnenatmosphäre wie der Photosphäre, der Chromosphäre und der äußeren Korona erlauben spektakuläre Aufnahmen.

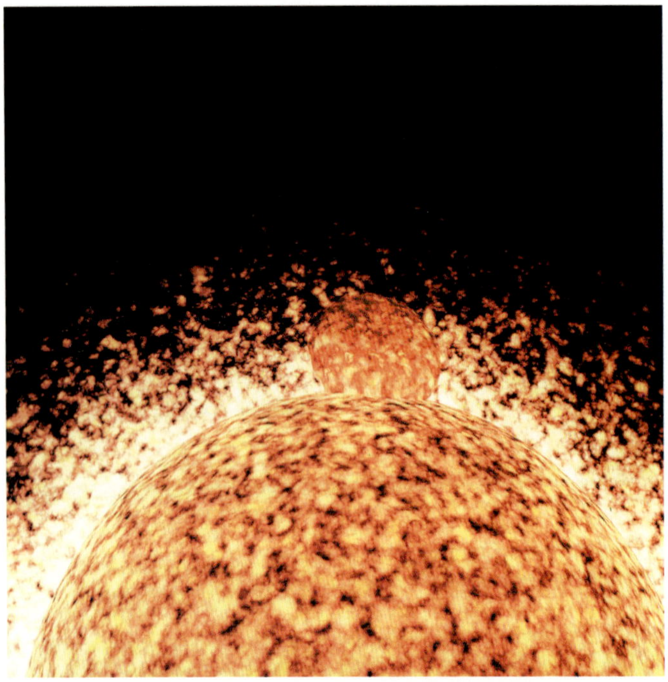

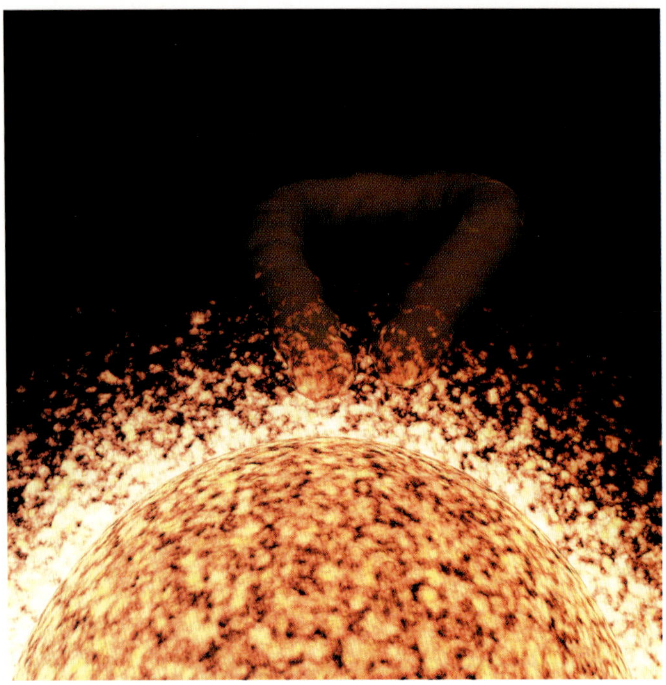

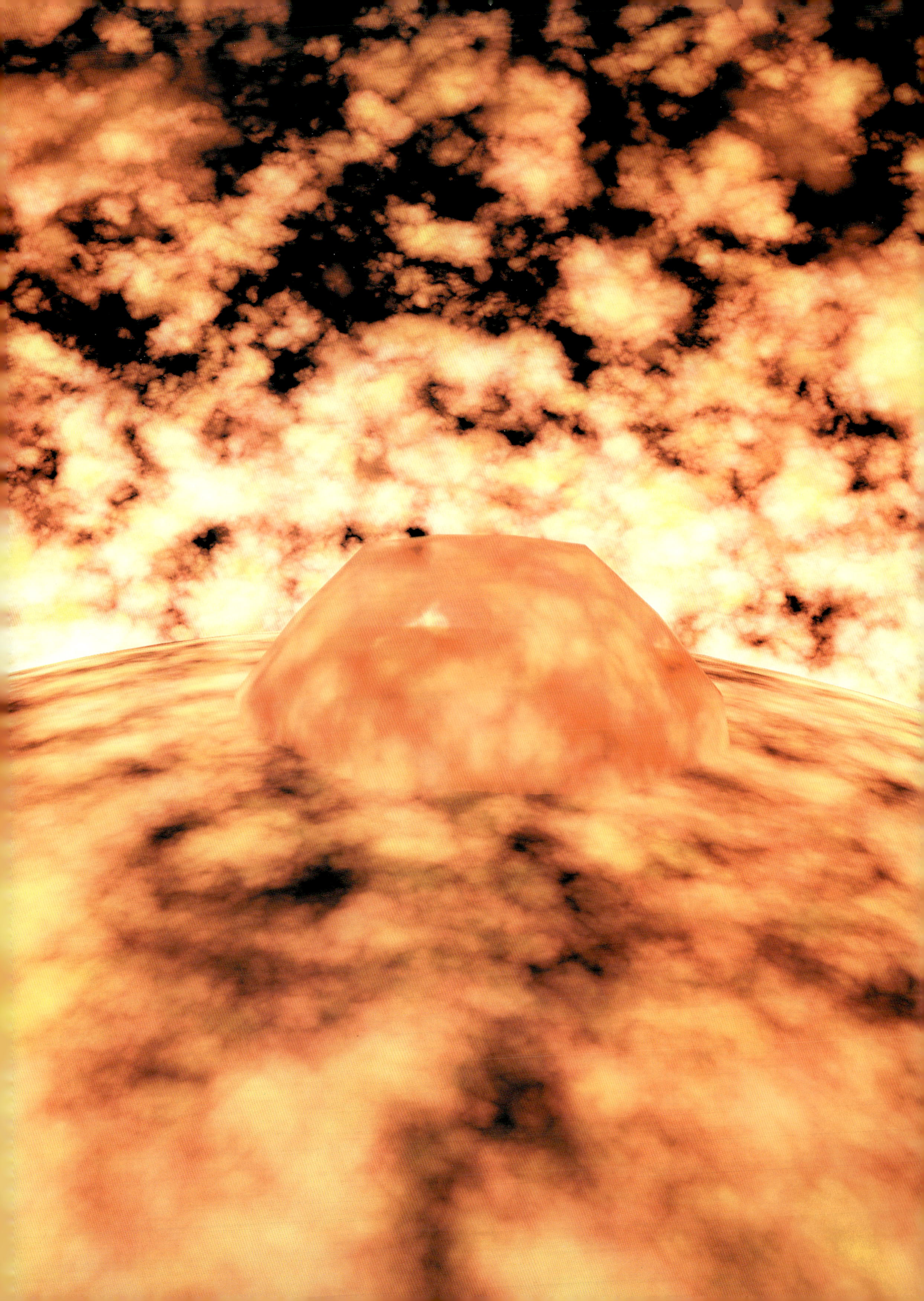

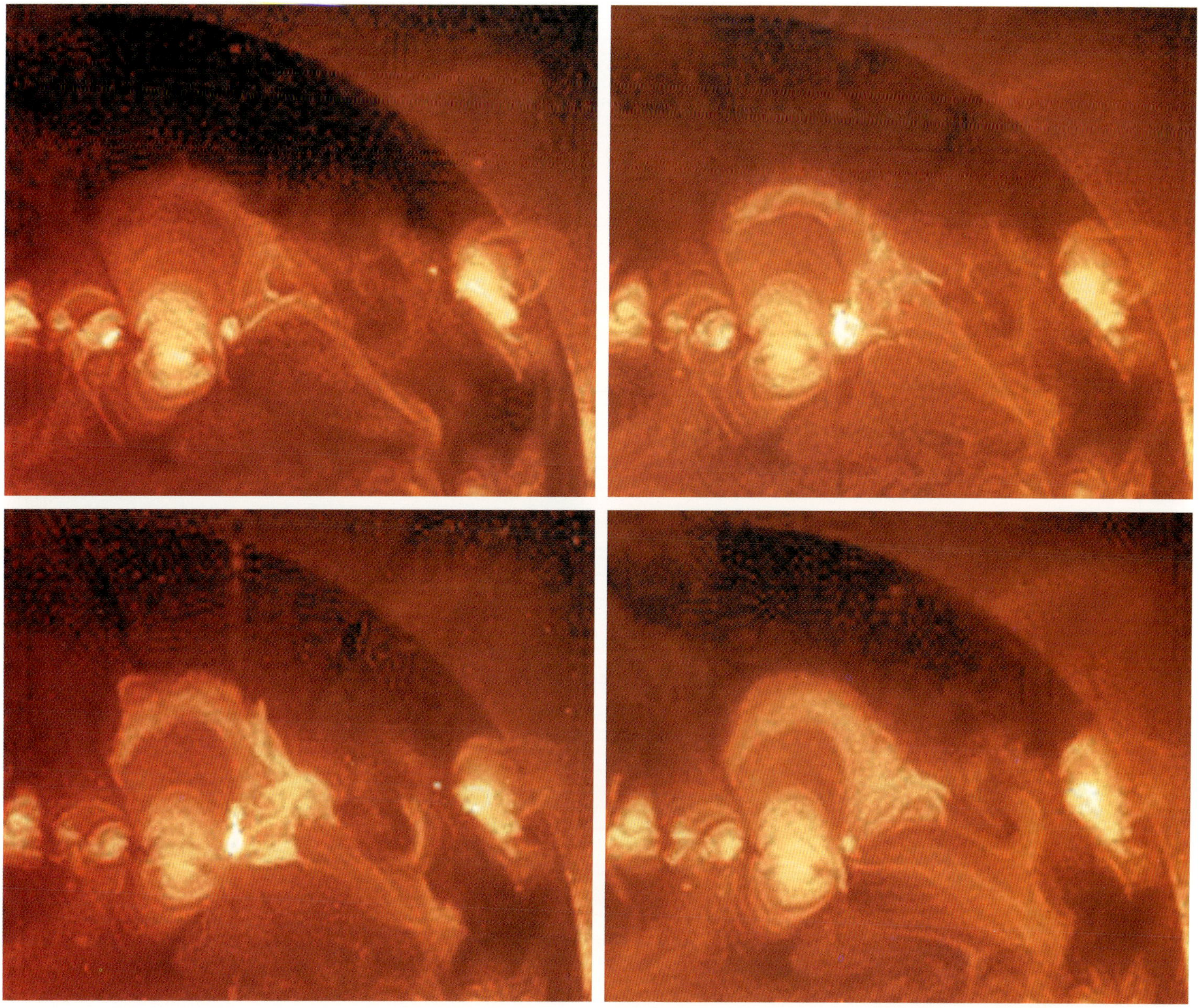

Starke Aktivitäten kennzeichnen Oberfläche und Atmosphäre der Sonne.

Die Photosphäre

Die Photosphäre trennt quasi das Innere und das Äußere der Sonne. Sie ist außerordentlich dünn, nur zwischen 300 und 400 Kilometern, und bildet die oberste Schicht der Konvektionszone, in der die Energie nur durch die Bewegung der Materie transportiert wird. Diese ständigen Wallungen geben der Sonnenoberfläche eine körnige Struktur und geflecktes Aussehen, die man auch als Granulation bezeichnet. Kann man die Photosphäre unter guten Sichtbedingungen beobachten, stellt man fest, dass die Körnung nicht an allen Stellen gleich und auch nicht im Ablauf ihrer Veränderung konstant ist.

Links: Gasausbrüche am Rande der Sonnenscheibe erreichen Höhen von mehreren 100.000 Kilometern. Sie werden als Protuberanzen bezeichnet und schießen manchmal bis ins Weltall hinaus.

Die Granulation kommt durch 5.800 Grad Celsius heiße aufsteigende Gasballen mit absinkenden Rändern zustande. Hellere Granulen sind die Spitzen der Gassäulen, etwas dunklere Granulen sind kühler und fallen wieder nach innen. Der Durchmesser der Granulen schwankt zwischen 300 und 1.800 Kilometern. Ihre Lebensdauer beträgt im Durchschnitt zwischen fünf und zehn Minuten.

An manchen Stellen der Photosphäre findet man Sonnenflecken. Sie tauchen zunächst als winzige so genannte Poren auf und werden schließlich größer. In Sonnenflecken sind die Temperaturen geringer als in der übrigen Photosphäre, was ihre dunklere Färbung mit sich bringt. In ihnen befinden sich starke Magnetfelder, die wahrscheinlich auch die Ursache für ihre Entstehung sind. Eine weitere „Störung" der Photosphäre sind die Sonnenfackeln. Dies sind helle Zonen, die man mit einem guten Fernrohr erkennen kann. Die Temperatur ist an diesen Stellen um einiges höher als in der Umgebung. Die Ursachen der Sonnenfackeln sind noch nicht exakt geklärt.

Im Dezember 1995 startete das Sonnenobservatorium SOHO an Bord einer Atlas-Trägerrakete.

Die Chromosphäre

An die obere Grenze der Photosphäre schließt sich die Chromosphäre an. Sie ist der Bereich, der kurze Zeit vor oder nach einer totalen Sonnenfinsternis als rötlicher Saum erscheint. Im Gegensatz zu der nur 300 bis 400 Kilometer dicken Photosphäre hat die Chromosphäre eine Dicke von bis zu 10.000 Kilometern. Wegen deren wesentlich höheren Strahlung wird sie meist von der Photosphäre überstrahlt. In der Chromosphäre steigt die Tempe-

Eine ganze Reihe von gewaltigen Sonneneruptionen wurde hier mit dem Computer in ein einziges Bild montiert.

ratur von etwa 4.500 Grad am Rande zur Photosphäre bis hin zu 400.000 Grad Celsius am ihrem äußeren Rand. Gleichzeitig nimmt die Gasdichte nach außen hin ab.

In der Chromosphäre findet man auch borstenartige Gasstrahlen, die in Sekundenschnelle in die Sonnenkorona schießen. Einen solchen Ausbruch nennt man Spiculum. Spicula können einen Durchmesser von etwa 1.000 Kilometern und Höhen von 10.000 Kilometern erreichen. Die Temperatur in ihnen beträgt ca. 10.000 bis 20.000 Grad Celsius. Sie schießen mit einer Geschwindigkeit von bis zu 30 Kilometern pro Sekunde aufwärts und sind meist nur kurz, maximal bis zu 40 Minuten, sichtbar.

Mit Spezialfiltern kann man nicht nur die Spicula am Sonnenrand, sondern auf der gesamten Sonnenfläche beobachten. Dabei sieht man auch so genannte chromosphärische Fackeln, die weit über den photosphärischen liegen. Es können bis zu 100.000 Kilometer lange Gebilde mit einer Dicke von fast 10.000 Kilometern sein. Die Lebensdauer von Fackelgebieten ist unterschiedlich und kann mehrere Monate dauern. Dort, wo sie zugleich mit Sonnenflecken auftreten, überdauern sie diese um ein Mehrfaches.

Aktuelle Fotos der Sonne in verschiedenen Spektren, aufgenommen vom Sonnenobservatorium SOHO am 23. September 2002. Das blau gefärbte Bild zeigt insbesondere Aktivität in der Chromosphäre der Sonne.

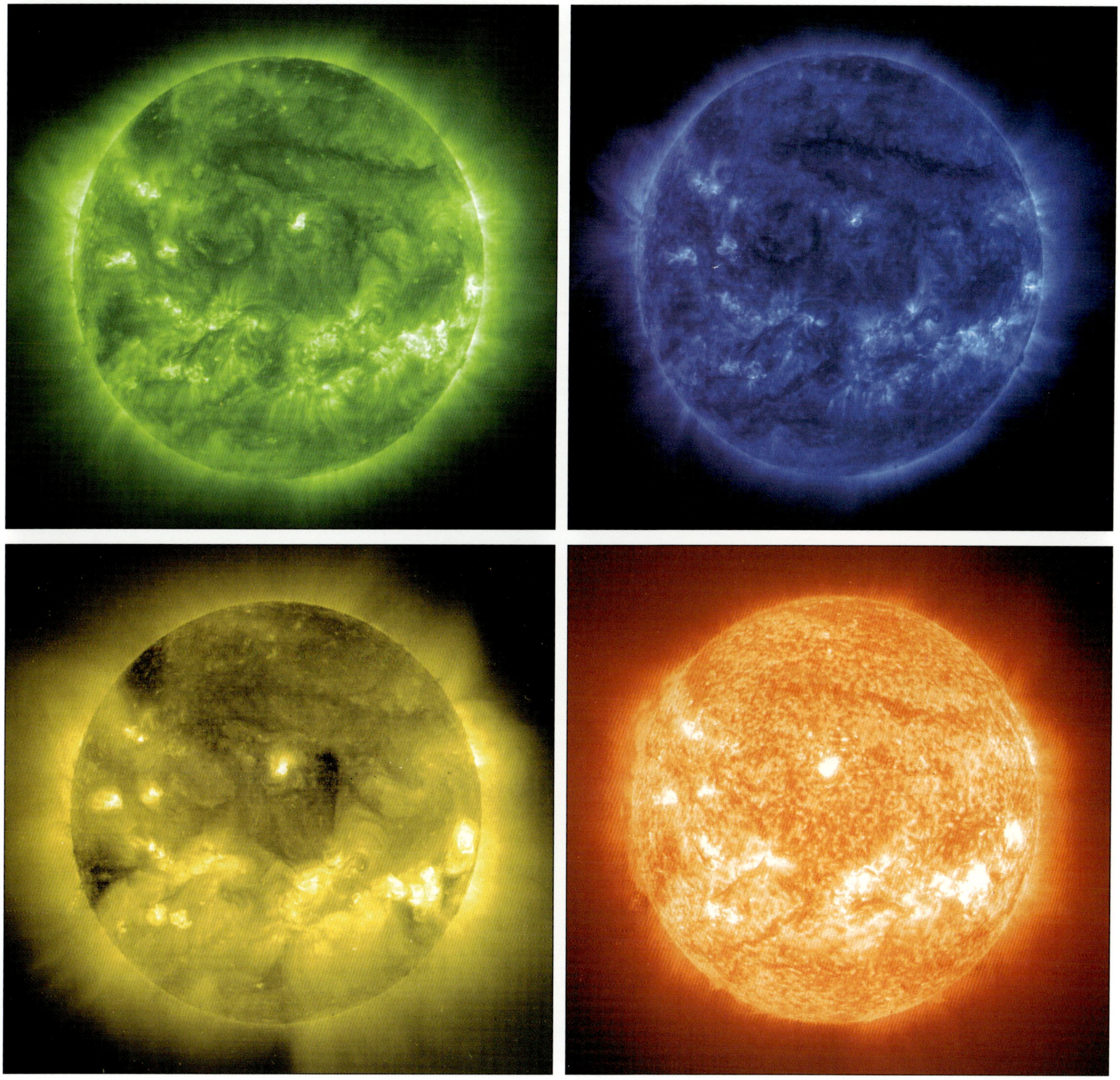

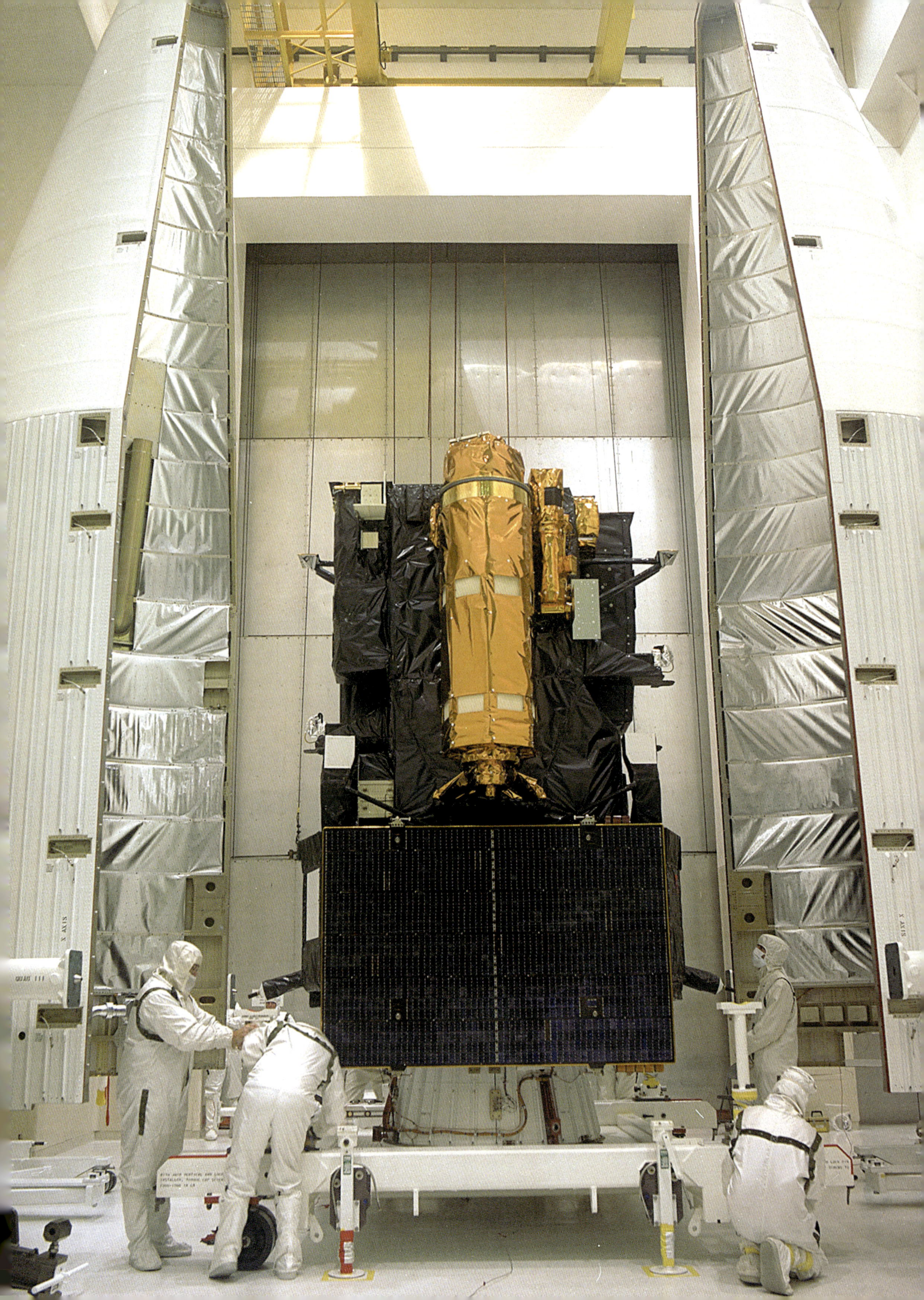

Die Korona

Die äußerste Schicht der Sonnenatmosphäre bildet die Korona. Sie erstreckt sich über Millionen Kilometer in den interplanetaren Raum hinein. Früher konnte man die optische Strahlung der Korona nur bei totalen Sonnenfinsternissen beobachten. Heute gibt es streulichtarme Spezialteleskope (Koronografen), mit denen man die Korona jederzeit betrachten kann. Bei ihnen wird durch eine Blende im Strahlengang die Sonnenscheibe verdeckt. Die besten Beobachtungsbedingungen hat man jedoch vom Weltall aus, wo Sonnenobservatorien wie SOHO die Korona zu jeder Zeit beobachten können.

Mit zwei Kollektoren in der Größe von Fahrradreifen fängt Genesis Partikel des Sonnenwinds ein.

Die Korona erscheint bei Sonnenfinsternissen wie ein strahlenartiger Kranz um die Mondscheibe. Ihr Aussehen verändert sich zyklisch, was mit dem elfjährigen Sonnenfleckenzyklus in Zusammenhang gebracht wird. Im Sonnenfleckenmaximum erscheint die Korona fast rund. Im Minimum ist sie länglich und erstreckt sich entlang des Sonnenäquators. Mit Temperaturen von bis zu zwei Millionen Grad ist die Korona heißer als Photo- und Chromosphäre. Welche Prozesse zu diesen enormen Temperaturen führen, ist nur unvollständig geklärt. Man hat jedoch in der Korona so genannte koronale Loops (bogenförmige Erscheinungen) sowie magnetische Schleifen entdeckt, die man mit der Aufheizung in Zusammenhang bringt.

Die Sonnenteilchen der Korona erreichen oft so große Geschwindigkeiten, dass sie ins All herausströmen. Dieses austretende Gas wird als Sonnenwind bezeichnet. Es handelt sich dabei um geladene Teilchen, die sich mit bis zu drei Millionen Kilometern pro Stunde von der Sonne fortbewegen. Die Ausdehnung des Sonnenwindes bestimmt auch die Größe der so genannten Heliosphäre, die unser gesamtes Planetensystem einschließt. Messungen von Raumsonden haben ergeben, dass die Geschwindigkeit der Sonnenwindteilchen in Erdnähe etwa 400 Kilometer pro Sekunde beträgt. Sonnenwind ist auch maßgeblich an der Bildung der Kometenschweife beteiligt. Diese Erscheinung entsteht dann, wenn geladene Moleküle und Atome mit dem Sonnenwind in Wechselwirkung stehen. Die farbenprächtigen Polarlichter kommen zustande, wenn die Teilchen des Sonnenwinds vom Magnetfeld eines Planeten zu den Polen gelenkt werden, an dieser Stelle in die Atmosphäre eindringen und mit Teilchen aus der Atmosphäre wechselwirken.

Die Genesis-Mission

Um die Partikel, aus denen dieser Sonnenwind besteht, näher zu untersuchen, wurde im November 2001 die Sonde Genesis gestartet. An Bord befinden sich hochreine Kollektoren, mit deren Hilfe einige Atome des Sonnenwindes eingefangen werden sollen, um sie dann in einer Kapsel zur Erde zu transportieren. Die Forscher versprechen sich von der Mission neue Erkenntnisse darüber, wie unser Sonnensystem vor der Entstehung der Planeten ausgesehen hat.

Links: SOHO wird für den Start vorbereitet und in die Spitze der Atlas-Trägerrakete montiert.

Die Sonnenkorona ist die äußere Atmosphärenschicht der Sonne, die sich weit in den Weltraum ausdehnt. Sie ist sehr heiß und dünn und kann von der Erde aus nur bei einer totalen Sonnenfinsternis bzw. mit besonderen Instrumenten beobachtet werden.

Sonnenaktivität

Neben den ständig auf der Sonnenoberfläche sichtbaren Spicula der Chromosphäre und den Granulen der Photosphäre gibt es auf der Sonne noch andere räumlich und zeitlich begrenzte Erscheinungen. Zu ihnen gehören beispielsweise die Sonnenflecken, die bereits von Galileo Galilei und anderen Astronomen dieser Zeit, wie etwa von David Fabrizius (1564–1617), beobachtet wurden. Sonnenflecken treten meist in Gruppen auf, haben einen Durchmesser von nur wenigen 100 Kilometern und sind nur einige Tage sichtbar. Gelegentlich aber wachsen sie auf mehrere 10.000 Kilometer Durchmesser an und bleiben mehrere Monate bestehen.

Die Wissenschaftler sind sich inzwischen sicher, dass die Entstehung der Sonnenflecken etwas mit den Magnetfeldern zu tun hat, die man in ihrer Umgebung nachweisen konnte. Die Felder bewirken eine Hemmung des Wärmeflusses im Bereich der Photosphäre, wodurch weniger Energie nach außen fließt und die Temperatur an der Oberfläche sinkt. Im Bereich der Sonnenflecken ist es daher bis zu 2.000 Grad Celsius kälter als in der Umgebung auf der Photosphäre, wodurch die Sonnenflecken dunkler erscheinen.

Das dunkle Kerngebiet der Sonnenflecken bezeichnet man als Umbra (Schatten). Es wird von der Penumbra (Halbschatten) umgeben, die in der Helligkeit zwischen Umbra und Photosphäre liegt. Die Aktivität von Sonnenflecken ändert sich mit einer Periode von etwa elf Jahren. Diese Tatsache ist seit dem 18. Jahrhundert bekannt. 1908 entdeckte dann George Hale (1868–1938), dass Sonnenflecken starke Magnetfelder haben, die am Rand der Gruppe eine entgegengesetzte magnetische Polarität aufweisen. Im Sonnenfleckenmaximum findet man die Sonnenflecken vor allem in breiten Bändern nördlich und südlich des Sonnenäquators. Diese Bänder verändern im Laufe des Sonnenfleckenzyklus ihre Position: So gibt es kurz vor dem Minimum zwei neue Bänder mit Sonnenflecken in höheren nördlichen und südlichen Breiten, die dann im Laufe der Jahre wieder in die Äquatorregion wandern. Direkt in den Polargebieten sowie in hohen nördlichen oder südlichen Breiten befinden sich fast gar keine Sonnenflecken.

Die Sonnenfackeln sind oft in unmittelbarer Nähe von Sonnenflecken zu finden, weswegen Wissenschaftler einen Zusammenhang zwischen den beiden Phä-

Die meisten der für uns direkt beobachtbaren Sonnenphänomene entstehen in der Chromosphäre.

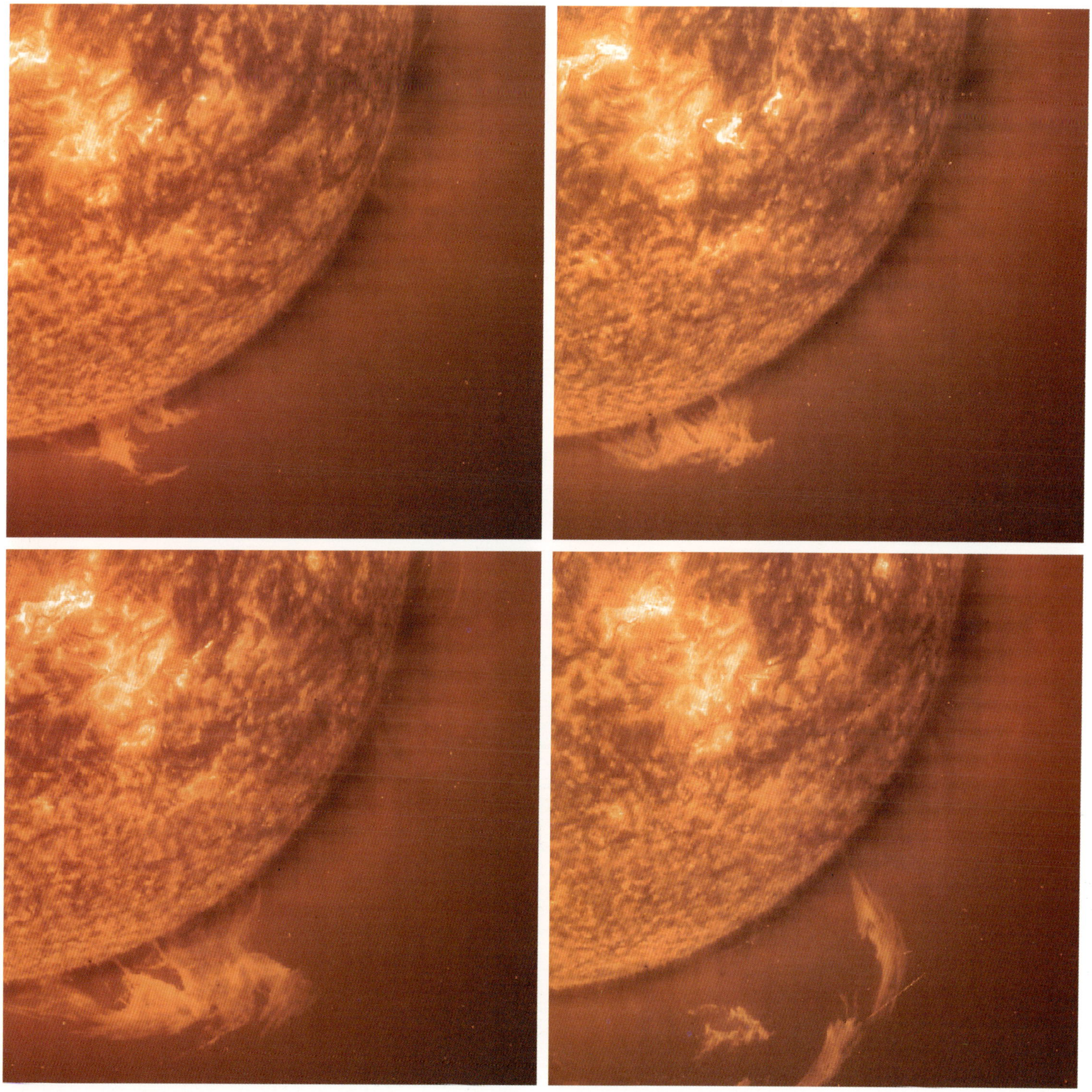

Zeitlicher Verlauf einer Sonneneruption, fotografiert über mehrere Stunden vom Sonnenobservatorium SOHO

nomenen vermuten. Weitere Erscheinungen der Sonnenoberfläche sind Flares, kurzzeitige Strahlungsausbrüche auf der Sonne, deren Entstehung ebenfalls mit den Magnetfeldern zu tun hat. Besonders eindrucksvoll sind die riesigen Gasausbrüche am Rand der Sonnenscheibe, die man als Protuberanzen bezeichnet. Solche Eruptionen erreichen Längen von mehreren 100.000 Kilometern. Bei einer Sonnenfinsternis sind sie für den Betrachter als helle Bögen sichtbar. Mit geeigneten Instrumenten kann man sie auf der Sonnenscheibe als fadenförmige Gebilde (so genannte Filamente) ausmachen. Auch von Protuberanzen vermutet man, dass sie mit Sonnenflecken sowie Sonnenfleckengruppen und damit mit Magnetfeldänderungen in Verbindung stehen. Ihre Lebensdauer beträgt meist mehrere Monate, besonders aktive Formen können allerdings schon nach wenigen Stunden oder gar nur Minuten wieder vergehen. Protuberanzen sind normalerweise Erscheinungen im Bereich der Chromosphäre, manchmal jedoch schießen sie ins Weltall hinaus.

Die Sonnenfinsternis

Als Sonnenfinsternis bezeichnet man eine Konstellation, bei der die Sonne teilweise oder ganz von der Mondscheibe bedeckt ist. Man hat Jahrhunderte oder gar Jahrtausende alte Berichte über Sonnenfinsternisse gefunden, von denen aber nicht alle einer kritischen Überprüfung standhalten. Sicher scheint aber zu sein, dass bereits die Babylonier Finsternisse beobachtet und beschrieben haben und ihnen auch bekannt war, dass sich die Ereignisse mit einer Periode von etwa 18 Jahren und elf Tagen wiederholen. Man bezeichnet diesen Zyklus als Saros-Zyklus. Wie entsteht nun eine Sonnenfinsternis? Wichtigste Voraussetzung ist, dass Sonne, Mond und Erde auf einer Linie liegen, sodass sich der Mond zwischen Sonne und Erde befindet. Damit kann eine Sonnenfinsternis also nur bei Neumond auftreten. Man unterscheidet zwischen einer totalen, einer partiellen und einer ringförmigen Finsternis. Bei der totalen Sonnenfinsternis fällt der Kernschatten des Mondes auf die Erde – die gesamte Sonnenscheibe wird durch den Mond ver-

Sonnenfinsternisse in Europa bis 2050

Datum	Art der Sonnenfinsternis
20.03.2015	total
12.08.2026	total
02.08.2027	total
25.01.2028	total
01.06.2030	ringförmig
21.06.2039	ringförmig
11.06.2048	ringförmig

Dank moderner Beobachtungsinstrumente lässt sich eine Sonnenfinsternis simulieren.

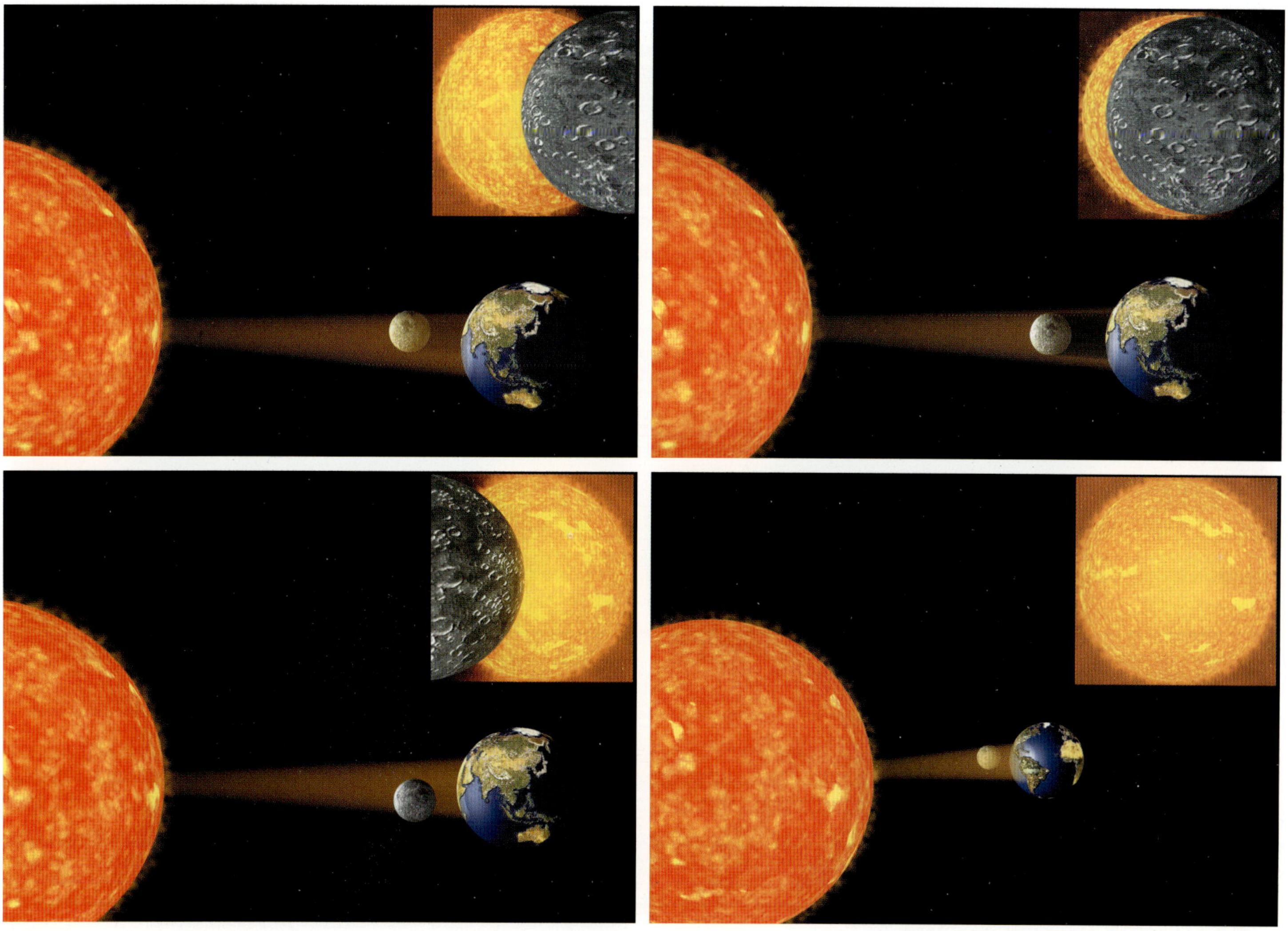

Eine Sonnenfinsternis entsteht dann, wenn sich der Mond auf seiner Umlaufbahn zwischen Sonne und Erde schiebt. Der Mond wirft dann einen Schatten auf die Tagseite der Erde. In diesem Schattenbereich verdeckt die Scheibe des Mondes die Sonnenscheibe.

deckt. Rund um die verfinsterte Sonne wird die Sonnenkorona sichtbar. Totale Finsternisse dauern meistens drei, höchstens aber sieben Minuten und kommen für einen bestimmten Ort auf der Erde nur sehr selten vor. Der Bereich eines vom Kernschatten des Mondes getroffenen Gebietes beträgt höchstens 273 Kilometer im Durchmesser und bewegt sich mit einer Geschwindigkeit von 35 Kilometern pro Minute über die Erdoberfläche.

Bei der partiellen Sonnenfinsternis bedeckt der Mond die Sonne nur teilweise. Der Ort des Beobachters liegt im Halbschatten des Mondes und dieser fällt auf ein Gebiet von mehreren tausend Kilometern Durchmesser. Bei einer ringförmigen Sonnenfinsternis befindet sich der Mond auf seiner elliptischen Bahn nahe seinem erdfernsten Punkt. Damit erscheint er um ein Zehntel kleiner als an seinem erdnächsten Punkt. In dieser Kon-

Sonnenfinsternisse weltweit bis 2010

Datum	Art	Sichtbarkeitsgebiet
07.02.2008	ringförmig	Südpazifik, Antarktis
01.08.2008	total	Sibirien, Mongolei
26.01.2009	ringförmig	Indischer Ozean
22.07.2009	total	China, Pazifik
15.01.2010	ringförmig	Indischer Ozean, Sri Lanka, Südindien
11.07.2010	total	Südpazifik

stellation ist er auch kleiner als die Sonnenscheibe, von der Erde aus gesehen. Es bleibt daher ein Ring der Sonne sichtbar, der Rest ist vom Mond verfinstert.

Würde sich die Umlaufbahn der Erde mit der Umlaufbahn des Mondes in der gleichen Ebene befinden, wäre bei jedem Vollmond eine Mondfinsternis und bei jedem Neumond eine Sonnenfinsternis zu beobachten. Weil die beiden Umlaufbahnen aber schräg zueinander stehen, kommt es nur zu Verfinsterungen, wenn Sonne oder Mond lediglich wenige Grad von den Punkten entfernt sind, in denen sich die Umlaufbahnen schneiden. Man bezeichnet diese Stellen auch als Knotenpunkte.

Sonne und Mond tauchen zu bestimmten Zeiten wieder an der gleichen Stelle auf. Das erklärt auch den schon oben erwähnten Saros-Zyklus.

Durch Beobachtungen in verschiedenen Spektralbereichen des Lichts können die Vorgänge auf der Sonnenoberfläche sichtbar gemacht werden.

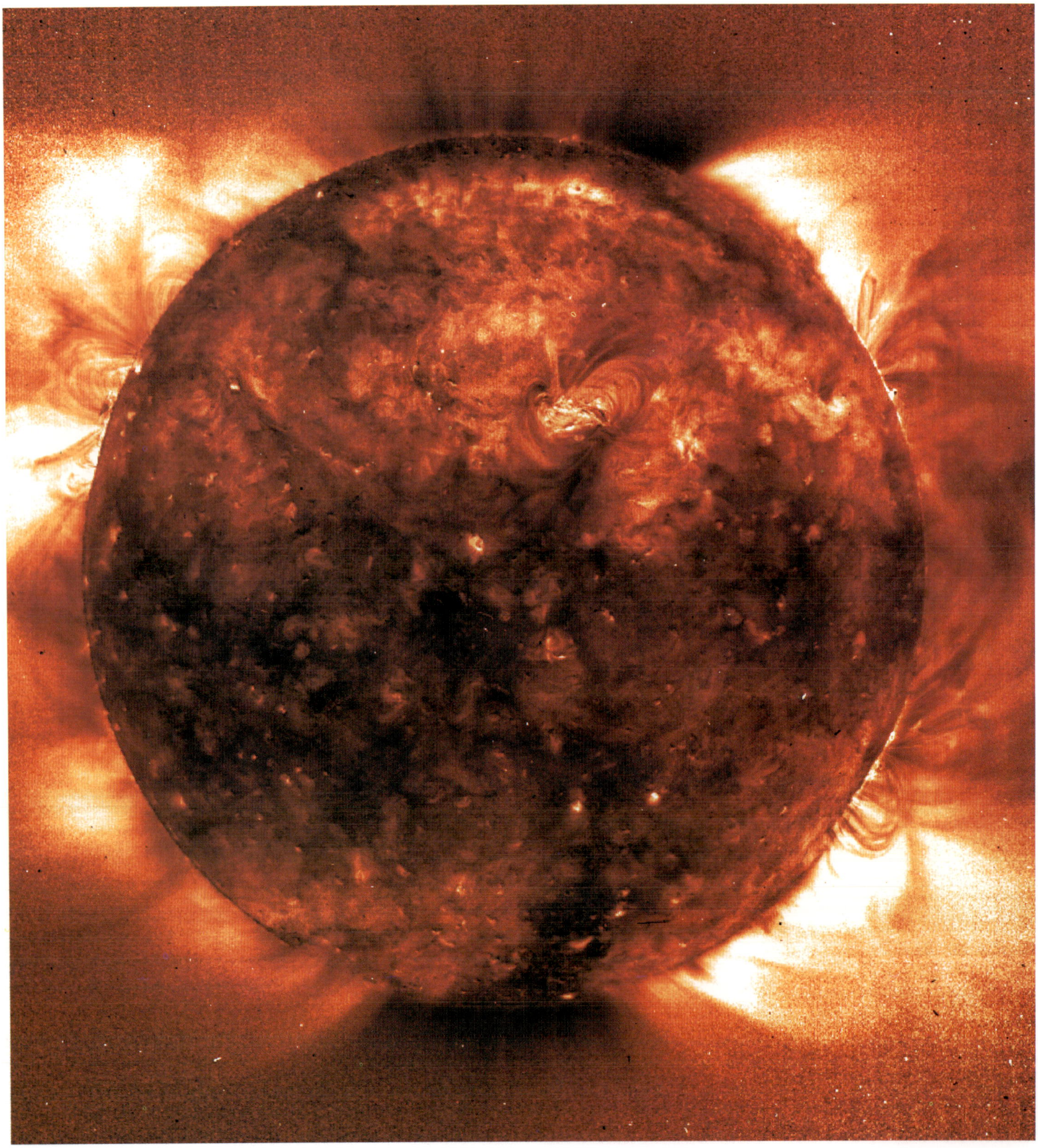

Die Nutzung der Sonne

Die Sonne ist die Hauptenergiequelle der Erde. Ihre Strahlung wird von den Ozeanen und dem Festland sowie von der Atmosphäre aufgenommen und in Wärme umgewandelt. Auch der Wasserkreislauf wird von der Sonne in Gang gehalten. Durch Erwärmung der Luft kommt es zur Verdunstung des Wassers, das in höhere Schichten der Atmosphäre transportiert wird. Hier bilden sich Wolken aus Wasserdampf und es fallen Niederschläge.

In der Pflanzenwelt wird die Sonnenenergie durch Photosynthese umgewandelt. Somit entstehen hier durch die Sonne als Energielieferant und Pflanzen als „Katalysator" Brennstoffe wie Holz und über viele Jahrhunderte die fossilen Brennstoffe wie Kohle und Erdöl.

Eine direkte Verwertung der Sonnenenergie hat sich der Mensch in Form der Solarzellen geschaffen. Dies sind dünne Scheiben aus Halbleitern wie Silizium, die die Sonnenstrahlung unter Ausnutzung des so genannten Fotoeffekts in elektrische Energie umwandeln. Viele kleine Solarzellen werden für gewöhnlich zu größeren Sonnenkollektoren zusammengefasst. Allerdings ist diese Art der Stromerzeugung heute noch recht kostenintensiv, da der Wirkungsgrad der Solarzellen gering ist.

Möchte man die Sonnenenergie zur Versorgung eines ganzen Hauses einsetzen, ist es wichtig, die jahreszeitlich bedingte Schwankung der Sonneneinstrahlung zu berücksichtigen und beispielsweise die überschüssige Energie der Sommermonate für die kältere Jahreszeit in geeigneten Vorrichtungen zu speichern.

Eine größere Wirksamkeit haben Sonnenkollektoren, die einen oder mehrere Hohlspiegel besitzen. Hier wird die Strahlung der Sonne reflektiert und in einem Empfänger gesammelt. Dabei verstärkt sich die gesammelte Sonnenenergie und die Temperatur steigt auf mehrere 100 Grad Celsius an. Um möglichst viele Sonnenstrahlen einzufangen, dreht sich der Sonnenkollektor mit dem Sonnenstand.

In einigen Bereichen haben sich Solarzellen bereits durchgesetzt. So funktionieren heute eine Großzahl der Taschenrechner und viele Uhren mit Sonnenenergie. Wesentlich spektakulärer ist aber die Nutzung der Solarenergie im Fall der Internationalen Raumstation ISS, die über großflächige Sonnenpaneele zur Energieversorgung der Station verfügt. Versuche mit solarbetriebenen Autos waren bislang wenig erfolgreich, da Fahrzeuge bei zu geringer Oberfläche zu viel Energie benötigen. Die Entwicklung neuer Technologien geht aber schnell voran, sodass der Markt für solartechnische Anwendungen weltweit stark zunimmt.

Seit einigen Jahren nutzt man immer häufiger die natürliche Energie der Sonne, etwa für die Raumheizung und Warmwasserversorgung von Wohnhäusern. Das System besteht in der Regel aus einem doppelt verglasten Flachkollektor auf dem Dach des Hauses, durch den der Wärmeverlust möglichst gering gehalten wird. Die unter dem Glas liegende Fläche absorbiert die Sonnenstrahlung und gibt sie als Wärme an die meist kupfernen Wasserrohre weiter, die zur Heizung und zur Warmwasserversorgung führen oder in einen Wärmeaustauscher fließen. Kaltes Wasser wird im Flachkollektor erneut von der Sonne erhitzt.

Die inneren Planeten

Innerhalb unseres Sonnensystems gibt es zwei sehr unterschiedliche Gruppen von Planeten: die inneren und die äußeren Planeten. Bei den inneren oder auch erdähnlichen Planeten handelt es sich um Merkur, Venus, Erde und Mars. Diese relativ kleinen Himmelskörper weisen einige Gemeinsamkeiten auf. So besitzen sie beispielsweise alle eine feste Oberfläche und bestehen aus ähnlichem Material, vor allem aus Gestein und Eisen. Ihre Durchmesser liegen zwischen 12.756 Kilometern (Erde) und 4.880 Kilometern (Merkur).

Die elliptischen Bahnen, auf denen sie sich bewegen, weichen nicht sehr stark von der Kreisform ab. Allerdings sind die Bahnen von Mars und Merkur ein wenig exzentrischer, also weniger kreisförmig, als die der beiden anderen. Die Bahnen von Merkur und Venus liegen innerhalb der Erdbahn. Genau wie der Erdmond zeigen sie daher einzelne Phasen verschieden vollständiger Sichtbarkeit. Beide besitzen keine Monde. Merkur hat eine relativ hohe Dichte, deren Ursache wahrscheinlich ein besonders großer Eisenkern im Inneren ist. Seine dünne Atmosphäre bietet wenig Schutz und gibt den Blick auf stark verkraterte Regionen auf seiner Oberfläche frei.

Venus ist dagegen in eine dichte Wolkendecke gehüllt. Der Kohlendioxidgehalt ihrer Atmosphäre beträgt fast 97 Prozent. Dies führt zu einem dramatischen Treibhauseffekt und Temperaturen von rund 470 Grad Celsius am Boden.

Nur auf der Erde bildeten sich große Mengen flüssiges Wasser und es entstand Leben. Der Mars hat zwei Monde namens Deimos und Phobos. Sie haben wenig Ähnlichkeit mit dem Erdmond und dürften vermutlich eingefangene Asteroiden sein. Auch auf dem Mars könnte es früher Wasser gegeben haben. Heute ist der Planet kalt und öde. An seinen Polen gibt es Trockeneis, also gefrorenes Kohlendioxid.

Rechts: Diese Fotomontage des „Jet Propulsion Laboratory" der NASA in Pasadena zeigt oben die inneren Planeten Merkur, Venus, Erde mit dem Erdmond und Mars. Die äußeren Planeten in der unteren Bildhälfte sind Jupiter, Saturn, Uranus und Neptun (von oben nach unten). Die inneren und äußeren Planeten unterscheiden sich zum einen aufgrund ihrer Distanz zur Sonne, aber auch durch ihren inneren Aufbau und ihre Entstehungsgeschichte.

Der Mond, der einzige Erdtrabant, wird auch Luna genannt. Er besitzt keine Atmosphäre.

Der Mars wird als Roter Planet bezeichnet. Steine und Erde auf dem Mars enthalten recht viele Eisenoxide, also Rost, die für die rötliche Farbe verantwortlich sind.

Die Erde gehört wie Merkur, Venus und Mars zu den vier inneren Planeten. Noch immer kann man nur darüber spekulieren, ob es nur hier im Weltall Leben gibt.

Merkur

Merkur trägt seinen Namen nach dem römischen Gott des Handels. Er ist mit einem mittleren Abstand von 57,9 Millionen Kilometern der sonnennächste und mit einem Durchmesser von 4.880 Kilometern der zweitkleinste Planet des Sonnensystems. Nur Pluto hat noch geringere Ausmaße. Erste genauere Erkenntnisse über die Verhältnisse auf Merkur erbrachte die amerikanische Raumsonde Mariner 10. Sie passierte den Planeten im Jahr 1974.

Gravitation: 3,71 m/s^2
Neigung gegen Ekliptik: 7° 00'
Mittlere Geschwindigkeit: 47,87 km/s

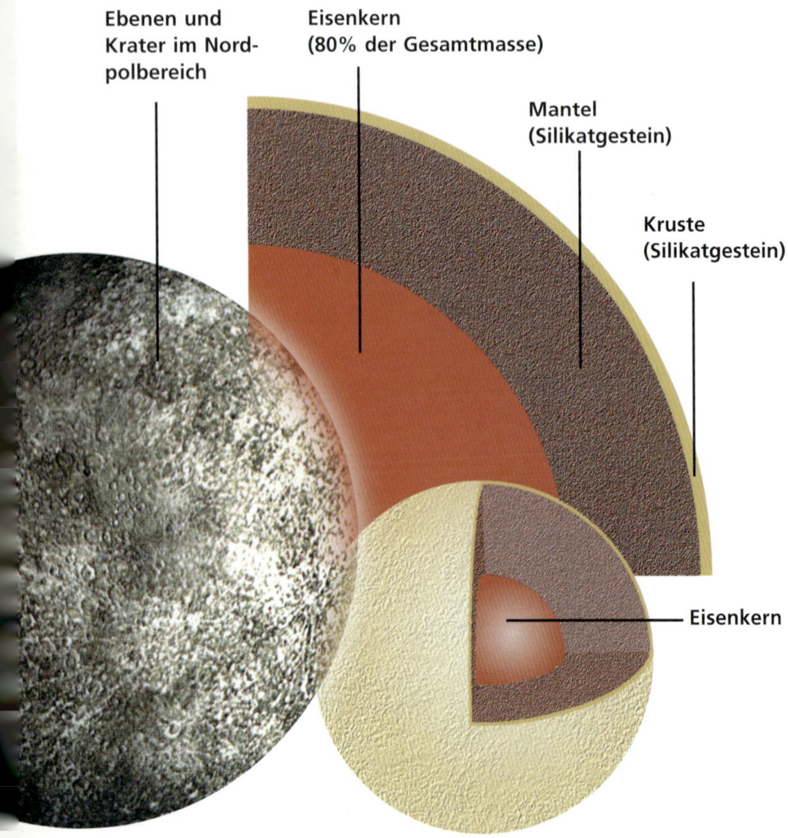

Merkur ähnelt dem Erdmond, insofern auch seine Oberfläche stark verkratert ist.

Nach dem Passieren der Schattenseite des Planeten fotografierte Mariner 10 die beleuchtete Hemisphäre von Merkur. Mariner 10 startete im Jahr 1974 ins All. Auf seiner Reise zum Planeten Merkur fotografierte er im Februar 1974 auch die Venus. Er umrundete den Planeten Merkur dreimal – im März und September 1974 und im März 1975. Dabei entstanden mehr als 7.000 Fotos vom Merkur, der Venus, der Erde und dem Mond.

Merkur ist von der Erde aus nur für recht kurze Zeit vor Sonnenaufgang oder Sonnenuntergang zu sehen. Abends ist Merkur sichtbar, wenn er auf der linken, östlichen Seite steht. Der Zustand des größten erreichbaren Winkelabstands wird als größte östliche Elongation von der Sonne bezeichnet. Entsprechend ist Merkur in den Morgenstunden rechts oder westlich der Sonne zu sehen. Den größten Winkelabstand von der Sonne bezeichnet man hier als größte westliche Elongation von der Sonne. Die Sichtbarkeit hält jeweils nur bis zu zwei Stunden an.

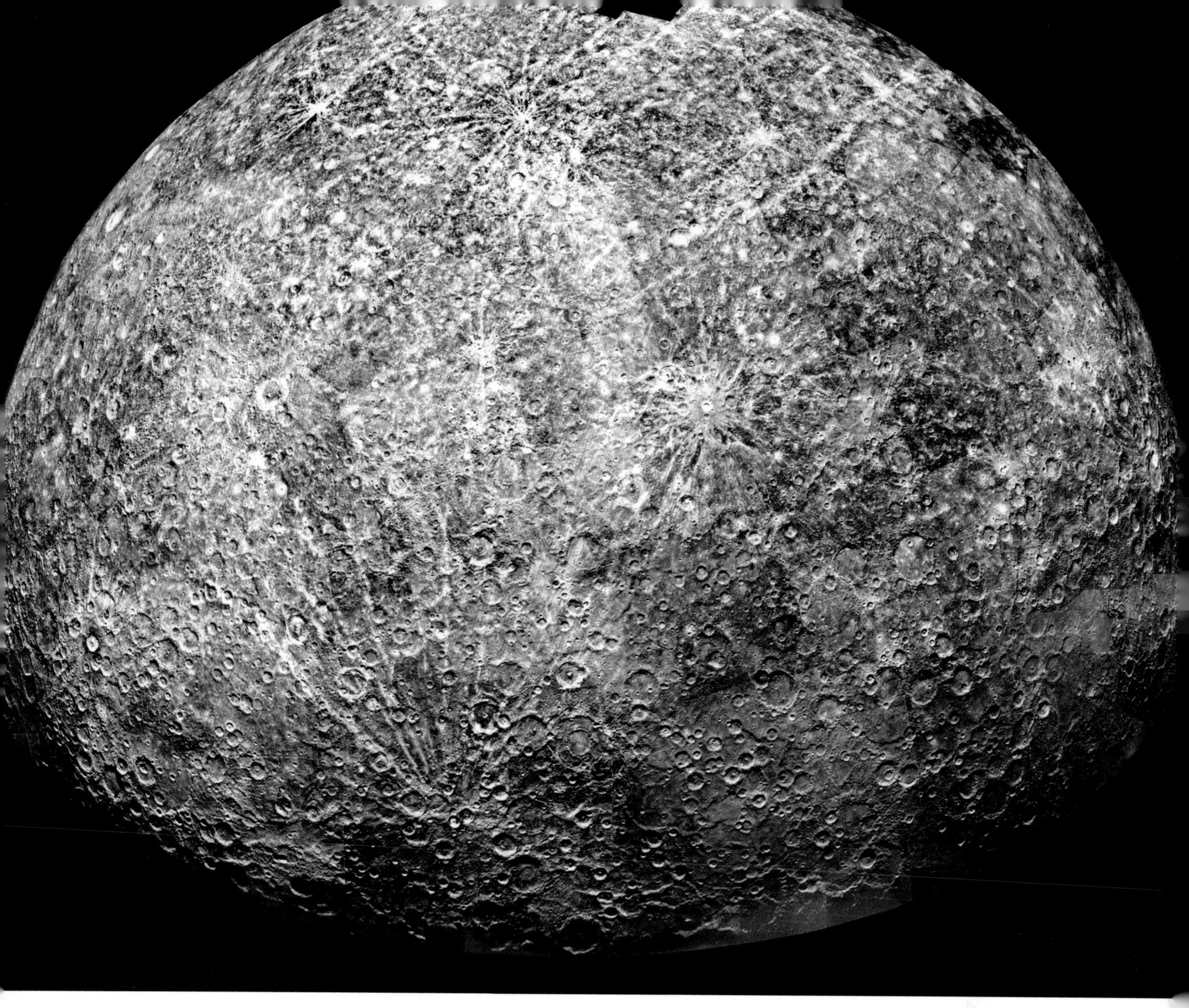

Die Mariner-10-Sonde machte 1974/1975 zahlreiche Aufnahmen der Planeten Venus und Merkur. Oben sind einige dieser Aufnahmen per Computer zusammengesetzt worden. Zu sehen ist die Region um den Südpol des Merkur.

Merkurbahn

Merkur ist der innerste Planet im Sonnensystem. Seine Bahn um die Sonne ist relativ exzentrisch, weicht also stärker von der Kreisform ab als etwa die der Erde. Dadurch schwankt der Sonnenabstand des Merkur zwischen 46 und 70 Millionen Kilometern. Außerdem ist die Merkurbahn mit sieben Grad im Vergleich zu den anderen Planeten relativ stark geneigt.

In Bezug auf die Sterne rotiert Merkur innerhalb von etwa 59 Erdtagen einmal um sich selbst. Das sind relativ genau zwei Drittel der Zeit, die der Planet für einen Umlauf um die Sonne benötigt, nämlich rund 88 Tage. Ein Sonnentag, also der Abstand zwischen zwei Sonnenaufgängen, dauert auf dem Merkur 176 Erdentage. Demzufolge dauert ein Tag auf Merkur zwei Merkurjahre.

Die Oberfläche von Merkur zeigt gewaltige Steilhänge, Krater, aber auch Ebenen. Die bekannteste Oberflächenstruktur des Merkur ist das Caloris-Becken mit einem Durchmesser von 1.300 Kilometern.

Merkuroberfläche

Die ersten Bilder von der Oberfläche des Planeten Merkur zeichnete der griechisch-französische Astronom Eugenios Antoniadi (1870–1944) Anfang des 20. Jahrhunderts. Er fertigte eine der ersten Karten vom Merkur an.

Dr. William Pickering, Direktor am „Jet Propulsion Laboratory" der NASA in Pasadena, stellt dem Präsidenten John F. Kennedy 1961 das Mariner-10-Modell vor. Die Mission zählt zu den großen Erfolgen der US-Raumfahrt.

Neue Erkenntnisse gewann man erst 1974, als die US-Raumsonde Mariner 10 den Planeten passierte und fotografisch dokumentierte. Danach ähnelt die Oberfläche sehr der unseres Mondes, da sie mit Einschlagskratern übersät ist. Es gibt aber auch glattere Ebenen, die offenbar aus jüngerer Zeit stammen. Eine besondere Geländeformation auf dem Merkur sind kilometerhohe Böschungen, die auf dem gesamten Planeten zu finden sind. Sie entstanden vermutlich, als der Planet infolge der Abkühlung deutlich zusammenschrumpfte.

Merkur verfügt nur über eine äußerst dünne Atmosphäre, deren Hauptbestandteile Sauerstoff, Natrium, Wasserstoff und Helium sind. Wegen ihrer geringen Dichte wird sie auch als „Exosphäre" bezeichnet. Die genaue Konsistenz der Atmosphäre wird seit August 2004 von der Sonde MESSENGER ermittelt. Diese wird den Planeten mehrmals umkreisen und dabei dessen gesamte Oberfläche fotografieren. Bisher sind nur 45 Prozent kartographisch erfasst. Daneben nimmt sie Messungen am Magnetfeld vor, ermittelt die Zusammensetzung der Oberfläche und untersucht die Struktur des Kerns. Die mittlere Dichte des Merkur von 5,43 Gramm pro Kubikzentimeter entspricht etwa der Dichte der Erde.

Sichtbarkeit

Wegen seiner großen Sonnennähe kann Merkur schlecht beobachtet werden. Er ist nur kurz vor Sonnenaufgang bzw. kurz nach Sonnenuntergang zu sehen. In unseren Breiten erkennt man den Planeten am besten im Frühjahr abends oder im Herbst am Morgen. Das sind die Zeiten, in denen er seinen größten Winkelabstand von der Sonne hat. Diese Elongation beträgt 28 Grad.

Merkur durchläuft genau wie die Venus und der Erdmond einzelne Phasen, also von „Neu-Merkur" bis „Voll-Merkur". Etwa ein Dutzend Mal pro Jahrhundert kreuzt der Planet Merkur die Sonnenscheibe, entweder im Mai oder November. Seine Gravitation beträgt etwa ein Drittel der Anziehung auf der Erde, seine Bahngeschwindigkeit ist die größte aller Planeten.

Am 3. August 2004 startete die Raumsonde MESSENGER um u.a. Atmosphäre und geologische Geschichte des Merkurs zu erkunden.

Mariner-10-Ansicht vom Merkur. Das Bild wurde mithilfe mehrerer Aufnahmen der Sonde zusammengestellt.

Merkur ist der innerste und sonnennächste Planet in unserem Sonnensystem.

Wegen seiner großen Sonnennähe ist Merkur nur in der Abend- oder Morgendämmerung zu beobachten.

Sein Abstand von der Erde schwankt zwischen 80 und 220 Millionen Kilometern.

Die Temperaturen auf Merkur liegen zwischen 585 Grad Kelvin und 150 Grad Kelvin.

Venus

Den Namen Venus verdankt der zweite Planet in unserem Sonnensystem der Göttin der Liebe. Lange glaubte man, dass sich auf Venus Leben entwickelt haben könnte, ähnelt sie doch in vielerlei Hinsicht der Erde: Ihre Masse beträgt 81,5 Prozent der Erdmasse, die mittlere Dichte liegt bei 5,25 Gramm pro Kubikzentimeter und ihr Durchmesser ist mit rund 12.100 Kilometern nur geringfügig kleiner als der der Erde. Dazu besitzt Venus eine Atmosphäre mit dicken Wolkenschichten. Dennoch ist der Planet alles andere als eine angenehme Umgebung. Unter der geschlossenen Wolkendecke herrschen überall Temperaturen von mehr als 470 Grad Celsius. Von der Sonne aufgeheizt, verhindert der Treibhauseffekt der äußerst dichten Atmosphäre, die zu 96,5 Prozent aus Kohlendioxid besteht, die Wärmeabstrahlung. An der Oberfläche von Venus ist der Druck daher 90-mal größer als auf der Erde. Die mittlere Sonnenentfernung beträgt 108 Millionen Kilometer.

Rechts: Der Planet Venus trägt den Namen der römischen Göttin der Liebe und Schönheit. Charakteristisch für die Venus ist zunächst ihre extrem dichte Atmosphäre, die zu fast 97 Prozent aus dem Treibhausgas Kohlendioxid besteht.

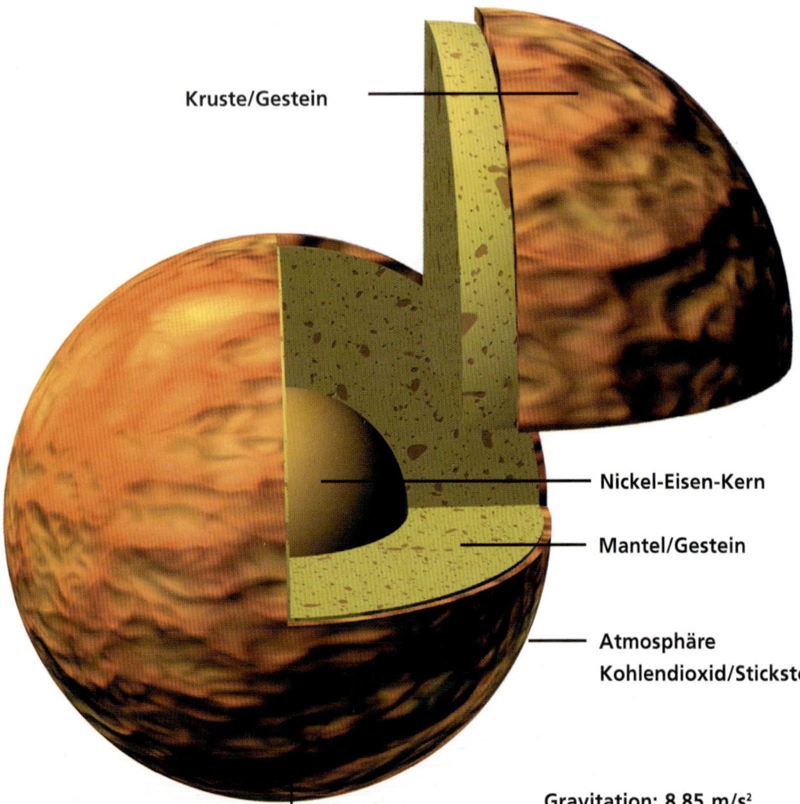

Gravitation: 8,85 m/s²
Neigung gegen Ekliptik: 3° 24'
Mittlere Geschwindigkeit: 35,2 km/s

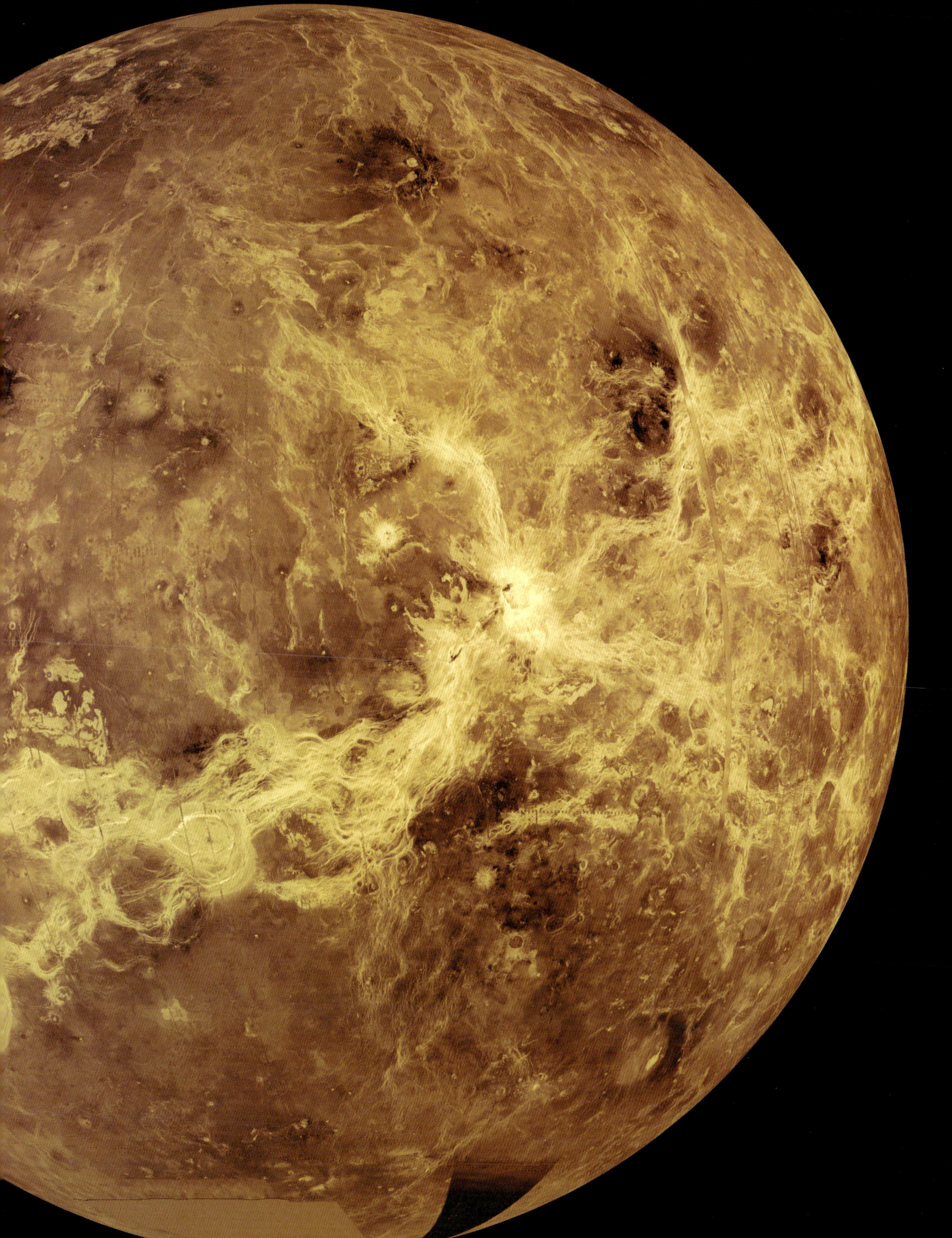

Venusbahn

Venus ist der von der Sonne aus gesehen zweite Planet des Sonnensystems und benötigt für einen Jahresumlauf 224,7 Erdentage. Ihre Bahn führt die Venus auch in eine Position zwischen Erde und Sonne und sie erscheint dadurch – ähnlich wie Mond und Merkur – in verschiedenen Phasen (Neu-Venus bis Voll-Venus).

Die Eigenrotation von Venus ist retrograd, d.h. sie dreht sich – im Gegensatz zu den anderen Planeten im Sonnensystem – im Uhrzeigersinn um die eigene Achse. Diese Eigendrehung geht zudem ausgesprochen langsam vonstatten.

Ein Venustag dauert länger als ein Venusjahr. Das heißt, Venus dreht sich schneller um die Sonne als um sich selbst. Erst nach 243 Erdentagen hat sich Venus einmal um sich selbst gedreht. Die Rotationsachse ist mit 2,7 Grad nur schwach gegen die Senkrechte zur Umlaufbahn geneigt (bei der Erde 23,5 Grad).

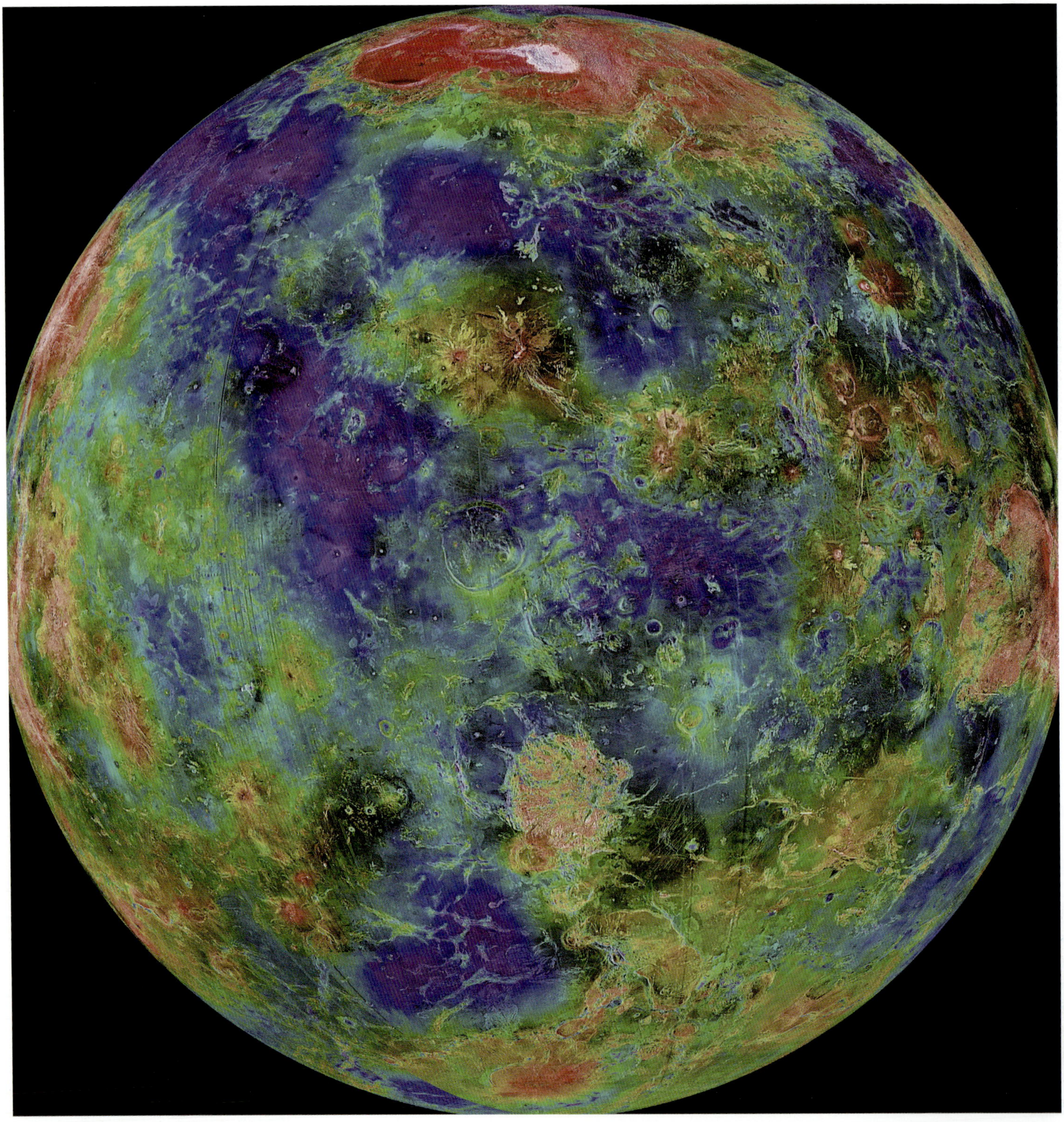

Ebenso wie Merkur bewegt sich Venus innerhalb der Erdbahn um die Sonne. Auch sie zeigt zunehmende und abnehmende Sichelgestalten. Befindet sich Venus hinter der Sonne, d. h. die Sonne steht zwischen Planet und Erde, spricht man von oberer Konjunktion. Liegt Venus auf ihrer Bahn zwischen Sonne und Erde, hat sie die untere Konjunktion erreicht.

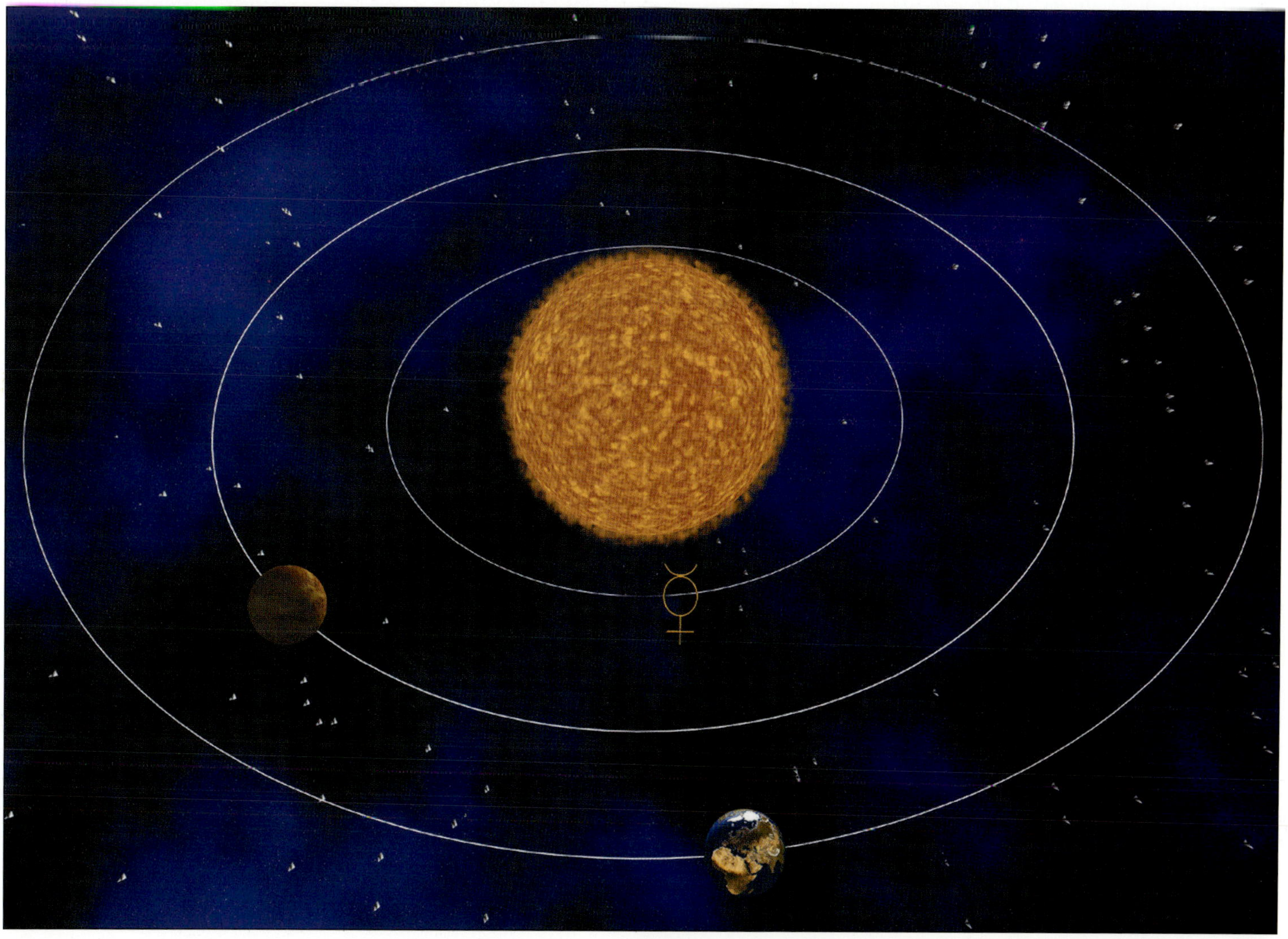

Über Venus konnten sehr lange keine präzisen Angaben gemacht werden, da der Planet eine dichte Wolkenatmosphäre besitzt, die sogar die Rotationsmessung unmöglich machte.

Links: Venus ist der erdnächste Planet des Sonnensystems. Bezogen auf Größe und Aufbau ähneln sich Venus und Erde sehr, der Luftdruck auf der Venus ist aber so gewaltig, dass er einen Menschen einfach zerdrücken würde, und die Temperaturen sind so hoch, dass Leben, wie wir es kennen, auf Venus nicht existieren könnte.

Atmosphäre

Der Planet Venus wird von einer geschlossenen Wolkendecke umgeben. Die oberen Wolkenregionen rotieren in nur vier Tagen einmal um den Planeten. Die Atmosphäre besteht überwiegend, nämlich zu 96,5 Prozent, aus Kohlendioxid. Gelegentlich regnet es in dieser lebensfeindlichen Umgebung sogar: Dieser Regen besteht allerdings aus Schwefelsäure. Aufgrund der enormen Hitze erreichen die Regentropfen nicht die Oberfläche, sondern verdampfen vorher.

Trotz dieser ungastlichen Bedingungen gelang es Raumsonden, auf Venus zu landen und Fotografien von der rauen Oberfläche zu machen. Auf Venus herrschen Temperaturen von mehr als 470 Grad Celsius. Das reicht immerhin, um Blei zum Schmelzen zu bringen. Diese Hitze wird in fast allen Regionen auf Venus erreicht, nur an den Polen ist es ein wenig kühler. Ein dramatischer Treibhauseffekt der Kohlendioxidatmosphäre macht Venus zum heißesten Planeten im Sonnensystem.

Während die Sonne die Oberfläche erwärmen kann, verhindert die Zusammensetzung der dichten Atmosphäre von Venus mit ihren gewaltigen Dunstschichten eine Wärmeabgabe. Der Druck ist in diesem „Dampfkessel" gewaltig. Die oberen Wolkenschichten rotieren relativ schnell um den Planeten. In Oberflächennähe hingegen ist die Windgeschwindigkeit relativ gering.

Zur Zeit seiner Entstehung war der Planet Venus flüssig, sodass sich durch Differentiationsprozesse ein Eisen-Nickel-Kern herausbilden konnte.

Die Atmosphäre von Venus enthält 96,5 Prozent Kohlendioxid (CO_2) und nur 3,5 Prozent Stickstoff. Weiterhin findet man höhenabhängig unter anderem Schwefeldioxid (SO_2), Wasser (H_2O) und damit auch Schwefelsäure (H_2SO_4). CO_2, SO_2 sowie H_2O sind für den Treibhauseffekt auf Venus verantwortlich.

Falschfarbenaufnahme von Venus, fotografiert von der Raumsonde Galileo.

1.013 Quadratkilometer der Venusoberfläche in einem computergenerierten 3-D-Bild, basierend auf Radarmessungen der Venus-Sonde Magellan.

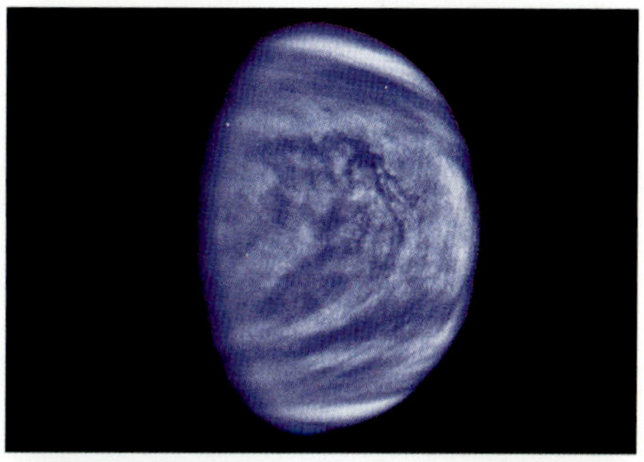

Oberfläche

Die Oberfläche von Venus besteht aus heißen Wüsten sowie großen Ebenen und wenigen Gebirgen und Tälern. Das größte Gebirge oder besser Hochplateau trägt die Bezeichnung „Aphrodite Terra". Es liegt in Höhe des Venusäquators und hat in etwa die Größe Afrikas.

Insgesamt ist Venus weniger gebirgig als die Erde. Zwar gibt es Erhebungen, die nahezu elf Kilometer hoch sind (Maxwell Montes), aber insgesamt bestehen nur zehn Prozent der Oberfläche aus gebirgigen Formationen. 70 Prozent sind große Ebenen und 20 Prozent Senken. Anders als auf der Erde hat man auf Venus keinerlei Plattentektonik festgestellt. Davon abgesehen, ähneln sich die Planeten aber im Aufbau. Im Inneren befindet sich ein großer Eisen-Nickel-Kern, darauf folgen der Mantel und die dünne äußere Kruste.

Zumindest bis vor einigen hundert Millionen Jahren gab es auf Venus auch einen ausgeprägten Vulkanismus. Möglicherweise gibt es bis heute aktive Vulkane. Man hat jedenfalls erkaltete Lavaströme entdeckt, die länger als die längsten Flüsse der Erde sind. Auch Meteoritenkrater sind auf der Venusoberfläche festzustellen. Es sind jedoch sehr viel weniger als auf Merkur, was vermutlich daran liegt, dass die dichte Atmosphäre das Eindringen kleinerer Himmelskörper verhindert hat. Größere Gestelnsbrocken erreichten jedoch die Oberfläche und hinterließen Einschlagskrater.

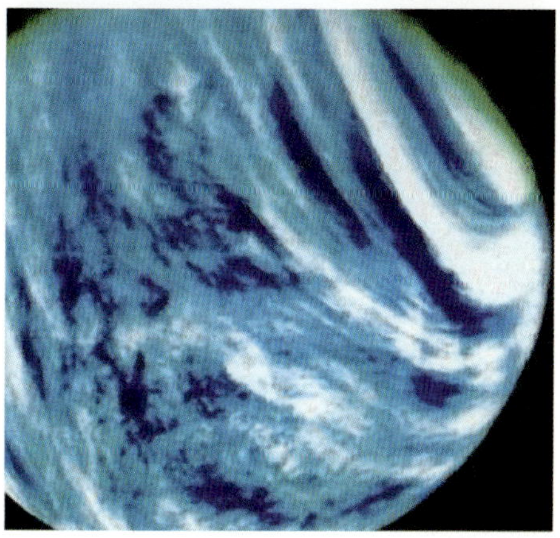

Rechts: Venus besitzt kein Magnetfeld und sie ist der einzige Planet, der sich im Uhrzeigersinn um die eigene Achse dreht.

Venusbeobachtung

Venus zählt zu den inneren Planeten. Ihre Umlaufbahn verläuft zwischen der Sonne und der Umlaufbahn der Erde. Wie beim Mond sind auch bei Venus unterschiedliche Phasen erkennbar. In den Phasen zu- und abnehmender Sichel lässt sich Venus gut beobachten. Zum Zeitpunkt der oberen oder unteren Konjunktion bleibt sie für uns dagegen unsichtbar. Bei der unteren Konjunktion (Reihenfolge Erde-Venus-Sonne) hat Venus die größte Erdnähe. Danach nimmt sie zu und erreicht ihren erdfernsten Punkt, die obere Konjunktion. Befindet sich der Planet rechts von der Sonne, also in der zunehmenden Phase, so wird er als Morgenstern bezeichnet; befindet er sich in der abnehmenden Phase, fungiert er als Abendstern.

Je größer der Winkelabstand von Venus zur Sonne ist (Elongation), desto besser ist sie zu sehen. Die größte Elongation beträgt 48 Grad. Im Vergleich dazu ist der maximale Winkelabstand des Merkurs mit 28 Grad sehr gering, was erklärt, warum dieser wesentlich schlechter beobachtet werden kann. So ist Venus länger nach dem Sonnenuntergang und schon früher vor Sonnenaufgang sichtbar als Merkur. Venus ist nach Sonne und Mond das hellste Objekt am Himmel und kann zum Zeitpunkt ihrer größten Helligkeit sogar mit bloßem Auge am Tage beobachtet werden.

Die Oberfläche von Venus ist ein ausgesprochen unwirtlicher Ort.

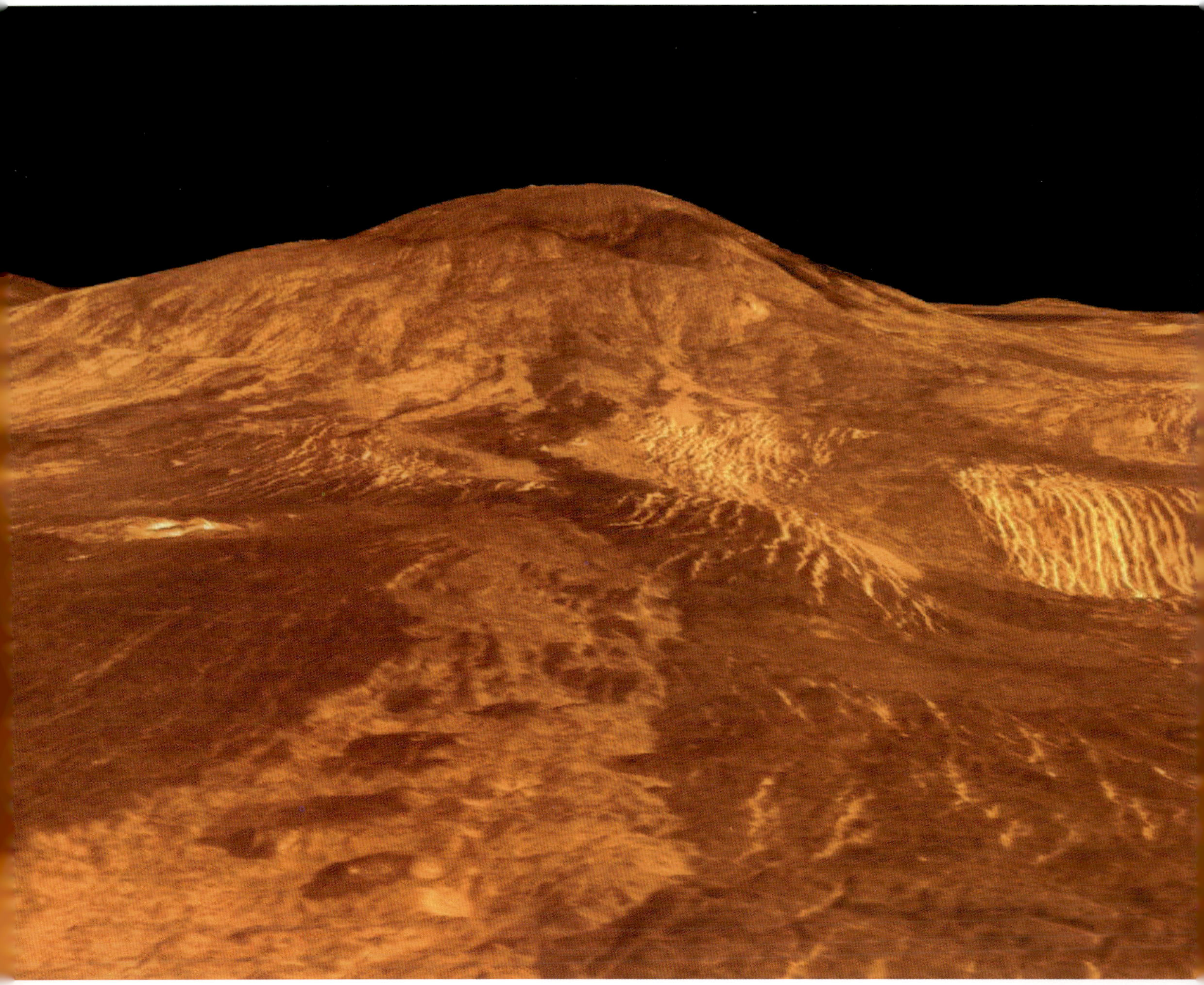

Auf Venus gibt es kein flüssiges Wasser. Frühere Wasservorkommen wären längst vollständig verdunstet.

Der Großteil der Venusoberfläche besteht aus leicht geschwungenen Ebenen mit geringen Erhebungen.

Zwei große Gebirgszüge hat man entdeckt: Ishtar Terra auf der Nordhalbkugel und Aphrodite Terra.

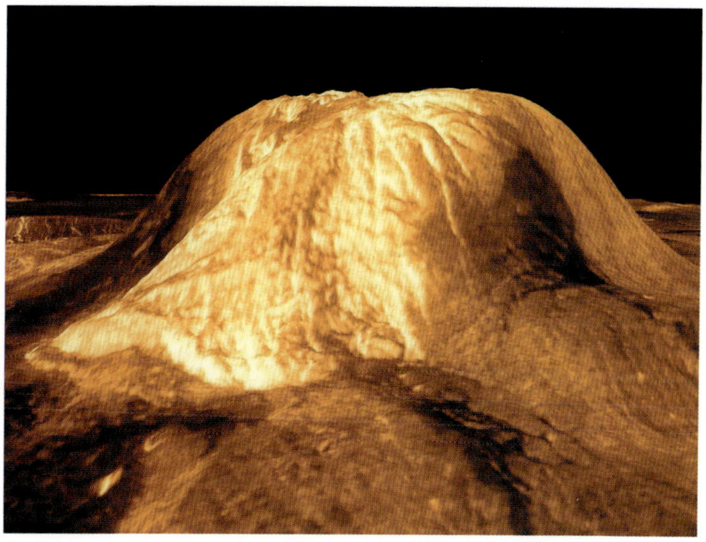

Auf Venus scheint es keine Plattentektonik wie auf der Erde zu geben.

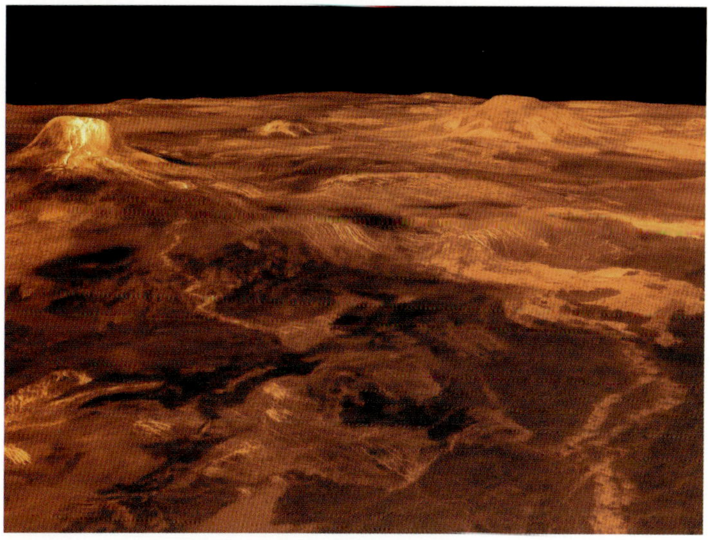

Mit Raumsonden und erdgebundenen Radarsendern erforscht man die Oberflächengegebenheiten von Venus.

Die Temperatur auf der Venusoberfläche beträgt bis zu 500 Grad Celsius.

Erde

Noch immer ist die Erde der einzige Himmelskörper, von dem man weiß, dass er Leben beherbergt. Unsere Heimat ist der größte der inneren Planeten und bildete sich – wie alle Planeten im Sonnensystem – vor rund 4,6 Milliarden Jahren. Die Urerde entstand durch die Kollision und Verschmelzung kleinerer Gesteinsbrocken, von so genannten Planetisimalen. Dadurch dürften die Elemente in der Urerde relativ homogen verteilt gewesen sein. Doch dies sollte sich ändern: Die Erde heizte sich nämlich durch radioaktiven Zerfall, zunehmenden Druck im Inneren und weiterhin bestehendes Bombardement durch Teilchen aus dem All auf. Das führte schließlich auch zum Schmelzen des Eisens, das als schwerstes der flüssigen Elemente ins Zentrum der Urerde sank und den Erdkern bildete. Nach Abkühlen der äußeren Erdkruste bildeten sich dann die ersten Kontinente.

Die Besatzung der Apollo 17 machte dieses Bild der Erde im Jahr 1972. Die orange-roten Wüsten von Afrika und Saudi-Arabien stehen in starkem Kontrast zum tiefen Blau der Ozeane und dem Weiß sowohl der Wolken wie auch der schneebedeckten Antarktis.

Der griechische Astronom, Mathematiker und Naturforscher Claudius Ptolemäus gab in seinem Werk „Geographike hyphegesis“ Positionen von rund 8.000 Punkten der bekannten Erdoberfläche und machte überdies Vorschläge für die Landkartenprojektion. Dieses Bild ist ein Holzschnitt einer ptolemäischen Weltkarte von 1511.

Erdoberfläche

Die Erdoberfläche ist die Außenhülle der Erdkruste. Sie besteht zu etwa 70 Prozent aus Wasser- und zu rund 30 Prozent aus Landflächen. Ihr heutiges Erscheinungsbild ist nur das vorläufige Ergebnis permanenter Veränderungen, für die verschiedene innere (endogene) und äußere (exogene) Kräfte verantwortlich sind.

Zu den endogenen Kräften zählen zum Beispiel tektonische Vorgänge, Gebirgsbildungsprozesse oder vulkanische Tätigkeit. Zu den exogenen Kräften dagegen zählen Wasser (Niederschlag, Meere, Seen, Flüsse), der Wind und das bewegte Eis. Diese Faktoren lösen verschiedenartige Abtragungs- und Ablagerungsprozesse aus, die zu einer unentwegten Umgestaltung der Erdoberfläche führen. Auch menschliche (anthropogene) Einflüsse bzw. deren Folgen hinterlassen Spuren an der Erdoberfläche. Ein bekanntes Beispiel hierfür sind die Alpen. Das Abholzen ganzer Alpenwälder für die landwirtschaftliche oder touristische Nutzung hat unter anderem zu vermehrter Bodenerosion geführt und irreversible Schäden in einer einzigartigen Naturlandschaft Europas hinterlassen.

Schaut man sich eine Weltkarte an, fällt sofort auf, wie gut beispielsweise Afrika und Südamerika zusammenpassen oder wie gut sich Südaustralien an die Antarktis anfügen lässt. An Gesteinsproben stellte man fest, dass bestimmte Steinarten gleichen Typs und Alters – rund zwei Milliarden Jahre alte Funde – sowohl in Brasilien als auch in Südwestafrika gefunden wurden. Ein Beleg für die Bewegung der Kontinente.

Forschungen ergaben, dass die verschiedenen Kontinente einmal einen Urkontinent bildeten und sich seitdem in Form und Lage verändert haben. Diese heute herrschende Lehrmeinung geht auf Alfred Wegeners (1880–1930) Kontinentalverdriftungs-Hypothese zurück. Sein 1915 erschienenes Buch über die Entstehung der Kontinente und Ozeane lieferte entscheidende Argumente für die Theorie der Kontinentalverschiebung.

Der Begriff „Vegetation" stammt aus dem Lateinischen und bedeutet so viel wie „Pflanzenwuchs". Unter Vegetation versteht man die Gesamtheit aller Pflanzengesellschaften, die einen bestimmten Erdraum bedecken. Insgesamt sind 80 Prozent der Landfläche auf der Erde mit Vegetation bedeckt.

Wüsten sind Gebiete der Erdoberfläche, die sich im Allgemeinen durch Vegetationsarmut oder das Fehlen jeder Vegetation auszeichnen.

Gletscher sind ein wichtiger Faktor der Landschaftsformung. Als Ströme aus Eis bilden sie tiefe Täler. Beim Abschmelzen schürfen sie gewaltige Sedimentfrachten ab und lagern diese in charakteristischen Formen ab.

Basisdaten der Erde

Durchmesser am Äquator	12.756 km
Radius am Äquator	6.378 km
Polardurchmesser	12.714 km
Radius am Pol	6.357 km
Volumen	1,083 x 1027 cm^3
Masse	5,9742 x 1027 g
Mittlere Dichte	5,514 g/cm^3
Oberflächenschwerkraft	9,78 m/s^2
Dauer der Erdumdrehung	23,9345 Stunden
Mittlere Umlaufgeschwindigkeit	29,77 km/s
Dauer eines Jahrs	365,256 Tage
Neigung der Erdachse	23° 44'
Sonnenentfernung	Minimum 147 Mio. km, Maximum 152 Mio. km
Oberfläche	510,1 Mio. km^2
Wasserfläche	361 Mio. km^2
Landfläche	149 Mio. km^2
Mittlere Landhöhe	623 m
Atmosphäre	78 % Stickstoff 21% Sauerstoff 1% Edelgase
Mittlere Meerestiefe	3,8 km
Stärke der kontinentalen Kruste	35 km (im Mittel)
Stärke der ozeanischen Kruste	7 km (im Mittel)
Stärke der Lithosphäre	bis zu 75 km
Stärke des Mantels	2.900 km
Stärke des äußeren Kerns	2.200 km
Durchmesser des inneren Kerns	1.200 km

Aufbau der Erde

Noch vor 150 Jahren gingen die Meinungen der Geologen darüber, wie die Erde in ihrem Inneren aufgebaut ist, weit auseinander. Manche Forscher glaubten, dass die Erde über einen glühenden Gasball im Inneren verfüge, andere vertraten die Auffassung, dass unser Heimatplanet aus mehreren Schichten bestehe, die sich aus unterschiedlichen Materialien zusammensetzen.

Bis heute ist der größte Teil des Erdinneren unseren forschenden Blicken nicht zugänglich. Zwar erlauben magmatische Gesteine einen kleinen Blick ins Erdinnere, doch reichen selbst Versuchsbohrungen nicht weiter als bis in eine Tiefe von 15 Kilometern. Um mehr über die Beschaffenheit des Erdinneren zu erfahren, muss daher mit indirekten Methoden geforscht werden. Zu diesen indirekten Methoden zählen seismische, thermische sowie magnetische Untersuchungen – also Untersuchungen der Erdbebenwellen, des Wärmefelds und Magnetfelds der Erde.

Das älteste und bedeutendste dieser Verfahren ist die Seismologie (die Untersuchung von natürlichen oder künstlich ausgelösten Erdbeben). Die von einem Erdbeben ausgehenden Erschütterungen breiten sich als seismische Wellen (Erdbebenwellen) ins Erdinnere aus. Auf ihrem Weg ins Erdinnere treffen diese Wellen auf Materialien unterschiedlicher Beschaffenheit und Dichte. Dabei werden sie reflektiert und erfahren Änderungen in ihrer Ausbreitungsgeschwindigkeit. Die reflektierten Wellen kehren dann zur Erdoberfläche zurück, wo sie von Seismometern – hoch empfindliche Messinstrumente, die die Erdbebenwellen aufzeichnen – registriert und ausgewertet werden.

Auf diese Weise kam man zur heutigen Vorstellung vom Schalenbau der Erde. Danach bildet eine aus relativ leichtem Gestein bestehende Erdkruste die äußerste Hülle der Erde. Darunter liegt ein fester Erdmantel, der an einigen Stellen geschmolzen ist. Daran schließen sich ein flüssiger äußerer und ein fester innerer Erdkern an, die beide größtenteils aus Eisen bestehen.

Mit zunehmender Nähe zum Erdmittelpunkt steigen auch die Temperaturen an. Man hat eine Erwärmung von rund 30 Grad Celsius pro Kilometer Tiefe berechnet. Über die genaue Temperaturverteilung im Mantel und Kern lässt sich nur wenig sagen. Wissenschaftler vermuten, dass der Erdkern Temperaturen von vielleicht 7.000 Grad Celsius aufweist.

Die Erdrinde ist in sechs große und mehrere kleine voneinander unabhängige und als nicht deformierbar geltende Platten aufgeteilt. Alfred Wegener vertrat als Erster diese Ansicht. Die Platten bewegen sich. Sie können auseinander treiben, sich überlappen, aufeinander stoßen oder aneinander vorbeigleiten. Diese Phänomene bezeichnet man als „Plattentektonik" oder „Kontinentalverschiebung".

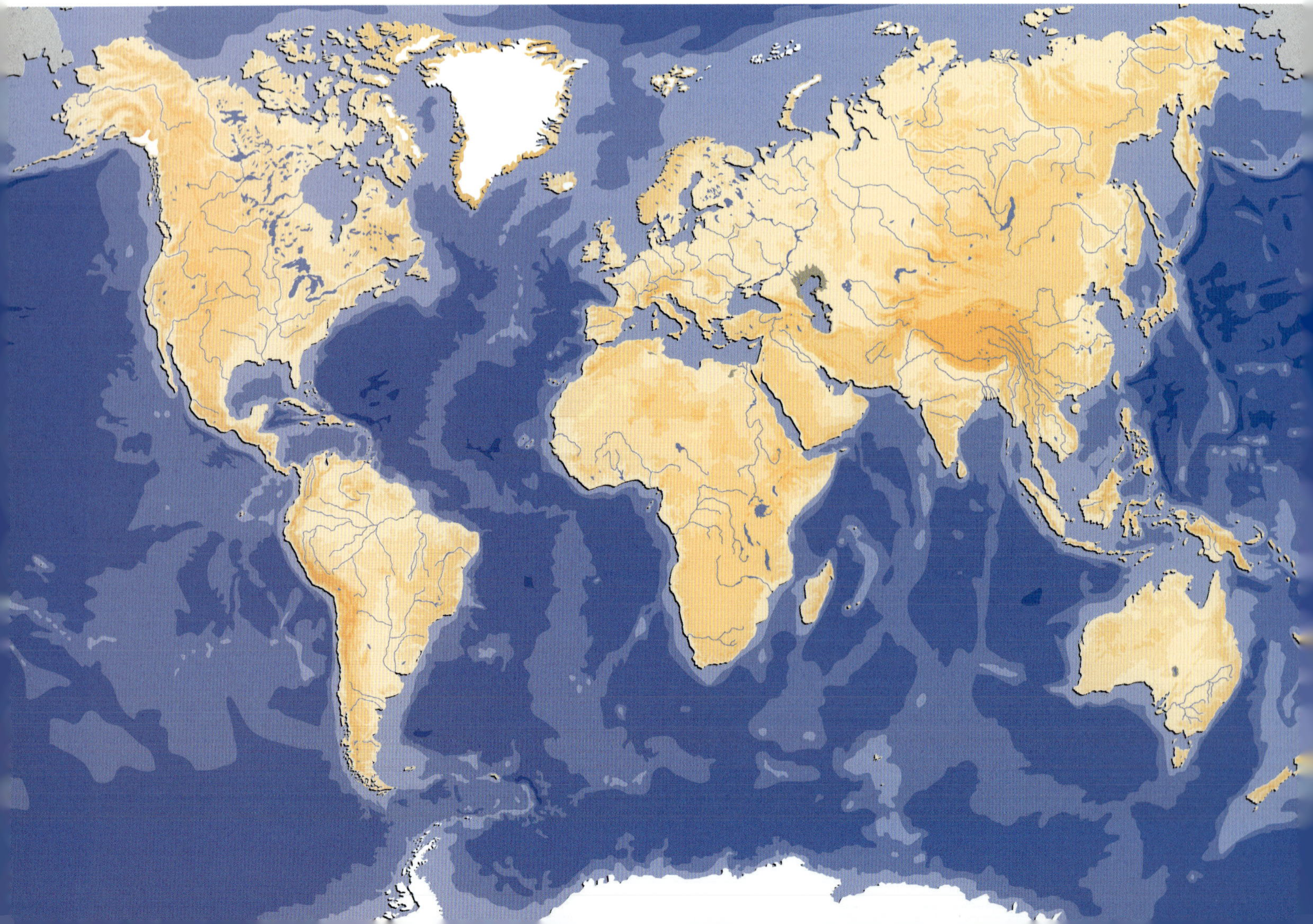

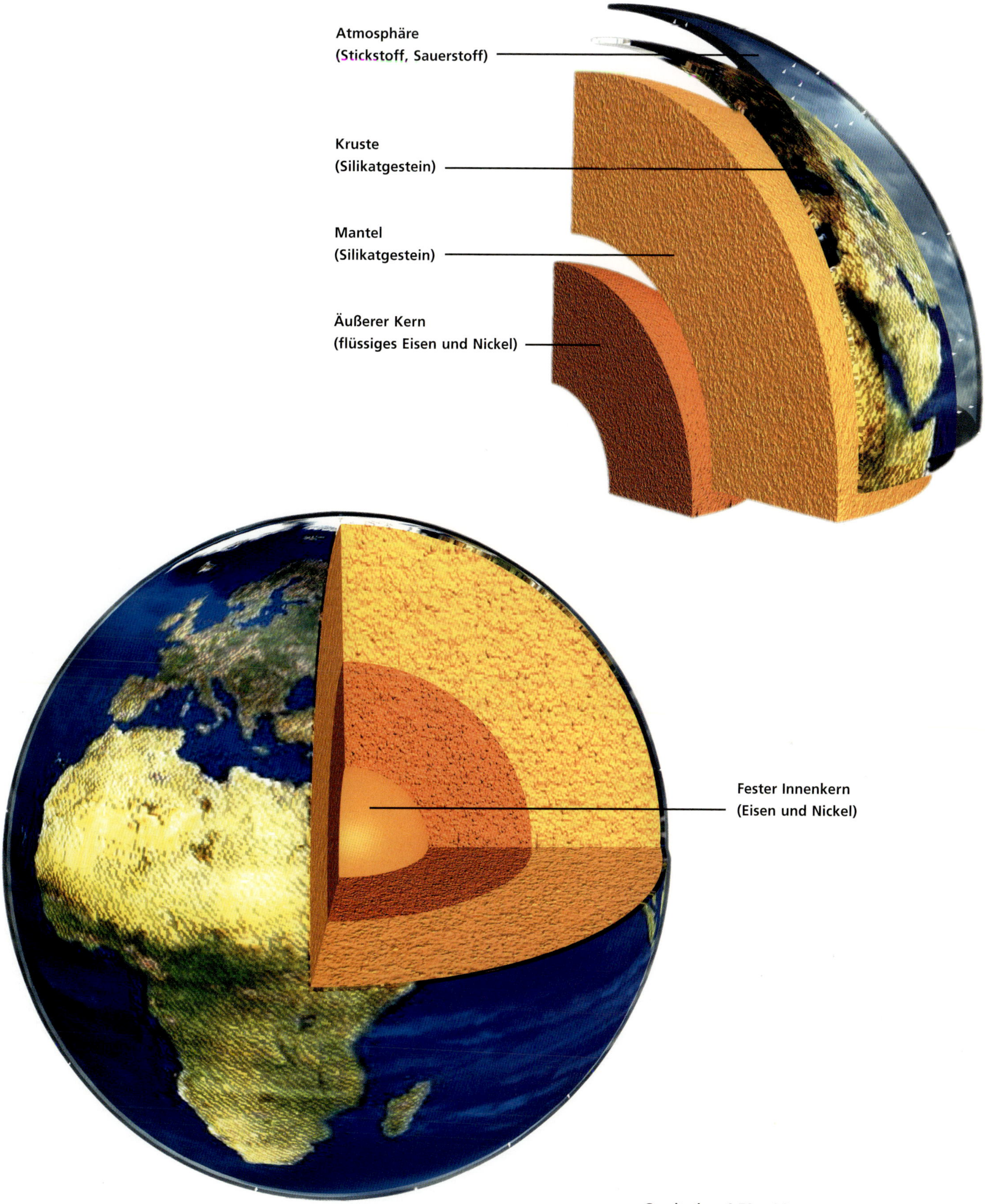

Gravitation: 9,78 m/s²
Neigung gegen Ekliptik: –
Mittlere Geschwindigkeit: 29,77 km/s

Die Erdkruste

Kontinente und Ozeane befinden sich auf der äußersten Schicht der Erde, der Erdkruste. Gemessen am Gesamtradius unseres Heimatplaneten (der mittlere Erdradius beträgt 6.370 Kilometer), ist die Erdkruste sehr dünn und darüber hinaus unter Kontinenten und Ozeanen unterschiedlich mächtig. Unter den Meeren schwankt die Krustendicke zwischen fünf und acht Kilometern, unter den Kontinenten erreicht sie dagegen eine Tiefe von bis zu 40 Kilometern, unter Gebirgen teilweise deutlich mehr.

So ist zum Beispiel die Erdkruste unter dem Central Valley von Kalifornien nur 20 Kilometer, unter dem Himalaja dagegen 90 Kilometer dick. Forscher haben zudem festgestellt, dass die Gesteinsvielfalt in der Erdkruste sehr groß ist. 1923 erkannte der österreichische Geophysiker und Klimatologe Victor Conrad (1876–1962), dass sich die kontinentale Erdkruste aus einer Ober- und einer Unterkruste zusammensetzt. Während die Oberkruste vorwiegend aus Graniten besteht, bestimmen Basalte die Unterkruste.

Die Grenzfläche zwischen der granitischen und der basaltischen Kruste wird nach ihrem Entdecker als Conrad-Diskontinuität bezeichnet. Die kontinentale Kruste, in der bis zu 3,8 Millionen Jahre alte Gesteine zu finden sind, ist in ihrem Aufbau sehr inhomogen. Durch Verwitterung, Verformung, Hebung und Senkung hat sich eine abwechslungsreiche geologische Struktur ergeben. Die Oberfläche der Erdkruste bilden dabei häufig Sedimente und vulkanische Gesteine mit einer relativ geringen Dichte.

Die äußerste Schicht der Erde hat eine Mächtigkeit von fünf bis 40 Kilometern. Die ozeanische und die kontinentale Kruste unterscheiden sich dabei in Mächtigkeit und Dichte.

Darunter liegt eine aufgefaltete, metamorphisierte – also umgewandelte – Sedimentschicht mit Tiefengesteinen, wie zum Beispiel Granit. In tieferen Krustenteilen finden sich kristalline und metamorphisierte Schichtgesteine mit Basalten, die zum Teil bis in den Erdmantel reichen.

Die ozeanische Kruste besteht aus wenigen Schichten. Zunächst bedeckt leicht verfestigtes Sediment mit einer Mächtigkeit von wenigen 100 Metern bis zu drei Kilometern den Boden. Eine darunter liegende, durchschnittlich etwa 1,5 Kilometer dicke Schicht wird aus harten Basalten und zum Teil auch Sedimentgesteinen gebildet. Im Anschluss daran folgt eine etwa fünf Kilometer dicke, bislang nur wenig erforschte Schicht aus Basalt.

Die Erdkruste und der obere Bereich des Erdmantels bilden zusammen die so genannte Lithosphäre (Gesteinsschale) der Erde. Sie ist die erkaltete Außenschale der Erde. Der Grenzbereich zwischen der Erdkruste und dem sich ihr anschließenden Mantel wird nach seinem jugoslawischen Entdecker Andrija Mohorovicic (1857–1936) Mohorovicic-Diskontinuität benannt. Mohorovicic fand 1909 bei der Auswertung seismologischer Daten heraus, dass sich in diesem Bereich die Ausbreitungsgeschwindigkeit von Erdbebenwellen abrupt ändert: Sie nimmt sprunghaft zu, was auf einen merklichen Anstieg der Gesteinsdichte hinweist.

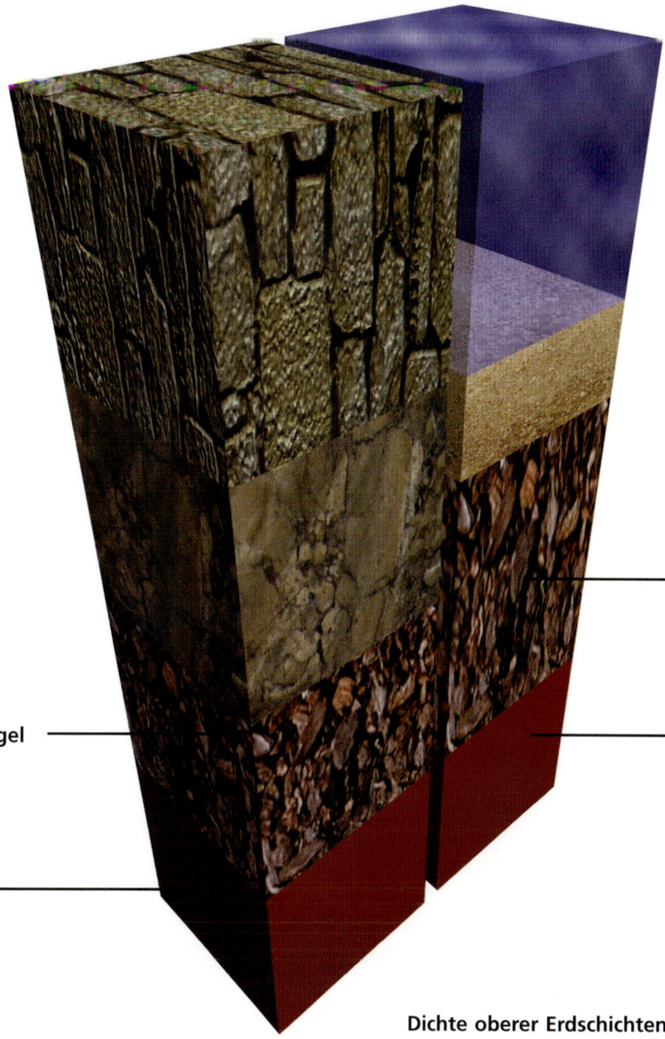

Dichte oberer Erdschichten
Obere Kruste (0–15 km): 2,84 g/cm³
Untere Kruste (–40 km): 3,32 g/cm³
Oberer Mantel (–413 km): 3,64 g/cm³
Oberer Mantel (–994 km): 4,55 g/cm³
Unterer Mantel (–2.900 km): 5,56 g/cm³

Granit
Kontinentale Kruste

Basalt
Ozeanische Kruste

Der Erdmantel

Der unter der Erdkruste liegende Erdmantel macht über 80 Prozent des Erdvolumens und rund 65 Prozent der Gesamtmasse der Erde aus. Er reicht in eine Tiefe von bis zu 2.900 Kilometern. Genauere Vorstellungen besitzt man nur über die obere Zone des Mantels, die sich bis in eine Tiefe von rund 950 Kilometern erstreckt. Die bis zu dieser Tiefe reichenden Erdbebenwellen und vulkanischen Förderprodukte geben indirekten Aufschluss über seine Beschaffenheit. Unter der Erdkruste liegt der Mantel aus einem Spinell-Peridotit-Gestein, das mit zunehmender Tiefe von Granat-Peridotit abgelöst wird. Für den unteren Bereich des Erdmantels nimmt man eine Zusammensetzung der Gesteine aus Sulfiden und Oxiden oder basischen Silikaten und Eisen an. Der relativ kühle Erdmantel lässt sich aufgrund physikalischer Eigenschaften in eine obere und eine untere Schicht teilen. Auch hier hat man – wie schon im Grenzbereich zwischen Erdkruste und Erdmantel mit der Mohorovicic-Diskontinuität – in einem bestimmten Bereich von 100 bis 200 Kilometern Tiefe eine Veränderung der seismischen Wellen beobachtet. Diesen Bereich nennt man Gutenberg-Zone. Die Erdkruste und der oberste Bereich des Erdmantels bis zur Gutenberg-Zone bilden die Lithosphäre, die in zahlreiche Platten zerbrochen ist. Darunter schließt sich die zum oberen Mantel gehörende Asthenosphäre an. In dieser Schale der Erde sind die Temperaturen mit rund 1.200 Grad Celsius so hoch, dass Gesteine schmelzen können. Doch nur bis zu zehn Prozent des Gesteins ist tatsächlich geschmolzen. Der Rest der Asthenosphäre ist fest, da ein hoher Druck auf ihr lastet. Beide Schichten stehen im Austausch miteinander. Steigt zum Beispiel am mittelozeanischen Rücken Material aus der Asthenosphäre auf, wird daraus feste Lithosphäre. An Subduktionszonen, also an solchen Zonen, wo eine ozeanische Platte unter eine kontinentale Platte abtaucht, wird aus dem Material der Lithosphäre wieder Material der Asthenosphäre.

Diese Vorgänge erklären auch, warum ein Teil der Asthenosphäre geschmolzen ist. Im Bereich von Subduktionszonen gelangen wasserreiche Sedimente (Meeresbodensedimente) der abtauchenden ozeanischen Platte in die heiße Asthenosphäre. Das Wasser verringert den Schmelzpunkt des Gesteins, sodass es auch unter dem hohen Druck der überlagernden Lithosphäre schmelzen kann. Am mittelozeanischen Rücken wird der Meeresboden auseinander gedrückt oder gespreizt. Durch dieses „Sea Floor Spreading" wird die Lithosphäre dünner – genauso wie ein gedehntes Gummiband dünner wird. Eine dünnere Schicht übt aber auch weniger Druck auf die Asthenosphäre aus. Und bei gleicher Temperatur der Asthenosphäre bedeutet dies wiederum, dass ihr Gestein nun im Bereich der Spreizungszone schmelzen

Dichte unterer Erdschichten
Äußerer Kern (2.900–4.900 km): 12,17 g/cm³
Übergangsschicht (–5.120 km): 12,25 g/cm³
Innerer Kern (–6.371 km): 12,51 g/cm³

kann. Die Asthenosphäre ist zwar weitgehend fest, aber sie reagiert trotzdem plastisch. Dadurch wirkt sie als eine Art Gleitschicht für die aufgelagerte, aus festen Gesteinen bestehende Lithosphäre. Dieser Umstand ist einer der Gründe dafür, dass die Lithosphärenplatten wandern bzw. über den Globus driften. Konvektionsströme im Inneren der Erde, also Strömungen, die aus Temperatur- und Dichteunterschieden resultieren und zu deren Ausgleich führen, werden als Motor der Plattenbewegungen angesehen.

Im mittleren Mantel steigt die Dichte weiter an, was wiederum durch eine veränderte Geschwindigkeit seismischer Wellen angezeigt wird. In 2.900 Kilometer Tiefe schließt der untere Mantel, der in erster Linie aus Silikatgestein besteht, mit einer nochmals deutlich höheren Dichte an den Erdkern an. Dieser Bereich wird nach seinen Entdeckern auch Wiechert-Gutenberg-Diskontinuität genannt.

Die Kruste und der Mantel der Erde bestehen überwiegend aus Silikatgestein.

Der Erdkern

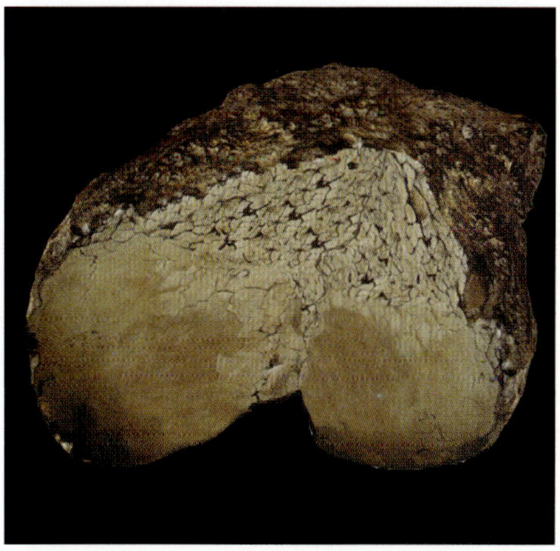

Beim Erdkern unterscheidet man den inneren und den äußeren Kern. Beide bestehen vermutlich aus Nickel, Eisen und anderen schweren Elementen.

Der Erdkern besitzt einen Durchmesser von rund 7.000 Kilometern. Über seinen Aufbau ist nur relativ wenig bekannt. Berechnungen haben ergeben, dass die Dichte im Kern gut viermal so hoch ist wie die Dichte der Erdkruste. Da Eisen und Nickel die einzigen Substanzen mit einer derartig hohen Dichte sind, folgert man, dass diese Materialien Hauptbestandteile des Kerns sein müssen. Diese Theorie wird auch durch Untersuchungen der Zusammensetzung von Meteoriten – also von Trümmern anderer Himmelskörper – unterstützt.

Weiterhin vermuten Geowissenschaftler, dass der äußere Bereich des Kerns flüssig ist und aus geschmolzenem Eisen und Nickel besteht. Der innere Kern besteht wahrscheinlich aus festen Eisen-Nickel-Verbindungen. Die Mächtigkeit des äußeren Kerns schätzt man auf etwa 2.200 Kilometer und die darin herrschenden Temperaturen auf 2.000 bis 3.000 Grad Celsius. Diese Zone soll eine Dichte von etwa zwölf Gramm pro Kubikzentimeter haben und sich sowohl gegenüber Gezeitenkräften als auch den seismischen Wellen wie eine Flüssigkeit verhalten. Im inneren Kern vermutet man wesentlich höhere Temperaturen von 3.000 bis eventuell 10.000 Grad Celsius und eine Dichte von über 12,5 Gramm pro Kubikzentimeter.

Atmosphäre, Wetter und Klima

Die Atmosphäre ist die Gas- oder Lufthülle der Erde. Wegen der Erdanziehungskraft macht sie sämtliche Rotationsbewegungen des Erdkörpers mit und wirkt wie ein Schutzschild der Erdoberfläche. Dort besteht die Atmosphäre zu 78 Prozent aus Stickstoff, zu 21 Prozent aus Sauerstoff, zu 0,9 Prozent aus Argon und zu 0,03 Prozent aus Kohlendioxid. Außerdem sind in ihr in bis zu 20 Kilometer Höhe Spuren von Neon, Wasserstoff, Helium, Ozon, Methan und Stickoxid vorhanden. Daneben enthält die Atmosphäre schwankende Mengen von Wasserdampf. Während in Bodennähe die Zusammensetzung der Atmosphäre aufgrund der ständigen Luftmassenbewegungen recht konstant ist, ändert sie sich mit zunehmender Höhe deutlich: Hier treten die leichteren Gase mengenmäßig häufiger auf.

Darüber hinaus finden sich in der bodennahen Atmosphäre noch eine Reihe von Beimengungen in fester, gasförmiger und flüssiger Form, wie zum Beispiel Staub, Verbrennungsprodukte, Salzkristalle, Bakterien oder Luftkeime. Vor allem über industriellen Ballungszentren treten diese Komponenten, die sich wegen ihres relativ hohen Gewichts nur in Bodennähe finden, vermehrt auf. Diese Teilchen sind es auch, die für die Entstehung vieler Wettererscheinungen eine große Rolle spielen, etwa bei der Bildung von Dunst, Nebel, Wolken, Regen und eventuell Smog. Zusätzlich beeinflussen diese auch als Kondensationskeime wirkenden Partikel in der bodennahen Luftschicht den Strahlungs- und Wärmehaushalt der Atmosphäre.

Das Wettergeschehen spielt sich in der untersten Schicht der Atmosphäre, der so genannten Troposphäre, ab. Insbesondere dem Wasserdampf, der auch als Wasser oder Eis auftreten kann, kommt hier eine entscheidende Bedeutung zu. Er ist mitverantwortlich für den Wärmehaushalt der Atmosphäre. Da sein Vorkommen von der Lufttemperatur abhängig ist, schwankt sein Anteil örtlich und zeitlich sehr stark – zwischen null und vier Prozent, was von großer klimatischer Bedeutung ist: Als zentrales Element des Wasserkreislaufs bedingt der Wasserdampf Niederschlag und Verdunstung und prägt damit unser Wetter maßgeblich.

Auch das Klima verrät einiges über den Zustand der Atmosphäre. Unter Klima versteht man den durchschnittlichen Verlauf der Witterung in einem bestimmten Gebiet innerhalb eines Jahres. Das Klima ist eine Folge physikalischer Vorgänge, die in der Atmosphäre vor allem infolge der Bestrahlung der Erde durch die Sonne in Gang gesetzt werden.

Im Laufe der Erdgeschichte war die Atmosphäre starken Veränderungen unterworfen. Zu Beginn, vor etwa 4,5 Milliarden Jahren, bestand die Ur- oder Primordialatmosphäre vermutlich vor allem aus Wasserstoff, Helium, Methan und Ammoniak. Diese Bestandteile wurden vom Sonnenwind größtenteils weggeblasen und durch Gase, die aus dem Erdinneren aufstiegen, ersetzt, wobei eine neue Hülle aus Kohlendioxid, Stickstoffoxiden, Wasserstoff, Schwefeldioxid und Wasserdampf entstand. Der kondensierte Wasserdampf bildete dann die Grundlage unserer Ozeane, in denen sich das erste Leben entwickelte. Durch Fotosynthese wurde vor ca. zwei Milliarden Jahren Sauerstoff freigesetzt. Weitere 1,5 Milliarden Jahre dauerte es, bis Lebewesen in unserer Atmosphäre atmen konnten.

Manche Forscher haben für die Herkunft des größten Teils des Wassers auf der Erde noch eine andere Theorie: Sie vermuten, dass hauptsächlich Kometen für das lebenswichtige Element verantwortlich sind.

Die Sonne spiegelt sich im Meer. Ohne Wasserdampf in der Atmosphäre gäbe es kein Leben.

Die Atmosphäre ist eine lebenswichtige Schutzhülle.

Die Erdatmosphäre verhindert z.B. Zerstörungen durch die Meteoren, da die meisten verglühen, bevor sie auf die Erdoberfläche treffen können.

Aufbau der Atmosphäre

Die Atmosphäre erstreckt sich bis in eine Höhe von rund 2.400 Kilometern in den Weltraum. Man teilt diese Lufthülle der Erde im Allgemeinen in vier Teilsphären ein: Die Troposphäre, Stratosphäre und Thermosphäre zählen zum Bereich der inneren, die Exo- oder Dissipationssphäre zur äußeren Atmosphäre.

Troposphäre

Drei Viertel der Atmosphärenmasse und praktisch die gesamte Feuchtigkeit befinden sich in dem bis zu 18 Kilometer breiten Gürtel der Troposphäre (griechisch tropos = Wechsel). Sie ist der Bereich unmittelbar oberhalb der Erdoberfläche, in dem sich auch die meteorologischen Prozesse, also das Wetter, abspielen. Über einer zwei Meter starken Bodenschicht schließt sich eine Grundschicht an, die ein bis 2,5 Kilometer mächtig ist. In ihr findet vorwiegend der senkrechte Luftaustausch (Konvektion) statt. Darüber folgen eine Inversionsschicht (lateinisch inversion = Umkehrung) und eine Advektionsschicht, in der sich die für das Wettergeschehen so wichtigen waagerechten Lufttransporte abspielen. Hier finden sich die meisten Wolkenhorizonte und zum Teil enorme Windgeschwindigkeiten. Die obere Grenze der Troposphäre nennt man Tropopause. Charakteristisch für diese Schicht ist ihre wechselnde Höhe: Über dem Äquator erreicht sie zwölf bis 18 Kilometer, über den Polen dagegen nur acht bis neun Kilometer. Die Erwärmung der Troposphäre erfolgt in erster Linie durch die Wärmestrahlung der Erde. Aus diesem Grunde nimmt die Temperatur mit der Höhe ab und erreicht an der oberen Grenze der Troposphäre Werte von bis zu –65 Grad Celsius. Zwischen der Troposphäre und der sich anschließenden Stratosphäre befindet sich eine mehrere Kilometer dicke Schicht, die einen horizontalen Austausch der beiden Sphären ermöglicht. Dieser Austausch geschieht über gewaltige Stürme (der so genannte Jetstream) mit Geschwindigkeiten von bis zu 600 Kilometern pro Stunde.

Stratosphäre

Die Stratosphäre (griechisch stratos = Schicht) erstreckt sich von der Tropopause bis in eine Höhe von ca. 80 Kilometern. In ihrem unteren Bereich liegen die Temperaturen relativ konstant zwischen –50 und –65 Grad Celsius, in höherer Lage folgt eine wärmere Schicht mit Plusgraden um die 15 Grad Celsius, dann wieder eine deutlich kältere Schicht, auch Mesosphäre genannt, mit bis zu –80 Grad Celsius. In der Stratosphäre befindet sich in einer Höhe von ungefähr 25 bis 40 Kilometern die Ozonschicht, die die meisten ultravioletten Strahlen der Sonne absorbiert und daher für uns lebenswichtig ist. Die Dichte der Stratosphäre und damit auch der Luftdruck nehmen mit zunehmender Höhe ab. Durch Sonnenlichteinwirkung finden in der Stratosphäre chemische Reaktionen statt und der Sauerstoffanteil geht stark zurück.

Die Schichtdicke der Atmosphäre bis zur Obergrenze der Stratosphäre (50 Kilometer) beträgt weniger als ein Prozent des Erdradius (6.378 Kilometer).

Thermosphäre

In der dann folgenden Thermosphäre, die etwa zwischen 80 und 1.000 Kilometer Höhe liegt, steigt die Temperatur bedingt durch die Sonneneinstrahlung kontinuierlich an, sodass Temperaturen von über 400 Grad Celsius erreicht werden können. Außerdem sorgt die ultraviolette Strahlung dafür, dass atmosphärische Bestandteile ionisiert werden und die so genannte Ionosphäre bilden können. In dieser ionisierten Schicht leuchten die Polarlichter und Sternschnuppen. Zudem ist es die Ionosphäre, die den Funkverkehr um die Erde möglich macht, da sie den Austritt der Radiowellen, insbesondere der Kurzwellen, in den Weltraum verhindert und die Wellen zurück zur Erde reflektiert.

Exo- oder Dissipationssphäre

In etwa 1.000 Kilometern Höhe beginnt die Exo- oder Dissipationssphäre (lateinisch dissipatio = Zerstreuung), mit der die äußerste Atmosphärenschicht erreicht ist. Hier werden die Sauerstoffmoleküle immer seltener: Da die Schwerkraft der Erde kaum noch wirkt, zerstreuen sich die für das Leben so wichtigen Sauerstoffmoleküle im Weltraum. In noch größeren Höhen gibt es noch zwei Strahlungsgürtel, deren Partikel hauptsächlich aus Teilchen des Sonnenwinds bestehen, die vom Magnetfeld der Erde eingefangen wurden. Die nach dem Astronomen James van Allen (geb. 1914) benannten Van-Allen-Gürtel liegen in Höhen von 1.000 bis 6.000 Kilometern und 15.000 bis 25.000 Kilometern.

Zusammensetzung der Atmosphäre in Bodennähe, ohne Wasserdampf (in Prozent)

Stickstoff:	78,08
Sauerstoff:	20,95
Argon:	0,93
Kohlendioxid:	0,03
Neon:	0,0018
Helium:	0,00052
Krypton:	0,00015
Methan:	0,00014

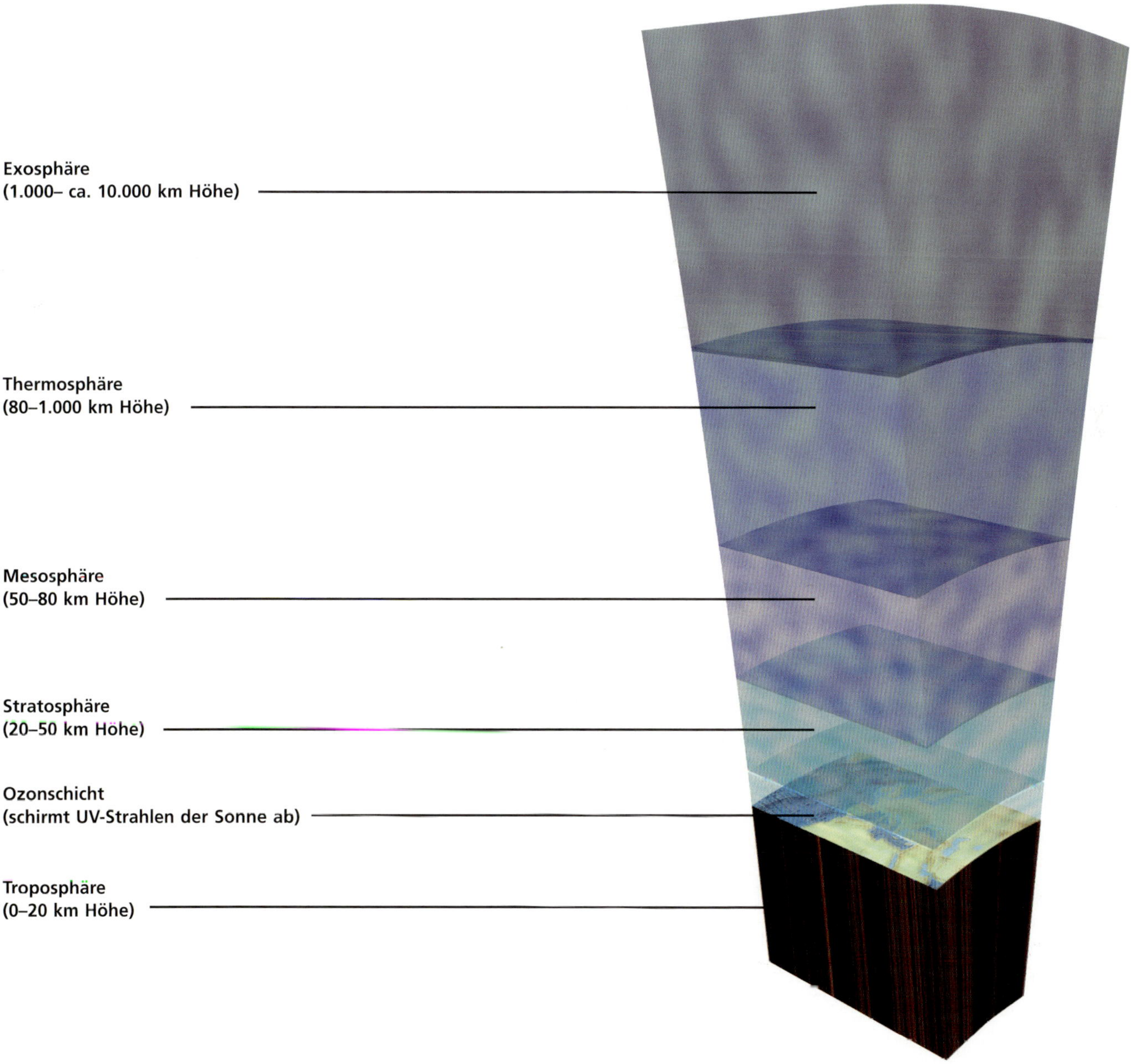

Rotation

Die Erde dreht sich in einem Jahr (364,25 Tage) um die Sonne und an einem Tag (23 Stunden und 56 Minuten) um die eigene Achse. Auf der sonnenzugewandten Seite der Erde herrscht Tag, auf der anderen Nacht. Weil die Rotationsachse der Erde um 23,4 Grad zur Bahnebene geneigt ist, also die Erdachse nicht senkrecht auf der Ebene der Erdumlaufbahn um die Sonne steht, entstehen die Jahreszeiten. Dadurch zeigt nämlich der Nordpol etwa ein halbes Jahr lang zur Sonne und anschließend der Südpol. In den äquatornahen Gebieten herrscht ein weitaus gleichmäßigeres Klima, da hier die Sonneneinstrahlung das ganze Jahr über in einem annähernd gleichen Winkel erfolgt.

Obwohl man gern von der Erdkugel spricht, hat die Erde keine vollkommene Kugelform. Vielmehr ist sie an den Polen etwas abgeflacht und am Äquator dagegen etwas ausgewölbt. In der Fachsprache nennt man eine solche Gestalt einen „Rotationsellipsoid“. Wie man sich leicht vorstellen kann, ist, während sich die Erde dreht, die Bewegung an Punkten des Äquators schneller als an den Polen. Durch die verstärkte Zentrifugalkraft kommt es am Äquator zur leichten Wulstbildung. Hier ist der Erddurchmesser rund 43 Kilometer größer als an den Polen.

Warum zeigt eine Kompassnadel immer nach Norden? Die Antwort auf diese scheinbar einfache Frage liefert eine ganz spezielle Eigenschaft unseres Planeten – der Magnetismus. Der Mensch verwendet etwa seit dem 10. Jahrhundert den Kompass zur Orientierung.

Magnetfeld

Wie andere Planeten hat auch die Erde ein Magnetfeld. Magnetfelder entstehen durch den Fluss elektrisch leitenden Materials, zum Beispiel von flüssigen Metallen, unter der Oberfläche der Himmelskörper. Den genauen Mechanismus kennt man aber noch nicht. Auf der Erde hat sich das Magnetfeld in den letzten 2.000 Jahren immer weiter abgeschwächt und es wird in Zukunft für kurze Zeit ganz verschwinden. Man hat nämlich festgestellt, dass die Erde regelmäßig die Polarität ihres Magnetfelds umkehrt. Nach geologischen Untersuchungen geschieht dies ungefähr alle 250.000 Jahre. Eine exakte Erklärung für dieses Phänomen gibt es bislang nicht.

Als Magnetosphäre dehnt sich das Erdmagnetfeld weit in den Weltraum aus, wo es vom Sonnenwind stark verformt wird. Die eigentlich kugelartige Form wird an der sonnennahen Seite zusammengedrückt und an der gegenüberliegenden Seite verlängert. Das Magnetfeld dient uns als Schutzschild gegen den Sonnenwind und ist für das Überleben unabdingbar.

Der Form nach lässt es sich mit dem Feld eines Stabmagneten vergleichen, der sich in der Nähe des Erdmittelpunktes befindet. Es ist um etwa elf Grad gegen die Rotationsachse geneigt. Wegen der entgegengesetzten Pole wird es auch Dipolfeld genannt. Magnetischer Nord- und Südpol fallen nicht mit den geografischen Polen zusammen. Eine Kompassnadel zeigt daher auch nur die ungefähre Nord-Süd-Richtung an.

Die Erde unterscheidet sich von den anderen inneren Planeten im Wesentlichen dadurch, dass sie eine sauerstoffhaltige Atmosphäre besitzt und auf ihrer Oberfläche Wasser in flüssigem Zustand vorhanden ist. Sie ist der einzige bekannte Planet, auf dem es Leben gibt.

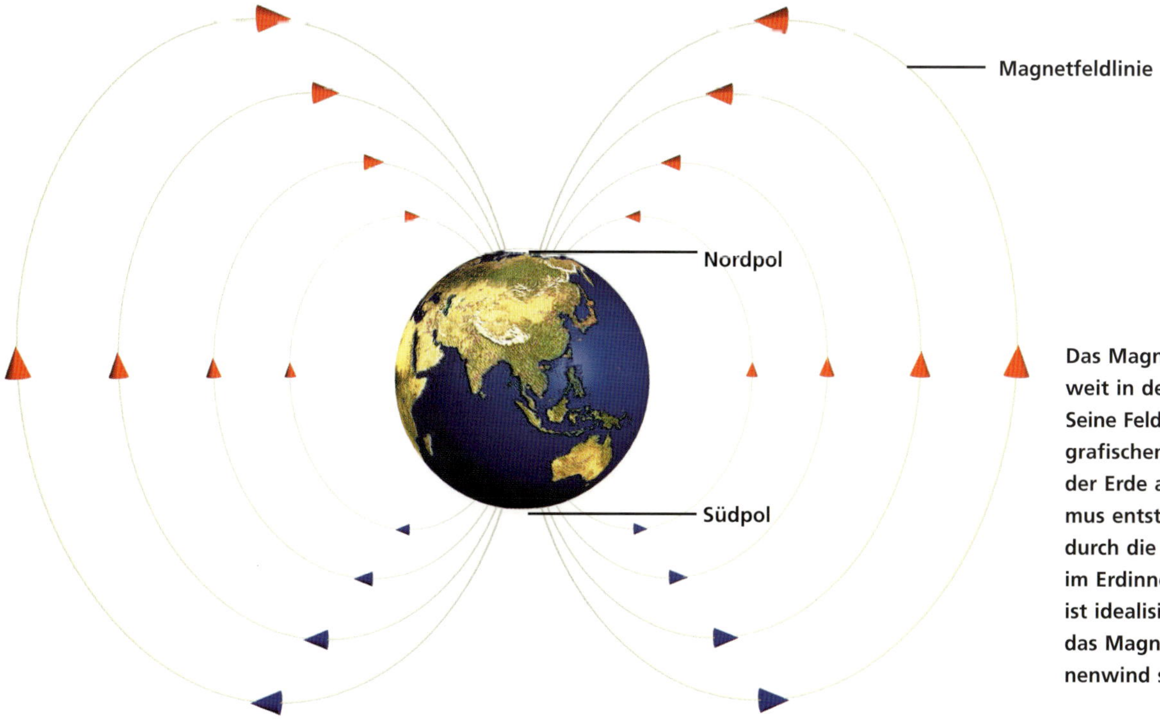

Das Magnetfeld der Erde reicht weit in den Weltraum hinaus. Seine Feldlinien gehen vom geografischen Nord- und Südpol der Erde aus. Der Erdmagnetismus entsteht im Wesentlichen durch die Konvektionsströme im Erdinneren. Die Darstellung ist idealisiert: Tatsächlich wird das Magnetfeld durch den Sonnenwind stark deformiert.

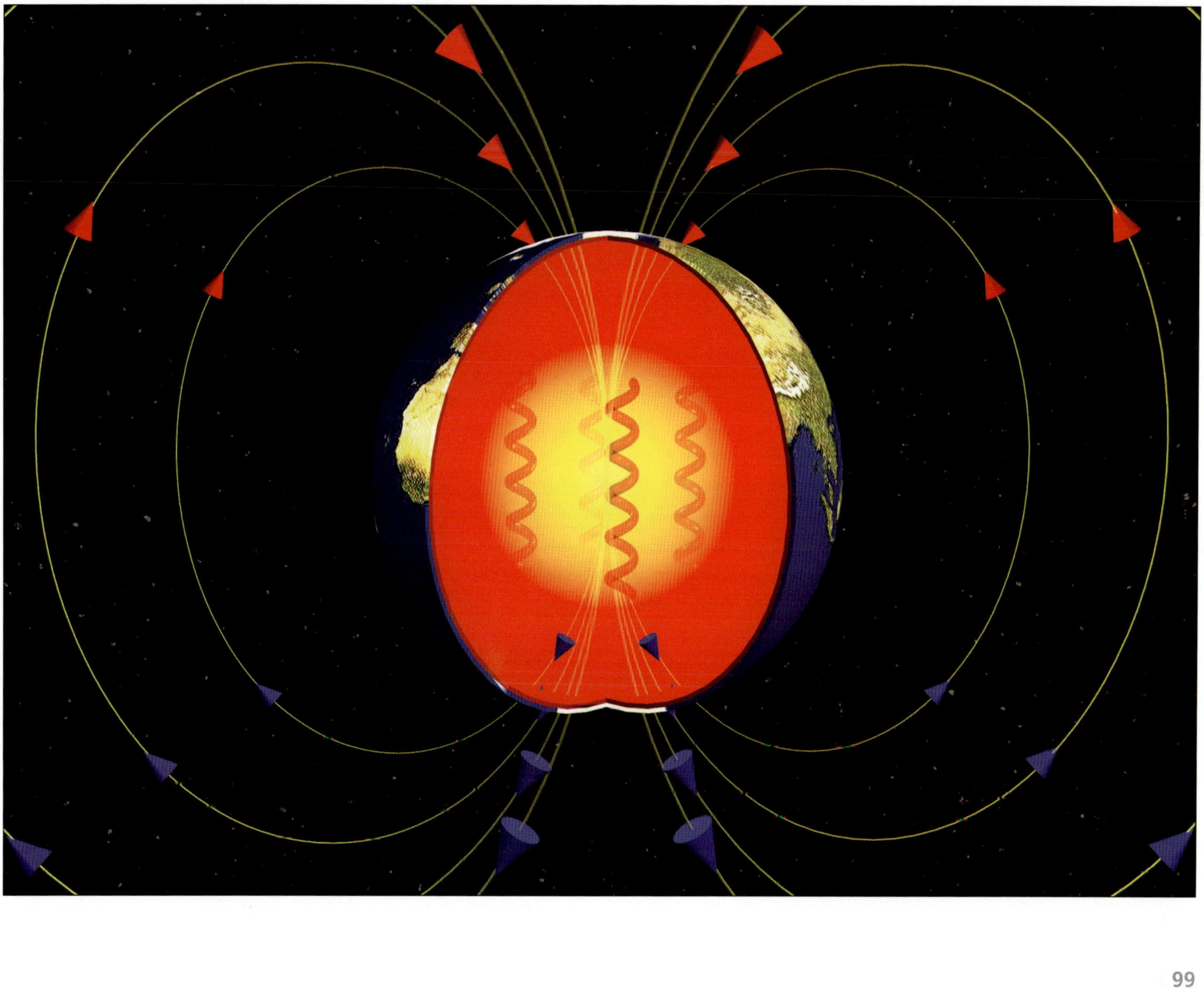

Der Erdmond

Der ständige Begleiter der Erde ist der Mond. Er umkreist unseren Planeten wie ein großer Satellit. Innerhalb von 27,3 Tagen bewegt er sich um die Erde und rotiert dabei einmal um seine eigene Achse. Die Geschwindigkeit, mit der er sich um die Erde herum bewegt, liegt bei etwa 3.700 Kilometern pro Stunde. Die Zeitspanne zwischen zwei gleichen Mondphasen beträgt 29,5 Tage. Das Alter des Mondes liegt wie das der Erde bei 4,5 Milliarden Jahren.

Obwohl man Gesteinsproben entnommen und Messungen auf dem Mond vorgenommen hat, sind sich die Wissenschaftler nicht im Klaren darüber, wie der Mond einst entstanden ist. Es existieren verschiedene Theorien: Danach könnte sich der Mond irgendwann aufgrund schneller Rotation von der Erde gelöst haben (Abspaltungstheorie), oder er wurde irgendwann von der Erde eingefangen (Einfangtheorie). Nach einer weiteren wissenschaftlichen These nimmt man eine gemeinsame Entstehung von Mond und Erde an (Doppelplanettheorie).

Seit rund 25 Jahren favorisieren die meisten Forscher die folgende Theorie: Vor über vier Milliarden Jahren muss die Erde von einem anderen Himmelskörper getroffen worden sein, der etwa die Größe des Planeten Mars hatte. Dabei splitterten Teile der Erde ab, die sich mit den Resten des aufgeprallten Objekts in einer Umlaufbahn vereinigten und den Mond bildeten. Endgültig geklärt ist die Mondherkunft aber bisher nicht.

Mit einem Durchmesser von 3.476 Kilometern entspricht seine Größe etwa einem Viertel des Erddurchmessers. Sein Abstand zur Erde beträgt im Mittel 384.405 Kilometer. Er schwankt ein wenig, denn die Umlaufbahn des Mondes ist nicht ganz kreisförmig. Damit variiert auch seine Laufgeschwindigkeit. Kommt der Mond der Erde während seines Umlaufs näher, wird er schneller, bei größerem Abstand langsamer. So passiert es, dass die Rotation des Mondes manchmal ein wenig hinter dem Umlauf herhinkt und wir in dieser Zeit ein kleines Stück der eigentlich erdabgewandten Seite sehen können. Die Temperaturen auf dem Mond liegen zwischen 100 Grad Celsius auf der Sonnenseite und –170 Grad Celsius auf der Schattenseite.

Ebenso wie die Erde ist der Mond schalenförmig aufgebaut. Auch im Falle des Mondes ergibt sich bei einem Mondradius von 1.738 Kilometern eine grobe Gliederung in Mondkruste, Mondmantel und Mondkern. Man nimmt aufgrund umfangreicher geophysikalischer Daten der amerikanischen Apollo-Mond-Missionen an, dass die Kruste des Mondes etwa 60 bis 70 Kilometer dick ist. Der größte Teil des Mondmantels verhält sich bis in eine Tiefe von 1.000 Kilometern geophysikalisch wie feste Materie. Einige Wissenschaftler bezeichnen diesen Bereich in Analogie zur Erde als Lithosphäre des Mondes. Die darunter befindliche und etwa 700 Kilometer mächtige Zone hat elastische Eigenschaften. Auf der Grundlage seismologischer Untersuchungen geht man von einem teilweise geschmolzenen Zustand des Gesteinsmaterials in dieser, als Mond-Asthenosphäre bezeichneten, Zone aus. Gegenüber dem vergleichsweise mächtigen Mondmantel macht der kleine Mondkern aus Eisen nur rund zwei Prozent der Gesamtmasse aus. Die Kruste des Mondes besteht vor allem aus Gabbro, Anorthosit, Norit und verwandten Tiefengesteinen (Plutoniten) sowie aus verschiedenen Basaltvarianten.

Fotografische Aufnahme der Mondoberfläche von einer Apollo-Kapsel aus

Der Mond wurde umfassend erforscht – sogar ein Mondauto wurde dazu eingesetzt.

Im Gegensatz zur Erde, die sich laufend verändert, ist der Mond ein lebloser Himmelskörper ohne Atmosphäre und Wasser. Hier gibt es ohne Luft und Wasser kein Wettergeschehen und auch keine Verwitterung der Gesteine. Alles ist seit vielen Millionen Jahren nahezu unverändert.

In der Frühzeit unseres Planetensystems, vor 4,5 bis 3,5 Milliarden Jahren, wurde der Mond von einer Vielzahl von Meteoriten getroffen. So ist seine Oberfläche mit einer Schicht zertrümmerten Gesteins (Regolith) bedeckt, die zwischen wenigen Zentimetern und einigen Metern dick ist. Zahlreiche Einschlagkrater, Berge und Täler bilden die wichtigsten Oberflächenelemente. Lange Zeit glaubte man, die dunklen Flächen auf dem Mond seien Wassermassen. Daher gab man ihnen die Bezeichnung Mare (Meer). Hellere Flächen wurden als Kontinente, also „Terrae" (Länder), angesehen. Mit Erfindung des Teleskops und natürlich mit der Raumfahrt konnten detailreiche Beobachtungen und Untersuchungen gemacht werden. Besonders große Krater sind von Ringgebirgen umgeben, Maria (Meere) werden von Kettengebirgen begleitet.

Der größte Krater ist der Bailly-Krater mit einem Durchmesser von 295 Kilometern und einer Tiefe von fast 4.000 Metern. Er liegt auf der Mondrückseite und ist daher von der Erde aus nicht zu sehen. Krater auf der erdzugewandten Seite tragen Namen berühmter historischer Persönlichkeiten wie beispielsweise Kepler, Kopernikus oder Plato. Auf dieser Seite fanden auch alle Mondlandungen statt. Gebirgszüge, übrig gebliebene Wände alter riesiger Krater, wie das Haemusgebirge, sind einige 1.000 Meter hoch.

Bis zum Jahr 1959, als die sowjetische Raumsonde Luna 3 entsprechende Bilder zur Erde funkte, hatte niemand die Mondrückseite gesehen. Zahlreiche Krater der Mondrückseite sind daher nach Philosophen und Wissenschaftlern der ehemaligen Sowjetunion benannt worden.

Befindet sich der Mond zwischen Erde und Sonne, fällt das Licht der Sonne auf die Seite des Mondes, die der Erde abgewandt ist. Die für uns sichtbare Seite wird in dieser Zeit nicht beleuchtet. Wir können den Mond nicht sehen und sprechen von Neumond. Einige Tage später erscheint der Mond für uns dann als Sichel über dem westlichen Horizont. Wenn er ein Viertel seines Umlaufs um die Erde hinter sich gebracht hat, können wir die westliche (rechte) Mondhälfte sehen – wir sprechen vom aufgehenden Mond.

Der große Krater Tsiolkovsky wurde bei der Apollo-8-Mission von den Astronauten fotografiert. Tsiolkovsky hat etwa einen Durchmesser von 240 Kilometern.

Beim weiteren Umlauf beleuchtet die Sonne einen immer größeren Teil der erdzugewandten Mondseite, bis diese schließlich voll beleuchtet ist. Nun ist Vollmond. Nur wenige Tage darauf ändert sich die Form des Mondes, indem der unbeleuchtete Teil zunimmt, der Mond nimmt also ab. Hat der Mond drei Viertel seiner Bahn durchlaufen, ist die erdzugewandte Seite nur noch zur Hälfte beleuchtet. Nun kann man den Mond erst in der zweiten Nachthälfte sehen.

Kurz vor dem nächsten Neumond hat sich der Mond zu einer kleinen, schmalen, abnehmenden Sichel verändert, die am östlichen Morgenhimmel gesehen werden kann. Schließlich ist der Mond wieder unsichtbar und es herrscht erneut Neumond. Jeder Mondzyklus von Neumond über Vollmond bis zum nächsten Neumond dauert exakt 29 Tage, zwölf Stunden, 44 Minuten und 2,8 Sekunden. Aus diesem besonderen Mondzyklus entstand die bei uns übliche Monatseinteilung des Jahres.

Eine astronomische Besonderheit ist die Mondfinsternis. Sie tritt immer in Abständen von ungefähr einem halben Jahr auf. Meist wandert der Mond während seines Umlaufs unter oder über dem Erdschatten vorbei, da seine Bahn um etwa fünf Grad gegenüber der Erdbahn um die Sonne geneigt ist. Mondfinsternisse können nur bei Vollmond auftreten, wenn die Erde zwischen Sonne und Mond steht. Bei einer partiellen Mondfinsternis wird nur ein Teil des Mondes vom Kernschatten der Erde berührt. Taucht der Mond vollkommen in den Erdschatten ein, spricht man von einer totalen Mondfinsternis. Anders als bei Sonnenfinsternissen sind Finsternisse des Mondes in weiten geografischen Gebieten zu sehen.

Mondoberfläche

Auffällig sind die zahlreichen Impaktkrater auf der Mondoberfläche infolge von Meteoriteneinschlägen. Die Wucht dieser Einschläge hat das ursprüngliche Gestein tiefgründig zerrüttet, sodass die Mondoberfläche von einer bis zu zehn Kilometer dicken Schuttschicht bedeckt ist, die man als Regolith (aus dem Griechischen abgeleitet = Schutttеppich) bezeichnet. Zu Erosion, also dem Transport von Gesteinsmaterial, kommt es auf dem Mond ausschließlich durch Meteoriteneinschläge und durch den Protonenbeschuss der Sonne (Sonnenwind). Dies ergab unter anderem die Untersuchung von den rund 400 Kilogramm Mondgestein, die bei den Apollo-Missionen in den 1960er- und 1970er-Jahren gesammelt und mit auf die Erde gebracht worden waren.

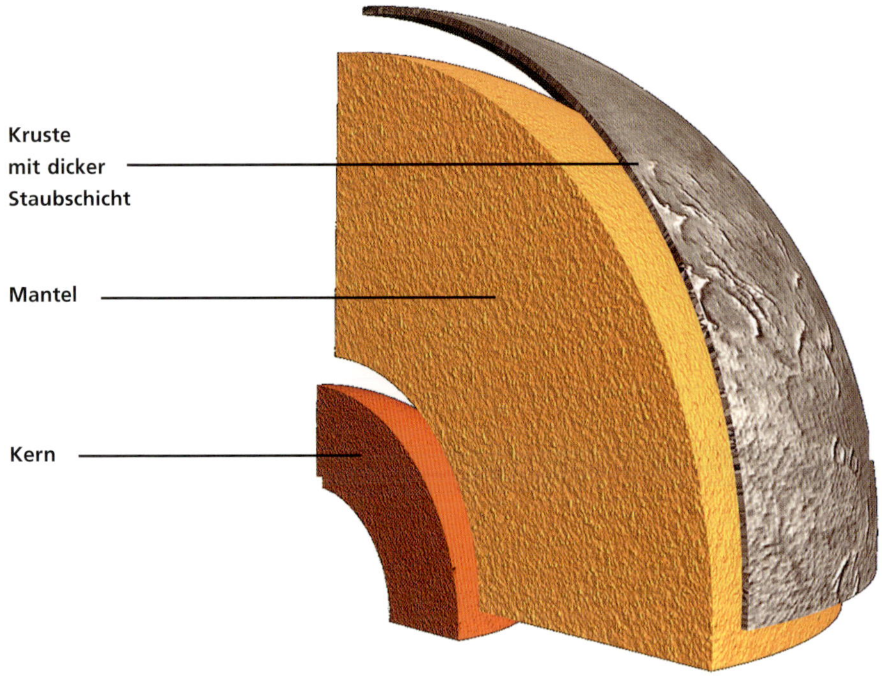

Die Astronauten der Apollo-Mission hinterließen ihre Fußabdrücke auf dem Mond.

Die Krater auf der Mondoberfläche rühren von Meteoriteneinschlägen her. Da der Mond keine Atmosphäre besitzt, kann jeder noch so kleine Meteorit ungehindert auf die Mondoberfläche einschlagen.

Insgesamt wirkt der Mond öde und trocken. Es gibt vermutlich kein Wasser und keine Atmosphäre. Man findet auf der Oberfläche dunkle, fast ebene Gebiete: die Maria (Einzahl: Mare). Viele dieser Maria tragen romantische Namen wie „Bucht der Regenbogen" (Sinus Iridum), „Honigmeer" (Mare Nectaris) und „Meer der Ruhe" (Mare Tranquillitatis). Ein großes „Meer" ist das Mare Imbrium. Hier muss früher ein Krater von etwa 1.000 Kilometern Durchmesser existiert haben, der vermutlich vor etwa vier Milliarden Jahren entstanden ist. Er wurde mit geschmolzenem Gestein aus dem Mondinneren aufgefüllt. Besonders eindrucksvoll ist auch das Mare Orientale (Östliches Meer) auf der anderen Mondseite. Hier entstanden durch einen Meteoriteneinschlag konzentrische Gebirgszüge. Gewaltige Krater, die überall auf dem Mond zu finden sind, werden häufig von Ringgebirgen umgeben. Neuere Strahlenkrater sind durch jüngere Einschläge entstanden.

Zu den auffälligsten Oberflächenformationen zählt der Kopernikus-Krater. Sein Alter wird auf ca. 800 Millionen Jahre geschätzt. Die strahlenartigen Ausläufer sind helle Gesteinsbrocken, die beim Einschlag herausgeschleudert wurden. Insgesamt finden sich auf der erdabgewandten Mondseite mehr und größere Krater, aber weniger „Meere" als auf der erdzugewandten Seite. Woran dies liegt, konnte bisher nicht aufgeklärt werden. Daneben gibt es zahlreiche Hochländer mit auffälligen Reliefs. Diese nennt man Terrae (Einzahl Terra).

Viele davon sind die Wände riesiger alter Krater mit Bergen, die einige 1.000 Meter hoch sind. Die Terrae machen den größten Teil der Mondoberfläche aus. Eine weitere wichtige Struktur, die man noch auf dem Mond findet, sind Mondrillen, also gewundene, talartige Landschaftsformationen, die vermutlich auf ehemalige unterirdische Lavaströme zurückgehen, deren obere Decke später einbrach.

Oberflächenalter

Während im Bereich der Terrae so viele Krater zu finden sind, dass man von einer „Sättigung" spricht – was bedeutet, dass es keine Stelle ohne Krater gibt –, ist ihre Anzahl in den Maria wesentlich geringer. Daraus kann man auch auf das Alter der Oberflächenerscheinungen schließen: Je weniger Krater vorhanden sind, desto jünger ist das entsprechende Gebiet. Dies bedeutet also auch, dass die „Länder" im Durchschnitt die ältere Landschaftsform darstellen als die „Meere".

Es ist natürlich auch nahe liegend, dass die heute sichtbaren großflächigen Formationen recht jung sind, da sie andernfalls durch weiteren Meteoritenbeschuss in ihrer Struktur zerstört und weniger deutlich erkennbar wären.

Mondbahn

Der Mond bewegt sich mit einer Geschwindigkeit von 3.600 Kilometern pro Stunde in seiner Ellipsenbahn um die Erde. Er umkreist diese in gebundener Rotation, das heißt, die Rotation um sich selbst dauert genauso lange wie der Umlauf um die Erde, nämlich genau 27 Tage, sieben Stunden und 43 Minuten. Sein Abstand zur Erde schwankt dabei zwischen 406.740 Kilometern (Apogäum) und 356.410 Kilometern (Perigäum). Der durchschnittliche Abstand zur Erde beträgt 384.400 Kilometer.

Die Neigung der Mondbahn gegen die Ekliptik beträgt etwa 6,7 Grad. Als Ekliptik bezeichnet man die gedachte Himmelsbahn der Sonne (von der Erde aus gesehen) im Verlauf eines Jahres. Durch die gebundene Rotation wendet der Mond der Erde immer dieselbe Seite zu.

Ein besonderes Phänomen, das die Mondbewegung auf der Erde verursacht, sind Ebbe und Flut. Die durch die Anziehungskraft des Mondes entstehenden Gezeitenkräfte verursachen in den relativ frei beweglichen Wassermassen der Erde auf der mondzugewandten und der gegenüberliegenden Seite zwei Flutberge. Da die Sonne den gleichen, wenn auch um die Hälfte geringeren Effekt ausübt, verstärkt sich die Gezeitenwirkung zur Springflut, wenn Sonne, Mond und Erde in einer Linie (also, wenn Mond und Sonne in Opposition bzw. Konjunktion) stehen.

Während eines Erdumlaufs dreht sich der Mond auch um seine Achse. Daher sehen wir immer die gleiche Mondseite. Durch die leichte Neigung des Mondes sind im Lauf der Zeit insgesamt 59 Prozent der Oberfläche sichtbar.

Die Mondoberfläche besteht aus erkalteter Lava, die von einer Staubschicht überzogen ist. Die Astronauten der Apollo-Missionen sanken während der Mondspaziergänge immer ein paar Zentimeter in dieser Staubschicht ein.

Der größte Canyon in unserem Sonnensystem befindet sich auf dem Mars. Der Valles Marineris Canyon hat eine Länge von 3.000 Kilometern, eine Breite von 600 Kilometern und eine Tiefe von acht Kilometern. Im Vergleich dazu ist der Grand Canyon in den USA mit seiner Länge von 800 Kilometern, einer Breite von 30 Kilometern und einer Tiefe von 1,8 Kilometern klein.

Mars

Unser äußerer Nachbar im Sonnensystem ist Mars. Er ist nach dem römischen Gott des Krieges (griechisch = Ares) benannt. So ist es nicht verwunderlich, dass vermeintliche Marsbewohner in der Fantasie der Science-Fiction-Autoren meist ein kriegerisches Volk waren und die Menschheit angriffen.

Konnte sich aber wirklich Leben auf Mars entwickeln? Diese Frage stellten sich einige Forscher, als der amerikanische Unternehmer und Astronom Percival Lowell (1855–1916) die bereits 1877 vom italienischen Astronomen Giovanni Schiaparelli (1835–1910) entdeckten Schluchten und Gräben, die so genannten „Marskanäle", als künstliche Bewässerungssysteme deutete. Bessere Teleskope und moderne Sonden haben dies aber längst widerlegt und die meisten Wissenschaftler haben nie an Marsbewohner geglaubt. 1976 suchten die Viking-Sonden vergeblich nach Lebensspuren auf dem Roten Planeten. Dass es einfachste Le-

Genau wie die Erde verfügt auch der Rote Planet Mars über Polkappen aus Eis

bensformen gab oder vielleicht in wasserhaltigen, tieferen Bodenschichten sogar noch gibt, ist dennoch nicht völlig ausgeschlossen.

Sollte es aber tatsächlich Leben auf Mars geben oder gegeben haben, dürfte es sich nach Meinung von Wissenschaftlern um sehr einfache Formen von Bakterien oder anderen Einzellern handeln. Viele Forscher sind davon überzeugt – und aktuelle Messergebnisse von Raumsonden sprechen dafür –, dass es auf dem Roten Planeten einmal Wasser gab und eventuell unter der Oberfläche in gefrorener Form noch gibt. Man vermutet auch, dass Mars in seiner Urzeit einmal deutlich wärmer war und über große Seen oder gar Ozeane verfügte. Damit hätte er ähnlich günstige Bedingungen für die Entwicklung von Leben geboten wie die Erde.

Vielleicht verbergen sich in bestimmten Nischen tatsächlich primitive Lebensformen, denn auch auf der Erde werden immer wieder kleinste Mikroorganismen entdeckt, die selbst unter extremsten Umweltbedingungen existieren können. So leben in heißen Quellen oder im Eis der Antarktis primitive Bakterien. Diese Funde auf der Erde ermutigen die Wissenschaft, auch auf anderen Planeten mit extremen Bedingungen nach Leben zu suchen. Dies dürfte sich aber vermutlich nur unter der Oberfläche finden lassen, wo es vielleicht Wasser gibt.

Mars ist etwa halb so groß wie die Erde. Ein Marstag dauert nur ca. 40 Minuten länger als ein Erdentag. Außerdem gibt es auf dem Roten Planeten Jahreszeiten, die wiederum doppelt so lange währen wie unsere. Seine maximale Entfernung von der Erde beträgt rund 400 Millionen Kilometer. Stehen die Planeten günstig zueinander, nähern sie sich bis auf 55,65 Millionen Kilometer an. Dies spielt bei dem Start von Marsmissionen eine entscheidende Rolle, weswegen es immer nur alle zwei Jahre günstige Termine für den Start von Sonden und Satelliten gibt.

Für eine Sonnenumkreisung benötigt Mars etwa zwei Erdjahre. Auf der Marsoberfläche ist es deutlich kälter als auf der Erde. Die Durchschnittstemperatur liegt bei –25 Grad Celsius. Die Temperatur kann aber zwischen +20 Grad und –120 Grad Celsius schwanken, was an der geringen Dichte der Marsatmosphäre liegt. Sie kann die Sonnenwärme nicht speichern und gibt sie rasch wieder ab. Zu 95 Prozent besteht diese dünne Atmosphäre aus Kohlendioxid. Bleibt die Frage, warum der Planet rötlich erscheint. Das liegt daran, dass der Oberflächenstaub viel Eisenoxid enthält – oder anders ausgedrückt: Mars ist „verrostet".

Der Verlauf der Marsbahn

Mars ist, von der Sonne aus gesehen, der vierte Planet. Da seine Umlaufbahn nicht parallel zur Umlaufbahn der Erde verläuft, ergeben sich erhebliche Schwankungen im Abstand von Erde und Mars. Am nächsten kommen sie sich, wenn sie in Opposition zueinander stehen. Das ist der Fall, wenn Sonne, Erde und Mars eine Linie bilden.

Ähnlich wie die Bahn des Erdmondes ist auch die Umlaufbahn der beiden Marsmonde um einige Grad gegen die Ekliptik geneigt.

Durch die deutlich elliptische Umlaufbahn von Mars um die Sonne ist die Annäherung auch während verschiedener Oppositionen stark unterschiedlich: So betrug der Abstand zwischen Mars und Erde bei der sonnenfernen Opposition am 12. Februar 1995 etwa 101 Millionen Kilometer, bei der sonnennahen Opposition vom 28. August 2003 lagen „nur" 55,8 Millionen Kilometer zwischen den Planeten.

Befinden sich Mars und Erde in Konjunktion, stehen einander also gegenüber, wird der größte Abstand erreicht. Er beträgt, wenn die Sonne genau zwischen den Planeten steht, 400 Millionen Kilometer.

Durch die schwankenden Entfernungen wechselt auch die Helligkeit von Mars als Beobachtungsobjekt am Firmament.

Wenn man Mars über eine längere Zeit hinweg beobachtet, stellt man fest, dass er eine scheinbare Schleifenbewegung vollzieht: Mars folgt am Himmel seiner rechtläufigen Bahn nicht mehr, sondern er „stoppt" und läuft dann sogar rückwärts am Himmel entlang. Dieses Phänomen erklärt sich durch die unterschiedlichen Bahngeschwindigkeiten von Mars und Erde. In Opposition überholt der innere Planet Erde den außen liegenden Mars, weil dieser ja den weiteren Weg zurückzulegen hat.

Marsoberfläche

Die Landschaften auf dem Roten Planeten sind sehr vielfältig. Neben Kratergebieten und Gebirgen gibt es weite Wüsten, vereiste Polkappen, tiefe Schluchten und sehr hohe Vulkane.

Die Krater stammen von Einschlägen zahlreicher Meteoriten und sind – anders als bei Venus – zum Teil erodiert. Dazu tragen starke Winde bei, die sich zu schweren Stürmen auswachsen können. Diese Winde wirbeln Staub auf, sodass auch die dünne Marsatmosphäre rötlich schimmert. Sandstürme können sich über Monate hinziehen und, wie zum Beispiel

Aufnahme der Viking-Sonde von der Marsoberfläche. Im Vordergrund ist deutlich eine Grabspur zu erkennen. Hier hat der Roboterarm der Sonde eine Bodenprobe entnommen.

Die Polkappen von Mars bestehen zu großen Teilen aus gefrorenem Kohlendioxid.

Der Olympus Mons, der größte Berg auf Mars, ist ein Schildvulkan.

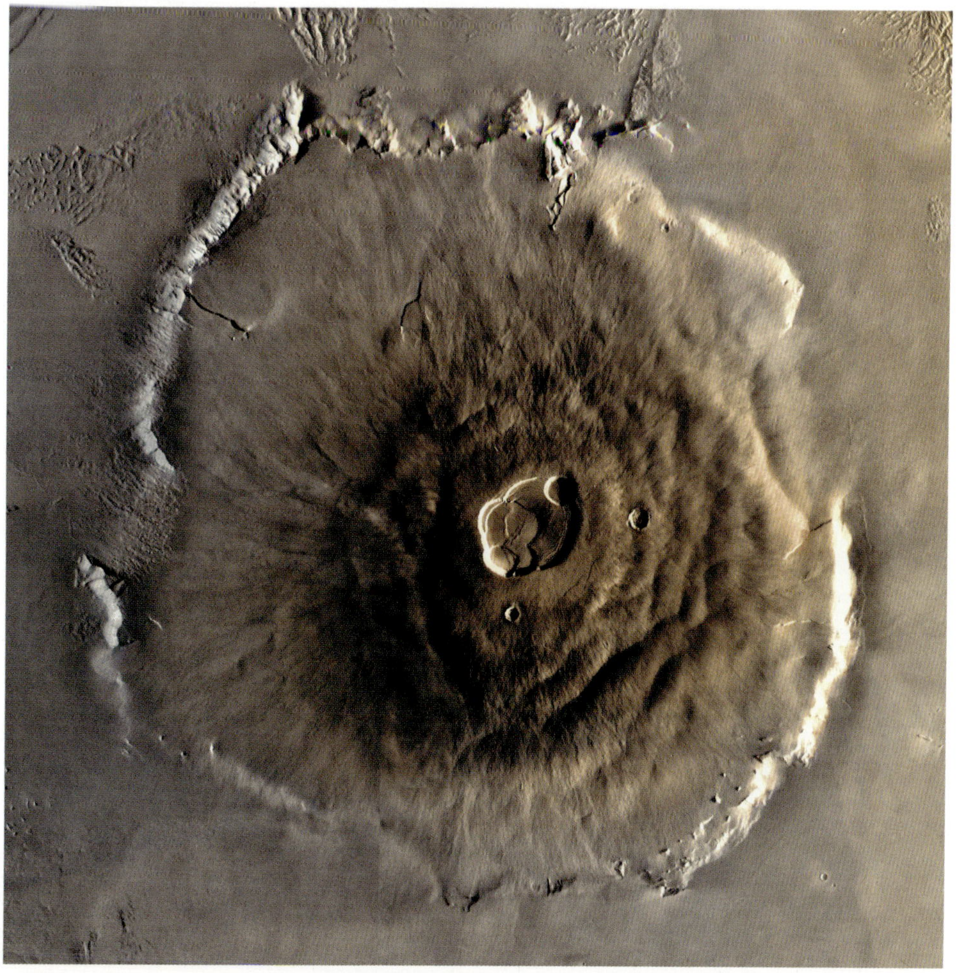

Gravitation: 3,71 m/s²
Neigung gegen Ekliptik: 1° 23′
Mittlere Geshwindigkeit: 24,13 km/s

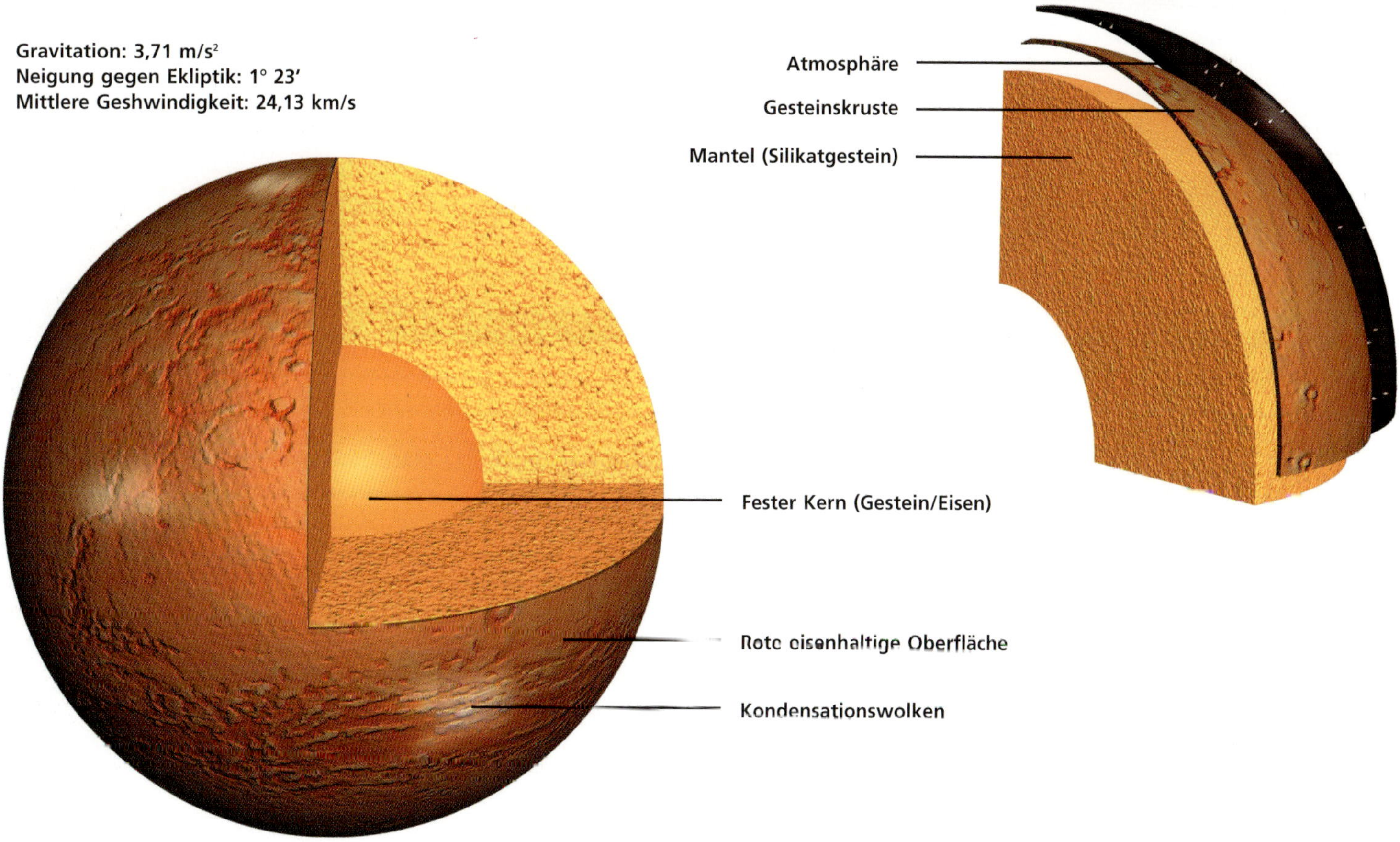

Der Planet Mars, aufgenommen im April 1999 von der Sonde Mars Global Surveyor

2001, Mars komplett einhüllen. Die Erosion auf dem Roten Planeten ist aber nicht so stark ausgeprägt wie auf der Erde. Zudem dürfte es auf Mars vermutlich keine Plattentektonik geben – die Marskruste besteht nach bisherigen Erkenntnissen aus einem Stück. Auf ihr findet sich mit dem fast 27 Kilometer hohen Olympus Mons ein Superlativ: der höchste Berg des Sonnensystems. Sein Durchmesser liegt bei rund 600 Kilometern. Dies entspricht der dreifachen Größe des nur knapp neun Kilometer hohen Mount Everest (8.848 Meter). Auch die Ausmaße verschiedener Schluchtensysteme sind beachtlich. Im Äquatorbereich befindet sich eine ausgedehnte Ebene (Valles Marineres). Darin sind Schluchten, die viermal so tief und zehnmal so lang sind wie der Grand Canyon in Amerika.

Festgestellt wurde auch, dass es auf dem Mars wechselnde atmosphärische Zustände, verschiedene Wolkenformationen und Wetteränderungen durch die unterschiedlichen Jahreszeiten gibt. Im Marssommer klettern die Temperaturen deutlich über plus zehn Grad Celsius. Auf dem Südpol verschwindet sogar das Eis fast vollständig. Was es auf Mars nicht gibt, ist Wasser in flüssiger Form. Ausgetrocknete „Flussbetten" deuten aber viele Wissenschaftler als Indiz dafür, dass früher einmal reichlich Wasser auf dem Mars vorhanden war. Heute könnten noch Dauerfrostschichten im Marsboden existieren, ähnlich denen in unseren Tundrengebieten.

Marsmonde

Mars hat zwei Trabanten. Ihre Namen wurden nach den Begleitern des Kriegsgottes Mars gewählt: Deimos und Phobos, also Schrecken und Angst. Sie wurden 1877 vom Astronomen Asaph Hall (1829–1907) entdeckt. Wegen ihrer Form werden sie auch Kartoffelmonde genannt. Ihr Aussehen deutet darauf hin, dass es sich bei ihnen um Asteroiden handelt, die von der Schwerkraft des Mars „eingefangen" wurden.

Deimos hat einen Durchmesser von zwölf Kilometern. Er besteht aus dunklem Gestein mit wenigen Kratern. Seine Oberfläche ist insgesamt glatter als diejenige Phobos. Seine mittlere Entfernung zum Mars beträgt 23.500 Kilometer. Für einen Umlauf um den Planeten benötigt er 30 Stunden. Der interessantere Mond von beiden ist Phobos. Er ist mit 20 Kilometer Durchmesser größer als Deimos. Seine mittlere Marsentfernung liegt bei lediglich 9.380 Kilometern und auch sein Umlauf um den Mars dauert mit sieben Stunden und 40 Minuten weniger lang.
Der Felsbrocken Phobos ist übersät mit Kratern. Der größte von ihnen – Stickney genannt – hat einen Durchmesser von zehn Kilometern. Das Schicksal von Phobos ist vorgezeichnet: Seine Orbithöhe verringert sich derzeit um etwa 1,8 Meter pro Jahrhundert, sodass er in ungefähr 50 Millionen Jahren entweder auf Mars einschlagen oder aber vorher auseinander brechen wird. Seine Bruchstücke werden dann Mars als ein Ring umkreisen.

Marsrotation

Ein Marstag, also die Zeit, die Mars für eine Umdrehung um die eigene Achse benötigt, dauert 24 Stunden und 37 Minuten. Die Rotationsachse ist gegen die Senkrechte zur Bahnebene um 24 Grad geneigt. Das ist eine Achsneigung, die derjenigen der Erde ähnelt und nur noch ein wenig stärker ausgeprägt ist. Sie bewirkt die unterschiedlichen Jahreszeiten auf Mars.

Bestimmte Gebiete sind zeitweise der Sonne stärker zu- bzw. abgewandt. Die Jahreszeiten dauern auf Mars wegen der längeren Umlaufzeit etwa doppelt so lange wie auf der Erde. Mars benötigt für eine Sonnenumkreisung 687 Erdtage (= ein Marsjahr).

Phobos, einer der beiden Marsmonde. Beide Monde sind eher unregelmäßig geformt, daher liegt die Vermutung nahe, dass es sich bei ihnen um eingefangene Asteroiden handelt.

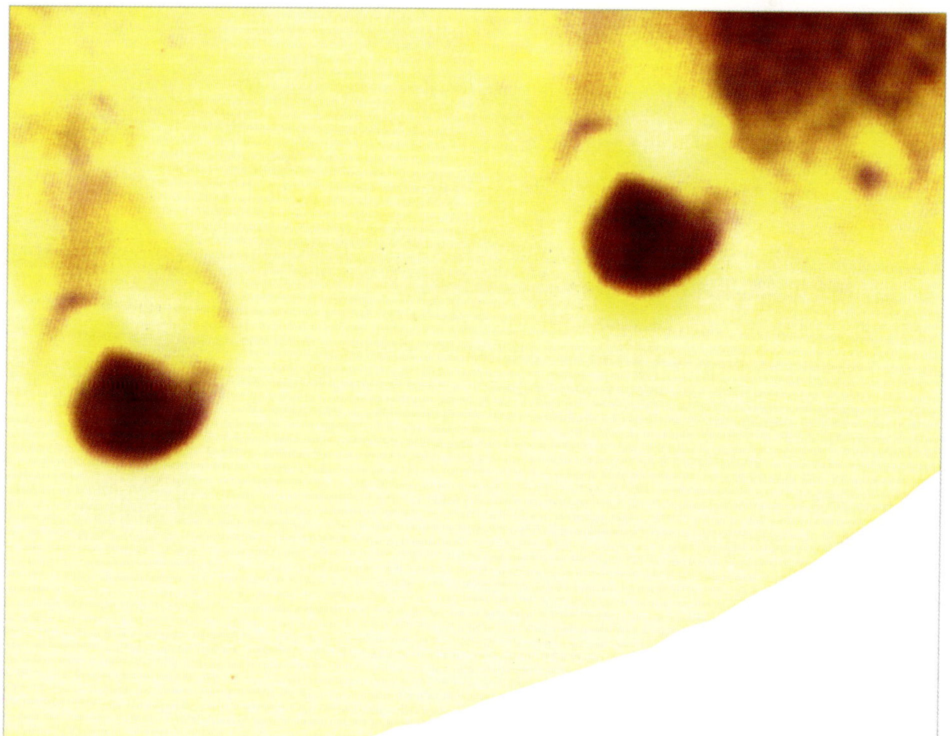

Der Mond Deimos benötigt für den Umlauf um den Planeten Mars über 30 Stunden.

Die äußeren Planeten

Zu den äußeren Planeten zählen Jupiter, Saturn, Uranus, Neptun und Pluto. Die vier erstgenannten Planeten werden auch als „jupiterähnliche" Planeten bezeichnet, da sie im Aufbau dem Gasriesen Jupiter ähneln. Die jupiterähnlichen Planeten haben große Massen und Durchmesser. Im Gegensatz zu den erdähnlichen Planeten verfügen sie aber über eine vergleichsweise geringe Dichte. Alle vier sind Gasplaneten und bestehen in erster Linie aus leichten Elementen wie Wasserstoff und Helium. Der äußerste Planet des Sonnensystems ist Pluto. Er unterscheidet sich deutlich von den vier anderen äußeren Planeten, was einige Astronomen an seinem Status als Planet zweifeln ließ, könnte es sich bei Pluto doch auch um ein Objekt des so genannten Kuiper-Gürtels, der jenseits der Neptunbahn beginnt, handeln. Man hat ihn daher auch der Gruppe der „eisartigen planetaren Himmelskörper" zugerechnet.

Jupiter mit seinen größeren Monden

Die äußeren Planeten Jupiter, Saturn, Uranus und Neptun sind Gasriesen, nur Pluto hat eine feste Oberfläche.

Die großen Planeten (hier Neptun) besitzen mehrere große Monde.

Jupiter

Jupiter ist der größte Planet in unserem Sonnensystem. 70 Prozent der Gesamtmasse aller Planeten entfallen auf ihn. Zu erkennen ist für uns nur die mächtige Atmosphäre, die zu 90 Prozent aus Wasserstoff und zu zehn Prozent aus Helium besteht. Daneben sind auch Methan, Ammoniak und einige andere Bestandteile wie etwa Phosphin (PH_3) vorhanden.

Weiter zum Kern hin folgt eine Schicht mit flüssigem Wasserstoff. Durch Kristallisation, eine Folge des enormen Drucks, geht diese Schicht in metallischen Wasserstoff über. Im Zentrum befindet sich vermutlich ein Gesteinskern, der etwa eine Masse von zehn bis 15 Erdmassen haben dürfte. Hier ist die Temperatur mit 19.000 Grad Celsius am höchsten. Nach außen nimmt die Wärme stark ab. In den oberen Wolkenschichten schließlich ist es bis –150 Grad Celsius kalt.

Jupiter gibt mehr Energie an seine Umgebung ab, als er von der Sonne erhält – eine Folge der langsamen Kontraktion des Planetenkerns. Für die Zündung von nuklearen Fusionsprozessen im Inneren ist Jupiter aber immer noch viel zu klein: Er müsste mindestens die 80fache Masse haben, um das nukleare Feuer zünden zu können. Jupiter ist nicht nur der größte, sondern auch der „schnellste" Planet. Für eine Eigenrotation benötigt er weniger als zehn Stunden. Diese hohe Drehgeschwindigkeit beeinflusst die Wolkenstrukturen merklich. So entstehen Wolkenbänder, die in Zonen um den Planeten kreisen. Man unterscheidet etwa zehn Zonen (gemäßigte, tropische und äquatoriale).

Die einzelnen Wolkenzonen rasen mit 400 bis 500 Kilometern pro Stunde in entgegengesetzten Richtungen um Jupiter. Sie scheinen recht stabil und langlebig zu sein. Seit genauere Beobachtungen möglich sind, also seit etwa 50 Jahren, haben sich die Strukturen kaum verändert.

Jupiter verfügt auch über ein ausgeprägtes und sehr starkes Magnetfeld, das sogar die Bahn von Saturn erreicht. Ein besonderes Schauspiel bot sich den Astronomen im Juli 1994. Der Komet Shoemaker-Levy-9 zerbrach in mehrere Fragmente, die auf den Planeten stürzten. Die Helligkeit, die als Folge der gewaltigen Kollisionsexplosionen entstand, überschritt die Helligkeit von Jupiter um das 50fache.

Gravitation: 24,73 m/s²
Neigung gegen Ekliptik: 1° 18′
Mittlere Geschwindigkeit: 13,07 km/s

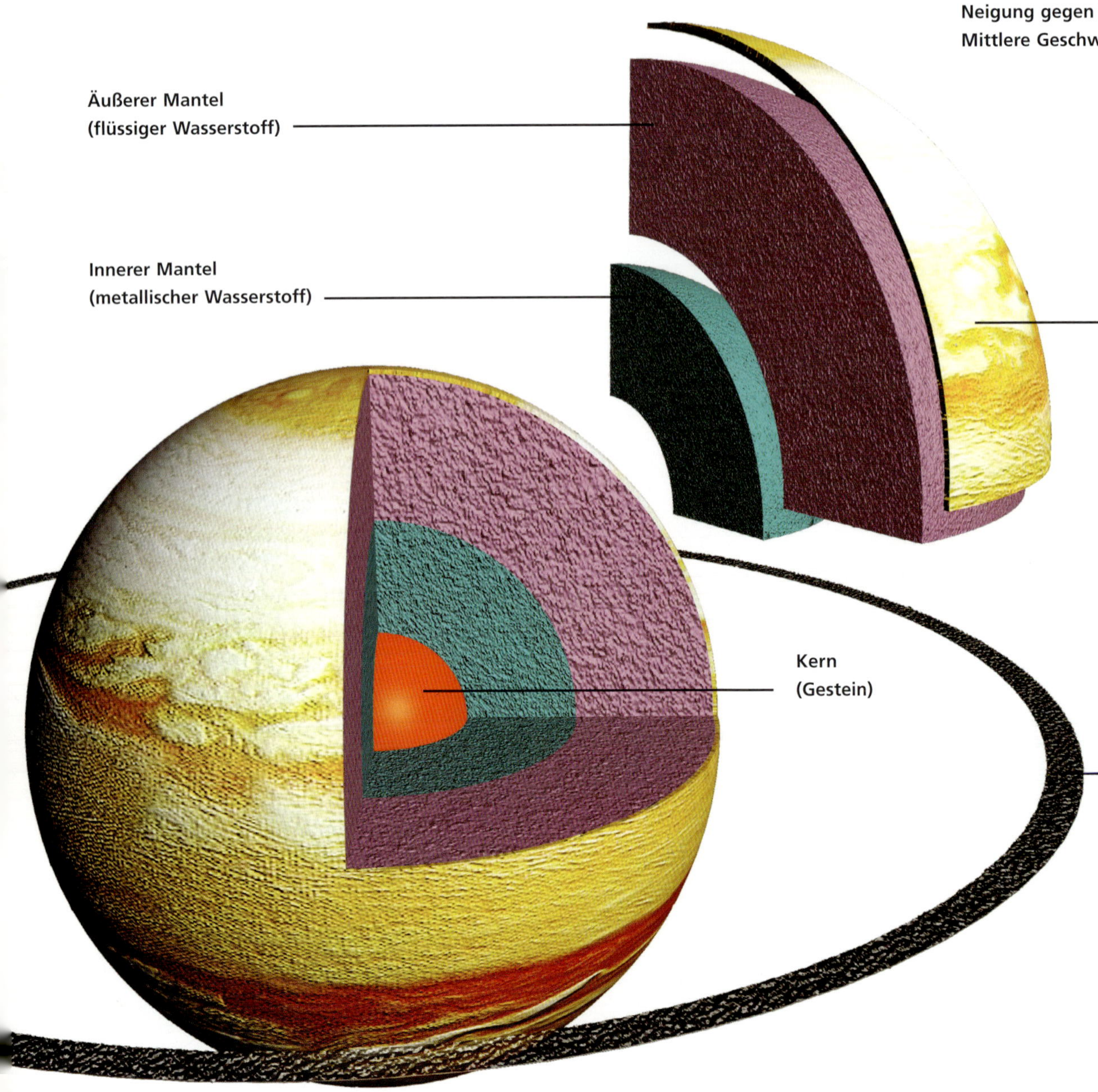

Jupiter ist der größte Planet im Sonnensystem. Die zahlreichen Wolkenbänder und Wirbelstürme machen ihn zu einem dankbaren Beobachtungsobjekt für Amateurastronomen.

Der Große Rote Fleck

Der Große Rote Fleck ist auf fast jeder Fotografie von Jupiter zu sehen. Er ist der größte und langlebigste Sturm im Sonnensystem. Genauer gesagt, handelt es sich um einen antizyklischen Wirbelsturm. Er ragt mehrere Kilometer über die Wolkenschichten hinaus. Seine Ausmaße sind enorm: Der Durchmesser des Großen Roten Flecks übertrifft den der Erde um mehr als das Zweifache. Der Supersturm wurde – freilich ohne ihn als solchen deuten zu können – schon vor 300 Jahren entdeckt und seitdem immer wieder gezeichnet und später fotografiert. Wie sich zeigt, verändert er gelegentlich seine Größe, doch an seinem Bestand hat sich seit 300 Jahren nichts geändert. Die charakteristische Färbung verdankt er vermutlich dem Phosphor, der entsteht, wenn aufgewirbelte Gase in der oberen Atmosphäre mit dem Sonnenlicht reagieren. Der Große Rote Fleck dreht sich in etwa zehn Tagen einmal um sich selbst und wandert um den Planeten herum. Auch andere Sturmsysteme auf Jupiter scheinen sich über mehrere Jahrzehnte zu halten. Wie das gelingt, haben die Wissenschaftler immer noch nicht vollständig enträtselt.

Jupiterbahn

Jupiter benötigt für einen Umlauf um das Zentralgestirn 11,86 Erdjahre. Die mittlere Sonnenentfernung beträgt 779 Millionen Kilometer. Seine Bahngeschwindigkeit liegt bei 13,1 Kilometern pro Sekunde. Zum Vergleich: Die Erde folgt ihrer Umlaufbahn mit einer Geschwindigkeit von knapp 30 Kilometern pro Sekunde.

Bei der Eigenrotation (der Umdrehung um die eigene Achse = ein Tag) ist der Riese jedoch deutlich schneller als die Erde, ja schneller als alle anderen Planeten. Während ein Sterntag bei uns 24 Stunden dauert, benötigt Jupiter lediglich neun Stunden und 55 Minuten. Das heißt für Astronomen, dass unter den günstigsten Voraussetzungen ein voller Jupitertag innerhalb einer Nacht von der Erde aus beobachtet werden kann. Die Rotationsachse ist mit 3,1 Grad nur wenig geneigt. Gemessen an der Ebene der Umlaufbahn, ist die Achse der Erde deutlich schiefer (23,4 Grad). Die hohe Rotationsgeschwindigkeit hat zur Folge, dass auf dem Planeten Jupiter der Äquator nach außen gewölbt ist.

Aufbau von Jupiter

Jupiter ist ein Wasserstoffplanet, d.h. er besteht überwiegend aus Wasserstoff. Sein Äquatordurchmesser beträgt 143.000 Kilometer. Über sein Inneres weiß man wenig: Im Zentrum befindet sich vermutlich ein Gesteinskern mit einer Temperatur um 19.000 Grad Celsius. Darauf folgt eine Schicht metallischen Wasserstoffes. Dieser dürfte zusammen mit der hohen Rotationsgeschwindigkeit für das stark ausgeprägte Magnetfeld des Planeten verantwortlich sein. Der metallische Wasserstoff geht über in einen breiten Gürtel aus flüssigem Wasserstoff. Daran schließt sich die Atmosphäre an.

Diese besteht wiederum zu 90 Prozent aus Wasserstoff. Fast zehn Prozent Helium sowie Spuren von anderen Stoffen wie Ammoniak, Methan und Wasserdampf sind die übrigen Beimengungen. Die Ausmaße von Jupiter sind so gewaltig, dass die Erde 1.300-mal dort hineinpassen würde.

Jupiter, der größte der Planeten, dreht sich mit einer Eigenrotation von neun Stunden und 55 Minuten um die Sonne. Er wird begleitet von einer Schar von Monden, die in drei Gruppen den Planeten umlaufen. Die vier äußeren Monde kreisen entgegengesetzt zu den anderen. Ihre Entfernung vom Zentrum von Jupiter beträgt über 20 Millionen Kilometer.

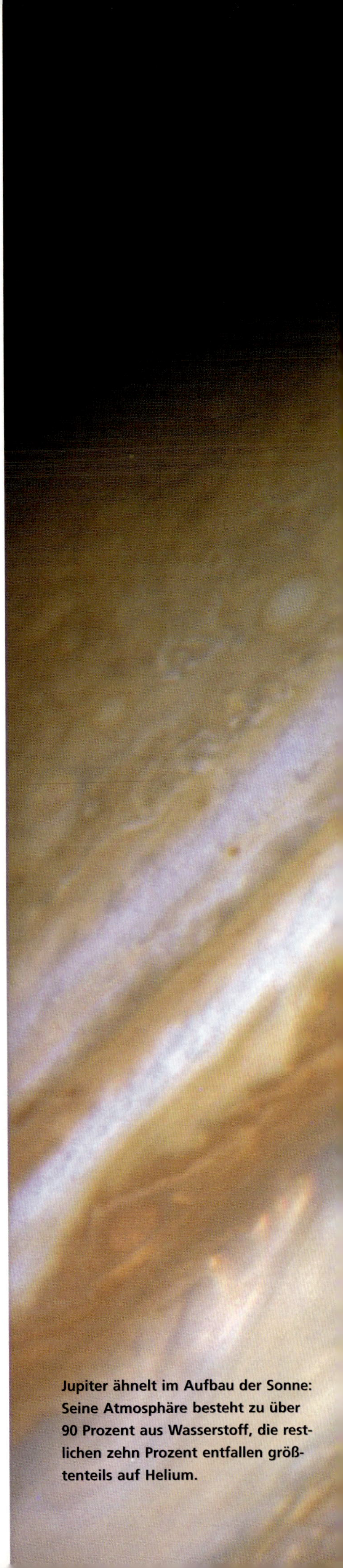

Jupiter ähnelt im Aufbau der Sonne: Seine Atmosphäre besteht zu über 90 Prozent aus Wasserstoff, die restlichen zehn Prozent entfallen größtenteils auf Helium.

Jupitermonde

Jupiter besitzt einen Ring und zahlreiche Monde. Die vier größten werden nach ihrem Entdecker galileische Monde genannt. Ihre Namen sind Io, Europa, Ganymed und Kallisto. Alle Monde liegen außerhalb des Jupiterrings. Die dem Hauptring nächstgelegenen Monde sind Adrastea und Metis, danach folgen Amalthea und Thebe. Nach den nun folgenden galileischen Monden kommen Leda, Himalia, Lysithea, Elara, Ananke, Carme, Pasiphae und Sinope. In den letzten Jahren wurden weitere Monde entdeckt, die zunächst nur mit Nummern bezeichnet werden und eventuell später einmal Namen erhalten. Vermutlich handelt es sich bei ihnen um eingefangene Asteroiden, wobei der genaue Mechanismus unklar ist. Und selbst, ob all diese neu entdeckten Himmelskörper um Jupiter als Monde bezeichnet werden sollten, kann man sicherlich hinterfragen.

Während die vier galileischen Monde zum Teil größer sind als unser Mond, haben die anderen Jupitersatelliten eher geringe Dimensionen. Ihre Durchmesser überschreiten 200 Kilometer nicht. Die großen Monde sind auch aus anderen Gründen interessant. Io beispielsweise ist rot und gelb gefärbt. Schwefel spuckende Vulkane verursachen diese Färbung. Dieser Mond ist dem Magnet- und Gravitationsfeld von Jupiter stark ausgesetzt. Letzteres dürfte die Hauptursache dafür sein, dass Io die aktivste Vulkantätigkeit im Sonnensystem aufweist. Sein Durchmesser liegt bei 3.630 Kilometern, seine durchschnittliche Entfernung zu Jupiter bei 421.600 Kilometern.

Untersuchungen der Raumsonde Galileo legen nahe, dass der Mond Europa eventuell über einen unterirdischen Ozean unter einer dicken Eisschicht verfügen könnte. Seine Oberfläche scheint noch recht jung zu sein, da wenig Einschlagskrater zu sehen sind. Der Durchmesser des Mondes beträgt 3.140 Kilometer, die Entfernung zu Jupiter 671.000 Kilometer.

Ganymed, der gewaltigste Mond im Sonnensystem, hat einen Durchmesser von 5.262 Kilometern, womit er deutlich die Größe Merkurs übertrifft. Seine Entfernung zu Jupiter beträgt 1.070.000 Kilometer. Die eisige Kruste des Mondes ist von Kratern übersät.

Der äußere der vier galileischen Monde ist Kallisto. Auch seine Oberfläche ist vollständig mit Kratern überzogen. Der mächtigste von ihnen ist mit 300 Kilometern Durchmesser Walhalla. Um einmal den Jupiter zu umrunden, benötigt Kallisto knapp 17 Tage. Der Abstand beträgt ungefähr 1,9 Millionen Kilometer. Er ist fast so groß wie Merkur (4.800 Kilometer).

Erst 1980 wurde von der Sonde Voyager 1 entdeckt, dass Jupiter ein Ringsystem besitzt. Der Hauptring hat eine Stärke von etwa 30 Kilometern. 50.000 bis 58.000 Kilometer über der Wolkendecke befindet sich das lichtschwache Gebilde aus feinem Staub. Zur Wolkendecke hin erstreckt sich ein noch feinerer Haloring.

Der Jupitermond Io über den Wolkenbändern des Planeten.
Die Entfernung zwischen Mond und Jupiter beträgt etwa das Zweifache des Durchmessers des Planeten, Io ist etwa so groß wie unser Erdmond.

Jupiter und seine vier großen Monde: Io, Europa, Ganymed und Kallisto (von oben). Der größte aller Jupitermonde ist Ganymed, er hat einen Durchmesser von über 5.200 Kilometern.

Kallisto (links unten) und Europa (über Jupiter). Die Entfernungen scheinen gering, doch in Wirklichkeit trennen Jupiter und Europa rund 600.000 Kilometer, Kallisto ist sogar etwa dreimal so weit entfernt.

Io überfliegt die Jupiteroberfläche. Dabei ist deutlich der scharf umrissene Schatten des Mondes auf den Wolkenbändern des Riesenplaneten zu erkennen.

Saturn

Saturn ist der Planet der Ringe. Er gehört zu den vier Gasplaneten und ist von der Sonne aus gesehen der sechste Planet. Sein Ringsystem ist zweifellos das beeindruckende Hauptmerkmal. Zuerst gesehen wurde es bereits im Jahr 1610 von Galilei. Da ihm aber kein ausreichend starkes Teleskop zur Verfügung stand, deutete er es noch als Monde. Der Niederländer Christiaan Huygens (1629–1695), ein Astronom, Physiker und Mathematiker, erkannte 1656, dass es sich um Ringe handelt. Saturn ist fast doppelt so weit von der Sonne entfernt wie Jupiter. Um die aus Milliarden von Eis- und Gesteinsbrocken bestehenden Ringe von der Erde aus erkennen zu können, benötigt man nur ein kleines Teleskop mit mindestens 30facher Vergrößerung. Zwischen den Ringen gibt es eine auffällige Lücke. Sie wurde von Giovanni Cassini (1625–1712) entdeckt und nach ihm benannt – die Cassini-Teilung. Seinen Namen trug auch die im Oktober 1997 gestartete Saturnsonde Cassini.

Aufgabe der Raumsonde und des kleinen Landers Huygens ist unter anderem die Erforschung des Saturnmondes Titan. Dieser hat als einziger Mond eine dichte Atmosphäre, was immer wieder zu Spekulationen über mögliches primitives Leben auf diesem Saturntrabanten geführt hat. Saturn hat zahlreiche Begleiter, bislang wurden mindestens 30 Monde entdeckt. Es wird aber angenommen, dass es noch weitere kleine Trabanten gibt.

Saturn benötigt für einen Sonnenumlauf fast 29,5 Jahre, wobei die mittlere Sonnenentfernung bei nahezu 1,5 Milliarden Kilometern liegt. Die Eigenrotation ist beinahe so schnell wie bei Jupiter: Ein Saturntag dauert etwa zehn Stunden und 25 Minuten. Die hohe Drehgeschwindigkeit bewirkt eine Abplattung an den Polen

Saturn ist der zweitgrößte Planet im Sonnensystem, sein „elegantes" Ringsystem macht ihn zu einem der beliebtesten Beobachtungsobjekte für Amateurastronomen.

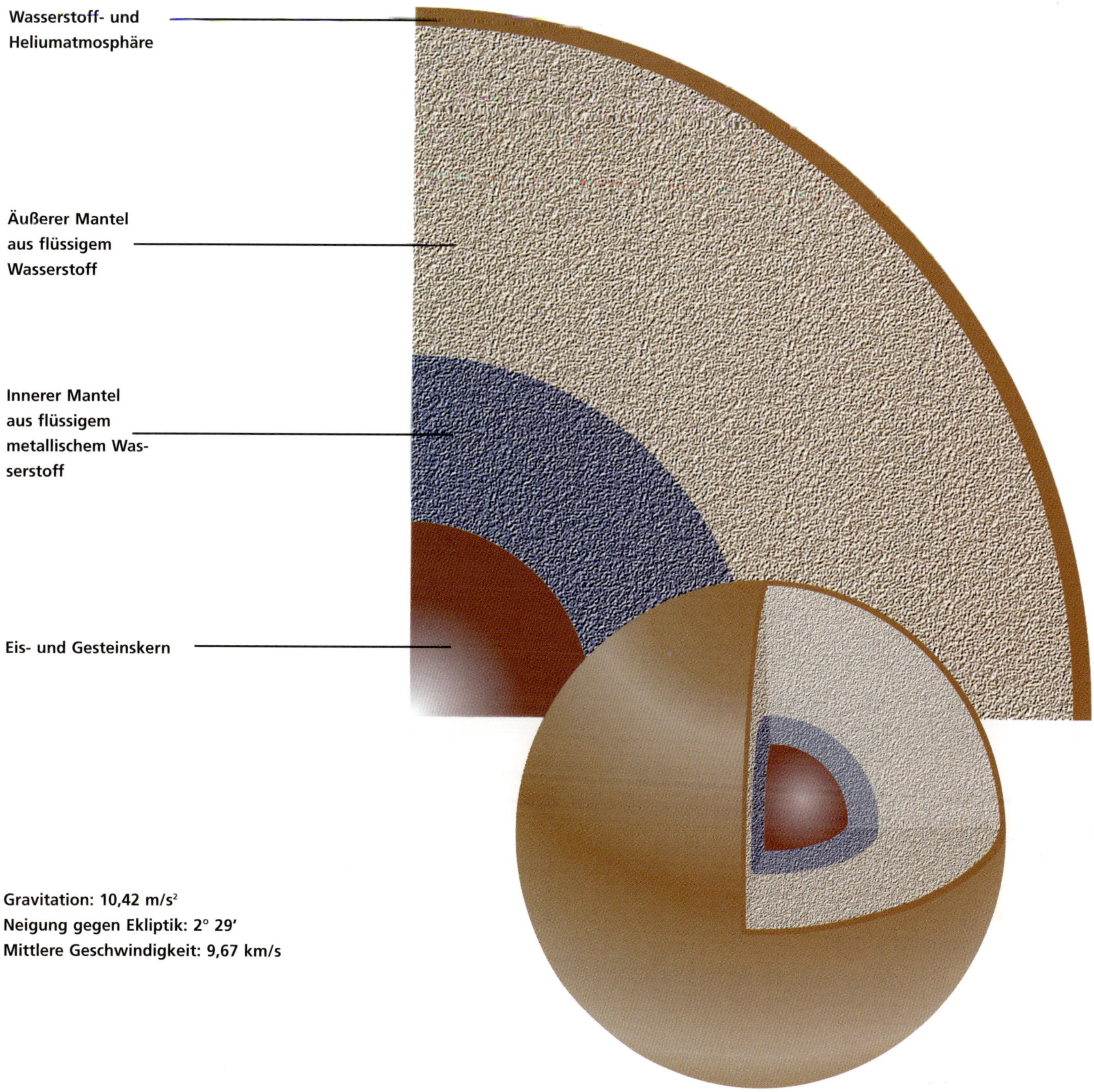

Gravitation: 10,42 m/s²
Neigung gegen Ekliptik: 2° 29′
Mittlere Geschwindigkeit: 9,67 km/s

und eine Wölbung am Äquator. So betragen der Äquatordurchmesser 120.000 Kilometer und der Poldurchmesser 106.900 Kilometer. Diese Differenz ist damit im Verhältnis größer als auf der Erde.

Auch Saturn verfügt über ein starkes Magnetfeld und wie bei Jupiter umlaufen helle und dunkle Wolkenbänder den Planeten. Auf Saturn ist es aber noch weit stürmischer als auf seinem Nachbarn. Die Winde fegen in Äquatornähe mit Geschwindigkeiten von über 2.000 Kilometern pro Stunde über die Oberfläche. Die Temperatur liegt in dieser stürmischen Atmosphäre bei –180 Grad Celsius. Der innere Aufbau ähnelt dem von Jupiter: Im Inneren vermutet man einen Kern aus Gestein und Eis. Darauf folgt eine Schicht aus metallischem Wasserstoff.

Der Saturn strahlt – auch hier eine Parallele zu Jupiter – mehr Energie ab, als er von der Sonne erhält. Die Masse Saturns ist 95-mal höher als die der Erde. Seine Dichte ist jedoch geringer als die von Wasser.

Saturnbahn

Ein Saturnjahr dauert genau 29,46 Jahre. In dieser Zeit also umrundet der Planet in einem Abstand von 1,34 bis 1,5 Milliarden Kilometern die Sonne. Die Rotationsachse ist, wie bei der Erde, geneigt. Diese Neigung des Äquators zur Bahnebene beträgt rund 27 Grad. Da auch die Ringe des Planeten entsprechend geneigt sind, können sie von der Erde aus in verschiedenen Positionen beobachtet werden. Zweimal innerhalb eines Saturnjahres sind die Ringe kaum zu erkennen, weil wir direkt auf ihre „Kante" sehen.

Saturnringe

Neben Saturn haben auch die anderen drei großen Planeten Jupiter, Uranus und Neptun Ringe, aber bei keinem dieser Planeten sind sie so komplex und beeindruckend. Von der Erde aus sind drei Ringe zu sehen. Außen liegt der A-Ring. In ihm ist eine schmale Lücke, in der sich die inneren Monde befinden. Der B-Ring besitzt dunkle Speichen. Das bedeutet, dass die Materie nicht gleichmäßig in ihm verteilt ist. Der Grund dafür dürften vermutlich elektromagnetische Felder sein. Der lichtschwächste Ring, der von der Erde aus erkennbar ist, ist der C-Ring. Auch er besteht, genau wie die anderen, wiederum aus vielen einzelnen Bändern.

Vier weitere Ringgruppen (D–G) wurden von Raumsonden entdeckt. Der nur lichtschwache E-Ring besteht aus ganz feinen Partikeln. Er hat die größte Ausdehnung. Teile des F-Ringes sind ineinander verschlungen. Die so genannten Schäferhundmonde Pandora und Prometheus bewirken dies durch ihre wechselseitige Anziehungskraft. Zudem gibt es noch den kaum wahrnehmbaren G-Ring und den inneren D-Ring, der sich fast bis an die Saturnatmosphäre erstreckt. Trotz der großen Ausdehnung ist die Gesamtmasse der Ringe gering. Sie beträgt nur etwa ein 25.000stel der Saturnmasse.

Die einzelnen Partikel, aus denen sich das Ringsystem zusammensetzt, bestehen aus Gestein und Eis. Wie das Ringsystem genau entstanden ist, weiß man allerdings bis heute nicht. Das Auseinanderbrechen von Monden unter der Anziehungskraft des Planeten dürfte aber eine Rolle gespielt haben. 1675 entdeckte Cassini zwischen dem A- und dem B-Ring eine Lücke. Wie wir inzwischen von Fotografien der Raumsonde Voyager wissen, ist diese Cassini-Teilung aber nicht völlig leer. Mehrere Dutzend schmale Ringe aus feinen Staubpartikeln wurden in dieser 4.800 Kilometer breiten Öffnung gefunden. Die Einzelbestandteile der Ringe haben sehr unterschiedliche Größen. Sie reichen von mikroskopisch kleinen Partikeln bis zu Brocken mit zehn Metern Durchmesser. Im Ganzen ließen sich durch die Raumsondenbeobachtung bis zu 1.000 Einzelringe zählen, deren Durchmesser teilweise nur etwa zehn Kilometer beträgt.

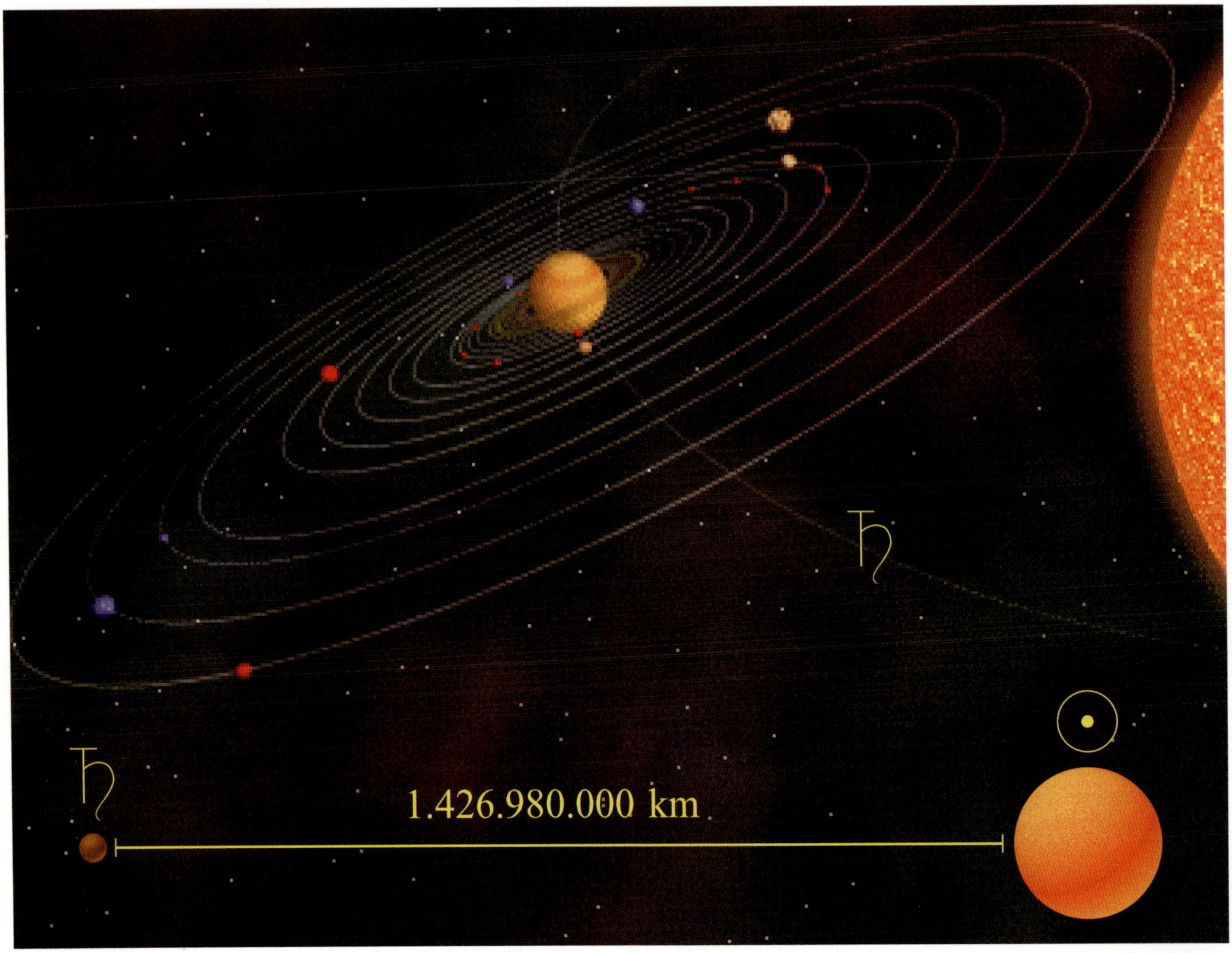

Eine Voyager-Sonde fotografierte diesen Ausschnitt des Saturnrings. Deutlich ist hier zu erkennen, dass der Ring aus einer Vielzahl von Teilringen besteht. Eine erste Teilung ist bereits mit einem Teleskop von der Erde aus zu erkennen und wird nach ihrem Entdecker Cassini-Teilung genannt.

Die Cassini-Teilung ist nicht leer, wie man aufgrund dieses Fotos vermuten könnte. Auch hier kreisen Tausende von Kleinkörpern um den Saturn. Sie sind allerdings so lichtschwach, dass sie nur durch Raumsonden im direkten Vorbeiflug beobachtet werden konnten.

Rechts: Saturn umläuft mit seinen breiten Ringsystemen die Sonne in schneller Eigenrotation zusammen mit seinen Monden. Saturn ist beinahe doppelt so weit von der Sonne entfernt wie Jupiter.

Saturnmonde

Die genaue Anzahl der Saturnbegleiter ist nicht bekannt. Man kennt weit über 30 Monde, aber es ist zu vermuten, dass es noch deutlich mehr sein könnten. Manche Monde umkreisen Saturn auf der gleichen Bahn. Der äußerste Mond Saturns ist der fast 13 Millionen Kilometer von seinem Mutterplaneten entfernte Phoebe. Er kreist in einer der Eigenrotation Jupiters entgegengesetzten Richtung und ist wahrscheinlich ein eingefangener Asteroid. Der größte Saturnmond ist Titan mit einem Durchmesser von rund 5.120 Kilometern, womit er nur wenig kleiner als der größte Mond des Sonnensystems, Ganymed, ist. Als einziger Mond besitzt er eine dichte Atmosphäre. Diese Tatsache macht ihn für die Forschung besonders interessant. Im Oktober 1997 startete die Raumsonde Cassini, die den Lander Huygens der europäischen Weltraumagentur ESA an Bord hat. Dieser soll 2005 auf Titan landen und für einige Zeit Daten von der Oberfläche senden. Wegen der außergewöhnlichen Zusammensetzung der Atmosphäre erhoffen sich die Forscher auch Erkenntnisse über die Entstehung des Lebens auf der Erde.

Saturn mit einigen seiner Monde in einer Fotomontage. Die Einzelbilder dieser Montage wurden allesamt von den Voyager-Sonden fotografiert. Ein deutliches Indiz für diese künstliche Zusammmmenstellung ist der unterschiedliche Lichteinfall auf den Monden und auf Saturn selbst: So wird der Mond im Vordergrund nur von links beleuchtet, die rechte Mondhälfte liegt im Schatten, Saturn hingegen ist voll beleuchtet.

Je nach Stellung der Saturnringe ist auf den Wolkenbändern ein Ringschatten sichtbar.

Über die Oberfläche von Titan wissen wir recht wenig. Möglicherweise wird die Mission Meere aus Methan entdecken. Die Temperatur auf Titan ist sehr niedrig. Sie dürfte jenseits von –160 Grad Celsius liegen. Noch kälter ist es auf Enceladus. Auf dem sehr hellen und völlig von Eis überzogenen Mond herrschen Temperaturen von –200 Grad Celsius. Dank der beiden Voyager-Sonden wurden auch über andere Monde einige interessante Details bekannt. So befindet sich auf dem weniger als 400 Kilometer großen Mimas ein Einschlagkrater, der ein Drittel seines Durchmessers ausmacht. Der eisige Tethys hat ein Schluchtensystem (Ithaka Chasma) mit einer Länge von mehr als 2.000 Kilometern und einen Krater (Odysseus) mit einer Breite von 400 Kilometern. Die Monde Dione und Rhea (1.120 bzw. 1.530 Kilometer Durchmesser) haben wenige, aber dafür ebenfalls große Krater.

Die inneren Monde sorgen für eine scharfe Begrenzung der Saturnringe. Teile des F-Ringes sind sogar ineinander verschlungen. Grund dafür sind die Anziehungskräfte der Schäferhundmonde Pandora und Prometheus. Sie werden so genannt, weil sie die Ringteilchen zusammenhalten wie ein Hund eine Schafherde.

Die Monde Epimetheus und Janus, die früher vermutlich zusammengehörten, tauschen etwa alle vier Jahre ihre Bahn. Calypso und Telesto laufen auf derselben Bahn wie der Mond Tethys – der eine um 60 Grad voraus, der andere um 60 Grad folgend. Der Mond Helene befindet sich auf derselben Bahn wie Dione. Eigentümlich ist, dass es auf dem Mond Iapetus zwei unterschiedlich helle Hemisphären gibt.

Uranus

Uranus ist von der Sonne etwa doppelt so weit entfernt wie Saturn. Der im Jahr 1781 von Friedrich Wilhelm Herschel entdeckte Planet ist der siebte im Sonnensystem und zugleich der drittgrößte. Aufgrund der hohen mittleren Sonnenentfernung kommt im Vergleich zu den sonnennäheren Planeten nur noch ein Bruchteil der Sonnenstrahlen auf dem Planeten an. Dadurch ist es mit –215 Grad Celsius auch außerordentlich kalt auf Uranus. Sein Aufbau ähnelt dem von Jupiter und Saturn. Die Atmosphäre besteht zum größten Teil (83 Prozent) aus Wasserstoff. Andere Bestandteile sind Helium (15 Prozent) und Methan (zwei Prozent). Durch den Methandunst schimmert Uranus leicht grün-bläulich. Bis Mitte der 1980er-Jahre waren fünf Monde bekannt. Durch Voyager 2 wurden weitere zehn Monde entdeckt, die allerdings sehr viel kleiner sind. Inzwischen werden – wie bei Saturn und Jupiter – immer neue Monde gesichtet. Die Monde erhielten Namen, die aus Stücken von William Shakespeare stammen. Ungewöhnlich ist die einzigartige Neigung der Rotationsachse. Der Planet „liegt" quasi auf seiner Bahnebene, was dazu führt, dass mal der Nordpol und mal der Südpol der Sonne zugewandt ist.

Uranus erscheint auf den ersten Blick unscheinbar. Auch aufgrund seiner großen Entfernung ist der Planet ein eher undankbares Beobachtungsobjekt für Amateurastronomen.

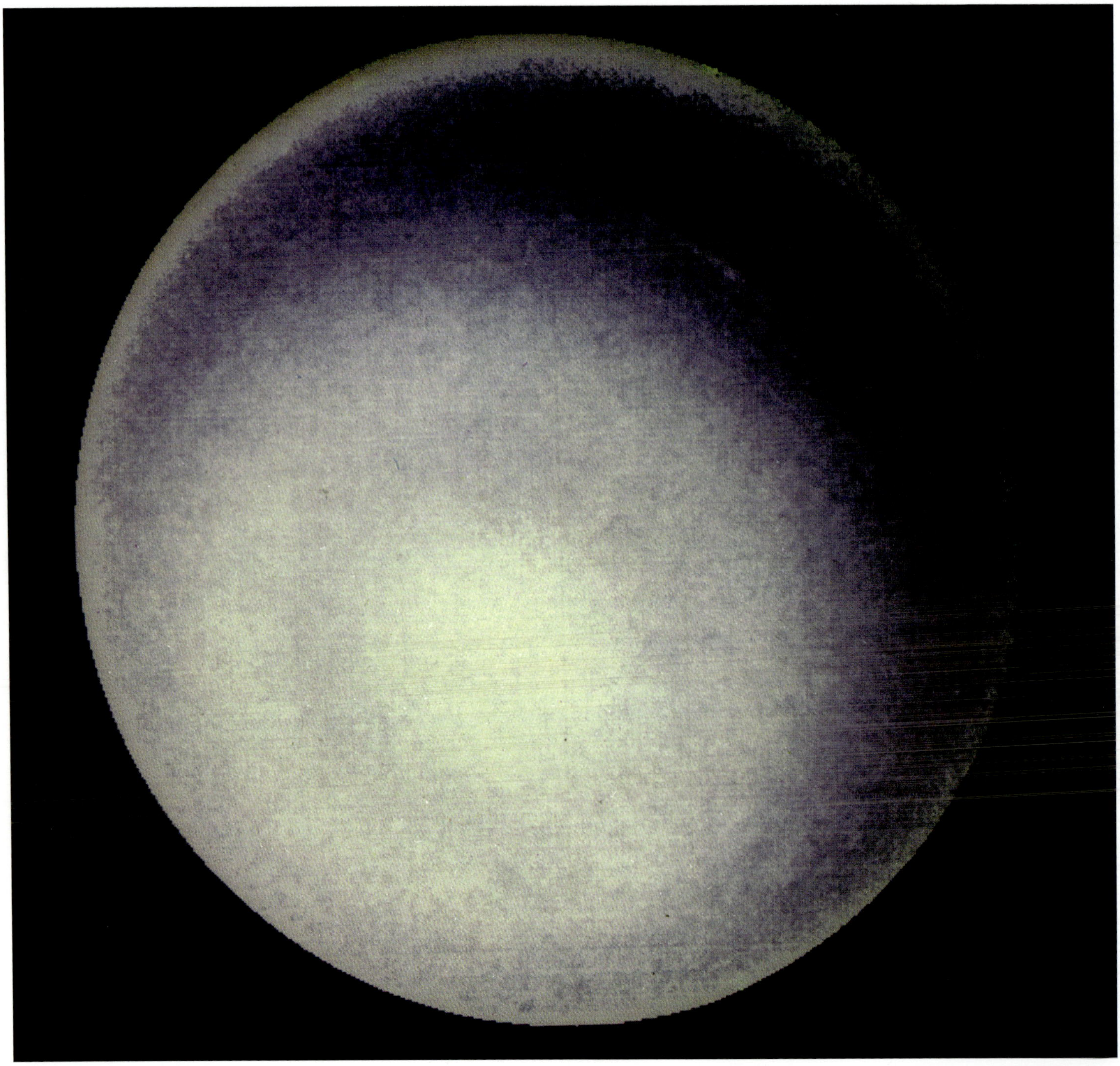

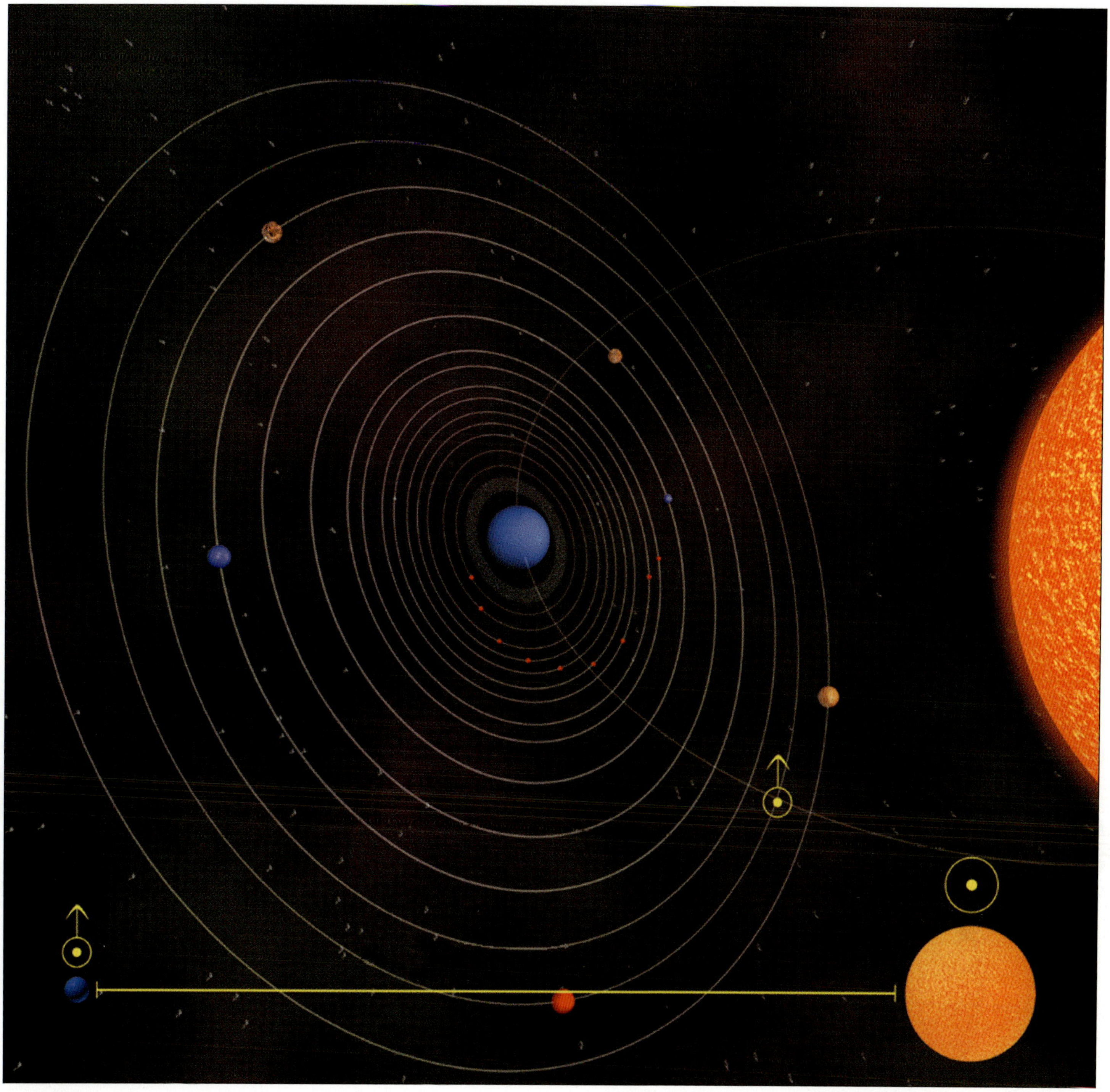

Uranus bewegt sich in einer mittleren Entfernung von knapp drei Milliarden Kilometern um die Sonne. Einzigartig ist die Neigung der Rotationsachse zur Bahnebene.

Uranusbahn

Uranus benötigt für einen Umlauf um die Sonne 84 Jahre (= ein Uranusjahr). Um seine eigene Achse dreht sich der Planet dabei in 17 Stunden und 15 Minuten (= ein Uranustag). Die mittlere Sonnenentfernung liegt bei 2,88 Milliarden Kilometern. Uranus folgt seiner Bahn mit einer Geschwindigkeit von 6,84 Kilometern pro Sekunde. Mit 98 Grad ist die Neigung seiner Rotationsachse zur Bahnebene weit größer als bei allen anderen Planeten (zum Vergleich Erde = 23,4 Grad). Wegen der großen Sonnenentfernung ist der Temperaturunterschied zwischen den Jahreszeiten mit zwei Grad Celsius äußerst gering. Während es in Bodennähe extrem kalt ist, herrschen in einer Wasserstoffhülle jenseits der Troposphäre des Planeten Temperaturen von bis zu 470 Grad Celsius.

Uranus besitzt ein schwach ausgebildetes Ringsystem. Mindestens 21 Monde umlaufen den Planeten auf Bahnen, die teils innerhalb, teils außerhalb des Ringsystems liegen.

Aufbau von Uranus

Der Äquatordurchmesser des Uranus, der etwas höher als der Poldurchmesser ist, beträgt etwa 51.000 Kilometer. Die mittlere Dichte des Planeten entspricht dem 1,3fachen von Wasser. Damit liegt die Dichte über der von Saturn und Jupiter, woraus man folgern kann, dass es auf Uranus mehr schwere Elemente geben muss.

Der Aufbau ähnelt dem der anderen Gasplaneten, mit dem Unterschied, dass es im Inneren von Uranus wohl keine Schicht aus metallischem Wasserstoff gibt. Im Zentrum von Uranus befindet sich vermutlich ein etwa 7.000 Grad Celsius heißer Gesteinskern. Darauf folgt eine Schicht aus einem Gemisch von Wasser, Methan und Ammoniak. Diese Schicht schließlich geht in eine Atmosphäre aus Wasserstoff, Helium sowie Methan über. Aus der Eigenschaft des Methangases, rotes Sonnenlicht zu absorbieren, resultiert die blaugrünliche Färbung Uranus.

Die Temperaturverteilung in der Atmosphäre bietet eine Überraschung: Der jeweils der Sonne zugewandte Pol ist nämlich vermutlich nicht wärmer als die kaum beschienene Äquatorgegend – eher umgekehrt. Warum das so ist, lässt sich bis heute nicht erklären. Insgesamt ist die Oberfläche des Planeten recht strukturlos. Nur wenige dünne Wolkenbänder wurden von der Raumsonde Voyager 2 bei deren Vorbeiflug im Jahr 1986 entdeckt. Allerdings lassen sich mithilfe des Hubble-Weltraumteleskops inzwischen deutlich mehr Details erkennen – eventuell ein Zeichen für eine beginnende Phase von Stürmen auf dem Planeten.

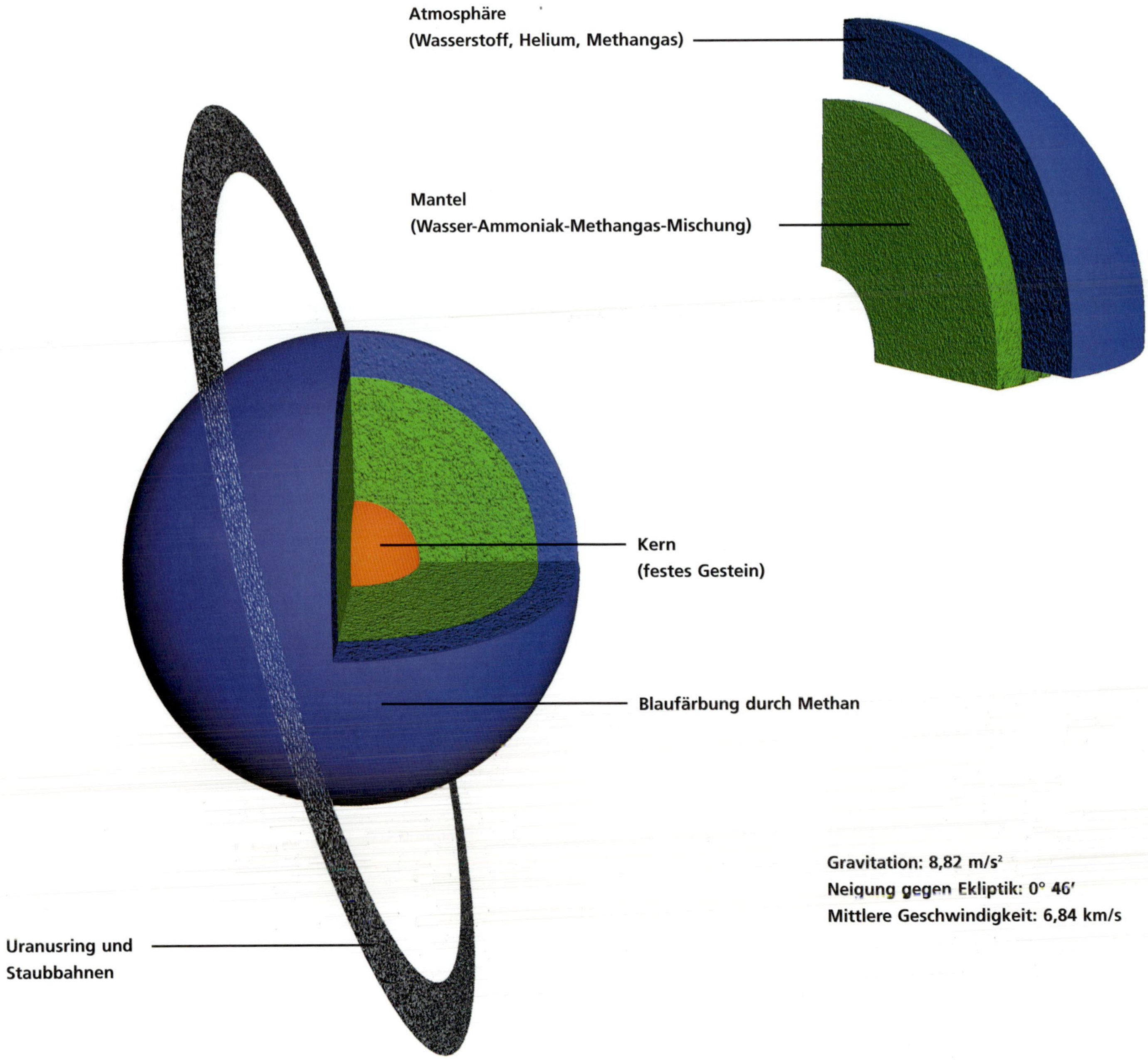

Gravitation: 8,82 m/s²
Neigung gegen Ekliptik: 0° 46′
Mittlere Geschwindigkeit: 6,84 km/s

Uranus war der erste Planet, zu dessen Entdeckung ein Fernrohr erforderlich war.

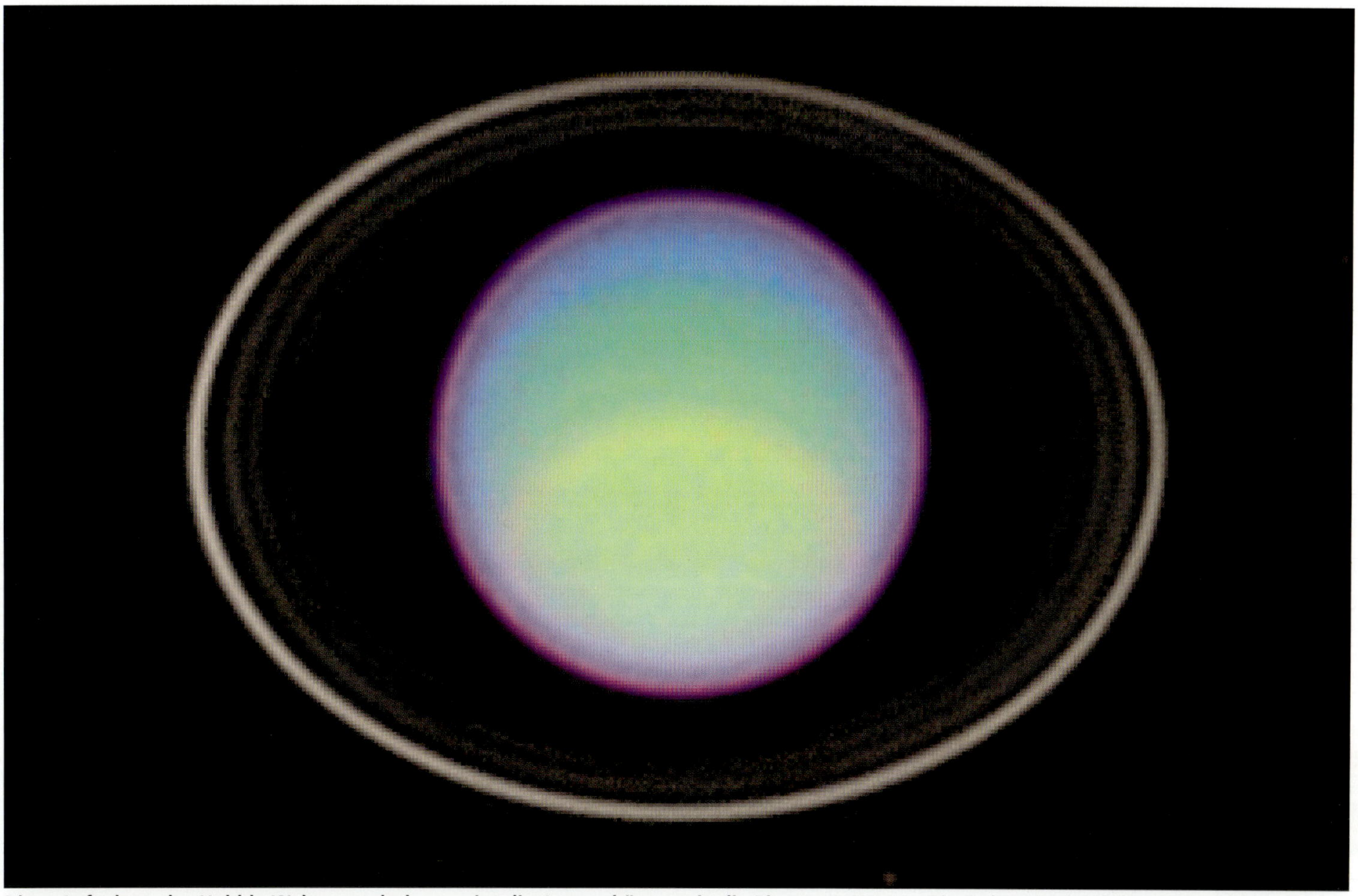

Diese Aufnahme des Hubble-Weltraumteleskops zeigt die Atmosphäre sowie die Ringe von Uranus. Die Farben verdeutlichen diese Strukturen, entsprechen aber nicht dem wahren Aussehen der Atmosphäre des Planeten.

Uranusmonde

Uranus hat mindestens 21 Begleiter und ein Ringsystem. Von den Monden waren die fünf größten schon längere Zeit bekannt. Zehn Monde und ein Ring wurden erst im Jahr 1986 durch die Raumsonde Voyager 2 entdeckt. Die Monde liegen wie die Ringe auf einer Ebene über dem Äquator.

Titania ist einer der bekanntesten Monde Uranus'. Im Gegensatz zu anderen Objekten im Sonnensystem, die ihren Namen aus der klassischen Mythologie erhielten, beziehen die Uranusmonde ihre Namen aus den Werken von William Shakespeare.

Titania und Oberon, die hellsten unter den Uranusmonden, wurden 1787 von Herschel entdeckt. Mitte des 19. Jahrhunderts fand man Ariel und Umbriel und 1948 schließlich Miranda. Die zuerst gesichteten Monde liegen am weitesten vom Planeten entfernt. Der Abstand von Oberon zur Oberfläche beträgt etwa 582.600 Kilometer.

In etwas größerer Nähe umkreist Titania, der größte der Uranus-Trabanten (Durchmesser 1.580 Kilometer), den Planeten. Er besteht aus Gestein und Eis und seine Oberfläche ist mit Furchen durchzogen. Umbriel hat ein dunkleres Aussehen. Ihm folgen Ariel und Miranda. Die Namen der kleineren Uranusbegleiter sind Puck, Belinda, Rosalind, Portia, Juliet, Desdemona, Cressida, Bianca, Ophelia und Cordelia. Die beiden Letztgenannten sind so genannte Schäferhundmonde. Cordelia liegt innerhalb des Ringsystems. Die kleinen Monde sind im Grunde lediglich größere „Brocken" aus Stein und Eis. Keiner von ihnen hat einen Durchmesser von über 170 Kilometern. Die meisten messen nur etwa 60 Kilometer.

Neptun

Der kalte und stürmische Neptun ist im Sonnensystem der achte Planet. Dass es ihn geben muss, hatte man schon vermutet, bevor der Planet entdeckt worden war. Der britische Astronom J. C. Adams (1819–1892) und der Franzose U. J. J. Leverrier (1811–1877) schlossen dies Mitte des 19. Jahrhunderts aus Unregelmäßigkeiten in der Bahn von Uranus. Im Jahr 1846 schließlich gelang es dem deutschen Astronom Johann Gottfried Galle (1812–1910), den fehlenden Planeten an der zuvor rechnerisch ermittelten Stelle zu sichten. Nähere Details über den Planeten Neptun, dessen Äquatordurchmesser etwas weniger als 50.000 Kilometer beträgt, erfuhr man erst durch die Raumsonde Voyager 2.

Bei einer mittleren Sonnenentfernung von etwa 4,5 Milliarden Kilometern benötigt Neptun knapp 165 Jahre für eine Sonnenumkreisung. Im Gegensatz zu Uranus lassen sich in seiner Atmosphäre deutliche Strukturen feststellen. So sah man einen großen dunklen Fleck, ein ausgeprägtes Sturmsystem, in das die Erde von der Größe her leicht hineinpassen würde. Hier wurden Windgeschwindigkeiten von über 2.000 Kilometern pro Stunde gemessen. Neptun strahlt 2,5-mal mehr Wärme ab, als er von der Sonne als Energie erhält. Er ist zudem der vierte Planet mit einem Ringsystem. Er wird von acht Monden umrundet, von denen Triton der vermutlich kälteste Ort im Sonnensystem ist.

Aufnahme Neptuns von der Raumsonde Voyager 2 aus dem Jahr 1990

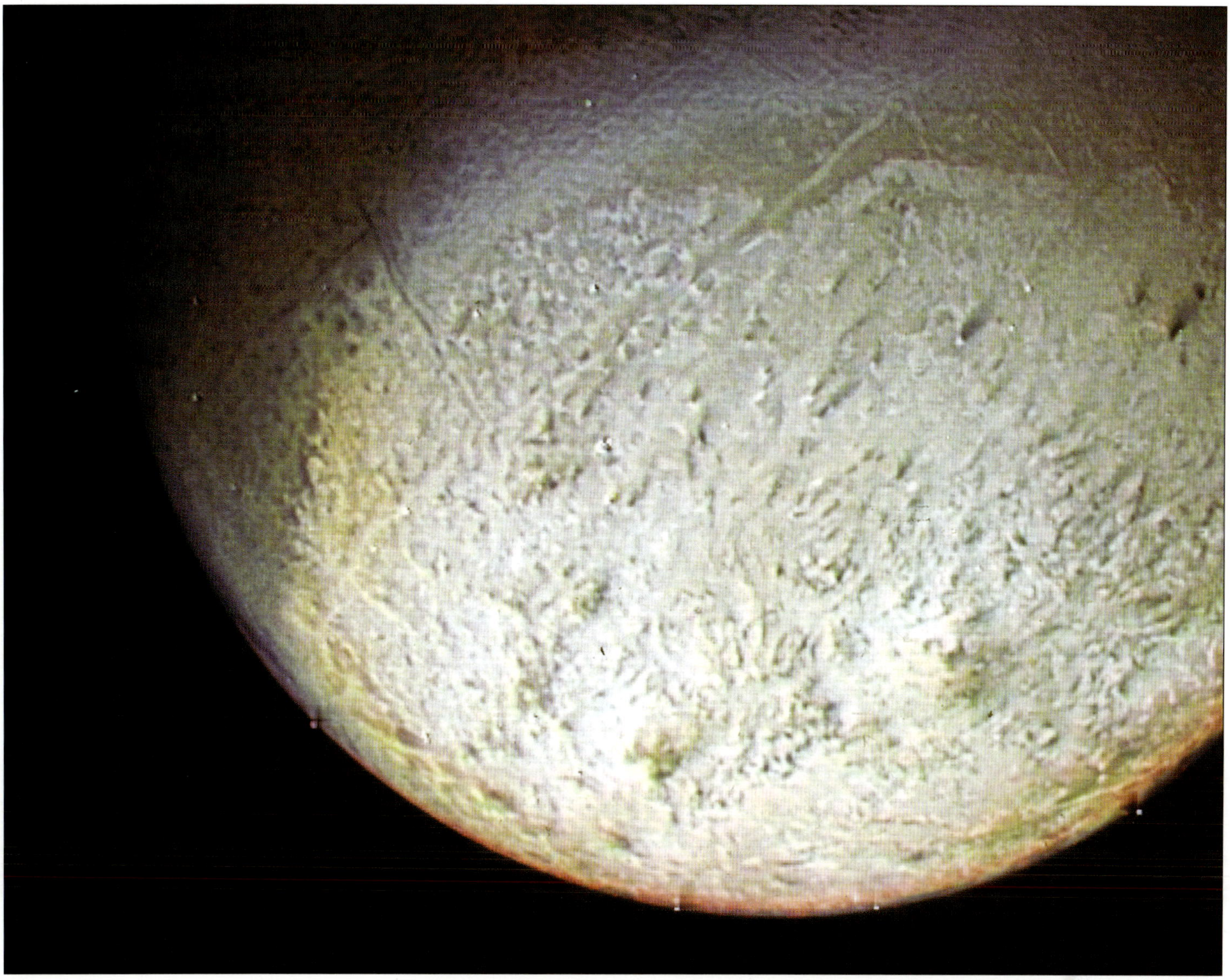

Neptun umläuft die Sonne in einer ähnlichen Neigung der Rotationsachse wie die Erde. Er ist von einem Ringsystem umgeben und wird von acht Monden begleitet.

Neptunbahn

Für die enorme Strecke, die Neptun zurücklegen muss, um einmal die Sonne zu umlaufen, benötigt der Planet etwa 165,5 Jahre (= ein Neptunjahr). Die große Halbachse seiner elliptischen Bahn hat eine Länge von 4,5 Milliarden Kilometern. Ähnlich groß ist auch sein Abstand zur Erde, der zwischen 4,3 und 4,7 Milliarden Kilometern schwankt. Für eine Drehung um die eigene Achse benötigt Neptun 16 Stunden und sieben Minuten, was also einem Neptuntag entspricht. Auch Neptuns Rotationsachse besitzt eine deutliche Neigung. Gemessen an der Senkrechten zur Bahnebene, ist der Neigungswinkel mit 29,6 Grad nur wenig größer als bei Erde, Mars oder Saturn.

–214 Grad Celsius herrschen auf Neptuns Oberfläche.

Aufbau Neptuns

Neptuns Aufbau ähnelt dem von Uranus. Da Neptun aber bei etwas geringerer Größe eine größere Masse besitzt, ist vermutlich der Gesteinskern entsprechend mächtiger. Hier dürfte eine Temperatur von rund 7.000 Grad Celsius herrschen. Auf den Kern folgt eine Masse aus Wasser, Ammoniak und Methan. Diese Schicht geht dann in die Atmosphäre über. Deren Bestandteile sind vor allem Wasserstoff (85 Prozent) und Helium (13 Prozent). Das ebenfalls vorhandene Methan sorgt für die bläuliche Färbung des Planeten.

In der Neptunatmosphäre sind einige Strukturen mehr zu erkennen als in der Atmosphäre von Uranus. Auffällig auf den Voyager-Aufnahmen war der große dunkle Fleck, der südlich des Äquators lag. Im Verhältnis zur Größe Neptuns war er ähnlich groß wie der Große Rote Fleck auf Jupiter. Es handelte sich auch hier um ein Sturmsystem. 1994 „bemerkte" das Hubble-Weltraumteleskop, dass der „große dunkle Fleck" verschwunden war, spürte dafür aber einen neuen Fleck in der Atmosphäre auf. Voyager entdeckte einen weiteren dunklen Fleck in der südlichen Hemisphäre sowie eine kleine weiße Wolke, die alle 16 Stunden einmal um den Planeten läuft und von den Astronomen „Scooter" genannt wurde. Darüber hinaus konnte man helle, zirrusartige Wolken erkennen, die Schatten auf tiefer liegende Wolkenschichten warfen. Sie bestehen wahrscheinlich aus Methaneis. Die Atmosphäre Neptuns scheint sich sehr schnell zu verändern.

Gravitation: 11,87 m/s²
Neigung gegen Ekliptik: 1° 46'
Mittlere Geschwindigkeit: 5,48 km/s

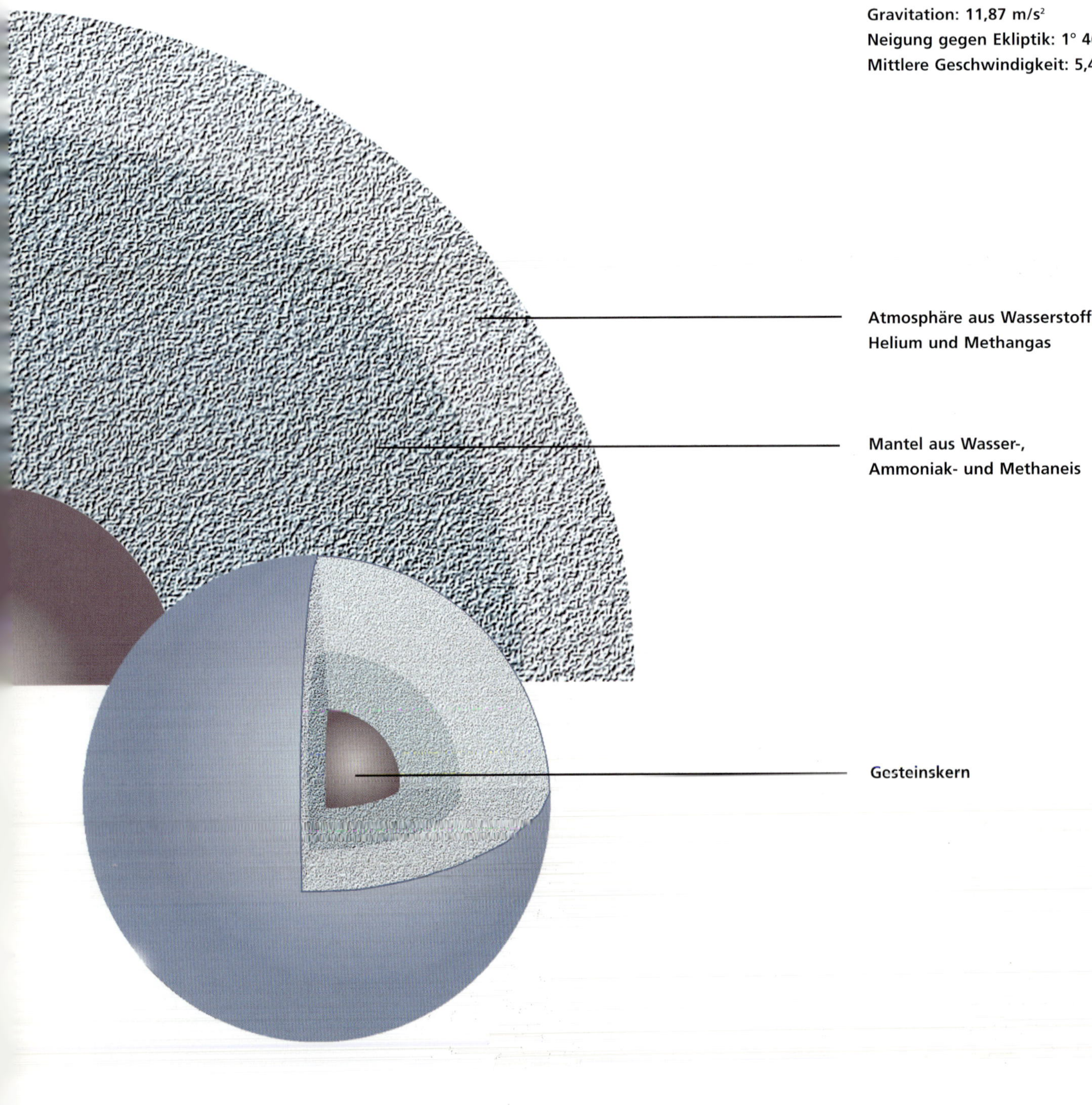

Im August 1989 machte die Sonde Voyager 2 erstmals Nahaufnahmen von Neptun und seinem Mond Triton.

Auf den Voyager-Bildern entdeckten die Forscher einen großen dunklen Fleck auf der Oberfläche sowie eine helle Wolke, die „Scooter" genannt wurde. Auch eine schwache Bänderstruktur der Atmosphäre ist erkennbar.

Der Vorüberflug von Voyager 2 an Neptun am 25. August 1989 und die Annäherung an seinen Mond Triton bis auf etwa 4.000 Kilometer lieferte eine Vielzahl von detaillierten Bildern und Informationen.

Neptunmonde

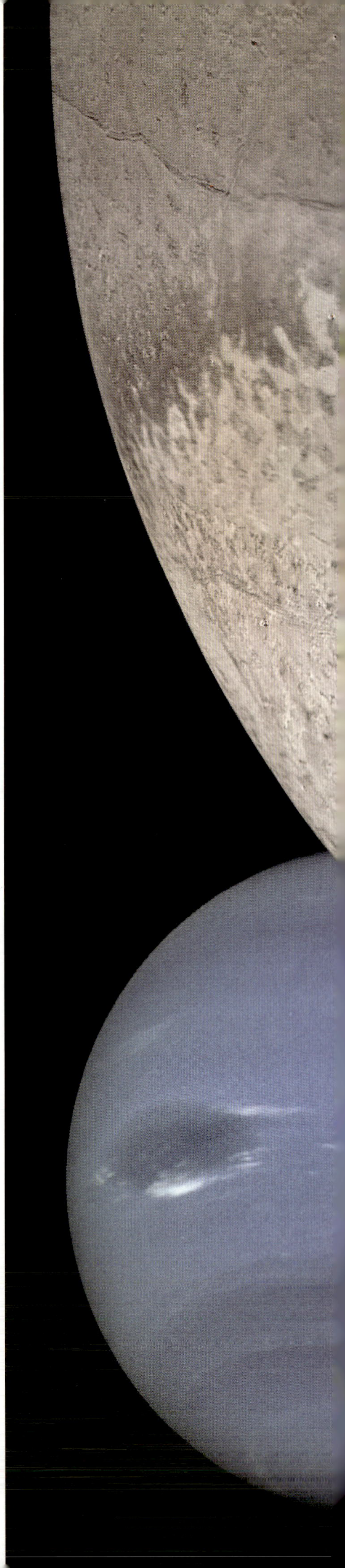

Die Fotomontage zeigt Triton im Vordergrund und dahinter Neptun.

Neptun hat acht natürliche Begleiter. Vier davon befinden sich innerhalb und vier außerhalb des Ringsystems. Innen liegen Naiad und Thalassa, zwei so genannte Schäferhundmonde. Darauf folgen Despina und Galatea.

Der erste Mond außerhalb der Ringe ist Larissa. Danach kommt Proteus, der 117.600 Kilometer vom Mutterplaneten entfernt ist. Sein Durchmesser beträgt etwa 400 Kilometer und die Oberfläche ist mit Kratern überzogen. In einem Abstand von 355.000 Kilometern umkreist Triton Neptun. Er ist der einzige große Mond, der einen Planeten auf einer dessen Eigenrotation entgegengesetzten Bahn umläuft. Mit einem Durchmesser von 2.705 Kilometern ist er zugleich der größte Neptunbegleiter. Außergewöhnlich macht ihn aber vor allem seine niedrige Temperatur. Mit –235 Grad Celsius kommt er dem absoluten Nullpunkt von –273 Grad Celsius (Null Grad Kelvin) von allen Himmelskörpern im Sonnensystem am nächsten. Während die Nordhalbkugel von Triton beim Vorüberflug von Voyager 2 bläulich schimmerte, erschien die Südhalbkugel rosafarben. Auf der Südhalbkugel kam es zu geysirartigen Eruptionen von Stickstoffdampf und Staub. Der Abstand Nereids liegt bei 5,5 Millionen Kilometern. Er hat einen Durchmesser von nur etwa 340 Kilometern, gehört aber zu den beiden schon länger bekannten Monden. Die anderen wurden von Voyager 2 entdeckt.

Neptun besitzt zwei schmale und zwei breite Ringe. Sie bestehen hauptsächlich aus Eis. Im äußeren schmalen Ring gibt es Verdickungen, die eventuell Minimonde sein könnten.

Der Neptunmond Triton besitzt eine sehr dünne Atmosphäre und ist der bei weitem größte unter Neptuns Monden. Er ist der „Kältepol" des Sonnensystems.

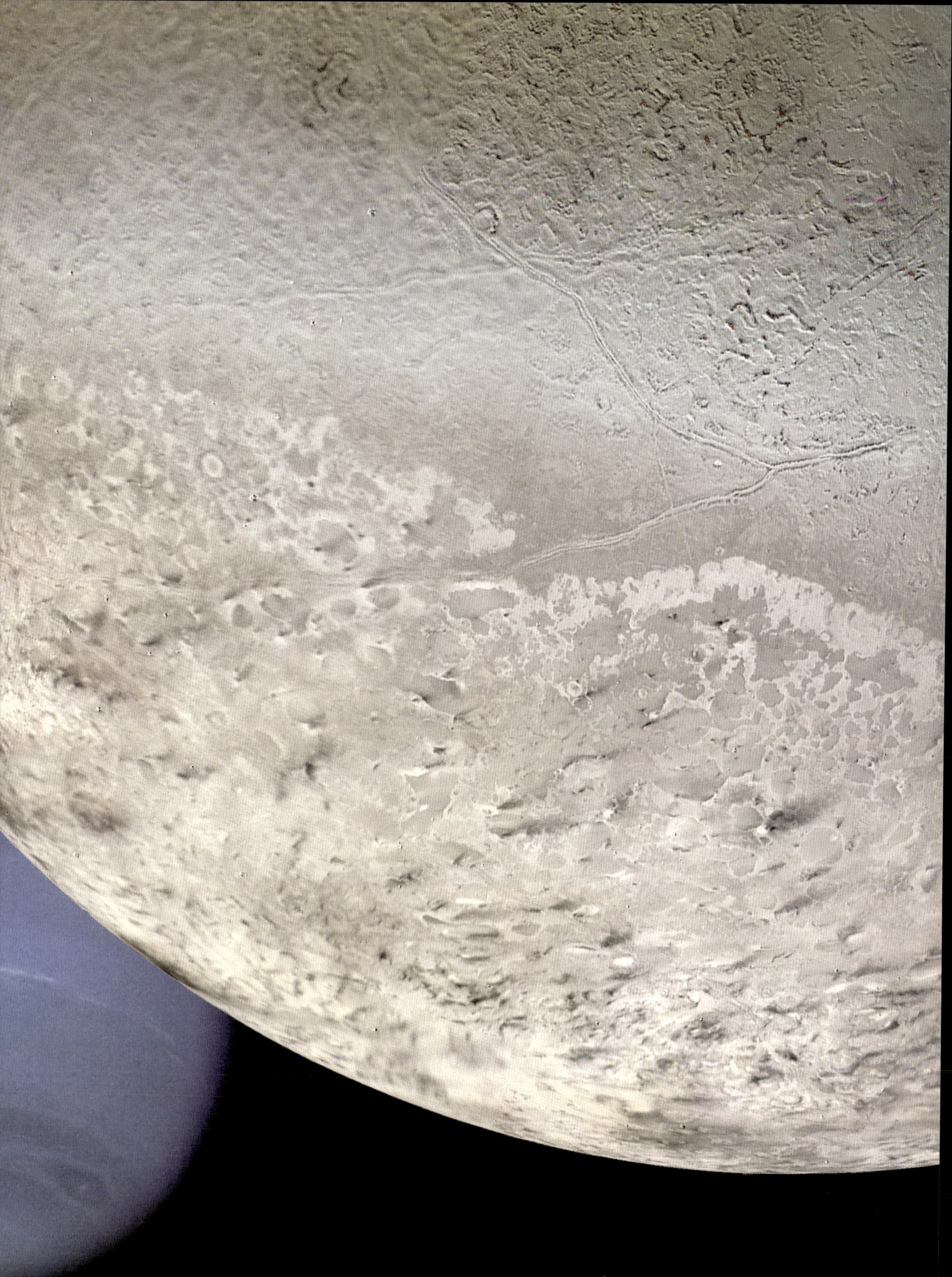

Pluto

Mit einer mittleren Sonnenentfernung von knapp sechs Milliarden Kilometern ist Pluto der äußerste Planet unseres Sonnensystems. Er hat keine Ringe und hat mit Charon nur einen Trabanten. Mit einem Durchmesser von nur 2.300 Kilometern ist er der kleinste Planet und hat sogar geringere Ausmaße als einige Monde.

Nach einem Planeten jenseits der Neptunbahn war viele Jahre lang gesucht worden und manche Astronomen versuchten sich sogar an rechnerischen Vorhersagen über Größe und Bahn. Schließlich wurde Pluto im Jahr 1930 durch den amerikanischen Astronomen Clyde William Tombaugh (1906–1997) entdeckt. Ungewöhnlich ist die stark elliptische Bahn des Planeten. Sie ist so lang gestreckt, dass sie zeitweise innerhalb der Neptunbahn verläuft. In diesen Perioden liegt Pluto der Sonne also näher als sein Nachbarplanet Neptun. Eine weitere Besonderheit ist die Neigung seiner Bahn von 17 Grad zur Ebene der anderen Planetenbahnen.

Gravitation: 0,56 m/s²
Neigung gegen Ekliptik: 17° 7'
Mittlere Geschwindigkeit: 4,75 km/s

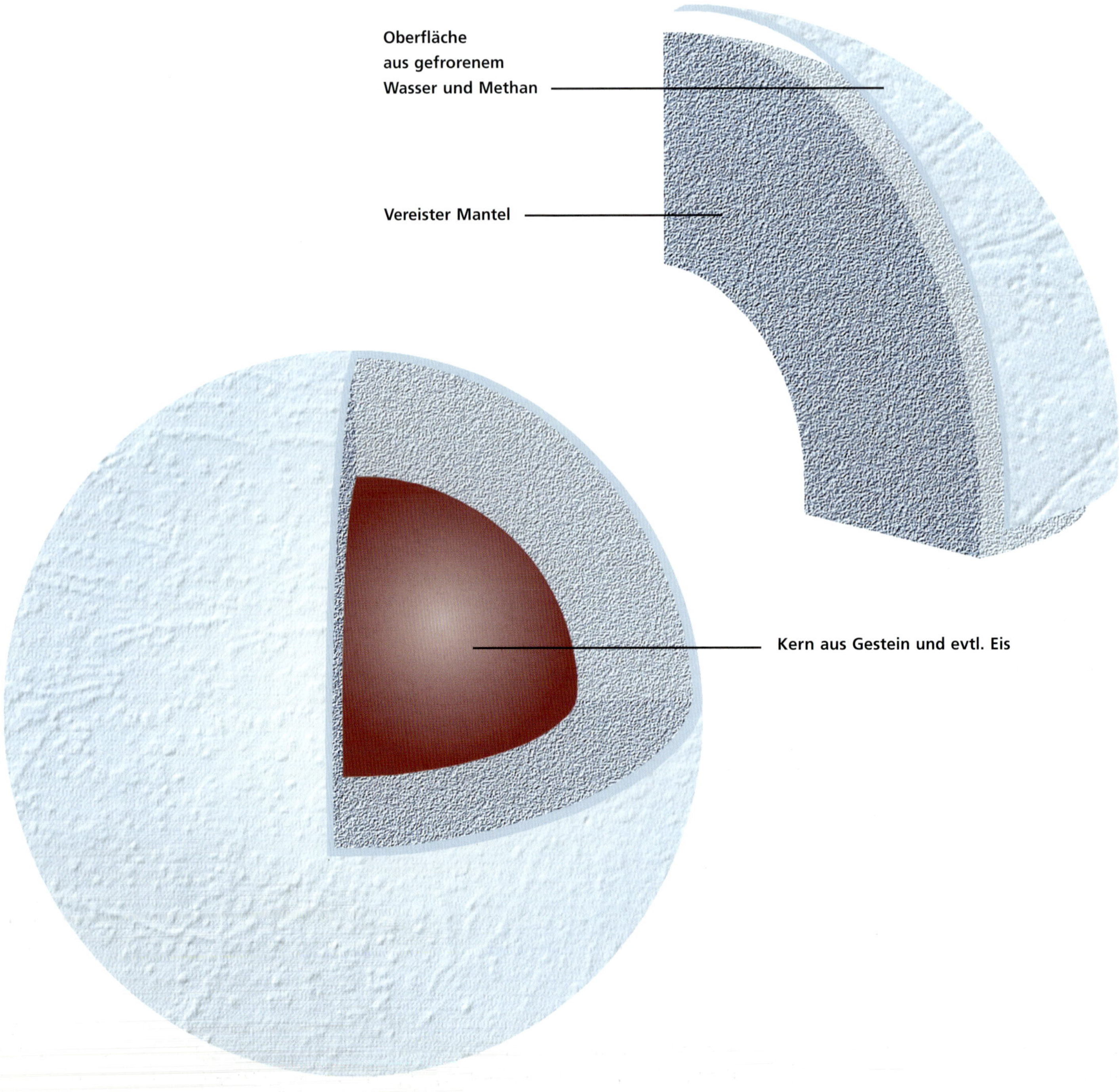

Dies ist die bisher schärfste Aufnahme des entferntesten Planeten Pluto mit seinem Mond Charon. Die Aufnahme wurde am 21. Februar 1994 vom Hubble-Weltraumteleskop gemacht.

Pluto und sein Mond Charon verhalten sich wie ein Doppelplanet und drehen sich um einen gemeinsamen Schwerpunkt, der zwischen den beiden Himmelskörpern liegt. Der Planet besteht mit großer Wahrscheinlichkeit aus Gestein und Eis. Seine Oberflächentemperatur beträgt nur –220 Grad Celsius. Ein Tag, also eine Drehung um die eigene Achse, dauert 6,4 Erdtage. Für einen Sonnenumlauf (= ein Plutojahr) braucht der Planet mehr als 248 Jahre. Seine mittlere Dichte ist doppelt so hoch wie die von Wasser.

1999 gab es unter Astronomen eine hitzige Diskussion darüber, ob Pluto wirklich ein Planet ist. Von seiner Beschaffenheit her gehört er nämlich eher zu den so genannten Trans-Neptun-Objekten, die man jenseits der Neptunbahn im Kuiper-Gürtel findet. Für manche ist Pluto daher genau genommen der „König des Kuiper-Gürtels", weil er das größte unter den bislang entdeckten Objekten ist. Obwohl diese Ansicht wohl wissenschaftlich korrekt ist, hat die Internationale Astronomische Union entschieden, Pluto seinen Status als Planet zu lassen.

Nasa-Mission „New Horizon", Ankunft ca. 14. JULI 2015

Charon

Der Plutomond Charon ist im Verhältnis zum Ausmaß des Mutterplaneten der größte Mond im Sonnensystem. Bei einem Durchmesser von 1.180 Kilometern ist er halb so groß wie Pluto (Verhältnis 1:2). Im Vergleich dazu beträgt das Größenverhältnis von Mond zur Erde 1:4. Charon wurde 1978 entdeckt, zunächst nur als Ausbuchtung auf einigen Plutoaufnahmen. Der Plutotrabant umläuft seinen Mutterplaneten auf einer fast exakt kreisförmigen Bahn in 6,4 Tagen und vollführt in derselben Zeit eine Umdrehung um die eigene Achse. Einmalig im ganzen Sonnensystem ist, dass auch Pluto sich in 6,4 Tagen einmal um sich selbst dreht, d.h., seine Rotationsgeschwindigkeit an die seines Begleiters gekoppelt ist. Dadurch stehen sich zwei Stellen auf Pluto und Charon immer direkt gegenüber. Der Mond befindet sich in einem Abstand von knapp 20.000 Kilometern von Pluto und besteht vermutlich fast vollkommen aus Eis.

Die wenigen Erkenntnisse über Pluto und Charon verdankt man bodengestützten Teleskopen und dem Hubble-Weltraumteleskop. Als einziger Planet im Sonnensystem hatte Pluto nämlich noch keinen Besuch von einer Sonde. Zurzeit gibt es aber Überlegungen, dass eine Raumsonde im nächsten Jahrzehnt Pluto und den Kuiper-Gürtel erforschen soll.

Plutobahn

Für eine Eigenrotation benötigt Pluto 6,4 Tage, ebenso lange wie sein Mond Charon braucht, um den Planeten zu umkreisen. Ein Umlauf um die Sonne dauert 248,4 Jahre. Dabei folgt Pluto einer im Sonnensystem einzigartigen Bahn. Sie ist so stark elliptisch, dass es einen enormen Unterschied zwischen dem sonnenfernsten und dem sonnennächsten Punkt gibt (4,4 Milliarden bzw. 7,4 Milliarden Kilometer). Auch die deutlich gegenüber der Bahnebene der übrigen Planeten geneigte Umlaufbahn unterstreicht die Sonderstellung Plutos unter den Planeten. Die stark exzentrische Bahn hat zur Folge, dass Pluto nicht ständig der äußere Planet ist. Von den rund 248 Jahren, die Pluto für einen Sonnenumlauf benötigt, befindet sich der Planet etwa 20 Jahre lang innerhalb der Neptunbahn. Dies hatte zur Folge, dass Neptun bis zum Frühjahr 1999 der äußerste Planet war.

Pluto benötigt für einen Umlauf um die Sonne in seiner sehr elliptischen Bahn 248 Jahre. Sein Mond Charon ist halb so groß wie Pluto selbst.

Die Oberfläche von Pluto, fotografiert vom Hubble-Weltraumteleskop. Die kleineren Bilder oben sind die Original-Hubble-Aufnahmen, für die größeren Bilder wurden die Daten mit Computerhilfe bearbeitet, um so wesentlich mehr Einzelheiten erkennen zu können.

Objekte des Kuiper-Gürtels

Die Existenz eines weiteren Planeten jenseits der Plutobahn beschäftigt die Fantasie vieler Menschen. Doch trotz intensiver Suche hat man bislang keinen weiteren Planeten aufspüren können – dafür aber jede Menge andere Objekte, die teilweise eine beachtliche Größe aufweisen. So wurde 2002 das Objekt „2002 LM60" – von seinen Entdeckern „Quaoar" getauft – im Kuiper-Gürtel jenseits der Neptunbahn aufgespürt. Quaoar hat nach bisherigen Schätzungen einen Durchmesser von knapp 1.300 Kilometern. Er ist damit etwa so groß wie der Plutomond Charon und der größte Himmelskörper, der seit dem Jahr 1930, als der amerikanische Astronom Clyde Tombaugh Pluto fand, im Sonnensystem entdeckt wurde.

Im Kuiper-Gürtel gibt es aber noch einige andere Himmelskörper mit ähnlichen Ausmaßen. Zudem sind in diesem Bereich in den letzten zehn Jahren viele hundert kleinere so genannte Trans-Neptun-Objekte entdeckt worden. Der Kuiper-Gürtel war bis zur Entdeckung des ersten Himmelskörpers in dieser Region im Jahr 1992 nur theoretisch als Reservoir für kurzperiodische Kometen postuliert worden.

Bei den Brocken des Kuiper-Gürtels soll es sich um Überbleibsel aus der Entstehungszeit des Sonnensystems handeln. Astronomen halten es für möglich, dass es im Kuiper-Gürtel noch größere Objekte als Quaoar gibt. Vielleicht finden sich dort sogar noch Himmelskörper, die ebenso groß wie Pluto sind. Ob eines dieser Objekte dann aber zum zehnten Planeten erklärt wird, dürfte eher fraglich sein.

Insgesamt geht man von einer Zahl von etwa zehn Milliarden Objekten aus, die sich in dem Gebiet des Kuiper-Gürtels aufhalten. Die Bahnen der Himmelskörper liegen recht genau in der Hauptebene des Planetensystems. Man schätzt, dass es hier mindestens 35.000 Objekte gibt, die einen Durchmesser von mindestens 100 Kilometern oder mehr aufweisen.

Kleinkörper des Sonnensystems

Der Komet Hale-Bopp am irdischen Nachthimmel. Deutlich ist die Trennung zwischen Partikelschweif (weiß) und Gasschweif (blau) zu erkennen.

Neben den Planeten mit ihren Monden und der interplanetaren Materie existieren Körper, die aufgrund ihrer geringen Größe nur schwer und nur selten zu beobachten sind. Erst mithilfe von Teleskopen erschließen sich uns beispielsweise die Planetoiden. Planetoid bedeutet „kleiner Planet". Eine andere, ebenso gebräuchliche Bezeichnung lautet Asteroid. Noch kleiner als die Asteroiden sind die Meteoroiden, die unser Sonnensystem ebenfalls durchqueren.

Bei Meteoroiden handelt es sich meist um Bruchstücke von Kometen oder Asteroiden. Wenn diese auf die Erde treffen und beim Eintritt in die Erdatmosphäre verglühen, sehen wir sie als „Sternschnuppen" oder Meteore am Himmel. Meteoriten heißen die Körper, die zu groß sind, um vollständig zu verglühen. Wenn sie auf die Erdoberfläche treffen, können sie einen typischen Meteoritenkrater hinterlassen.

Wenn ein Meteoroid beim Eintritt in die Erdatmosphäre nicht vollständig verglüht, fallen seine Überreste auf die Erde. Jedes Jahr treffen unzählige solcher Meteoriten auf die Erde.

Der Komet Hale-Bopp, fotografiert am 31. März 1997 im Sternbild Andromeda

Kometen

Schon immer haben Kometen die Menschheit fasziniert und erschreckt. Oft wurden sie als Vorboten von Katastrophen oder gar vom Ende der Welt angesehen. Dank der modernen Astronomie werden Kometen heute eher als faszinierendes Naturschauspiel betrachtet. Die europäische Raumsonde Giotto flog beim letzten Auftauchen des Halleyschen Kometen im Jahr 1986 in nur 500 bis 600 Kilometer Entfernung an dessen Kern vorbei und lieferte einmalige Daten über die Zusammensetzung des Kometen. Das Wort Komet stammt übrigens aus dem Lateinischen und bedeutet so viel wie „Haarstern".

Aufbau

Ein Komet besteht aus Kern, Koma und Schweif. Der Kern hat einen Durchmesser von nur wenigen Kilometern. So ergab die Vermessung der Raumsonde Giotto, dass der Halleysche Komet etwa 15 Kilometer lang und acht Kilometer breit und tief ist. Sein Material besteht vor allem aus Eis und Staub. Daher kommt auch die Bezeichnung „schmutziger Schneeball".

Den Kern umgibt die Koma, die den größten Teil des Kometen ausmacht und einen Durchmesser von 100.000 oder mehr Kilometern haben kann. Die Koma entsteht bei der Annäherung des Kerns an die Sonne. Eis verdampft teilweise und umgibt den Kern wie eine Gaswolke.

In Sonnennähe entstehen Gasschweif (auch Ionen- oder Plasmaschweif) und Staubschweif (auch Partikelschweif).

Durch den Sonnenwind wird dann ein Teil des Gases der Koma weggeblasen. Der Gasschweif des Kometen entsteht. Sobald sich der Komet von der Sonne entfernt, fliegt der Gasschweif infolge des Drucks des Sonnenwindes quasi voraus. Vom Kern gelöste feste Teilchen bilden den Staubschweif. Dieser weist ebenfalls, wenn auch leicht gekrümmt, ständig von der Sonne weg. Die Länge eines Kometenschweifes kann bis zu 300 Millionen Kilometer betragen.

Kometen bestehen aus Staub und gefrorenen Gasen. Nähert sich ein Komet der Sonne, beginnt seine Oberfläche aufgrund der starken Hitze zu verdampfen. Dadurch bildet sich eine gewaltige glühende Gaskugel, die den Kern des Kometen umgibt. Gleichzeitig entsteht durch den Sonnenwind ein gerader Plasmaschweif, der der Sonne abgewandt ist, und ein Staubschweif, der leicht gekrümmt verläuft.

Anfang 1997 konnte man ein undeutliches, längliches Objekt am Himmel beobachten – den Kometen Hale-Bopp.

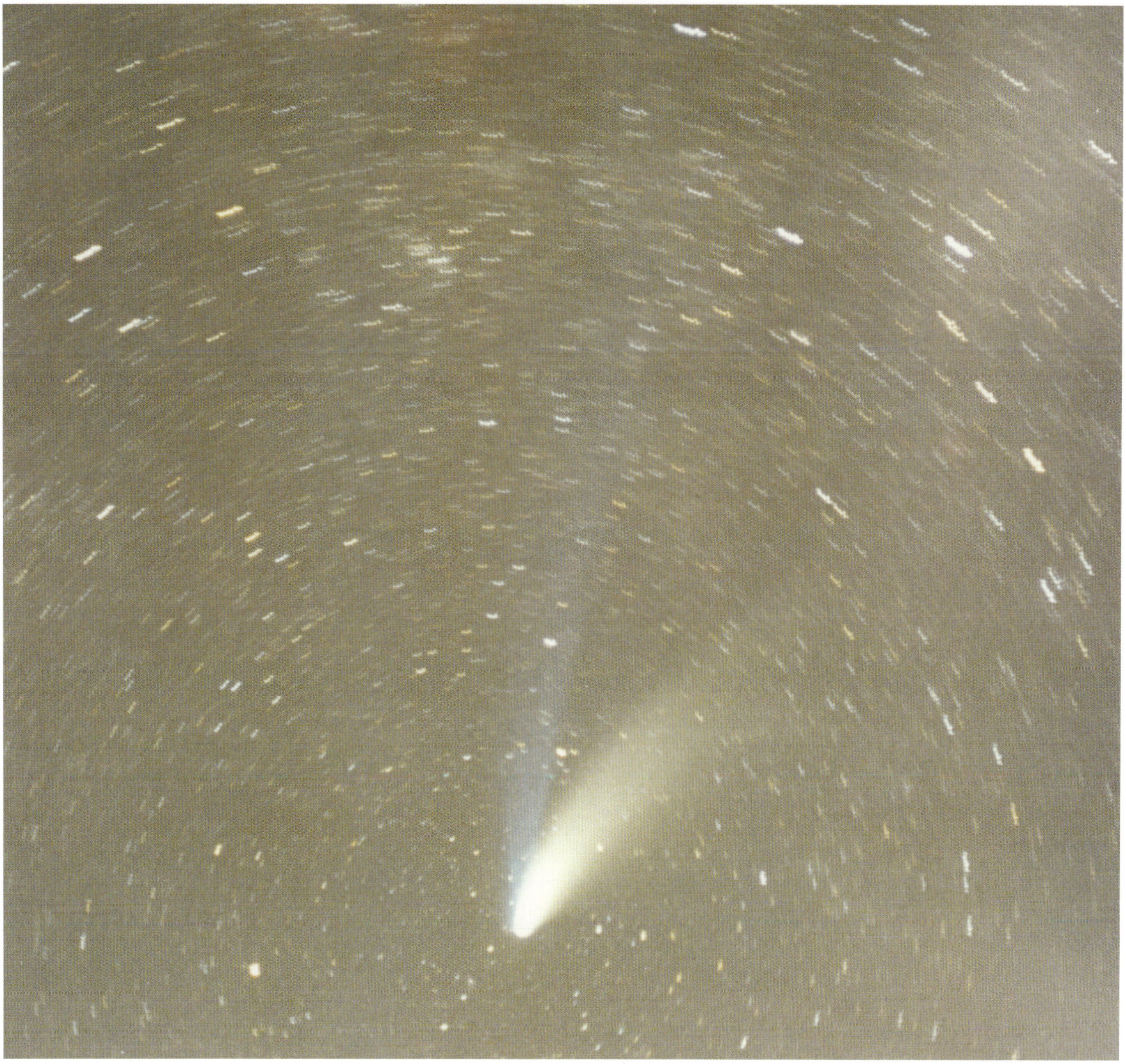

Herkunft und Bahnen

In über 1.000facher Plutoentfernung soll es eine Zone geben, in der Milliarden von Kometenkernen existieren. Der niederländische Astronom Jan Hendrik Oort (1900–1992) hat 1950 diese „Wolke", ohne sie sehen zu können, erstmals theoretisch beschrieben, weswegen sie auch seinen Namen trägt: die Oort´sche Wolke.

Die Oort´sche Wolke stellt möglicherweise einen Überrest von der Entstehung des Sonnensystems dar. Deshalb ist die Erforschung von Kometen von großem Interesse. Sie könnte Aufschlüsse über die Anfänge der heutigen Planeten geben. Die Oort´sche Wolke unterliegt dem Gravitationsfeld der Sonne. Gelegentlich bricht ein Kern aus der Wolke aus und gerät in die inneren Planetenbahnen. Ein Grund dafür könnte etwa eine Kollision innerhalb der Wolke sein.

Passiert ein Komet auf seinem Weg zur Sonne einen größeren Planeten, so kann seine Bahn wiederum abgelenkt werden, wodurch er in eine relativ kurze elliptische Bahn gerät. Er wird zu einem „kurzperiodischen" Kometen, der für den Umlauf um die Sonne vergleichsweise wenige Jahre benötigt. Neuerdings vermutet man, dass solche Kometen nicht aus der Oort´schen Wolke stammen, sondern ihren Ursprung im Kuiper-Gürtel kurz hinter der Neptunbahn haben.

Ein berühmtes Beispiel für einen kurzperiodischen Kometen ist der Halley´sche Komet. Er kreuzt die Bahn der Erde alle 76 Jahre. Berühmt ist er vor allem deshalb, weil er der erste Komet war, dessen Wiederkehr korrekt vorausgesagt wurde. Der englische Astronom Edmund Halley (1656–1742) hatte die Kometenbahn berechnet und seine Rückkehr für das Jahr

Diese Aufnahme machte 1994 das Hubble-Weltraumteleskop. Der dunkle Fleck auf Jupiter zeigt den Schatten des Mondes Io. Die Spur der eisigen Brocken von Shoemaker-Levy-9 erstreckte sich über eine Entfernung von 1,1 Millionen Kilometern in den Weltraum.

Fragmente des Kometen Shoemaker-Levy-9 trafen zwischen dem 16. und 22. Juli 1994 in der oberen Atmosphäre von Jupiter auf. Die Einschläge wurden von vielen Großteleskopen auf der Erde, vom Hubble-Weltraumteleskop sowie von Tausenden Amateurteleskopen beobachtet.

Die Bahn eines Kometen verläuft im Vergleich zu der eines Planeten sehr exzentrisch. Durch die Kraft des Sonnenwindes zeigt der Schweif immer von der Sonne weg. Er verkleinert sich, je größer die Entfernung zur Sonne ist.

1759 angekündigt. Der Komet erscheint seit mindestens 240 v. Chr. immer wieder. Während eines Umlaufs verliert der Halleysche Komet ca. 200 Millionen Tonnen seines Gesamtgewichts.

Da er aber ziemlich viel Materie enthält, wird er die Sonne noch einige 10.000 Jahre passieren. Es gibt auch Kometen die nicht periodisch sind. Sie machen sogar den weitaus größeren Anteil aus. Diejenigen, die länger als 200 Jahre für eine Umlaufbahn brauchen, werden als „langperiodisch" bezeichnet. Die kürzeste Umlaufzeit hat der Enckesche Komet mit etwa drei Jahren und vier Monaten. Im Juli 1994 wurde der Komet Shoemaker-Levy-9 von Jupiter aus seiner Bahn geworfen. Dadurch geriet der Schweifstern in das Anziehungsfeld des Planeten. Er zerbrach in mehrere Teile und stürzte auf Jupiter. Die Folgen waren gewaltige Explosionen, wobei jede einzelne ausgereicht hätte, alles Leben auf der Erde zu vernichten.

Der Entdecker des Kometen, der 1997 verstorbene amerikanische Geologe und Astronom Eugene Shoemaker, wurde gefragt, ob dergleichen auch der Erde widerfahren könne. Seine Antwort lautete: „Es ist nicht die Frage, ob es passiert. Von Interesse ist, wann es geschieht."

Der Halleysche Komet

Der bekannteste, periodisch wiederkehrende Komet ist der Halleysche Komet. Edmond Halley hatte festgestellt, dass sich der 1682 erschienene Komet in einer elliptischen Umlaufbahn befand, auf der er sich in regelmäßigen Abständen wieder der Erde näherte. Diese Feststellung stimmte mit Positionen von Kometen überein, die man in den Jahren 1456, 1531 und 1607 beobachtet hatte. Halley glaubte als Erster, dass es sich dabei um ein und denselben Kometen handelte. Unter der Berücksichtigung der Gravitationseinflüsse von Jupiter und Saturn, die Isaac Newton beschrieben hatte, sagte Halley das erneute Auftauchen des Kometen für das Jahr 1759 richtig voraus. Inzwischen ist zuverlässig bekannt, dass der Halleysche Komet sich etwa alle 76 Jahre der Erde annähert. Man weiß von 30 Erscheinungen in den Jahren 240 v. Chr. bis 1986. Mit seinem erneuten Erscheinen rechnet man im Jahre 2061. Dann wird er wieder den sonnennächsten Punkt seiner Bahn durchlaufen. Einige der Erscheinungen waren sehr auffällig, wie die genauen Beschreibungen aus den Jahren 1531 und 1607 belegen. Aus dem Jahr 1066 hat man Kenntnis über sein Auftauchen erhalten, weil danach ein Wandteppich angefertigt wurde. Damals wurde der Komet als gutes Omen für Wilhelm den Eroberer und als schlechtes Vorzeichen für die Niederlage Haralds II. in der Schlacht von Hastings angesehen.

Der Halleysche Komet ist der hellste und bekannteste periodische Komet. Die Aufnahme vom 8. März 1986 stammt von W. Liller in Island.

Der Komet Hale-Bopp am 31. März 1997. Die Aufnahme stammt von Diego Meozzi, Italien/Trevignano Romano.

Bei der letzten Annäherung 1986 war der Halleysche Komet zwar nicht besonders gut zu sehen, der Besuch des Kometen brachte aber trotzdem eindrucksvolle neue Ergebnisse: So förderte der unmittelbare Vorbeiflug der europäische Sonde Giotto interessante Details zutage: Der Kern des Kometen ist mit 15 x 8 x 8 Kilometern viel größer als erwartet, besteht aus einer lockeren Struktur von Wassereis mit Staubpartikeln und hat eine schwarze isolierende Kruste. Auf der Oberfläche befinden sich bis zu 200 Meter tiefe Krater und 500 Meter hohe Erhebungen. Auf der sonnenzugewandten Seite entdeckte man außerdem größere aktive Gebiete, in denen Gas und Staub mit hoher Geschwindigkeit von der Oberfläche wegschießen.

Der Komet Hale-Bopp besteht wie andere Kometen hauptsächlich aus Wassereis, gefrorenen Gasen und Staub.

Wichtige periodische Kometen

Encke	letzte Sonnennähe: 1987; Umlaufzeit (in Jahren): 3,3; kleinster Sonnenabstand in AE: 0,34; größter Sonnenabstand in AE: 4,09; Zahl der beobachteten Umläufe: 54
Grigg-Skjellerup	letzte Sonnennähe: 1987; Umlaufzeit (in Jahren): 5,09; kleinster Sonnenabstand in AE: 0,99; größter Sonnenabstand in AE: 4,92; Zahl der beobachteten Umläufe: 15
Honda-Mrkos-Pajdusáková	letzte Sonnennähe: 1985; Umlaufzeit (in Jahren): 5,3; kleinster Sonnenabstand in AE: 0,54; größter Sonnenabstand in AE: 5,54; Zahl der beobachteten Umläufe: 7
Tempel 2	letzte Sonnennähe: 1983; Umlaufzeit (in Jahren): 5,31; kleinster Sonnenabstand in AE: 1,39; größter Sonnenabstand in AE: 4,69; Zahl der beobachteten Umläufe: 17
Tempel 1	letzte Sonnennähe: 1983; Umlaufzeit (in Jahren): 5,49; kleinster Sonnenabstand in AE: 1,49; größter Sonnenabstand in AE: 4,73; Zahl der beobachteten Umläufe: 7
Pons-Winnecke	letzte Sonnennähe: 1983; Umlaufzeit (in Jahren): 6,36; kleinster Sonnenabstand in AE: 1,25; größter Sonnenabstand in AE: 5,61; Zahl der beobachteten Umläufe: 19
d'Arrest	letzte Sonnennähe: 1982; Umlaufzeit (in Jahren): 6,38; kleinster Sonnenabstand in AE: 1,29; größter Sonnenabstand in AE: 5,59; Zahl der beobachteten Umläufe: 14
Kopff	letzte Sonnennähe: 1983; Umlaufzeit (in Jahren): 6,44; kleinster Sonnenabstand in AE: 1,58; größter Sonnenabstand in AE: 5,35; Zahl der beobachteten Umläufe: 12
Giacobini-Zinner	letzte Sonnennähe: 1984; Umlaufzeit (in Jahren): 6,59; kleinster Sonnenabstand in AE: 1,03; größter Sonnenabstand in AE: 6,03; Zahl der beobachteten Umläufe: 11
Borrelly	letzte Sonnennähe: 1981; Umlaufzeit (in Jahren): 6,77; kleinster Sonnenabstand in AE: 1,32; größter Sonnenabstand in AE: 5,84; Zahl der beobachteten Umläufe: 10
Brooks 2	letzte Sonnennähe: 1980; Umlaufzeit (in Jahren): 6,9; kleinster Sonnenabstand in AE: 1,85; größter Sonnenabstand in AE: 5,41; Zahl der beobachteten Umläufe: 12
Faye	letzte Sonnennähe: 1984; Umlaufzeit (in Jahren): 7,34; kleinster Sonnenabstand in AE: 1,59; größter Sonnenabstand in AE: 5,96; Zahl der beobachteten Umläufe: 18
Ashbrook-Jackson	letzte Sonnennähe: 1985; Umlaufzeit (in Jahren): 7,47; kleinster Sonnenabstand in AE: 2,31; größter Sonnenabstand in AE: 5,34; Zahl der beobachteten Umläufe: 6
Harrington-Abell	letzte Sonnennähe: 1983; Umlaufzeit (in Jahren): 7,62; kleinster Sonnenabstand in AE: 1,79; größter Sonnenabstand in AE: 5,96; Zahl der beobachteten Umläufe: 5
Wolf	letzte Sonnennähe: 1984; Umlaufzeit (in Jahren): 8,21; kleinster Sonnenabstand in AE: 2,44; größter Sonnenabstand in AE: 5,75; Zahl der beobachteten Umläufe: 13
Schaumasse	letzte Sonnennähe: 1984; Umlaufzeit (in Jahren): 8,26; kleinster Sonnenabstand in AE: 1,21; größter Sonnenabstand in AE: 6,96; Zahl der beobachteten Umläufe: 8
Whipple	letzte Sonnennähe: 1986; Umlaufzeit (in Jahren): 8,49; kleinster Sonnenabstand in AE: 3,08; größter Sonnenabstand in AE: 5,25; Zahl der beobachteten Umläufe: 8
Comas Solá	letzte Sonnennähe: 1978; Umlaufzeit (in Jahren): 8,94; kleinster Sonnenabstand in AE: 1,87; größter Sonnenabstand in AE: 6,75; Zahl der beobachteten Umläufe: 7
Tuttle	letzte Sonnennähe: 1980; Umlaufzeit (in Jahren): 13,7; kleinster Sonnenabstand in AE: 1,02; größter Sonnenabstand in AE: 10,4; Zahl der beobachteten Umläufe: 10
Neujmin 1	letzte Sonnennähe: 1984; Umlaufzeit (in Jahren): 18,2; kleinster Sonnenabstand in AE: 1,54; größter Sonnenabstand in AE: 12,3; Zahl der beobachteten Umläufe: 5
Pons-Brooks	letzte Sonnennähe: 1954; Umlaufzeit (in Jahren): 70,87; kleinster Sonnenabstand in AE: 0,78; größter Sonnenabstand in AE: 33,5; Zahl der beobachteten Umläufe: 3
Olbers	letzte Sonnennähe: 1956; Umlaufzeit (in Jahren): 69,6; kleinster Sonnenabstand in AE: 1,18; größter Sonnenabstand in AE: 32,6; Zahl der beobachteten Umläufe: 3
Halley	letzte Sonnennähe: 1986; Umlaufzeit (in Jahren): 76,03; kleinster Sonnenabstand in AE: 0,59; größter Sonnenabstand in AE: 35,31; Zahl der beobachteten Umläufe: 31

Meteore, Meteoriten & Co.

Die Vielfalt ähnlich klingender Begriffe wie Meteore, Meteoriten, Meteoroide oder Meteorströme ist verwirrend und führt leicht zu Verwechslungen. Der Begriff „Meteor" steht in der Astronomie für die Leuchterscheinung, die ein Meteoroid beim Eintritt in die Erdatmosphäre verursacht. Umgangssprachlich nennt man Meteore auch Sternschnuppen. Meteoroide wiederum sind kosmische Kleinkörper bis zu einem Durchmesser von etwa einem Meter. Die Meteoroiden, die aus dem Weltall bis auf die Erdoberfläche gelangen, nennt man Meteoriten. Jährlich wiederkehrende Sternschnuppenschwärme, wie etwa die Perseiden Mitte August, werden auch als Meteorströme bezeichnet.

Herkunft

„Dass Eisen vom Himmel fällt – in unserer Zeit wäre es unverzeihlich, wenn solche Märchen auch nur für wahrscheinlich gehalten werden." Dies erklärte der Mineraloge Xaver Stütz im Jahr 1792, obwohl aus der Vergangenheit schon einige Male über derartige Phänomene berichtet worden war – so zum Beispiel vom Meteorit von Ensisheim, der 1492 zur Erde fiel, oder vom Meteoritenfall von Eichstädt aus dem Jahr 1785.

Die Wissenschaftler konnten von der Existenz von Meteoriten erst 1803 überzeugt werden. Damals erhielt die französische Akademie der Wissenschaften Berichte, die bezeugten, dass auf L'Aigle ein Regen von Tausenden Steinen – ein zerbrechender Meteorit – über bewohntem Gebiet niedergegangen war. Erst dieser außerordentlich seltene und dadurch umso beeindruckendere Beweis stimmte die Forscher um.

Sternschnuppen sind Leuchterscheinungen, die auftreten, wenn kosmische Staubkörnchen in die Atmosphäre eintreten. Deren Größe schwankt zwischen der eines Stecknadelkopfes bis hin zu einigen Zentimetern. Mit einer Geschwindigkeit von 20 bis 70 Kilometern pro Sekunde stürzen diese Staubteilchen, die zum Beispiel die Überreste eines Kometenschweifes sein können, zur Erde. Beim Eintritt in die Erdatmosphäre wird die Luft vor dem Partikel komprimiert und erhitzt sich. Man sieht also, wenn man eine Sternschnuppe oder einen Meteor beobachtet, nicht etwa einen glühenden Körper, sondern die ionisierte Luft längs dessen Flugbahn.

Stündlich treten am Himmel im Durchschnitt zehn Sternschnuppen auf. Hellere Meteore, die eine höhere Masse voraussetzen, sind seltener. Sie werden Feuerkugeln oder Boliden genannt. Größere Körper verglühen meist nicht vollständig. Sie werden dann als Meteoriten bezeichnet. Sie bestehen aus Stein, aus Eisen oder einem Gemisch beider Stoffe. Den größten Teil machen Steinmeteoriten aus. Interplanetarische Körper stürzen nicht aufgrund der Anziehungskraft zur Erde. Vielmehr kreuzen sich ihre Umlaufbahnen.

Meteore sind Leuchterscheinungen, die am Himmel sichtbar werden, wenn Meteroiden in die Atmosphäre der Erde eindringen. Sie werden umgangssprachlich als Sternschnuppen bezeichnet.

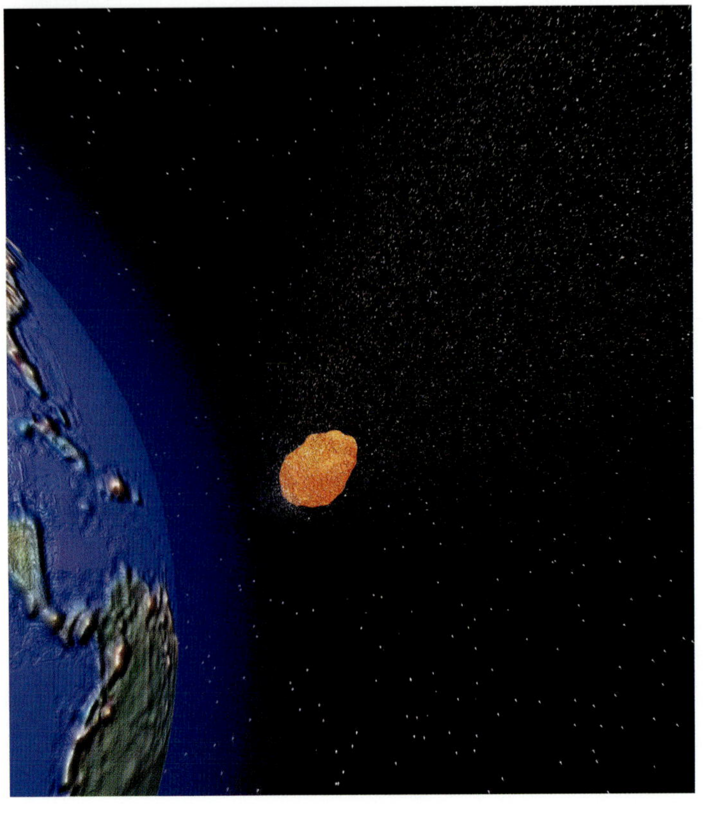

Dieser Meteorit ALH84001 soll 4,5 Milliarden Jahre alt sein und von Mars stammen. Er wurde 1984 in der Antarktis während einer Expedition entdeckt.

Der Barringer-Meteoriten-Krater nahe Winslow im US-Bundesstaat Arizona entstand vermutlich durch den Einschlag eines 150.000 Tonnen schweren Meteoriten.

Meteorströme

Ein Kometenschweif besteht zu einem Teil aus Staub. Fliegt also ein Komet durch das Weltall, so hinterlässt er eine staubige Bahn. Im gesamten Sonnensystem finden sich solche „verstaubten" Regionen. Auch der Weg der Erde um die Sonne führt regelmäßig durch diese kosmischen Staubfelder. Die winzigen, meist nur stecknadelkopfgroßen Staubpartikel verglühen beim Eintritt in die Erdatmosphäre. Da dies in solchen Gebieten nicht mit nur einem oder zwei Partikeln, sondern gleich mit vielen hundert von ihnen geschieht, spricht man von Meteorströmen oder Sternschnuppenschwärmen. Dann sieht man innerhalb kurzer Zeit viele Sternschnuppen für einige Sekunden am Nachthimmel aufblitzen.

Wenn man diese Meteorströme genau beobachtet, fällt auf, dass sie immer von demselben Punkt auszugehen scheinen. Jedes Jahr durchkreuzt die Erde zum Beispiel vom 10. bis 14. August den Staub des Kometen Swift-Tuttle. Da die mehreren 100 Sternschnuppen pro Stunde von einem Punkt im Sternbild Perseus auszustrahlen scheinen, nennt man sie die Perseiden.

Andere bekannte Sternschnuppenschwärme sind die Orioniden im Oktober, die Leoniden im November oder die Aquariden im Mai. Sie heißen so, weil ihr scheinbarer Ausstrahlungspunkt oder „Radiant" in den Sternbildern Orion, Löwe oder Wassermann liegt.

Einschläge

Obwohl Eisenmeteoriten vergleichsweise häufiger gefunden werden als Steinmeteoriten, kommen sie viel seltener vor. Bis zu 95 Prozent aller Meteoriten bestehen aus Stein. Dieser scheinbare Widerspruch löst sich dadurch, dass Steinmeteoriten auf dem Erdboden relativ unauffällig sind und schneller verwittern.

Der bislang größte gefundene Meteorit ist der Eisenbrocken von Hoba in Namibia. Er wurde 1920 entdeckt. Das Gewicht dieses Objekts beträgt etwa 60 Tonnen. Krater, die durch Meteoriten dieser Größe nicht verursacht werden konnten, belegen, dass in der Vergangenheit deutlich voluminösere Stein- und Eisenbrocken eingeschlagen sein müssen. Bei einem Gewicht, das 100 Tonnen überschreitet, wird die frei werdende Energie so groß, dass Steine bei einem Aufprall komplett verdampfen können. Aus diesem Grund konnten in solchen Kratern, trotz intensiver Suche, lediglich Spuren interstellarer Materie gefunden werden. Ein bekannter Ort ist in diesem Zusammenhang der Barringer-Meteoriten-Krater bei Winslow in Arizona/USA. Er ist fast exakt kreisrund, hat einen Durchmesser von ca. 1,4 Kilometern und eine Tiefe von 170 Metern. Der verursachende Meteorit muss eine Größe von vielleicht 50 Metern und ein Gewicht von 150.000 Tonnen gehabt haben.

Doch es gab noch größere Einschläge: Im Nördlinger Ries geschah vor ungefähr 15 Millionen Jahren eine Katastrophe ungeahnten Ausmaßes. Der Meteorit, der damals auftraf, hinterließ einen Krater mit einem Durchmesser von 25 Kilometern. Die dabei freigesetzte Energie entsprach der 1.000fachen Sprengkraft der Hiroshima-Bombe. Vor 65 Millionen Jahren soll ein noch gewaltigerer Einschlag für das Aussterben der Dinosaurier verantwortlich gewesen sein.

Interplanetare Materie

Der Raum zwischen den Planeten in unserem Sonnensystem ist nicht komplett leer. Man findet dort Gas und Staubpartikel, die man als interplanetare Materie bezeichnet. Sie verrät sich unter anderem durch Beobachtungen des so genannten Zodiakallichts. Der größte Teil der interplanetaren Materie befindet sich vermutlich in der Ebene, in der sich die Planeten bewegen. Die Größe der Teilchen, die hier herumschwirren, schwankt zwischen 0,001 und 0,1 Millimetern. Nähme man den gesamten Staub unseres Sonnensystems zusammen, ergäbe sich nach Schätzungen eine Masse von gerade einem Milliardstel der Masse der Erde.

Der Manicouagan-Krater im kanadischen Quebec ist ein Beispiel für die Folgen eines Meteoriten-Einschlags vor rund 212 Millionen Jahren. Es entstand ein etwa 100 Kilometer breiter Kratersee.

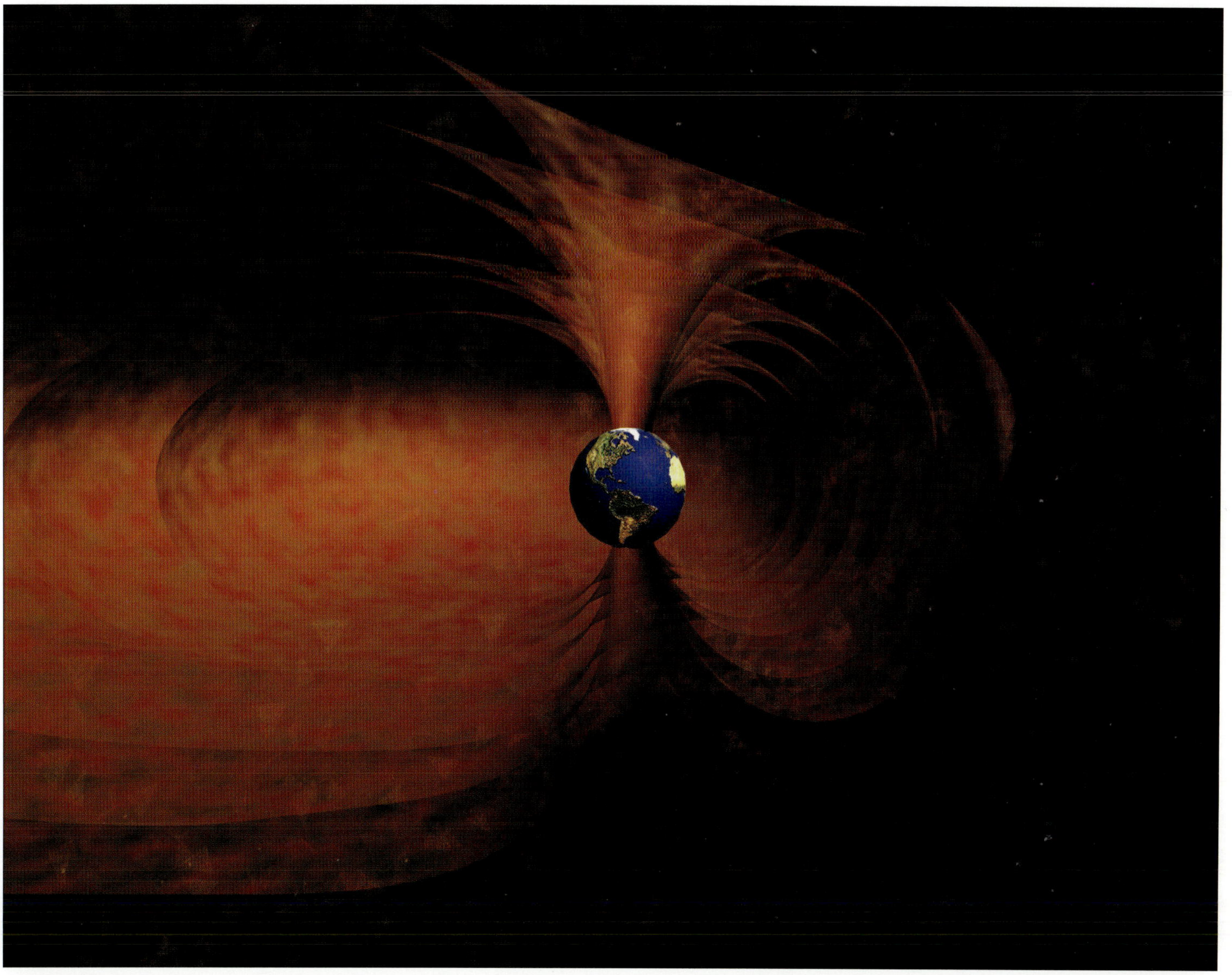

Der Sonnenwind ist für die Form des Erdmagnetfelds verantwortlich. Werden Sonnenwindteilchen an den geografischen Polen eingefangen, erzeugen sie Polarlichter.

Das interplanetarische Gas stammt vor allem vom Sonnenwind, also dem aus der Sonnenkorona austretenden Strom von Teilchen. Ein wesentlich geringerer Anteil rührt von den abgewanderten Gasen der Planetenatmosphären und von den Kometenschweifen her. Es besteht hauptsächlich aus Protonen und Elektronen, enthält aber auch Heliumkerne und einige Kerne schwererer Atome.

Um mehr über die interplanetare Materie zu erfahren, hat die US-Raumsonde Stardust einen eigens konzipierten Staubfänger an Bord, der die Teilchen einfangen und zur Erde zurückbringen soll. Die Rückkehr der Sonde und die Untersuchung des Staubs sollen 2006 stattfinden.

Planetoiden/Asteroiden

Als Kleinplaneten, Planetoiden oder Asteroiden werden die kleinen Himmelskörper des Sonnensystems bezeichnet. Im Vergleich zu den Planeten von Merkur bis Pluto haben sie nur eine kleine Masse und eine geringe Größe.

Die meisten von ihnen bewegen sich zwischen Mars und Jupiter in kreisförmigen Bahnen um die Sonne herum. Dieser Bereich wird als Asteroidengürtel bezeichnet. Alle hier vorkommenden Körper zusammengenommen, würden nur einen winzigen Bruchteil der Masse eines Planeten ergeben. Die Bahnen der Asteroiden kreuzen teilweise den Orbit von Mars und Erde. Je nach Verlauf ihrer Bahn werden die erdnahen Asteroiden so genannten Familien zugeordnet, beispielsweise der Apollo- oder Toro-Familie. Einige nähern sich der Sonne sogar weiter als Merkur an (zum Beispiel Icarus, Mitglied der Apollo-Familie). Eine besondere Gruppe sind die Trojaner. Sie laufen in gleichmäßigem Abstand beiderseits von Jupiter auf dessen Bahn um die Sonne herum. Der überwiegende Teil der Kleinplaneten hat einen Sonnenabstand zwischen 300 und 500 Millionen Kilometern. Es handelt sich bei ihnen um meist dunkle, kohlenstoffreiche Körper, die unregelmäßig geformt sind. Ein anderer Teil besteht aus Felsgesteinen und hat einen metallischen Kern. Eine dritte Gruppe sind Metallbrocken aus Eisen und Nickel.

Schon Johannes Kepler hatte zwischen den Planeten Mars und Jupiter einen weiteren Himmelskörper vermutet. Im Jahr 1801 wurde dieser erste Planetoid namens Ceres entdeckt. Bis heute konnten hier über 5.000 Asteroiden lokalisiert und katalogisiert werden. Man vermutet aber, dass es Millionen von diesen Himmelskörpern gibt. Ceres erhielt seinen Namen nach einer römischen Göttin. Sein Durchmesser beträgt etwa 1.000 Kilometer, womit er der größte bekannte Asteroid ist. Er ist mit dunklem Staub bedeckt und reflektiert nur sehr wenig Sonnenlicht.

Pallas ist mit 570 Kilometern Durchmesser der nächstgrößte Asteroid, gefolgt von Vesta (539 Kilometer). Vesta hat eine stark reflektierende Oberfläche und ist daher – bei günstigen Bedingungen und wenn man weiß, wo man suchen muss – mit bloßem Auge zu sehen. Keiner der kleinen unregelmäßigen Himmelskörper besitzt eine Atmosphäre.

Wenn die Atmosphäre in der Nacht klar ist, kann man gelegentlich das Zodiakallicht sehen. Man erkennt es als blasses Lichtband, das sich vom normalen Dämmerschein abhebt.

Das Zodiakallicht entsteht unter anderem durch die Streuung des Sonnenlichts an kleinen interplanetaren Staubteilchen, die zwischen Sonne und Erdbahn vorbeifliegen.

Bahnen einiger typischer Kleinplaneten

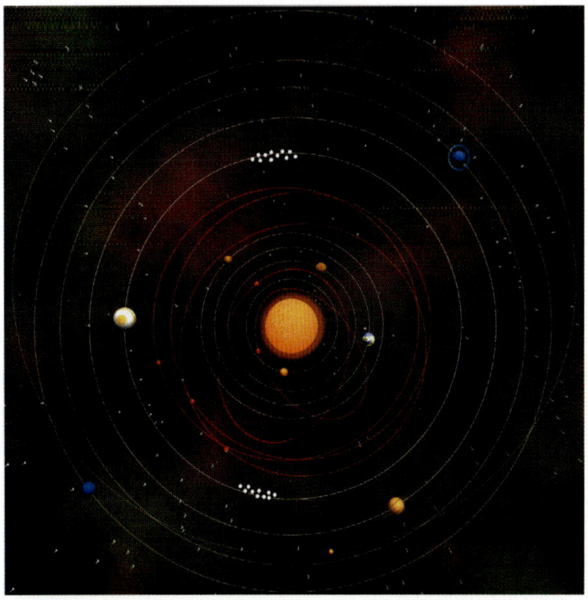

Wichtige Kleinplaneten

433 Eros, kann sich Erde bis auf 21 Mio. km nähern, „Halley" Ø-Sol 390 Mio. km

Name	Entdeckungsjahr	Kleinster Abstand von der Sonne (in Mio. km)	Größter Abstand von der Sonne (in Mio. km)	Umlaufzeit (in Jahren)	Durchmesser (in km)
Ceres	1801	381,5	439,8	4,6	1.020
Pallas	1802	315,7	511,6	4,6	570
Juno	1804	296,2	501,2	4,36	250
Vesta	1807	321,6	384,5	3,63	539
Astrea	1845	314,2	457,8	4,14	180
Hebe	1847	288,7	436,8	3,78	195
Iris	1847	275,3	439,8	3,69	209
Flora	1847	278,3	381,5	3,27	151
Metis	1848	312,7	400,9	3,68	151
Hygeia	1849	424,9	517,6	5,59	430
Eunomia	1851	321,6	469,7	4,3	272
Themis	1853	412,9	526,6	5,53	249
Cybele	1861	450,3	573	6,33	309
Patienta	1899	421,9	493,7	5,34	276
Patroklus	1906	670,2	888,6	11,88	147
Hidalgo	1920	302,2	1.448,1	14,04	15
Amor	1932	161,6	412,9	2,66	5
Ikarus	1949	28,4	294,7	1,12	1
Apollo	1932	97,2	342,6	1,78	3
Chiron	1977	1.261,1	2.812,4	50,7	288

Asteroidengürtel

Der größte Teil der Planetoiden umkreist die Sonne im Asteroiden- oder Planetoidengürtel zwischen den Bahnen von Mars und Jupiter. Kann es sich dabei um die Trümmer eines Planeten unseres Sonnensystems handeln?

Der Erste, der diese Vermutung äußerte, war zu Beginn des 19. Jahrhunderts der deutsche Astronom Heinrich Olbers (1758–1840), der Entdecker der Planetoiden Pallas und Vesta. Heute hält man diese Theorie aber für unwahrscheinlich. Vielmehr glaubt man, dass die starke Anziehungskraft Jupiters verhindert hat, dass sich an dieser Stelle aus dem vorhandenen Material ein weiterer Planet bildet.

Die enorme Anziehungskraft des Gasriesen ist auch der Grund für die Existenz zweier Gruppen von Planetoiden, die Trojaner genannt werden. Die eine Trojanergruppe läuft um 60 Grad dem Planeten Jupiter voraus, die andere folgt ihm im gleichen Abstand nach. Befänden sich die Trojaner nicht genau an dieser Stelle des Orbits, würden sie wohl vom massereichen Jupiter aus ihrer Bahn geworfen.

Bisher sind die Bahnen von etwa 10.000 Asteroiden bestimmt worden, jedoch befinden sich vermutlich rund eine Million von ihnen im Asteroidengürtel.

Der Asteroidengürtel verläuft zwischen den Umlaufbahnen der Planeten Mars und Jupiter und bildet damit die Grenze zwischen den inneren und äußeren Planeten.

Entdeckungen

Zwischen den inneren und äußeren Planeten unseres Sonnensystems klafft eine auffallend große Lücke. Ende des 18. Jahrhunderts beschlossen Wissenschaftler deshalb, systematisch nach dem anscheinend „fehlenden“ Planeten zwischen Mars und Jupiter zu suchen. Eher zufällig entdeckte dabei der italienische Astronom Giuseppe Piazzi (1746–1826) in der Neujahrsnacht 1801 einen Kleinplaneten. Er war eigentlich mit der Beobachtung von Sternen beschäftigt, als er den kleinen Himmelskörper fand, der später den Namen Ceres erhalten sollte. In den folgenden Jahren wurden die Planetoiden Pallas, Juno und Vesta von den Astronomen Heinrich Olbers und Karl Ludwig Harding (1765–1834) entdeckt. Unter den Kleinplaneten ist Vesta der hellste und Ceres mit einem Durchmesser von etwa 1.000 Kilometern der größte. Nach 1845 gab es eine wahre Flut von Neuentdeckungen – zwischen Mars und Jupiter wurden fast jedes Jahr Planetoiden gefunden. Inzwischen weiß man von mehr als 5.000 Objekten. Möglicherweise sind aber gar Millionen Objekte in diesem Gürtel vorhanden.

Nicht alle Planetoiden haben ihren Platz im Asteroidengürtel. Die Kleinplaneten Ikarus, Hidalgo oder Amor zum Beispiel haben stark geneigte Umlaufbahnen. 1893 fand die erste fotografische Entdeckung eines Planetoiden statt (Brucia). Phaeton war 1983 der erste, der von einer Raumsonde gefunden wurde.

Sternenpopulation

Unsere Heimatgalaxie, die Milchstraße, besteht aus vielleicht 100 Milliarden Sternen. Ständig werden irgendwo neue Sonnen geboren, wenn in einer gewaltigen Molekülwolke die Sternentstehungsprozesse einsetzen. In den Sternhaufen des galaktischen Halo kommt es allerdings kaum noch zu Neubildungen von Sternen. Die Gasmasse, die dazu eigentlich nötig wäre, ist nicht mehr in ausreichendem Maße vorhanden. In der Scheibe der Milchstraße, die immerhin noch ca. 3.000 Lichtjahre stark ist, bilden sich in und zwischen den Spiralarmen neue Sterne. Die Sternenpopulation wurde von Walter Baade (1893–1960) Mitte des 20. Jahrhunderts in zwei Gruppen aufgeteilt: Die Sterne der Population I sind in der Regel jünger und innerhalb der galaktischen Scheibe zu finden, bei Sternen der Population II handelt es sich um recht alte Objekte, die über die gesamte Galaxie verteilt sind, aber zum Beispiel verstärkt im Halo, also in den äußeren Bereichen der Milchstraße, auftreten. Zuweilen wird inzwischen auch von Population-III-Sternen gesprochen, bei denen es sich um die erste Sternengeneration in der Milchstraße handeln soll, die aber verschwunden ist.

NGC 4603 im Sternbild Centaurus wird als Spiralgalaxie vom so genannten Typ Sc klassifiziert. Diese Galaxien verfügen über einen kleinen Bulge (Zentralbereich) und lose gewundene Spiralen. Die Entfernung der Spiralgalaxie von der Erde beträgt nach neueren Hubble-Messungen etwa 108 Millionen Lichtjahre.

Die Kamera des Hubble-Weltraumteleskops machte diese Aufnahme von zwei kollidierenden Galaxien im Sternbild Canis Maior (Großer Hund). Die größere und massereichere Galaxie wird NGC 2207 genannt. Die kleinere Galaxie, rechts daneben, trägt die Bezeichnung IC 2163 und besitzt einen Durchmesser von etwa 100.000 Lichtjahren.

Der Kern unserer Galaxie, die Milchstraße, hat einen Durchmesser von rund 3.300 Lichtjahren und rotiert fast wie ein starrer Körper, obwohl er aus vielen Einzelsternen besteht.

NGC 3603 ist eine sehr aktive Sternentstehungsregion, die in einer Entfernung von 20.000 Lichtjahren im Sternbild Carina zu finden ist. Diese Aufnahme vom Hubble-Weltraumteleskop stammt von 1999.

Galaxien

100.000.000.000, also 100 Milliarden – so groß ist Schätzungen zufolge die Anzahl der Galaxien im Universum. Obwohl Galaxien in ihrer Größe stark variieren, glaubt man, dass die durchschnittliche Anzahl der Sterne innerhalb einer Galaxie ebenfalls rund 100 Milliarden beträgt.

Galaxien – der Name stammt von den griechischen Wörtern „Gala" und „Kyklos" – werden nach ihrer Form eingeteilt. Es gibt elliptische, spiralförmige, balkenspiralförmige und irreguläre Galaxien, also solche ohne klar definierbare Form. Unsere Milchstraße ist eine Spiralgalaxie. Die mittlere Ausdehnung von Spiralgalaxien beträgt etwa 100.000 Lichtjahre. Galaxien drehen sich um ein Zentrum. Eine Eigenrotation der Milchstraße dauert ungefähr 240 Millionen Jahre. Galaxien sind selbst wiederum keine Einzelobjekte, sondern befinden sich meistens innerhalb von Galaxienhaufen. Unsere Milchstraße ist zum Beispiel eine Galaxie der Lokalen Gruppe. In diesem System befinden sich etwa 30 weitere Galaxien, von denen die bekannteste und größte die Andromedagalaxie ist.

Auch Galaxienhaufen stehen wiederum in Beziehung zueinander und bilden zusammen „Superhaufen". Man geht heute davon aus, dass diese Superhaufen wiederum wabenartig angeordnet sind und somit die größten bekannten Strukturen im Universum bilden.

Rechts: Galaxien bestehen aus mehreren Milliarden Sternen. Um eine Ordnung in das unterschiedliche Aussehen der Galaxien zu bringen, hat der Astronom Edwin Hubble ein Klassifikationsschema entwickelt, das noch heute Verwendung findet.

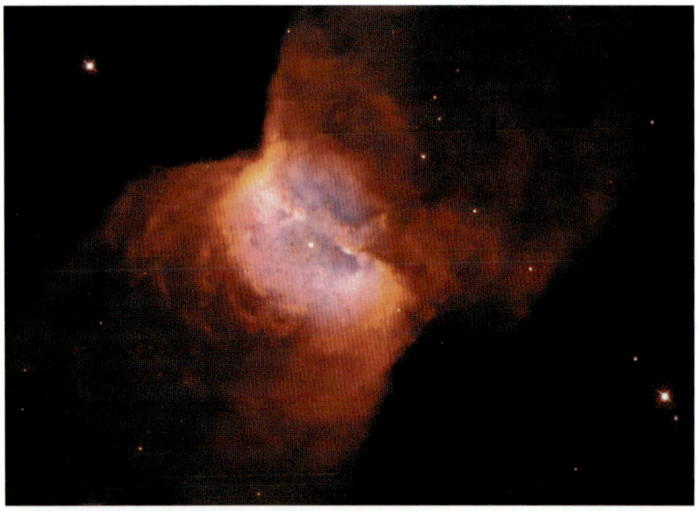

Die Galaxie NGC 4214 im Sternbild Jagdhunde ist etwa 13 Millionen Lichtjahre entfernt.

Die Whirlpool-Galaxie (NGC 5194) ist 37 Millionen Lichtjahre von uns entfernt.

Der planetarische Nebel NGC 2346 befindet sich im Sternbild Einhorn. Das Besondere an ihm ist seine schmetterlingsförmige Gestalt. Außerdem ist der Zentralstern ein Doppelsternsystem, dessen Partner sich innerhalb von 16 Tagen gegenseitig umrunden.

Bei dem Objekt NGC 3314 liegt eine Spiralgalaxie direkt vor einer weiteren größeren Galaxie. Die Galaxie liegt etwa 140 Millionen Lichtjahre von uns entfernt im Sternbild Hydra. Die Aufnahme des Hubble-Weltraumteleskops entstand im März 2000.

Unsere Milchstraße

Aus der griechischen Mythologie stammt die früheste Erklärung für das Vorhandensein der Milchstraße, jenes schimmernden Bandes, das man am Nachthimmel erkennen kann. Danach entstand sie, als die Göttin Hera Herkules stillte. Die dabei ausfließende Milch soll von da an am Firmament sichtbar gewesen sein.

Tatsächlich ist sie nach Ansicht der Astronomen das Produkt des Kollapses einer riesigen Gaswolke. Im Zentrum der Milchstraße findet man eine starke Häufung von Sternen. Dieser „Bauch" von Sternen, auch Bulge genannt, umgibt vermutlich ein gewaltiges Schwarzes Loch, das das eigentliche Zentrum der Galaxie bildet. Rund um den Bulgebereich erstreckt sich die so genannte galaktische Scheibe mit ihren Spiralarmen, die einen Durchmesser von mindestens 100.000 Lichtjahren aufweisen. Vor allem hier kommt es in bestimmten Bereichen immer noch zur Neubildung von Sternen.

Bei der Milchstraße handelt es sich also um eine spiralförmige Galaxie. Von oben betrachtet hätte sie die Form eines Feuerrades mit vier Hauptarmen. Umgeben ist die Milchstraße von einer kugelförmigen Sphäre, dem Halo. Zudem ist der Halo von einer Korona umschlossen, die von dünnem Wasserstoffplasma gebildet wird. Die Seitenansicht entspräche einer Scheibe mit einer kugelförmigen Verdickung in der Mitte. Die Ausdehnung der Milchstraße beträgt in ihrem Hauptteil 100.000 Lichtjahre. An den Rändern, also den Spiralarmen, ist sie 3.000, in der Mitte über 15.000 Lichtjahre stark. Da unser Sonnensystem innerhalb dieser Milchstraße liegt, können wir die Struktur nicht von außen beobachten, sondern nur indirekt auf sie schließen. Auch der Kernbereich der Galaxie ist nur schwierig zu beobachten, da interstellare Materie (Dunkelwolken) einen Blick auf das Zentrum auch mit großen optischen Teleskopen nicht zulässt. Allerdings ist eine Beobachtung nicht ganz unmöglich, so kann man beispielsweise mit Radioteleskopen Messungen machen.

Unsere Milchstraße hat einen Durchmesser von mindestens 100.000 Lichtjahren und ist eine Spiralgalaxie.

In der Milchstraßenebene bilden sich in und zwischen den Spiralarmen neue Sterne. Zu der von Walter Baade vorgenommenen Klassifikation der Sternenpopulation I gehört auch unsere Sonne. Sie enthält jüngere und mittelalte Sterne, die mehr schwerere Elemente enthalten. Die älteren Sterne (sie sind bis zu zehn Milliarden Jahre alt) der Population II, wie etwa die Sternhaufen im Halo, besitzen kaum Elemente, die schwerer als Helium sind.

Im Zentrum der Milchstraße wurde als stärkste Quelle der Radiostrahlung ein Punkt ermittelt, der den Namen Sagittarius A erhielt, da er im Sternbild Sagittarius (Schütze) zu finden ist. Dank moderner Messinstrumente hat man inzwischen

Der Quintuplet Cluster liegt in nur 100 Lichtjahren Entfernung vom galaktischen Zentrum. Hier eine Aufnahme des Hubble-Weltraumteleskops.

eine sehr genaue Vorstellung davon, was sich hinter dieser Radioquelle verbirgt: ein gewaltiges Schwarzes Loch. Alle alternativen Erklärungsmodelle konnten die Beobachtung nicht erklären. So war man beispielsweise in der Lage, die Bahnen von Sternen, die um das Schwarze Loch kreisen, so genau zu verfolgen, dass man daraus sogar eine Masse des zentralen Objekts errechnen konnte.

Alle 100 Milliarden Sterne unserer Galaxie drehen sich mit den Spiralarmen um den zentralen Kern. Deutlich lassen sich vier hauptsächliche Spiralarme bestimmen, denen man die Namen Cygnus-, Perseus-, Orion- und Sagittarius-Arm gegeben hat. Unser eigenes Sonnensystem befindet sich am Rand des Orion-Armes. So wie sich die Erde um die Sonne dreht, rotiert das gesamte Sonnensystem gemeinsam mit allen anderen Sternen um das Zentrum der Milchstraße. Die Sonne und ihre Planeten rasen dabei mit einer Geschwindigkeit von etwa 220 Kilometern pro Sekunde auf ihrer Bahn. Die Rotationsgeschwindigkeiten innerhalb der Galaxie verhalten sich allerdings nicht wie bei den starren Körpern, zum Beispiel den Planeten: Während diese innen schneller als weiter außen rotieren, drehen sich die Sonnensysteme in Geschwindigkeiten, die vom Zentrum aus nach außen zunächst stark ansteigen und dann langsam wieder abfallen.

Die Einzelsterne und Kugelsternhaufen im Halo unserer Galaxie umkreisen das Zentrum auf lang gezogenen elliptischen Bahnen. Sternhaufen mit bis zu einer Million Einzelsternen liegen weit außerhalb der Ebene der Spiralarme. Einige von ihnen durchlaufen regelmäßig die Scheibenebene oder umlaufen die Milchstraßenmitte in einer retrograden, also der üblichen entgegengesetzten Richtung. Ohne die Drehbewegung der Sterne würde die Galaxie in einigen 100 Millionen Jahren in sich zusammenstürzen.

Dieses Bild vom Hubble-Weltraumteleskop zeigt den Bubble-Nebel (NGC 7635).

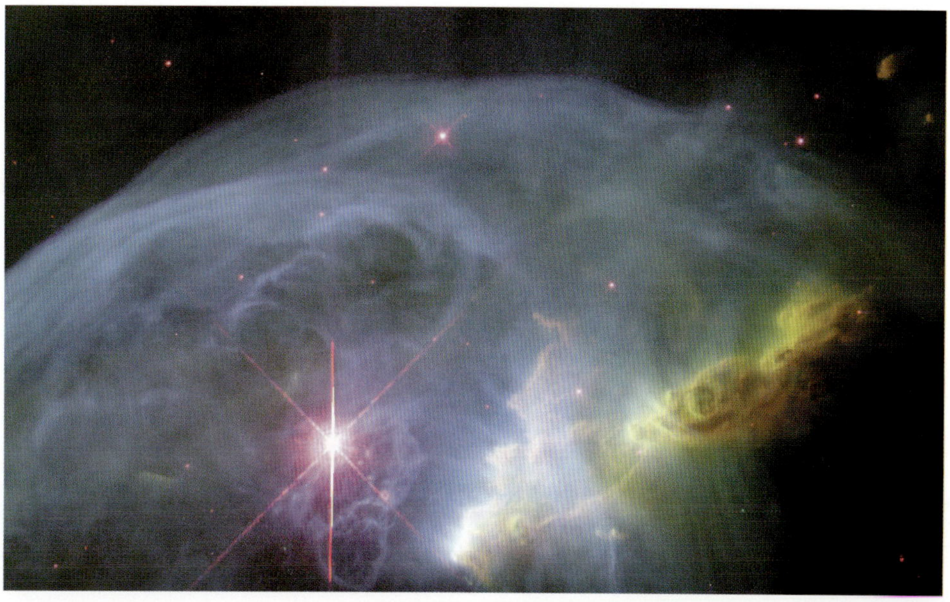

Diese Hubble-Aufnahme zeigt NGC 4013, eine Spiralgalaxie, die unserer Milchstraße strukturell ähnlich ist. Sie ist ca. 55 Millionen Lichtjahre von der Erde entfernt.

Der Kugelsternhaufen NGC 6093 oder M80 im Sternbild Skorpion hat einen Durchmesser von 86 Lichtjahren und ist rund 27.000 Lichtjahre von der Erde entfernt.

Klassifikation

Bis in das 20. Jahrhundert hinein ging man allgemein davon aus, dass die schwachen Nebelflecken, die man mit den Teleskopen beobachtete, Objekte unserer eigenen Milchstraße waren. Erst in den 20er-Jahren des vergangenen Jahrhunderts sollte sich das ändern: Der amerikanische Astronom Edwin Hubble beobachtete nämlich vom Observatorium auf dem Mount Wilson in den USA diese vermeintlichen Nebel mit einem der damals größten Teleskope. Er entdeckte, dass diese Nebel eigene Galaxien nach der Art unserer Milchstraße sind. Sie wiesen unterschiedliche Strukturen auf, weswegen Hubble ein Schema entwickelte, mit dem er die Galaxien ihrer Form nach in elliptische, spiralförmige, balkenspiralförmige und irreguläre Spiralen klassifizierte. Es wird – mit einigen Erweiterungen – bis heute eingesetzt. Je nach Ausprägung wurden sie dann noch in Untergruppen eingeteilt: E0 bis E7 bei den elliptischen Galaxien, SAa bis SAd bei normalen Spiralgalaxien und entsprechend SBa bis SBd bei Balkenspiralen. Die unregelmäßigen (irregulären) Galaxien unterteilt man in die Typen I und II. Ein Beispiel für eine irreguläre Galaxie vom Typ I ist die Magellansche Wolke, eine Satellitengalaxie der Milchstraße und in gewisser Weise eine „echte" irreguläre Galaxie. Bei Typ-II-Galaxien geht die Form hingegen auf den Einfluss beispielsweise einer anderen Galaxie oder eines explosiven Kerns zurück. Die elliptischen Galaxien werden in die

Der Virgo-Haufen ist einer der nächstgelegenen Galaxienhaufen. Seine Entfernung beträgt ungefähr 60 Millionen Lichtjahre. In ihm befinden sich über 2.000 Galaxien. Neben vielen Spiralgalaxien gehört die elliptische Riesengalaxie M87 zu den bemerkenswertesten Objekten des Virgo-Haufens.

Unterklassen E0 bis E7 eingeteilt. Die Klassifizierung veranschaulicht die Ausprägung der Ellipsenformen. E0 bedeutet fast rund und E7 bedeutet flach elliptisch. Der Übergangstypus zwischen spiralförmigen und elliptischen Galaxien wird als S0 bezeichnet. Diese Art verbindet Charakteristika beider Formen. Die Galaxien haben eine Bulge ähnlich wie Spiralgalaxien, jedoch nicht deren übliche Spiralstruktur.

Eine zusätzliche Möglichkeit der Klassifizierung bietet die Einteilung in Leuchtkraftklassen. Sie reicht von I bis V. Die I bezeichnet dabei die größte Leuchtkraftklasse (Überriesengalaxien) und V steht für die kleinste Leuchtkraftklasse (Zwerggalaxien). Die Milchstraße fällt unter die Kategorie III (normale Riesengalaxie).

Elliptische Galaxien enthalten wenig Gas- oder Staubwolken. Da diese die Bausteine für neue Sonnen sind, entstehen dort auch kaum neue Sterne. Alte kalte, rote Sterne dominieren. Lange nahm man an, dass die verschiedenen Galaxienformen unterschiedliche Entwicklungsstufen darstellen. Man ging davon aus, dass sich elliptische Galaxien in Spiralgalaxien entwickelten. Heute weiß man aber, dass dies nicht korrekt ist. In Spiralgalaxien werden ständig Sterne geboren. Die zur Sternenbildung erforderliche interstella-

Die Klassifikation der Galaxien nach Hubble

re Materie nimmt von den Kategorien E0 bis SAd der Hubble-Klassifikation stark zu. Zudem glaubt man, dass spiralförmige Galaxien jünger sind als elliptische.

Bei spiralförmigen Galaxien unterscheidet man normale Spiralen und Balkenspiralen. Je nach Ausprägung des Bulges werden sie in Unterklassen eingruppiert. Bei normalen Spiralen reicht die Klassifizierung von SAa bis SAd. SAa bedeutet beispielsweise, dass das Zentrum der Galaxie groß und die Arme dicht gewunden sind. SAb steht für einen Kern mittlerer Größe und losere Spiralarme. SAc heißt, das Zentrum ist klein oder kaum ausgeprägt und die Spiralarme stehen weiter auseinander, bei SAd beträgt der Öffnungswinkel der Spiralarme schon etwa 25 Grad.

Die Unterteilung SBa bis SBd für Balkenspiralen gilt entsprechend. Eine Sonderstellung nimmt die S0-Galaxie ein. Die Spiralarme sind gar nicht oder nur sehr schwach, der Kern hingegen sehr stark ausgebildet. Bei einer spiralförmigen Galaxie umkreisen fast alle Sterne den Mittelpunkt in der gleichen Richtung. Die Arme entstehen vermutlich durch Dichtewellen, die an manchen Stellen für eine besonders intensive Sternenentstehung gesorgt haben.

Ein Beispiel für eine spiralförmige Galaxie ist, neben der Milchstraße, die große Andromeda-Galaxie, die eine Masse von über 300 Milliarden Sonnenmassen hat und damit für eine Spiralgalaxie recht groß ist. Die Milchstraße, mit einer Masse von 200 Milliarden Sonnenmassen, ist eine Spiralgalaxie mittlerer Größe. Spiralgalaxien sind die am häufigsten vorkommende Form unter den Galaxien. Neben den klassifizierten Galaxien gibt es auch solche, die keine erkennbaren regelmäßigen Strukturen aufweisen.

Rechts: Die elliptische Galaxie M32 im Sternbild Andromeda ist ein Satellit des Andromeda-Nebels.

Die elliptische Riesengalaxie M87 oder NGC 4486 in rund 50 Millionen Lichtjahren Entfernung. Der im Bild sichtbare so genannte kosmische Jet hat seinen Ursprung in einem gewaltigen Schwarzen Loch im Zentrum der Galaxie. Es dürfte zwei Milliarden Mal mehr Masse besitzen als unsere Sonne.

Diese Aufnahme zeigt die kleine Magellansche Wolke. Sie ist eine irreguläre Zwerggalaxie und ein Satellit unseres Milchstraßensystems.

Oben: M32 ist eine elliptische Zwerggalaxie. Diese Galaxie ist der kleine, aber trotzdem sehr helle Begleiter der Andromeda-Galaxie M31 und damit ein Mitglied unserer Lokalen Gruppe.

Die elliptische Galaxie M87 (Virgo A) ist eine Riesengalaxie mit einem Vielfachen der Sterne unserer Milchstraße.

Galaxienhaufen

Wie die Milchstraße oder die Andromeda-Galaxie gehören die meisten Galaxien zu so genannten Galaxienhaufen. Ihre gegenseitige Anziehungskraft hält sie in dieser Gruppe zusammen, die man auch als Cluster bezeichnet und einige Dutzend bis mehrere 1.000 Galaxien umfasst. Die Milchstraße befindet sich in der Lokalen Gruppe, bestehend aus etwa 30 Galaxien unterschiedlicher Form und Größe, die insgesamt einen Durchmesser von sechs Millionen Lichtjahren hat. Die größte Galaxis innerhalb der Lokalen Gruppe ist die etwa 2,2 Millionen Lichtjahre entfernte Andromeda-Galaxie. Außerhalb der Lokalen Gruppe finden sich viele weitere Galaxienhaufen. Ist die Anzahl der darin enthaltenen Galaxien geringer als in der Lokalen Gruppe, so spricht man auch von einer Galaxiengruppe statt von einem Haufen.

In der Mitte der Lokalen Gruppe liegt die Milchstraße. Der Maßstab zeigt die Strecke von einer Million Lichtjahren.

Die mittlere Größe eines Clusters beträgt zehn bis 30 Millionen Lichtjahre. Doch auch die Galaxienhaufen untereinander sind oft durch ihre Schwerkraft verbunden: So gehört unsere Lokale Gruppe zum Virgo-Superhaufen (M87), den man deswegen auch als Lokalen Superhaufen bezeichnet. Im Mittel enthalten Superhaufen etwa ein Dutzend Galaxienhaufen und sie haben einen Durchmesser von über 100 Millionen Lichtjahren. Und auch diese Superhaufen scheinen auf geheimnisvolle Weise in einer Wabenstruktur angeordnet zu sein, sodass es im All neben den unglaublich vielen Objekten auch unermesslich große Leerräume gibt. Wie diese entstanden und zu erklären sind, ob man daraus Rückschlüsse auf die anfängliche Materieverteilung im Kosmos ziehen kann, versuchen Kosmologen heute mit aufwändigen Computersimulationen herauszufinden.

Das Hubble-Teleskop schoss dieses Bild des acht Milliarden Lichtjahre entfernten Galaxienhaufens MS1054-03.

Der Galaxienhaufen Abell 2218, aufgenommen vom Weltraumteleskop Hubble

Auch viele Sterne lassen sich gruppieren und gehören zu Sternhaufen oder Assoziationen.

Sternsysteme

Wenn wir den Nachthimmel betrachten, können wir bis zu 6.000 Sterne erkennen. Auch die meisten Sterne kommen – wie die Galaxien – nicht als Einzelobjekte vor, sondern in lockerer bis fester Beziehung zu anderen Sonnen.

So gibt es offene und kugelförmige Sternhaufen. Die Zugehörigkeit von Sternen zu diesen Systemen bestimmt man anhand ihrer Eigenbewegung. Auch der Mensch hat sich seine eigenen Systeme zur Orientierung am Himmel geschaffen. Aus scheinbaren Ähnlichkeiten mit Mythen, Tieren und Objekten schuf er sich die Sternbilder. Die Sterne eines einzelnen Sternbildes stehen meist in keinerlei Beziehung zu den anderen Mitgliedern des Sternbilds, ja sind oft sogar sehr weit voneinander entfernt und bewegen sich in unterschiedliche Richtungen. Das führt dazu, dass die Sternbilder in Zukunft ein völlig anderes Aussehen haben werden. Wegen der enormen Entfernungen ist dieser Effekt mit bloßem Auge erst in vielen tausend Jahren erkennbar.

Sternhaufen

Sternhaufen sind Ansammlungen von Sternen, die nach gewissen physikalischen Kriterien zusammengehören. Ein erster Katalog von interstellaren Objekten, in dem auch Sternhaufen katalogisiert waren, wurde bereits im 18. Jahrhundert vom französischen Astronomen Charles Messier (1730–1817) erstellt. Gruppen von Einzelsternen können offene Sternhaufen, Kugelsternhaufen oder Assoziationen bilden. Die Zahl der Einzelsterne ist in Kugelsternhaufen erheblich höher als in offenen Haufen.

Zu den bekanntesten Vertretern der offenen Sternhaufen zählen die Plejaden. Sie liegen im Sternbild Stier (Taurus) und werden im Volksmund „Siebengestirn" genannt, obwohl bei guten Sichtverhältnissen bis zu zehn Sterne des Verbands mit bloßem Auge ausgemacht werden können. Die Plejaden gehören zu den Bewegungssternhaufen und sind etwa 410 Lichtjahre von unserem Sonnensystem entfernt. Mit einem Fernrohr kann man rund 200 Sterne ausmachen, vermutlich dürften es aber deutlich mehr sein. Bewegungssternhaufen werden meist von Mitgliedern eines offenen Sternhaufens gebildet. Die Sterne haben alle eine gemeinsame Bewegungsrichtung im Raum und streben auf einen gemeinsamen Flucht- oder Konvergenzpunkt zu. Dennoch lösen sie sich im Laufe der Zeit auf, wenn sich ihre Mitglieder zerstreuen.

Assoziationen sind im Grunde offene Sternhaufen, die aber eine zu geringe Sterndichte haben, um durch ihre Gravitation über einen längeren Zeitraum zusammengehalten zu werden. Sternassoziationen sind vor allem in den Spiralarmen der Galaxien zu finden. Der mittlere Durchmesser von Assoziationen liegt zwischen 100 und 600 Lichtjahren. Sie bestehen meist aus jungen und massereichen Sternen, die sehr leuchtstark sind. Während Kugelsternhaufen im Halo der Milchstraße liegen, bleiben Assoziationen und offene Haufen in der Ebene der Milchstraße. Sie drehen sich mit den Spiralarmen um das gemeinsame Galaxienzentrum.

Die Dunkelwolke Barnard 86 ist rund 500 Lichtjahre von der Erde entfernt. Es handelt sich um eine Molekülwolke, in der vielleicht einmal neue Sterne entstehen.

Offene Sternhaufen

Im Gegensatz zu den Kugelhaufen sind die Sterne in offenen Haufen sehr jung. Ihr Alter liegt zwischen wenigen Millionen und einer Milliarde Jahren. Sie gehören zur Population I. In der Milchstraße treten offene Sternhaufen deutlich häufiger auf als Kugelhaufen. Man schätzt die Zahl auf etwa 15.000, von denen aber bei weitem nicht alle beobachtet werden können. Offene Sternhaufen werden nach einem bestimmten Klassifikationsschema nochmals unterteilt, das Konzentration, Helligkeitsverteilung und Anzahl der Sterne berücksichtigt.

Bei der Konzentration bedeutet I eine starke, IV eine schwache Konzentration. Die Ziffer 1 signalisiert, dass alle Sterne etwa die gleiche scheinbare Helligkeit aufweisen, die Ziffer 3, dass viele schwach leuchtende Sterne vorhanden sind. Bei der Anzahl der Sterne unterscheidet man zwischen p (für poor = arm) für Haufen mit weniger als 50 Sternen und r (für rich = reich) für Haufen mit mehr als 100 Sternen.

Die Bezeichnung I 2 r hinter dem Namen eines Sternhaufens gibt uns also folgende Information: starke Konzentration; gleichmäßige Helligkeitsverteilung; mehr als 100 Sterne. Offene Sternhaufen befinden sich in der Hauptebene der Galaxie. Weil die Milchstraße rotiert und die Gravitationskräfte des Haufens nicht stark genug sind, werden offene Sternhaufen nicht sehr alt. Sie reißen auseinander und verteilen sich oder werden zu Bewegungshaufen.

Offene Sternhaufen liegen fast ausschließlich in den Spiralarmen unseres Milchstraßensystems. Sie enthalten meist bis zu einige 100 Sterne in lockerer Anordnung. Ein bekannter offener Sternhaufen sind die Plejaden.

Kugelsternhaufen

In der Frühzeit der Milchstraße entstanden die Kugelsternhaufen. Sie können bis zu 15 Milliarden Jahre alt sein und gelten als älteste Bestandteile der Galaxie. Die Kugelhaufen liegen außerhalb der galaktischen Scheibe im Halo.

Zu den bekanntesten zählt M13 im Sternbild Hercules. Er ist als milchiger Fleck mit bloßem Auge erkennbar. Erstaunlich ist die große Menge von Sternen auf relativ kleinem Raum. So können Kugelsternhaufen aus über einer Millionen Sterne bestehen und dabei einen Durchmesser von vielleicht nur 150 Lichtjahren haben. Die Entfernung von uns liegt zwischen 2.000 und 100.000 Lichtjahren. Die Mitglieder der Kugelhaufen gehören der Population II nach Baade an. Es handelt sich also um sehr alte Sterne, die über wenig schwere Elemente verfügen. Astronomen nennen dies „metallarm". Da schwere Elemente in Sternen erzeugt werden, können Objekte, die mit den ersten Sternen – oder nicht lange danach – geboren wurden, auch noch nicht viele schwere Elemente enthalten. Allerdings hat man in der Nähe des galaktischen Zentrums auch Kugelsternhaufen entdeckt, die einen höheren Anteil von schweren Elementen aufweisen. Da in Kugelhaufen keine interstellare Materie mehr vorhanden ist, fehlt der Baustoff für neue Sterne. Sterngeburten finden hier nicht mehr statt. In der Milchstraße sind rund 150 Kugelsternhaufen bekannt, es dürfte aber deutlich mehr geben.

M13 ist ein bekannter Kugelsternhaufen, der am Nordhimmel beobachtet werden kann. Er steht im Sternbild Hercules und ist 25.000 Lichtjahre von der Erde entfernt.

Bewegungshaufen

Eine andere übliche Bezeichnung für Bewegungshaufen ist „Sternströme". Sie zeichnen sich nicht durch eine besonders hohe Sternendichte aus, sondern dadurch, dass sich ihre einzelnen Mitglieder mit der gleichen Geschwindigkeit in der gleichen Richtung bewegen. Ein bekanntes Beispiel für einen Bewegungshaufen ist der Bärenstrom. Fünf der sieben Sterne, die den Großen Wagen „zeichnen", gehören ihm an. Die Hyaden im Sternbild Taurus (Stier) sind ein weiteres Beispiel für Sternströme.

Sternströme, also Bewegungshaufen, dürften häufig aus offenen Sternhaufen entstanden sein, die mit der Zeit ihre einzelnen Mitglieder verlieren, sodass auch die Dichte allmählich geringer wird. Die verbleibenden Sterne streben dann alle in der gleichen Richtung auf einen gemeinsamen Konvergenzpunkt zu.

Rechts: Mithilfe von verschiedenen Klassifizierungsmethoden versucht man, die unzähligen Sterne der Galaxien einzuteilen.

Der Kugelsternhaufen M15 in rund 40.000 Lichtjahren Entfernung von der Erde. Kugelsternhaufen gehören zu den ältesten Objekten in unserer Milchstraße und können aus über einer Millionen Sterne bestehen.

Sterntypen

So ähnlich, wie die Sterne am Nachthimmel für den Betrachter zunächst wirken mögen, so unterschiedlich sind sie in Wirklichkeit: Es finden sich nicht nur Sterne der verschiedensten Größen, sondern auch Sonnen in unterschiedlichen Phasen ihrer Entwicklung. Die Gemeinsamkeiten aller Sternarten beschreibt die kurze, aber prägnante Definition des Begriffs Stern als eine „selbst leuchtende Gaskugel". Beispiele dafür sind etwa Rote Riesen, Weiße Zwerge oder Neutronensterne. Auch Doppelsterne, die um einen gemeinsamen Schwerpunkt kreisen, sind interessante Erscheinungen. Eine spezielle Gruppe sind so genannte Veränderliche. Sie verändern in Abständen von Minuten, Stunden oder Tagen ihre Helligkeit.

Der uns nach der Sonne nächstgelegene Stern heißt Proxima Centauri. Er ist allerdings bereits 4,3 Lichtjahre von der Erde entfernt, sodass die Vorstellung, ihn mit einer Sonde oder gar mit einem Raumschiff zu besuchen und zu untersuchen, noch auf sehr lange Zeit hin ein reines Gedankenspiel bleiben wird. Insgesamt kennen wir über 50 Sterne, die weniger als fünf Lichtjahre von der Erde entfernt sind.

Hertzsprung-Russel-Diagramm

Der Blick an den abendlichen Sternenhimmel macht es für aufmerksame Beobachter auch ohne wissenschaftliche Geräte deutlich: Wir sind in unserer Milchstraße von den unterschiedlichsten Sternentypen umgeben. Einige Sterne leuchten sehr hell, manche sind mit bloßem Auge nur gerade eben noch zu erkennen. Auch die Farben der Sterne unterscheiden sich. Einige erscheinen uns rötlich, andere blau und wieder andere leuchten in weißem Licht.

Allein diese einfachen Beobachtungen des Nachthimmels legen die Vermutung nahe, dass nicht alle Sterne gleich sind. Werden die Sterne aber nur aufgrund ihres Erscheinungsbildes am irdischen Himmel charakterisiert, schleichen sich schnell grobe Fehler ein. So kann ein eigentlich sehr großer und heller Stern unter Umständen auf der Erde nur als schwacher Lichtfleck beobachtet werden, wenn er sich in einer entsprechend großen Entfernung zur Erde befindet. Umgekehrt erscheint uns möglicherweise ein recht kleiner, schwacher Stern sehr hell, weil er uns dagegen sehr nahe ist.

Um diesen Fehler bei der Klassifizierung von Sternen auszuschließen, haben Astronomen den Begriff der „absoluten Helligkeit" definiert. Die absolute Helligkeit eines Sterns lässt sich nicht mehr beobachten, sie wird mathematisch errechnet. Dazu werden alle Sterne einfach in eine Standardentfernung von 32,6 Lichtjahren (oder zehn Parsec) gerückt. Die Helligkeit, mit der ein Stern in dieser Standardentfernung auf der Erde am Firmament erscheinen würde, wird als absolute Helligkeit definiert. Mit dieser Methode lassen sich alle Sterne in verschiedene Helligkeits- oder Leuchtkraftklassen einsortieren.

Nun gibt es neben der absoluten Helligkeit aber noch ein weiteres wichtiges Unterscheidungsmerkmal: die Größe, also der Durchmesser der Sterne. Egal, mit welchem Teleskop ein Stern beobachtet wird, aufgrund seiner Entfernung erscheint er immer als punktförmige Lichtquelle. Damit ist die Sterngröße ebenfalls eine Größe, die nicht durch reine Beobachtung ermittelt werden kann.

Abhilfe schafft das Spektrum des Sternenlichts. Mithilfe eines optischen Prismas kann das Licht der Sterne in seine einzelnen Spektralfarben aufgeschlüsselt werden. Beim Vergleich der Spektren verschiedener Sterne werden schnell Gemeinsamkeiten und Unterschiede deutlich, sodass man die Sterne zusätzlich zur absoluten Helligkeit auch in Spektralklassen einordnen konnte. Die verschiedenen Spektralklassen heißen O, B, A, F, G, K und M. Zusätzlich ist jede einzelne Klasse nochmals in die Unterkategorien 0 bis 9 aufgeteilt, um eine bessere Differenzierung zu gewährleisten.

Folgende Leuchtkraftklassen sind definiert:

Klasse	Typ
Ia	Helle Überriesen
Ib	Schwächere Überriesen
II	Helle Riesen
III	Normale Riesen
IV	Unterriesen
V	Hauptreihensterne (Zwergsterne)
VI	Unterzwerge
VII	Weiße Zwerge

Anfang des 20. Jahrhunderts entwickelten der amerikanische Astronom Henry N. Russel (1877–1957) und der Däne Ejnar Hertzsprung (1873–1967) aus den ermittelten Sternendaten ein Diagramm, in dem Gruppen von Sternen sichtbar wurden: Sie trugen dazu die absolute Helligkeit der Sterne auf der y-Achse eines Koordinatensystems ein. Die Spektralklasse, die ein Maß für die Temperatur des Sterns abgibt, wurde auf der x-Achse eingetragen. Dieses Diagramm nennt man nach den beiden Astronomen das Hertzsprung-Russel-Diagramm.

Auf diese Weise entdeckten sie, dass sich die meisten Sterne entlang einer Linie anordnen lassen, die von oben links im Koordinatensystem nach unten rechts verläuft. Auf dieser „Hauptreihe" befinden sich diejenigen Sterne, die „ruhig" in ihrem Inneren Wasserstoff zu Helium verbrennen. Im unteren Bereich der Hauptreihe liegen dabei die masseärmeren Sterne, im oberen die massereicheren Sonnen. Im rechten oberen Bereich des Diagramms finden sich die so genannten Riesensterne. In der linken unteren Ecke dagegen sammeln sich die weißen Zwergsterne, kleine kompakte Objekte, die das mögliche Ende einer Sternentwicklung darstellen. Unsere Sonne befindet sich übrigens auf der Hauptreihe des Hertzsprung-Russel-Diagramms. Sie wird aufgrund ihrer Leuchtkraft als G2V-Stern bezeichnet.

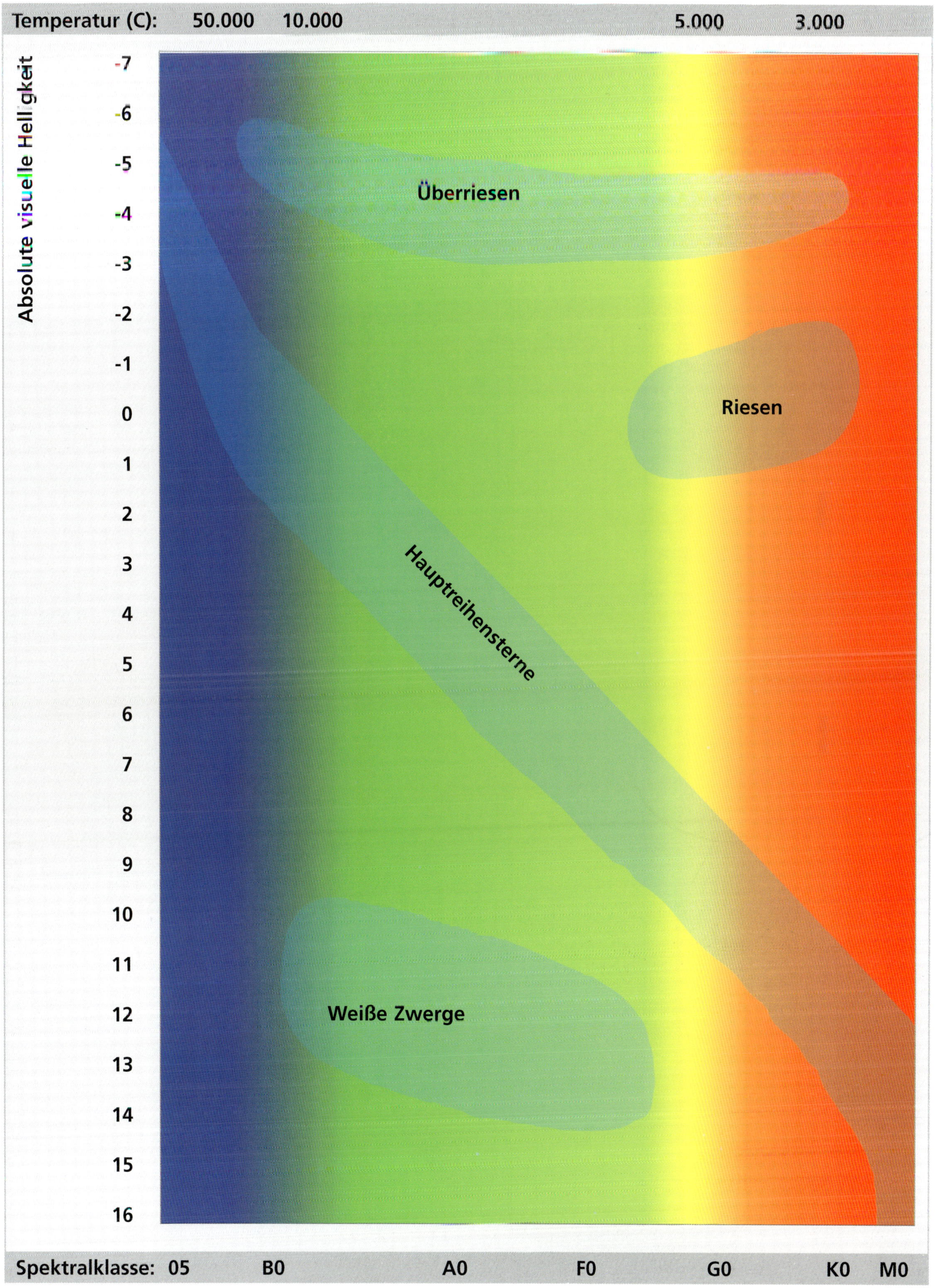
Temperatur (C): 50.000 10.000 5.000 3.000
Absolute visuelle Helligkeit
-7
-6
-5
-4
-3
-2
-1
0
1
2
3
4
5
6
7
8
9
10
11
12
13
14
15
16
Überriesen
Riesen
Hauptreihensterne
Weiße Zwerge
Spektralklasse: 05 B0 A0 F0 G0 K0 M0

Rote Riesen

Wenn der Sauerstoffvorrat im Inneren der Sterne erschöpft ist, verlassen die Sterne die Hauptreihe des Hertzsprung-Russel-Diagramms und werden zu so genannten Roten Riesen. Ihre Oberflächentemperatur beträgt dann nur noch 2.000 bis 4.000 Grad, ihr Durchmesser jedoch liegt beim Zehn- bis 1.000fachen des Sonnendurchmessers. Auch unsere Sonne wird einmal zum Roten Riesen werden und dabei vermutlich die inneren Planeten Merkur und Venus verschlucken. Dann bleibt die Erde als sonnennächster Planet übrig. Leben wird es hier allerdings nicht mehr geben. Die Atmosphäre unseres Heimatplaneten ist dann schon längst verdampft, die Erde eine glühend heiße Gesteinswüste. Im weiteren Verlauf wird sich unser Zentralgestirn dann zum Weißen Zwerg entwickeln.

Bei massereichen Sternen verläuft das Ende dramatischer. Sie verbrennen ihren Wasserstoffvorrat innerhalb weniger Millionen Jahre und können in ihrem Inneren am Ende auch immer schwerere Elemente erzeugen. Zum Schluss wird sich der Stern, der zuvor in ungeheuren Winden große Teile seiner äußeren Hülle ins All geschleudert hat, immer weiter verdichten und schließlich in einer Supernova kollabieren. Übrig bleibt – je nach Masse des Sternrests – ein Neutronenstern oder gar ein Schwarzes Loch.

Weiße Zwerge

Eine mögliche Endphase eines Sterns ist die des Weißen Zwergs. Diesem Schicksal geht auch unsere Sonne entgegen. In erster Linie ist die Masse eines Sterns dafür verantwortlich, wie ein Stern „stirbt". Am Ende ihrer Entwicklung wird die Sonne ihre äußere Hülle ins All abstoßen und der verbleibende glühende Kern sich immer weiter komprimieren. Übrig bleibt ein Objekt, das trotz einer Masse von vielleicht 60 Prozent der heutigen Sonnenmasse nur noch etwa die Größe der Erde haben dürfte. Die Dichte der Materie ist dort also enorm. Eine Oberflächentemperatur von etwa 10.000 Grad lässt den Stern weiß erscheinen. Über viele Milliarden Jahren können diese Weißen Zwerge dann langsam abkühlen und werden dabei mit der Zeit immer leuchtschwächer. Der bekannteste Weiße Zwerg an unserem Himmel ist der Begleiter des Sirius, der auch als Erster entdeckt wurde.

Ein Roter Riese besteht in seiner Außenhülle überwiegend aus Wasserstoff. Daran schließt sich eine Grenzschicht an, in der Wasserstoff zu Helium fusioniert, im Inneren kann Helium zu Kohlenstoff verbrennen.

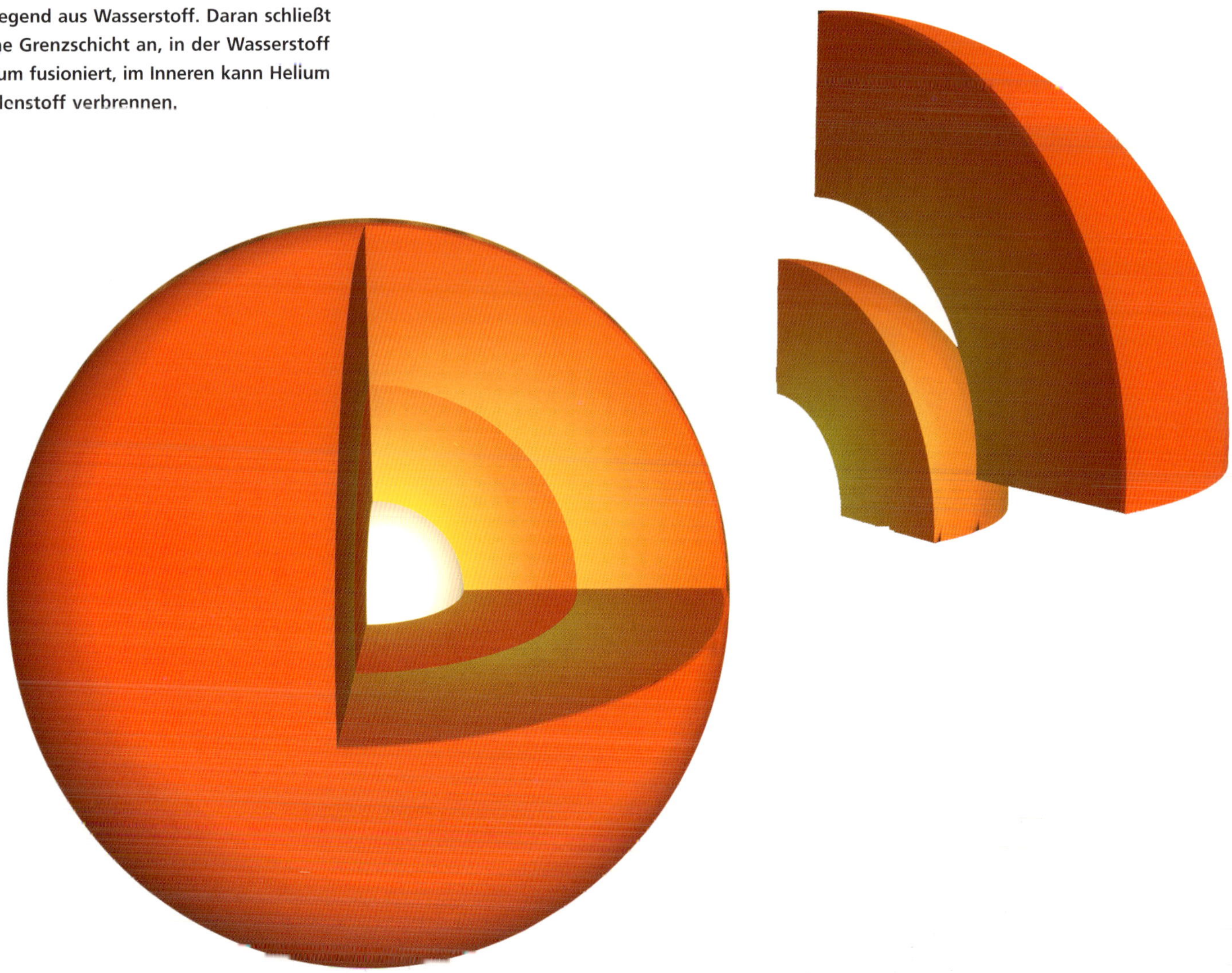

1. Sterne entstehen in einer Molekülwolke. Ein Teil davon kollabiert und wird heiß genug, um nukleare Brennprozesse zu zünden. Ein Stern ist geboren.

2. Dieser Zustand, in dem Wasserstoff zu Helium verbrannt wird, hält dann rund zehn Milliarden Jahre an, bis sich der Stern zu einem roten Riesenstern aufbläht.

3. Später schrumpft er wieder, indem er seine äußeren Hüllen abwirft, die einen planetarischen Nebel bilden und den Kern freilegen.

4. Das nun entstandene Himmelsobjekt mit sehr hoher Dichte wird als Weißer Zwerg bezeichnet. Er ist kaum größer als ein Planet.

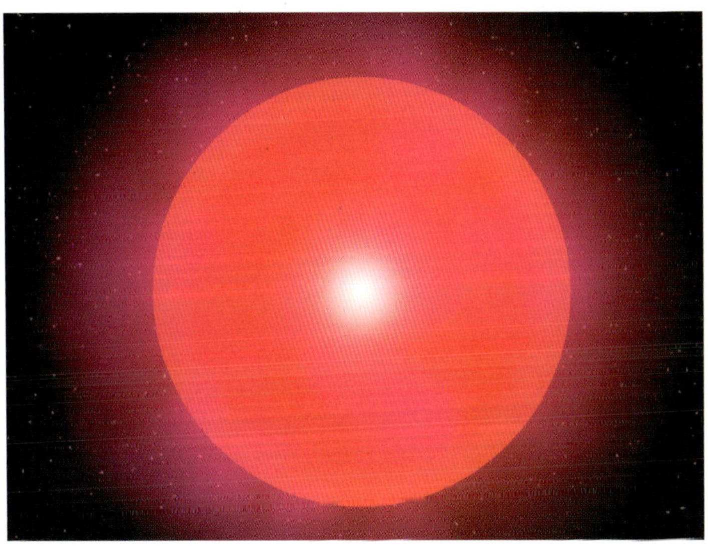

5. Weil der auf seiner Oberfläche zunächst 10.000 Grad heiße Weiße Zwerg keine Energie mehr erzeugt, kühlt er im Laufe von Milliarden Jahren langsam aus.

6. Schließlich verblasst der Weiße Zwerg, seine Helligkeit nimmt kontinuierlich ab, bis er schließlich zu einem Schwarzen Zwerg wird.

Neutronenstern

Massereichere Sterne können als Neutronenstern enden. Bei ihnen ist die Materie derart verdichtet, dass diese Objekte im Wesentlichen nur noch aus Neutronen bestehen. Neutronensterne haben einen Durchmesser von ungefähr 20 Kilometern, dabei aber etwa die 1,4fache Masse unserer Sonne. Die Dichte eines Neutronensterns ist somit unvorstellbar groß – etwa eine Billiarde Mal höher als die von Wasser. Ein Klumpen in der Größe einer Erbse würde mehrere Millionen Tonnen wiegen.

Lange Zeit wurde die Existenz von Neutronensternen nur theoretisch vorhergesagt. Erst Ende der 60er-Jahre des 20. Jahrhunderts gelang es, sie auch tatsächlich, als so genannte „Pulsare", zu beobachten. Neutronensterne haben nämlich sehr hohe Rotationsgeschwindigkeiten und ein extrem starkes Magnetfeld. Sie können sich mehrere Male pro Sekunde um die eigene Achse drehen. Seine Strahlung gibt der rotierende Neutronenstern nur in einem sehr engen Kegel ab, sodass wir sie auf der Erde nur erkennen können, wenn dieser Strahlungskegel in unsere Richtung zeigt, ganz wie das Licht eines Leuchtturms. Deswegen hat man Pulsare oft auch „kosmische Leuchtfeuer" genannt. Auf der Erde wird die Strahlung in kurzen Stößen oder Pulsen registriert, woher die Bezeichnung Pulsar abgeleitet wurde. Im Laufe der Zeit nimmt die Rotationsgeschwindigkeit ab, bis der Stern schließlich ganz zum Stillstand kommt.

Pulsare zeichnen sich durch ihr ungeheuer starkes Magnetfeld und die extreme Eigenrotationsgeschwindigkeit aus.

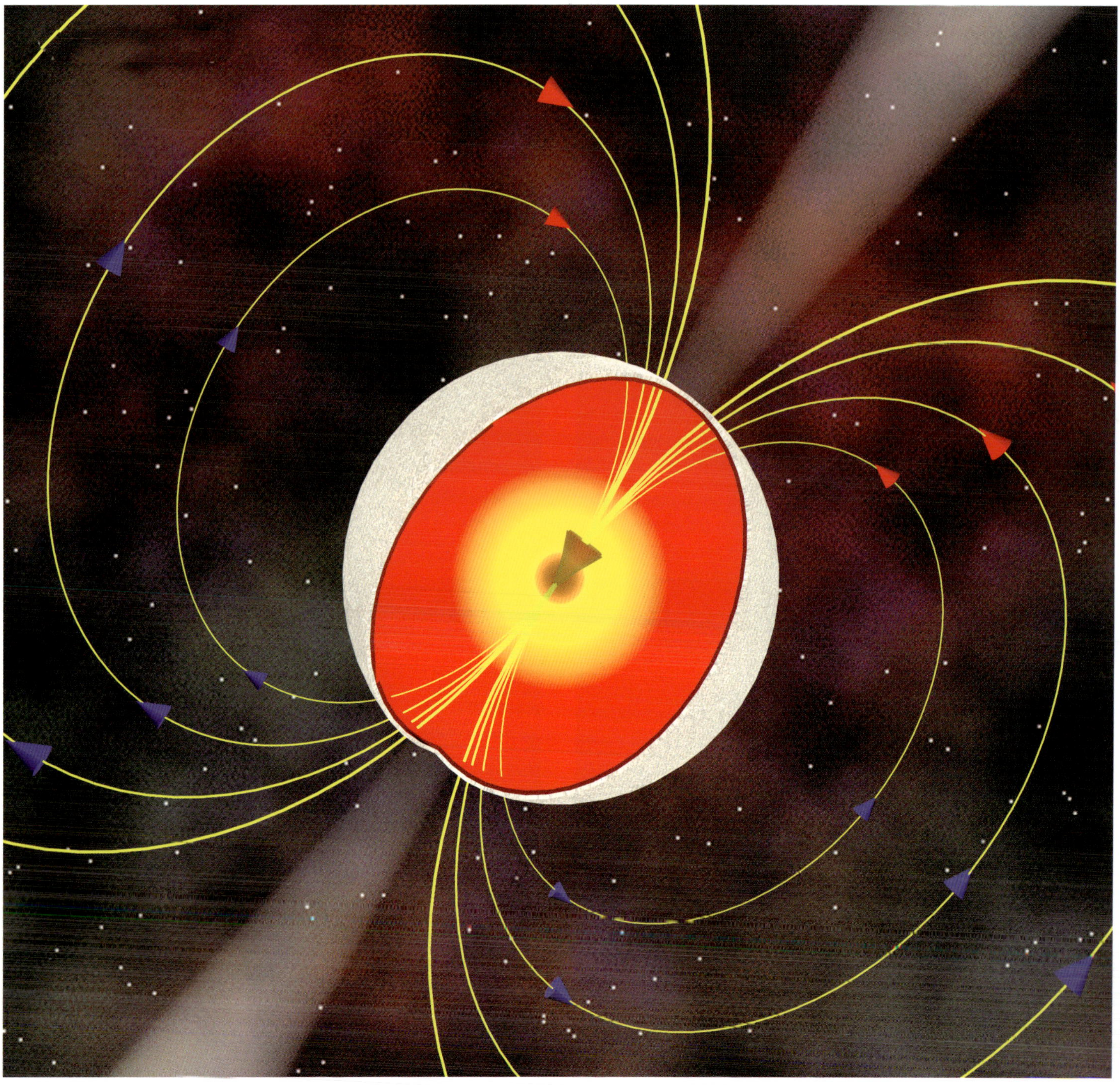

Doppelsterne

Systeme mit zwei oder mehr Sternen stellen im Universum durchaus keine Ausnahme dar. Manche Astronomen schätzen, dass dies sogar bei 70 bis 80 Prozent der Sonnen der Fall ist. Doppelsterne bilden zu zweit eine Einheit und umkreisen einen gemeinsamen Schwerpunkt. Aus unserem Sonnensystem kennen wir dieses Prinzip beispielsweise vom Planeten Pluto und seinem Mond Charon.

Es gibt aber auch so genannte optische Doppelsterne, die nur von der Erde aus so wirken, als ob sie zusammengehörten. Tatsächlich zieht ein Stern aber am anderen vorbei. So kann man sich erst nach längerer visueller Kontrolle sicher sein, dass es sich tatsächlich um einen physischen Doppelstern handelt, dass also einer der beiden Himmelskörper eine Bogenbahn um den anderen beschreibt. Der eigentliche Schwerpunkt liegt aber zwischen den zwei Objekten.

Häufig erscheinen uns Doppelsterne als Einzelgänger. Sie stehen so dicht zusammen, dass sie von der Erde aus nicht getrennt voneinander beobachtet werden können. Eine bessere Auflösung erbrachte in vielen Fällen das Hubble-Weltraumteleskop. Aber auch eine Messung der Spektrallinien kann einen geeigneten Nachweis führen. Man spricht dann von spektroskopischen Doppelsternen. Die Masse beider Partner kann sehr unterschiedlich sein, wenn etwa ein Hauptreihenstern gemeinsam mit einem Weißen Zwerg eine Einheit bildet. Wenn beide nah genug beieinander stehen, kann es dazu kommen, dass der Weiße Zwerg von seinem Begleiter Materie übernimmt. Die Folge wäre eine Nova oder, in selteneren Fällen, eine Supernova.

Optische Doppelsterne sind zwei Sterne, die am Himmel zufällig zusammenstehen, aber eigentlich nichts miteinander zu tun haben. Physische Doppelsterne sind durch ihre Gravitation aneinander gebunden. Sie habe dieselbe Entfernung und umkreisen einander.

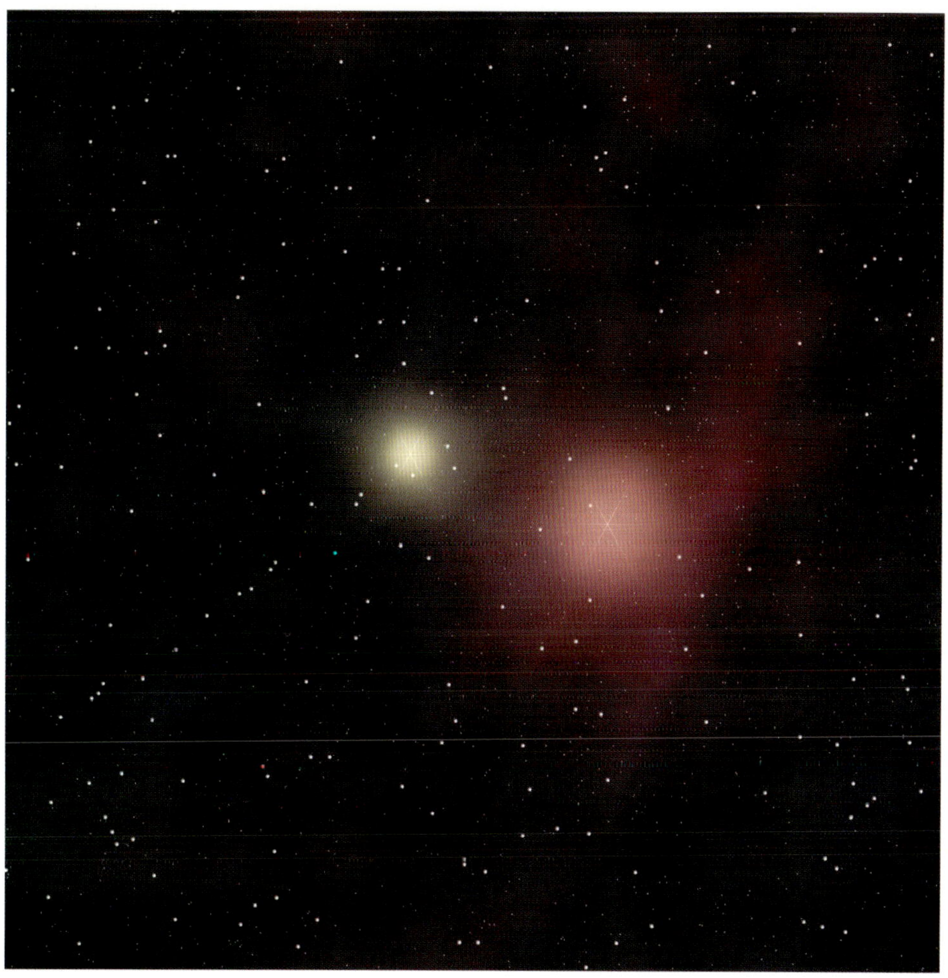

Der Doppelstern Alpha Centauri liegt im Sternbild Centaur. Es ist der uns am nächsten gelegene Stern mit Ausnahme der Sonne. Es handelt sich eigentlich um ein Dreifachsystem: Dabei liegt die dritte Komponente, Proxima Centauri, der Erde am nächsten.

Veränderliche

Veränderliche sind Sterne, deren Helligkeit mit der Zeit schwankt. Ein solcher Stern wurde erstmals vor 400 Jahren vom deutschen Astronom David Fabrizius (1564–1617) entdeckt. Er erhielt später den Namen Mira (die Wunderbare). Die Schwankungen in der Helligkeit sind in einem Rhythmus von 331 Tagen zu beobachten.

Mira ist ein pulsierender Roter Riese, dessen Größe zwischen dem 200- und 400fachen Durchmesser unseres Zentralgestirns schwankt. In der Phase, in der sich der Stern aufbläht, gibt er nicht nur deutlich mehr Energie, sondern auch Materie ab. In diesem Zustand kann sich ein Himmelskörper nicht lange halten. Man nimmt daher an, dass Mira innerhalb der nächsten paar 1.000 Jahre seine äußeren Hüllen ins All bläst und infolgedessen zu einem planetarischen Nebel wird. Mira gehört zur Klasse der pulsierenden Veränderlichen.

Bei Eruptiv-Veränderlichen ereignen sich die Schwankungen in der Helligkeit in unregelmäßigen Abständen. Ein Beispiel für Eruptiv-Veränderliche sind Novae. Zudem gibt es noch Bedeckungsveränderliche, die jedoch nicht zu den echten Veränderlichen zu zählen sind. Hierbei handelt es sich um Doppelsterne, die sich bei ihrer Rotation gegenseitig überdecken. Für den Beobachter auf der Erde scheinen sie ein Stern zu sein, der gleichmäßig pulsiert bzw. seine Helligkeit ändert.

Novae

Der Begriff „Nova" stammt aus dem Lateinischen und bedeutet „neu". Früher hielt man Novae für neue Sterne, denn am Firmament war ein Himmelskörper zu sehen, der vorher offenbar nicht vorhanden war. Wie kommt es zur Entstehung von Novae? Grundvoraussetzung ist zu-

Der Nebel NGC 3372 liegt im südlichen Sternbild Carina in einer der hellsten Regionen der Milchstraße. Hier befindet sich auch der Stern Eta Carinae, der vielleicht bald als Supernova explodiert.

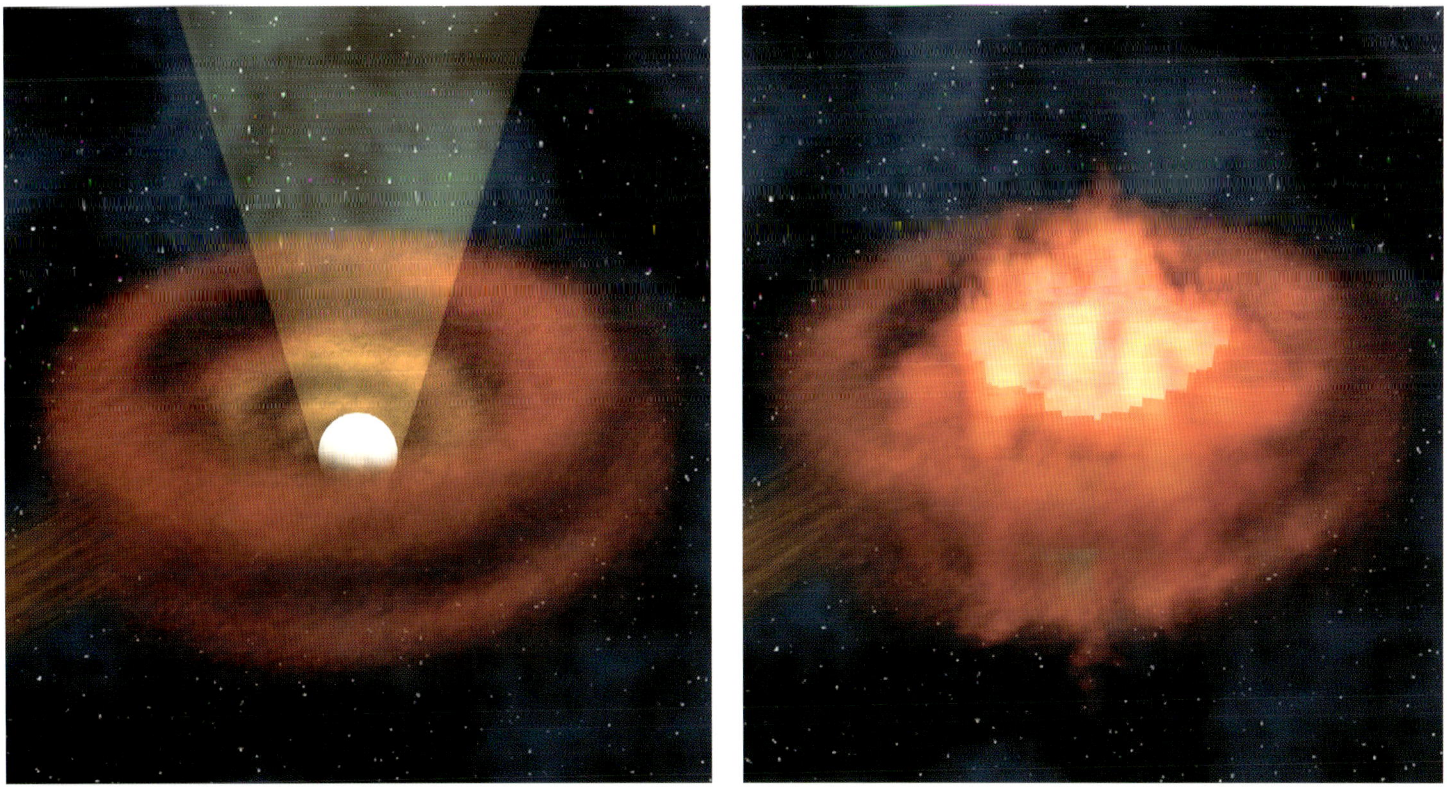

Novae ereignen sich in Doppelsternsystemen, in denen ein Stern ein Weißer Zwerg ist, der Material von seinem Partner aufnimmt. Hat sich genug Material auf dem Weißen Zwerg angesammelt, kann es zur Explosion kommen.

nächst einmal ein Doppelsternsystem, bei dem die beiden Partner sehr nahe umeinander kreisen. Wenn nun einer der beiden ein Weißer Zwerg ist, kann dieser aufgrund seiner starken Gravitation Materie von der anderen Sonne herüberziehen. Dadurch setzen sich Helium und Wasserstoff auf dem Weißen Zwerg ab. Wegen der zunehmenden Masse erhöht sich der Druck gewaltig. Die Temperatur steigt so stark an, bis es zu einer Kernreaktion kommt. Bei der darauf folgenden Explosion werden die äußeren Sternschichten ins All katapultiert. Die Teilchen erreichen dabei eine Geschwindigkeit von bis zu 1.000 Kilometern pro Sekunde.

Es wird aber nicht das komplette Doppelsternsystem zerstört. Die Menge des abgesprengten Materials macht nur einen kleinen Teil der Gesamtmasse aus. Das System bleibt also bestehen und der Vorgang kann sich wiederholen. Daher war es Astronomen bereits möglich, mehrmalig Novae des gleichen Doppelsterns zu beobachten. Nach dem Höhepunkt der Explosion, der innerhalb weniger Stunden erreicht werden kann, kommt es in den darauf folgenden Monaten langsam wieder zu einer Abschwächung der Helligkeit.

Bei der Explosion stößt der Weiße Zwerg Teile seiner Hülle ab. Danach beginnt das Spiel von vorn, sodass sich die Nova nach einiger Zeit wiederholen kann.

Supernovae

Die Verstärkungssilbe „super" ist bei einer Supernova wirklich zutreffend: Bei dieser Sternenexplosion wird die Helligkeit so groß, dass sie eine ganze Galaxie überstrahlen kann. Es wird binnen Wochen so viel Energie frei, wie unsere Sonne in vielen Millionen Jahren abstrahlt. Im Jahr 1054 ereignete sich nach Aufzeichnungen chinesischer Astronomen eine solche Supernova. Heute geht man davon aus, dass der Krebsnebel Überrest dieses Ereignisses ist.

Es gibt zwei Arten von Supernovae: Eine Supernova vom Typ 1 entsteht – ähnlich den Novae – in einem Doppelsternsystem, indem ein Weißer Zwerg Materie von seinem Nachbarn „absaugt". Die Menge, die dabei aufgenommen wird, ist nun für den weiteren Verlauf der Ereignisse entscheidend: Gelangt zu viel Materie auf den Weißen Zwerg, dann werden bei der Explosion nicht nur – wie bei einer Nova – dessen äußere Schichten ins All geschleudert, sondern der ganze Stern explodiert.

Supernovae vom Typ 2 waren vorher massereiche Sterne, deren schwerer Kern kollabiert und die dabei ihre äußeren Schichten in den Weltraum katapultieren. Die Teilchen, die sich vom Ort der Explosion fortbewegen, erreichen Geschwindigkeiten von bis zu 10.000 Kilometern pro Sekunde. Durch Supernovae werden schwere Elemente wieder ins interstellare Medium abgegeben. Aus dem Staub der Explosion entstehen irgendwann wieder neue Sterne, die dann einen größeren Anteil dieser Elemente aufweisen.

Rechts: Der Krebsnebel M1 ist wahrscheinlich der Überrest einer Supernova, die schon im Jahr 1054 von chinesischen Astronomen beobachtet wurde.

Der Sternhaufen Hodge 301 im Tarantel-Nebel enthält drei Rote Überriesen (rechts unten im Bild), die kurz vor der Supernova-Explosion stehen könnten.

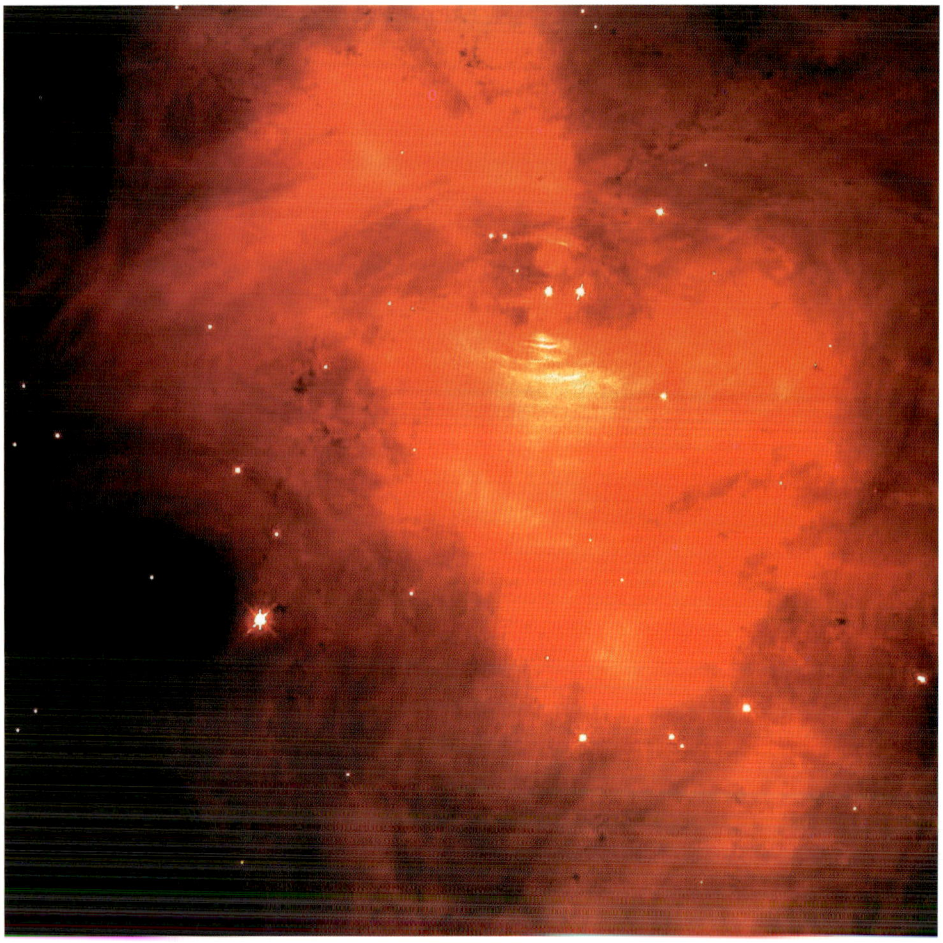

Der kleine Zentralstern CM Tauri im Krebsnebel ist ein Pulsar. Der Nebel M1 befindet sich in einer Entfernung von etwa 6.300 Lichtjahren zur Erde.

Detailaufnahmen von interstellaren Nebeln bringen oft interessante Strukturen ans Licht, die zum Teil wie in diesem Beispiel von eingebetteten Sternen zum Leuchten gebracht werden.

Schwarze Löcher

Die Existenz von Schwarzen Löchern war lange Zeit umstritten, gilt heutzutage aber allgemein als gesichert, gibt es doch inzwischen eine Reihe eindrucksvoller – wenn auch indirekter – Beobachtungen dieser kosmischen Schwerkraftfallen. Der deutsche Astronom Karl Schwarzschild (1873–1916) sagte die Existenz des nach ihm benannten „Schwarzschild-Radius" voraus: Erreicht ein Stern nach seinem Kollaps einen Radius, der kleiner ist als dieser Schwarzschild-Radius, wird er ein Schwarzes Loch. Und sobald dies geschehen ist, kann von ihm keine Materie und keine Strahlung mehr nach außen gelangen. Wenn aber ein Objekt keinerlei Strahlung, also auch kein Licht, mehr aussendet, wird es für einen Beobachter faktisch unsichtbar. Weder das Objekt selbst noch Ereignisse auf oder in dem Objekt sind für außenstehende Beobachter erfahrbar. Die Kugelfläche, die durch den Schwarzschild-Radius gezeichnet wird, nennt man daher auch den Ereignishorizont.

Ein unsichtbares Objekt lässt sich natürlich durch direkte Beobachtung nicht nachweisen. Im Umfeld eines Schwarzen Lochs spielen sich allerdings ganz bestimmte Phänomene ab, die wiederum beobachtbar sind. So wird durch die enorme Masse des Objekts Licht, das an ihm vorbeizieht, um einen gewissen Faktor abgelenkt. Und diese Lichtablenkung zum Beispiel ist von der Erde aus beobachtbar.

Objekte, die sich in der Nähe eines Schwarzen Lochs aufhalten, führen Bahnbewegungen aus, die auf das Vorhandensein einer starken Gravitationsquelle schließen lassen.

Werden sie von der Anziehungskraft des Schwarzen Lochs eingefangen, bewegen sie sich auf das Gravitationszentrum zu.

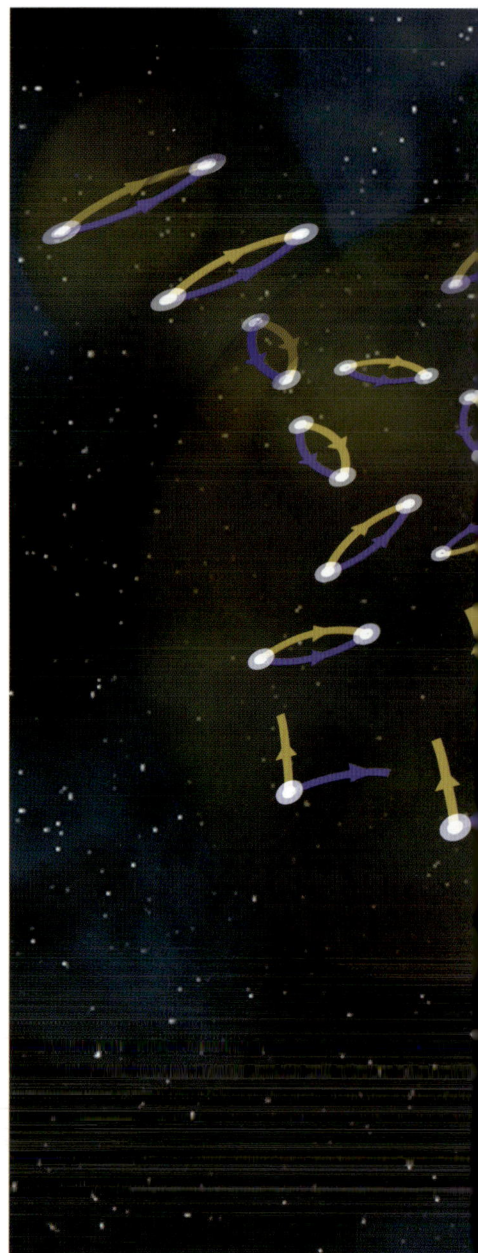

Materie, die vom Schwarzen Loch angezogen wird, strahlt kurz vor dem Verschwinden Röntgenstrahlung aus. In der Umgebung von Schwarzen Löchern ist daher ein wesentlicher Anstieg von Röntgenemissionen nachweisbar. Bis heute sind verschiedene Phänomene beobachtet worden, die auf die Existenz von Schwarzen Löchern schließen lassen. Dabei unterscheidet man im Wesentlichen zwei Typen: die stellaren Schwarzen Löcher und die supermassereichen Schwarzen Löcher. Erstere sind eine Folge der Sternentwicklung, also das Ergebnis einer Supernova-Explosion eines massereichen Sterns. Supermassereiche Schwarze Löcher vermutet man in den Zentren der meisten Galaxien, so auch im Kern der Milchstraße. Ein einzelnes solches Schwarzes Loch kann die millionen- bis milliardenfache Masse unserer Sonnen haben.

Inzwischen sind die Wissenschaftler von der Existenz eines supermassereichen Schwarzen Lochs im Zentrum der Milchstraße überzeugt. Dank moderner Instrumente konnte man sogar die Bahnen der Sterne verfolgen, die sich um das Schwarze Loch herumbewegen.

Wenn Sterne oder andere große Objekte von einem Schwarzen Loch „verschluckt" werden, wird eine sehr große Menge Strahlung frei, die man teilweise auf der Erde messen kann.

Interstellare Materie

Als interstellare Materie bezeichnet man Gas- und Staubpartikel, die sich im Raum zwischen den Sternen und Galaxien befinden. Je nach ihrer Erscheinungsform und Ansammlung unterscheidet man zum Beispiel zwischen Reflexionsnebeln, Emissionsnebeln und Dunkelwolken.

Reflexionsnebel sind schwach leuchtende Nebel von diffusem Aussehen. Es handelt sich dabei um Lichtstreuung an Staubteilchen in der Nähe nicht besonders heißer Sterne. Die Energie des Sterns reicht nicht aus, um die vorhandenen Gaspartikel zum Selbstleuchten anzuregen, wohl aber die mit dem Gas auftretenden Staubteilchen durch Streuung des Lichts zu erhellen. Beispiele für Reflexionsnebel sind unter anderem die Nebel, die die Plejaden umgeben, oder Teile des Orion-Nebels.

Bei Reflexionsnebeln dürfte es sich in vielen Fällen um „Restmaterie" handeln, die, wenn man so will, bei der Entstehung eines Sterns nicht aufgebraucht wurde.

Emissionsnebel sind leuchtende Gasnebel aus Wasserstoff (und zum Beispiel Anteilen von Helium, Sauerstoff, Kohlenstoff), die im Unterschied zum Reflexionsnebel zum Selbstleuchten angeregt werden. Dieses geschieht durch die Ultraviolett-Strahlung leuchtkräftiger Sterne in ihrer Nachbarschaft. Als Beispiel für einen Emissionsnebel sei wieder der Orion-Nebel M42 angeführt, der in manchen Regionen ein Emissions- und in anderen ein Reflexionsnebel ist.

Dunkelwolken sind sternenleere Bereiche innerhalb der Milchstraße. Es sind Staubwolken, die verhindern, durch sie hindurch in entferntere Gebiete des Weltalls zu schauen. Da man die sich dahinter befindlichen Sterne nicht sehen kann, könnte man glauben, dass es große Bereiche ohne Sterne gibt. Beispiele dafür sind etwa der berühmte Pferdekopf-Nebel im Orion oder Barnard 68. Diese Dunkelwolken sind auch Orte, wo einmal neue Sterne entstehen können.

Als planetarischen Nebel bezeichnet man einen sterbenden Stern, der seine Gashülle ins All abgestoßen hat und diese nun durch seine Strahlung zum Leuchten anregt. Hier eine Aufnahme des Hubble-Weltraumteleskops von IC 4406 in rund 1900 Lichtjahren Entfernung.

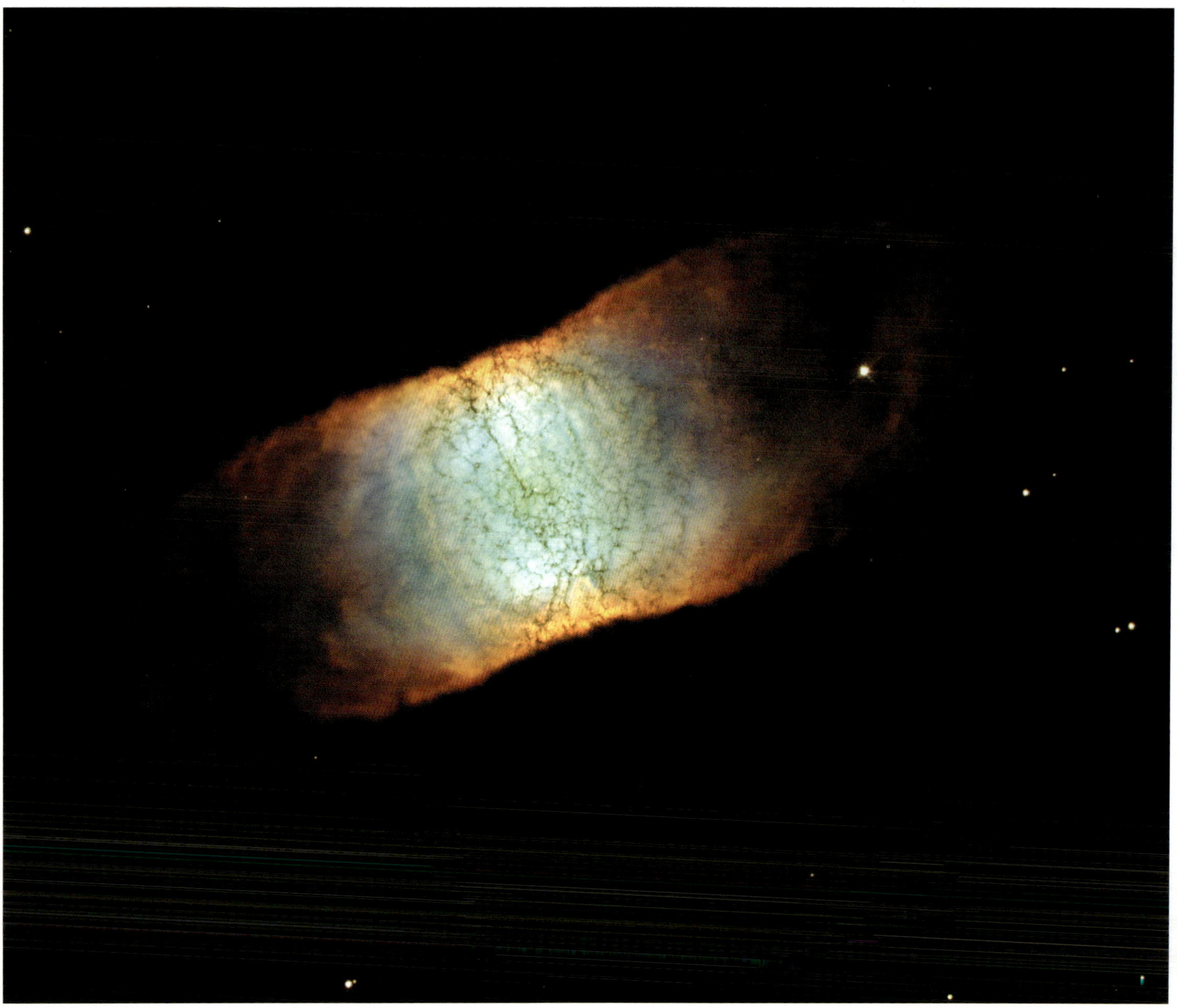

Der Orion-Nebel (M42) ist etwa 1.500 Lichtjahre von uns entfernt und sogar mit dem bloßen Auge zu erkennen.

Planetarische Nebel

Die Bezeichnung „planetarische Nebel" ist irreführend. Durch die schwache Sichtbarkeit erinnern sie zwar in kleinen Teleskopen an das Aussehen von Planeten, tatsächlich handelt es sich aber um eine abgestoßene Hülle, die einen alternden Stern umgibt. Etwa 1.000 dieser planetarischen Nebel sind bislang in unserer Milchstraße entdeckt worden. Ihre Lebensdauer liegt bei einigen 10.000 Jahren.

In der Endphase der Entwicklung eines Sterns stößt die sterbende Sonne oft große Teile ihrer äußeren Hülle ab und regt diese anschließend durch intensive Strahlung zum Leuchten an. Planetarische Nebel können einen Durchmesser von einigen Lichtjahren erreichen und gehören mit zu den farbenprächtigsten Objekten im All. Die Kraft der sterbenden Sonne lässt allerdings mit der Zeit nach, und der Nebel verblasst zusehends. Nach einigen 10.000 Jahren ist er dann nur noch eine kaum sichtbare Gashülle. Der Stern selbst entwickelt sich zum Weißen Zwerg. Aus der Hülle ist wieder interstellare Materie geworden, aus der sich bei entsprechender Menge und günstigen Konstellationen neue Sterne entwickeln können.

Der planetarische Nebel NGC 6543 wird auch Cat Eye Nebula oder Katzenaugen-Nebel genannt.

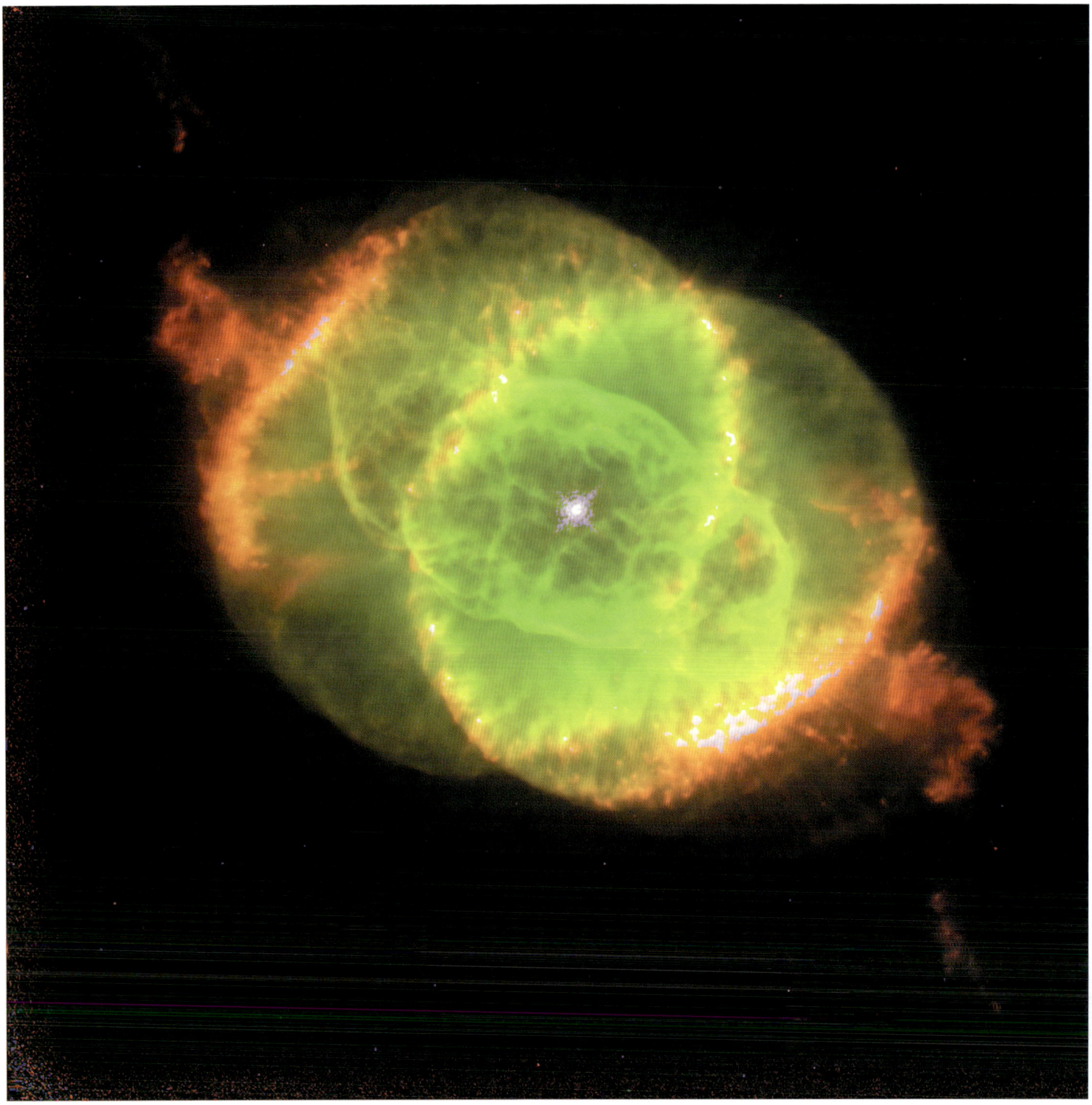

M2-9 ist ein typischer bipolarer planetarischer Nebel. Er liegt in rund 2.100 Lichtjahren Entfernung zur Erde.

Auch der Eskimo-Nebel NGC 2392 ist ein planetarischer Nebel. Seine Entfernung beträgt über 5.000 Lichtjahre.

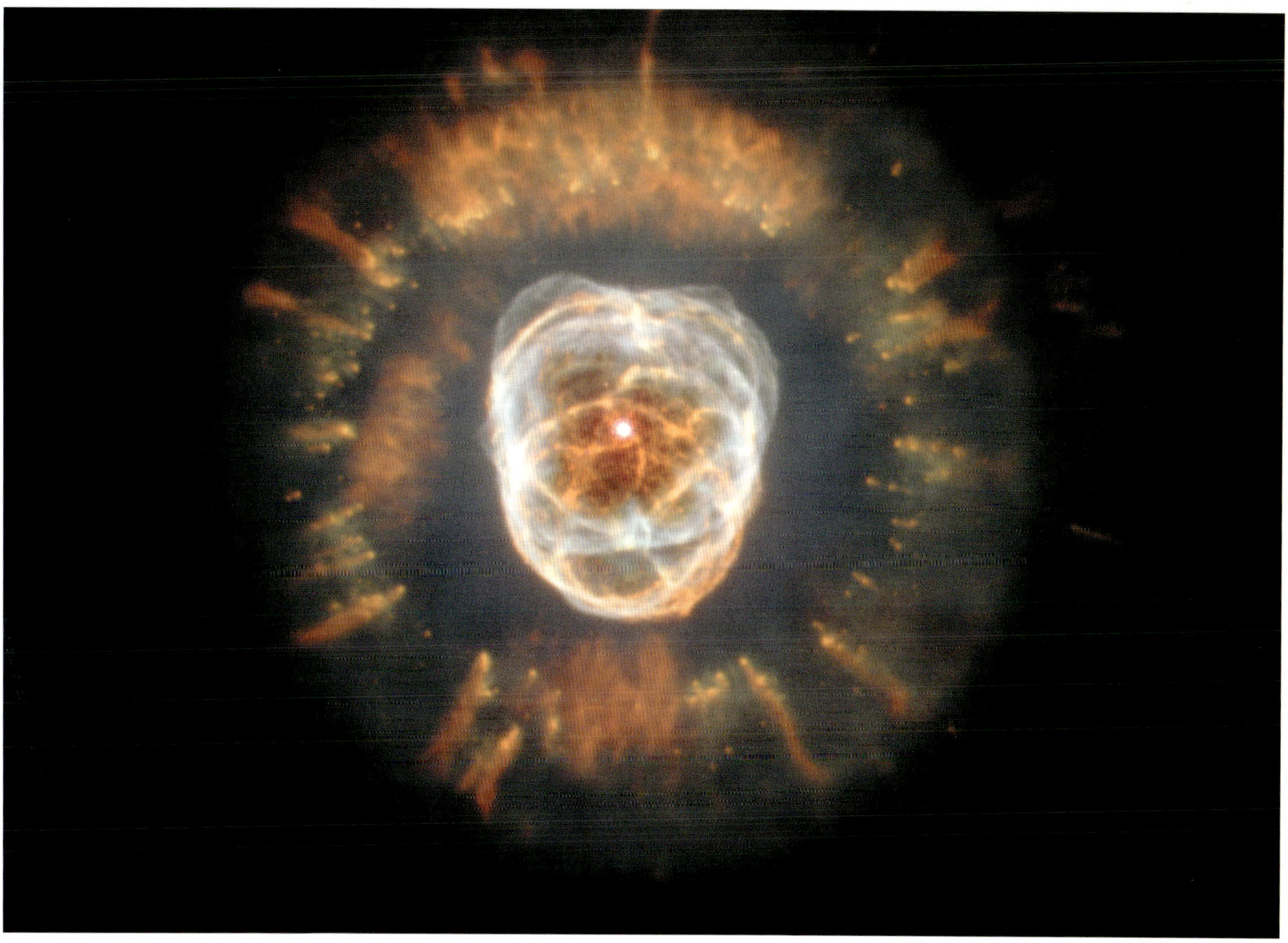

Reflexionsnebel

Im interstellaren Raum ist die Materiedichte, im Vergleich zu derjenigen in der irdischen Atmosphäre, unglaublich gering. Einige Bereiche sind beinahe vollkommen leer, in anderen Regionen, wie den Nebelgebieten, ist die Dichte um ein Vielfaches höher.

Befindet sich interstellare Materie in der Nähe eines oder mehrerer leuchtkräftiger Sterne, werden die Moleküle angestrahlt und reflektieren das Licht. Daher rührt auch der Name Reflexionsnebel. Bekannte Objekte dieser Kategorie sind zum Beispiel die Plejaden im Sternbild Stier oder Teile des Großen Orion-Nebels.

Diese Aufnahme des Weltraumteleskops Hubble zeigt den Reflexionsnebel NGC 1999 im Sternbild Orion.

Der planetarische Nebel NGC 6751 ist im Sternbild Aquila (Adler) zu finden und etwa 6.500 Lichtjahre entfernt.

Emissionsnebel

Im Gegensatz zu Reflexionsnebeln leuchten Emissionsnebel selbst. Voraussetzung ist die Nähe eines sehr leuchtkräftigen Sterns. Dieser gibt auch kurzwellige intensive Ultraviolett-Strahlung ab. Durch diese UV-Strahlung heizt sich das umgebende Gas auf und wird auf diese Weise zum Leuchten angeregt.

Quasare

„Quasar" ist ein Kunstbegriff, der für „Quasi-Stellar Object" oder „Quasi-Stellar Radio Source" steht – also sternenähnliches Objekt bzw. sternenähnliche Radioquelle. Quasare wurden in den 60er-Jahren des 20. Jahrhunderts entdeckt, als man mithilfe neuer Beobachtungstechniken die genaue Position von einigen schon länger bekannten Radioquellen im All bestimmte. Eine genaue Analyse der Rotverschiebung der Spektrallinien der Objekte führte zu einer erstaunlichen Erkenntnis: Quasare sind sehr weit entfernt und bewegen sich mit einer enormen Geschwindigkeit von uns weg. Manche erreichen sogar Fluchtgeschwindigkeiten, die bei 90 Prozent der Lichtgeschwindigkeit liegen. Wenn man sich an das Modell eines expandierenden Universums erinnert, bedeutet dies, dass sie sehr weit von uns entfernt sein müssen und zu den ältesten und hellsten Objekten des Universums zählen.

Man glaubt heute, dass es sich bei Quasaren um die hellen Zentren von extrem aktiven Galaxien handelt, deren supermassereiches Schwarzes Loch im Zentrum ungeheure Mengen von Material verschlingt.

Der Trifid-Nebel M20 im Sternbild Sagittarius (Schütze) ist ein Emissionsnebel.

Quasare erscheinen einem von der Erde zunächst wie Sterne, dürften aber tatsächlich sehr weit von uns entfernt liegende, aktive Galaxien sein, von denen man nur die hellen Kerne sieht. Eng gebündelte Jets schießen aus ihrem Zentrum ins All hinaus. In ihrem Kern vermutet man ein supermassereiches Schwarzes Loch.

Lange Zeit war der Himmel für die Menschen der Ort, wo ihre Götter wohnten, und die Idee, zum Mond zu reisen, eine bloße poetische Illusion. Doch mit der Entwicklung des Raketenantriebs setzte ein Wettlauf um den ersten wirklichen Mondflug ein, der die Welt in seinen Bann zog. Heute steht mit der Weltraumstation ISS ein gemeinsames Projekt vieler Völker im Mittelpunkt des Interesses.

Faszination Raumfahrt

Anfänge der Raketentechnik

Die Geschichte der Raketentechnik reicht weit zurück. Schon im 10. Jahrhundert ließen erfindungsreiche Konstrukteure in China Raketen zum Himmel aufsteigen. Als Brennstoff nutzten sie Schwarzpulver, das dort seit dem 1. Jahrhundert nach Christus bekannt war und in Europa 1200 Jahre danach von dem deutschen Mönch und Namensgeber Bertold Schwarz „nacherfunden" wurde. Die als Feuerwerk zu Feierlichkeiten abgeschossenen Flugkörper erreichten Höhen von etwa 30 bis 50 Metern. Einige Jahrhunderte später waren einfache Raketen auch in Europa verbreitet, und schnell kam diese Erfindung auch im militärischen Bereich zum Einsatz.

Erste moderne Raketen

Anfang des 20. Jahrhunderts lagen erste Pläne für moderne Raketen vor. So konstruierte Robert Hutchins Goddard (1882–1945), einer der Pioniere dieser Technik, 1926 eine Rakete mit flüssigem Treibstoff. Die Rakete flog mit ihrem Antrieb aus Benzin und flüssigem Sauerstoff allerdings nur 12,5 Meter hoch. Höhe und Dauer des Flugs von 2,5 Sekunden zeigten, dass der Weltraum zu dieser Zeit noch weit entfernt war. Ende der 20er-, Anfang der 30er-Jahre des vergangenen Jahrhunderts wurden Raketen primär bei Automobilen und Flugzeugen eingesetzt, die mit dem neuartigen Antrieb bis dato nicht für möglich gehaltene Geschwindigkeiten erreichten. In den 30er-Jahren begann dann die systematische Grundlagenforschung für die Raketenentwicklung. Der beginnende Zweite Weltkrieg und das damit verbundene Interesse der Militärs trieb diese stark voran. Der erste Versuchsstart einer modernen Rakete für militärische Zwecke erfolgte am 9. Oktober 1942. Einer der führenden Ingenieure dieser Zeit war der in Peenemünde arbeitende Physiker und Raketentechniker Wernher von Braun (1912–1977).

Wernher von Braun und ...
... seine ersten Aktivitäten.

Nach dem Ersten Weltkrieg und dem Versailler Vertrag unterlagen deutsche Rüstungsvorhaben strengen Restriktionen. Der Bau von Raketen blieb aber, weil man die Möglichkeiten dieser Technik noch nicht kannte, in den Statuten unerwähnt. Anfang der 20er-Jahre kamen Gedanken zum militärischen Einsatz von Raketen auf. Der noch junge Wernher von Braun studierte zu diesem Zeitpunkt an der Universität Berlin. Er traf auf Hermann Oberth (1894–1989), der bereits mit dem Bau von Raketen experimentierte und in den Ufa-Studios Fritz Lang bei Dreharbeiten zu seinem Film „Die Frau im Mond" wissenschaftlich beriet. Gemeinsam arbeiteten sie an Oberths „Kegeldüse", einem Versuchsmotor für flüssige Raketenbrennstoffe, der 1929 erfolgreich getestet werden konnte. Etwas später begann von Braun seine Tätigkeit beim Raketenbau in „Kummersdorf West". Hier konstruierte er mit anderen bekannten Ingenieuren die erste Rakete. Die Rakete A1 (Aggregat 1) sollte ein weit reichender Schritt in Richtung Raketentechnik sein. Doch es kam nicht zum Start, da der Flugkörper kurz vorher explodierte. Für das Folgemodell A2 war Wernher von Braun in der technischen Entwicklung allein verantwortlich. Mit dem Erreichen von zwei Kilometern Flughöhe war das Projekt ein voller Erfolg.

Eine V2-Rakete startet zum Testflug in Peenemünde.

Peenemünde

Im Jahr 1936 wurde die A3 gebaut. Ihre Ausmaße übertrafen die der A1 und A2. Größe und Schubkraft waren ausschlaggebende Kriterien dafür, dass die neue Rakete nicht in „Kummersdorf West" gestartet werden konnte. Nach langer Suche nach einem geeigneten Testgelände fiel die Wahl auf Peenemünde, eine kleine Gemeinde auf der Ostseeinsel Usedom. Das Budget stellte das Militär zur Verfügung. Wernher von Braun war dort nun technischer Direktor und zugleich selbst Leiter vieler Projekte. Mit der neu gebauten A3 führte er 1937 erste Tests durch. Doch der Erfolg wollte sich nicht einstellen, sodass schnell Rufe nach Plänen für eine weitere Rakete laut wurden. Außerdem gab nun das Militär vor, welche Kriterien eine Rakete zu erfüllen hatte. Hauptziel war der weit reichende Transport von Nutzlasten, was im Sinne des Militärs natürlich nichts anderes hieß als: von Bomben. Das Resultat war die wiederum größere A5 mit einer deutlich verbesserten Aerodynamik. Beim ersten Test konnte bereits eine Höhe von acht Kilometern erzielt werden. Eine Weiterentwicklung der A5 erhielt den Seriennamen A4. Dieser Raketentyp transportierte zum ersten Mal Nutzlasten über weite Strecken. Dem Militär stand jetzt eine neuartige Waffe zur Verfügung.

Die Verschärfung der politischen Säuberungen während des Krieges machten sich auch in Peenemünde bemerkbar. „Geheime" Schriften Wernher von Brauns kamen an die Öffentlichkeit, die man ihm als kommunistische Tendenzen auslegte. Für einige Tage befand sich von Braun aus diesem Grund in Gefangenschaft. Obwohl er die Absicht hatte, eine Rakete für den Flug ins Weltall zu bauen, wusste von Braun selbstverständlich vom Einsatz seiner Raketen zu Zerstörungszwecken. Walter Dornberger war nun Chef des Raketenprojekts und er bemühte sich, weiterhin Geld für Forschungen zu erhalten, was sich infolge der Mittelknappheit durch den sich ausweitenden Krieg allerdings auch in Peenemünde als schwierig erwies.

Beim ersten Start einer A4 explodierte die Rakete. Doch schon wenig später glückten die Starts, die Flughöhen erreichten bald 90 Kilometer. 1.000 Kilogramm schwere Nutzlasten konnten fast 300 Kilometer weit transportiert werden. Damit war die miltärische Nutzung möglich geworden, was denn die nationalsozialistischen Kriegsherren auch sofort und skrupellos in die Tat umsetzten: Zwangsarbeiter mussten über tausend V2-Raketen bauen, die dann vor allem in London viele Menschen töteten.

Kriegsende

Nach Kriegsende gerieten Ingenieure aus Peenemünde in amerikanische und russische Gefangenschaft. Sowohl in der Sowjetunion als auch in den USA sollten sie die begonnene Raketenentwicklung weiterführen. Die qualifiziertesten Wissenschaftler, unter anderen Wernher von Braun, gingen in die USA, wo sie wenig später ihre Tätigkeit wieder aufnahmen. Im Laufe der Zeit wurden viele von ihnen eingebürgert und bekleideten hohe Ämter. Von Braun avancierte sogar zum Leiter der bemannten Raumfahrt bei der später (1958) neu gegründeten Raumfahrtbehörde NASA. Die V2 setzte man als erste Höhenforschungsraketen ein und entwickelte sie in den USA für das Mercury-, in der UdSSR für das Wostok-Projekt weiter. Doch trotz aller schnellen Fortschritte war man von ersten bemannten Flügen ins All noch immer weit entfernt.

Beginn des Wettlaufs

Ein weiteres Ziel war auch nach dem Zweiten Weltkrieg die Entwicklung von Raketen als militärische Waffe. Die USA und die UdSSR sahen die Möglichkeit, dass Raketen Bomben des Gegners bis ins eigene Land tragen könnten. Aufgrund dieser Befürchtungen hatte ein umfangreiches Wettrüsten beider Weltmächte begonnen. Raumfahrt entwickelte sich zum Prestigeduell um die Frage nach dem besseren politischen System – ein Duell, das bald mit allen zur Verfügung stehenden Mitteln geführt wurde.

Little Joe auf der Abschussrampe von Wallops Island.
Für die US-amerikanischen Behörden wie die NASA war Little Joe ein wichtiges Prestigeprojekt; im Bild wird ein Test der Sicherheits- und Rettungseinrichtungen der Mercury-Rakete vorbereitet.

Ein missglückter Start der Vanguard in den USA. Sie sollte einen Satelliten in die Erdumlaufbahn bringen, um die atmosphärische Dichte zu bestimmen und geometrische Messungen durchzuführen. Zwei Sekunden nach Zündung der Triebwerke explodierte die Rakete.

Die erste Testrakete vom Typ Hermes A1 wurde auf dem Testgelände White Sands, New Mexico, abgefeuert. Auch wenn die Antriebstechnik noch zum größten Teil aus der deutschen V2-Rakete stammte, so war doch das äußere Design grundlegend verändert worden.

Sputnik – erster künstlicher Trabant

Anfang der 50er-Jahre stand die Grundlagenforschung auf beiden Seiten im Vordergrund. Der Test von Raketen sowie neuer Treibstoffe war nun die Hauptaufgabe der Konstrukteure. Zugleich führten Wissenschaftler astronomische Experimente im Röntgenbereich sowie erste biomedizinische Versuche durch. Letztere waren von Bedeutung, weil noch keine Erkenntnisse darüber vorlagen, wie sich der menschliche Organismus bei den hohen Belastungen eines Raketenstarts beziehungsweise in der Schwerelosigkeit verhalten würde. 1955 begann man in der UdSSR mit dem Bau des Kosmodroms („Sternenstadt") in Baikonur. Am 4. Oktober 1957 startete hier der erste künstliche Erdtrabant in eine Erdumlaufbahn: Sputnik 1 umflog die Erde in 96 Minuten. Seine Höhe variierte dabei zwischen 230 und 950 Kilometern. Sputnik sendete ein permanentes Signal, das auf der ganzen Erde leicht zu empfangen war. Für drei Wochen umkreiste der Satellit unseren Heimatplaneten. Als Trägerrakete hatte eine abgeänderte R7 gedient, die aus der deutschen V2 entwickelt worden war. Nun war das Raumfahrtzeitalter eingeleitet.

Für viele Länder war dieses Ereignis ein großer Schock. Konnte die UdSSR nun mit Bomben unbemerkt jeden Ort der Erde erreichen? Und der Vorsprung der Russen vergrößerte sich noch. Bereits einen Monat später, am 3. November 1957, brachte ebenfalls eine R7-Rakete das erste Lebewesen in den Weltraum: den Hund Laika, der jedoch nach einigen Erdumrundungen durch starke Hitzeentwicklung starb. Die benutzte Raumkapsel hatte bereits ein Gewicht von einer halben Tonne. Sputnik 5 brachte 1960 gleich zwei Hunde mit den Namen Belka und Strelka in eine Erdumlaufbahn. Und im Gegensatz zu Laika überlebten sie den Flug.

Aufbau des Sputnik-Satelliten. Im Inneren befanden sich die Instrumente zur Steuerung und zur Kommunikation mit der Erde, die langen Antennen ragten aus der schützenden Außenhaut hinaus.

Doch bei weiteren Missionen mit Hunden gab es Fehlschläge. Triebwerke waren zu diesem Zeitpunkt relativ gut erforscht. Start- und Flugphasen konnten somit kontrolliert durchgeführt werden. Beim Wiedereintritt in die Atmosphäre sowie bei der Landung kam es jedoch immer wieder zu großen Problemen. Im März 1961 fand die Generalprobe für das Wostok Projekt statt, das den ersten Menschen in den Weltraum bringen sollte. Ein Hund sowie ein Dummy umkreisten die Erde einmal und landeten sicher in der sowjetischen Steppe. Die Tür für den ersten Menschen im Weltraum stand weit offen.

Explorer

Zur gleichen Zeit gab es in der amerikanischen Raumfahrt viele Misserfolge. Erst ein halbes Jahr nach Sputnik brachten die USA den Satelliten Explorer ins Weltall, während die Sowjetunion bereits den ersten bemannten Raumflug, der mit dem Kosmonauten Juri Gagarin durchgeführt werden sollte, plante.

Sputnik 1 hatte ein Gewicht von 83 Kilogramm und einen Durchmesser von 56 Zentimetern. Der Satellit benötigte 96 Minuten für eine Erdumrundung; Der höchste Punkt seiner Flugbahn lag bei 939 Kilometern.

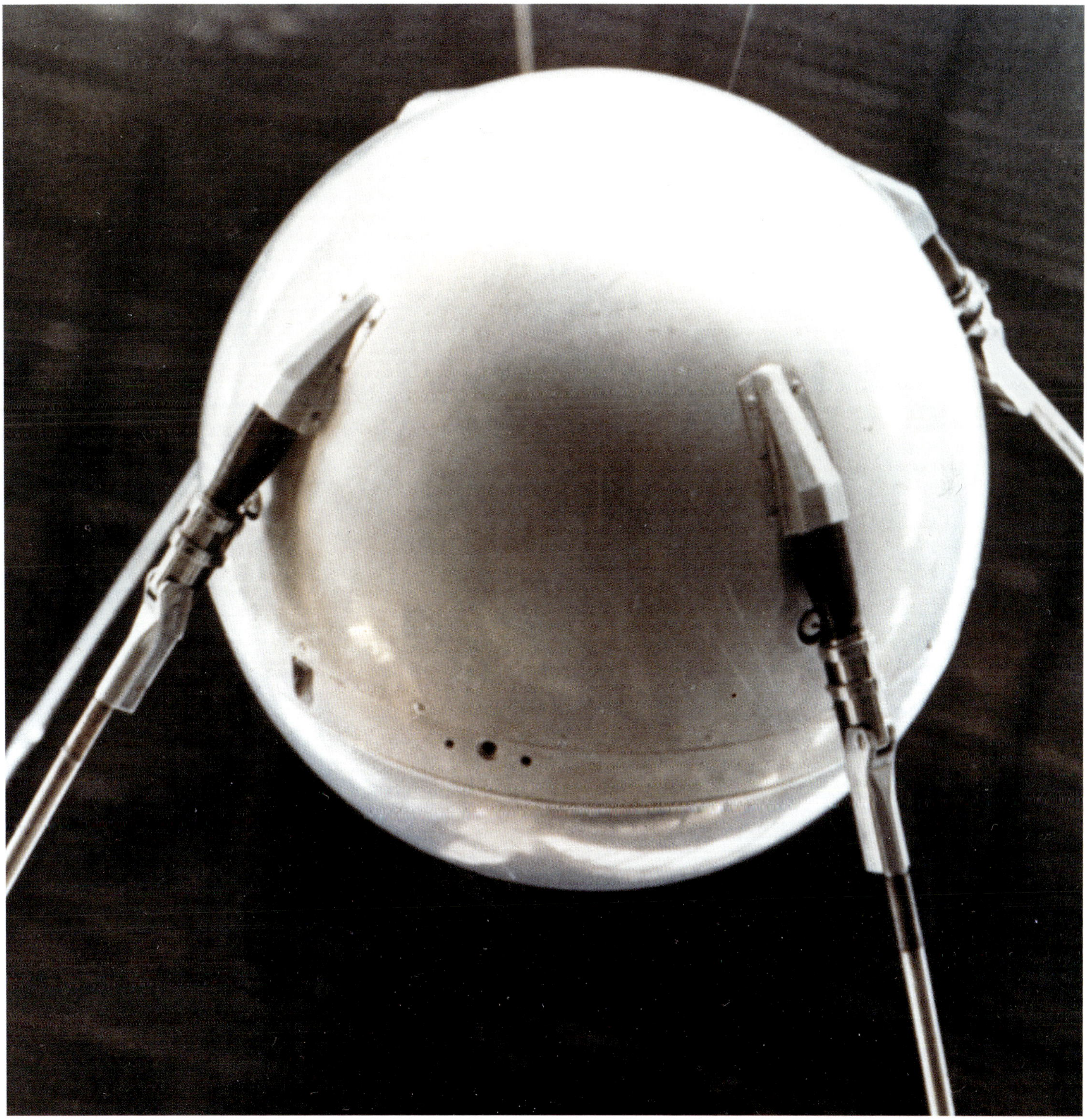

Das Mercury-Projekt

Kurz nach Gründung der amerikanischen Raumfahrtbehörde NASA 1958 wurde das Projekt Mercury aufgenommen. Sein Ziel war klar definiert: Es sollte den ersten Menschen in den Weltraum transportieren. Bereits frühzeitig wurden sieben Testpiloten (Carpenter, Cooper, Glenn, Grissom, Schirra, Shepard und Slayton) ausgewählt und unter großer öffentlicher Teilnahme zu Astronauten ausgebildet. Im Gegensatz zur russischen Variante Wostok landete die Mercurykapsel an Fallschirmen im Wasser. 1959 sollte der erste unbemannte Start im Mercury-Programm stattfinden.

In seinem Zusammenhang wurde ein neues Sicherheitsprojekt für Astronauten getestet: Eine kleine Zusatzrakete sollte die Besatzung im Gefahrenfall von der Rakete „wegschießen". Doch auch bei diesem Versuch kam es zu Problemen. Der NASA lief langsam, aber sicher die Zeit davon. Gleichzeitig hatte man zu Beginn auch große Schwierigkeiten mit den Trägerraketen, die teilweise kurz nach dem Start oder noch auf der Startrampe explodierten.

Im Laufe des Projekts konnten die Fehler aber beseitigt werden, und bemannte Flüge schienen auch in den USA nur noch eine Frage der Zeit. Mit einem Durchmesser von zwei Metern war der Innenraum der Mercury-Kapseln recht klein. Neben der manuellen Navigation der Raumkapsel gab es auch eine automatische Steuerung, was insofern wichtig war, als man die Reaktionsfähigkeit eines Menschen in der Schwerelosigkeit noch nicht einschätzen konnte.

Boilerplate-Mercury-Raketen werden in einer Halle von Mechanikern der NASA zusammengebaut. Die Kapseln waren als Rettungssystem in Raketen eingebaut worden. Bevor die Firma McDonnell die Planung und das Design der Raketen übernahm, wurden diese von der NASA selber entworfen.

Hauptaufgabe der Rakete Mercury-Atlas-1 (MA-1) war der Test der Mercury-Kapsel, ihrer Struktur und vor allem ihrer Außenhaut. Allerdings explodierte MA-1 nur eine Minute nach dem Start; die Wrackteile wurden wieder aus dem Meer gefischt, um sie zur Ermittlung der Ursache der Katastrophe wieder zusammenzusetzen.

Techniker arbeiten im „White Room" der Firma McDonnell an der Mercury-Kapsel.
In diesem von Staub und anderen Verunreinigungen völlig freien „Reinst-Raum" wird die Endmontage von sensiblen Bauteilen vorgenommen.

UNITED

Mercury und Ham

Am 31. Januar 1961 flog der Affe „Ham" als erstes Lebewesen mit einer Mercury-Kapsel. Sie erreichte eine Höhe von 85 Kilometern und landete wieder sicher auf der Erde. Weitere Flüge mit Affen verliefen ebenfalls erfolgreich. Wenn diese Versuche auch etwas am Heldennimbus der menschlichen Astronauten kratzten, so brachten sie doch viele Erkenntnisse über die Reaktionsfähigkeit während des Fluges und bildeten eine wichtige Voraussetzung für die ersten Raketenstarts mit menschlichen Crews.

Das Hauptaugenmerk lag nun auf der Weiterentwicklung von Trägerraketen. Zu diesem Zeitpunkt mussten zwei Flugbahnen unterschieden werden: Zum einen gab es suborbitale Flüge. Hierbei erreicht die Kapsel nicht den Orbit und schwenkt somit nicht in eine Erdumlaufbahn ein. Die Redstone-Rakete, mit der zum Beispiel Ham gestartet war, fand für suborbitale Flüge Verwendung. Für orbitale Flüge, also für Flüge in einer Umlaufbahn um die Erde und somit für das eigentliche Ziel des Mercury-Programms, standen die wesentlich stärkeren Atlas-Raketen zur Verfügung. Nach vielen Tests und Experimenten waren die Trägerraketen so sicher geworden, dass sie für einen bemannten Flug eingesetzt werden konnten.

Startvorbereitungen für den Schimpansen Ham: Ein Techniker legt dem ersten Primaten im All seinen Anzug mit Biosensoren an. Der scherzhaft „Schimponaut" genannte Affe war Gegenstück zu den Hundeversuchen der Russen.

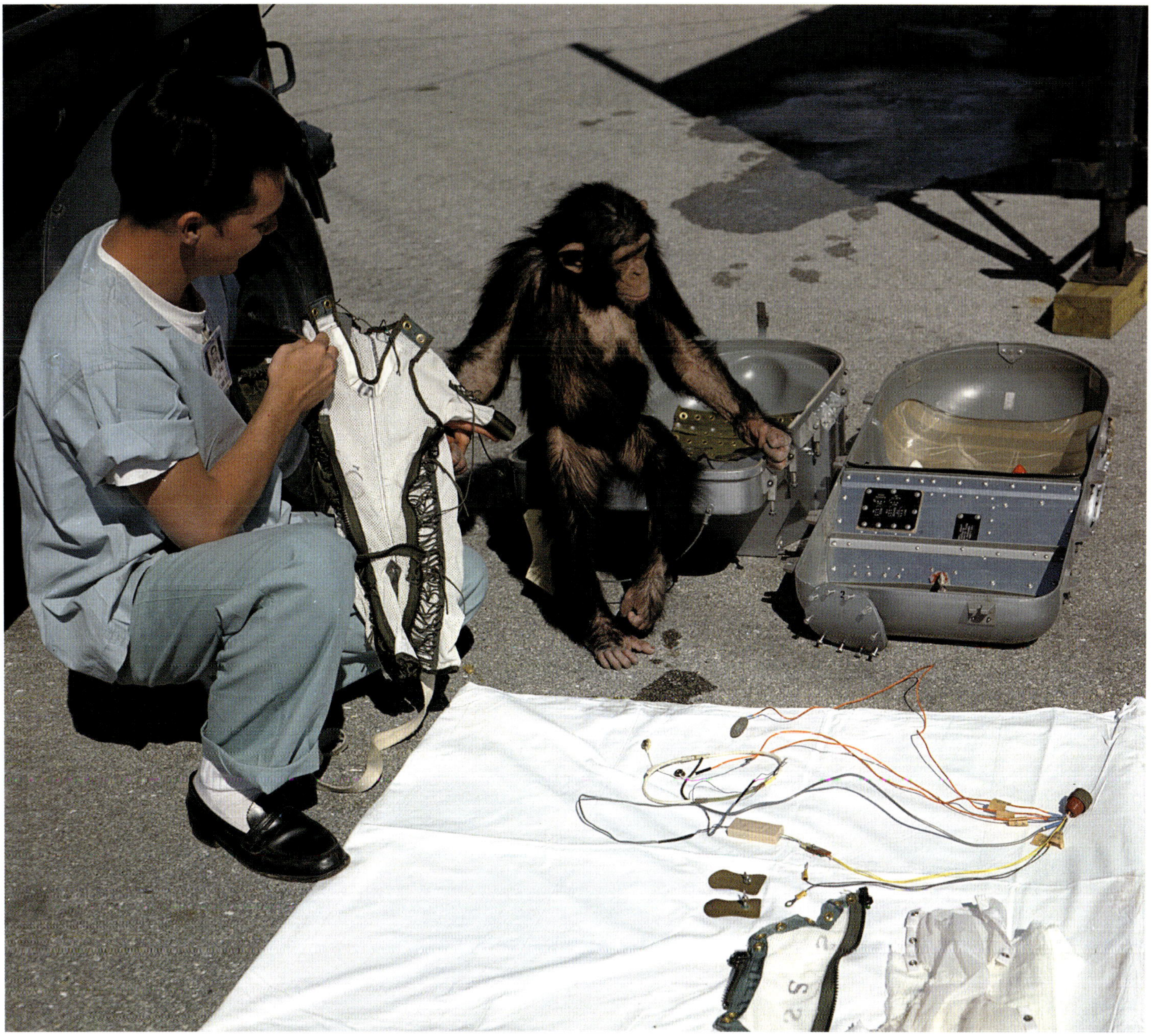

Links: Eine Mercury-Redstone-2-Rakete (MR-2) startet – mit an Bord: Ham, der erste Weltraumaffe.

Ham „testet" seine Raumkapsel. Wie die späteren Astronauten ist auch er an Sensoren angeschlossen, die seine Körperfunktionen und damit die Funktionstüchtigkeit der Lebenserhaltungssysteme kontrollieren.

Der erste Mensch im All

Unbemannte Flüge in den Weltraum ließen sich inzwischen mit einem recht hohen Sicherheitsstandard durchführen. Auch die USA hatten mit ihrem Raketenprogramm ein wenig aufschließen können und transportierten Satelliten in den Weltraum. Doch zur gleichen Zeit arbeitete die Sowjetunion bereits an den Plänen für den ersten bemannten Weltraumflug. Für diese Tat von großer historischer Bedeutung hatte man Juri Gagarin ausgewählt. Der Militärpilot erfüllte alle nötigen Voraussetzungen und war als bodenständiger Mann aus einfachen Verhältnissen zugleich ein Sympathieträger, dem selbst im Westen die Herzen zuflogen. Nach seinem Eintritt in die Armee hatte er die benötigten Flugscheine in kürzester Zeit absolviert und beim Militär Karriere gemacht. Gagarin war der perfekte Kandidat für das Wostok-Projekt.

Am 12. April 1961 startete er in seiner Wostok-Kapsel. Die Nachricht verbreitete sich in der Weltpresse wie ein Lauffeuer. Für Amerika war es die nächste herbe Niederlage, nachdem man sich gerade vom „Sputnik-Schock" erholt hatte. Start und Flug verliefen bei Wostok 1 ohne Komplikationen. Gagarin umrundete die Erde einmal und führte in dieser Zeit diverse Experimente durch. Primär sollte der Flug belegen, dass Menschen in der Schwerelosigkeit ohne Einschränkungen arbeiten können. Die Kapsel hatte einen Durchmesser von nur 2,3 Metern. Dem Kosmonauten blieb somit nicht viel Raum für Bewegungsmanöver übrig.

Doch wie bei früheren unbemannten Missionen, kam es beim Wiedereintritt in die Erdatmosphäre zu Problemen. Ein an der Wostok-Kapsel befestigtes Modul sollte vor dem Wiedereintritt abgesprengt werden. Einige Verbindungskabel ließen sich allerdings nicht lösen, wodurch die Kapsel zu trudeln begann – ein lebensgefährlicher Moment, da sie bei einem fehlerhaften Wiedereintritt verglühen konnte.

Die Raumkapsel war so konstruiert, dass sie die beim Wiedereintritt entstehende Reibungshitze nur von einer bestimmten Seite mit einem Hitzeschild abfangen konnte. Nach kurzer Zeit konnte das Problem zum Glück gelöst werden. Die Landung war recht umständlich. Nachdem die Kapsel beim Eintritt in die Atmosphäre drastisch an Geschwindigkeit verloren hatte, wurde diese durch Bremsfallschirme weiter reduziert. Kurz vor dem Aufsetzen der Kapsel katapultierte sich Juri Gagarin mit einer Art Schleudersitz heraus und landete an einem separaten Fallschirm. Lange Zeit wurde diese Tatsache geheim gehalten. Schwächen während des Landemanövers sollten den USA nicht bekannt werden.

Juri Gagarin wird in einem Bus am Morgen des 12. April 1961 zur Startrampe seiner Rakete gebracht, die ihn als ersten Menschen in das All transportieren soll.

Juri Gagarin wurde am 9. März 1934 geboren. Nach seiner Schullaufbahn und einer Ausbildung zum Kampfpiloten begann er 1960 mit dem Kosmonautentraining. Nach seinem Flug als erster Mensch in den Weltraum wurde er 1963 zum Direktor des Kosmonauten-Trainingszentrums. Gagarin starb bei einem Testflug mit einer MIG-15 am 27. März 1968.

Wostok 2 und 3

German Titow gelang es in der Kapsel Wostok 2 als erstem Menschen, die Erde mehrmals zu umkreisen. Während einer Flugzeit von über einem Tag schlief er in der Schwerelosigkeit. Neben den weiterführenden medizinischen Tests wurden zum ersten Mal fotografische Bilder von Menschenhand aus dem Weltraum angefertigt. Titow war auch der Erste, der an der so genannten „Raumfahrerkrankheit" litt.

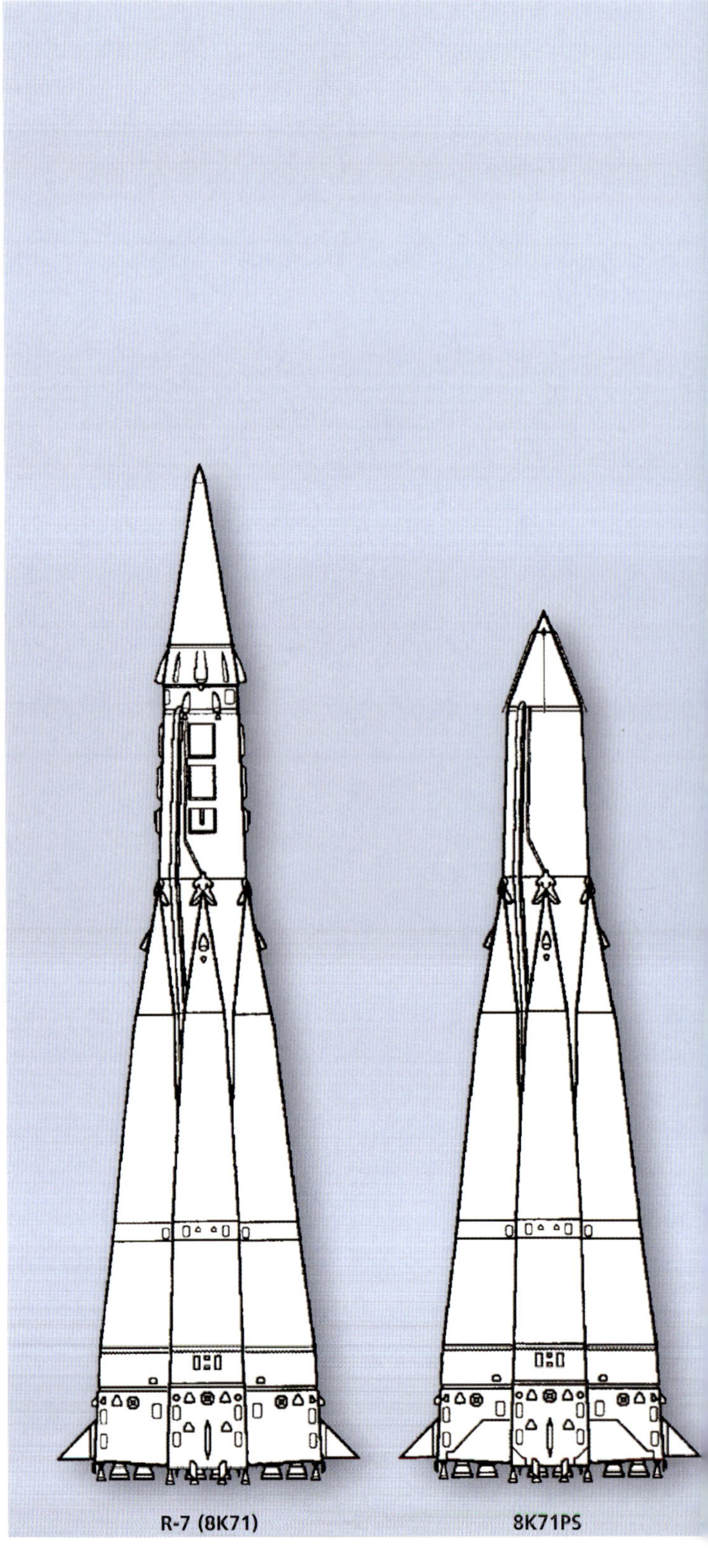

Russische Raketen im Vergleich, von links nach rechts: 8K71-Test-Rakete, die nicht zum praktischen Einsatz gekommen ist. Mit der 8K71PS wurde der Sputnik-Satellit ins All geschossen. Mit der 8K72K brachte man die Wostok-Raumkapseln und mit der 11A57 die Woschod-Kapseln in eine Erdumlaufbahn. Die vorerst größte russische Rakete war die 11A511, mit der Sojus-Raumschiffe ins All transportiert wurden. Mit knapp 50 Metern Höhe war diese Rakete trotzdem nur knapp halb so groß wie die amerikanische Saturn-Rakete, die bei den Apollo-Mondflügen zum Einsatz kam.

Hierbei handelt es sich um ein Übelkeitsgefühl, das durch die Schwerelosigkeit hervorgerufen wird. Auch heute noch leiden viele Astronauten und Kosmonauten an diesen Symptomen, die in der Regel nach wenigen Tagen vorübergehen.

Bei den Missionen Wostok 3 (Andrijan Nikolajew), Wostok 4 (Pawel Popowitsch) und Wostok 5 (Waleri Bykowski) wurden weitere Experimente bezüglich Flugtechnik und Ausrüstung durchgeführt. Mit Wostok 6 gelang den Russen wieder ein Rekord, denn mit der Kosmonautin Valentina Tereschkowa flog die erste Frau in den Weltraum. Bei den Missionen Wostok 3 und 4 sowie Wostok 5 und 6 überschnitten sich die Raumflüge für kurze Zeit. So konnten sich die beiden erstgenannten Kapseln bis auf sechs und die beiden anderen bis auf fünf Kilometer aneinander annähern. Auch die Flugdauer von Wostok 5 von über vier Tagen war für damalige Verhältnisse eine große technische Leistung.

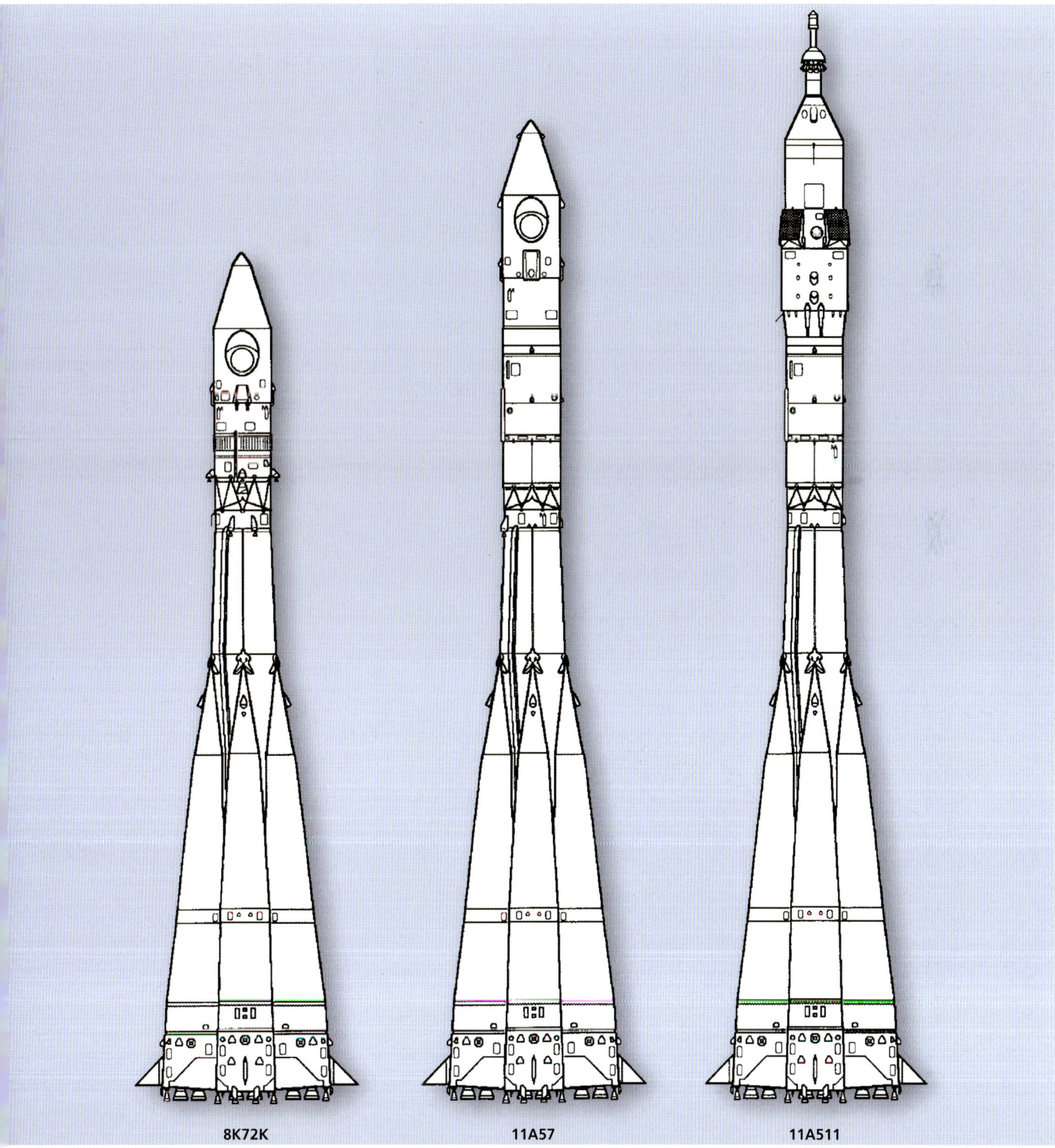

DIe USA im Weltraum

Am 5. Mai 1961 flog Alan Shepard mit einer Redstone-Rakete als erster Amerikaner in den Weltraum. Die „kleine" Rakete erreichte allerdings – anders als Gagarins Wostock – nur eine suborbitale Flugbahn. So landete Shepard bereits 15 Minuten und 28 Sekunden nach seinem Start und einer erreichten Flughöhe von 186 Kilometern wieder im Atlantischen Ozean. Bei diesem Flug, der offiziell nicht als Weltraumflug anerkannt wurde, befand sich Shepard fünf Minuten lang in der Schwerelosigkeit. Obwohl der Flug nicht mit der Leistung von Wostok 1 zu vergleichen war, erschien er für die amerikanische Bevölkerung dennoch als ein psychologisch wichtiger Schritt. Bereits zwei Monate später flog Virgil Grissom ebenfalls in eine suborbitale Flugbahn und landete 16 Minuten später. Bei der Wasserung kam es allerdings zu Problemen, als Grissom die Ausstiegsluke zu früh öffnete: Die Raumkapsel lief voll Wasser und versank. Grissom musste von den herbeigeeilten Helfern vor dem Ertrinken gerettet werden.

Den ersten orbitalen Flug eines Amerikaners führte John Glenn mit Mercury 6 durch: Er umkreiste am 20. Februar 1962 während seines beinahe fünf Stunden währenden Einsatzes dreimal die Erde. Damit die Umlaufbahn erreicht werden konnte, wurde im Gegensatz zu den ersten beiden bemannten Flügen die deutlich stärkere Atlas-Rakete verwendet. Die Gesamtmasse des Systems betrug 121 Tonnen, wovon lediglich 1,4 Tonnen auf die Nutzmasse entfielen. Es handelte sich, wie lange Zeit in der Raumfahrt üblich, um „Wegwerfraketen". Mercury 7 (Malcom Carpenter) und 8 (Walter Schirra) wiesen große Ähnlichkeit mit der Mission von John Glenn auf. Vor allem medizinische Untersuchungen und Experimente in der Schwerelosigkeit standen in diesen Fällen im Vordergrund des Interesses. Der Flug von Schirra dauerte bereits über neun Stunden. Mit der Mission von Mercury 9 schließlich befand sich auch ein Amerikaner länger als einen Tag in der Schwerelosigkeit. Mit diesem Flug wurde das gesamte Mercury-Programm, das in knapp fünf Jahren, von 1958 bis 1963, aus insgesamt 20 unbemannten und sechs bemannten Raumflügen bestanden hatte, abgeschlossen.

Der amerikanische Präsident John F. Kennedy sagte in seiner historischen Rede vom 25. Mai 1961 vor dem Kongress, dass die Amerikaner noch im gleichen Jahrzehnt einen Menschen sicher zum Mond und wieder zurück bringen würden. Niemand wusste zu diesem Zeitpunkt wirklich, wie der Flug zum Mond realisiert werden könnte. Dieses Ziel bildete aber die einzige Möglichkeit, den technischen Wettkampf mit der UdSSR doch noch zu gewinnen.

Alan Shepard unterzieht sich in seinem Raumanzug einer Flugsimulation innerhalb einer Mercury-Kapsel. Die Kapsel ist an eine Redstone-Rakete gekoppelt.

Ein US-Marine-Hubschrauber zieht den Astronauten Alan Shepard an einer Winde aus seiner Kapsel, nachdem er einen erfolgreichen Testflug in einer Mercury-Kapsel absolviert hat, der mit der planmäßigen Wasserung im Atlantik endete. Am 5. Mai 1961 war Alan Shepard als erster Amerikaner zu einem Weltraumflug aufgebrochen.

Schematisierte Zeichnung der Spitze einer Woschod-Rakete mit der Raumkapsel

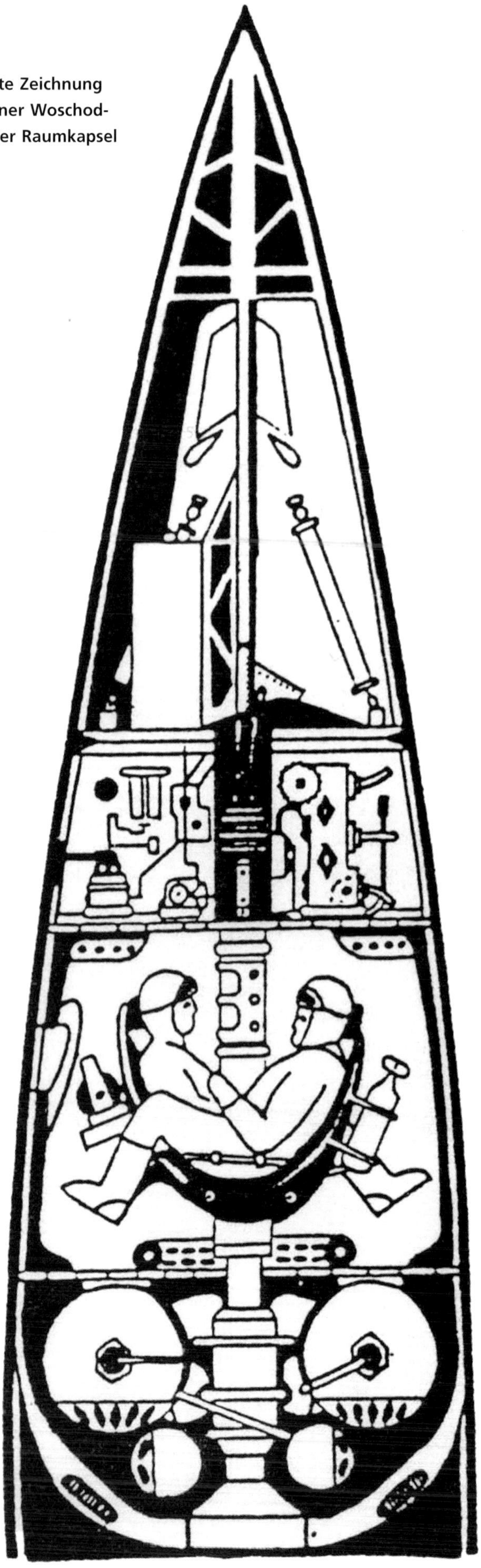

Das Woschod-Programm

Mit dem Woschod-Programm leitete die UdSSR die Weiterentwicklung der erfolgreichen Wostok-Flüge ein. Verantwortlich für die Ergebnisse des Woschod-Programms war der sowjetische Chefingenieur Sergej Koroljow. Der Hauptunterschied zu den Wostok-Kapseln bestand in der Anzahl der Besatzungsmitglieder, boten die neuen Raumkapseln doch Platz für drei Kosmonauten. Woschod 1 startete im Jahr 1964 mit den Crewmitgliedern Wladimir Komarow, Konstantin Feoktistow und Boris Jegorow an Bord. Die Flugzeit belief sich auf etwas mehr als einen Tag. Wie in vielen Flügen zuvor waren biomedizinische Versuche ein Schwerpunkt der Mission.

Vor allem die größere Anzahl an Kosmonauten erlaubte es, ganz neue Untersuchungsmethoden im Weltraum durchzuführen. Parallel standen weitere Experimente in der Schwerelosigkeit auf dem Programm. Neben diesen bereits routinemäßigen Experimenten wurden neue Triebwerke und für die Landung vorgesehene Bremsraketen getestet. Die Aufgabe der Bremsraketen bestand darin, die Raumkapsel unterstützend zu den Fallschirmen abzubremsen und so eine sanfte Landung zu ermöglichen.

Auch Woschod 2 war ein Erfolg der ehemaligen UdSSR. Zum ersten Mal verließ während dieser Mission ein Kosmonaut das Raumschiff. Hierbei kam es beinahe zu einer Katastrophe. Im luftleeren Raum hatte sich der Raumanzug von Alexej Leonow aufgebläht. Der Kosmonaut hatte große Schwierigkeiten, durch die kleine Luke zurück ins Raumschiff zu kommen, was ihm nur gelang, weil sein Mitfahrer Pawel Beljajew den Innendruck absenkte. Leonows Ausstieg dauerte zwölf Minuten. Wegen eines weiteren Problems ging die Kapsel 3.000 Kilometer vom geplanten Landeplatz entfernt nieder. Trotz der alles in allem erfolgreichen Flüge wurde das Woschod-Projekt eingestellt. Die russische Raumfahrtbehörde favorisierte nun das Sojus-Programm. Dies war damit zu erklären, dass sich die konkurrierende NASA bereits ein neues Ziel gesetzt hatte und mit dem Gemini- und Apollo-Projekt darauf hinarbeitete, den ersten bemannten Mondflug durchzuführen. Die Woschod-Kapseln waren für ein solches Vorhaben nicht geeignet.

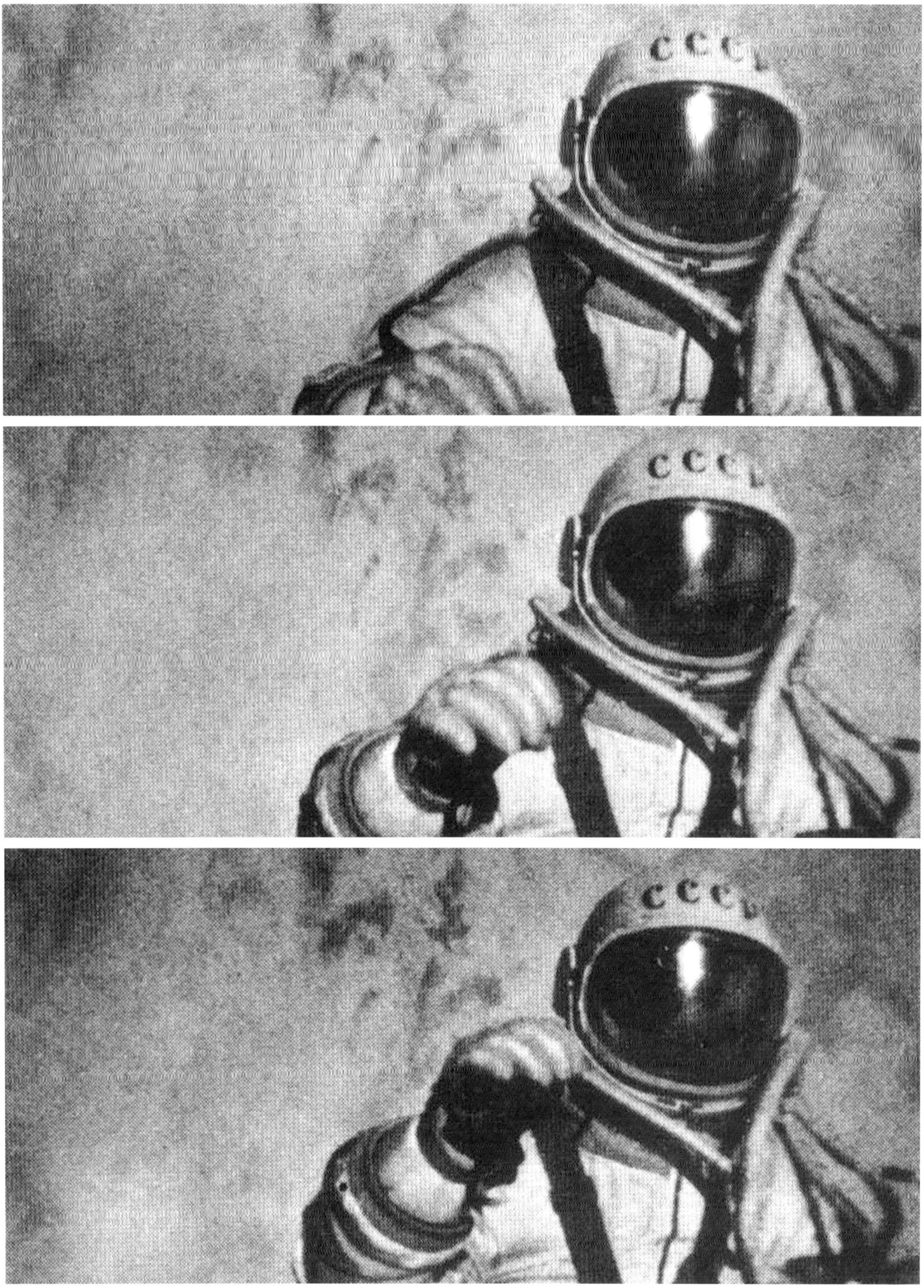

Ein weiterer Erfolg der russischen Raumfahrt: Alexej Leonow verlässt am 18. März 1965 als erster Mensch in einem Raumanzug das Raumschiff. Diese drei Fotos wurden von einer Außenkamera von Woschod 2 aufgenommen.

Das Gemini-Programm

1962 begann das Gemini-Programm. Es hatte die Aufgabe, erste wichtige Daten zu sammeln, die für einen Mondflug erforderlich sein würden, und stellte einen Übergang zwischen den ersten bemannten Mercury-Flügen und dem späteren Apollo-Projekt dar. Die Aufgabenstellung für Gemini war klar definiert: Zum einen sollten die Auswirkungen eines Aufenthalts von bis zu zwei Wochen in der Schwerelosigkeit untersucht werden. Dieser Zeitraum ist für eine Reise zum Erdtrabanten erforderlich. Vor allem in medizinischer Hinsicht gab es keine Erkenntnisse, wie sich eine längere Zeit in der Schwerelosigkeit auswirken würde. Zum anderen sollten Andockmanöver geübt und getestet werden. Diese sind beim Mondflug zweimal erforderlich: In der Erdumlaufbahn, wenn die Raumkapsel nach dem Abwurf der letzten Raketenstufe an das mitgeführte Mondlandemodul ankoppeln muss, und, wenn die Landefähre nach dem Aufenthalt auf dem Mond wieder zur Raumkaspel zurückkehrt. Hierzu mussten vor allem gezielte Kursveränderungen unter Weltraumbedingungen erlernt werden. Daneben wurde ein präziseres Wiedereintritts- und Landesystem getestet. Das neu entwickelte Landesystem wurde 1964 jedoch wegen Misserfolgs eingestellt. Parallel verließen beim Gemini-Projekt auch amerikanische Astronauten die Raumkapsel. Nachdem der Kosmonaut Leonow im März 1965 aus seiner Kapsel gestiegen war, machte es ihm der Astronaut Edward White im Juni des gleichen Jahres nach.

Rendezvous im Weltraum: Gemini 7 nähert sich der bereits in der Umlaufbahn befindlichen Gemini 6 am 15. Dezember 1965. Beide Raumkapseln waren nur rund drei Meter voneinander entfernt.

Rechts: Wolken an den Osthängen der Anden leuchten wegen der im Westen niedrig stehenden Sonne orange.
Frank Borman und James Lovell fotografierten die Erde während der Gemini-7-Mission über Nordbolivien mit Blickrichtung nach Süden.

Start der Gemini-6-Mission mit den Astronauten Walter Schirra und Thomas Stafford an Bord

Die Gemini-Kapsel

Im Gegensatz zu Woschod konnten die Gemini-Kapseln (wie ihr Name – Gemini heißt Zwilling – schon nahelegt) nur zwei Astronauten aufnehmen. Für die gesetzten Ziele des Gemini-Programms war diese Besatzungsanzahl aber ausreichend. Das Gesamtgewicht der Kapsel belief sich auf etwa 3,8 Tonnen. Die Ausmaße betrugen 5,8 Meter in der Länge und drei Meter in der Breite. Sie bestand aus drei Teilen, von denen jeweils nur einer am Ende der Mission mit den Astronauten zur Erde zurückkehrte.

Um die schwere Raumkapsel in eine Umlaufbahn zu transportieren, kam eine Titan-II-Rakete zum Einsatz. Diese entwickelte einen deutlich höheren Schub als ihre Vorläufer. Die Kapseln wurden – wie die Mercury- und die späteren Apollo-Missionen – durchnummeriert. Lediglich Gemini 3 erhielt auch einen Spitznamen. Ihr Kommandant Virgil Grissom nannte sie nach der früheren, bei einem seiner Mercury-Flüge gesunkenen Kapsel „Molly Brown".

Landung einer Gemini-Kapsel im Ozean. Nachdem die Kapsel in die Erdatmosphäre eingetreten ist, öffnen sich große Fallschirme, die ihre Geschwindigkeit vermindern. Da sie dennoch mit recht hoher Geschwindigkeit fällt, wäre eine Landung auf festem Untergrund nicht möglich. Die Astronauten werden nach der Wasserung von Hubschraubern aus geborgen.

Die Mondlandung vor Augen

Allein im Jahr 1965 wurden fünf der insgesamt zehn Gemini-Missionen durchgeführt. Gemini 3 testete Steuerungstriebwerke, die es ermöglichten, zum ersten Mal eine direkte Navigation in der Umlaufbahn durchzuführen. Auch die neuartige Kommunikation zwischen Raumkapsel und Bodenstation über geostationäre Satelliten hatte Premiere. Der erste Flug im Gemini-Programm fiel für die beiden Astronauten Virgil Grissom und John Young mit vier Stunden und 53 Minuten noch recht kurz aus. Bei der Wasserung kam es zu keinerlei Komplikationen.

James McDivitt und Edward White blieben mit Gemini 4 bereits vier Tage im Weltraum. Auch bei dieser Mission waren Tests der Steuertriebwerke eine wichtige Aufgabe. Weiterhin fertigten die Astronauten Fotografien der Erde an und führten verschiedene technische Experimente durch. White war der erste Amerikaner, der eine Raumkapsel verließ. Sein Aufenthalt im Vakuum dauerte 36 Minuten. Sein Kollege McDivitt musste für diesen Zeitraum wegen der Temperaturen in der Kapsel ebenfalls einen Raumanzug anlegen. Die Gemini-5-Mission dauerte bereits länger als eine Woche. Ein wichtiges Ziel konnte in diesem Zeitraum erreicht werden: Ein kleiner, von den Astronauten ausgesetzter Satellit wurde für erste gezielte Steuerungsmanöver verwendet. Als Astronauten kamen Gordon Cooper und Charles Conrad zum Zuge. Frank Borman und James Lovell führten mit Gemini 7 weitere medizinische Untersuchungen durch. Gemini 6 mit Walter Schirra und Thomas Stafford starteten erst nach Gemini 7. Auch die Flugzeit war mit einem Tag viel kürzer. Die Hauptaufgabe lag in einem Rendezvous mit der sich zeitgleich in der Umlaufbahn befindlichen Gemini 7. Beide Kapseln näherten sich bis auf 28 Zentimeter an. Für ein Andockmanöver waren sie nicht ausgelegt.

Die Missionen 8 bis 12 fanden 1966 statt. Den Astronauten Neil Armstrong, der drei Jahre später als erster Mensch den Mond betreten sollte, und David Scott gelang zum ersten Mal ein Andockmanöver. Obwohl beide Flugkörper nach dem Kopplungsmanöver zu taumeln begannen, galt die Mission als erfüllt.

Die NASA startete die Gemini-5-Mission am 21. August 1965 um 9 Uhr morgens (Eastern Standard Time) von Complex 19 aus; Die Astronauten Gordon Cooper als kommandierender Pilot und Charles Conrad als Pilot sollten für acht Tage im All bleiben. Zu dieser Zeit war das der längste bemannte Flug ins Weltall.

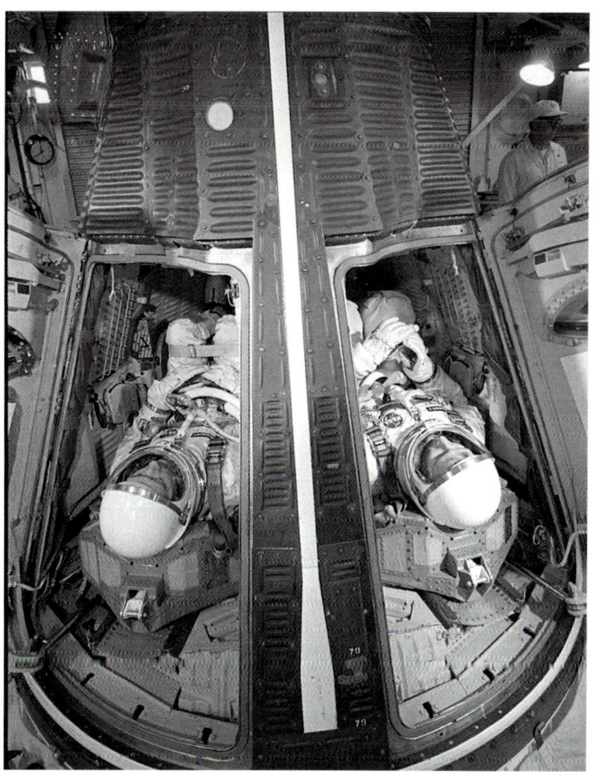

Die beiden Astronauten James McDivitt und Edward White befinden sich während einer Startsimulation auf Cape Canaveral, Florida, an Bord der Gemini-Kapsel.

Rendezvous-Anflug von Gemini 8 auf den Satelliten AGENA in der Umlaufbahn

Kurz vor dem Kontakt: Der AGENA-Satellit ist nur noch wenige Meter von Gemini 8 entfernt. Erstmals werden zwei Raumschiffe in der Umlaufbahn zusammengedockt. Das Üben dieser Manöver war eine Grundvoraussetzung für die Durchführung der Mondmission, da hier das Mondlandefahrzeug wieder an das Mutterschiff ankoppeln musste.

Der Flug von Gemini 9 mit Thomas Stafford und Eugene Cernan dauerte drei Tage. Sein Ziel war eine Wiederholung des Kopplungsmanövers. Dieses musste allerdings abgebrochen werden, weil sich eine Schutzverkleidung nicht lösen ließ. Während eines über zweistündigen Weltraumspaziergangs entstand eine Vielzahl an Fotografien, und der Funkverkehr vom Raumanzug aus wurde getestet.

Im Juli starteten John Young und Michael Collins mit Gemini 10. Das Andockmanöver funktionierte nun einwandfrei. In einer Höhe von fast 770 Kilometern koppelte die Raumkapsel an den Satelliten AGENA 10 an. Erstmalig wurde dieses Vorhaben mit einem autonomen Computer an Bord durchgeführt. Auch Gemini 11 mit Charles Conrad sowie Richard Gordon testete mit Erfolg ein Andockmanöver.

Die Häufigkeit der durchgeführten Kopplungsmanöver zeigt deren große Bedeutung. Für die auf dem Mond gelandeten Astronauten wäre es der sichere Tod, wenn die Mondlandefähre nicht wieder an das Mutterschiff ankoppeln könnte. Während Gemini 11 wurden zudem einige Weltraumspaziergänge durchgeführt. Ein Außentest sollte die Gefährlichkeit der kosmischen Strahlung bestimmen. Ohne die schützende Erdatmosphäre sind die Menschen im Weltraum einer gefährlichen, hochenergetischen Strahlung ausgesetzt. Diese galt es zu untersuchen, um medizinische und biologische Gefahren zu minimieren. Gemini 12 war die letzte Mission des Projektes. James Lovell, zum zweiten Mal im Weltraum, und Edwin Aldrin (neben Armstrong und Collins der dritte Astronaut von Apollo 11) führten nochmals Kopplungsmanöver durch.

Start einer Gemini-Titan-11 (GT-11) von Startrampe 19. Auch die Gemini-11-Mission sollte ein Rendezvous im Weltraum durchführen.

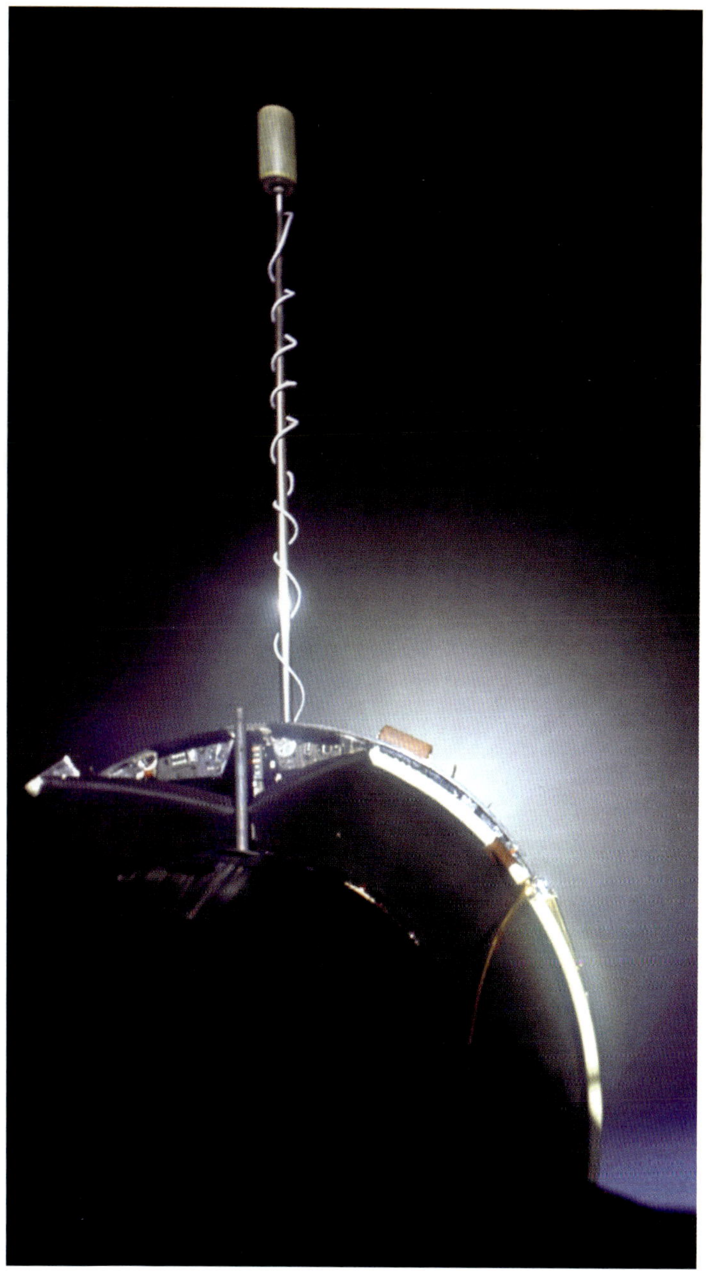

Gemini 10 hat an den AGENA-Satelliten angedockt. Das „blaue Glühen" geht auf das laufende Haupttriebwerk des Satelliten zurück.

Sojus und der erste Apollo-Test

Die Amerikaner schlossen das Gemini-Projekt Ende 1966 mit Erfolg ab. Mit dem anschließenden Apollo-Programm nahmen sie nun konkret den Mond ins Visier. Die russische Raumfahrtagentur kam daher unter Zugzwang. Zu diesem Zeitpunkt konnte sie bis zu drei Kosmonauten in die Umlaufbahn und wieder sicher zur Erde zurückbringen. Doch von der Fähigkeit, einen Flug zum Mond durchzuführen, waren ihre Ingenieure noch weit entfernt. Unter diesen Vorzeichen begann das Projekt „Sojus".

Zum Sojus-Programm gehörten eine neu entwickelte Rakete sowie eine entsprechende Raumkapsel. Die Sojus-Kapseln waren die ersten russischen Raumfahrzeuge, d.h., sie konnten in der Erdumlaufbahn navigieren und Kopplungsmanöver durchführen. Obwohl das Programm zum Ziel hatte, den Wettlauf zum Mond zu gewinnen, wurden seine Ergebnisse dann für andere Projekte verwendet. Die folgende Chronik soll den Verlauf der Sojus-Missionen dokumentieren. Es wird ersichtlich, dass der Rückstand der UdSSR beim Wettlauf zum Mond fast nicht mehr aufzuholen war. Aus diesem Grund entwickelte man später die Kapseln weiter und setzte die Priorität auf eine bemannte Raumstation. Mit Saljut, dem Nachfolger von Sojus, gelang es der UdSSR, eine erste Raumstation in der Umlaufbahn zu positionieren.

Edwin Aldrin jr., der Pilot des Gemini-12-Programms, macht am zweiten Tag der viertägigen Weltraummission einen von mehreren Weltraumspaziergängen (Extra Vehicular Activity – EVA).

Der Augmented Target Docking Adapter (ATDA – „vergrößerter Andock-Zieladapter") wurde während des Andockmanövers von Gemini 9 aus fotografiert; noch beträgt die Entfernung über 30 Meter. Ein Fehler verhinderte das Andocken der beiden Objekte. Später beschrieben Astronauten der Gemini-9-Crew den ATDA als „wütendes Krokodil".

„Das schwarze Jahr der Raumfahrt"

Sojus 1 startete im April 1967. Die Sojus-Kapseln stellten sich im Laufe der Zeit als ein sehr sicheres System heraus, das noch heute genutzt wird (unter anderem beim Aufbau der Internationalen Raumstation). Doch der erste Sojus-Flug endete mit einer Katastrophe, bei der Kosmonaut Wladimir Komarow tragisch ums Leben kam. Wie so häufig gab es Probleme bei der Landung. Nachdem sich der Bremsfallschirm nicht vollständig geöffnet hatte, fiel die Kapsel aus mehreren Kilometern Höhe ungebremst zu Boden. Nach diesem schrecklichen Unfall startete man Sojus 2 als unbemannte Mission, und erst über ein Jahr nach Sojus 1 flog mit Georgi Beregowoi bei der Mission Sojus 3 wieder ein Kosmonaut in den Weltraum. Technische Experimente und eine Annäherung an Sojus 2 waren Ziele des Projekts.

Sojus 4 und Sojus 5 begannen ihre Missionen mit nur einem Tag Differenz. Ihre Aufgabe bestand in einem Andockmanöver, das mit Erfolg durchgeführt wurde. Zwei der drei Kosmonauten, Alexej Jelissejew und Jewgeni Chrunow, stiegen von Sojus 5 in Sojus 4 um und landeten mit dieser Kapsel. Hier wartete bereits Wladimir Schatalow. Boris Wolynow blieb in Sojus 5 zurück und landete einen Tag später sicher auf der Erde. Sojus 6 mit Georgi Schonin und Waleri Kubaassow, Sojus 7 mit Anatoli Filiptschenko, Wladislaw Wolkow und Wiktor Gorbatko sowie Sojus 8 mit den Kosmonauten Wladimir Schatalow und Alexej Jelissejew starteten ebenfalls mit einem Abstand von jeweils nur einem Tag. In der Erdumlaufbahn flogen die Raumkapseln dann in einer Dreierkombination nebeneinander.

An das Gemini-Projekt der Amerikaner schloss sich das Apollo-Projekt an, das fast zeitgleich mit dem russischen Sojus-Projekt begann. Beim ersten Apollo-Test kam es zu einem tragischen Unfall: Virgil Grissom, Edward White und Roger Chaffee verbrannten bei einem Test am Boden in ihrer Raumkapsel. Wegen des tragischen Unfalls in der UdSSR im gleichen Jahr nannte man 1967 „das schwarze Jahr der Raumfahrt".

Aus der Apollo-Raumkapsel fotografierte ein Astronaut die Sojus kurz vor dem Andockmanöver. Am glockenförmigen Abstiegsfahrzeug und dem zylindrischen Instrumentenbau-Gruppenmodul hängen die zwei Sonnenkollektoren.

Während eines Weltraumspaziergangs machte Eugene Cernan dieses ungewöhnliche Foto von Gemini 9. Man sieht die Raumkapsel und die Versorgungsschnur, die den Astronauten mit dem Raumschiff verbindet.

Eine Sojus-Rakete wird zur Startplattform auf dem Baikonur-Weltraumbahnhof in der Steppe Kasachstans gebracht.

Die Strecke von der Montagehalle legt die Sojus-Rakete liegend zurück, eine Lokomotive zieht den Startverband.

Bis zum Start steht die Sojus-Rakete nicht frei, sondern wird von riesigen Klammerkonstruktionen in der vertikalen Position gehalten. Erst wenn sich die Rakete nach dem Start gen Himmel bewegt, schwenken die Trägersysteme zurück und geben die Rakete frei. Rechts und links befinden sich Versorgungstürme, die bei Bedarf an die stehende Rakete gefahren werden können, um zum Beispiel wichtige Versorgungsleitungen anzuschließen oder Technikern letzte Arbeiten zu ermöglichen.

Rund zwei Tage vor dem Start wird die Sojus-Rakete mit schweren Maschinen auf der Startplattform aufgerichtet.

Der Wettlauf zum Mond beginnt

Von Gemini zu Apollo – eine Zusammenfassung

Das russische Wostok-Projekt hatte große Erfolge erzielt, und die USA schien Ende der 1950er- und Anfang der 1960er-Jahre den Anschluss in der Raumfahrttechnik an den Rivalen UdSSR verloren zu haben. Als Präsident John F. Kennedy angesichts dieser Sachlage 1961 die Landung eines Menschen auf dem Mond innerhalb des gleichen Jahrzehnts forderte, wusste noch kein Ingenieur, wie dieses Vorhaben zu realisieren sein könnte. Doch der Enthusiasmus des Präsidenten sprang auf die Öffentlichkeit über und auch der Kongress ließ sich von diesem Milliarden Dollar teuren Projekt überzeugen.

Mit dem Gemini-Programm konnten alle Manöver getestet werden, die für einen bemannten Flug zum Mond erforderlich waren. Es brachte in mehrfacher Hinsicht wichtige Ergebnisse. Neben der Entwicklung von neuem technischen Equipment wie der Andockmodule und dem Einüben von Flugmanövern standen auch biomedizinische Erkenntnisse im Blickpunkt des Interesses. Die Frage, wie sich der menschliche Organismus für einen längeren Zeitraum in der Schwerelosigkeit verhalten würde, konnte nun beantwortet werden.

Ziel des Wettlaufs zwischen USA und UdSSR: der Mond. Die Aufnahme zeigt einen Teil der Mondrückseite, nur die linke Hälfte ist auch von der Erde aus sichtbar: Oben links liegt das lavagefüllte Mare Imbrium, links in der Mitte das Mare Serenitatis, darunter das Mare Tranquillitatis (das als Landezone für die Apollo-11-Mission genutzt wurde) und ganz unten links das kreisrunde Mare Crisium.

Mondaufgang über der Erde. Mit den Gemini-Flügen rückte der Erdtrabant ein Stück näher.

Auf sowjetischer Seite hatten Raumflugkörper zwar eine hohe Zuverlässigkeit erreicht, doch die technischen Möglichkeiten für eine Mondmission waren noch nicht gegeben. Die Führung des russischen Raumfahrtprogramms gegenüber den USA hatte sich bis Mitte der 1960er-Jahre deutlich verringert. In Hinsicht auf das „Mondprojekt" lag die USA nun bereits in Führung. Von großer politischer Bedeutung erwies sich, dass im Licht der Öffentlichkeit die Landung eines Menschen auf dem Erdtrabanten das Prestigeduell der Weltmächte entscheiden musste. Trotz dieses Sachverhalts wurden – wahrscheinlich in realistischer Einsicht der eigenen Fähigkeiten – auf russischer Seite neue Schwerpunkte in der Raumfahrt festgelegt.

Nachdem das Projekt Gemini mit großem Erfolg durchgeführt worden war, entschied man sich in den USA auch aus Sicherheitsgründen für die Konzeption eines neuen Projekts. Damit war das Apollo-Programm geboren.

Das Konzept

Für das neue Programm waren einige neue technische Entwicklungen nötig. Ein wichtiges Kriterium bestand in der Klärung der Frage, wie Astronauten auf dem Mond landen und wieder starten sollten. Im Laufe der Planungen wurde deutlich, dass ein aus mehreren Elementen bestehendes System am geeignetsten sein würde. In der Raumkapsel befanden sich die Astronauten während des Fluges. Parallel dazu gab es ein separates Antriebs- und Versorgungssystem. Für die Landung auf dem Mond benötigte man die dritte Komponente, das Lunar Module/LM (Mondlandefähre). Schließlich baute man auch noch eine völlig neu konzipierte Rakete, die diese schwere Konstruktion in eine Umlaufbahn bringen konnte. Ihre Leistungsfähigkeit blieb einmalig in der Raumfahrtgeschichte.

Die Saturn V

Für das Apollo-Projekt wurde eine neue Rakete entwickelt. Es handelt sich um ein dreistufiges System. Insgesamt gab es drei Varianten der Rakete. Die Saturn I war bis 1967 die leistungsstärkste Rakete. Ihr Gewicht von 500 Tonnen verteilte sich auf eine Länge von 57 Metern. Ein modifizierter Typ war die Saturn Ib. Am Schluss der Entwicklung stand die Saturn V. Sie war die leistungsstärkste Rakete der Amerikaner. Der Koloss wog 2.800 Tonnen und ragte 111 Meter in die Höhe. Wernher von Braun war maßgeblich an der Entwicklung dieses Raketentyps beteiligt. Allein 25 Meter entfielen auf das Raumfahrzeug und somit auf den effektiv eingesetzten Bereich.

Das Dreistufensystem mit einem flüssigen Sauerstoff-Wasserstoff-Gemisch erreichte mit der ersten Stufe 3.470 Tonnen Schub. Mit geringer werdendem Gewicht reichten in der zweiten Stufe 522 Tonnen und in der dritten Stufe 108 Tonnen Schub aus, um die Rakete auf Fluchtgeschwindigkeit zu beschleunigen. Insgesamt konnten mit diesem System maximal 43 Tonnen Nutzlast in den Weltraum transportiert werden. Dies ist mehr, als der heutige Space Shuttle zu tragen vermag (max. 30 Tonnen).

Der Start der Rakete setzte so viel Energie frei, dass die Erde im Umkreis von fünf Kilometern spürbar bebte. Vom Moment der Zündung bis zum Abheben dauerte es neun Sekunden. Diesen Zeitraum benötigte die Rakete, um ihre riesige Masse in Bewegung zu setzen. Sie war so schwer wie 100 Eisenbahnwagen und entwickelte so viel PS wie eine Million Sportwagen. Damit war die Saturn V innerhalb von zwölf Minuten in einer Erdumlaufbahn. Drei Stunden nach dem Start zündete die dritte Stufe und brachte die Raumkapsel mit 40facher Schallgeschwindigkeit auf den Weg zum Mond.

Ein Modell der Saturn-Rakete wird im Windkanal getestet. Vor dem Start wurden verschiedene Startkonfigurationen auf ihre aerodynamische Tauglichkeit hin überprüft.

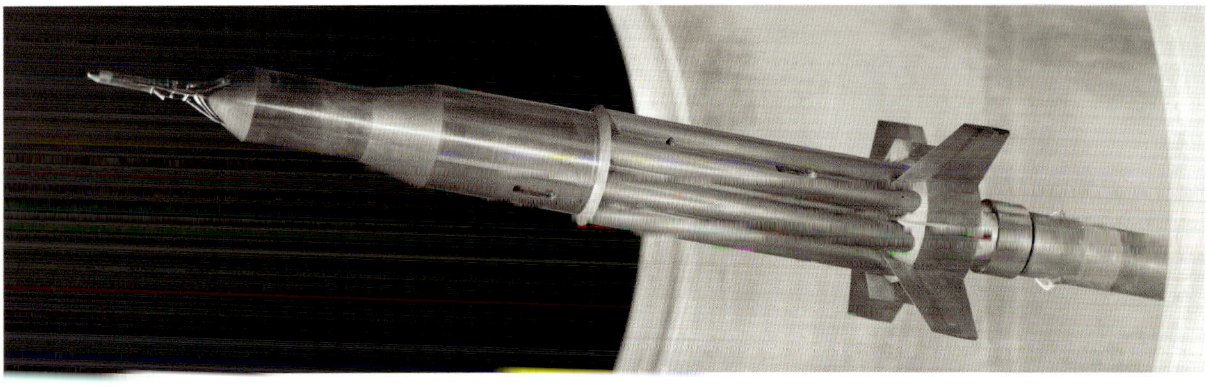

Luftaufnahme vom Kennedy Space Center. Das riesige VAB (Vehicle Assembly Building, deutsch „Fahrzeugmontagehalle“) gehört bis heute zu den größten Gebäuden der Welt. Die beiden Startplätze 39a und 39b liegen im Hintergrund an der Küste. Auf dem „Crawlerway“, der Fahrspur der gigantischen Transportfahrzeuge, werden die Raketen aus der Montagehalle zu ihren jeweiligen Startplätzen transportiert.

Eigens für den Bau der großen Saturn-Raketen errichtete die NASA das Vehicle Assembly Building.

Eine Saturn IV Rakete wird aus dem Vehicle Assembly Building (VAB) zur Startrampe gerollt. Im Hintergrund sind zwei weitere Service- und Starttürme für die Saturn Raketen zu sehen.

Die erste Stufe der Saturn-Rakete wird mit dem Tank für flüssigen Sauerstoff (LOX; liquid oxygen) verbunden.

Drei Basiselemente der Saturn-Raketen liegen in der Michoud Assembly Facility (MAF). Hier werden die jeweils fünf Raketentriebwerke eingebaut.

Luftbild der Michoud Assembly Facility (MAF). Sie liegt rund 30 Kilometer östlich von New Orleans. Während des Apollo-Programms bauten Chrysler und Boeing hier auf knapp 300 Quadratkilometern Raketentriebwerke. Bis heute fertigt und wartet Lockheed-Martin auf diesem Gelände Triebwerke für die amerikanischen Space Shuttles.

Was aussieht wie ein missglückter Raketenstart, ist ein Test der ersten Stufe der Saturn-V-Rakete (S-1C) in einem Prüfstand. Die Raketenstufe wird dazu in der Mississippi Test Facility (MTF) der NASA fixiert und gezündet. Ziel der Tests: Die fünf Triebwerke sollen den Kraftstoff möglichst optimal verbrennen und so maximalen Schub entwickeln.

50 Jahre und 31.999.999 Pferdestärken sind der Unterschied zwischen den Fahrzeugen auf diesen beiden Bildern. Oben ist ein Pferdewagen mit 1 PS vor der alten Michoud-Plantage in New Orleans, Louisiana, zu erkennen. Unten passiert ein 32 Millionen PS starker Booster einer Saturn-Rakete dieselbe Stelle.

Auf beiden Bildern sind dieselben alten Schornsteine der ehemaligen Michoud-Plantage zu erkennen, die bereits um 1850 erbaut wurden. 1965 steht hier die Michoud Assembly Facility (MAF), in der die Raketenstufen für die Saturn-Raketen des Apollo-Projektes gebaut wurden.

Das Raumschiff

Die Saturn V brachte zum einen das Kommandomodul, zum anderen das Servicemodul sowie die Landefähre in die Erdumlaufbahn. Im Kommandomodul verbrachten die Astronauten die Hin- und Rückreise zum und vom Mond. Hier hatte die Crew nicht nur ihr Quartier, von hier aus führten die Astronauten auch alle Steuermanöver durch und überwachten den Flug. Im Servicemodul befanden sich die Antriebs- und Versorgungssysteme des Raumschiffs. Neben Treibstoff musste auch Sauerstoff mitgeführt werden. Zum Teil konnte dieser an Bord eigenständig produziert werden. In der Fachsprache wurden beide Komponenten gemeinsam als CSM (Command and Service Module) bezeichnet.

Die dritte Stufe der Saturnrakete schwebt im Weltraum, im vorderen Teil hinter den Klappen befindet sich das Landefahrzeug, mit dem die Astronauten zum Mond und von dort wieder zurück zum Mutterschiff fliegen konnten.

Das Command/Service Module (CSM) von Apollo 11 wird auf der Spitze der Saturn-Rakete montiert. Direkt unter dem CSM befindet sich die dritte Raketenstufe mit der Fähre für die Mondlandung.

Das Landefahrzeug wird in der Erdumlaufbahn aus der dritten Stufe der Rakete herausgezogen. Hier testet die Crew von Apollo 9 das Andockmanöver zwischen dem Kommandomodul (aus dem dieses Foto gemacht wurde) und dem Landemodul.

Das CSM von Apollo über der Mondoberfläche. Das Foto wurde vom Landemodul bei der Rückkehr vom Mond gemacht.
Das folgende Andocken war der kritischste Moment der Mission. Bei einem Misslingen wären die Astronauten verloren gewesen.

Flugversuche mit einem Lunar Landing Research Vehicle (LLRV), also einem Mondlande-Versuchsfahrzeug, auf der Edwards Air Force Base

Ein erstes Modell einer Mondlandefähre wurde am Langley-Forschungszentrum in Hampton im US-Bundesstaat Virginia gebaut.

Die Mondlandefähre (Lunar Module/LM) war direkt am Kommandomodul befestigt. Nach Erreichen des Mondes wechselten zwei der drei Astronauten in das Landemodul. Dieses wurde vom Mutterschiff getrennt und konnte zur Oberfläche absteigen. Beim Rückflug von der Mondoberfläche blieb das Landegestell der Fähre zurück. Eine kleine Kapsel brachte die beiden Mondbesucher wieder zum CSM. Das folgende Kopplungsmanöver zwischen dem Lunar Module und dem Mutterschiff war von entscheidender Bedeutung. Sollte das Andocken nicht gelingen, wären die beiden Astronauten nicht zu retten gewesen. Aus diesem Grund hatte man bereits im Gemini-Programm das Ankoppeln der Module sehr häufig getestet.

Rechts: Das LM Eagle von Apollo 11 in der Landekonfiguration. Die seilähnlichen Gebilde unter den Landefüßen sind Oberflächensensoren, die den Kontakt mit der Mondoberfläche melden und das Landetriebwerk abschalten.

Auf einem eigens angelegten Testgelände wurden Landeversuche mit dem Mondmodul vorgenommen. Heute dient die Anlage unter anderem als Crash-Labor für Flugzeugprototypen.

Auf diesem mehrfach belichteten Foto ist eine Landesimulation mit einem Prototypen der Mondlandefähre zu sehen. Die Perfektion der Vorbereitungen machte sich bei den weitgehend problemlosen Mondmissionen bezahlt.

Apollo 1

Im Jahr 1966 begannen die konkreten Vorbereitungen für das Apollo-Programm. Im Februar 1967 sollte Apollo 1 als erste Raumkapsel des Projektes in den Weltraum fliegen. Doch drei Wochen vor dem Start kam es während eines Tests zur Katastrophe, bei der die Astronauten Edward White, Virgil Grissom und Roger Chaffee während eines Brands an Bord ums Leben kamen. Durch unglückliche Umstände konnten sie die Ausstiegsluke nicht öffnen, und alle drei Männer erstickten in der Raumkapsel. Der NASA wurden große Vorwürfe gemacht, denn das Luftgemisch in der Raumkapsel bot dem Feuer günstige Voraussetzungen. Ein kleiner Funke, ein Kurzschluss im elektrischen System konnte sich in kurzer Zeit zu einem großen Brand ausweiten. Erst nach diesem Vorfall wurden Sicherheitsmaßnahmen eingebaut. In Zukunft konnte ein Brand umgehend durch Stickstoff gelöscht werden.

Nach dieser Katastrophe kam es erst im Dezember 1968 zum nächsten bemannten Apollo-Flug. Die Missionen Apollo 4, 5 und 6 wurden unbemannt durchgeführt.

Erste Apollo-Flüge

Im Oktober 1968 startete mit Apollo 7 wieder eine bemannte Apollo-Mission. Die Astronauten Walter Schirra, Donn Eisele und Walter Cunningham sollten die Kapsel auf ihre Funktionsfähigkeit hin testen. Speziell auf die Überprüfung der Kombination zwischen Kommando- und Servicemodul sollte ein Schwerpunkt gelegt werden. Alle Tests verliefen erfolgreich. Mit der folgenden Mission Apollo 8 konnte die NASA bereits den Mond ins Visier nehmen.

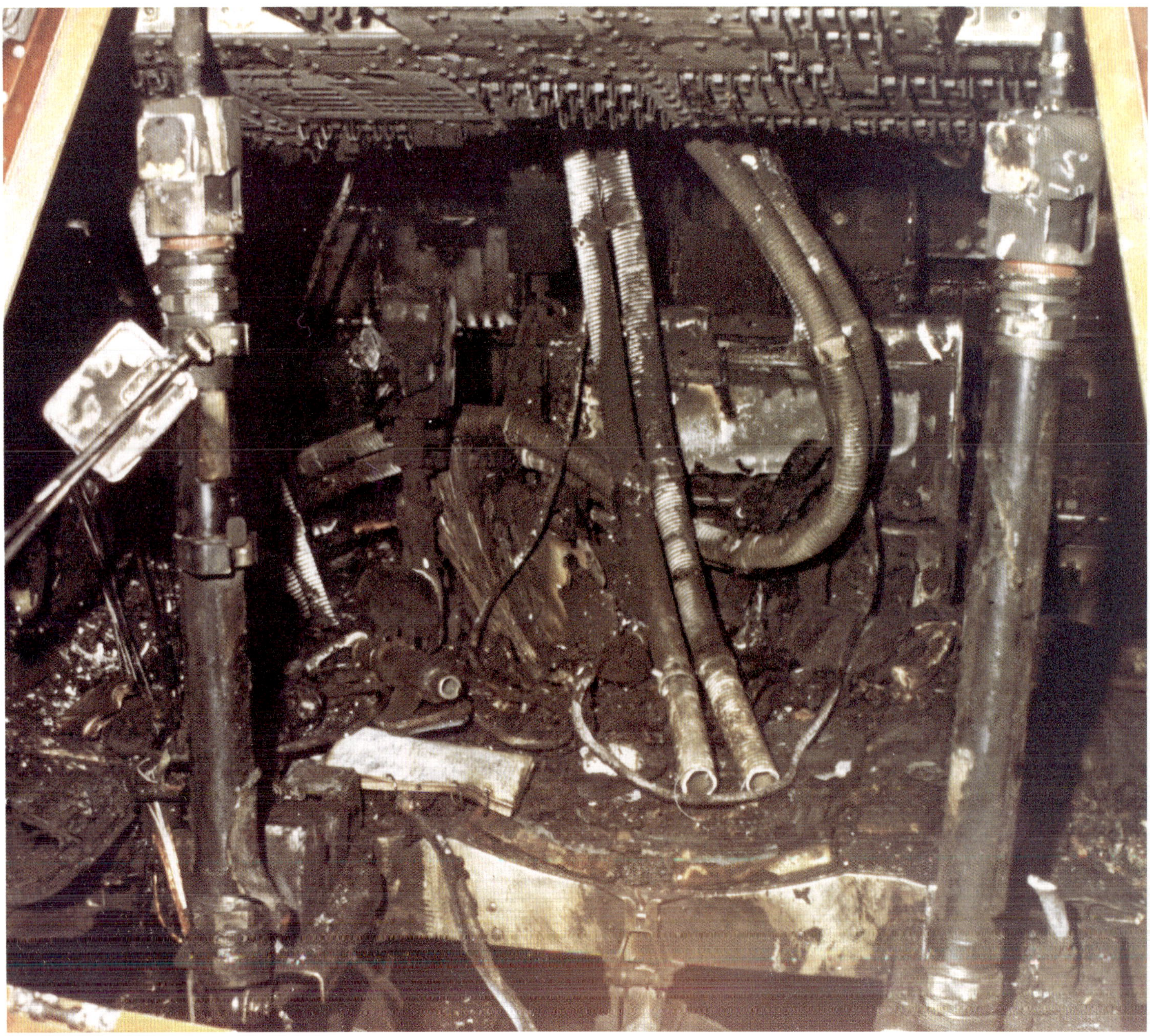

Das Innere der Kommandokapsel von Apollo 1 brannte bei dem Feuerunfall komplett aus. Die Crew (Virgil Grissom, Edward White und Roger Chaffee) kam bei dem tragischen Unfall ums Leben.

Obwohl auch zum damaligen Zeitpunkt ausführliche Gesundheitstests durchgeführt wurden, steckten sich die drei Astronauten von Apollo 7 während ihres Fluges gegenseitig mit einem starken Schnupfen an. Erkrankungen können auf der Reise zum Mond natürlich ein großes Problem darstellen. Die Astronauten wurden so ausgebildet, dass sie sich in einem Mindestmaß selbst medizinisch versorgen konnten (bis zum Ziehen eines Zahnes). Doch eine Erkrankung, die in der Raumkapsel nicht zu therapieren gewesen wäre, oder gar langfristige Gesundheitsprobleme konnten die Missionen gefährden. Denn selbstverständlich war es bei einem Mondflug nicht möglich, einfach umzudrehen.

Apollo 7 startet am 11. Oktober 1968, 11:08 Uhr Ortszeit. Im Vordergrund steht eine Bahnverfolgungsantenne.

Am 9. November 1967 startet Apollo 4, der erste unbemannte Testflug in derselben Konfiguration (Saturn-Rakete mit Apollo-Raumschiff im Nutzlastraum), die auch bei der Mondlandung verwendet werden sollte. Alle drei Stufen der Rakete wurden erfolgreich gezündet. Im Erdorbit musste die dritte Stufe dann erneut gezündet werden, um den Flug zum Mond und wieder zurück fortsetzen zu können.

Ein Techniker führt letzte Arbeiten am Einstiegsraum der Saturn-Rakete aus.

Blick auf die Erde aus der Mondumlaufbahn. Aus dieser Entfernung füllt die Erde bereits weniger als ein Prozent des Bildes aus. Die Fotografie entstand mit einer 80-mm-Linse von Apollo 8 aus.

Der erste Flug zum Mond

Mit Apollo 8 und den Astronauten Frank Borman, James Lovell und William Anders umkreisten zum ersten Mal Menschen den Mond. In einer Höhe von durchschnittlich 112 Kilometern umrundeten sie dabei den Erdtrabanten zehn Mal. Währenddessen erstellten sie eine Vielzahl von Fotografien von der sonst nicht sichtbaren Rückseite des Mondes. Weil die Mission über die Weihnachtstage 1968 stattfand, las William Anders aus dem Ersten Buch Mose. Ursprünglichen Planungen zufolge sollte mit dieser Mission bereits eine unbemannte Landefähre auf der Oberfläche des Mondes abgesetzt werden. Doch zu diesem Zeitpunkt war das Landemodul noch nicht fertig gestellt.

Blick auf die Oberfläche der Mondrückseite. Die Fotografie entstand aus der Mondumlaufbahn von Apollo 8 aus.

Erst mit Apollo 9, die am 3. März 1969 gestartet wurde, konnte die Mondlandefähre eingesetzt werden. Alle Tests wurden jedoch lediglich im Orbit durchgeführt. Die Astronauten Jim McDivitt, David Scott und Russel Schweickhart verließen also anders als die Vorgängermission Apollo 8 die Erdumlaufbahn nicht. Über sechs Stunden flog das Lunar Module separat im Orbit und konnte dabei ausführlichen Versuchen unterzogen werden.

Mit der nächsten Mission Apollo 10 trainierten die Astronauten erstmals den Abstieg der Landefähre. Die Rakete startete am 18. Mai 1969 und erreichte am 21. Mai eine Mondumlaufbahn. Einen Tag später begaben sich Thomas Stafford und Eugene Cernan an Bord der Mondlandefähre und verließen das Mutterschiff. Ihre Annäherung an die Mondoberfläche betrug im günstigsten Moment nur 14 Kilometer. Aus dieser Distanz gelangen den Astronauten spektakuläre Fotos von der Mondoberfläche. Acht Stunden nach der Trennung vom Command/Service Module (CSM) dockte die Landefähre dann am 23. Mai erfolgreich wieder an. Nach 31 Mondumrundungen begann am 24. Mai der Rückflug zur Erde, die Apollo 10 am 26. Mai mit einer Wasserung im Pazifik wieder erreichte.

Wiedereintritt der Apollo-8-Raumkapsel in die Erdatmosphäre. Fotografiert wurde mit einer speziellen Kamera, die an einem KC-135a-Flugzeug der US Air Force montiert war.

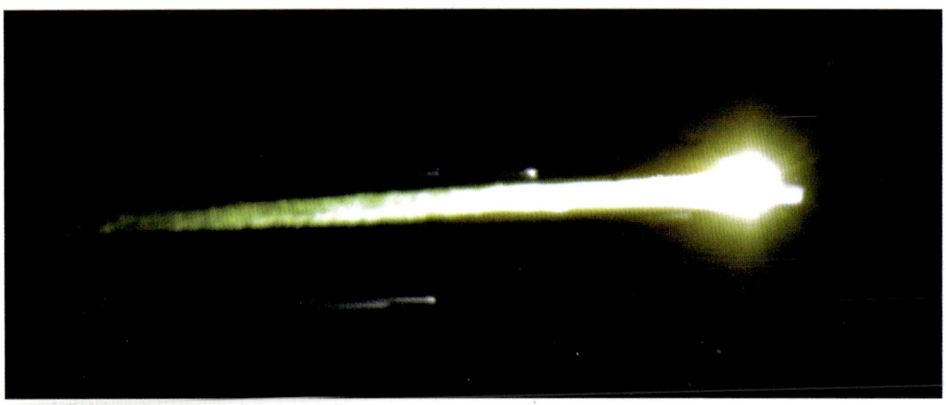

US-Kampfschwimmer bergen die gewasserte Kapsel von Apollo 8. Sie wird an Bord des Flugzeugträgers USS Yorktown gehoben, dem Hauptbergungsschiff für die Apollo-8-Mission. Die Astronauten haben hier ihr Raumfahrzeug bereits verlassen und befinden sich an Bord des Bergungsschiffes.

Die Mannschaft von Apollo 8 verlässt den Bergungshubschrauber an Bord der USS Yorktown. Vorn links winkt Mission Commander Frank Borman den Helfern zu, dahinter stehen Kommando-Modul-Pilot James Lovell und rechts daneben der Pilot der Mondlandefähre William Anders.

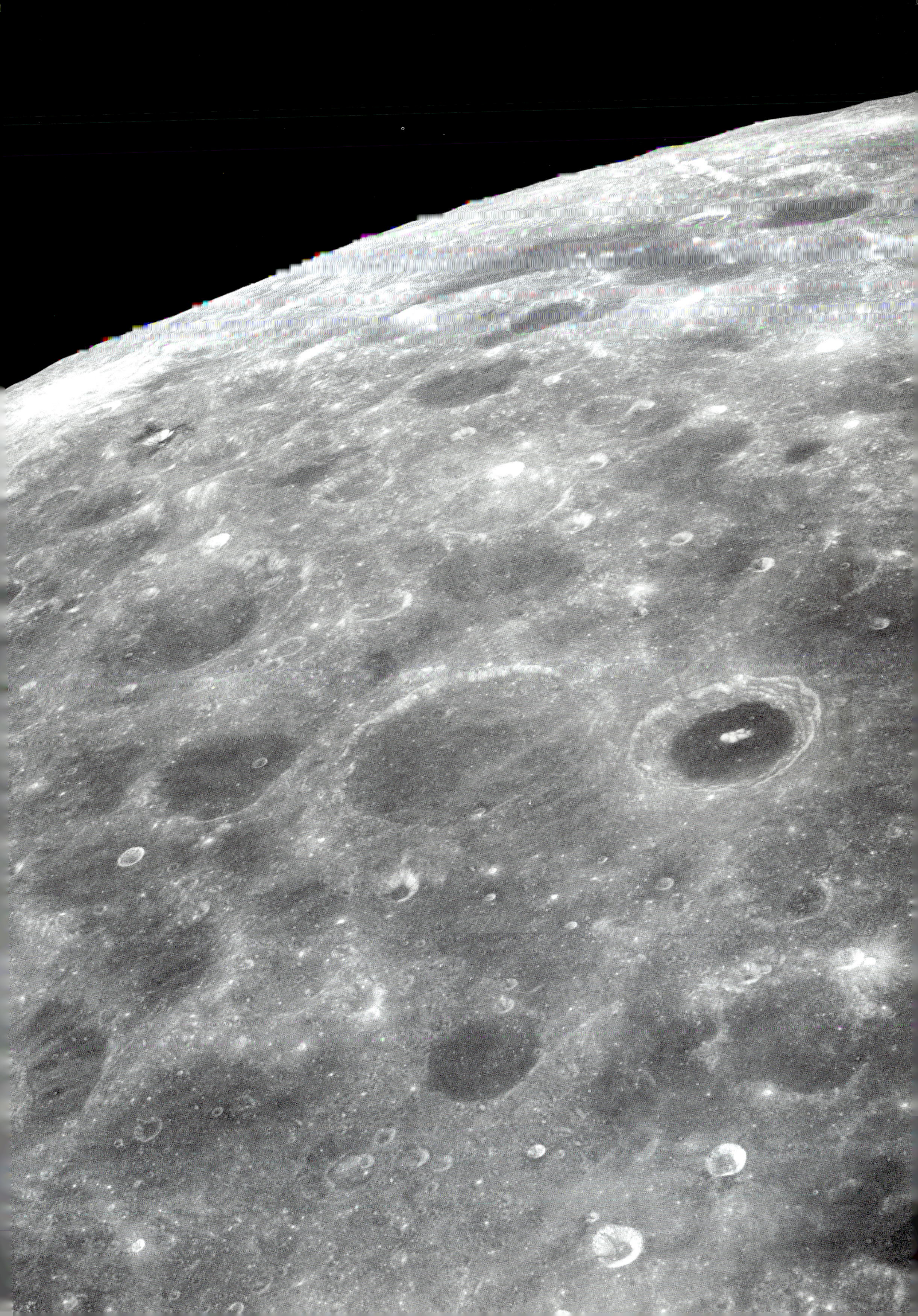

Das CSM Gumdrop von Apollo 9 kehrt am 13. März 1969 nach einer zehntägigen Erdorbit-Mission zurück. Das Raumschiff landet – von Fallschirmen gebremst – nur rund zehn Kilometer vom Hauptbergungsschiff USS Guadalcanal entfernt im Atlantik.

Rechts: Astronaut Russel Schweickart während eines EVA (Extra Vehicular Activity, „Einsatz außerhalb des Raumfahrzeugs") in seiner Extravehicular Mobility Unit (EMU), also seinem Raumanzug. Das Foto entstand am vierten Tag der Apollo-9-Mission aus dem Kommandomodul heraus.

Die Mission Apollo 9 war eine reine Erdorbit-Mission, nur die Kopplungsmanöver zwischen Kommandomodul (CSM) und Mondfähre (LM) standen auf dem Plan. Hier sind CSM und LM bereits zusammengekoppelt, LM-Pilot Russell Schweickart fotografierte den in der geöffneten Luke des CSM stehenden Piloten David Scott.

Das Landemodul Spider von Apollo 9 in der Landekonfiguration im Erdorbit. An Bord befinden sich die Astronauten James McDivitt und Russell Schweickart, das Foto wurde von David Scott an Bord des CSM gemacht.

Erneuter Anflug der Mondfähre auf das Kommandomodul. Die Mondfähre besteht nur noch aus der Aufstiegsstufe, die Abstiegsstufe, also das Landegestell und das Bremstriebwerk, ist bereits abgesprengt. In dieser Konfiguration kehrt das Landefahrzeug vom Mond zurück.

Der erste Mensch auf dem Mond

Am 16. Juli 1969 startete die Saturn-V-Rakete mit Apollo 11. Fünf Tage später, am 21. Juli 1969, sollte Neil Armstrong als erster Mensch einen anderen Himmelskörper als die Erde betreten. Mit ihm in der Landefähre befand sich Edwin „Buzz" Aldrin, der 20 Minuten nach Armstrong den Mond betrat. Im Mutterschiff blieb Michael Collins zurück. In der ganzen Welt saßen Millionen von Menschen vor den Fernsehern und verfolgten diesen einmaligen Moment. Der Start von Apollo 11 erfolgte in den Morgenstunden des 16. Juli. Bereits zwei Stunden später schwenkte das Raumschiff auf eine Bahn zum Mond ein. Nach einem dreitägigen Flug erreichte die Mannschaft eine Umlaufbahn des Erdtrabanten. Hier blieb sie etwas mehr als einen Tag, während dem die Astronauten viele Wartungsroutinen durchführten, bevor sich am 20. Juli die Mondlandefähre Eagle (deutsch „Adler") vom Mutterschiff trennte. Neil Armstrong und Edwin Aldrin begannen den wichtigsten Abschnitt der Mission. Zwei Stunden nach dem Abstieg landete die Fähre auf dem Mond. Eine besonders wichtige Rolle spielte der Landeplatz. Die Oberfläche des Mondes ist von kleinen und großen Kratern überzogen, die die Landung gefährden konnten. So wäre es zum Beispiel möglich gewesen, dass das Lunar Module beim Aufsetzen an einem Hang umkippt. Auch bestand die Gefahr, dass der Boden unter der Landefähre durchbricht. Einige Fragen konnten auch durch genaueste geografische Kenntnisse des Landeplatzes nicht vollständig gelöst werden.

Start der Saturn V zum Flug Apollo 11 am 16. Juli 1969 um 09:32 Uhr Ortszeit von Startrampe 39a

Kurz vor der Landung korrigierte Armstrong manuell den Abstiegskurs und suchte einen geeigneten Landeplatz. Mittelgroße Gesteinsbrocken machten eine Landung an der ursprünglich geplanten Stelle unmöglich. Nach dieser Korrektur gab es keine weiteren Komplikationen. Der Landeplatz lag inmitten des Mare Tranquillitatis, dem „Meer der Ruhe". Am 21. Juli um 3:56 Uhr (MEZ) betrat Neil Armstrong als erster Mensch den Mond. Vor dem entscheidenden Schritt von der letzten Stufe der Leiter auf den Mond sprach Armstrong den bekannten Satz „This is one small step for a man, but a giant leap for mankind" (Dies ist ein kleiner Schritt für einen Menschen, aber ein riesiger Sprung für die Menschheit).

Edwin Aldrin, als zweiter Mensch auf dem Mond, ließ es sich nicht nehmen, darauf zu erwidern: „Für Neil mag dieses ein kleiner Schritt gewesen sein, für mich ist es ein großer Sprung." Für geraume Zeit liefen Aldrin und Armstrong über den Mond und führten unterschiedliche Experimente durch. Nach zwölf Stunden wurde die Heimreise zum Mutterschiff eingeleitet. Das Andocken sowie das Verlassen der Mondumlaufbahn in Richtung Erde funktionierten einwandfrei. Am 24. Juli 1969, 195 Stunden, 18 Minuten und 35 Sekunden nach dem Start, landete die Raumkapsel im Pazifik. Die Mission war erfolgreich, Millionen jubelten. Gemessen an den folgenden Apollo-Flügen, waren die Aufgaben der beiden ersten Mondastronauten allerdings nicht sehr umfangreich gewesen.

Rechts: Eine Weitwinkelkamera auf der mobilen Startrampe schoss dieses Foto. Zu erkennen sind die Versorgungsarme der Startrampe, die kurz vor dem Abheben der Rakete zurückschwenken.

Zelt und Fernglas waren die wichtigsten Utensilien für die Apollo-Touristen.

Der Start von Apollo 11 wurde von Tausenden begeisterter Weltraumfans vor Ort beobachtet. Bereits Tage vor dem Start campierten sie auf den Straßen und Stränden rund um das Kennedy Space Center in Florida, um am Starttag den Flug der Rakete möglichst gut beobachten zu können.

Die Saturn V steigt Richtung Erdorbit auf. Nach nur zweieinhalb Minuten Flugzeit hat die Rakete bereits eine Höhe von knapp 63 Kilometern erreicht. Dieses Foto wurde von einer Verfolgungskamera mit 70-mm-Objektiv aufgenommen, die an einer EC-135N-Maschine der US Air Force montiert war.

Dieser Mangel an wissenschaftlichen Experimenten lag zum einen in der Tatsache begründet, dass das Apollo-Projekt aus einem Prestigeduell hervorgegangen war. Unter dem hohen Erfolgsdruck blieb für die Konzeption qualitativ hochwertiger Experimente keine Zeit. Die größte wissenschaftliche Ausbeute der Mission waren daher die über 20 Kilogramm Mondgestein, die Apollo 11 mit zur Erde brachte. Keine unbemannte Mission hätte eine solch große Menge an Proben sicher erbringen können. Im gesamten Apollo-Programm wurden sogar über sechs Zentner Gestein gesammelt. Ein kleiner Teil wurde wissenschaftlichen Instituten in der ganzen Welt für Forschungszwecke zur Verfügung gestellt. Aus der Untersuchung der Proben gewann man neue Theorien zur Entwicklung unserer Erde, des Mondes und des gesamten Sonnensystems. Ein Großteil der Steine wird heute von der NASA verwaltet. An Privatkunden werden sie nicht verkauft. In den USA ist deren Privatbesitz sogar gesetzlich verboten. Hin und wieder werden aber Meteoriten vom Mond gefunden und gelangen so auch in die Hände von Sammlern. Auf Versteigerungen erreicht das Material Preise von bis zu 5.000 Dollar pro Gramm.

Ein weiterer wissenschaftlicher Aspekt war die Aufstellung eines Seismografen auf der Mondoberfläche, der neben „Erdbewegungen" des Mondes die Anzahl und Größe von Meteoriten registriert, die auf dem Mond aufschlagen. Zudem installierte man einen Laserreflektor. Der „Spiegel" wird von der Erde aus mit einem speziellen Laser beschossen. Dieses Licht wird reflektiert und aus der Lichtlaufzeit kann der Abstand des Mondes zentimetergenau bestimmt werden. Wissenschaftler stellten anhand dieses Versuchs fest, dass sich der Mond pro Jahr um etwa drei Zentimeter von der Erde entfernt.

Einer der ersten Fußabdrücke eines Menschen auf dem Mond. Dieser stammt von Edwin Aldrin.

Edwin Aldrin steht auf dem Mond. Links neben ihm ein Versuchsaufbau zur Messung des Sonnenwindes.

Edwin Aldrin steht neben der US-Flagge auf der Mondoberfläche. Mit Bildern wie diesen feierten die Amerikaner ihren „Sieg" im Prestigeduell mit der UdSSR.

Aldrin baut ein passives seismisches Experiment auf der Mondoberfläche auf. Dahinter ist ein Laserreflektionsspiegel zu erkennen.

Neil Armstrong während der ersten Außenmission auf dem Mond. Die meisten Fotos von der Mondoberfläche schoss allerdings Armstrong selbst und sie zeigen daher in der Regel seinen Kollegen Edwin Aldrin.

Ein vergoldetes Olivenblatt – ein traditionelles Symbol für den Frieden – wurde von Neil Armstrong als Zeichen der Hoffnung auf dem Mond zurückgelassen.

Auch in New York feiern Hunderttausende begeisterte Amerikaner mit Aldrin, Armstrong und Collins die ersten Menschen, die auf dem Mond waren.

Unbeschreiblicher Jubel bei der Willkommensparade für die Astronauten von Apollo 11 in Chicago.

Apollo 12

Fünf Monate nach Apollo 11 flogen Alan Bean, Charles Conrad und Richard Gordon zum Mond. Ziel ihrer Mission war der Beweis, dass eine punktgenaue Landung auf dem Mond möglich wäre. Diese sollte in der Nähe der bereits 1967 gelandeten Raumsonde Surveyor 3 stattfinden. Am 19. November 1969 setzte die Landefähre in nur 200 Metern Entfernung vom Zielobjekt auf. Ein Mondspaziergang führte die Astronauten zur unbemannten Raumsonde, von der sie einige Bauteile wieder mit zur Erde brachten. Es stellte sich dabei heraus, dass irdische Bakterien für etwa zwei Jahre auf dem Mond überleben konnten. Bis auf zwei Pannen war die Mission ein voller Erfolg. Während des Starts schlug ein Blitz in die Rakete ein, was Fehlermeldungen einiger Instrumente zur Folge hatte. Zudem gab es die Sorge, dass die Bremsfallschirme in Mitleidenschaft gezogen worden sein könnten. Letztlich verlief der Flug aber ohne Komplikationen. Auf dem Mond beschädigte Alan Bean die Videokamera, weshalb keine Fernsehbilder zur Erde gefunkt werden konnten. Apollo 12 landete im „Ocean of Storms", dem „Meer der Stürme", und brachte 34 Kilogramm Gestein zur Erde.

Der mobile Startturm rollt die Saturn V für die Apollo-12-Mission aus dem Vehicle Assembly Buildung (VAB).

Der Astronaut Charles Conrad steht neben der US-Fahne auf dem Mond. Das Foto entstand am 19. November 1969.

Start-Kontroll-Zentrum während der Countdown-Simulation für die Apollo-12-Mission. Hier liefen alle Flugdaten der Missionen ein, wurden geprüft und ausgewertet, sodass man auf Probleme frühzeitig reagieren konnte.

Astronaut Alan Bean sammelt Mondgestein, das er in einen speziellen Behälter füllt. Charles Conrad machte diese Aufnahme, er selbst ist in der Reflektion im Helm seines Crewgefährten zu erkennen.

Conrad inspiziert die unbemannte Sonde Surveyor 3, die schon 1967 auf dem Mond gelandet war. Die Apollo-12-Mission landete nur 200 Meter von Surveyor 3 entfernt, die Landefähre ist im Hintergrund zu erkennen.

Apollo 13

In der Bevölkerung wurde der dritte Mondflug im April 1970 bereits als Routine angesehen. Videoübertragungen aus der Raumkapsel wurden nicht mehr vom Fernsehen ausgestrahlt, was die drei Astronauten an Bord allerdings gar nicht wussten. Schlagartig sollte Apollo 13 aber in den Mittelpunkt des Medieninteresses geraten, als es fast zu einer Katastrophe gekommen wäre. In einer Entfernung von über 300.000 Kilometern zur Erde explodierte einer der beiden Sauerstofftanks. Die Crew vernahm einen lauten Knall, und die Raumkapsel geriet für einen kurzen Augenblick außer Kontrolle. In der Folge zeigten erste Messinstrumente abweichende Werte. James Lovell funkte daraufhin den berühmten Satz „Houston, we have a problem" („Houston, wir haben ein Problem") zur Bodenstation. Zunächst konnte man allerdings keine Beschädigung feststellen. Erst als der Sauerstofftank schnell an Inhalt verlor, wurde die Tragweite des Unfalls ersichtlich. An eine Landung auf dem Mond war nicht mehr zu denken. Durch den fehlenden Sauerstoff sowie sinkende Energiereserven geriet die Crew von Apollo 13 in eine lebensbedrohliche Situation. Um genügend Energie für den Wiedereintritt in die Erdatmosphäre zu behalten, musste der dringend notwendige Strom eingespart werden. Aus diesem Grund wurden sofort alle nicht lebensnotwendigen Systeme heruntergefahren oder abgeschaltet. Um den Sauerstoff in der Raumkapsel nicht zu verbrauchen, kletterten die drei Astronauten in die Landefähre Aquarius. Für zwei Astronauten war der Raum darin schon recht eng bemessen. Doch nun mussten drei Männer drei Tage zusammen in der Landefähre ausharren. Der kleine Raum sowie die Kälte ließen die Rückreise zu einer Tortur werden. Die ganze Welt bangte inzwischen um die Astronauten. Kurz vor dem Wiedereintritt stiegen Lovell, Haise und Swigert zurück in die Raumkapsel und bereiteten sich auf die Landung vor. Alles funktionierte, und die Astronauten landeten sicher im Pazifischen Ozean. Der Grund des Unfalls – stellte sich dann heraus – lag in einem defekten Schalter. Dieser hatte die Isolierung von Kabeln beschädigt, was zu einem Kurzschluss und dann zu der Explosion führte.

Die Explosion des Sauerstofftanks zerriss die Außenhaut des Service-Moduls von Apollo 13.

Nach einer nervenaufreibenden Odyssee im Weltraum landet die Raumkapsel sicher im Pazifischen Ozean.

Das zurückgekehrte Kommandomodul wird an Bord des US-Flugzeugträgers USS Iwo Jima gehoben.

John Swigert sitzt im Bergungsnetz, in dem er aus der gewasserten Raumkapsel geborgen wird.

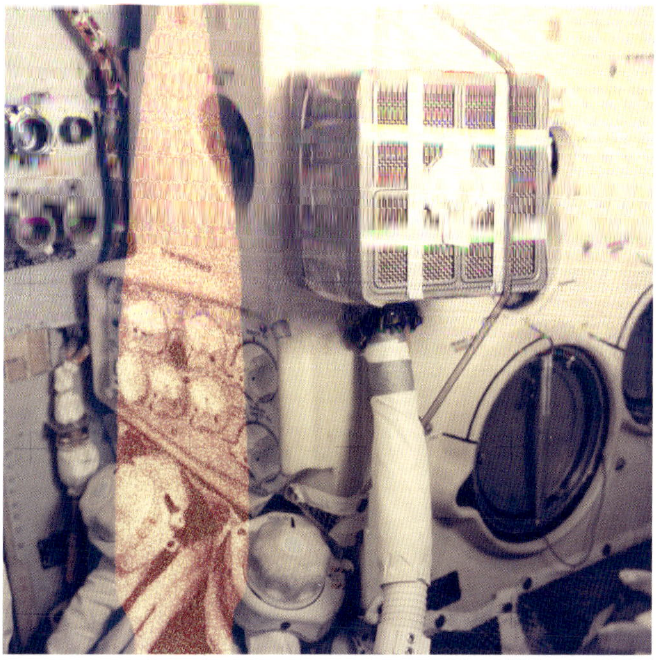

Blick in die Mondlandefähre von Apollo 13. Die so genannte Mailbox ist zu erkennen, ein Provisorium, welches von den Astronauten gebaut wurde, um die Mondlandefähre als „Rettungsboot" nutzen zu können. Die Mailbox wurde zunächst auf der Erde von der Backup-Crew der Mission entwickelt und getestet.

Der Missions-Kontrollraum während der Apollo-13-Mission. Eugene Kranz (Flugdirektor) beobachtet die vierte Fernsehübertragung von Apollo 13. Auf dem großen Hauptbildschirm ist der Astronaut Fred Haise zu sehen. Kurz nach dieser Fernsehübertragung kam es zur Explosion an Bord des Raumschiffs.

Im Kontrollraum feiern Wissenschaftler und Verantwortliche begeistert die unversehrte Rückkehr der Astronauten.

Apollo 14

Diese Mission führte Anfang 1971 das für Apollo 13 vorgesehene Programm durch. Alan Shepard und Edgar Mitchell landeten auf der Mondoberfläche, während Stuart Roosa im Mondorbit verweilte. Neben der Durchführung von wissenschaftlichen Experimenten sammelten die Astronauten 96 Kilogramm Mondgestein, das mit dem MET, einer Art Schubkarre, transportiert wurde. Apollo 14 landete im Fra Mauro und blieb insgesamt 33,5 Stunden auf dem Mond.

Rechts: Die Landefähre von Apollo 14 ging am 5. Februar 1971 im Fra Mauro auf dem Mond nieder.

Deutlich sind die Spuren des Transportwagens MET für Mondgestein im Mondstaub zu erkennen.

Astronaut Edgar Mitchell studiert eine Mondkarte der Region um den Landeplatz.

Mit dem Modular Equipment Transporter (MET) sammelten die Astronauten knapp 100 Kilogramm Mondgestein.

UNITED
STATES

Apollo 15

Am 30. Juli 1971 landete Apollo 15 auf dem Mond. Landeplatz des Lunar Module (LM) Falcon waren in diesem Fall die „Hadley-Apennines“, eine bis dahin völlig unbekannte Region. Die Mission war wissenschaftlich orientiert. Neben vielen Experimenten wurden zum Beispiel Probebohrungen und Temperaturmessungen durchgeführt. Galileo Galilei hatte bereits im 16. Jahrhundert postuliert, dass Gegenstände gleich schnell zu Boden fallen, wenn kein Luftwiderstand sie bremst. Dies wurde, mehr zum Spaß, auf dem Mond nachgewiesen. Zu Fuß hatten sich die Astronauten nur wenige hundert Meter um die Landefähre bewegen können. Aus diesem Grund wurde mit Apollo 15 ein Mondauto, LRV (Lunar Roving Vehicle), mitgeführt. Mit einem Gewicht von 35 Kilogramm und einer Leistung von einem PS unterschied es sich deutlich von irdischen Autos. Insgesamt konnte man 90 Kilometer mit dem Gefährt zurücklegen. Die Crew mit David Scott, James Irwin und Alfred Worden sammelte in fast 67 Stunden 77 Kilogramm Mondgestein.

Hinter dem Mondauto erhebt sich der Mondberg Mount Hadley. Im Vordergrund wirft die Landefähre ihren Schatten.

Das Lunar Roving Vehicle (LRV) bot beiden Astronauten Platz. Das Fahrzeug war 3,10 Meter lang, seine Höhe betrug 1,14 Meter. Zusammengebaut fand es in der Ladebucht der Mondlandefähre Platz.

Start der Saturn-V-Rakete, die die Apollo-15-Mission am 26. Juli 1971 in die Umlaufbahn brachte

Das Mondauto wurde vor Ort von den Astronauten aufgebaut und dann mit Mondgestein beladen.

James Irwin nimmt eine Bodenprobe. Im Hintergrund ragt der über 4.500 Meter hohe Mount Hadley empor.

Die Wasserung von Apollo 15 glückte ganz in der Nähe des Hauptbergungsschiffs USS Kitty Hawk im Pazifik.

Apollo 16

John Young, Charles Duke und Ken Mattingly hatten einige Probleme auf ihrem Flug, der am 16. April 1972 mit dem Start der Saturn V vom Kennedy Space Center begann. Zum einen gab es große Komplikationen mit dem Lagekontrollsystem. Zum anderen fiel das Haupttriebwerk der Landefähre aus, als sich diese im Mondorbit vom Mutterschiff trennte. Trotz der Pannen landete das Lunar Module Orion, und die Astronauten führten viele Experimente durch, bei denen sie wie ihre Vorgänger von Apollo 15 ein Mondauto nutzten. Der Landeplatz war Descartes, 96 Kilogramm an Gestein wurden gesammelt.

Die Mondfähre Orion der Apollo-16-Mission, fotografiert vom Mondauto aus

John Young salutiert vor der US-Fahne. Im Hintergrund stehen die Landefähre und das davor geparkte Mondauto.

Apollo 17

Vom 7. Dezember bis zum 19. Dezember 1972 wurde die letzte Mondmission durchgeführt. Als Landeplatz war die „Taurus Littrow Region" vorgesehen. Das Einschwenken in die Mondumlaufbahn hätten die drei Crewmitglieder Harrisson Schmitt, Ronald Evans und Eugene Cernan der Apollo 17 beinahe buchstäblich verschlafen, denn sie hatten, um ein wenig schlafen zu können, zuvor starke Schlafmittel genommen. Mit Harrisson Schmitt begleitete erstmals ein Wissenschaftler, ein Geologe, die NASA-Astronauten auf den Erdtrabanten. Auch dieses Mal wurden wieder Probebohrungen und Temperaturmessungen im Mondgestein durchgeführt. Schmitt fand auch Hinweise auf vulkanische Aktivitäten auf dem Mond. Ein beim Mondauto auftretendes Problem – das „Schutzblech" eines Reifens hatte sich gelöst – konnte provisorisch behoben werden, sodass die Astronauten das Gefährt dennoch nutzen konnten.

Vor dem Start von Apollo 17: Die Saturn-Rakete steht auf der Startrampe. Der Mond wartet ...

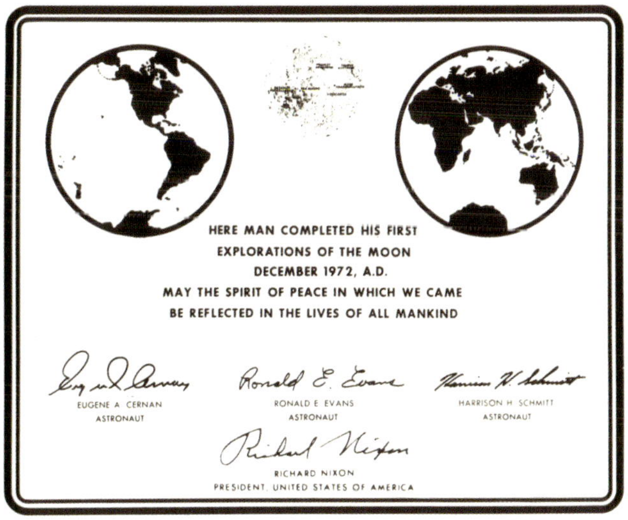

Dieses Schild ließen die Apollo-17-Astronauten auf dem Mond zurück. Die Inschrift lautet in der Übersetzung: „Hier beendete die Menschheit im Dezember 1972 n. Chr. die erste Erforschung des Mondes. Möge sich der Geist des Friedens, in dem wir hierher gekommen sind, in dem Leben der gesamten Menschheit widerspiegeln." Unterschrieben wurde die Plakette von den drei Astronauten Cernan, Evans und Schmitt sowie dem damaligen Präsidenten der USA, Richard Nixon.

Harrison Schmitt, Pilot der Landefähre bei Apollo 17, stellt die obligatorische Fahne auf. Darüber schwebt der „Blaue Planet", die Erde.

Panorama-Aufnahme der Landestelle von Apollo 17

Die Pioneer-Missionen

Bis heute stellen die Flüge der Pioneersonden den umfassendsten Versuch dar, unser Sonnensystem in seiner Gesamtheit zu erforschen.

Die ersten Missionen waren bereits Ende der 1950er-Jahre erdacht worden. Um nach dem Sputnik-Schock mit den Russen gleichzuziehen, hatte man sich in den USA dazu entschlossen, eine Raumsonde in Richtung Mond zu starten, die von dort Bilder zur Erde übertragen sollte.

Doch anfänglich schienen alle Versuche seitens der Amerikaner, ebenfalls einen Satelliten in den Weltraum zu bringen, vom Pech verfolgt. Drei der vier 1958 gestarteten Sonden explodierten beim Start oder versagten kurz danach. Erst die vierte (Pioneer 3) erreichte den Erdorbit und übertrug von dort Daten über den Strahlungsgürtel der Erde. Als es 1960 gelang, mit Pioneer 4 eine amerikanische Raumsonde in die Nähe unseres Trabanten zu bringen, hatte man das erste Rennen zum Mond jedoch bereits verloren, denn die Russen hatten dieses Ziel mit ihren Lunik-Sonden bereits 1959 erreicht. Dennoch waren die Ergebnisse der Mission für die NASA Grund genug, das Pioneer-Programm zu verlängern. Zwischen 1960 und 1968 wurden vier weitere Sonden (Pioneer 5–9) gestartet, die die Sonne auf Umlaufbahnen zwischen Erde und Mars bzw. Erde und Venus umkreisten und dabei Daten über Magnetfelder und Partikelströmungen im interplanetaren Raum übertrugen.

Anfang der 1970er-Jahre wurde das Projekt erneut verlängert – dieses Mal um die Planetensonden Pioneer 10 und 11. Im März 1972 bzw. April 1973 an Bord einer Atlas Centaur D von Cape Canaveral aus gestartet, passierten sie als erste vom Menschen geschaffene Objekte den Asteroidengürtel. Im Dezember 1973 und Dezember 1974 erreichten sie den Jupiter und lieferten von dort Daten über Zusammensetzung und Strahlungsfeld des Riesenplaneten. Nachdem sie den Jupiter passiert hatten, flogen sie auf unterschiedlichen Bahnen an den Rand des Sonnensystems, wobei sie weiterhin Daten über den Sonnenwind und die kosmische Strahlung zur Erde übertrugen. Während Pioneer 10 keinen der äußeren Planeten mehr nahe genug passierte, um Bilder zu machen, erreichte Pioneer 11 im September 1979 den Saturn, schnitt dessen Ringebene und passierte den Mond Titan. Von der Gravitation des Planeten abgelenkt, führte sie ihr Weg ab da an die Grenzen des Sonnensystems. Ihr letztes Signal empfing man im November 1995. Pioneer 10 hingegen übertrug noch bis Januar 2003 ein Ortungssignal zur Erde. Zu diesem Zeitpunkt war die Sonde bereits mehr als zwölf Milliarden Kilometer entfernt.

1978 startete die NASA die Sonden Pioneer Venus Orbiter und Pioneer Venus Multiprobe. Sie sollten Daten über Atmosphäre und Oberfläche unseres Nachbarn

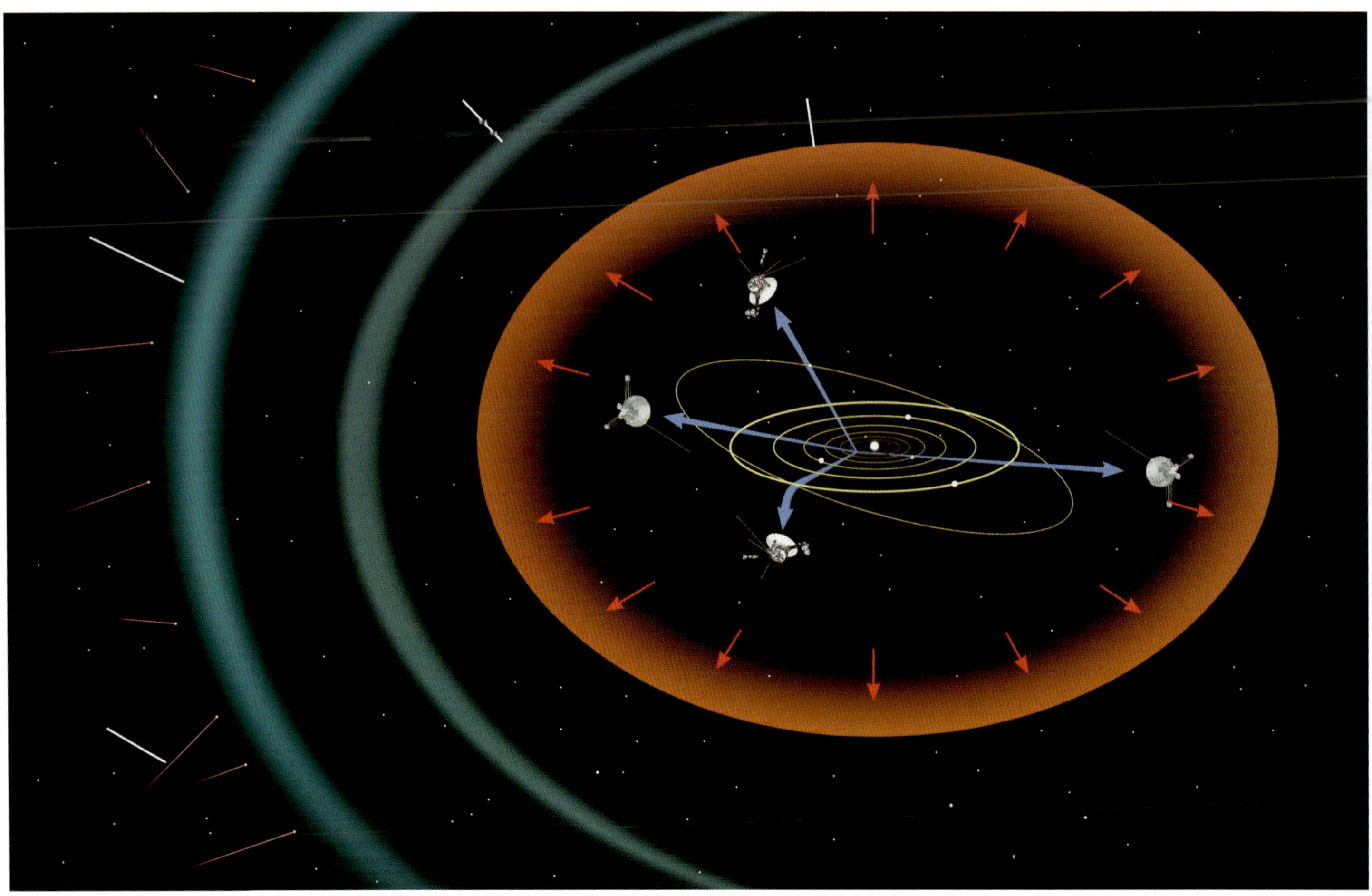

Die Grafik zeigt den Weg der Pioneer- und Voyagersonden.

liefern. Während der Orbiter die Venus umkreiste und Informationen über die Beschaffenheit der Oberfläche lieferte, drang Multiprobe in die Atmosphäre ein und setzte eine Reihe kleiner Sonden aus, die auf der Oberfläche landeten und von dort Daten über Temperatur und Druckverhältnisse übertrugen.

Im Jahr 1980 wurde das Pioneer-Programm eingestellt. Dank der Sonden hatte die NASA inzwischen eine Vielzahl von Daten über die Gravitations- und Strahlungsfelder im Sonnensystem gewonnen, die sich für die Planung neuer Missionen als unschätzbar wertvoll erwiesen.

Im September 1979 passierte Pioneer 11 den Saturn und durchstieß dabei dessen Ringsystem.

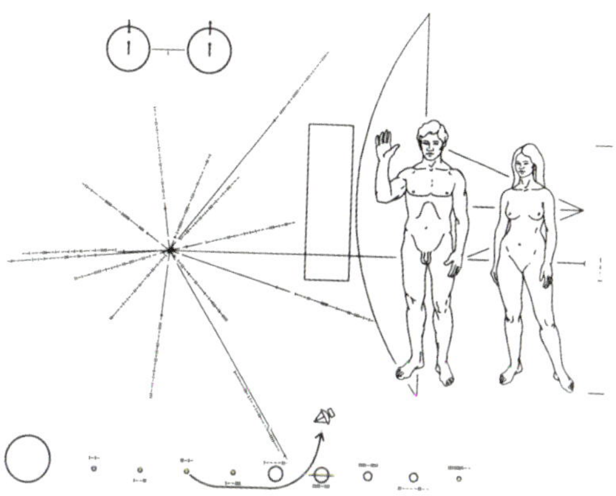

Falls Pioneer 10 im All auf intelligentes Leben trifft, weist eine goldene Plakette den Weg zur Erde.

Eine Thor-Able-1 vor dem Start. An Bord: Pioneer 1

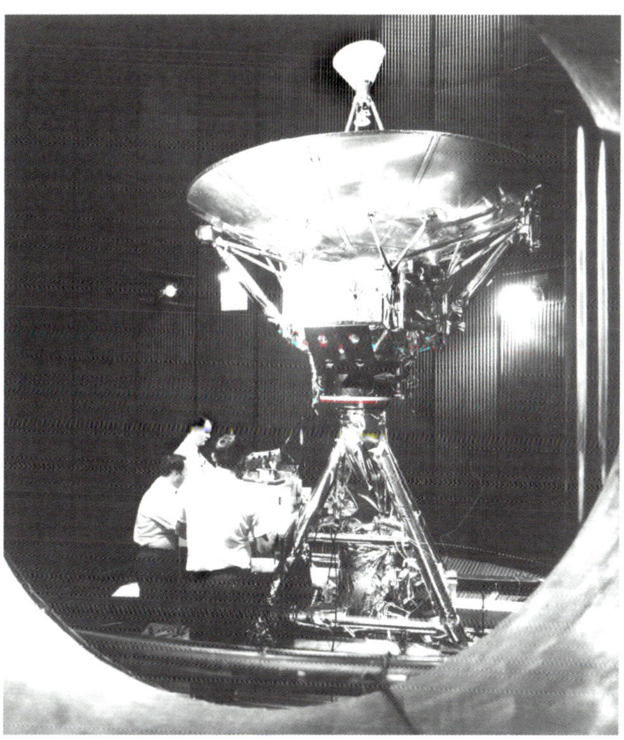

Wissenschaftler von TRW-Systems bereiten Pioneer 10 für einen Testlauf unter Weltraumbedingungen vor.

Im Reinraum prüfen Ingenieure des Jet Propulsion Laboratory die Systeme der Raumsonde Pioneer 3.

Skylab

Mit Apollo 17 galt das Mondlandeprojekt als erfolgreich abgeschlossen. Ursprünglich waren noch weitere Missionen zum Mond von der NASA vorgesehen, doch sagte man diese aus finanziellen Gründen und wegen des erlahmenden Interesses der Öffentlichkeit ab. Zu diesem Zeitpunkt standen allerdings bereits einige weitere Saturn-V-Raketen (Mondraketen) zur Verfügung, für die man nun nach einer anderen Verwendung suchte. In kürzester Zeit wurde daher die dritte Stufe dieser Rakete zu einem Weltraumlabor umgebaut. Der amerikanischen Raumfahrtbehörde stand nun eine Raumstation zur Verfügung, mit der man unter anderem Langzeitbeobachtungen zum Verhalten in der Schwerelosigkeit durchführen konnte.

Erste Probleme

Am 14. Mai 1973 startete eine Saturn-V-Rakete vom Kennedy Space Center mit dem umgebauten Weltraumlabor in der Spitze. Die erste Mission war unbemannt. Eine Minute nach dem Start gab es erste Probleme. Der Schutzschild, der die Station vor kleinen Meteoriten schützen sollte, wurde abgerissen. Hierbei zerstörte er auch Teile der Solaranlage, die die Raumstation mit Energie versorgen sollte. Zehn Tage nach dem Unfall konnten die Probleme im Rahmen der ersten beiden bemannten Missionen beseitigt werden.

Eine gleichmäßige Temperatur von Skylab sollte durch eine Klimaanlage erreicht werden, die aber wegen der Beschädigung der Solaranlage nicht funktionierte. Dadurch nahm die Innentemperatur von Skylab kontinuierlich zu. Die erste und zweite Crew mussten diese Probleme beseitigen. In mehreren Außenbordarbeiten installierten sie eine neue Solaranlage, mit der die Stromversorgung wieder gewährleistet war.

Aufgaben und Experimente

Die wissenschaftlichen Aufgaben der Station waren über ein weites Spektrum verteilt. Neben „konventionellen" Experimenten wie

- Züchtung von Kristallen,
- Produktion von Glas und Metallen in der Schwerelosigkeit
- sowie medizinische Versuche in der Schwerelosigkeit

Astronauten trainieren in einem 13 Meter tiefen und 23 Meter langen Wassertank die Außenarbeiten an der Raumstation. Die NASA begann 1968 damit, Astronauten in Wassertanks auf die Ausstiege im Weltraum vorzubereiten.

bestand eine Hauptaufgabe der Astronauten in der fotografischen Dokumentation von Erde und Sonne. Ein spezielles Sonnenteleskop, das außerhalb der Raumstation angebracht war, musste permanent überwacht werden. So entstand im Laufe der Missionen eine Vielzahl von wissenschaftlich wertvollen und interessanten Bildern.

Die erste bemannte Mission dauerte 28 Tage. Die Effektivität sowie der positive physiologische Gesundheitszustand der Astronauten erlaubten in den zwei weiteren Missionen eine Verlängerung der Flugzeit auf 59 bzw. gar 84 Tage. Bereits nach wenigen Tagen in der Schwerelosigkeit baut sich die menschliche Muskelmasse stark ab. Nach der Landung könnte dieser Umstand problematische Folgen haben. Aus diesem Grund müssen Astronauten bei Langzeiteinsätzen jeden Tag ein intensives Muskeltraining absolvieren. Auf Skylab standen ein Trittwerk und ein Hometrainer zur Verfügung. Obwohl das Training regelmäßig und kontrolliert durchgeführt wurde, war ein Muskelverlust der Astronauten nach der Rückkehr zu verzeichnen.

Technische Daten
Gesamtlänge: 36,1 Meter
Gewicht: 13,381 Tonnen
Arbeitsvolumen: 331,5 Kubikmeter
Länge der Solarzellenfläche: 30 Meter

Eine Saturn IB startet am 16. November 1973 vom Startplatz 39b. An Bord befinden sich Gerald Carr, Dr. Edward Gibson und William Pogue. Skylab 4 war die dritte und letzte bemannte Mission zur Raumstation.

Die Außenhülle des Skylab wurde im NASA-Forschungszentrum Lewis installiert.

Nach dem Prestigeprojekt Apollo stand mit dem Skylab nun die wissenschaftliche Forschung im Mittelpunkt.

Leben in der Schwerelosigkeit

Das Leben auf der Raumstation war für die Astronauten nicht einfach. Ein hohes Arbeitspensum und die große Verantwortung beanspruchten die Kräfte der Besatzung. Die Dauer der Missionen kam noch erschwerend hinzu. Auch die ständige Überwachung übte psychischen Druck auf die Astronauten aus. Neben einer medizinischen Kontrolle wurden alle Gespräche aufgezeichnet und an das Kontrollzentrum gefunkt.

Der dritte Treibstofftank einer Saturn-V-Rakete wurde neben einem großen Arbeitsraum als Werkstatt, Aufenthaltsraum, Schlafraum und Bad genutzt. Auf der Erde alltägliche Dinge waren in der Schwerelosigkeit schwieriger durchzuführen. Während der täglichen Körperpflege musste man darauf achten, dass das Wasser dort bleibt, wo es hingehörte, da ansonsten elektrische Geräte zerstört werden könnten. Daher wuschen sich die Raumfahrer nur mit angefeuchteten Lappen. Wer duschen wollte, musste in eine „Röhre" klettern, die mit einem Deckel abgeschlossen war. Nach dem Duschen wurde das Wasser abgesaugt. Auch die Toilette war gewöhnungsbedürftig und funktionierte über eine Absauganlage.

Die Raumstation Skylab, aufgenommen vom Skylab-2-Kommandomodul während einer Umrundung der Station. Hier ist noch die beschädigte Stelle zu erkennen, an der ursprünglich ein Schutzschild gegen Mikro-Meteoriten angebracht war. Später installierten die Astronauten stattdessen eine Sonnenschutzfolie.

Skylab schwebt über Südamerika. Recht gut ist auf der Erdoberfläche ein Teil des Amazonas zu sehen, und zwar die Region Ilba Grande de Gurupa in Brasilien.

Wissenschaftsastronaut Owen Garriott auf einer Außenmission während der Mission Skylab 3. Er hat gerade das Skylab-Partikel-Experiment S149 montiert.

Die nächsten Missionen

Skylab 2

Die 28-tägige Mission dauerte vom 25. Mai bis zum 22. Juni 1973. Commander Charles Conrad jr., Pilot Paul Weitz und der Wissenschaftler Joseph Kervin führten zu Beginn erste wichtige Reparaturen durch. Die Außenarbeiten an der Station dauerten über sechs Stunden. So konnte die stark angestiegene Temperatur wieder auf 23,8 Grad Celsius reguliert werden. Innerhalb von 404 Erdumkreisungen wurden nicht weniger als 392 Experimente durchgeführt. Darunter waren einige Versuchsanordnungen, die zuvor von Studenten erstellt worden waren.

Skylab 3

Alan Bean (Commander), Jack Lousma (Pilot) und Owen Garriott (Wissenschaftler) verbrachten vom 28. Juli bis zum 25. September 1973 insgesamt 59 Tage im Weltraum. Nachdem letzte Reparaturen durchgeführt waren, konnte sich die Crew auf ihre Hauptaufgabe, das Fotografieren von Sonne und Erde, konzentrieren.

Skylab 4

Vom 16. November 1973 bis zum 8. Februar 1974 verweilte die dritte und letzte bemannte Crew an Bord. Commander Gerald Carr, Pilot William Pogue und der Wissenschaftler Edward Gibson blieben somit 84 Tage im Weltraum. Neben der Fortführung von Experimenten und Weltraumspaziergängen, die insgesamt 22 Stunden und 13 Minuten dauerten, stand die Fotografie des Kometen „Kohoutek“ im Vordergrund der Mission. Am 17. Juli 1979 ließ man die Raumstation gezielt über dem Indischen Ozean abstürzen. Einige Teile von Skylab konnten im Westen Australiens gefunden werden, wo sie heute noch in einer Ausstellung zu sehen sind.

Astronaut Charles Conrad geht eine Experimenten-Checkliste durch. Conrad war der Kommandeur von Skylab 2, der ersten bemannten Skylab-Mission im Sommer 1973.

Die Viking-Mission

Die Viking-Mission bestand aus zwei verschiedenen Marssonden. Viking 1 startete am 20. August 1975 und Viking 2 am 9. September desselben Jahres. Beide Raumsonden bestanden aus einem orbitalen Element, das den Mars in einer Umlaufbahn umkreisen sollte, sowie einer Landefähre. Nachdem sich der Orbiter der Viking 1 im Juni 1976 in eine Umlaufbahn um den Mars begeben hatte, trennte sich die Landefähre. Diese trat in die Atmosphäre ein und landete am 20. Juli 1976 weich auf der Marsoberfläche. Nach der Landung hatte die Landefähre noch ein Gewicht von 600 Kilogramm und der Orbiter wog 900 Kilogramm. Viking 2 erreichte im August 1976 den Marsorbit und seine Landefähre setzte am 3. September 1976 auf dem Mars auf.

Die Landefähre

Die Abmessungen der Landefähre beliefen sich auf 1,09 Meter in der Länge und 0,56 Meter in der Breite. Waren die drei Landebeine ausgefahren, betrug die Spannweite der Sonde 2,21 Meter. Weil biologische Experimente durchgeführt werden sollten, musste die Raumsonde vor dem Start mit einem „Bioschutzschild" umhüllt werden. Diese Vorsichtsmaßnahme schloss eine Kontamination der Landestelle aus. Energie lieferten Generatoren, die 30 Watt Leistung mit einer Spannung von 4,4 Volt erbrachten. Parallel dazu gab es vier Nickel-Cadmium-Batterien mit acht Ampere und 28 Volt. Die Kommunikation vom Mars zur Bodenstation sicherte eine Parabolantenne, die sich auf der Marslandefähre befand. Ihre Sendeleistung betrug dabei lediglich 20 Watt. Es konnten bis zu 40 Mbit Daten von Experimenten an Bord gespeichert werden, und der Computer der Landefähre war in der Lage, maximal 6.000 Wörter an Befehlen der Bodenstation aufzunehmen.

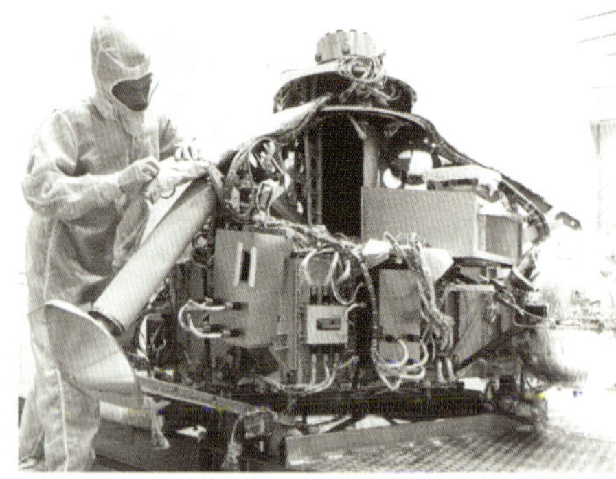

Letzte Montagearbeiten im Reinst-Raum an der Viking-1-Sonde. An Bord der Sonde befinden sich eine Stereokamera, eine Wetterstation, ein automatisches Analyselabor und ein Bioinstrument, das Spuren von möglichem Leben auf dem Mars ermitteln sollte.

Die Titan-3E-Rakete mit Centaur-Oberstufe hebt vom Startplatz 41 von Cape Canaveral ab. An Bord befindet sich die Raumsonde Viking 1, die eine elfmonatige Reise zum Planeten Mars antritt.

[illegible] Mars-Panoramafoto, Sanddünen und große Felsbrocken prägen die unmittelbare Umgebung der Viking-Sonde, die diese Aufnahme am 23. Juli 1976 machte. Der Horizont liegt in etwa drei Kilometern Entfernung.

Der Hitzeschild der Viking-Sonde schützte die Instrumente an Bord beim Eintritt in die Marsatmosphäre. Diese Aufnahme gibt Aufschluss über die Größe des Raumfahrzeugs.

Die Mission

Nach 333 Tagen erreichte Viking 2 den Mars. Mit einer Höhe von 1.499 Kilometern und einer Bahnneigung von 55,2 Grad hatte die Raumsonde ihre Umlaufbahn erreicht. Kurze Zeit später trennte sich die Landefähre vom Orbiter und trat in die Marsatmosphäre ein. Der Landeplatz lag 200 Kilometer westlich des Kraters Mie in der Region Utopia Planitia. Die Koordinaten waren 48,3 Grad Nord und 225,9 Grad West. Die Landung erfolgte innerhalb einer zuvor berechneten Toleranzzone. Direkt nach der Landung nahmen die Kameras und Experimente ihre Arbeit auf. Die Landefähre konnte 1.281 Tage lang arbeiten. Erst am 11. April 1980 waren die Batteriereserven schließlich erschöpft.

Das gesamte Viking-Projekt kostete die NASA über eine Milliarde Dollar. Es gilt als ein durchweg erfolgreiches Projekt. Erst mit der Pathfinder-Mission im Jahr 1997 sollte wieder eine erfolgreiche Raumsonde den „Roten Planeten" besuchen und einen kleinen Rover absetzen.

Die wichtigsten Aufgaben der Mission:

- Untersuchung der chemischen Zusammensetzung von Mars-Bodenproben,
- meteorologische Beobachtungen,
- Identifikation seismologischer und magnetischer Vorkommnisse,
- Fotografie der Marsoberfläche mit zwei 360-Grad-Kameras.

Ein weiterer Schwerpunkt der Mission war die Suche nach organischen Spuren auf dem Mars. Hierfür wurde eigens ein spezielles Labor entwickelt, das eigenständig verschiedene biochemische Experimente durchführen konnte. Obwohl erste Ergebnisse Reste organischen Lebens anzuzeigen schienen, musste diese Aussage kurze Zeit später revidiert werden.

Die Raumsonde Viking 1 funkte dieses Farbfoto der Marsoberfläche am 24. Juli 1976 zur Erde. Die Kamera „schaut" in süd-östliche Richtung. Oben im Vordergrund ist die Kommunikationsantenne der Sonde zu erkennen.

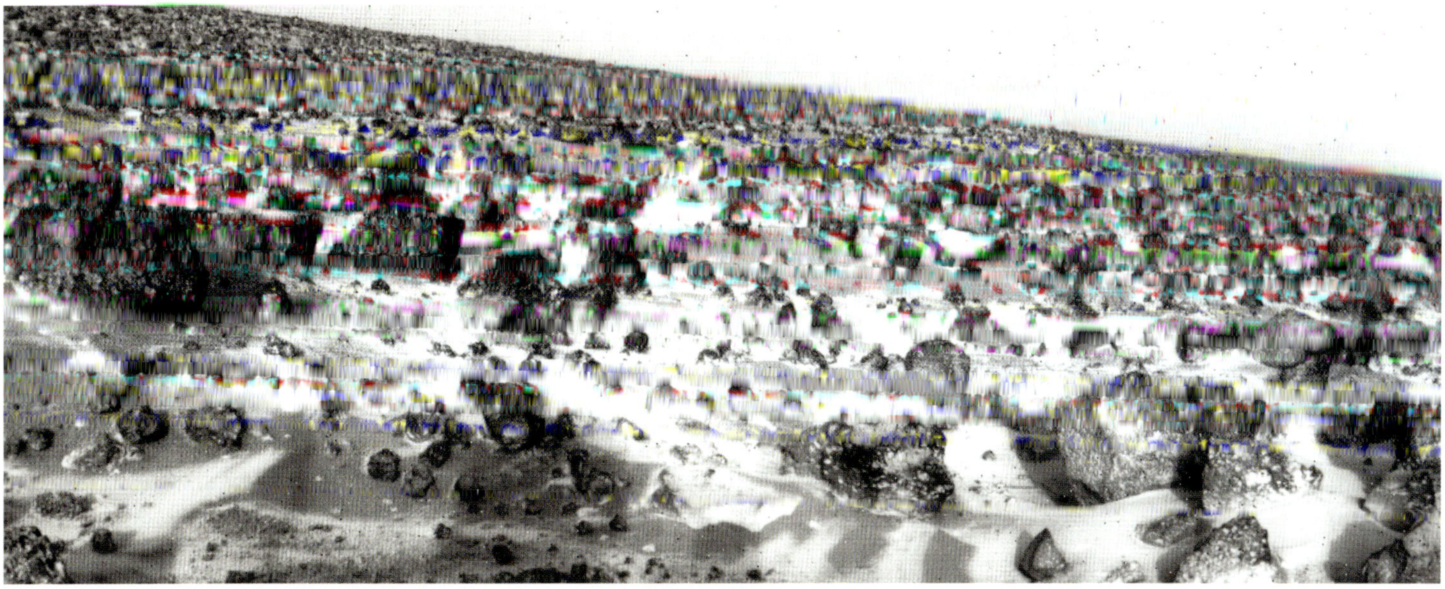

Am 18. Mai 1979 konnte Viking 2 dieses Foto machen. Es dokumentiert deutliche Spuren von Eis (Reif) auf den Felsbrocken und der Marsoberfläche, was belegt, dass es Wasser auf dem Mars gibt.

Mit verschiedenen Modellen der Viking-Sonden wurde im Vorfeld der Missionen die optimale Konfiguration für den späteren Marseinsatz erprobt.

Voyager 1 und 2

In den 70er- und 80er-Jahren des vergangenen Jahrhunderts erstaunten einmalige Bilder der äußeren Planeten Jupiter, Saturn, Uranus und Neptun die Weltöffentlichkeit. Das Raumsonden-Zwillingspaar Voyager 1 und 2 war mit Titan-Centaur-Raketen ins äußere Planetensystem gestartet. Die extremen Distanzen der Flugrouten waren nur durch einen „Trick", der eine zusätzliche Beschleunigung verursachte, zu bewältigen: Nachdem ein Planet erreicht war, nutzte man dessen Gravitation als Zusatzantrieb („swing-by"-Manöver genannt). So konnten die Sonden die hohe Geschwindigkeit erlangen, die zum Erreichen der äußeren Planeten nötig war.

Voyager 2 begann seine Reise am 20. August 1977, und Voyager 1 folgte am 5. September des gleichen Jahres. In der Erdumlaufbahn zündeten sie ihre Triebwerke und schlugen den Weg in Richtung Jupiter ein. Obwohl sie später gestartet war, erreichte Voyager 1 den Jupiter schon im Frühjahr 1979 und überflog dessen Oberfläche in einer Höhe von 206.700 Kilometern. Erst drei Monate später flog Voyager 2 in einer Distanz von 500.000 Kilometern an Jupiter vorbei. Diese Differenzen der Entfernung lassen sich mit einem weitläufigeren Flugverlauf erklären. Im Jahr 1981 erreichten beide Missionen den Ringplaneten Saturn. Nachdem Voyager 1 den Planeten überflogen hatte, verließ die Sonde die Ekliptik des Sonnensystems. Ihre Aufgabe war damit erfüllt. Voyager 2 näherte sich Saturn bis auf 100.800 Kilometer und führte die Reise zu den äußeren Planeten fort.

1986, fünf Jahre später, besuchte zum ersten Mal eine Raumsonde den Planeten Uranus. Einzigartige Fotografien und Versuchsergebnisse konnten gewonnen werden. Am 25. August 1989 schließlich untersuchte die Raumsonde den zu diesem Zeitpunkt äußersten Planeten, Neptun. Durch seine stark elliptische Umlaufbahn befand sich Pluto in diesem Moment näher an der Sonne als Neptun.

Beide Voyager-Raumsonden waren mit einem immensen Equipment ausgerüstet. Neben Foto- und Videokameras befanden sich ein Infrarot- und Ultraviolett-Spektrometer, Plasmadetektoren, Detektoren zur Messung der kosmischen Strahlung, ein Magnetometer und weitere wissenschaftliche Instrumente an Bord.

Wissenschaftler glauben, dass Voyager 2 noch bis zum Jahr 2020 Daten überträgt, wenn die Sonde wahrscheinlich den interplanetaren Raum verlassen haben wird. So könnten neue Informationen über den interstellaren Raum gewonnen werden. Seit dem 17. Februar 1998 ist die Raumsonde das am weitesten entfernte, von Menschenhand geschaffene Objekt.

Fotomontage der Reiseroute von Voyager 2: Jupiter, Saturn, Uranus und schließlich Netpun (von rechts nach links). Für ihre Reise von der Erde bis zu Neptun benötigte die Sonde fast genau zwölf Jahre.

Eine Voyager-Sonde wird in der Spitze einer Titan-III-Centaur-Rakete montiert. Die fertig montierte Rakete hatte eine Höhe von 50 Metern und wog 635.000 Kilogramm.

Die Spitze der Rakete, in der sich die Sonde befindet, wird zum Abschluss auf die bereits im Startturm stehende Restrakete montiert.

Die Titan-III-Centaur-Rakete mit der Voyager-Sonde an Bord wird im August 1977 zum Startplatz 41 in Cape Canaveral gebracht.

Voyager 2 startet an Bord einer Titan-III-Centaur-Rakete am 20. August 1977. Drei Wochen später folgte der Start von Voyager 1, die aufgrund einer anders gewählten Flugroute Jupiter vor der Schwestersonde erreichte.

Voyager 1 startet am 5. September 1977, ebenfalls an Bord einer Titan-III-Centaur-Rakete vom Startplatz 41. Von der Startmasse von über 600.000 Kilogramm entfallen nur 721,9 Kilogramm auf die eigentliche Sonde.

Auf beiden Voyager-Sonden hatte man je eine solche goldene Schallplatte angebracht. Auf ihnen waren Willkommensgrüße in 60 Sprachen, Musik aus verschiedenen Stilrichtungen und Epochen, natürliche und menschliche Geräusche von der Erde sowie Tonsequenzen zu hören, aus denen sich Diagramme und Bilder berechnen ließen. Als Adressat der Mitteilungen stellte man sich mögliche Zivilisationen außerhalb des Sonnensystems vor, die anhand dieser Platten die Herkunft der Voyager-Sonden hätten bestimmen können.

Die goldenen Schallplatten werden für die Montage an den Raumsonden vorbereitet ...

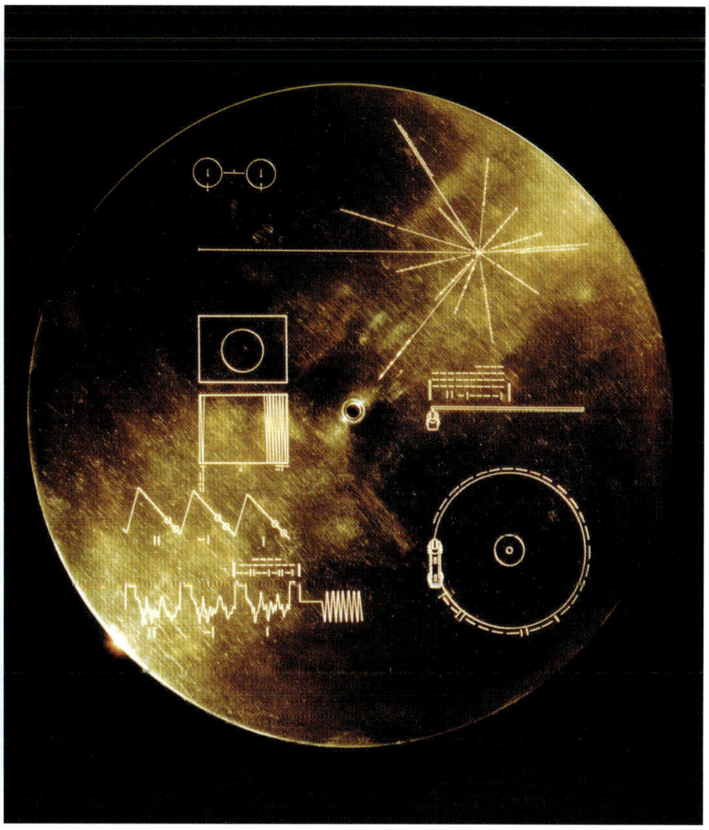

Diese Schutzhaube schützte die Schallplatten vor dem Einschlag von Mikrometeoriten.

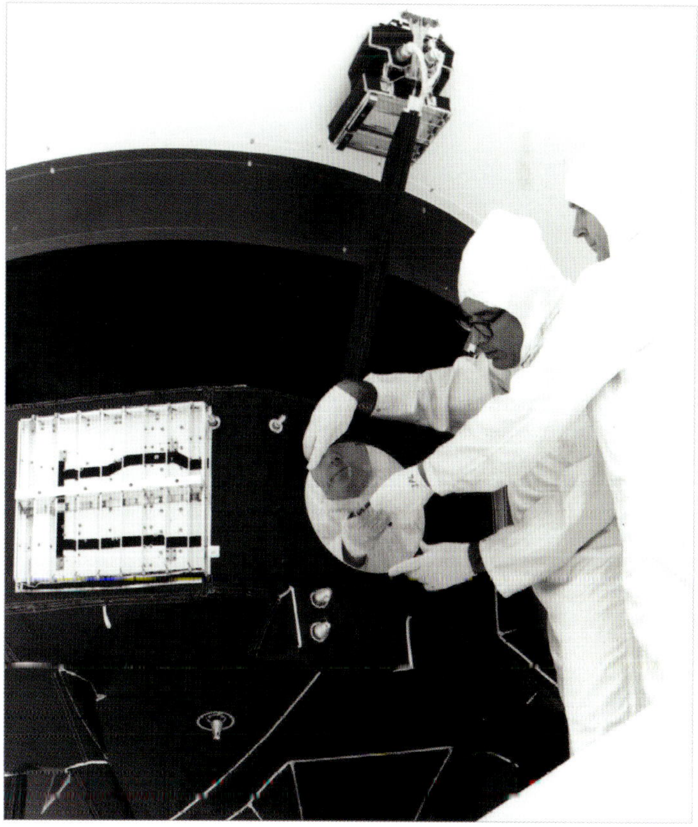

... und schließlich an der Außenhaut der beiden Voyager-Sonden montiert.

Das Space-Shuttle-Projekt

In den ersten Jahren der Raumfahrt bildeten Prestige und Rüstungsinteressen die Hauptmotivation dafür, den Weltraum zu erobern. Budgets und deren Überschreitung spielten zu diesem Zeitpunkt dagegen nur eine untergeordnete Rolle. Der „Wettlauf zum Mond" allein kostete die Amerikaner Hunderte von Milliarden Dollar. Neben den Entwicklungskosten waren aber auch die Kosten für jeden einzelnen Start sehr hoch, da es bis Anfang der 1980er-Jahre ausschließlich „Wegwerfraketen" gab. Kein einziger Bestandteil der Systeme fand mehrmals Verwendung. Zum Beispiel diente ein Großteil der Saturn-V-Mondrakete lediglich als Tank für Treibstoff und nur ein geringer Anteil des Gesamtvolumens war für die Unterbringung von Astronauten und Mondlandefähre vorgesehen.

Die Wiederverwendbarkeit eines Transportsystems rückte daher als neue Zielsetzung in den Mittelpunkt. Bereits 1972 erhielten amerikanische Firmen die ersten Aufträge zur Entwicklung von Bauteilen für das neue Projekt: den Space Shuttle. Bis zum ersten bemannten Start sollten aber noch über neun Jahre vergehen. Die frühesten Entwicklungsschritte des Shuttles waren:

- 1972: Die NASA vergibt erste Aufträge zum Bau des Space Shuttle.
- 1975: Baubeginn des ersten Space Shuttle Columbia.
- 1976: Erste Tests an Triebwerken werden durchgeführt und Sicherheitsmaßnahmen für Astronauten integriert.
- 1977: Zum ersten Mal befindet sich ein Space Shuttle (Enterprise) bemannt im Einsatz. In diesem Fall aber nur auf dem Rücken eines Transportflugzeuges.
- 1977: Ebenfalls in diesem Jahr wird die Enterprise bemannt von einem Flugzeug abgesetzt und landet nach kurzer Flugzeit sicher auf dem Boden.
- 1981: Am 12. April starten die beiden Astronauten John Young und Robert Crippen den ersten bemannten Space-Shuttle-Flug in die Erdumlaufbahn.

Die NASA entwickelte einige Studien wiederverwendbarer Raumschiffe. Die X-33 sollte per Rakete in den Weltraum transportiert werden und nach dem Wiedereintritt in die Atmosphäre wie ein Flugzeug auf einer Rollbahn landen.

Die geplanten Aufgaben der Space-Shuttle-Flotte waren sehr vielseitig. So konnten die Raumfähren Satelliten in ihrer Ladebucht in einen erdnahen Orbit bringen. Zudem hatten die Space Shuttle gegenüber herkömmlichen Raketen den bis heute einzigartigen Vorteil, dass sich Satelliten mit ihrer Hilfe im Weltraum reparieren ließen. Hierfür steuert der Space Shuttle einen defekten Satelliten an, fixiert ihn mittels eines speziell entwickelten Greifarms und führt ihn in seine Ladebucht. Dann wird der Defekt behoben oder der Satellit mit zur Erde zurückgebracht. Mit der Nutzlast eines Weltraumlabors wie dem Spacelab steht der Shuttle zudem für wissenschaftliche Forschungszwecke zur Verfügung. Bis zur Columbia-Katastrophe 2003 dienten die Shuttles speziell dem Aufbau der Internationalen Raumstation (ISS). Als Alternative nutzen die ISS-Betreiber zwischenzeitlich das bislang sehr zuverlässige System der Russen.

Die Enterprise überfliegt das Edwards-Testgelände. Die Triebwerke des Space Shuttle hatte man bei diesem Flug aus aerodynamischen Gründen mit einer Schutzhaube abgedeckt.

Bevor man mit dem Bau der Shuttle-Flotte begann, musste der Test-Shuttle Enterprise alle erdenklichen Versuche und Prüfungen über sich ergehen lassen. Hier wird die Enterprise „huckepack" auf einer Boeing 747 in den Luftraum transportiert. Dort löst sich der Shuttle und fliegt im Gleitflug zurück zur Erde. So testete man Aerodynamik und das Landeverhalten.

Die HL-10 war eines von fünf tatsächlich gebauten Versuchsfahrzeugen, die zwischen 1966 und 1975 als wiederverwendbare Raumgleiter im Gespräch waren.

Ein erstes Modell des wiederverwendbaren Systems zeigt bereits die später tatsächlich verwendeten Komponenten: das flugzeugähnliche Raumschiff, der externe Treibstofftank und zwei Feststoffraketen, die hier allerdings noch starr miteinander verbunden sind.

Der 747-Shuttle-Transporter bringt die Enterprise zum Redstone-Testgelände. Hier stehen weitere Tests mit dem Orbiter auf dem Programm: Unter anderem soll die Enterprise mit dem externen Tank und den Feststoffboostern zusammenmontiert werden

Daten des Space Shuttle

Länge: 37,24 Meter
Flügelspannweite: 23,79 Meter
Höhe des Orbiters: 17,27 Meter
Gesamthöhe: 56 Meter
Nutzlastraum: 18,3 x 5,4 Meter

Eine Shuttle-Mission hat eine Dauer von fünf bis 30 Tagen. Beim Wiedereintritt in die Erdatmosphäre kann der Hitzeschutzschild des Orbiters Temperaturen über 1.650 Grad Celsius aushalten. Die Höhe der Umlaufbahn variierte bisher zwischen 185 Kilometern und 643 Kilometern und ist stark vom Gewicht der Nutzlast abhängig. Je nach Höhe schwankt die Geschwindigkeit des Raumschiffs minimal. Ein Durchschnittswert liegt bei 28.000 Kilometern pro Stunde.

Der Aufbau

Der Space Shuttle ist ein hochkomplexes System aus zahllosen Komponenten. Seinen Hauptbestandteil bildet dabei der Orbiter, der Ähnlichkeiten mit einem Flugzeug aufweist. Er kann bis zu einhundertmal wieder verwendet werden, wodurch die Kosten für die einzelnen Missionen sinken. Außerdem bietet seine Flexibilität ein bis dahin nicht gekanntes Spektrum an Einsatzmöglichkeiten. So war zumindest die Hoffnung.

Der Raumgleiter selbst besteht in erster Linie aus zwei Segmenten: zum einen das Cockpit sowie die Wohn- bzw. Arbeitsbereiche im vorderen Abschnitt. Das Cockpit ist so gestaltet, dass Commander und Pilot nebeneinander Platz finden und beide den Shuttle navigieren können. Weitere bis zu sechs Astronauten finden im hinteren und unteren Teil des Orbiters Platz. Die maximale Besatzungsstärke beträgt acht Personen. Im unteren Teil befinden sich neben den Schlafkabinen die Arbeitsplätze und Versorgungseinrichtungen. Mehrere Fenster geben einen Blick nach außen frei, zwei Fenster sind so konstruiert, dass sie einen Blick in die Ladebucht des Shuttles zulassen. Somit

In dieser Testanlage wurde die Enterprise erstmals mit den externen Komponenten zusammengebaut. Das Gebäude wurde ursprünglich für Tests der Saturn-V-Rakete genutzt.

kann ein Astronaut mit dem speziell in Kanada gefertigten Greifarm Arbeiten über Fernsteuerung in der Ladebucht durchführen. Hauptsächliche Aufgabe des Greifarms ist das Einfangen und Fixieren von reparaturbedürftigen Satelliten. Das andere Segment der Fähre ist die 18,3 Meter lange und 4,6 Meter breite Ladebucht. In ihr können Satelliten und Weltraumlabors als Nutzlasten untergebracht werden. Die speziell für diesen Raumgleiter vor allem von den Europäern entwickelten Raumlabors Spacelab und das Nachfolgemodul Spacehub bieten Wissenschaftlern die Möglichkeit, unterschiedlichste Experimente in der Mikrogravitation durchzuführen

Die Enterprise ist auf dem Tank montiert. Rechts und links vom Tank sind die Feststoffraketen zu erkennen, die nur beim Start verwendet werden. Der vollständige Startverband wurde verschiedenen Tests unterzogen, unter anderem einem Vibrationstest, der Aufschluss über die Festigkeit der Verbindungen zwischen Orbiter, Tank und Feststoffraketen geben sollte.

Die Enterprise wird von der Boeing 747 abgeladen.

Zum Abschluss der Tests wird der gesamte Startverband zur Startrampe 39 gerollt.

Von oben wird der Orbiter in das Testgebäude herabgelassen, wo er auf den Außentank montiert wird.

Die zweite Komponente des Gesamtsystems ist der große Außentank. Heutzutage ist seine Außenfarbe bräunlich. Zu Beginn des Space-Shuttle-Projekts hatte der Außentank noch einen weißen Anstrich und alle Komponenten waren farblich aufeinander abgestimmt. Das dadurch verursachte Mehrgewicht erhöhte aber auch die Startkosten. Die Aufwendungen allein für die Farbe beliefen sich auf mehrere Hunderttausend Dollar. Um Geld zu sparen, entschloss man sich daher, den Außentank nicht mehr zu streichen. Der externe Tank versorgt die Haupttriebwerke des Shuttles während des Starts. In dem 47 Meter hohen und 8,7 Meter breiten Behälter sind zwei Millionen Liter Treibstoff untergebracht. Die damit versorgten Triebwerke bringen jeweils 2,1 Millionen Newton Schub. Der Space Shuttle besitzt drei solcher Haupttriebwerke.

Für zusätzlichen Schub beim Start des Systems sorgen zwei weitere Feststoffraketen. Die 45 Meter hohen Zusatzantriebe bringen einen zusätzlichen Schub von 24 Millionen Newton. Trotz dieser enormen Leistung steigt die Geschwindigkeit des über 2.000 Tonnen schweren Space Shuttle zu Beginn nur sehr langsam an. Je länger die Flugzeit, desto leichter wird das Gesamtsystem durch den Wegfall des verbrannten Treibstoffs und der Behälter. Das geschieht bei gleich bleibender Schubkraft, sodass die Geschwindigkeit später dann immer schneller zunimmt. Das im Zeitlupentempo abhebende Raumschiff erreicht daher bereits kurze Zeit später eine Geschwindigkeit von über 30.000 Kilometern pro Stunde.

Alle Tests sind abgeschlossen: Der fertig montierte Shuttle Columbia (der 2003 verunglückte) steht auf Startplatz 39a. Alles ist bereit zum Start der ersten Space-Shuttle-Mission STS-1.

Testzündung eines SRB (Solid Rocket Booster), also einer der Feststoffraketen, die den Shuttle beim Start bis auf eine Höhe von rund 80 Kilometern bringen.

Der erste externe Tank für den Space Shuttle rollt am 9. September 1977 aus der Montagehalle. In seinem Inneren befinden sich zwei separate Tanks: einer für flüssigen Wasserstoff, der andere für flüssigen Sauerstoff. Beide Komponenten werden für die Haupttriebwerke des Orbiters gebraucht.

USA

Für diese Beschleunigung werden in den ersten acht Minuten des Fluges über 700 Tonnen Treibstoff verbraucht. Nach Abschluss der Beschleunigungsphase wird der Außentank abgesprengt und als Wegwerfteil zum Absturz gebracht. Anders als die Haupttriebwerke, die flüssigen Sauerstoff und Wasserstoff verbrennen, arbeiten die beiden Feststoffraketen mit Treibstoff in fester Form. Die „Booster", so der Name dieser Zusatzaggregate, funktionieren wie simple Silvesterraketen. Nach der Zündung brennt die Rakete von unten nach oben ab. Nachteil: Hat die Zündung einmal stattgefunden, kann sie nicht mehr gestoppt werden. Die Raketen müssen ausbrennen. Die Bedeutung der Booster wird deutlich, wenn man sich deren 80-prozentigen Schubanteil am Gesamtsystem vor Augen hält. Sind sie ausgebrannt, werden sie ebenfalls vom Shuttle abgesprengt und fallen an Fallschirmen zurück ins Meer. Nach intensiver Wartung können die Raketen mehrfach verwendet werden.

Das Gewicht der Nutzlast variiert zwischen 19 und 30 Tonnen. Dies hängt mit der Start- bzw. Flugrichtung des Space Shuttle zusammen. Im Normalfall starten Raketen in östliche Richtung, was mit der Richtung der Erdrotation korreliert. Unsere Erde rotiert von Westen nach Osten. Beim Start macht man sich diese Drehbewegung zunutze und die Rakete nimmt dadurch zusätzlichen „Schwung" auf. Mit der gleichen Leistung können somit größere Nutzlasten in den Weltraum transportiert werden. Wie stark sich die Erdrotation auf den Start auswirkt, vermag die Nutzlastdifferenz von über zehn Tonnen zu verdeutlichen.

Testlauf für ein SSME (Space Shuttle Main Engine), ein Haupttriebwerk des Orbiters. Ziel der Probezündungen war es, eine möglichst effiziente Verbrennung des Kraftstoffs sicherzustellen.

Luftaufnahme vom Start der Columbia. Wie auf einer Spitze aus Qualm rast die Rakete in den Himmel.

Ziel der ersten Shuttle-Mission war ein rund 54 Stunden langer Aufenthalt im Erdorbit, die Erprobung aller Systeme des neuen Shuttles und die anschließende antriebslose Rückkehr zur Edwards Air Force Base in Kalifornien.

Vorbereitungen zum Start

Raketenstarts sind heute fast zur Routine geworden. Doch wie die Katastrophen der Challenger (1986) und der Columbia (2003) gezeigt haben, darf das nicht über das stets vorhandene Risiko eines Weltraumfluges hinwegtäuschen. Die Flugvorbereitungen erfordern daher immer allerhöchste Genauigkeit.

Eigentlich beginnt der nächste Start bereits mit der Rückkehr der vorigen Mission des Orbiters. Nach seiner Landung wird er in den Wartungshangar des Kennedy Space Center transportiert. Zuerst entfernt man dort die Nutzlasten aus der Ladebucht. Dann stehen die Wartung und Reinigung des gesamten Systems auf dem Programm. Treibstoffreste müssen aus internen Leitungssystemen und Tanks entfernt werden, primäre technische Komponenten, wie zum Beispiel Triebwerke, werden ausgewechselt und vollständig überholt. Erst nach den Wartungsarbeiten kann man mit dem Einbau der ersten neuen Nutzlasten beginnen. Parallel zu den Arbeiten am Orbiter findet der Zusammenbau der Feststoffraketen statt. Beide Raketen bestehen aus mehreren zylindrischen Komponenten, die in der Montagehalle aufeinander gesetzt werden. Jedes Segment für sich ist bereits mit Treibstoff gefüllt.

Beim Zusammenfügen der riesigen Bauteile müssen die Ingenieure mit äußerster Präzision vorgehen. Speziell die Aufstellung der Booster gilt als kritischer Punkt der Vorbereitungen. Danach werden die Feststoffraketen mit dem großen Außentank verbunden, dessen Betankung mit flüssigem Wasserstoff und Sauerstoff erst an der Startrampe stattfindet. Zum Schluss wird der Orbiter am Außentank befestigt. Nach Überprüfung aller elektronischen und mechanischen Leitungen sowie der Treibstoffverbindungen fährt das Gesamtsystem zur Startrampe. Der Aufbau der einzelnen Komponenten erfolgt bereits auf der Plattform, von der der Shuttle später starten wird. Diese Plattform lässt sich über Kettenräder mit einer Geschwindigkeit von 1,6 Kilometern pro Stunde bewegen. In einem Übungscountdown werden unter anderem nochmals Notfallsituationen getestet. Etwa drei Tage vor dem Start beginnt der richtige Countdown, der standardmäßig auf 43 Stunden festgelegt wurde. Während dieser Zeit werden alle Hauptinstrumente des Orbiters überprüft. Einige fest eingeplante „stops" erlauben es, flexibel auf die Testergebnisse zu reagieren.

An Bord des Shuttles Columbia befinden sich die Astronauten John Young und Robert Crippen.

12. April 1981: Wenige Sekunden nach 7 Uhr Ortszeit startet die erste Shuttle-Mission STS-1.

Wie früher die Saturn-Raketen werden auch die Shuttle-Startsysteme im Vehicle Assembly Buildung (VAB) zusammengebaut und über den Crawlerway zu den jeweiligen Startplätzen gerollt.

Während einer normalen Mission schwebt der Shuttle „kopfüber“ im Weltraum, die Ladebucht ist also zur Erde hin geöffnet. Anders in diesem Fall: Hier dockt die Discovery an der Raumstation ISS an und fliegt daher mit der geöffneten Ladebucht von unten an die Station heran.

Auf dem Weg in den Orbit neigt sich der Verband so, dass der Space Shuttle „unter" dem Tank hängt.

Wie schon die Mondmissionen sind auch Shuttle-Starts Publikumsmagnete. Hier eine „Viewing-Area", in der Tausende von Zuschauern das Geschehen beobachten.

Beim Start des 2.000 Tonnen schweren Systems sorgen die Feststoffraketen und die Haupttriebwerke am Orbiter für den nötigen Schub von knapp 3.000 Tonnen.

Fast wie ein normales Flugzeug kann der Shuttle auf einer Rollbahn landen. Einziger, aber wichtiger Unterschied: Dem Shuttle steht in diesem Moment kein Antrieb zur Verfügung. Das Haupttriebwerk dient nur dem Start und die Manövrierdüsen funktionieren nur im Weltraum. Wie bei einem Segelflugzeug muss also der Landeanflug perfekt passen, denn Durchstarten und erneuter Anflug sind nicht möglich.

Ein Bremsfallschirm unterstützt die Radbremsen beim Verlangsamen des ausrollenden Shuttles.

Einsam und verlassen? Um den Shuttle-Astronauten größere Bewegungsfreiheit bei Außeneinsätzen zu geben, konstruierte die NASA die Manned Maneuvering Unit (MMU) – im Prinzip ein mit Manövrierdüsen ausgestatteter Rucksack. Der Astronaut Bruce McCandless stellt hier einen Entfernungsrekord auf: Er befindet sich in knapp 100 Meter Distanz vom Shuttle. Zuvor hatte er das MMU in der Ladebucht und der näheren Umgebung des Shuttles erfolgreich getestet.

Spacelab – das LaborSystem

Die Abkürzung „Spacelab" steht für „Weltraumlabor" (space laboratory). Es stellt einen europäischen Beitrag zur Nutzung des Space-Shuttle-Programms der Amerikaner dar. Das Labor wurde so konstruiert, dass es in der Ladebucht der Raumtransporter Platz findet. Es gestattet den Wissenschaftlern, Experimente durchzuführen, die ohne den direkten Eingriff des Menschen in Satellitenmissionen nicht zu realisieren wären. Spacelab setzt sich aus zwei Elementen zusammen: Zum einen besteht es aus einem zwei mal 2,7 Meter langen und vier Meter breiten Zylinder, der über einen Tunnel vom Shuttle aus zugänglich ist. Zum anderen gibt es eine so genannte Palette, die außerhalb in der Ladebucht untergebracht ist. Ihre Größe beträgt drei Meter mal vier Meter und besteht wiederum aus Segmenten. Im Innenbereich des Labors können über 20 Kubikmeter an Geräten und Experimenten untergebracht werden. Dank seiner modularen Konstruktion lässt sich das Weltraumlabor immer wieder neuen wissenschaftlichen Aufgabenstellungen anpassen. Wie auf vielen Bildern zu erkennen ist, liegt das zylindrische Modul im hinteren Bereich der Shuttle-Ladebucht. Man wählte diese Position, weil so beim Wiedereintritt in die Erdatmosphäre sowie bei der Landung Probleme mit dem Schwerpunkt des Systems vermieden werden konnten. Das Gesamtgewicht von Spacelab sowie dessen Nutzlast kann bis zu 14,5 Tonnen betragen.

Das in Europa gebaute Spacelab wird bei der NASA verschiedenen Tests unterzogen, bevor es im Laderaum des Shuttles eingebaut wird.

Das Weltraumlabor in der Columbia. Diese Fotomontage zeigt eindrucksvoll, wie das Spacelab im „Bauch" des Shuttles eingepasst ist.

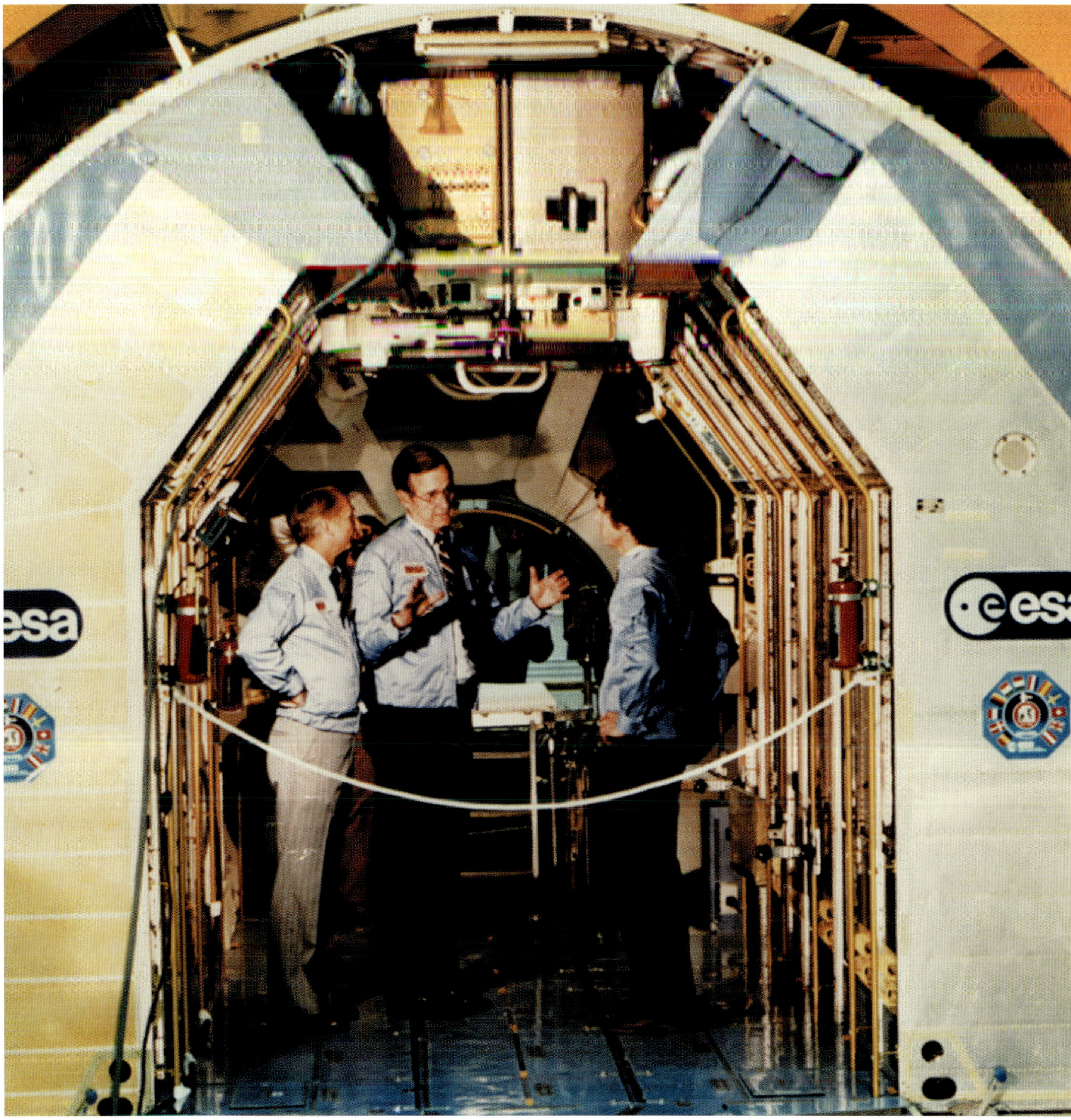

George Bush sen. (Mitte) mit den beiden Spacelab-Astronauten Owen Garriott (links) und dem Deutschen Ulf Merbold (rechts). Die beiden Wissenschaftsastronauten erläutern dem damaligen Vizepräsidenten Grundzüge des Weltraumlabors, das sich hier noch in einem Prüfstand im Kennedy Space Center befindet.

Der Verbindungstunnel, durch den die Astronauten vom Flugdeck des Shuttles in das Weltraumlabor gelangen. Auf der rechten Seite ist die Verbindung zum eigentlichen Labortrakt zu erkennen, auf der linken die Verbindung zum Shuttle. Die weißen Bolzen im vorderen und hinteren Bereich sind die Haltepunkte, mit denen der Tunnel in der Ladebucht verankert wird.

Der Aufbau

Bei der Konstruktion des Spacelab legte man besonderen Wert darauf, den Astronauten ein effektives Arbeiten zu gestatten. Obwohl es in der Schwerelosigkeit eigentlich kein „oben“ und „unten“ gibt, wurden auf der Bodenseite Fußlaschen angebracht, die einen festen Halt während der Duchführung der Experimente gewährleisteten. Laborgeräte waren in so genannten „racks“ untergebracht, die sich an jeder Seite des Raumlabors befinden, womit der vorhandene Raum möglichst effektiv genutzt wurde. Neben den „Laborracks“ gab es Ablageflächen, eine-n Aktenschrank, Schreibgeräte und Abfallbehälter, ganz wie in einem „echten“ Labor. Um eventuell auftretende Schäden an den Instrumenten reparieren zu können, rundeten Werkzeuge die Ausstattung des Spacelab-Inneren ab. Auch das Atem-Gasgemisch wurde natürlich den Verhältnissen der irdischen Atmosphäre angepasst. Die Lichtintensität ließ sich über einen Dimmer regeln.

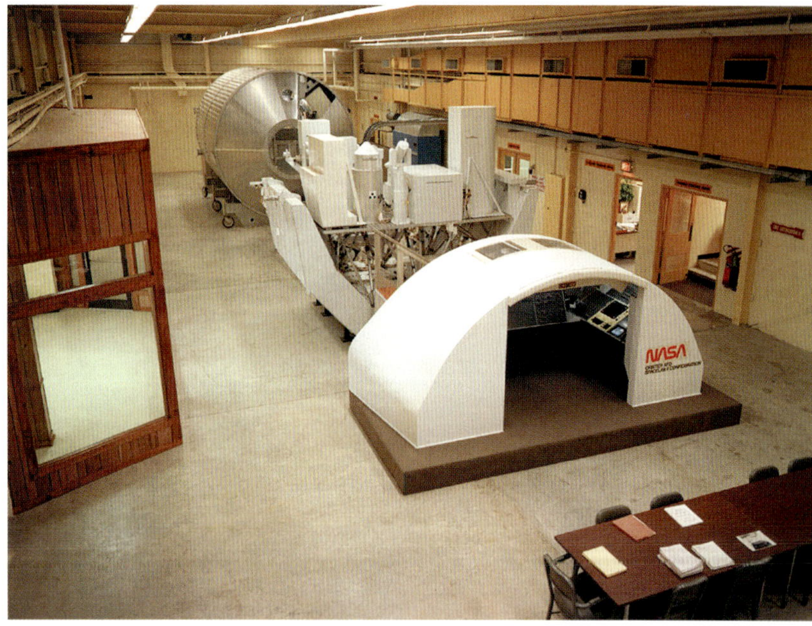

Ein kompletter Nachbau des Weltraumlabors Spacelab, des Verbindungstunnels sowie aller weiteren wesentlichen Teile des Shuttle-Innenraumes dienten der Besatzung als Trainingsobjekt.

Das Weltraumlabor wird für die Fahrt zum Shuttle in einen speziellen Transportbehälter verladen.

Über ein spezielles Lüftungssystem konnten schädliche Gase, zum Beispiel bei der Filmentwicklung, aus der Kabine abgesaugt werden. Neben den beiden Außenfenstern befand sich eine zweite Luftschleuse, durch die man Instrumente, die man zunächst im Spacelab-Inneren aufbewahrt hatte, während des Fluges direkt dem Weltraum aussetzen konnte, um so die Auswirkungen der „Weltraumverhältnisse“ auf das ausgewählte Objekt zu beobachten. Auf den zusätzlichen Palettensegmenten konnten nochmals wissenschaftliche Geräte mit einem Gesamtgewicht von 3.000 Kilogramm untergebracht werden. Jedes der Segmente ließ sich dabei separat, entweder aus dem Spacelab oder aus dem hinteren Teil des Shuttles, ansteuern.

Das Labor im hinteren Teil der Ladebucht war über den Verbindungstunnel an den Cockpit-Bereich angeschlossen.

Interne Versorgung

Unter Wasser üben die Astronauten die Benutzung des Tunnels vom Shuttle ins Weltraumlabor.

Ein wichtiger Aspekt sind natürlich die klimatischen Bedingungen in einem Raumfahrzeug, die dort künstlich aufrechterhalten werden müssen. Das Gasgemisch besteht aus Sauerstoff und Stickstoff. Bei einer Temperatur von 22 Grad Celsius und einer Luftfeuchtigkeit von 50 Prozent sind Bedingungen wie an einem schönen Sommertag auf der Erde gegeben. Für die notwendige Luftzirkulation sorgen Ventilatoren, für die konstante Temperatur im Experimentierbereich ist eine automatische Klimaanlage zuständig. Ohne die ausgleichende Atmosphäre, die unsere Erde schützend umgibt, herrschen im Weltraum extreme Temperaturzustände. Dies führt dazu, dass sich die sonnenzugewandte Seite des Raumschiffs stark erhitzt und gekühlt werden muss. Andererseits gibt es Experimente, denen zusätzliche Wärme zugeführt werden soll. Die Kühlung des Systems erfolgt über Luft, Wasser oder Freon. Überschüssige Wärme wird an das Shuttle-System weitergeleitet und von dort über Radiatoren an den Laderaumklappen in den Weltraum abgegeben.

Ebenso wichtig wie die Kontrolle des Innenraumklimas ist die Erzeugung elektrischen Stroms. Hierfür befindet sich eine Brennstoffzelle an Bord, in der Sauerstoff und Wasserstoff vereinigt werden. Die Brennstoffzelle erbringt sieben Kilowatt elektrische Leistung bei einer Betriebsspannung von 28 Volt. Für kurze Zeit kann die zweifache Spannung erreicht werden. Dies lässt sich allerdings nur nach längeren Abständen, in denen sich die Brennstoffzelle „erholt", wiederholen. Der produzierte Gleichstrom kann im Labor jederzeit in Wechselstrom umgewandelt werden. Die Stromversorgung gewährleistet ein großflächiges Kabelnetz, das sich in alle Module erstreckt. Sollte es zu einem Stromausfall kommen, steht ein weiteres Aggregat zur Verfügung, das 400 Watt Leistung erbringt.

Innenansicht des Weltraumlabors. Alle Experimente waren in jeweils eigenen Sektionen untergebracht. In diesem Nachbau fehlen allerdings einige Geräte, die tatsächlich zum Einsatz gekommen sind.

Das Weltraumlabor wird mit größter Vorsicht in die Shuttle-Ladebucht abgesenkt. Vom Shuttle selbst ist nichts zu erkennen, da es sich hinter den mit Folien abgehängten Gerüsten befindet.

Das fertig verpackte und ausgiebig getestete Weltraumlabor wird einschließlich des externen Experimententrägers (im Vordergrund) aus dem Transportbehälter gehoben, um im Shuttle Columbia eingebaut zu werden.

Start der Columbia zur Mission STS-9
am 28. November 1983 – an Bord das Spacelab-1

Die Ladebucht des Shuttles wurde mit verschiedenen Labormodulen bestückt. In diesem Fall handelt es sich um das, im Gegensatz zum Spacelab, unbemannte Atmosphärenlabor ATLAS-2.

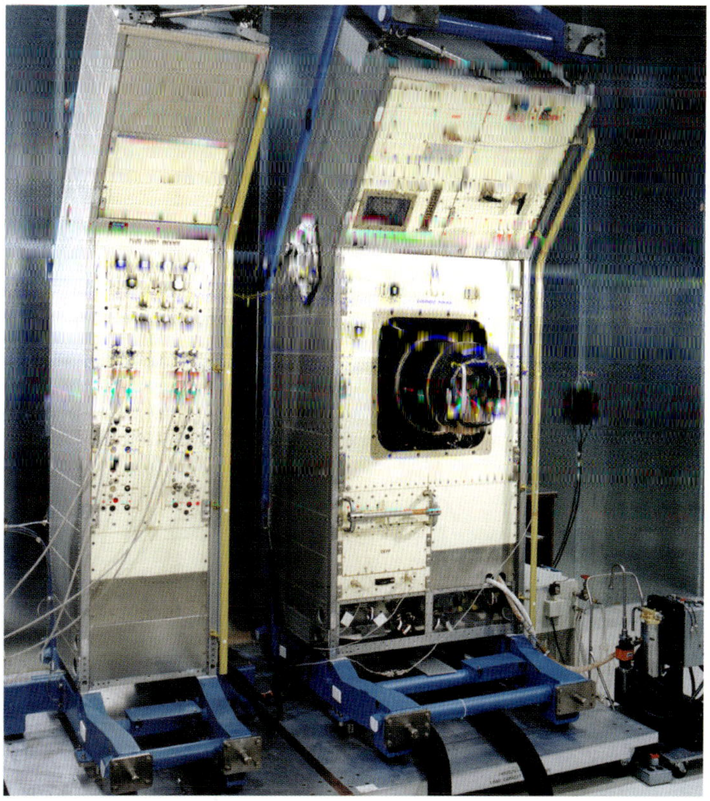

Zwei Labormodule auf dem Prüfstand

Oben: Ein Experiment von Spacelab-3 zum Kristallwachstum in der Schwerelosigkeit

Spacelab in der geöffneten Ladebucht des inzwischen verloren gegangenen Shuttles Columbia

Die Challenger-Katastrophe

Die Shuttle-Mission „STS 51 L", ausgeführt vom Raumgleiter Challenger Anfang 1986, sollte die Entwicklung der amerikanischen Raumfahrt zum ersten Mal nach Beendigung der Mondmissionen stark verändern. Schon seit vier Jahren führte die NASA Missionen mit der Space-Shuttle-Flotte durch, und Flüge in den Weltraum schienen Routine geworden zu sein. Wie immer wurden natürlich dennoch alle Komponenten des Systems sorgfältig geprüft. Nach Abschluss aller Tests konnte der Shuttle auf der Startplattform montiert werden. Anschließend fuhr die Challenger mit 1,5 Kilometern pro Stunde am 22. Dezember 1985 zur sechs Kilometer entfernt liegenden Startrampe. Wegen einiger Verzögerungen musste der Starttermin auf den 28. Januar 1986 verlegt werden. Zu dieser Zeit hatten sich durch Temperaturen von minus fünf Grad Celsius sowie Wind und Regen dicke Eisschichten auf vielen Komponenten des Shuttles gebildet. Aus den bis dahin vorhandenen Erfahrungen ergab sich daraus jedoch kein Grund, den Start nochmals zu verschieben.

Die Challenger wird vor dem verhängnisvollen Start von der NASA-eigenen Boeing 747 vom Kennedy Space Center zur Endmontage geflogen.

Der Start

Sieben Minuten vor dem Start wurde die Einstiegsluke geschlossen. Auch die Zustiegsrampe konnte eingefahren werden. Für den Fall einer Evakuierung hätte diese innerhalb von 20 Sekunden wieder am Shuttle befestigt werden können. Im Anschluss wurden die Richtungstriebwerke einem Test unterzogen. Zum Schluss der Überprüfungssequenz standen die Triebwerke in Startposition. Acht Sekunden vor dem Start brannte man überschüssigen Wasserstoff ab, um eine Verpuffung zu vermeiden.

Kurz vor dem Start wurden die Booster (Feststoffraketen) auf vollen Schub hochgefahren. Hierbei bewegte sich das gesamte System nach oben. Im direkten Anschluss lösten sich die Halteklammern und die Challenger hob ab. Nach dem Abheben drehte sich der Space Shuttle in seinem planmäßigen Rollmanöver. Um starke Vibrationen zu vermeiden, wurden zu diesem Zeitpunkt die Haupttriebwerke für kurze Zeit auf 60 Prozent der Schubkraft gedrosselt. Eine halbe Sekunde nach dem Start registrierten Überwachungskameras eine kleine Rauchwolke. Diese stammte aus einer der Feststoffraketen. Die Rauchwolke konnte aber erst bei späteren Untersuchungen festgestellt werden.

Etwa 59 Sekunden nach dem Start war eine Flamme an der Feststoffrakete zu erkennen. Zu diesem Zeitpunkt konnten auch erste Differenzen zu den Telemetriedaten anderer Flüge wahrgenommen werden. Diese bezogen sich auf den Druck innerhalb der Feststoffrakete, die sich später als beschädigt herausstellte. Durch das immer größer werdende Leck sank der Druck in kurzer Zeit rapide ab. Die Flamme am Booster war direkt auf den großen Haupttank gerichtet. 60 bis 64 Sekunden nach dem Start änderte sich die Farbe der Flamme, und Kontrollinstrumente zeigten Abweichungen. Dieser Umstand lässt sich damit erklären, dass der Zusatztank defekt war. Auch die Halteklammern des Boosters waren wahrscheinlich betroffen. Telemetriedaten

Die Challenger war vor dem Unglück bereits neunmal erfolgreich gestartet und zählte in der Shuttle-Flotte mit der Columbia zu den „Dienstältesten".

Die Challenger im Orbit während der früheren Mission STS-7

In der Nacht vor dem Start hatten sich bei eisigen Temperaturen Eisschichten auf dem Startturm und dem Shuttle selbst gebildet.

zeigten nun aber keine weiteren Unterschiede. 73 Sekunden nach dem Start ging dann plötzlich alles sehr schnell. Das Leck im Zusatztank vergrößerte sich rapide und Wasserstoff trat aus. Er lief dann die Tankwand entlang und entzündete sich. Wenige Millisekunden später explodierte der Space Shuttle und brach in Hunderte von Einzelteilen auseinander.

Für die Astronauten Francis Scobee (Commander), Michael Smith (Pilot), Ellison Onizuka, Ronald McNair, Gregory Jarvis und ihre weiblichen Kolleginnen, die Astronautin Judith Resnik und die Wissenschaftlerin Sharon Christa McAuliffe, konnte es keine Hilfe geben.

Die Kamera 39B-2/T3 machte diese Aufnahme 0,678 Sekunden nach dem Start. Eine kleine, grau-braune Rauchwolke ist auf der rechte Seite des Boosters, etwa in Höhe des Buchstaben „U", zu erkennen. Diese Rauchwolke war das erste sichtbare Anzeichen dafür, dass die Feststoffrakete offenbar beschädigt war.

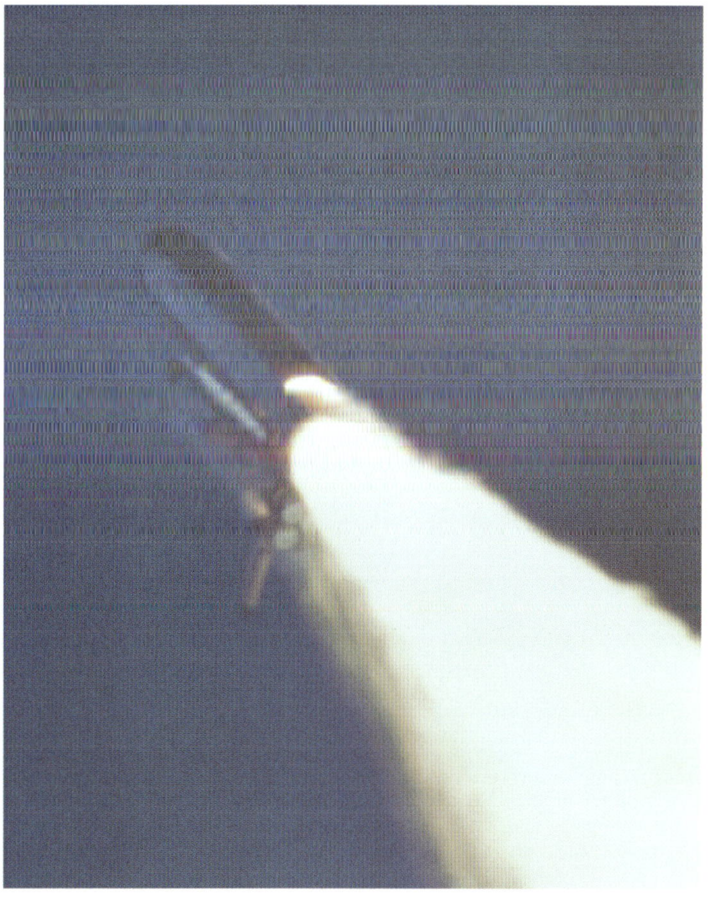

Nach 58,778 Flugsekunden wurde die seitlich aus dem Booster herausschlagende Flamme sehr groß und fraß sich in den externen Tank.

Die linke Tragfläche, der vordere Rumpfteil des Orbiters und die immer noch brennenden Haupttriebwerke stoßen aus dem Explosionszentrum heraus.

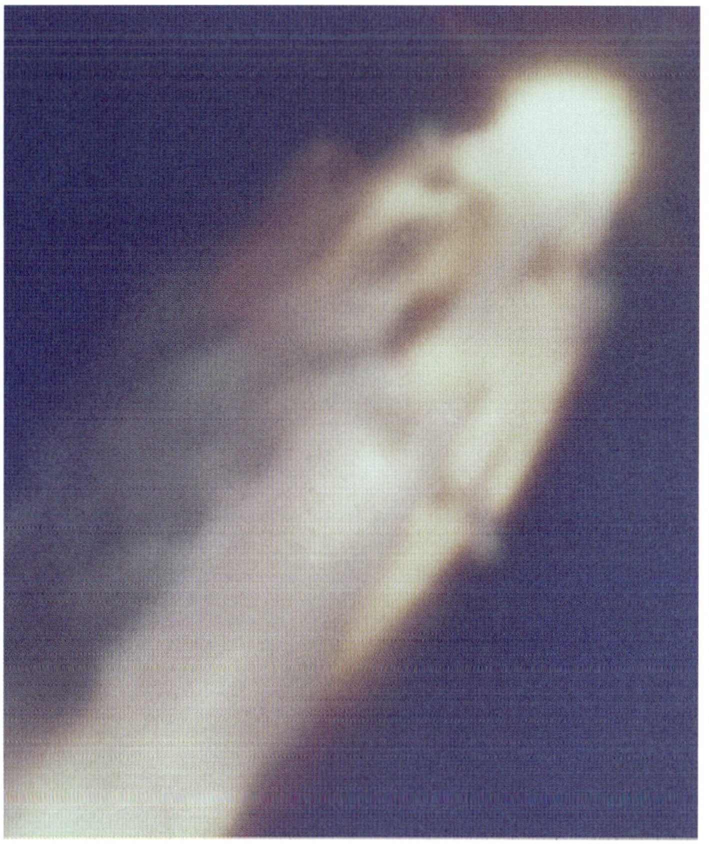

Das Glühen im oberen Bereich rührt vom Bersten des Zusatztanks her. Zu diesem Zeitpunkt ist der Shuttle von brennenden Treibstoffmassen umgeben.

76 Sekunden nach dem Start tauchte der linke Booster des Shuttles aus der Rauchwolke auf. Er wurde bei der Explosion vom Rest des Shuttles getrennt.

Die Untersuchung

Nach der Katastrophe stand zuallererst die Ursachenforschung im Vordergrund. Die Stimmen, die öffentlich forderten, die teuren und gefährlichen Weltraummissionen einzustellen, mehrten sich. Ihnen konnte man nur glaubwürdig begegnen, indem der Unfallhergang lückenlos aufgeklärt werden konnte. Erste Aufgabe war es, möglichst viele Wrackteile ausfindig zu machen. An deren Bergung nahmen 22 Schiffe, 33 Flugzeuge und sechs U-Boote teil. Die Reste der Challenger verteilten sich auf eine Fläche von 160.000 Quadratkilometern, einige Teile lagen in einer Tiefe von 360 Metern im Meer. Für eine eingehende Untersuchung fand man folgende Teile:

- 45 Prozent des Orbiters,
- 36 Prozent des Zusatztanks,
- 50 Prozent der Booster.

Alle Komponenten wurden in einem großen Hangar gesammelt und zur Rekonstruktion des Shuttles benutzt.

Ursachenforschung

Aufnahmen von Videokameras hatten gezeigt, dass ein Entlüftungsarm der Feststoffraketen nach dem Start nicht ordnungsgemäß eingefahren worden war. Da er aber nicht zurückfederte, konnte er als Unfallursache ausgeschlossen werden. Auch defekte Halteklammern ließen sich als Unfallgrund nicht erhärten. Es stellte sich heraus, dass eine dynamische Überbeanspruchung einer Dichtung die eigentliche Ursache der Katastrophe war: Die Feststoffraketen oder Booster bestehen aus mehreren Segmenten, die vor dem Start zusammengesetzt werden. Eine der Verbindungsstellen erwies sich im Nachhinein als undicht. Durch Temperatureffekte, durch den Verschleiß infolge der Mehrfachnutzung und des Materialverhaltens kam es zu einer Materialermüdung. In der Boosterwand entstand ein Leck, durch das Feuer austrat. Dieser Brand beschädigte den daneben liegenden Außentank mit flüssigem Wasserstoff. Als der Wasserstoff austrat, entzündete er sich infolge einer Knallgasreaktion, und der Space Shuttle explodierte.

Nachtstart des Shuttles Endeavour. Man hatte Hunderte von Veränderungen an den Shuttle-Systemen vorgenommen, bevor man einen erneuten Start wagte.

Wrackteile der Challenger wurden geborgen und zur detaillierten Untersuchung zur Air-Force-Station auf Cape Canaveral gebracht.

Der Absturz der Columbia

Am 1. Februar 2003 – fast auf den Tag genau sieben Jahre nach dem Challenger-Unglück – mussten NASA und die bestürzte Weltöffentlichkeit einen weiteren herben Verlust hinnehmen. Am 16. Januar war der Shuttle Columbia zu einer Wissenschaftsmission (STS-107) gestartet. Bereits beim Start bemerkten die Beobachter, dass sich ein Teil der Schaumstoffisolierung des Treibstofftanks gelöst hatte und gegen die linke Tragfläche geprallt war. Jedoch wurde der Vorfall seitens der NASA nicht als bedrohlich eingestuft.

Als die Columbia nach Ablauf ihrer Mission am 1. Februar den Wiedereintritt in die Atmosphäre einleitete, registrierten die Systeme plötzlich eine erhöhte Temperaturentwicklung, ausgehend von eben dieser Tragfläche. Die Isolierung hatte offenbar ein Loch in den Hitzeschild gerissen. Weil der defekte Schild die Columbia nun nicht mehr ausreichend schützen konnte, wurde der Shuttle beim Wiedereintritt in die Atmosphäre förmlich auseinander gerissen. Für die Crew an Bord bestand keine Überlebenschance.

Die Columbia startet zu ihrer letzten Mission. Es ist die 28. Mission der Raumfähre seit ihrem Erstflug im April 1981 und die erste mit israelischer Beteiligung.

Eine der letzten Aufnahmen von Flug STS-107. Sie zeigt die Astronauten David Brown (r.u.), Michael Anderson (l.u.), Kalpana Chawla (l.o.) und Ilan Ramon (Israel, r.o.) während einer Missionspause am 27. Januar 2003. Fünf Tage später verglühte die Columbia beim Wiedereintritt in die Erdatmosphäre über Texas.

Das Hubble-Weltraumteleskop

Warum ein Weltraumteleskop?

Die Entfernungen im Universum sind unvorstellbar groß. So kann das Licht astronomischer Objekte mehrere Milliarden Jahre benötigen, bis es die Erde erreicht. Trotz der langen Strecken wird es im Weltraum aber nur wenig beeinflusst. Dringt es in die irdische Atmosphäre ein, wird es jedoch teilweise von dieser absorbiert. Zudem verzerren Luftströmungen und Turbulenzen das Bild. Dies hat zur Folge, dass Objekte nicht exakt zu fokussieren sind und nur im so genannten „optischen Fenster" beobachtet werden können. Besonders auffällig wird diese Tatsache an horizontnahen Sternen. Schon mit bloßem Auge ist dort ein Flimmern zu erkennen. Der Effekt ist deshalb am Horizont stärker ausgeprägt als im Zenit – der Punkt direkt über dem Beobachter –, weil der Lichtweg durch die Atmosphäre in diesem Fall wesentlich länger ist. Luftturbulenzen und die Filterwirkung können sich daher auch viel stärker auswirken.

Bei der Beobachtung mit Teleskopen verstärkt sich diese negative Wirkung der Atmosphäre noch, denn je höher die Vergrößerung, desto ausgeprägter ist das Flimmern. Astronomische Objekte erscheinen mit verschwommenen Konturen, Details der Bilder gehen verloren. Auch das Prinzip der Langzeitbelichtung vergrößert die optischen Fehlereinflüsse. Selbst moderne Kameras müssen astronomische Objekte bis zu mehrere Stunden lang belichten, denn nur wenn das Licht über einen längeren Zeitraum gesammelt wird, kann man alle gewünschten Details erkennen und stellt sich die Farbenvielfalt ein. Auch hier wirken sich die Luftbewegungen in der Atmosphäre negativ aus.

Eine Minimierung der störenden Faktoren erreichte man bis dahin dadurch, dass man Sternwarten auf hohen Bergen baute. In dieser Lage ist die Dichte der Atmosphäre wesentlich geringer, die Turbulenzen sind minimiert und die Filterwirkung der Atmosphäre nimmt ab. Die großen Sternwarten, wie beispielsweise die europäische Südsternwarte in La Silla in den chilenischen Anden, legen davon ein deutliches Zeugnis ab. Somit verbessern sich die Beobachtungsvoraussetzungen deutlich. Auch klimatische Grundvoraussetzungen wie möglichst geringe Luftfeuchtigkeit und geringe Wolkenbedeckung spielen eine wichtige Rolle.

Moderne Fernrohre können in der Zwischenzeit über adaptive Optik Luftturbulenzen zu einem großen Teil kompensieren. Der zweifelsohne beste Platz für ein Teleskop liegt aber außerhalb der störenden Atmosphäre. Aus diesem einfachen Grundgedanken entwickelte man in den 80er-Jahren das Konzept des Hubble Space Telescope (HST), das 1990 in einer Erdumlaufbahn stationiert werden konnte.

Das Weltraumteleskop wird für die Montage in der Shuttle-Ladebucht vorbereitet.

Start zur Mission STS-31 am 24. April 1990. An Bord des Shuttles befindet sich das Hubble-Weltraumteleskop.

Von einem Roboterarm wird das Teleskop aus der Ladebucht des Shuttles gehoben und in der Erdumlaufbahn platziert.

Hubble auf seiner Umlaufbahn im Erdorbit. Erst nach einigen Schwierigkeiten lieferte das Teleskop die erwarteten Ergebnisse.

Aufgaben des Hubble-Teleskops

Namensgeber für das Weltraumteleskop war der Wissenschaftler Edwin Hubble (1889–1953).

Mit der Beobachtung der Expansion des Universums leistete er eine der wichtigsten Entdeckungen in der modernen Astronomiegeschichte. 1977 wurde von der NASA ein Konzept zum Bau des HST vorgelegt. Die Kosten sollten sich auf eine halbe Milliarde Dollar belaufen. Die europäische Raumfahrtbehörde ESA beteiligte sich mit 15 Prozent an den Kosten und erhielt im Gegenzug einen entsprechenden Anteil an der Beobachtungszeit. Probleme bei der Konstruktion sowie die Challenger-Katastrophe im Jahr 1986 verschoben den Startzeitpunkt. Die Kosten stiegen auf fast zwei Milliarden Dollar an.

Hubble-Aufnahme der Spiralgalaxie NGC 4414

Das Hubble-Weltraumteleskop ist so ausgelegt, dass es eine Vielzahl von Objekten beobachten kann. Neben der Fotografie und der Spektroskopie von Sternen stand die permanente Beobachtung von Planeten im Vordergrund. Kurzfristig konnte der Einschlag des Kometen Shoemaker Levy 9 im Jahr 1994 auf dem Jupiter beobachtet werden. Auf dem Mars stehen Langzeitbeobachtungen des Wetters im Vordergrund. Diese Untersuchungen sind ein wichtiger Schritt im Rahmen der Klimaforschung. Sie geben überdies erste Aufschlüsse über einen potenziellen Landeplatz einer zukünftigen bemannten Marsmission. Monde unseres Sonnensystems wurden fotografiert und Details auf deren Oberfläche lokalisiert. Beobachtungen in unserer eigenen Galaxie zeigten einzigartige Bilder von der Entstehung junger Sonnensysteme.

Eine Hauptaufgabe für Wissenschaftler ist die Bestimmung von Entfernungen im Weltraum. In den letzten Jahren erzielte in diesem Zusammenhang der Satellit „Hipparcos" für relativ nahe Sterne hervorragende Ergebnisse. Zuvor mussten Abweichungen in einem Toleranzbereich von mehr als zehn Prozent veranschlagt werden. Bei Galaxien und Galaxienhaufen stieg dieser Wert auf bis zu 50 Prozent an. Erst Beobachtungen mit dem Hubble-Teleskop lieferten deutlich verbesserte Ergebnisse.

Das Weltraumteleskop mit geöffnetem Teleskopdeckel im Erdorbit

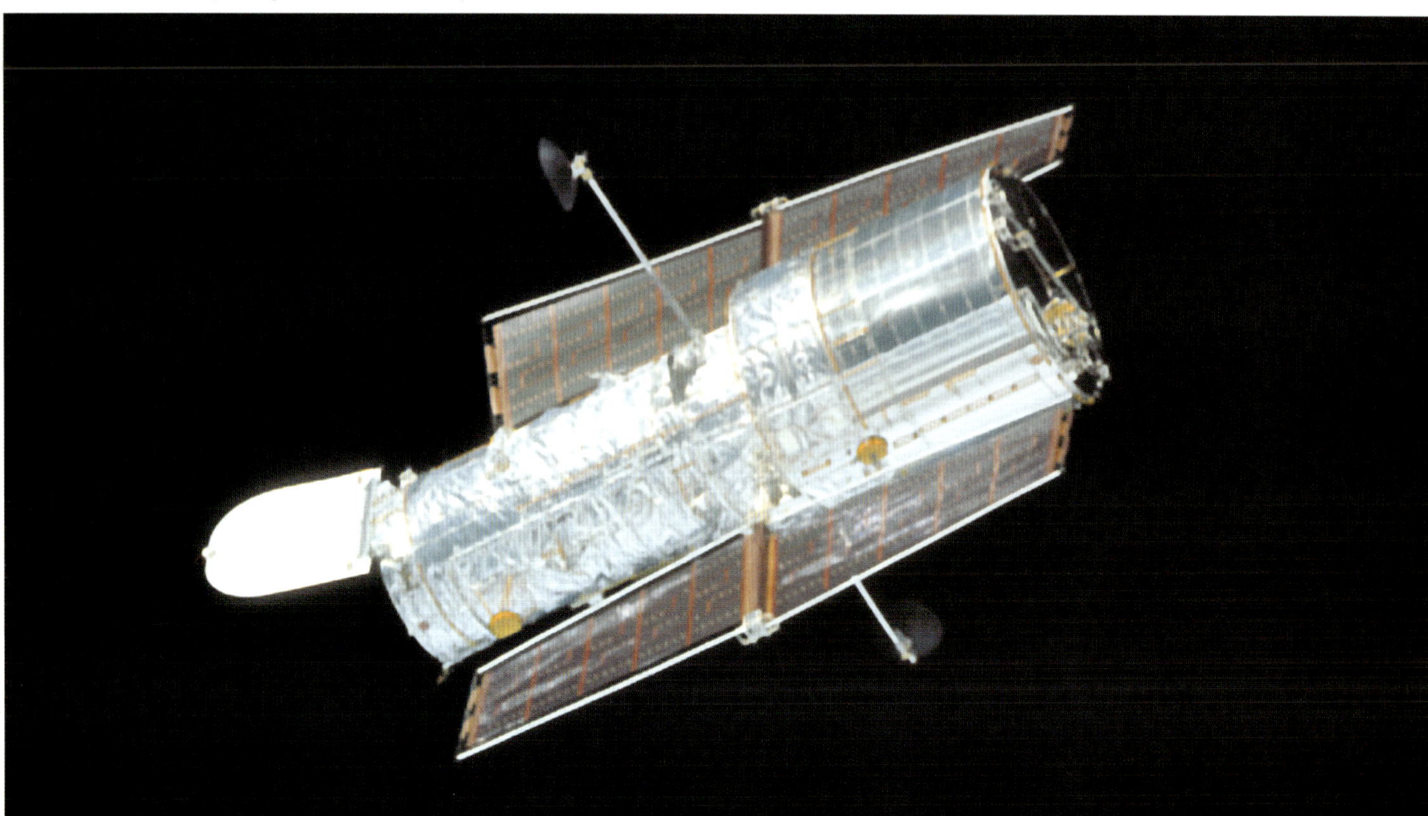

Interstellare „Wirbelstürme“ im Zentrum des Lagunennebels (M8) in rund 5.000 Lichtjahren Entfernung

Die von Edwin Hubble beschriebene Ausdehnung des Universums ist ein weiteres Forschungsfeld für die Betreiber des Weltraumteleskops. Die Messung dieser Expansion erfolgt über die so genannte Rotverschiebung von Sternspektren. Aus einer genauen Bestimmung der Geschwindigkeit könnte der Zeitpunkt des Urknalls abgeleitet werden. Die Geschwindigkeit exakt zu fixieren, erwies sich immer wieder als außerordentlich schwierig. Unter Zuhilfenahme des Hubble-Teleskops konnte das Zeitfenster, innerhalb dessen sich der Urknall ereignet haben könnte, auf einen Zeitraum vor 14 bis 16 Milliarden Jahren eingegrenzt werden.

Auch für die Planetenforschung leistet das Hubble-Teleskop einzigartige Dienste, wie diese Aufnahme vom Gasriesen Jupiter bestätigt.

Pleiten, Pech ...
... und der Durchbruch!

Der Space Shuttle Discovery brachte das Hubble Space Telescope am 24. April 1990 in den Erdorbit. Seitdem umrundet das Fernrohr die Erde in einer Höhe von 600 Kilometern und mit einer Geschwindigkeit von 29.000 Kilometern pro Stunde. Einen Monat nach dem Start wurde das erste Bild erstellt. Es sollte die Leistungsfähigkeit der Optik demonstrieren. Die erste Beobachtung eines Teleskops wird in der Fachsprache als „first light" bezeichnet und sollte mit dem Weltraumteleskop am Sternhaufen NGC 3532 durchgeführt werden. Schnell zeigten sich jedoch deutliche Fehler. Sterne waren nur als verwaschene Scheibchen erkennbar, die in diesem Ausmaß nur bei Teleskopen auf der Erde vorkommen sollten. Das Hubble-Teleskop sollte hingegen das Licht eines Sternes in einem sehr klein begrenzten Punkt vereinigen. Die Enttäuschung über diese Ergebnisse war groß.

Die Begründung konnte nur in einem Fehler der Optik liegen. Im Laufe der Zeit stellte sich heraus, dass der Hauptspiegel um zwei Mikrometer falsch geschliffen wurde, was etwa dem Fünfzigstel Durchmesser eines menschlichen Haares entspricht. Der Grund dafür lag in einer Fehljustierung beim Testen des Hauptspiegels. Ein Justierlaser wurde um 1,3 Millimeter falsch angebracht. Neben diesem Problem stellten sich noch einige kleinere Einschränkungen durch die Solargeneratoren sowie Fehlfunktionen einiger Instrumente an Bord heraus.

Daher entschloss man sich, das zwei Milliarden Dollar teure Projekt mit einer Servicemission zu „retten". Das Teleskop erhielt eine optische Korrektur, parallel wurden die Solarzellen repariert und der Umbau einiger Messinstrumente vorgenommen. Nur der Hauptspiegel konnte nicht ausgewechselt werden. Aus diesem Grund konstruierte man eine „Brille", die den optischen Fehler des Hauptspiegels kompensieren sollte. Dies war nur deshalb möglich, weil er sozusagen sehr genau falsch geschliffen bzw. poliert worden war. Während dieser Mission zeigten sich die Vorteile des Space Shuttle. Das Weltraumteleskop wurde von der Raumfähre Endeavour angeflogen und mit einem Greifarm eingefangen. Nun konnten Astronauten Fehler beheben, Module austauschen und nach erledigter Arbeit das Teleskop voll funktionsfähig wieder im Weltraum aussetzen. Zwei Wochen nach der Reparaturmission wurde die neue Optik überprüft. Die Bilder zeigten, dass das Hubble Space Telescope seine volle Leistungsfähigkeit erreicht hatte.

Bedingt durch die Servicemission und den Einbau neuer Instrumente, wurde das Spektrum der Beobachtungsmöglichkeiten noch weiter ausgebaut. Bis zum heutigen Zeitpunkt, vierzehn Jahre nach Inbetriebnahme, leistet das Teleskop immer noch wertvolle Arbeit.

Für die Zukunft planen sowohl Amerikaner als auch Europäer einen Nachfolger für Hubble. 2007 wird das europäische Herschel-Teleskop in Dienst gestellt. In einem Abstand von 1,5 Millionen Kilometer zur Erde positioniert, soll es dank seines 3,5 Meter großen Hauptspiegels Aufnahmen in bisher nicht gekannter Qualität liefern. Indessen planen die Amerikaner für 2011 den Start ihres JWST (James Webb Space Telescope), das mit seinem 6,5 Meter durchmessenden Hauptspiegel sowohl das Hubble- als auch das Herschel-Teleskop in den Schatten stellen wird.

Romantik im All: Astronaut Joseph Tanner repariert das Hubble-Teleskop im Licht der untergehenden Sonne.

Detailaufnahmen der Teleskophülle wie diese zeigen erste Verschleißerscheinungen.

Die Mission STS-82 war der zweite Wartungseinsatz eines Shuttles für das Hubble-Teleskop. Während der Arbeiten verankerten die Astronauten das Teleskop in der Ladebucht der Discovery; je zwei Spezialisten reparierten wichtige Instrumente während der so genannten EVA's (Extra Vehicular Activities), also der Außeneinsätze.

Hubble hat die letzten vier Jahre im All gut überstanden: Anflug von STS-82 auf das Weltraumteleskop. Dieses Foto wurde von einer elektronischen Kamera während des Kopplungsmanövers mit der Raumfähre Discovery gemacht.

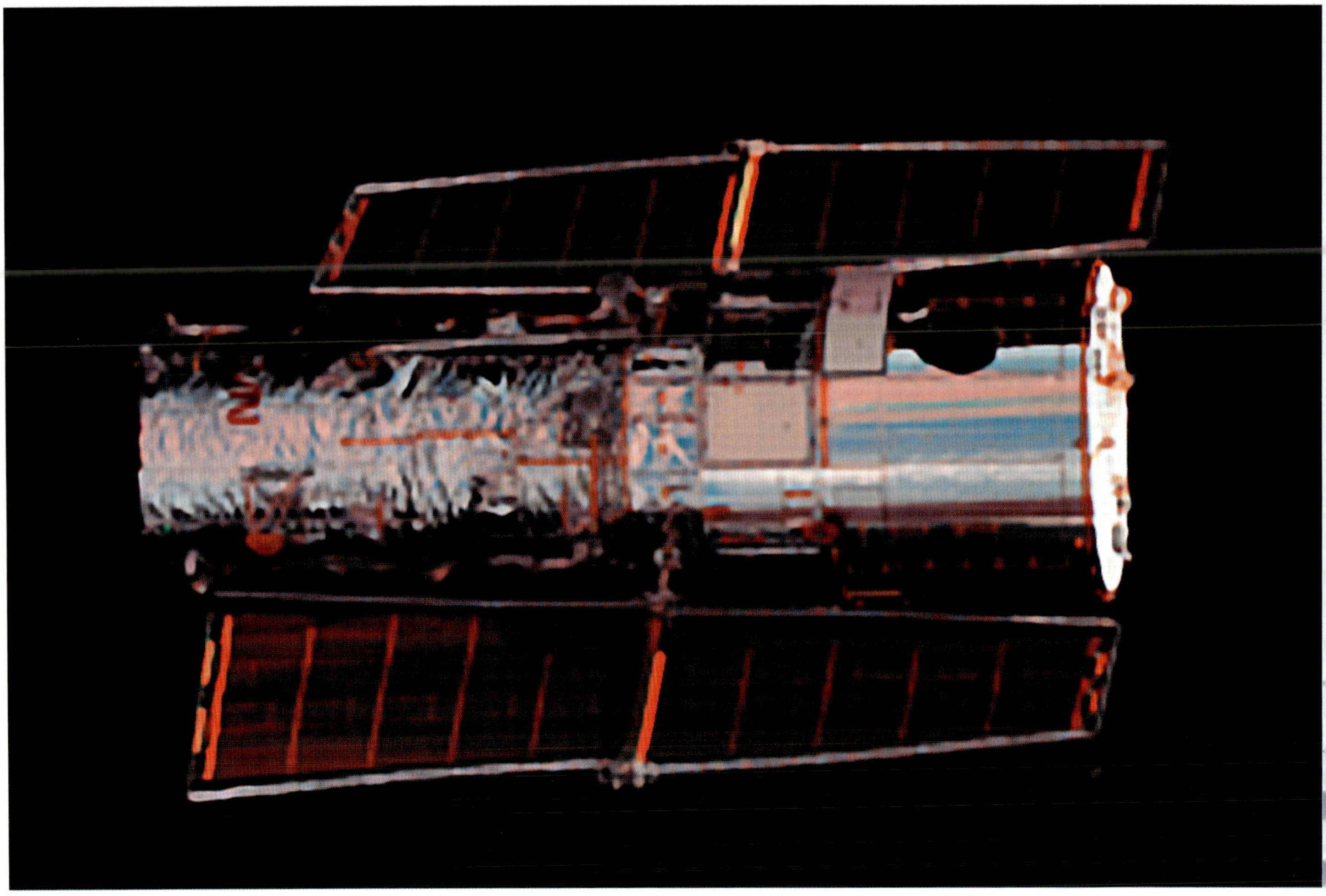

Rechts: Abschied vom Hubble-Teleskop: Nach erfolgreicher Reparatur hat die Crew der Mission STS-109 das Teleskop in der Erdumlaufbahn zurückgelassen und den Heimweg angetreten.

Wie arbeitet das HST?

Das Hubble Space Telescope war mit einer Länge von 13,1 Metern, einer Breite von 4,2 Metern und einem Gewicht von elf Tonnen so konzipiert, dass es gerade noch in der Ladebucht des Space Shuttle untergebracht werden konnte. Die Form des Teleskops ist wie bei den meisten irdischen Fernrohren röhrenähnlich. Der größte Unterschied besteht in den Solarpaneelen, die zu beiden Seiten des Tubus angebracht sind und das Instrument mit Strom versorgen.

Die Bauart des Hubble-Teleskops entspricht der eines Cassegrain-Instruments (ein Spiegelteleskop mit Reflektor). Das Licht wird vom Hauptspiegel auf einen zweiten Spiegel reflektiert. Dieser wird als Sekundär- oder Fangspiegel bezeichnet und wirft das stark gebündelte Licht in Richtung Hauptspiegel zurück. Durch eine Bohrung im Spiegel gelangt es zu den Messinstrumenten. Der Durchmesser des Hauptspiegels beträgt 2,4 Meter. Wenn dies im Vergleich zu den großen erdgebundenen Teleskopen mit Spiegeldurchmessern von bis zu zehn Metern auch eher klein erscheint, so kompensiert der besondere Beobachtungsort diesen Nachteil bei weitem. Neben dem sichtbaren Licht können die Instrumente auch Infrarotlicht auswerten. Somit ist das Beobachtungsspektrum deutlich größer als das des menschlichen Auges. Die Auflösung ist so hoch, dass man ein Ein-Cent-Stück noch in 20 Kilometer Entfernung erkennen kann. Auch das Lichtsammelvermögen ist bemerkenswert: So ist das Licht eines Glühwürmchens noch aus einer Distanz von 16.000 Kilometern zu sehen.

Das gesammelte Licht wird mit unterschiedlichen Instrumenten empfangen. Als Kamera für optische Beobachtungen dienen CCD-Arrays (charge coupled devices), deren Lichtempfindlichkeit gegenüber herkömmlichen chemischen Fotoplatten deutlich erhöht ist. Chemische Filme speichern fünf bis sieben Prozent des einfallenden Lichtes, CCD-Kameras hingegen 95 Prozent.

Die wichtigsten Beobachtungsinstrumente des Hubble Space Telescope sind:

- WF/PCs/Wide Field and Planetary Camera
- FOC/Faint Object Camera
- FOS/Faint Object Spectrograph
- GHRS/Goddard High Resolution Spectrograph
- HSP/High Speed Photometer (wurde später ausgebaut)

Die Ausrichtung und Nachführung erfolgt über FGSs (Fine Guidance Sensors). Diese sind in den Ladebuchten des Fernrohrs untergebracht. Dabei orientiert man sich an so genannten Referenzsternen. Auch die Kontrolle der Nachführung wird durch den Abgleich mit Leitsternen vorgenommen. Das Licht fällt auf einen exakt beschriebenen Raster, der von Sensoren abgetastet wird. Bewegt sich das Teleskop von der gewünschten Position weg, erkennt ein Computer die Abweichung und führt eine Korrektur aus. Die Komplexität dieses weitgehend automatisierten Systems musste man in Kauf nehmen, da kein Ingenieur bei Problemen das Teleskop oder einen Computerfehler „mal eben" in Ordnung bringen kann, es sei denn, dass dies per Telemetrie möglich ist. Nur von einer Space-Shuttle-Mission lassen sich größere Fehler direkt im Weltraum beheben.

Reparaturarbeiten der STS-109-Mission während einer EVA (Extra Vehicular Activity) bei Sonnenuntergang.

Die erste Wartungsmission zum Hubble-Teleskop: Astronaut Story Musgrave (am Roboterarm) und Jeffrey Hoffman (in der Ladebucht) reparieren das bis dahin „kurzsichtige“ Teleskop.

Missionsspezialist James Newman testet die Fußverankerung am Roboterarm. Mit ihr können die Astronauten den Arm als Hebebühne nutzen. Diese Möglichkeit wurde unter anderem bei den Wartungsmissionen am Hubble-Teleskop eingesetzt.

Nutzung

Neben Instituten der finanziell beteiligten NASA und ESA haben auch einige externe Astronomen die Möglichkeit, das HST zu nutzen. Die Auswahl erfolgt in einem Gremium, das den wissenschaftlichen Wert einer Beobachtung als Kriterium annimmt. Voraussetzung ist, dass mit erdgebundenen Teleskopen keine gleichwertigen Beobachtungsergebnisse möglich wären und dass das Forschungsfeld neu ist.

Die Ausrichtung des HST wird vom Hubble Space Telescope Control Center aus gesteuert. Das Weltraumteleskop kann beinahe den gesamten Himmel beobachten. Nur ein Sicherheitsabstand von 50 Grad zur Sonne muss gewährleistet sein, da zu starke Lichteinwirkung die sensiblen Messinstrumente irreversibel schädigen würde. Auch sind Beobachtungen nahe des Mondes oder der Erde wegen der Streulichteffekte nicht möglich. Die Bewegung des Teleskops erfolgt über so genannte Drallräder. Diese ermöglichen es, das Instrument in jede Richtung zu navigieren. Für eine vollständige Achsenrotation benötigt das Teleskop eine Stunde.

Während der STS-109-Mission waren fünf Außeneinsätze von jeweils zwei Astronauten nötig, um das Weltraumteleskop nutzbar zu machen.

Die während der Beobachtungssequenzen gesammelten Informationen werden direkt über Satelliten zur Erde gefunkt. Sollte eine Kommunikation zeitweise nicht möglich sein, kann das Hubble-Teleskop die Daten sammeln und zu einem späteren Zeitpunkt übertragen. Die gewonnenen Daten werden Wissenschaftlern aus aller Welt unter anderem über das Internet zur Verfügung gestellt. Sollte es sich um die Ergebnisse eines Beobachtungsauftrages von einem fremden Institut handeln, werden diesem die Daten über Magnetbänder zugespielt.

Qualitätsvergleich: Fotografie der Galaxie M100 mit dem Hubble-Teleskop, links vor der Reparatur, rechts danach

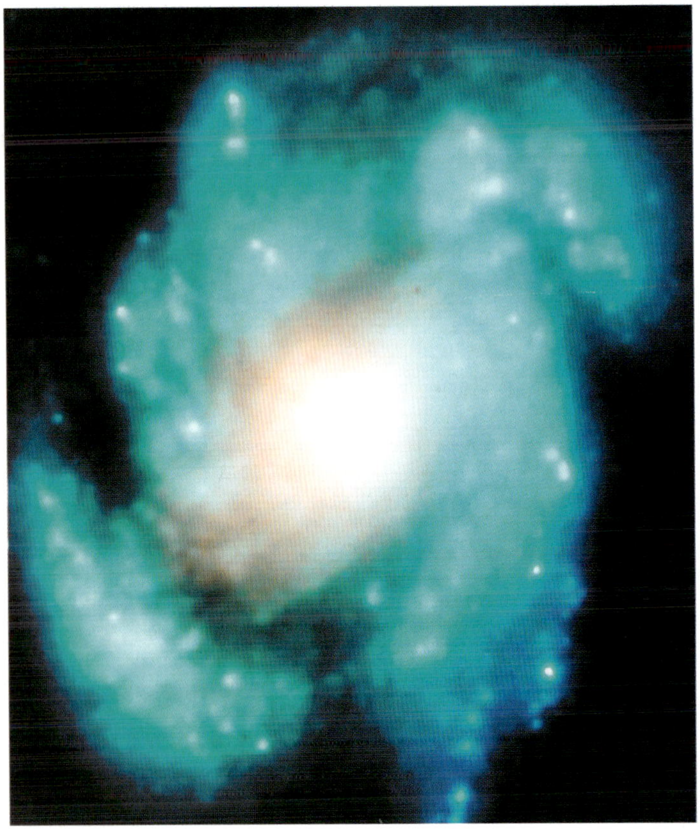

Rechts: Das Hubble-Weltraumteleskop erhält eine neue Solaranlage zur Stromerzeugung.

Raumstation Mir

Am 20. Februar 1986 wurde das erste Modul der Raumstation Mir (das russische Wort bedeutet sowohl „Friede" als auch „Welt") im Erdorbit stationiert. Ab Mitte der 1960er-Jahre erstellte die UdSSR mit dem Saljut-Projekt kleine Raumstationen, die bereits einige Ähnlichkeiten mit der Mir aufwiesen. Bis zum Bau der Internationalen Raumstation war die Mir die größte Raumstation. Ihr sind viele wissenschaftliche Ergebnisse und unbezahlbare raumfahrttechnische Erfahrungen zu verdanken wie zum Beispiel zu Langzeitaufenthalten in der Schwerelosigkeit und die jahrelange Versorgung, Erweiterung und Reparatur einer Raumstation in der Praxis. Die gesammelten Daten nutzt man noch heute bei der Entwicklung der ISS. Die ursprünglich geplante Betriebsdauer von drei bis fünf Jahren wurde bald deutlich überschritten, wobei es immer wieder zu zum Teil auch größeren „Unfällen" kam. Im Jahr 2001 brachte man die Mir schließlich gezielt zum Absturz in der Erdatmosphäre, wo sie weitgehend verglühte. Kleinere Bruchstücke gingen im Südpazifischen Ozean verloren.

Die endgültige Ausbaustufe erreichte die Mir nach Andocken des Priroda-Moduls im Jahr 1996.

Der Aufbau

Größe und Gewicht der Raumstation waren imposant. Das Basismodul (Core) wog 20 Tonnen. Es bot eine Andockmöglichkeit für sechs weitere Module beziehungsweise Raumschiffe. So konnte die Raumstation im Laufe der Zeit mehrmals vergrößert werden, um sie den wachsenden Ansprüchen anzupassen. Kwant 1 wurde ein Jahr nach dem Start des Basismoduls, am 9. April 1987, gestartet. Es sollte vor allem der Forschung und Experimenten dienen. Für Erdbeobachtungen war das Modul Kwant 2 (1989) ausgelegt. Als Stau- und Gewächsraum hatte man im Jahr 1990 Kristal an die Mir angekoppelt. Das 1995 gestartete Spektr-Modul war

Die russische Raumstation Mir war in ihrer letztendlichen Ausbaustufe die bisher größte Raumstation im Erdorbit. Sie wird erst von der noch im Aufbau befindlichen ISS übertroffen.

Die Mir überfliegt Neuseeland. Das Foto wurde von der Crew des Space Shuttle gemacht, welches kurz zuvor von der Station abgedockt hatte und jetzt den Rückflug zur Erde antritt.

wiederum darauf spezialisiert, Beobachtungen auf der Erde durchzuführen. Als letztes Modul dockte schließlich 1996 Priroda an. Auch Priroda war hauptsächlich für Erdbeobachtungen gebaut worden.

Lebensmittel, Sauerstoff und Arbeitsmaterialien transportierten die Progress-Kapseln zur Mir. Der Transport der Besatzung erfolgte hingegen mit den Sojus-Kapseln.

Die Mir hatte im letzten Ausbauzustand ab 1996 bei einer Länge und einer Breite von jeweils 32 Metern ein Gesamtgewicht von 140 Tonnen und umkreiste die Erde in einer durchschnittlichen Höhe von 400 Kilometern. Die beiden Module Priroda und Spektr wurden im Rahmen einer Zusammenarbeit mit der NASA umgebaut. Die amerikanische Raumfahrtbehörde zahlte jährlich 50 Millionen Dollar für die Mitbenutzung der Raumstation. Aus der ehemaligen erbitterten Konkurrenz um Erfolge in der Weltraumfahrt war eine enge Zusammenarbeit geworden. Der amerikanische Space Shuttle koppelte mehrmals an die russische Mir an.

Viele Hobbyastronomen und Raumfahrtinteressierte nahmen regen Anteil an der Entwicklung der Mir, da man diese bereits mit bloßem Auge leicht am nächtlichen Firmament beobachten konnte. Wie ein heller Stern bewegte sie sich innerhalb weniger Minuten über den Himmel. Außerdem gelang es einigen Amateurfunkern aus dem norddeutschen Raum, Kontakt mit den Kosmonauten aufzunehmen und für einige Minuten mit der Station zu kommunizieren.

Der Kosmonaut Waleri Poljakow, der am 8. Januar 1994 an Bord der Mir gegangen war und mit 439 Tagen einen Aufenthaltsrekord im Weltraum aufstellte, beobachtet das Andockmanöver des Space Shuttle Discovery.

Blick aus der Atlantis auf die Raumstation Mir, an die der Shuttle während der STS-79-Mission 1996 angedockt hat. Das Foto entstand von einem Fenster der Andockschleuse aus, die sich in der Ladebucht des Shuttles befindet.

Rechts: Atlantis (STS-79) und Mir schweben über einem Wirbelsturm, der gerade über dem Südindischen Ozean tobt. Die Mission der Atlantis diente unter anderem dazu, einen Astronautenaustausch auf der Mir vorzunehmen. Der Gast-Kosmonaut Shannon Lucid, der sich dort bereits seit sechs Monaten aufgehalten hatte, wurde vom Shuttle mit zurück zur Erde genommen. Seinen Platz an Bord der Raumstation übernahm John Blaha.

Diese Fotografie von Madagaskar und der Küste Afrikas entstand am neunten Flugtag der STS-79-Mission, nachdem der Shuttle Atlantis die Mir wieder verlassen hatte. Links ragt das Heckleitwerk des Shuttles ins Bild.

Die Crew der Atlantis (STS-79) konnte auch den Wirbelsturm „Voilet" beobachten, der hier mit Windgeschwindigkeiten von 230 bis 240 Kilometern pro Stunde gerade über dem Westpazifik tobt.

Das Ariane-Programm

Mitte der 1970er-Jahre riefen auch die Europäer ein Weltraumprogramm ins Leben. Nachdem es zu Unstimmigkeiten mit den USA über den Start einiger kommerzieller Kommunikationssatelliten gekommen war, hatten sich mehrere europäische Staaten 1975 zur Raumfahrtagentur ESA zusammengeschlossen. Ihr Ziel: die Entwicklung eines eigenen Trägersystems, mit dem man die eigenen Satelliten in eine Umlaufbahn bringen und sich einen Anteil am lukrativen Geschäft mit dem Start von Kommunikationssatelliten sichern wollte.

Federführend bei dem Projekt, das später auf den Namen „Ariane" getauft wurde, war Frankreich. Das Land stellte nicht nur die Startanlagen in Französisch-Guayana zur Verfügung, sondern ist mit ca. 50 Prozent auch der Hauptanteilseigner an den Ariane-Raketen.

Am 24. Dezember 1979 war es so weit. Nach zwei abgebrochenen Versuchen erhob sich die erste Ariane in den Himmel über Kourou. Mit einer Nutzlast von ca. 1.700 kg war sie den vergleichbaren amerikanischen Raketen vom Typ Delta 3914 und 3920, die Lasten von 930 bis 1.200 kg in den Orbit beförderten, überlegen.

1980 wurde die Leitung des Programms in die Hände des privatwirtschaftlichen Startunternehmens Arianespace gelegt. Angesichts der guten Auftragslage begann man sofort damit, die Rakete weiterzuentwickeln. Die Nutzlast sollte erhöht und die Zeit zum Zusammenbau der Raketen verkürzt werden. Doch obwohl es bei den fast baugleichen Folgemodellen Ariane 2 und 3 gelang, die Nutzlast auf bis zu 2.700 kg zu steigern, reichte das angesichts der begrenzten Kapazität der Startanlagen nicht aus. Erschwerend kam hinzu, dass aufgrund verschiedener technischer Probleme zwischen 1979 und 1989 gerade mal 28 Ariane-Raketen vom Startplatz in Kourou abhoben.

Am 15. Februar 2003 startet Ariane 4 vom europäischen Weltraumbahnhof in Kourou zu ihrer letzten Mission.

Eine Ariane 5 beim Transport auf die Startrampe. An Bord: der 4,7 Tonnen schwere Forschungssatellit XMM.

Entwicklung der Ariane-Rakete seit ihrem Erstflug 1979. Die Ariane 4 gilt als erfolgreichste Rakete aller Zeiten.

Eine erneute Überarbeitung von Rakete und Startplatz schien daher unumgänglich. Um mehr Treibstoff aufnehmen zu können, wurde die erste Stufe der neuen Ariane 4 gestreckt. Zusätzlich erhöhte man mittels spezieller Booster die Schubkraft. All das steigerte die Nutzlastkapazität auf bis zu 4,9 Tonnen, sodass die Rakete nun bei jedem Start zwei Satelliten mitführen konnte. Und vereinfachte Konstruktionsmethoden erlaubten es, die Startvorbereitungen von 28 auf 18 Tage zu verkürzen, wodurch sich die Zahl der Starts pro Jahr auf 20 erhöhen ließ.

Bis heute gilt die Ariane 4, die bis zu ihrer Außerdienststellung 2003 186 Satelliten in den Orbit beförderte, als das erfolgreichste Trägersystem aller Zeiten. Ihre Bilanz: 116 erfolgreiche Starts und nur drei gescheiterte Missionen.

Trotz des Erfolgs der Ariane 4 präsentierte Arianespace 2003 einen vollkommen neu konzipierten Nachfolger. Die Ariane 5 ähnelt ein wenig der russischen Energija und wurde ursprünglich entwickelt, um den inzwischen gestrichenen europäischen Raumgleiter Hermes in eine Erdumlaufbahn zu bringen. Obwohl sie bereits jetzt mithilfe ihrer leistungsstarken Booster einen Startschub von 11.590 kN erzeugt und bis zu acht Tonnen in den Orbit bringt, soll sie in Zukunft als Ariane 5 Evolution sogar Lasten von elf Tonnen und mehr transportieren.

Mars Pathfinder

Die Mars-Pathfinder-Mission war ein erfolgreiches Projekt zur Erkundung des „Roten Planeten“. Am 4. Dezember 1996 startete die 895 Kilogramm schwere Raumsonde von Cape Canaveral aus und landete nach sieben Monaten Flug sicher am 4. Juli 1997, also am amerikanischen Unabhängigkeitstag, auf der Marsoberfläche. Neben geologischen, atmosphärischen, magnetischen und meteorologischen Experimenten, die von der Raumsonde durchgeführt wurden, sollte zum ersten Mal ein autonomer Rover den Mars erforschen und so ein weiteres Umfeld untersuchen und fotografisch dokumentieren.

Als Landestelle war das Ares Vallis auf der nördlichen Hemisphäre des Planeten vorgesehen. Nach einem Flug von über einem halben Jahr und 200 Millionen Kilometern, landete Pathfinder bis auf 200 Meter genau an der vorausberechneten Position. Hierbei kam ein neuartiges Landesystem zum Einsatz. Nachdem die Raumsonde in der Atmosphäre durch Reibung gebremst wurde, entfalteten sich Bremsfallschirme. Kurz vor dem Aufsetzen lösten sich die Fallschirme und die Raumsonde fiel, mit kurz zuvor automatisch aufgeblasenen Luftkissen umhüllt, auf die Oberfläche. Dann wurden die „Airbags“ entlüftet und die Sonde freigelegt.

In einem Reinst-Raum werden Pathfinder und Rover (in der Bildmitte) auf den Start zum Mars vorbereitet.

Auf dem Weg zum Mars: Mit dem Pathfinder startete die NASA eine Reihe von kleineren, relativ kostengünstigen Raumfahrtprojekten, die dennoch spektakuläre Ergebnisse liefern sollten. Ein erstes Ziel war der Mars. Der erdnächste Planet (hier in einem direkten Größenvergleich) übt wegen zahlreicher Gemeinsamkeiten mit der Erde nach wie vor eine große Faszination auf Wissenschaftler wie auf Laien aus.

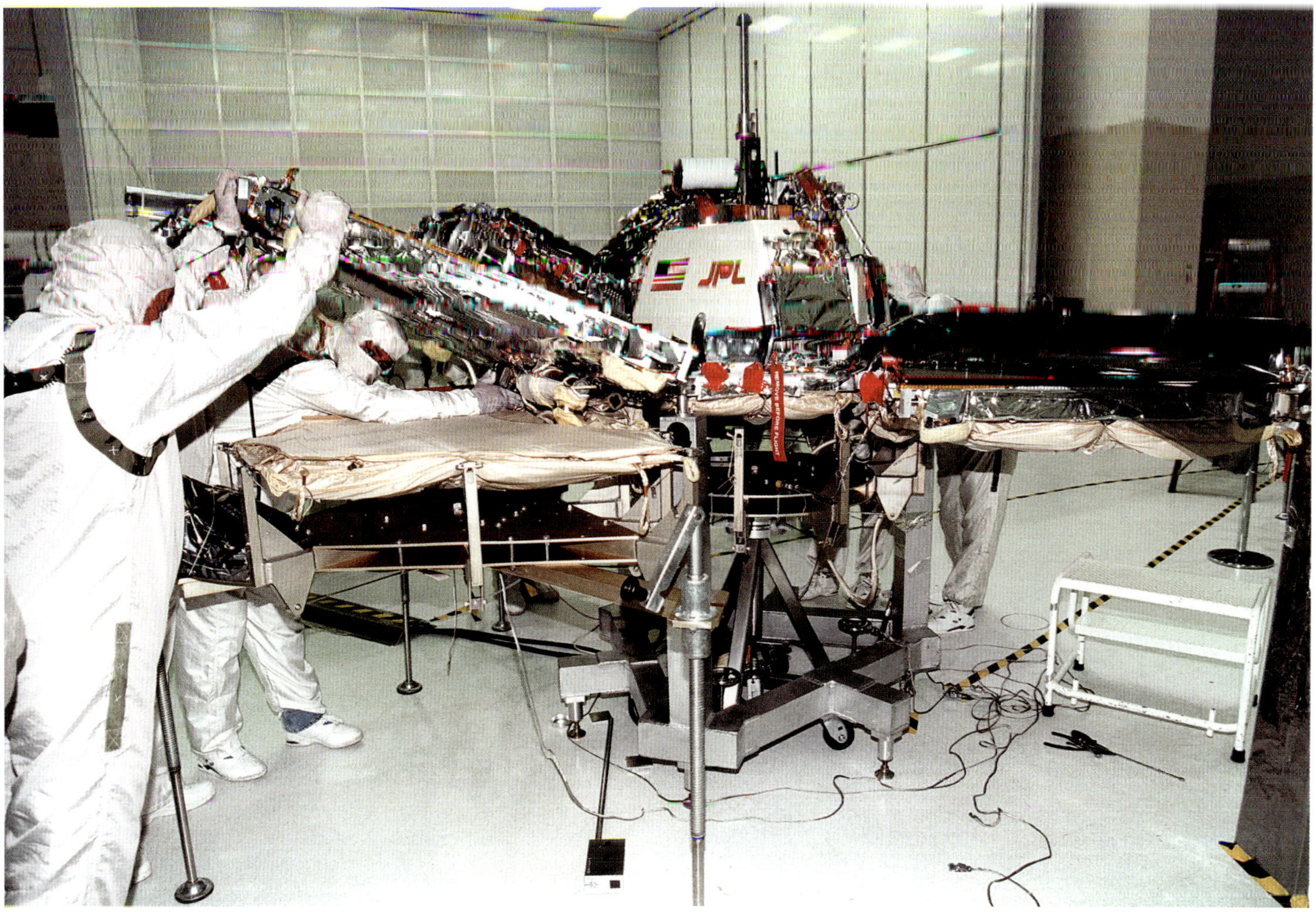

Die Airbags für das Aufsetzen auf der Oberfläche werden installiert. Bei den Ingenieuren löste die erfolgreiche Landung trotz der vielen vorausgegangenen Tests mit dem neuen System große Erleichterung aus.

Unten: Eine 360-Grad-Panoramaaufnahme der Landestelle von Pathfinder. Im Vordergrund sind Teile der Pathfinder-Sonde zu erkennen, unter anderem die beiden Rampen, über die der Rover die Sonde verlassen konnte. Darunter liegen die erschlafften Airbags, die den Aufschlag auf der Marsoberfläche abgefedert hatten. Der Rover ist in der Bildmitte am Felsbrocken Yogi zu sehen, den er gerade mit seinem Alpha-Protonen-Röntgen-Spektrometer untersucht.

Im Startkomplex 17b auf Cape Canaveral wird der Mars Pathfinder in der Hülle der Raketenspitze eingebaut. Als Trägerrakete kam eine Delta II zum Einsatz.

Beinahe wie in Watte verpackt, landet die Pathfinder-Sonde auf der Marsoberfläche (hier ein Test auf einem nachgebildeten Marsboden). Die Airbags werden rundherum aufgeblasen, die Sonde „springt" in ihnen wie ein Gummiball mehrfach über die Marsoberfläche, bevor sie schließlich liegen bleibt und das Füllgas aus den Airbags abgelassen wird.

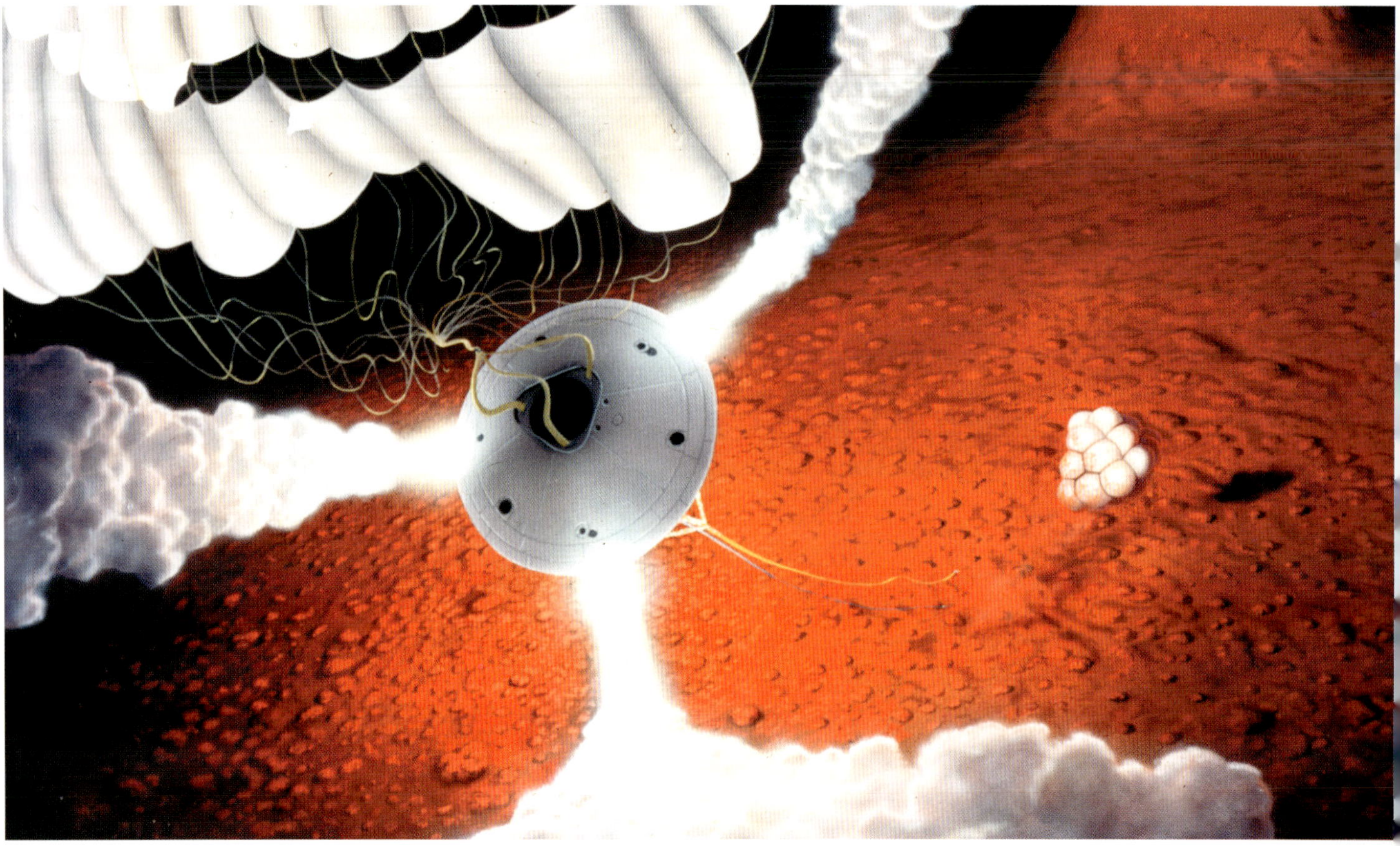

Landung des Pathfinder: Wie in dieser Zeichnung landet die in Airbags verpackte Sonde auf der Marsoberfläche.

Als nächster Schritt folgte das Ausfahren einer Rampe, über die der Rover Sojourner auf die Marsoberfläche gelangte.

Das Problem der Steuerung eines autonomen Rovers auf dem Mars besteht in der riesigen Distanz zur Erde. Ein Funksignal von der Bodenstation erreicht den Mars erst nach über zehn Minuten. Daher konnte man Sojourner nicht wie ein ferngesteuertes Auto bewegen. Um das Problem zu umgehen, fuhr der Rover mit so geringer Geschwindigkeit, dass er, computergestützt, Steine und kleine Gräben erkannte und selbsttätig umfuhr. In nicht eindeutigen Situationen stoppte Sojourner und wartete auf Anweisungen der Bodenstation. Er hatte ein Gewicht von 10,6 Kilogramm und war mit einem Röntgen-Spektrometer sowie drei visuellen Kameras ausgestattet.

Das „Mini-Matterhorn" auf dem Mars: ein ca. 75 Zentimeter hoher Stein in unmittelbarer Nachbarschaft der Pathfinder-Sonde.

Die Hauptaufgabe der Mission waren geologische und meteorologische Untersuchungen. Besonderes Augenmerk lag dabei auf der Suche nach Wasser als der Grundvoraussetzung für die Entstehung von Leben. Pathfinder konnte zeigen, dass der Mars in der Vergangenheit eine dichte Atmosphäre besessen hatte und die Temperaturen deutlich höher lagen als heute. Auch fand man eindeutige Hinweise auf die Existenz von ehemaligen Wasservorkommen.

Die Mission endete erst am 27. September 1997 und dauerte damit wesentlich länger, als ursprünglich vorgesehen war.

2,3 Milliarden Bits an Informationsdaten, 15 chemische Analysen von Steinen, die Bestimmung von Wetterfaktoren und nicht zuletzt 16.500 Bilder von Pathfinder sowie 550 Fotografien vom Rover Sojourner bildeten die reiche Ausbeute dieses Projekts.

Yogi, ein etwa ein Meter großer Felsbrocken, der rund fünf Meter von der Landestelle des Pathfinder entfernt lag, wurde vom Rover eingehend untersucht. Ergebnis: Yogi ähnelt irdischen Basaltgesteinen.

Allen Besonderheiten in „Sichtweite" des Rovers und der Sonde gab man Namen nach irdischen Erscheinungen: die Twin Peaks am Horizont der Landestelle.

Der Rover Sojourner

Mit dem neu entwickelten Rover Sojourner testete die NASA ein autonomes System auf dem Mars. Da eine Echtzeitkommunikation aufgrund der Entfernung von der Erde zum Mars nicht möglich war (ein Signal, das sich mit Lichtgeschwindigkeit fortbewegt, benötigt für die Strecke von 192 Millionen Kilometern zehn Minuten und 32 Sekunden), stattete man Sojourner mit Instrumenten aus, die ein selbsttätiges und sicheres Arbeiten ermöglichten. Über optische Sensoren erkannte eine speziell entwickelte Software mögliche Gefahren, die der Fahrt des Rovers im Weg stehen konnten, wie zum Beispiel Gesteinsbrocken oder zu steile Abhänge. Sojourner war nun in der Lage, zu stoppen oder diese Stellen auf einem selbst berechneten Kurs zu umfahren.

Die gesammelten Daten von Sojourner funkte dieser an die Raumsonde, von der sie dann zur Erde weitergeleitet wurden. Aus diesem Grund durfte der Rover die Sende- und Empfangsreichweite zur Basis nie überschreiten, die maximal 700 Meter betrug. Damit aber auch komplexere Informationen wie Stereoaufnahmen der Videokameras übermittelt werden konnten, sollte jedoch eine Distanz von lediglich zehn bis 15 Metern nicht überschritten werden. So war der Aktionsradius des Rovers natürlich stark eingeschränkt. Während der gesamten Mission legte Sojourner daher auch nur eine Strecke von etwa 100 Metern zurück.

Die „Reiseroute" vom Rover um die Pathfinder-Sonde herum. Die mit „Sol-X" gekennzeichneten Positionen sind Etappenziele, ein „Sol" ist ein Marstag.

Aufbruch ins Unbekannte: Am zweiten Missionstag auf dem Mars rollte der Rover Sojourner die rechte Rampe von der Sonde herab und begann seine Erkundungstour.

Sonnenuntergang über den Twin Peaks

Der Rover steht auf der Pathfinder-Sonde bereit, um seine Entdeckungsfahrt anzutreten. Die Versatzlinien im Bild kommen durch die bei der Aufnahme verwendete Mosaiktechnik zustande: Die Kamera der Sonde fotografierte viele kleine Einzelbilder, die erst auf der Erde zu größeren Abbildungen montiert wurden.

Man hatte eine mindestens siebentägige Einsatzzeit Sojourners vorgesehen, die dann aber zur Freude der Wissenschaftler deutlich überschritten wurde. Während die Systeme des Rovers tadellos funktionierten, ging die Funkleistung der Pathfinder-Sonde allerdings recht bald deutlich zurück. Sie bezog ihre Energie aus Batterien, die im Laufe des Tages mithilfe von Solarzellen wieder aufgeladen werden konnten. Mit dem fortschreitenden Marsjahr verkürzte sich aber die Sonnenscheindauer. Schmutz und Staub auf den Solarzellen und vor allem die Kälte der Marsnächte forderten ihren Tribut von Batterien und Instrumenten, sodass die letzten auswertbaren Daten am 27. September 1997 empfangen wurden. Sojourner war bis dahin betriebsbereit.

Rechts: Der Rover untersucht den Felsen Chimp. An dieser Position stellte Sojourner einen Entfernungsrekord auf: Er hatte sich immerhin 12,3 Meter von der Pathfinder-Sonde entfernt.

Der Pathfinder-Landeplatz auf dem „Roten Planeten", am Horizont die charakteristischen Twin Peaks

Große Erwartungen waren mit dem Start der Raumsonde Mars Polar Lander am 3. Januar 1999 verbunden. Nach dem Erfolg der Pathfinder-Mission sollte mit dem Polar Lander eine Sonde in der Nähe des Mars-Südpols niedergehen, um hier Panoramabilder in verschiedenen Spektralbereichen zu machen und um Spuren heutigen oder früheren Lebens auf dem Mars zu finden.

Ein zwei Meter langer Roboterarm sollte Bodenproben entnehmen und ein Mikrofon erstmals Windgeräusche von einem fremden Planeten übertragen. Allerdings ging die Sonde noch während des Abstiegs zum Mars verloren – der Funkkontakt brach ab. Die NASA musste später Mängel bei der Qualitätssicherung einräumen; die Polar-Lander-Sonde war im Vorfeld nur unzureichend getestet worden. Das gesamte Marsprogramm der NASA musste überdacht werden.

Die Pathfinder-Mission war die erste einer ganzen Reihe geplanter, so genannter „Low-Cost"-Missionen zum Mars. Jeder mögliche Startzeitpunkt sollte fortan genutzt werden, um eine kleine, effektiv arbeitende Sonde zum Mars zu schicken. Nach Pathfinder stand der Mars Polar Lander auf dem Programm.

Geplante Landestelle der Mars-Polar-Lander-Mission (Markierung in der Bildmitte)

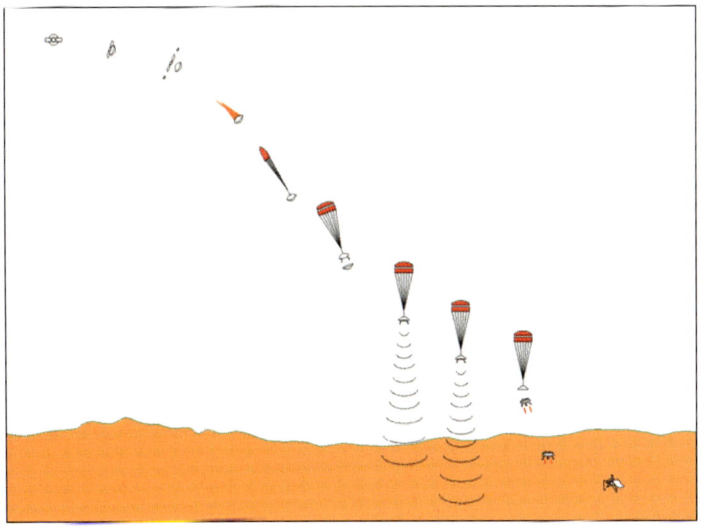

So sollte die Landung vom Mars Polar Lander und der beiden mitgeführten Deep-Space-Sonden im Erfolgsfall aussehen.

Zusammen mit dem Mars Polar Lander flogen zwei kleine Sonden zum Mars, die sich während der Abstiegsphase vom Lander trennen und mit hoher Geschwindigkeit dem Marsboden entgegenrasen sollten. Deep Space 1 und Deep Space 2 hätten dann beim Aufschlag auf der Marsoberfläche je eine kleine Sonde in den Marsboden gefeuert, die nach Vorausberechnungen der Wissenschaftler bis zu einem Meter tief eingedrungen wären. Dort sollten sie weitere Daten über die Beschaffenheit der Marsoberfläche liefern. Mit dem Verlust des Polar Lander riss allerdings auch der Kontakt zu den beiden Deep-Space-Sonden ab.

Wie gelegentlich in der Erdatmosphäre kommt es auch auf dem Mars – hier allerdings regelmäßig – zu riesigen Staubstürmen. Hier ein Vergleich zwischen einem irdischen Sandsturm (rechtes Bild) über Nordafrika (rechts oben ist die Iberische Halbinsel mit Spanien und Portugal zu erkennen) und einem Sandsturm auf dem Mars (linkes Bild). Der Mars Climate Orbiter sollte in erster Linie solche atmosphärischen Erscheinungen untersuchen.

Unter anderem hatte der Orbiter ein Farbbildaufzeichnungsgerät sowie ein Infrarot-Radiometer an Bord, mit dem er Dunst und Staub in der Marsatmosphäre hätte messen sollen.

Oben: Am 7. September 1999 lieferte der Mars Climate Orbiter dieses erste Foto vom Mars. Es zeigt den Roten Planeten während des Anflugs der Sonde, die hier noch rund 4,5 Millionen Kilometer vom Mars entfernt ist.

Links: Der Mars Climate Orbiter sollte nach seiner Ankunft beim Mars in einen Orbit einschwenken und mindestens ein Marsjahr lang (rund zwei Erdenjahre) Atmosphäre und Klima des Mars erforschen. Aber auch hier musste die NASA einen Fehlschlag einstecken: Beim Einlenken in die Umlaufbahn geriet die Sonde im Funkschatten des Planeten in dessen Atmosphäre und zerbrach dort vermutlich oder zerschellte auf der Oberfläche. Später stellte sich die peinliche Ursache des Unglücks heraus: Eine Abteilung der Herstellerfirma Lockheed Martin hatte mit „imperialen“ Maßeinheiten gerechnet, in diesem Fall mit „pounds of force“, während die NASA mit der metrischen Entsprechung „Newton“ kalkulierte. Bei der Datenübernahme ging die NASA von metrischen Daten aus; das Bremsmanöver wurde zu spät eingeleitet und die 125 Millionen US-Dollar teure Mission scheiterte.

Teilweise nehmen die Stürme auf dem Mars solche Ausmaße an, dass wie hier im rechten Bild die gesamte Oberfläche unter einer Dunstschicht liegt. Links: Bei klarer Atmosphäre ist die Oberflächenstruktur deutlich erkennbar.

Wie die Pathfinder-Mission war auch der Mars Global Surveyor (MGS) ein erfolgreiches Marsprojekt der NASA. Nach seinem Start am 7. November 1996 hatte der MGS die Aufgabe, die Marsoberfläche detailliert zu kartografieren. Hierzu wurde er in einen Orbit um den Mars gelenkt, von dem aus er während der 118-minütigen Flugzeit mit einer hochauflösenden Kamera jeden Punkt der Oberfläche fotografisch festhalten konnte. Außerdem standen und stehen Untersuchungen der Marsatmosphäre auf dem Programm.

Kein neuer Beweis für Marsbewohner. Auch bei diesem „Smiley-Krater" handelt es sich um völlig normale geologische Formationen.

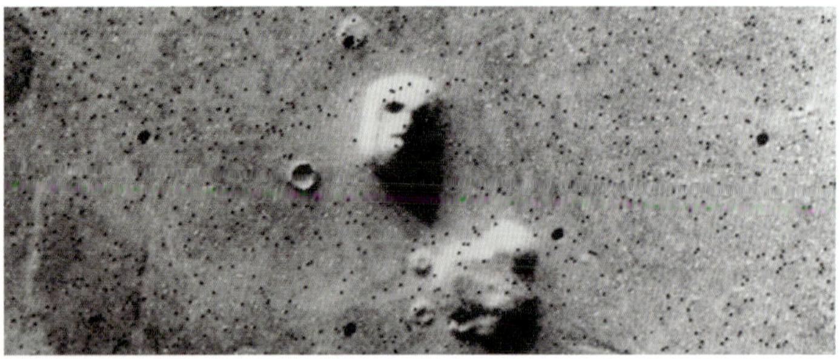

Das „Marsgesicht", aufgenommen von Viking 1 im Jahr 1976, sorgte für viele Diskussionen. Die wildesten Fantasien beschäftigten insbesondere die Science-Fiction-begeisterte Öffentlichkeit, aber auch einige NASA-Wissenschaftler äußerten zunächst nur wenig seriöse Theorien über die Formation auf dem Mars. Eine Aufgabe der Global-Surveyor-Mission bestand daher auch darin, eine neue, wesentlich genauere Aufnahme dieser Region des Mars zu liefern.

Der Nordpol des Mars. Dieses Bild wurde aus Daten konstruiert, die Mars Global Surveyor mithilfe eines lasergestützten Höhenmesssystems gewonnen hatte. Die Ergebnisse ermöglichten den Wissenschaftlern unter anderem, das Volumen der Polkappen zu ermitteln, die teilweise aus gefrorenem Wasser bestehen.

Wolken hängen über dem Marsvulkan Apollinaris Patera. Dieser äquatornahe Schildvulkan hat eine Höhe von rund fünf Kilometern.

Mit der hochauflösenden Kamera gelang es der Sonde, Tausende spektakulärer Aufnahmen in bis dahin unerreichter Qualität von der Marsoberfläche zu liefern. Dieses Bild zeigt eine Region der „Marskanäle" in den Valles Marineris. Bei ersten erdgebundenen Marsbeobachtungen stellte sich diese Region wie von künstlichen Kanälen durchzogen dar. Daher spekulierten einige Astronomen, dass Marsbewohner ein planetenweites Bewässerungssystem angelegt haben könnten. Im 20. Jahrhundert stellten sich die vermeintlichen Kanäle aber als optische Täuschung heraus. Fotos wie diese dürften auch den letzten Zweifel ausräumen.

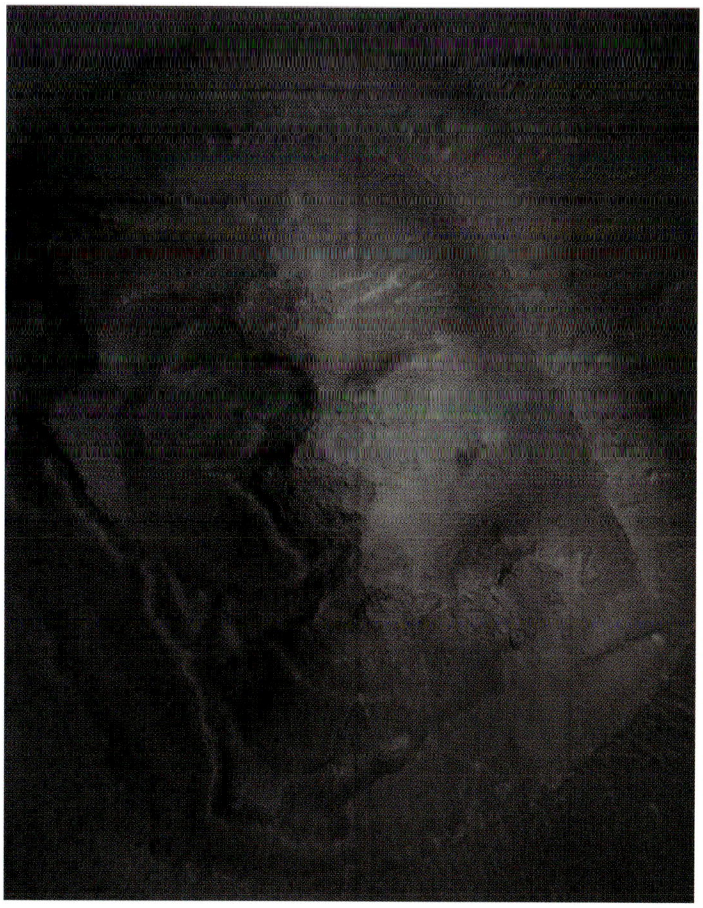

Am 8. April 2001 brachte diese Aufnahme die Gewissheit, dass es sich bei dem Marsgesicht um eine normale geologische Formation auf der Marsoberfläche handelt. Alle Theorien, bei dem Landschaftsbild könnte es sich um ein Bauwerk von Außerirdischen handeln, wurden damit endgültig ad absurdum geführt.

Eine weitere Gemeinsamkeit mit der Erde: Auch auf dem Mars bilden sich unter bestimmten Bedingungen Wolkenfelder in der Atmosphäre. Diese Wolken enthalten vermutlich Kristalle aus Wassereis, möglicherweise aber auch aus gefrorenem Kohlendioxid, also „Trockeneis".

Der riesige Schildvulkan Olympus Mons auf dem Mars ist rund dreimal so hoch wie der Mount Everest auf der Erde. Da seine Hänge trotzdem im Schnitt nur mit einer Neigung von zwei bis fünf Grad ansteigen, erreicht er eine riesige Grundfläche.

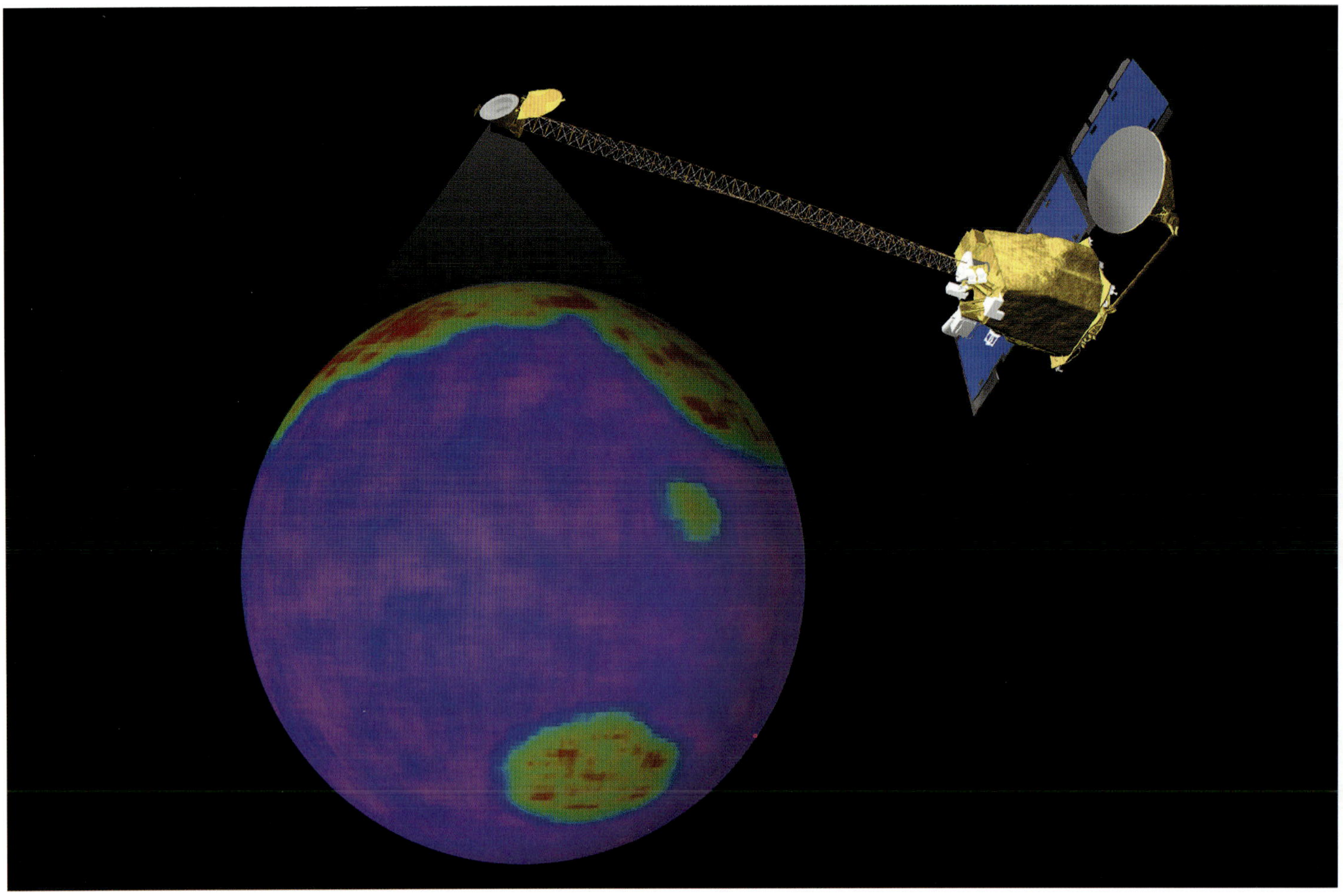

Die jüngste Marsmission Mars Odyssey dient bereits konkret der Vorbereitung einer möglichen bemannten Marsmission. In Ergänzung zum Mars Global Surveyor bringt die Odyssey drei wichtige Messinstrumente mit zum Mars: Mit einem thermalen Emissions-Ortungssystem sollen mineralogische Untersuchungen der Oberflächen vorgenommen werden. Das Gammastrahlen-Spektrometer dient zur Untersuchung der chemischen Zusammensetzung der Oberfläche. Ein drittes Messgerät mit dem Namen MARIE (MArs Radiation Environment Experiment) misst die Strahlung auf dem Mars und soll Aufschluss über die mögliche Belastung für Astronauten geben.

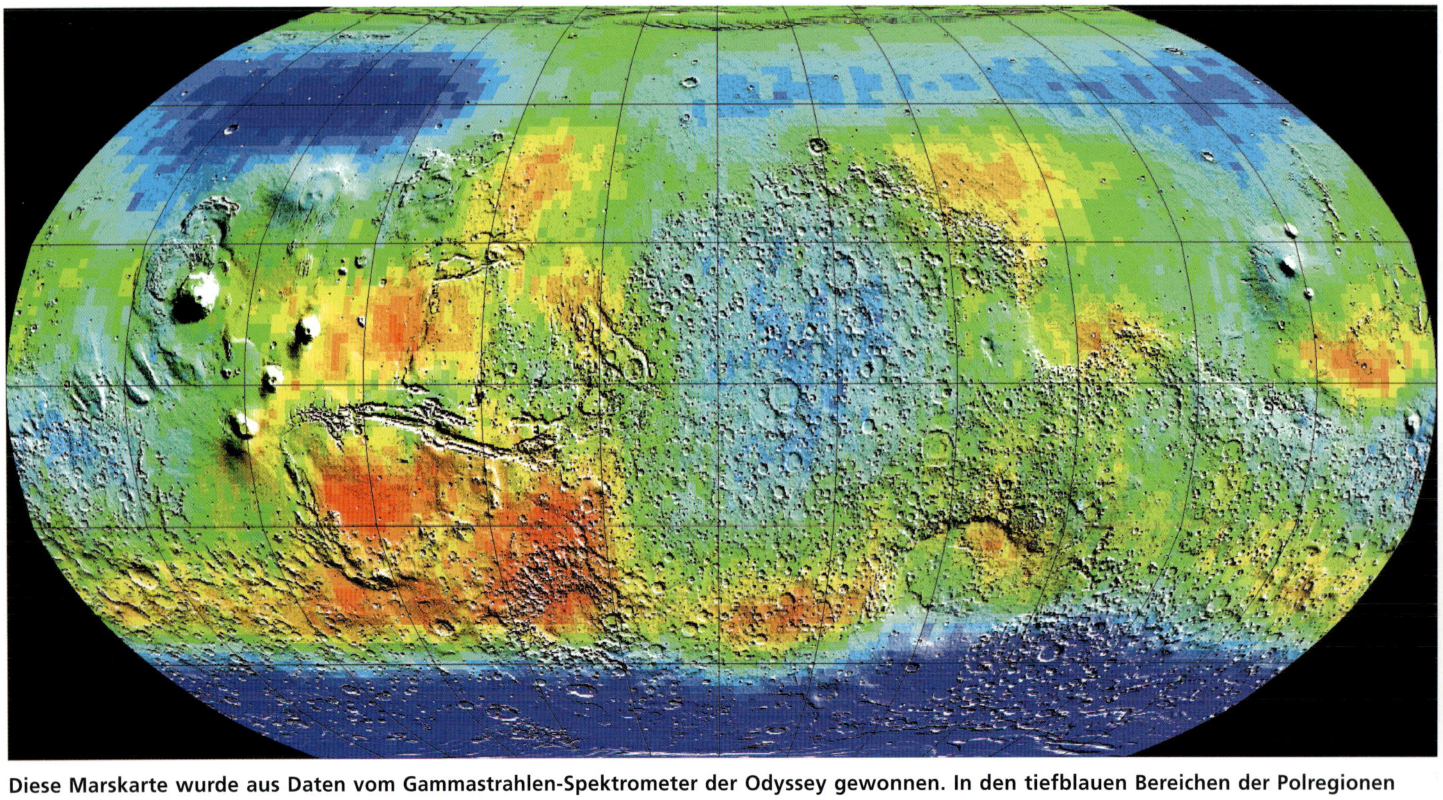

Diese Marskarte wurde aus Daten vom Gammastrahlen-Spektrometer der Odyssey gewonnen. In den tiefblauen Bereichen der Polregionen vermutet man einen Wasseranteil in der Oberfläche von rund 50 Prozent.

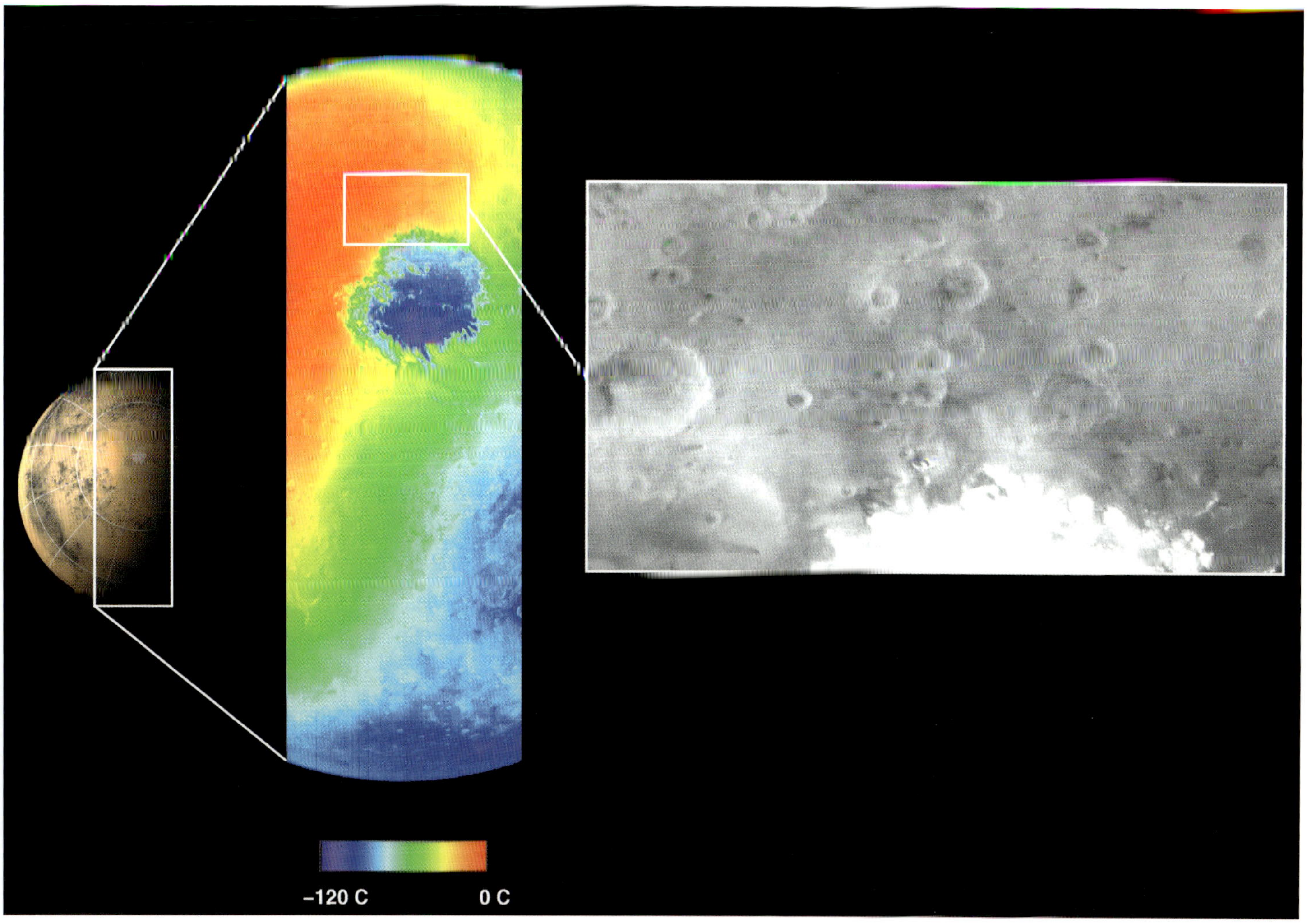

Ein weiteres Thermalbild und ein dazugehöriger Ausschnitt im sichtbaren Bereich. Diese ersten Aufnahmen dienten dem Test und der Kalibrierung der Kameras, bevor die Marsoberfläche in kleinen Segmenten untersucht wurde.

Diese künstlerische Darstellung zeigt die Odyssey-Sonde über der Marsoberfläche.

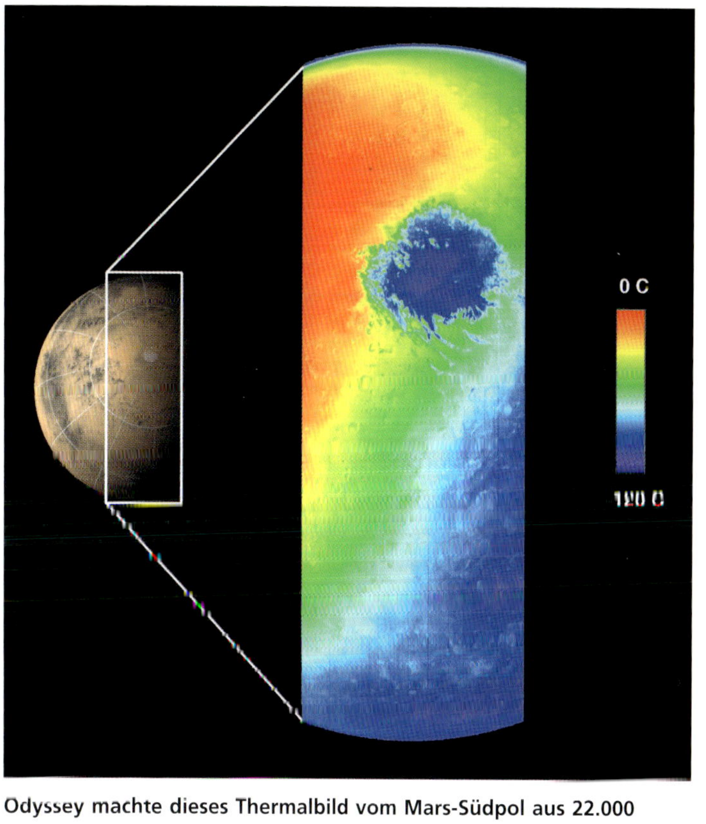

Odyssey machte dieses Thermalbild vom Mars-Südpol aus 22.000 Kilometern Höhe am 30. September 2001.

Einer der beiden US-amerikanischen Zwillingsrover bei der Erkundung der Marsoberfläche.

Die Mars Exploration Rover (MER)

Nach dem Erfolg von Sojourner hat die NASA nun mit den Zwillingsrobotern Spirit und Opportunity eine zweite Generation Rover zum Roten Planeten entsandt. Beide sind 1,5 Meter hoch, wiegen 185 kg und wurden ursprünglich für eine Lebensdauer von etwa 90 Marstagen konzipiert. Die Roboter, die pro Tag Entfernungen von 40 Meter und mehr zurücklegen können, haben die Aufgabe, die Umgebung ihrer Landeplätze zu erkunden und geologisch auf Spuren von Wasser zu untersuchen. Zu diesem Zweck wurden beide mit je neun Kameras und verschiedenen Spektrometern ausgestattet.

Spirit ging am 4. Januar 2004 im Gusev-Krater südlich des Mars-Äquators nieder. Er sollte in dem Gebiet, das Spuren eines urzeitlichen Sees aufweist, nach Hinweisen auf ehemals vorhandenes Oberflächenwasser suchen. Leider verlor die NASA zwischenzeitlich den Kontakt, sodass mehrere Tage an Forschungszeit verloren gingen. Erst am 2. Februar 2004 ließ sich wieder eine dauerhafte Verbindung zu Spirit aufbauen.

Die nun folgende Untersuchung des Kraterbodens und nahe gelegener Felsbrocken, wie z.B. „Adirondack“, erbrachte jedoch bisher keine stichhaltigen Beweise dafür, dass hier einst ein See existierte. Zwar fand die Sonde Spuren von Olivin, doch weist dies lediglich auf vulkanische Aktivität hin. Auch eine Probenentnahme im nahe gelegenen Bonneville-Krater konnte bisher keinen eindeutigen Beweis für die Existenz eines ehemaligen Wassersees erbringen.

Die verwaiste Landeplattform des Rovers Opportunity in der nördlichen Tiefebene Meridiani Planum.

Im Gegensatz zu Spirit fand Opportunity gleich mehrere Hinweise auf Wasser. Die Sonde ging am 25. Januar 2004 in einem Krater in der Ebene Meridiani Planum nieder – einem Gebiet, in dem große Vorkommen an Hämatit vermutet werden.

Noch im Kraterbereich entdeckte der Rover kleine, graue Kügelchen („Blueberries") aus Hämatit, die sowohl auf dem Boden als auch als Konkretionen im Gestein vorkommen. Auf der Erde entstehen solche Gebilde meist durch Ausfällungen im Wasser gelöster Eisenverbindungen. Außerdem fand die Sonde Hinweise auf Drusen (kleine Hohlräume von ca. 1 cm Länge und 1–2 mm Breite), die auf ehemaliges Kristallwachstum hindeuten. Hinzu kam, dass bei der Analyse des Felsgesteins in der Umgebung große Mengen schwefelhaltiger Salzverbindungen ermittelt worden waren. Auch sie entstehen auf der Erde meist in Gewässern. Der deutlichste Hinweis dürfte aber das Vorkommen von Jarosit sein. Dieses Eisenerz besteht aus einer Verbindung aus Schwefel und Wasserstoff. Es könnte sich nur in einem (Wasser-)See oder der Umgebung einer heißen Lösung gebildet haben.

Neben all diesen Indizien deutet auch die geologische Struktur der Umgebung auf Wasser hin. Opportunity entdeckte Schrägschichtungen, die möglicherweise durch leichten Wellenschlag entstanden sein könnten.

Aufgrund dieser bahnbrechenden Erkenntnisse wurde die Mission der beiden Rover um weitere fünf Monate verlängert.

An diesem Fels des Stone Mountain im Meridiani Planum wurden die „Blueberries" entdeckt. Im markierten Bereich ist die Schrägschichtung zu erkennen.

Der Ausschnitt misst ca. 3cm. Rechts im Bild: eine der hämatithaltigen, rundlichen Konkretionen.

Die Aufnahme vom 8. Januar 2004 zeigt das Landegebiet von Spirit. Links im Bild: die Vertiefung „Sleepy Hollow". Die dunklen Flecken stammen von den Airbags und sind erst bei der Landung des Rovers entstanden.

Mars Express & Beagle 2

Der erste Versuch der ESA, mittels einer eigenen Sonde einen fremden Planeten zu erkunden, begann am 2. Juni 2003. An Bord einer Sojus-Fregat-Rakete startete der Orbiter Mars Express vom Weltraumbahnhof im kasachischen Baikonur aus zum Roten Planeten. Seine Ausstattung bestand aus sieben Instrumenten zur Erforschung von Atmosphäre und Oberfläche sowie dem Lander Beagle 2, der auf dem Planeten über einen Zeitraum von 187 Tagen exobiologische und geochemische Experimente anstellen sollte.

Im Dezember 2003 erreichte der Orbiter nach einer Flugzeit von nur sechs Monaten den Roten Planeten. Da der Lander selbst über kein eigenes Steuersystem verfügte, musste Mars Express vor dem geplanten Eintritt in den Orbit eine Kurskorrektur durchführen, durch die Beagle 2 auf das Zielgebiet auf der Marsoberfläche ausgerichtet wurde. Nachdem der Lander ausgeklinkt worden war, nahm Mars Express wieder den ursprünglichen Kurs auf. Am 25. Dezember schwenkte er in eine Umlaufbahn um den Planeten ein. Nur Minuten später erreichte auch Beagle 2 den Roten Planeten.

Leider verlief der Sinkflug des Landers nicht reibungslos. Da sich seit dem Eintritt in die Marsatmosphäre kein Kontakt mehr zu Beagle 2 aufbauen ließ, vermuten die Wissenschaftler, dass er auf der Oberfläche zerschellte. Man nimmt an, dass sich die Airbags der Sonde während des Sinkflugs nicht vollständig entfalten konnten. Inzwischen verdichten sich die Hinweise darauf, dass Trümmer der Sonde in einem Gebiet namens Isidia Planitia niedergegangen sind.

Währenddessen nahm Mars Express wie geplant seine Tätigkeit im Orbit auf. Mithilfe der hochauflösenden Stereo-Kamera (HRSC) wurden faszinierende Aufnahmen von Gesteinsstrukturen im Valles Marineris gemacht, die, so vermuten Forscher, nur durch den Erosionseffekt von Wasser entstanden sein können. Außer-

Die Primärmission der Raumsonde Mars Express war auf ein Marsjahr (687 Tage) ausgelegt, wurde jedoch am 19. September 2005 um zunächst ein weiteres Marsjahr verlängert.

dem konnte mittels des Geräts OMEGA, einer Kombination aus Kamera und Infrarotspektrometer, die Existenz von Wasser- und Kohlensäureeis auf der Oberfläche nachgewiesen werden. Es gelang sogar eine Kontaktaufnahme zu den beiden amerikanischen Rovern Spirit und Opportunity, die parallel zur europäischen Mission auf der Marsoberfläche unterwegs waren.

All das und die Tatsache, dass die Arbeit von Mars Express mit rund 70 Prozent den Hauptanteil der Forschungsarbeit ausmacht, führt dazu, dass die Marsmission trotz des Scheiterns von Beagle 2 allgemein als Erfolg gewertet wird.

Und auch in finanzieller Hinsicht hebt sich das Projekt wohltuend von den bisherigen ab. Da sich die Ingenieure beim Bau einer modularen Bauweise bedienten und stark auf die Technik vergangener Missionen zurückgriffen, lagen die Gesamtkosten mit etwa 300 Millionen Euro deutlich unter denen amerikanischer Missionen.

Das Reull Vallis, aufgenommen mit der HRSC-Kamera. Es zeigt 1,87 Millionen Quadratkilometer Marsoberfläche.

An Bord einer Sojus-Fregat-Rakete startet die Sonde Mars Express vom Weltraumbahnhof Baikonur.

Diese Aufnahme wurde während des Anflugs von der hochauflösenden Stereo-Kamera (HRSC) gemacht.

Ein Hitzeschild schützt den Lander Beagle 2 während des Eintritts in die Marsatmosphäre.

Die Internationale Raumstation

Die Internationale Raumstation ist das bislang größte Projekt in der Geschichte der Raumfahrt. Mit den Raumfahrtbehörden NASA, RSA und ESA sowie weiteren Teilnehmern arbeiten insgesamt 16 Nationen am Aufbau der Station. Die Komplexität des Projekts äußert sich vor allem in zwei Punkten: Zum einen erfordert es immens hohe technische Aufwände. So sind allein für den Zusammenbau mehrere Jahre nötig. Wenn also das letzte Modul installiert ist, werden die ersten Komponenten bereits recht alt sein und müssen dann noch immer tadellos funktionieren. Und auch die Logistik stellt die Organisatoren vor Probleme: Die Zusammenarbeit vieler Nationen und Unternehmen muss koordiniert, Verzögerungen, so weit es geht, vermieden werden.

Nach der Fertigstellung wird die gesamte Station mehr als 500 Tonnen wiegen. Sechs Labors, Arbeits- und Wohnräume haben die Größe des Passagierbereiches einer Boeing 747. Einmalig ist auch der separate Wohnraum für die Astro- und Kosmonauten. Bei früheren Raumstationen waren Arbeitsbereich und Wohnraum nicht voneinander getrennt.

Gruppenbild mit Raumstation: Hochrangige Regierungsmitarbeiter unterzeichneten am 29. Januar 1998 den Kooperationsvertrag zum Bau der ISS. Im Hintergrund ist bereits ein mit Gerüsten umstelltes Modul der zukünftigen Raumstation zu erkennen.

Unten und rechts: Nach geplanten 45 Versorgungsflügen und mindestens fünfjähriger Bauzeit soll die Internationale Raumstation diese komplexe Gestalt haben.

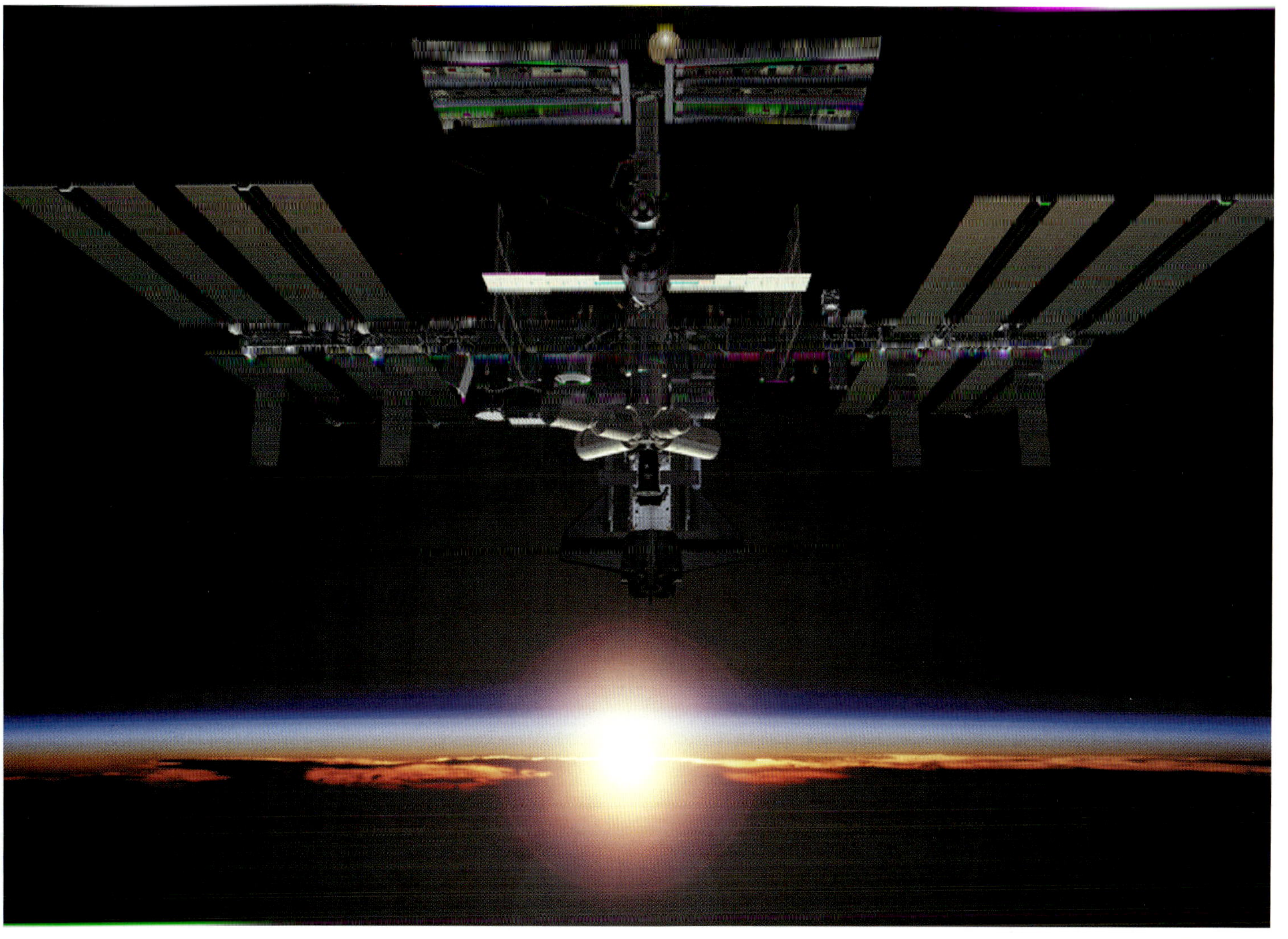

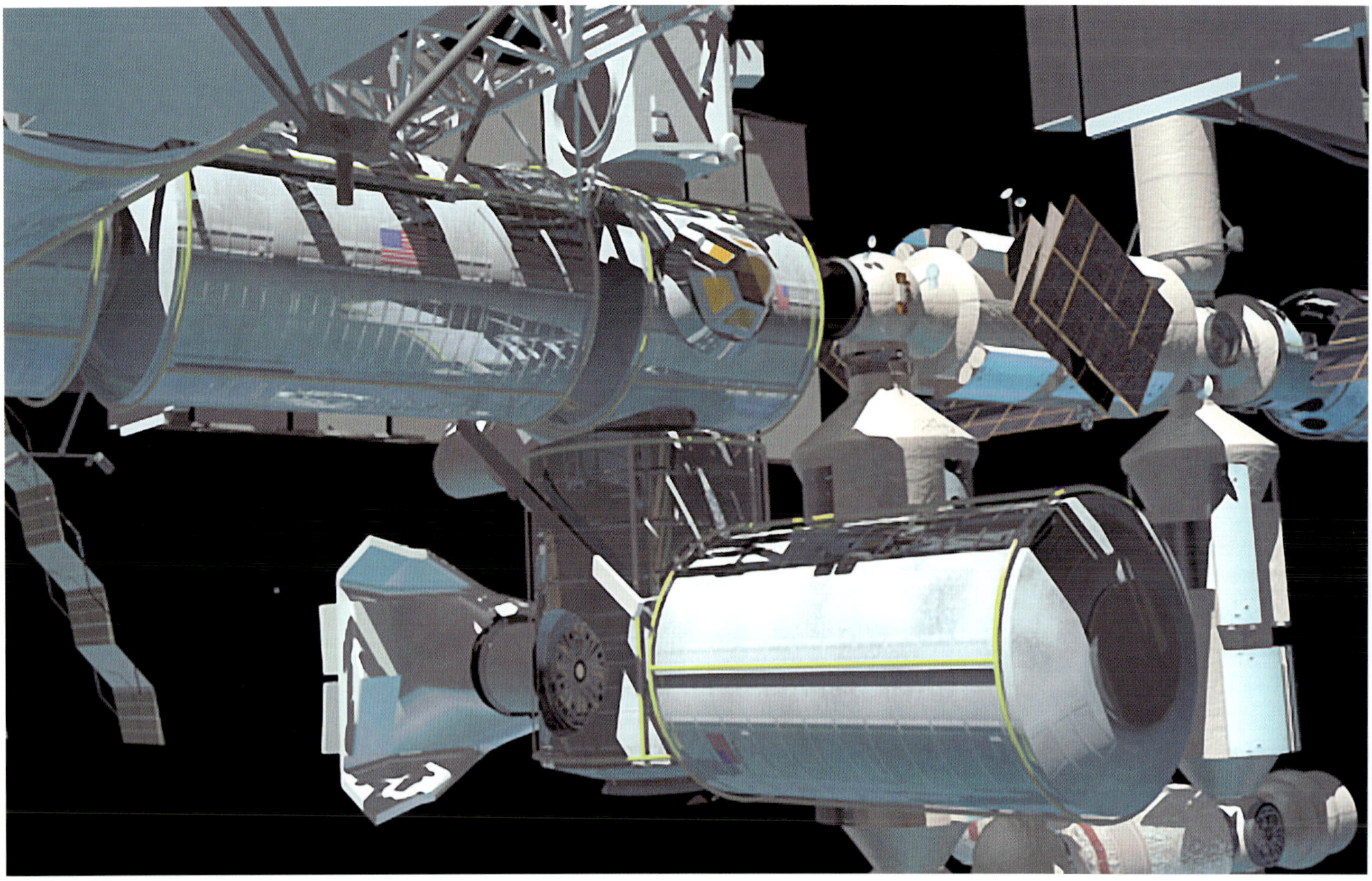

In diesem amerikanischen Modul wird nicht gearbeitet: Hier befindet sich der Wohn- und Schlafbereich für die Astronauten. Im Hintergrund links ist die X-38 zu erkennen, ein ursprünglich geplantes Rettungsraumschiff, mit dem die Besatzung im Notfall die Station verlassen und zur Erde zurückkehren sollte.

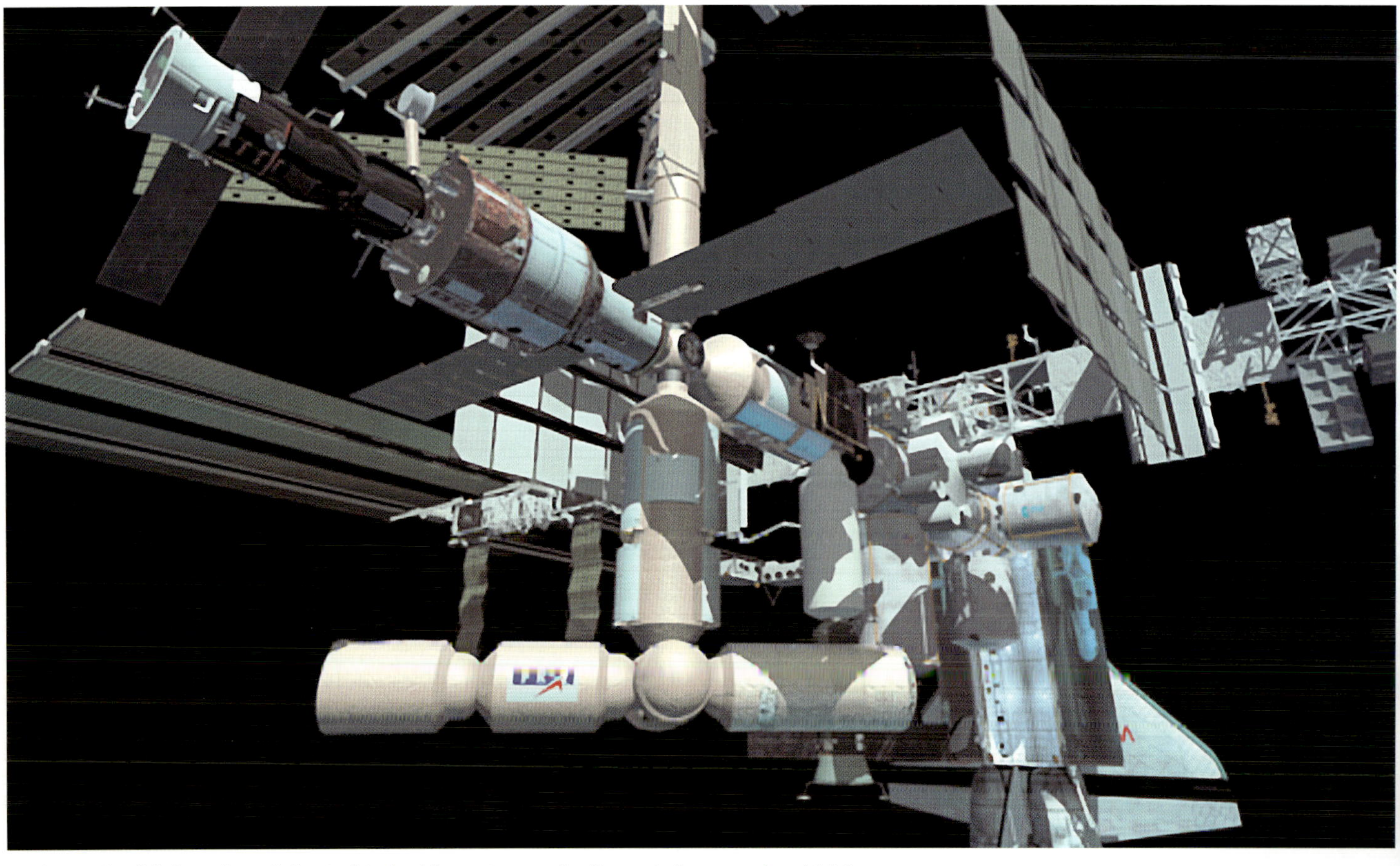

Auch Russland liefert einen Labortrakt, der hier unten an der Raumstation angebracht ist.

Das von der europäischen Weltraumbehörde ESA gelieferte Labormodul Columbus sollte ursprünglich Ende 2004 an die ISS angefügt werden.

Der in Kanada entwickelte Roboterarm kam im April 2001 mit der STS-100-Mission zur ISS und dient zum Aufbau sowie zur späteren Wartung der Raumstation.

Das japanische JEM-Labor (Japanese Experiment Module) gesellt sich zu den fünf anderen Labortrakten.

Vorsichtig schieben Techniker ein Systemrack in das US-Labormodul. Das Modul wird mit 24 solcher Racks beladen. 13 davon sind mit wissenschaftlichen Experimenten bestückt, die anderen elf dienen allgemeinen Aufgaben wie zum Beispiel der Stromversorgung des Moduls oder den Umweltkontrollen.

Oben: Die Luftschleuse ermöglicht den Astronauten das Verlassen der Raumstation. Sie besteht aus zwei Segmenten: Im größeren Teil auf der rechten Seite befinden sich unter anderem auch die Raumanzüge der Astronauten, durch den kleinen linken Teil schließlich gelangen die Astronauten in den Weltraum.

Rechts: Vor dem ersten Montageflug für die Raumstation stand natürlich ein umfangreiches Test- und Montageprogramm auf der Erde an. Hier wird ein so genannter „Truss", also ein Trägerelement der Raumstation, für die irdischen Testläufe zusammengebaut.

Die Montage des US-Labormoduls erfolgt im Marshall Space Flight Center in Huntsville im US-Bundesstaat Alabama. In diesem Moment arbeiten Techniker gerade an der Rückwand des Moduls, im Vordergrund sind die Stand-offs zu erkennen, die Hauptkabelkanäle des Labors.

Das US-Labormodul ist noch leer. Lediglich die so genannte Stand-off-Struktur ist bereits zu erkennen. Sie dient dem Modul praktisch als Hauptleitungskanal, in dem alle Leitungen zusammengefasst werden. Auf der Struktur werden dann später die einzelnen Geräte-Racks montiert.

Vor dem Transport zur Raumstation wird auch der S1-Truss noch einmal in einen Teststand gebracht, in dem man ihn den letzten Kontrollversuchen unterzieht.

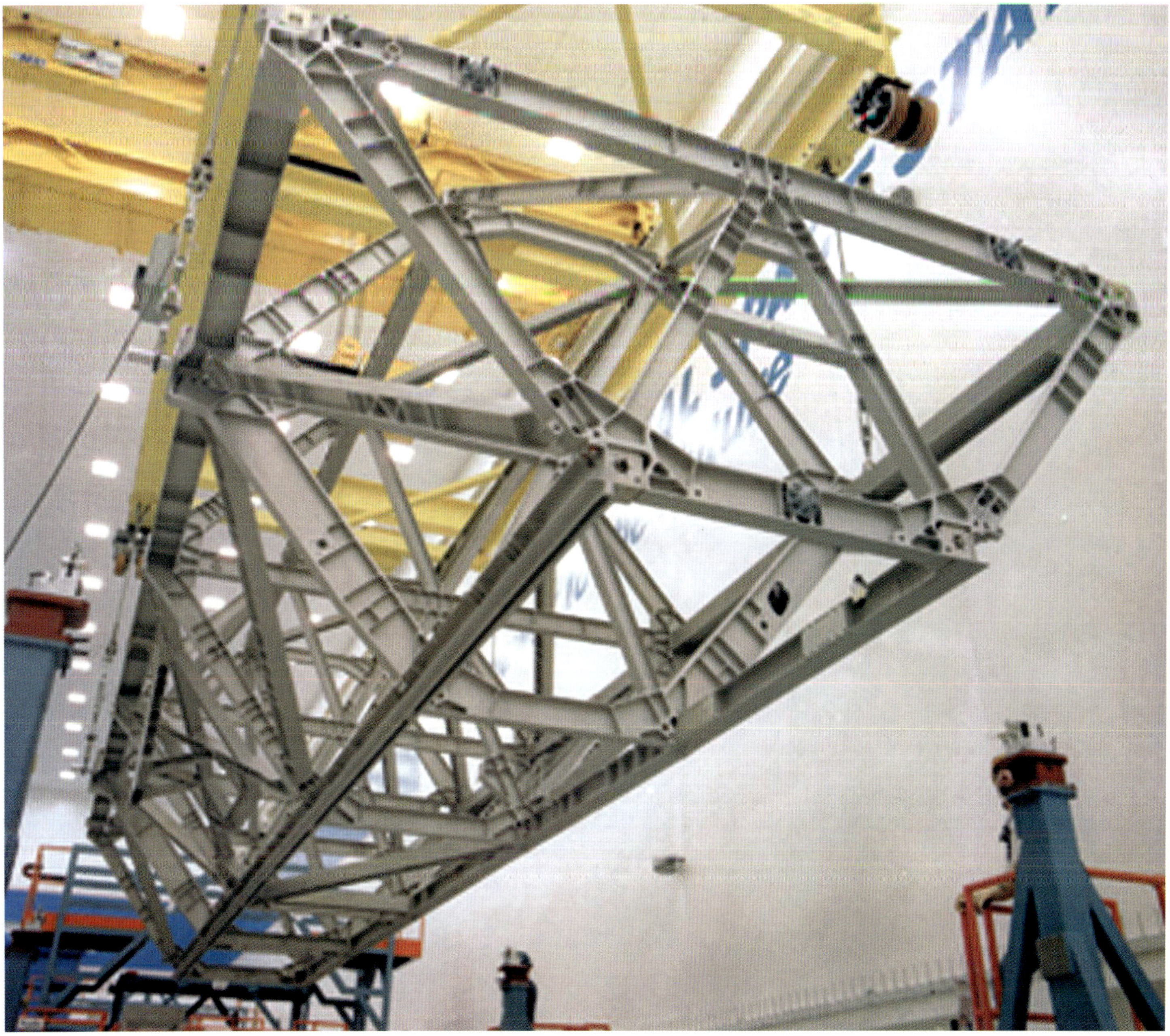

Das Rückgrat der Internationalen Raumstation ist der S0-Truss, ein Trägerelement, das im Weltraum als Zentrum der ISS verschiedene andere Bauteile aufnimmt.

Der S1-Truss nimmt Kommunikationssysteme, externe Experimententräger und ein Kühlsystem auf.

Das Transportflugzeug Super-Guppy bringt den S1-Truss zum Kennedy Space Center.

Der Aufbau

Im November 1998 startete eine russische Proton-Rakete. Sie transportierte das erste Modul Zayra in den Erdorbit. Bereits einen Monat später brachte der Space Shuttle Endeavour mit der Mission STS-88 das zweite Modul Unity in den Weltraum. Der dritte Flug zur ISS mit dem Shuttle Discovery koppelte die beiden Module. Hierzu wurden Werkzeuge und Krane verwendet. STS-97 war der letzte Flug eines Space Shuttle im 20. Jahrhundert. Innerhalb der Mission wurden erste Solaranlagen installiert, die die Station mit Strom versorgen. Im Februar 2001 konnte das dritte Modul Destiny befestigt werden. Es wird im späteren Verlauf als Labor verwendet und dient als Andockstelle für Shuttles. Mit dem hundertsten STS-Flug wurde die ISS um einen Roboterarm für Außenarbeiten erweitert. Das Logistikmodul Raffaello kam ebenfalls zum Einsatz. Am 31. Oktober 2000 startete die erste dauerhafte Crew mit einer Sojus TM-31. Aus Sicherheitsgründen können aktuell maximal drei Astronauten an Bord arbeiten. Im März 2001 fand der erste Crewwechsel statt. Zugleich kam Leonardo, ein weiteres logistisches Modul, zum Einsatz. Es wurde von der italienischen Raumfahrtbehörde entwickelt. Mitte August 2001 ging bereits die dritte Mannschaft an Bord.

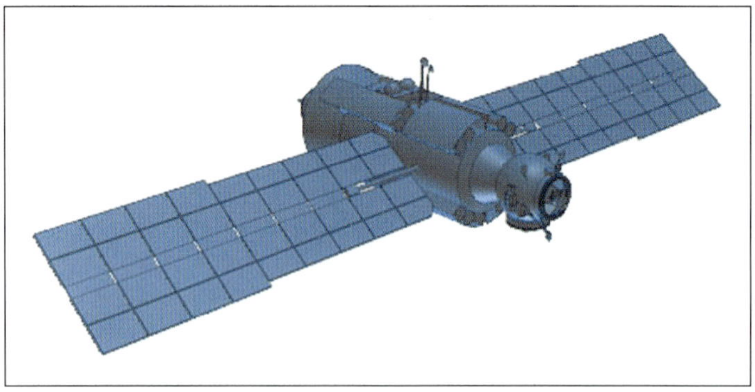

Das Zayra-Modul wurde am 20. November 1998 von einer russischen Proton-Rakete als erster ISS-Bestandteil ins All gebracht.

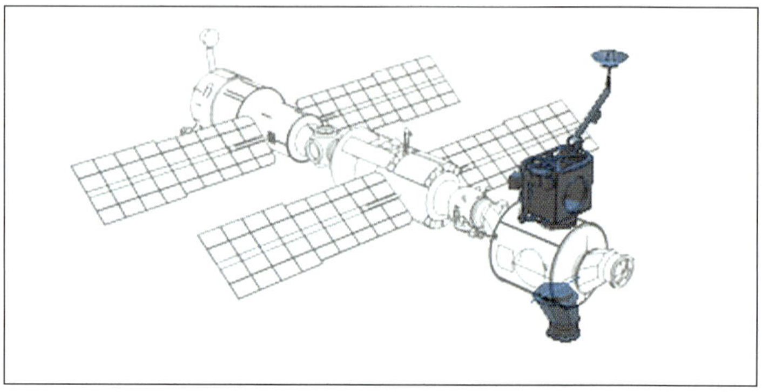

Die Shuttle-Mission STS-92 installierte wichtige Bestandteile sowie drei Lagekontrollinstrumente. Damit war die Station für die erste Mannschaft bewohnbar.

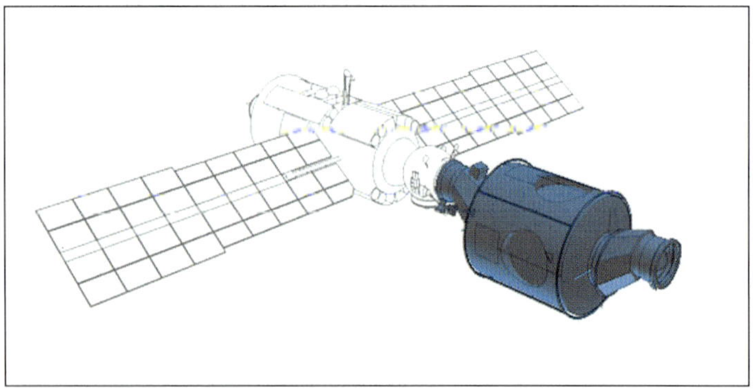

Wenige Wochen nach Zayra folgte das Unity-Modul, transportiert vom Shuttle Endeavour. Unity ist ein Knotenpunkt, an dem weitere Module installiert werden.

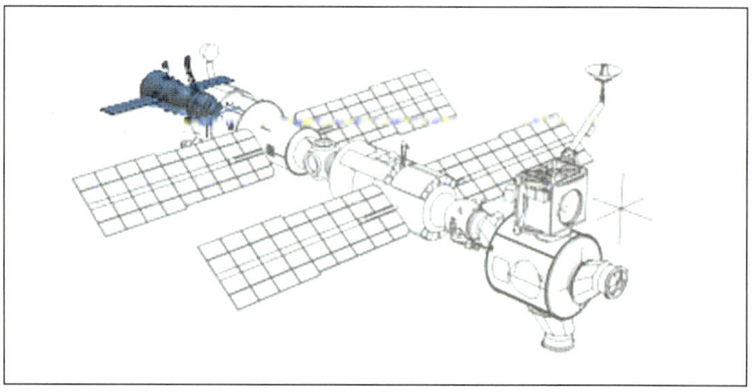

Mit einer Sojus-Raumkapsel gelangt die erste Crew, die so genannte „Expedition-1-Crew“, für einen längeren Aufenthalt zur Raumstation.

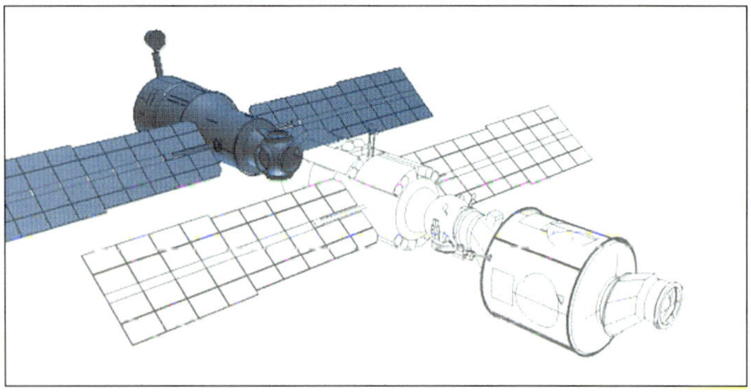

Im Juli 2000 folgt Zvezda, ein russisches Modul, mit dem die Voraussetzungen für eine Besatzung geschaffen wurden. Enthalten sind hier Lebenserhaltungs- und Kommunikationssysteme, Crewquartiere, Flugkontroll- und Antriebssysteme sowie eine Andockrampe.

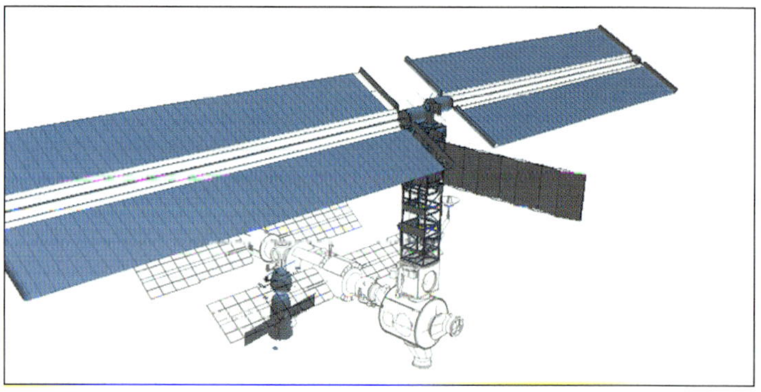

Mit der Endeavour startet der letzte Space-Shuttle des 20. Jahrhunderts im Dezember 2000. Er liefert zwei Solaranlagen für die Raumstation. Die fünfköpfige Shuttle-Besatzung war der erste Besuch für die Astronauten an Bord der ISS.

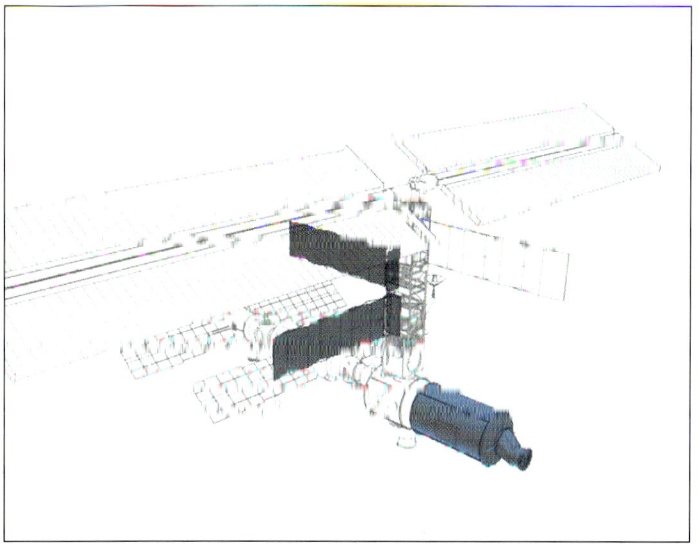

Am 7. Februar 2001 startete die Raumfähre Atlantis, um das erste Labormodul Destiny zur Raumstation zu bringen und dort zu installieren.

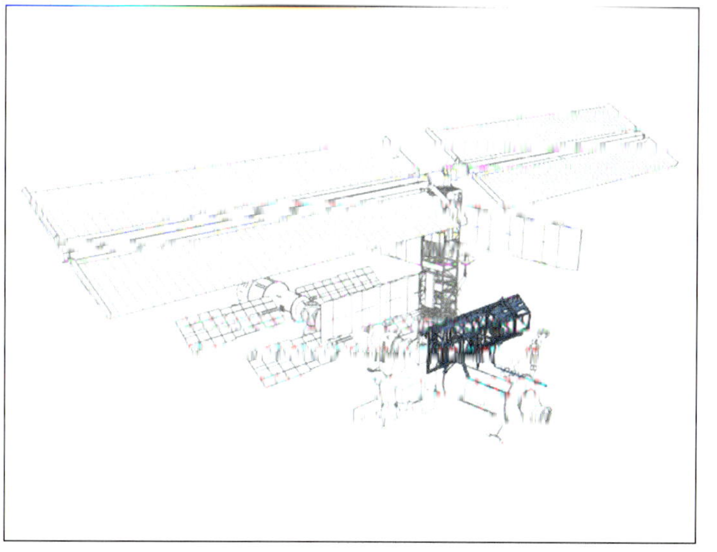

Die erste Shuttle-Mission des Jahres 2002 bringt den S0-Truss zur Station, eines von insgesamt neun zentralen Trägerelementen.

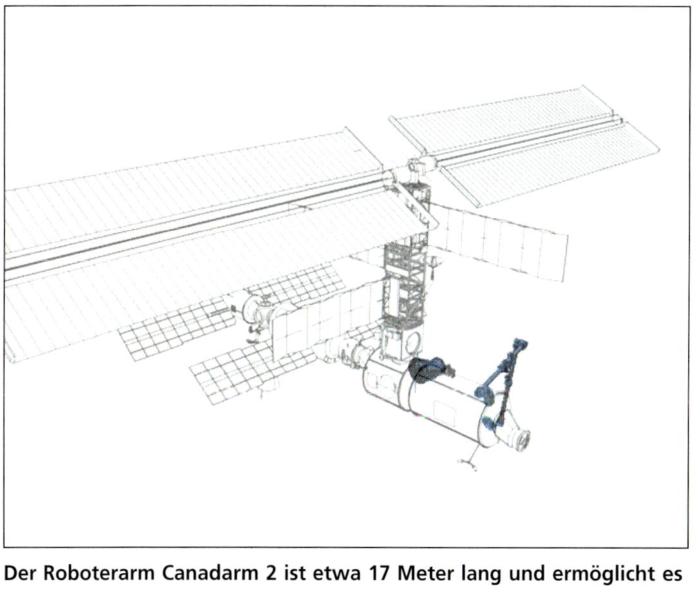

Der Roboterarm Canadarm 2 ist etwa 17 Meter lang und ermöglicht es der Crew, ohne die Hilfe eines Shuttles Versorgungsgüter umzuladen.

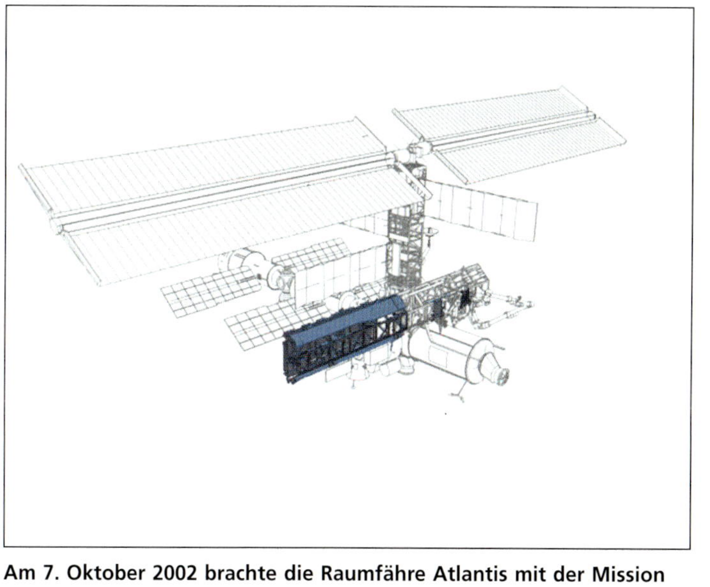

Am 7. Oktober 2002 brachte die Raumfähre Atlantis mit der Mission STS-112 ein weiteres Trägerelement, den S1-Truss, zur Raumstation.

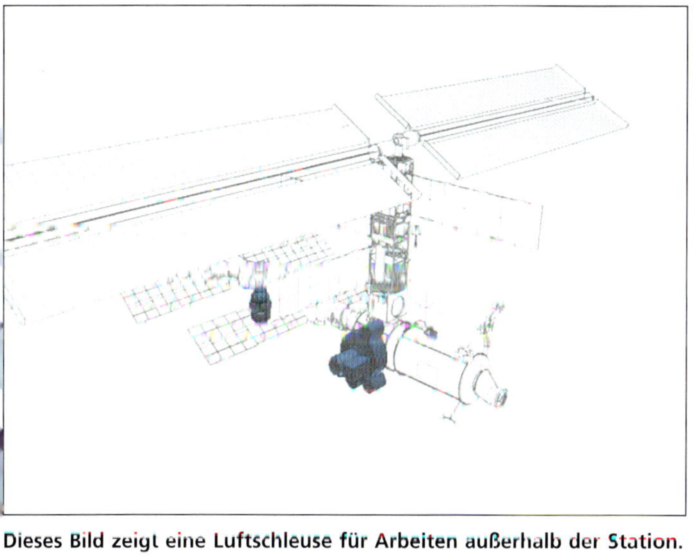

Dieses Bild zeigt eine Luftschleuse für Arbeiten außerhalb der Station. Im September 2001 wird das russische Verbindungsmodul Pirs (links im Bild) installiert.

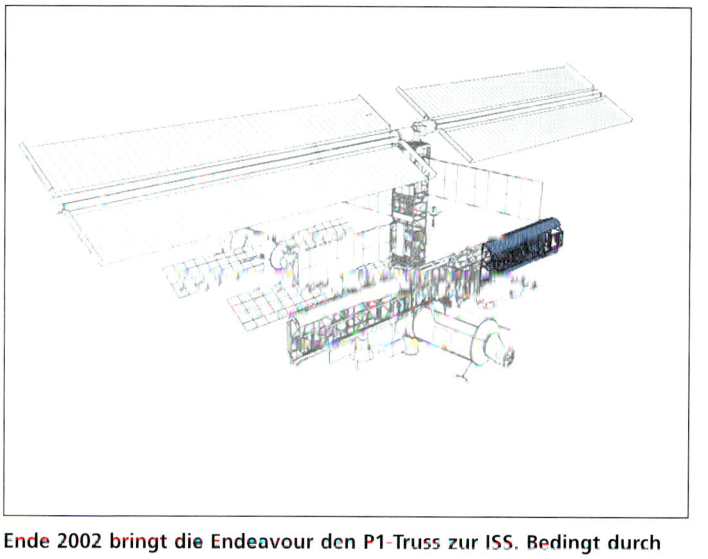

Ende 2002 bringt die Endeavour den P1-Truss zur ISS. Bedingt durch die Columbia-Katastrophe im Februar 2003 wurde die ISS seitdem nicht weiter ausgebaut.

Geplante Baustufen

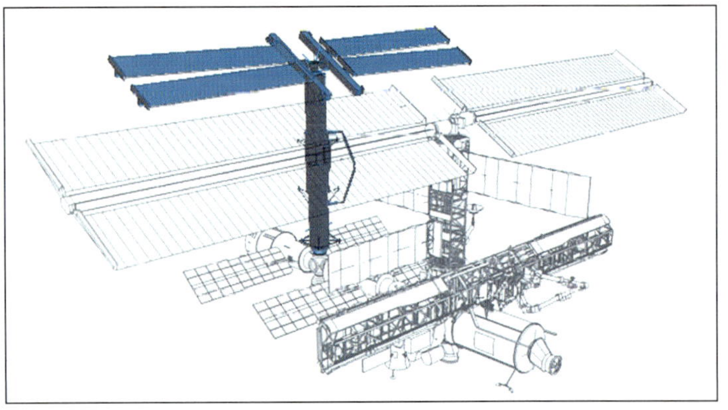

Es folgt die Installation eines weiteren Solarzellen-Systems, um den wachsenden Stromverbrauch zu decken.

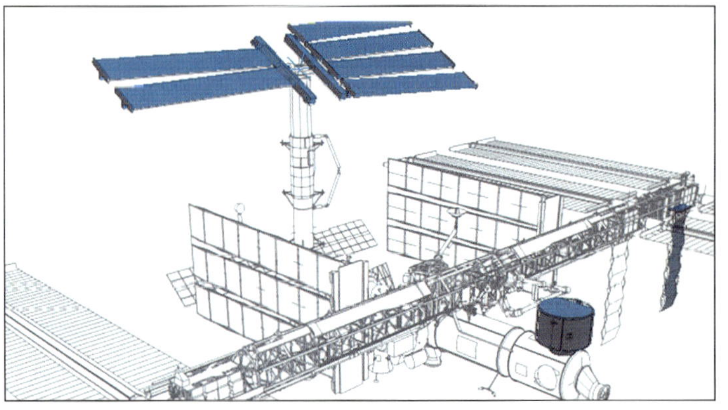

Einbau des japanischen Labormoduls JEM und einer Solarzellenbank für wissenschaftliche Experimente.

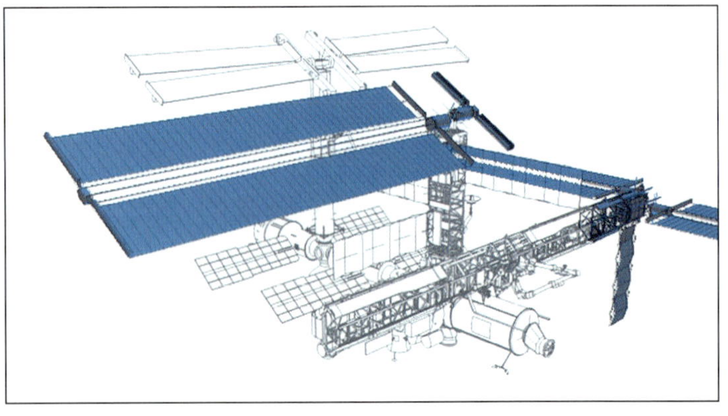

Die immer aufwändiger werdende Station erhält weitere Solarzellen und Batterien.

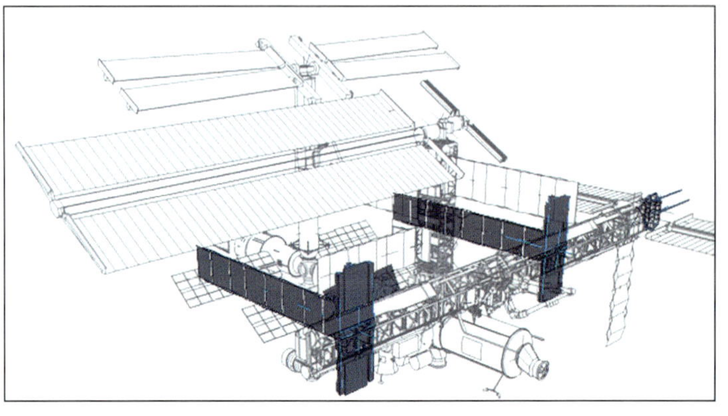

Auch neue Trägerelemente werden installiert, um die Vergrößerung der ISS zu ermöglichen.

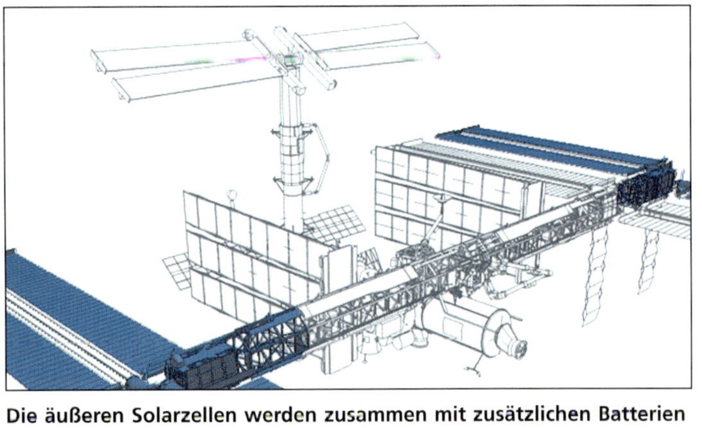

Die äußeren Solarzellen werden zusammen mit zusätzlichen Batterien montiert.

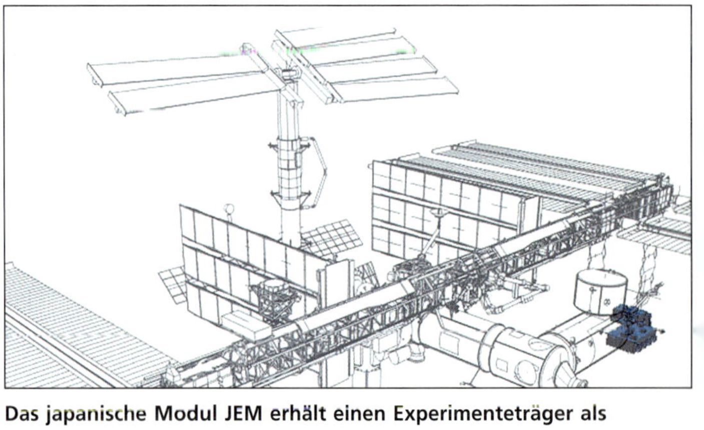

Das japanische Modul JEM erhält einen Experimententräger als Erweiterung.

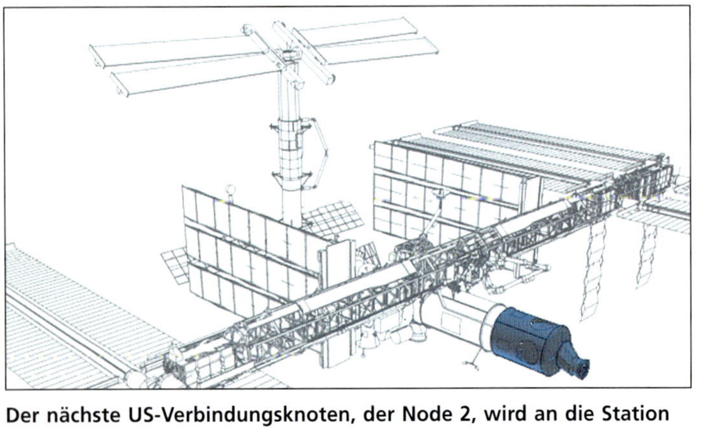

Der nächste US-Verbindungsknoten, der Node 2, wird an die Station angekoppelt.

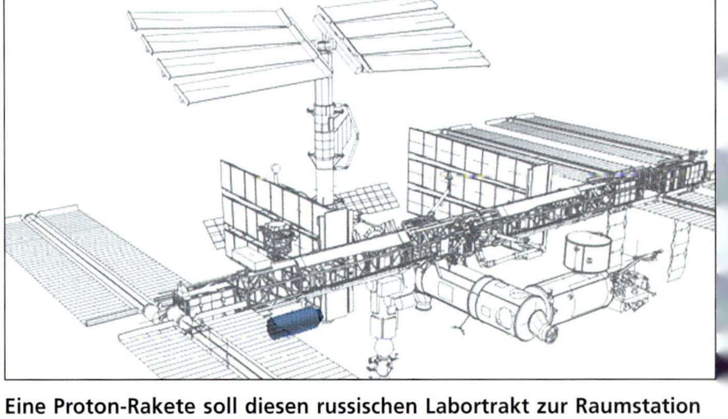

Eine Proton-Rakete soll diesen russischen Labortrakt zur Raumstation transportieren.

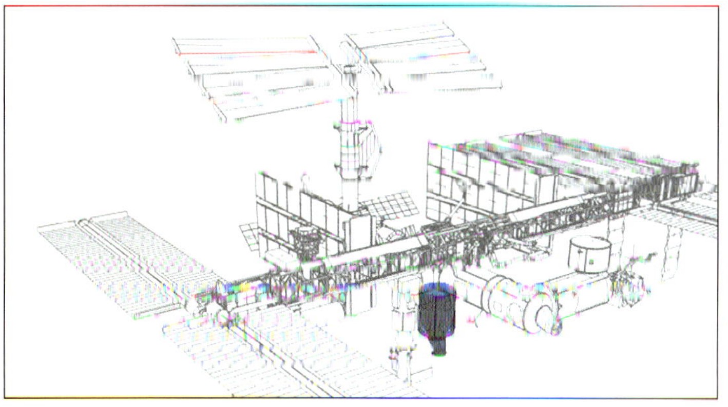

Der dritte und letzte US-Verbindungsknoten Node 3 wird in das Gefüge eingepasst.

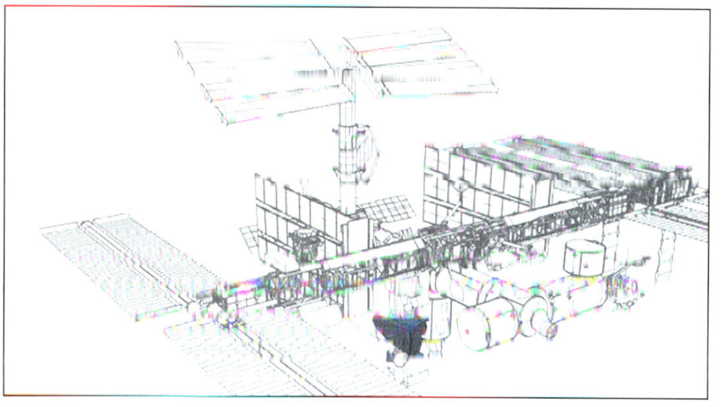

Das Rettungsfahrzeug X-38 wird geliefert; bislang nehmen die Sojus-Kapseln dessen Aufgabe wahr.

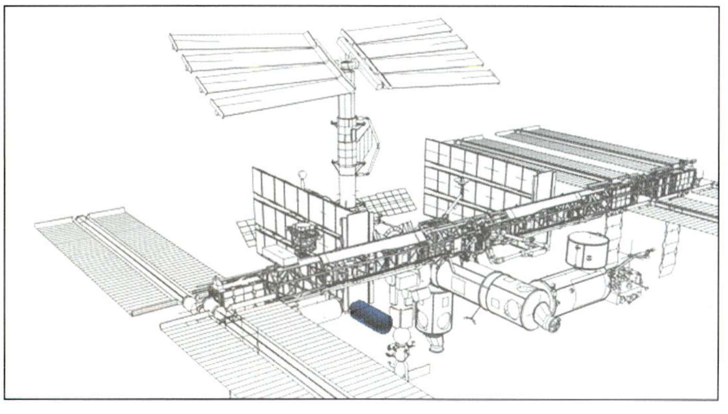

Der russische Laborkomplex erhält Erweiterungen, die der Durchführung neuer Experimente dienen.

Auch eine vorläufig letzte Erweiterung der Solarzellenanlage ist in diesem Stadium geplant.

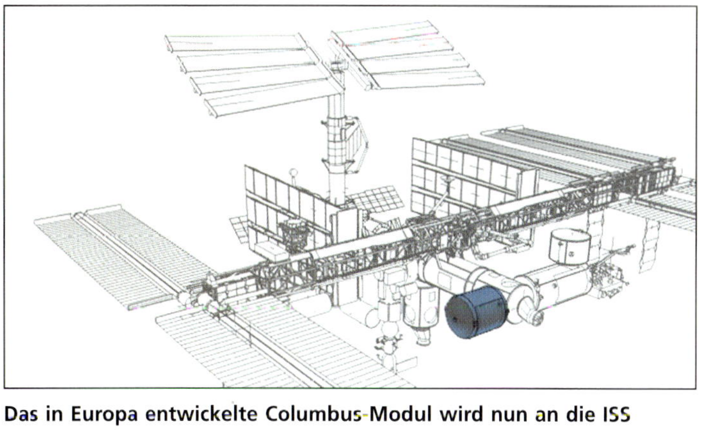

Das in Europa entwickelte Columbus-Modul wird nun an die ISS angedockt.

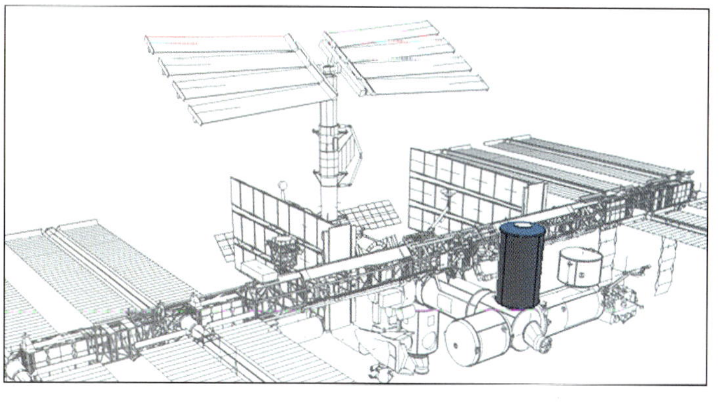

Ein weiteres Labormodul für Zentrifugenexperimente vervollständigt die Station.

Das Automated Transfer Vehicle (ATV)

Der Beitrag der ESA zur Internationalen Raumstation ISS besteht neben dem Forschungslabor Columbus in der Bereitstellung und dem Betrieb einer vollautomatisierten Transportkapsel. Ab 2006 soll „Jules Verne", so der Name des unbemannten Raumtransporters, regelmäßig an Bord einer leistungsgesteigerten Ariane 5 zur Station starten, um die Astronauten mit Vorräten an Luft, Wasser und Treibstoff zu versorgen. Zu diesem Zweck verfügt das ca. 20 Tonnen schwere ATV über eine 45 Kubikmeter große Druckkabine, die für die Astronauten ohne Raumanzug begehbar ist, und in der bei jedem Flug bis zu 7,5 Tonnen an Fracht und Treibstoff mitgeführt werden können. Der gesamte Rest des Gewichts entfällt auf vier Antriebsdüsen und ca. 4,7 Tonnen Treibstoff für die Kapsel. Diese große Menge ist notwendig, da das ATV neben dem Transport von Versorgungsgütern bei Bedarf auch dazu eingesetzt werden soll, die Umlaufbahn der Station zu korrigieren. Bis 2014 sind acht Starts des neuen europäischen Raumtransporters geplant.

Startschuss für die Internationale Raumstation ISS am 20. November 1998: Mit einer russischen Proton-Rakete wird das erste Modul Zayra ins All geschossen.

An Bord des Service-Moduls ist auch der erste europäische Bestandteil der ISS: der Bordcomputer der ESA.

Das Unity-Modul der Amerikaner ist der erste Verbindungsknoten (Node 1) für die Raumstation; an ihn werden später weitere Module angekoppelt.

Das Zayra-Modul (Zayra = russisch „Sonnenaufgang") bildet den Grundstock der entstehenden Raumstation. Es sichert die primären Antriebsmöglichkeiten sowie eine erste Stromversorgung.

Das Zvezda-Service-Modul mit Antriebs-, Lebenserhaltungs- und Kommunikationssystemen für die erste Besatzung wiegt knapp 20.000 Kilogramm und ist 13,1 Meter lang

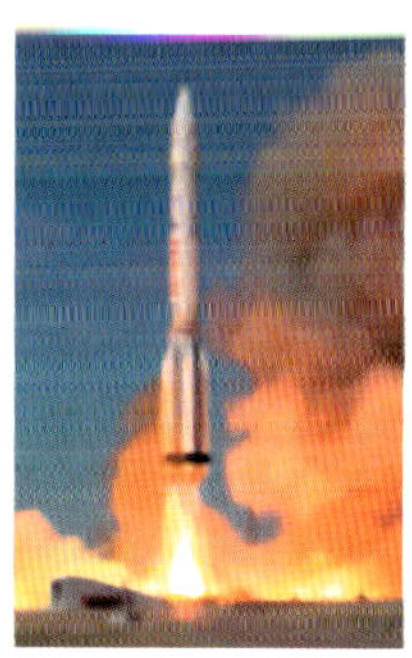

Die russische Proton-Rakete wird mit dem Zvezda-Modul an Bord zum Startplatz in der kasachischen Steppe transportiert und dort aufgerichtet. Der Start der Mission „1R" fand schließlich am 12. Juli 2000 statt.

Die Endeavour (STS-97) steht für ihren Start am 30. November 2000 auf der Rampe bereit. In der Ladebucht befinden sich die ersten großen Solaranlagen sowie die tragende P6-Struktur für die ISS.

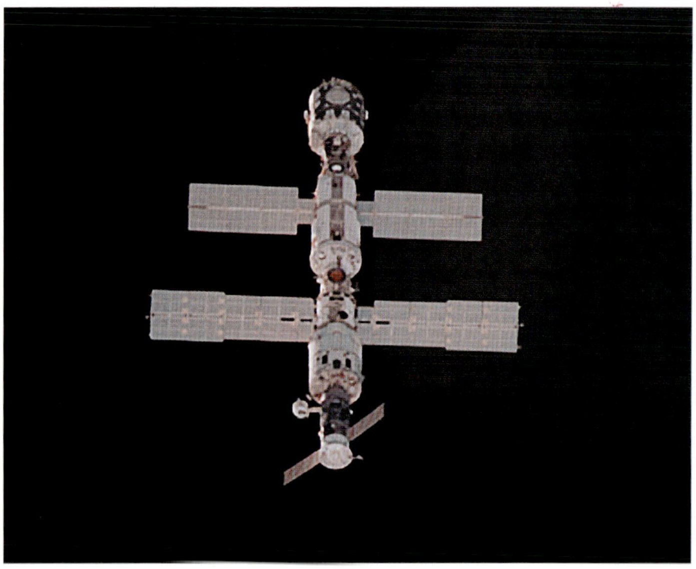

Die Raumstation ist zu diesem Zeitpunkt noch unbewohnt. Das Foto entstand von Bord des Shuttles Discovery (STS-91) aus; die sieben Astronauten an Bord bereiten während ihrer Mission die Station auf das Eintreffen der Crew vor. Die Module von oben nach unten: Das Unity-Modul, darunter Zayra und schließlich Zvezda. An Zvezda angedockt ist ein unbemanntes Versorgungsschiff, das russische Progress-Raumschiff.

Die Shuttle-Crew (STS-91) montiert das Trägerelement Z1-Truss, das später die Hauptträger der ISS aufnimmt. Der Z1-Truss befindet sich rechts von der eigentlichen Station, wie auch eine installierte Kommunikationsantenne.

Nachtstart von STS-97 zur letzten Shuttle-Mission des Jahrhunderts am 30. November 2000

Deutliche Vergrößerung: die Raumstation vor (linkes Bild) und nach der Montage der großen Solaranlage

Vorbereitungen für die erste Crew

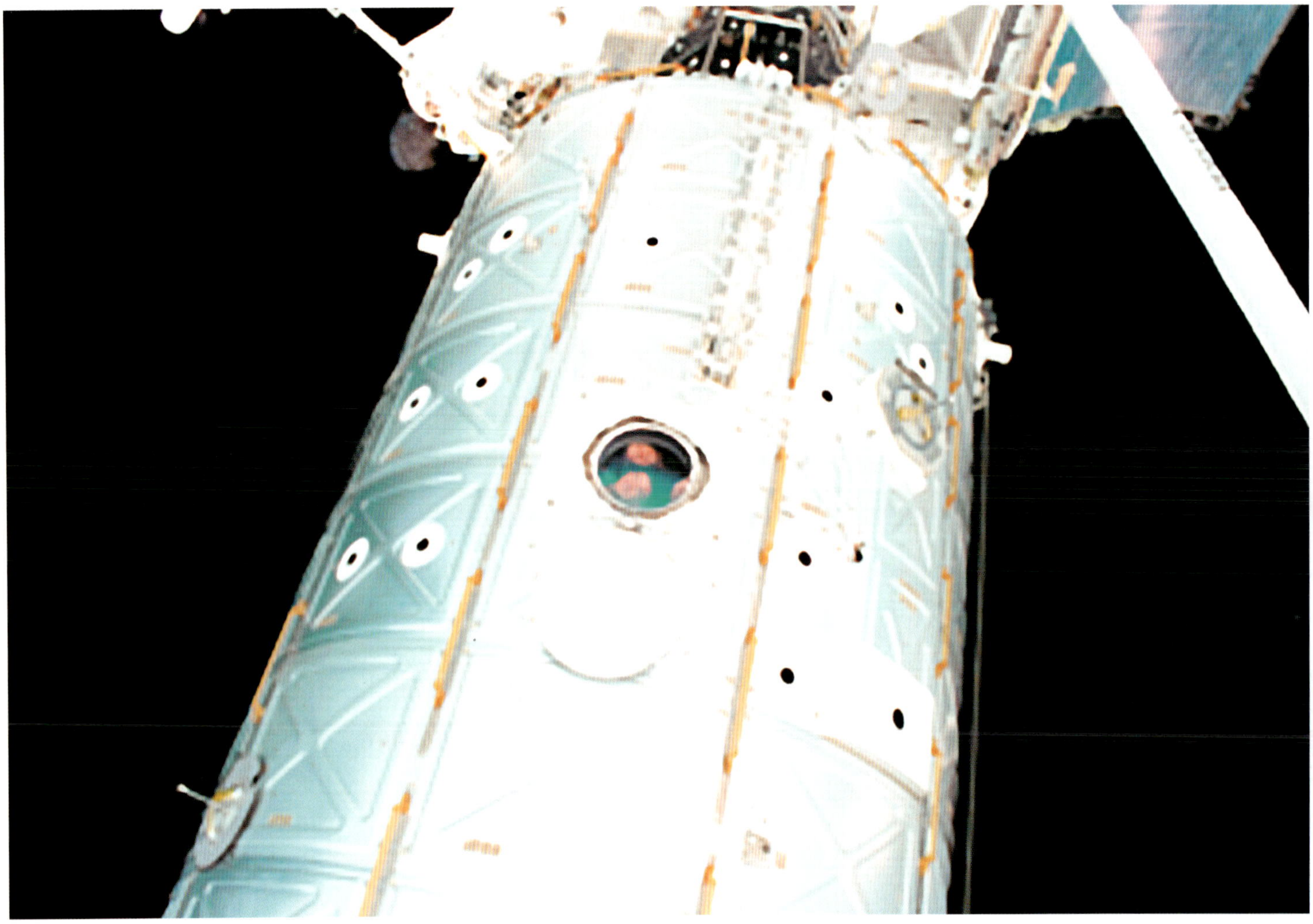

Ein Fenster mit einem halben Meter Durchmesser ermöglicht den Astronauten einen Blick in den Weltraum.

Die Atlantis (STS-104) dockt am 13. Juli 2001 an die Internationale Raumstation an. An Bord in der geöffneten Ladebucht befindet sich die Luftschleuse, die von dem im April 2001 installierten Roboterarm der Station aus dem Shuttle manövriert werden soll.

Das US-Labormodul Destiny hat eine Länge von 8,5 Metern und einen Durchmesser von 4,3 Metern. Auf beiden Seiten können weitere Module der Raumstation angekoppelt werden. Die wabenförmige Struktur der Hülle erhöht die Stabilität der Außenhaut.

Rund 17 Meter lang ist der Roboterarm Canadarm 2 (einer Weiterentwicklung des Shuttle-Armes) der Raumstation.

Das Labormodul Destiny befindet sich hier noch in der Aufbauphase. Sehr viele Elemente sind bereits installiert.

Destiny und Canadarm 2

Die Luftschleuse für die ISS ist rund sechs Meter lang und wiegt knapp 6.000 Kilogramm.

Das russische Kopplungsmodul Pirs nähert sich im September 2001 der Raumstation.

Nur wenige Sekunden vor dem Andocken von Pirs entstand dieses Foto aus der ISS heraus.

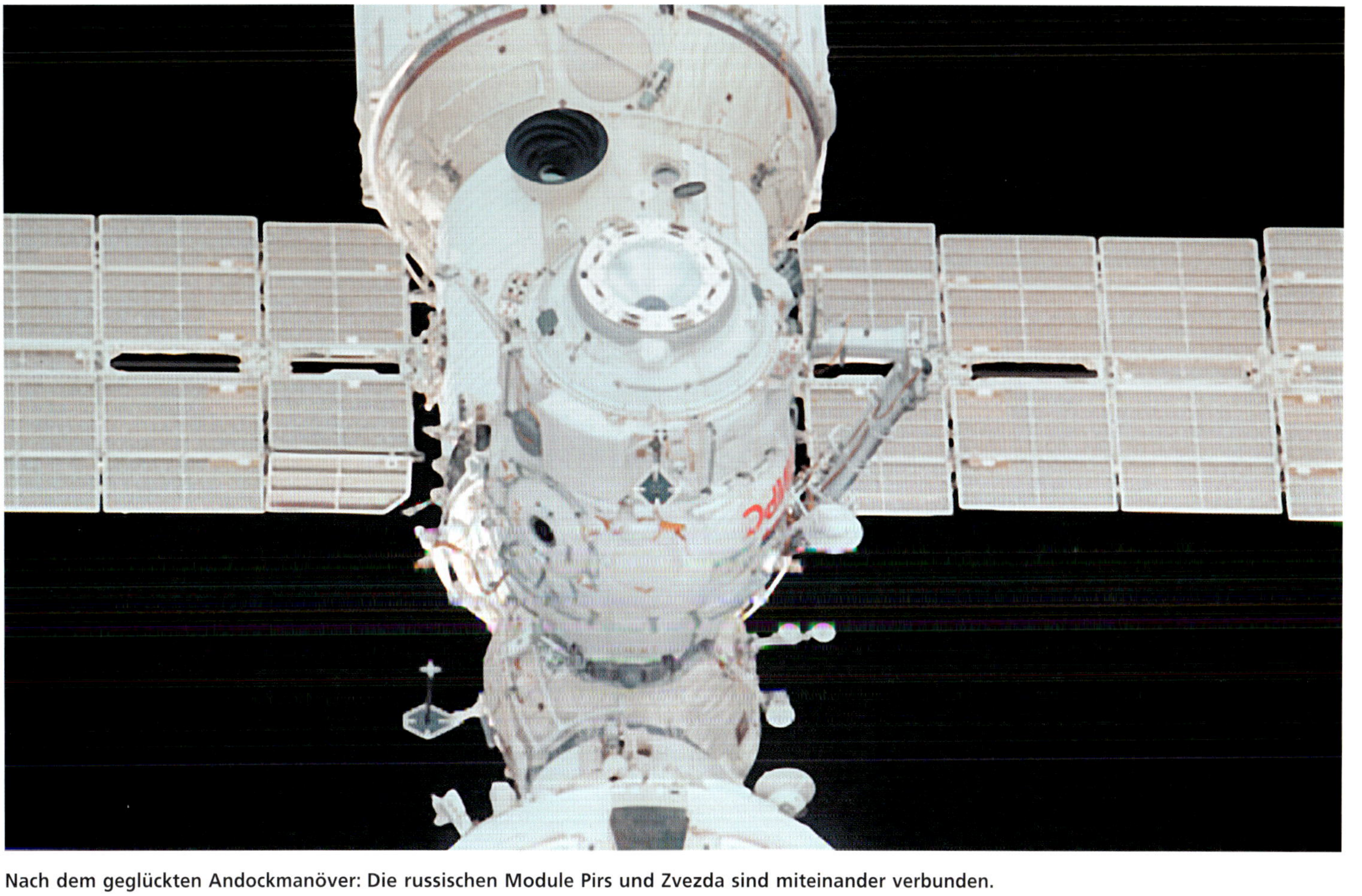

Nach dem geglückten Andockmanöver: Die russischen Module Pirs und Zvezda sind miteinander verbunden.

S0-Truss – Rückgrat der ISS

Im April 2002 finden rund 380 Kilometer über der Erdoberfläche Bauarbeiten statt: Astronaut Lee Morin bereitet die Montage des S0-Truss vor.

Im Kontrollraum laufen alle Daten der Shuttle-Missionen zusammen. Die meisten Entscheidungen, insbesondere während der Start-Countdowns, werden allerdings vom Computer getroffen.

Diesen Grundträger, in der NASA-Sprache als S-Zero-Truss (S0-Truss) bezeichnet, nimmt die Raumfähre Atlantis auf der Mission STS-110 mit in den Weltraum.

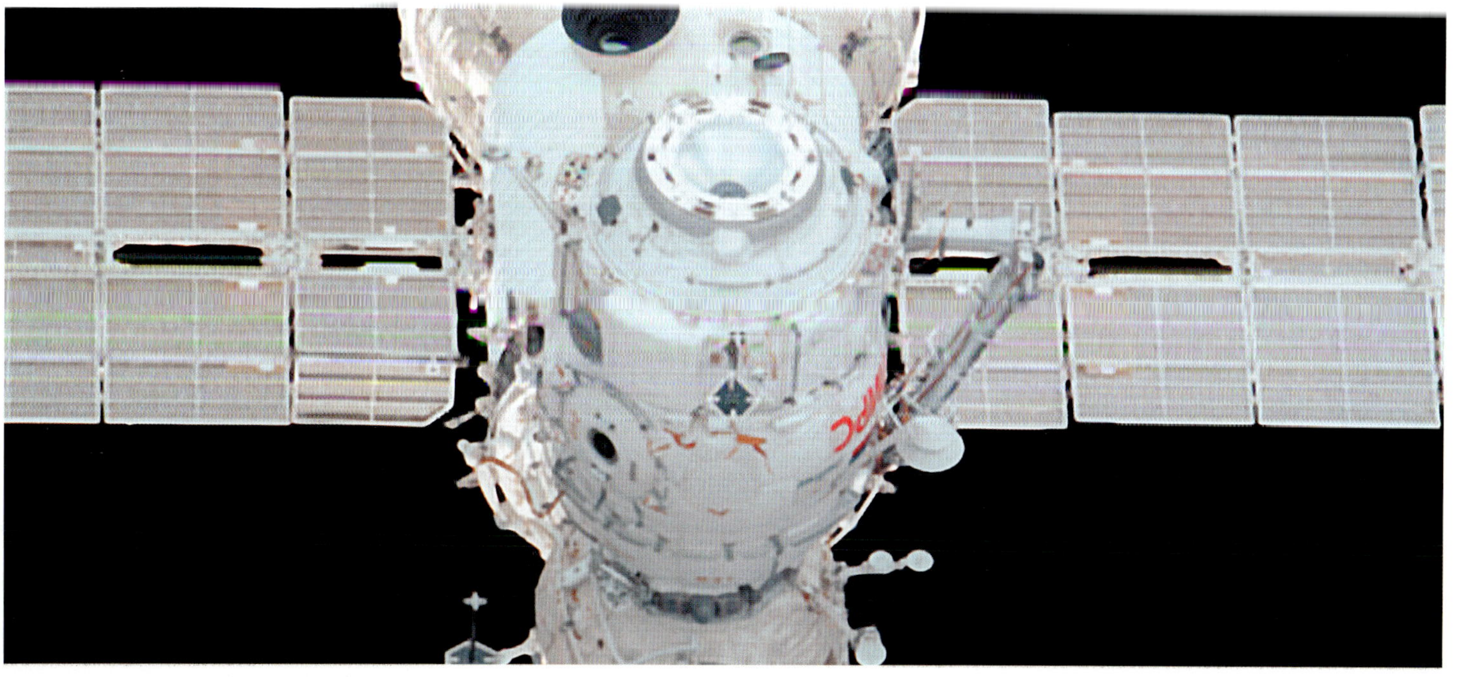

Mit dem kanadischen Roboterarm wird der S0-Träger aus der Ladebucht des Shuttles gehoben.

Blick vom Pirs-Modul auf das angedockte Space Shuttle, das von der russischen Sojus-Raumkapsel im Vordergrund teilweise verdeckt wird.

Diese Verbindungsleitungen zwischen dem schon vorhandenen Z1-Truss und dem neuen S0-Truss mussten von den Astronauten angeschlossen werden.

Anfang 2003 befand sich bereits die sechste permanente Crew auf der ISS; der Austausch fand jeweils durch Shuttle-Missionen statt. Die angekoppelte Sojus-Kapsel dient bis zum Eintreffen einer Alternative als Rettungsschiff.

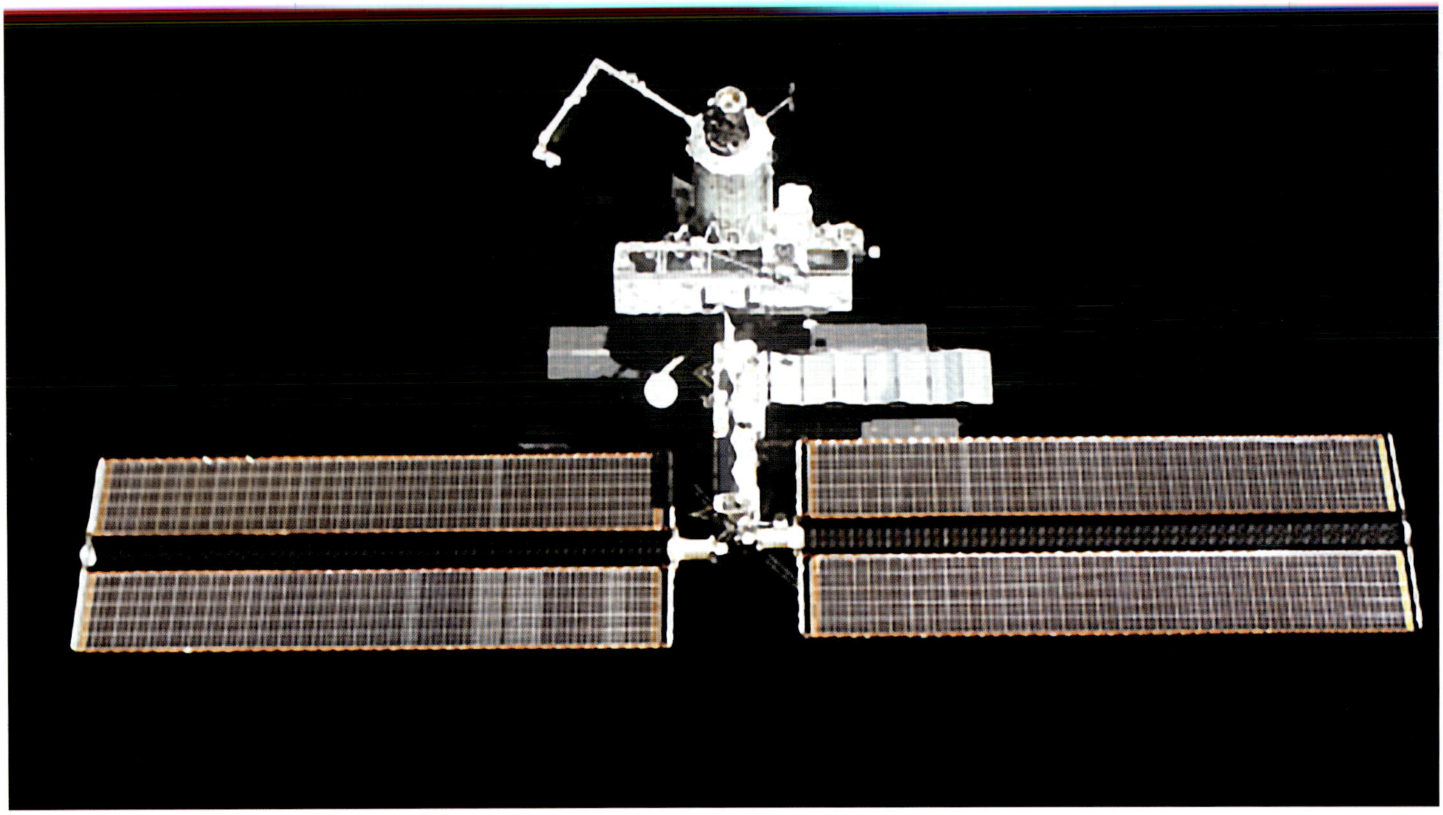

Größtes Element in der jetzigen Ausbaustufe sind die umfangreichen Solarflügel, die jedoch von den späteren Solargeneratoren noch übertroffen werden.

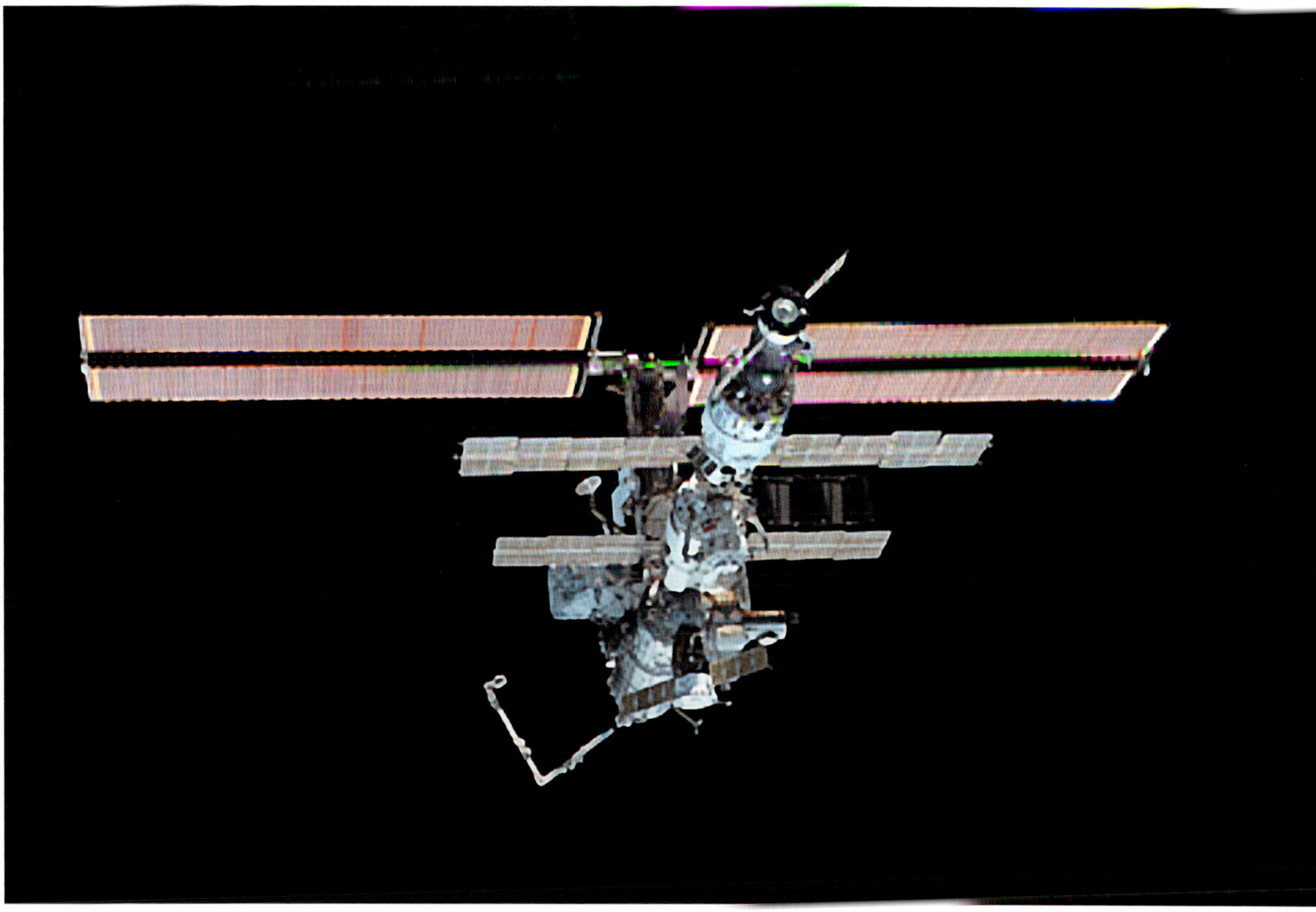

Der Shuttle Atlantis verlässt die Raumstation. Dabei entstand aus kurzer Entfernung dieses Foto der ISS.

Zukunft der ISS

Nach Fertigstellung der Internationalen Raumstation sollen sieben Astronauten und Kosmonauten auf der Station leben und arbeiten. Als Rettungsschiff wird später die X-38 dienen, mit deren Hilfe alle Personen die ISS verlassen können. Eine Mission, also der Aufenthalt einer permanenten Crew, dauert zwischen drei und sechs Monaten. In dieser Zeit können immer ausgefeiltere Experimente in der Mikrogravitation und weitere detaillierte Studien über Langzeitaufenthalte in der Schwerelosigkeit durchgeführt werden. Die wichtigste Zielsetzung der Raumstation liegt aber in der internationalen Zusammenarbeit bei einem großen Raumfahrtprojekt. Bei den geringer werdenden finanziellen Spielräumen einzelner Länder wird ein multinationaler Zusammenschluss die Voraussetzung für die Planung eines bemannten Flugs zum Mars sein. Alle Überlegungen sind aber nach dem Columbia-Absturz zunächst unter einen Vorbehalt gestellt.

Der Transporter Super-Guppy bringt die als Rettungsschiff geplante X-38 zum Testgelände.

Erste Flugtests mit der X-38, bei denen diese unter die Tragfläche eines B-52-Bombers montiert wurde

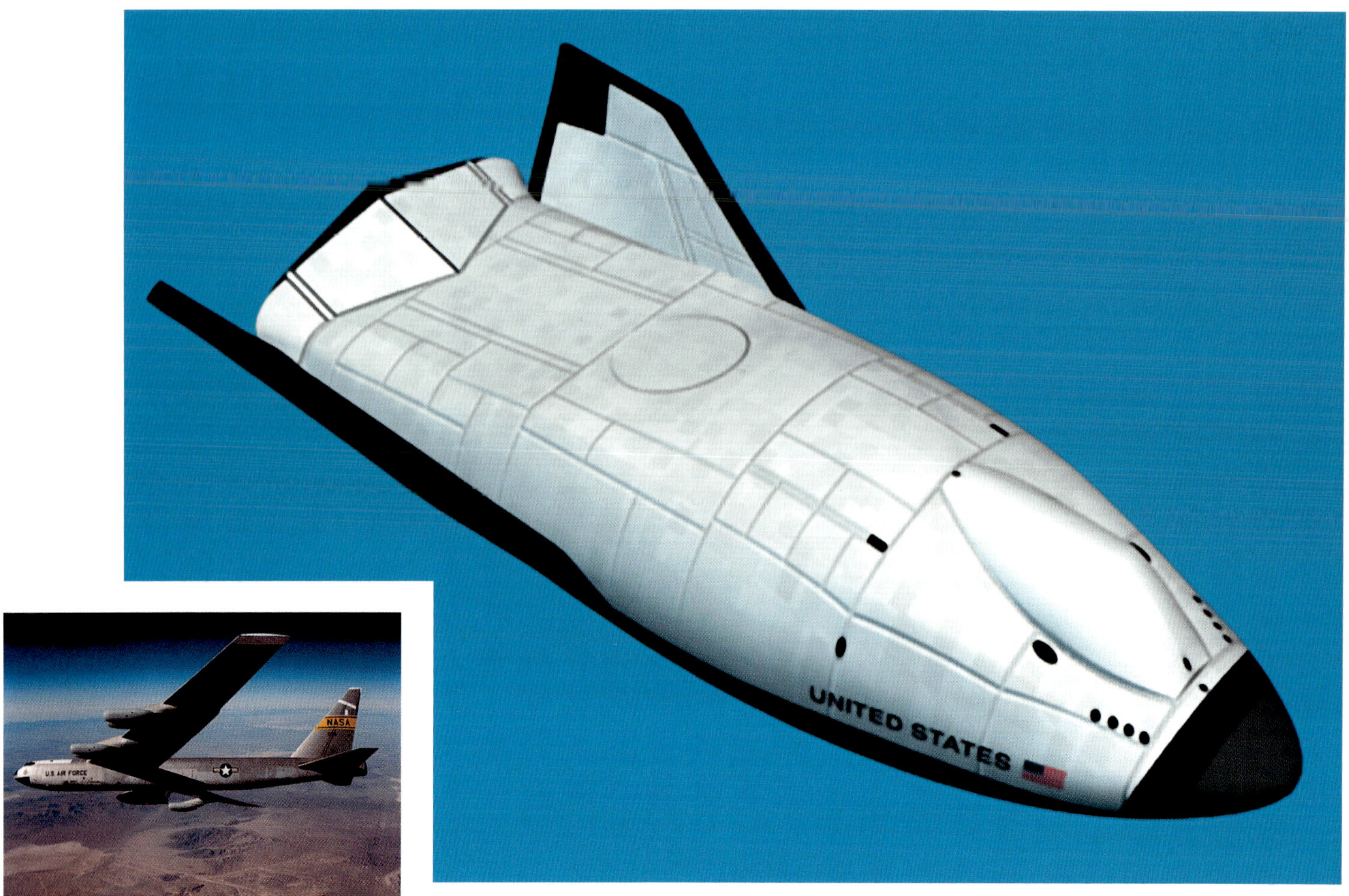

Die X-38 soll an die ISS angekoppelt werden und der Crew im Notfall als Fluchtraumschiff dienen. Sie ist, ähnlich wie der Shuttle, mit Hitzeschutzkacheln bestückt, die beim Eintritt in die Erdatmosphäre das Verglühen verhindern.

Das Trägerflugzeug kehrt nach dem Aussetzen der X-38 wieder zum Flughafen zurück.

Die X-38 kann wegen ihrer Stummelflügel nicht wie ein Flugzeug landen und geht an Fallschirmen zu Boden.

Der Anflug muss so eingeleitet werden, dass der geplante Ort der Fallschirmlandung genau eingehalten wird.

Die Erde aus der Weltraumperspektive

Der Ätna auf Sizilien gilt als der größte und aktivste Vulkan Europas.

Die vom Roten Meer gesäumte Sinai-Halbinsel, weiter oben (etwa Bildmitte) liegt das Tote Meer.

Nachtaufnahme von Houston in Texas (USA). Deutlich sind die Hauptstraßen der Stadt zu erkennen, die sternförmig im Zentrum zusammenlaufen.

Blick auf das Kennedy Space Center. Deutlich sind die verschiedenen Startplätze sowie die Transportwege dorthin zu erkennen. Etwa in der Bildmitte liegt das Vehicle Assembly Building (VAB), in dem die Shuttles für den Start mit Tank und Boostern zusammenmontiert werden.

Sonnenuntergang über Polen. Riesige Kumuluswolken werfen lange Schatten auf tiefer liegende Wolkenschichten.

Die Galapagosinseln (Norden ist unten)

Braunkohle-Tagebau in Nordrhein-Westfalen. Deutlich sind drei große Abbaugebiete zu erkennen. Hier arbeitet mit dem „Braunkohlebagger Nr. 293“ die größte Maschine der Welt. Er ist so lang wie zwei Fußballfelder und erreicht die Höhe eines dreißigstöckigen Hochhauses.

Norddeutschland, Dänemark und Südschweden

Rechts: Flutkatastrophe in Deutschland: Am 18. August 2002 entstand diese Aufnahme, in der deutlich der an einigen Stellen stark verbreiterte Flusslauf der Elbe zu erkennen ist. In Dresden stieg der Pegel auf über neun Meter, das sind 7,2 Meter über Normal.

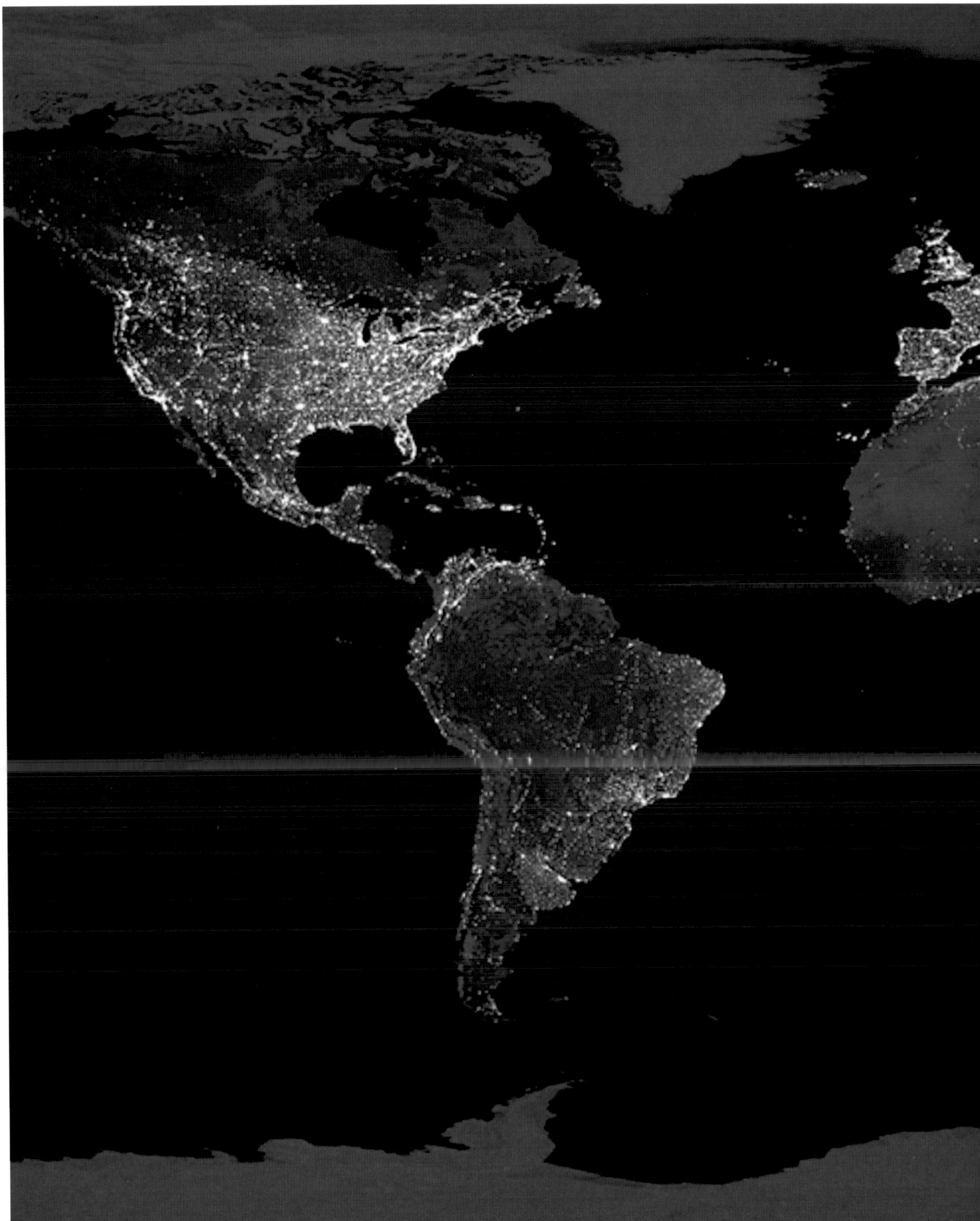

Die Erde bei Nacht: Hell erleuchtet sind die Großstadtzentren, die insbesondere in Nordamerika, Europa, Indien, Ostchina und Japan stark gehäuft anzutreffen sind.

Sonnenuntergang über der Wüste Sahara

Das Manicouagan-Reservoir in Kanada zeigt Spuren eines Meteoriteneinschlags, der vor rund 210 Millionen Jahren stattgefunden hat. Der Kraterring hat einen Durchmesser von 100 Kilometern.

Die Kanarischen Inseln im Atlantischen Ozean

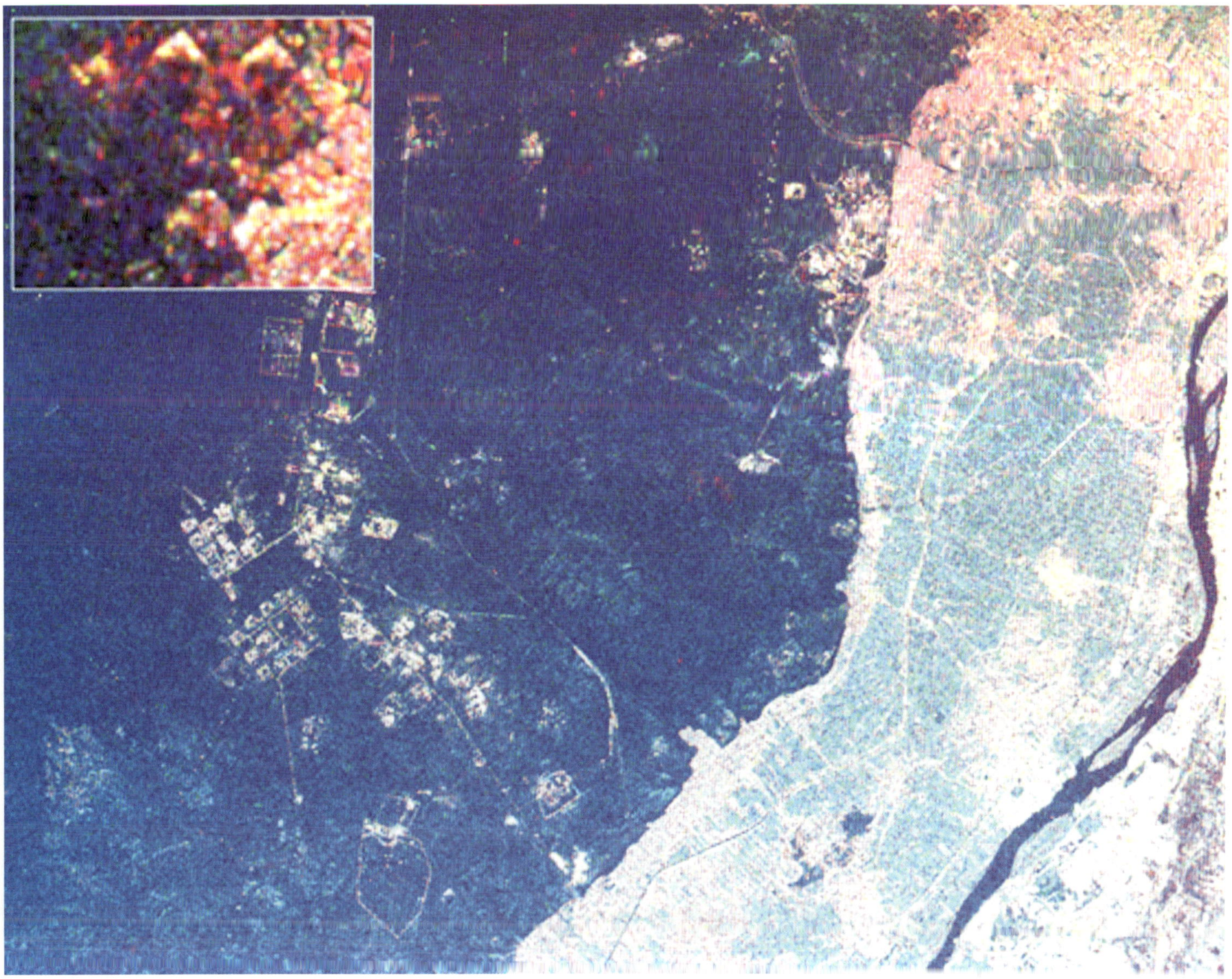

Der Nil in der Nähe von Kairo. Der Nil ist das dunkle Band, links davon ist besiedeltes Gebiet zu erkennen, welches sich wiederum scharf von der anschließenden Wüste absetzt. Am oberen Bildrand, genau an der Grenze des bewohnten Gebiets zur Wüste, sind die drei großen Pyramiden zu sehen. Dieser Bildausschnitt ist links oben noch einmal vergrößert dargestellt.

Extreme Rauchentwicklung bei Waldbränden in Kanada im Juni 2002 verdunkelt die Atmosphäre.

Kalifornische Küste bei Santa Barbara; das Bild entstand aus den Daten der Shuttle Radar Topography Mission (SRTM).

Die 100 Kilometer breite Beringstraße trennt den östlichsten Zipfel Sibiriens vom westlichsten Alaskas.

Der Gardasee in Oberitalien, rechts in Falschfarben dargestellt

Der Großraum Los Angeles (USA) bedeckt 10.500 Quadratkilometer Fläche (das Zehnfache Berlins).

Wirbelsturm „Alberto" im August 2000

Chinesische Mauer (oben rechts nach unten links)

Der „Blaue Planet" – die einzigartige Kombination aus Größe, Sonnennähe und Atmosphäre ließ Leben entstehen.

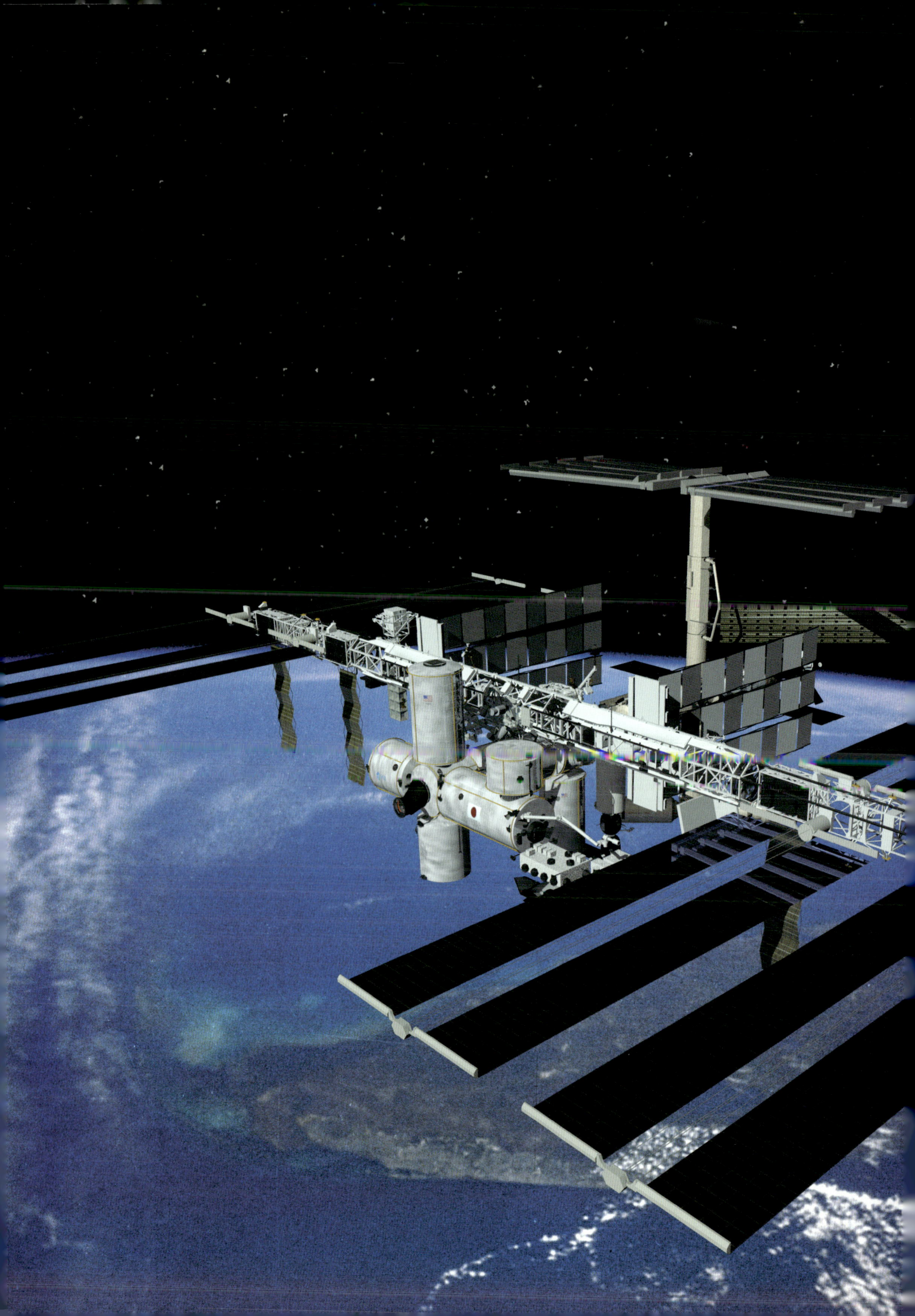

Nachdem sensationelle Bilder der ersten Menschen auf dem Mond und der Satellitenreisen durchs Sonnensystem die Welt im 20. Jahrhundert in Atem gehalten haben, könnte die Raumfahrt der Zukunft die Internationale Raumstation als Sprungbrett zum Aufbau von Mondbasen und für bemannte Flüge zum Nachbarplaneten Mars nutzen.

Zukunft der Raumfahrt

Die Zukunft der Raumfahrt ist, wie Ereignisse wie die Columbia-Katastrophe vom Februar 2003 zeigen, fast nicht vorherzusagen. Sie entwickelt sich im Spannungsfeld der sich ständig erweiternden technischen Möglichkeiten, der sich wandelnden gesellschaftspolitischen Rahmenbedingungen und natürlich der stets knappen finanziellen Ausstattung. Die hier skizzierten Entwürfe stellen Visionen dar, realisierbare Visionen – doch ob der politische Wille und das nötige Geld vorhanden sein werden, sie Wirklichkeit werden zu lassen, ist heute offener denn je.

Der Bau der Internationalen Weltraumstation ISS setzt einen Meilenstein in der Geschichte der Raumfahrt. Nachdem das russische Weltraumlabor Mir in 14 Dienstjahren bewiesen hatte, dass eine permanente Forschungseinrichtung im Erdorbit realisierbar ist, hatten sich die technologisch führenden Nationen, die USA, Russland, Japan, Kanada und das vereinigte Europa, dazu entschlossen, ein gemeinsames Projekt im All voranzutreiben. Der Anfang ist mit dem erfolgreichen Zusammenbau der einzelnen Elemente gemacht, doch führten die immensen Kosten für den Ausbau und die Nutzung der Raumstation bisher dazu, dass die weitere Erkundung unseres Planetensystems lange Zeit auf Eis gelegt wurde.

Doch jetzt scheint es zu einer Wiederbelebung solcher Missionen zu kommen. Ein neues Strategiepapier der NASA sieht vor, in den nächsten Jahrzehnten bemannte Raumfahrzeuge zu Mond und Mars zu entsenden, um dort Forschungen zu betreiben und vor Ort die Möglichkeiten zur Rohstoffgewinnung zu prüfen – eine wesentliche Voraussetzung für den längerfristigen Aufenthalt auf fremden Himmelskörpern.

Ein Raumschiff mit thermonuklearem Antrieb könnte in Zukunft sowohl für Transferflüge zum Mond als auch zum Mars eingesetzt werden.

Am Anfang stehen die Kosten

Obwohl über allen Forschungsentscheidungen das Kostenargument hängt, planen die USA bereits heute die bemannte Erkundung von Mond und Mars. Daneben wird es, wenn es die finanziellen Mittel der Vereinigten Staaten oder mehrerer kleinerer Staaten erlauben, weiterhin kleinere Weltraummissionen auch zu anderen Himmelskörpern im Sonnensystem geben. Zum Teil haben solch ausgeklügelte Projekte schon erstaunliche Durchbrüche in verschiedenen Disziplinen ermöglicht.

Eine recht nahe liegende Nutzungsmöglichkeit der ISS besteht darin, die Raumstation bei der weiteren Planetenerkundung als „Sprungbrett" für eine neue Serie von Flügen zum Mond und später zum Mars einzusetzen. Dies allerdings würde eine neue Generation von Raumschiffen mit größeren Nutzlastkapazitäten erforderlich machen. Zugunsten dieser Neuentwicklungen wurde in den USA beschlossen, die alternde Spaceshuttle-Flotte zum Ende des aktuellen Jahrzehnts auszumustern, um so die notwendigen finanziellen Mittel freizumachen. Die Montage der Internationalen Raumstation soll bis zu diesem Zeitpunkt abgeschlossen sein.

Es wird zudem unbedingt notwendig sein, die Sicherheit der Raketenstarts zu erhöhen. Sie liegt bei den alten Space-Shuttles im Moment nur noch bei 98 Prozent, was eindeutig zu wenig ist, wenn Menschenleben auf dem Spiel stehen. Von der neuen Technologie verspricht man sich kurzfristig eine Verzehnfachung der Sicherheitsrate, langfristig ist eine Unfallwahrscheinlichkeit von nur 1:10.000 angestrebt.

Das zweite, ebenso wichtige Ziel, besteht in der Reduzierung der Kosten. Diese liegen derzeit bei rund 20.000 US-Dollar pro in die Erdumlaufbahn gebrachtes Kilogramm. In naher Zukunft sollen die Aufwendungen dafür auf 2.000 US-Dollar gesenkt werden, das Fernziel in rund 25 Jahren sind nur noch 200 US-Dollar.

Neue Generationen von Trägerraketen sollen in einigen Jahren kostengünstiger auch größere Lasten in den Erdorbit transportieren. Ein solcher „Magnumbooster" wird dann mit wiederverwendbaren Zusatzraketen starten, die nach ihrem Ausbrennen an Fallschirmen zur Erde zurückkehren.

Links: Sollte es in der Zukunft zu Routineflügen zum Mond kommen, könnten die Module, die mitgenommen werden sollen, an thermonukleare Antriebsstufen gekoppelt werden. So müsste eine Crew die Transportkapsel auf dem Weg zum Mond nicht verlassen: Die Astronauten begeben sich von einer Raumstation im Erdorbit in die Kapsel, die an die Antriebseinheit angekoppelt wird und zum Mond fliegt. Im Mondorbit koppelt die Crew von der Antriebseinheit ab und landet mit der Kapsel. Die Antriebseinheit wird eventuell im Mondorbit betankt und fliegt dann mit einem anderen Transportmodul zurück zur Erde.

Die inzwischen über 20 Jahre alte Shuttle-Flotte muss für zukünftige Aufgaben technisch überholt werden,

Während der ersten Bauphasen der ISS übernahmen russische Progress-Raumtransporter die Versorgung der Station mit notwendigen Versorgungsgütern. Ab 2005 wird zusätzlich das automatische Transportmodul Jules Verne (links) eingesetzt. Das so genannte ATV startet an Bord einer Ariane-5-Rakete.

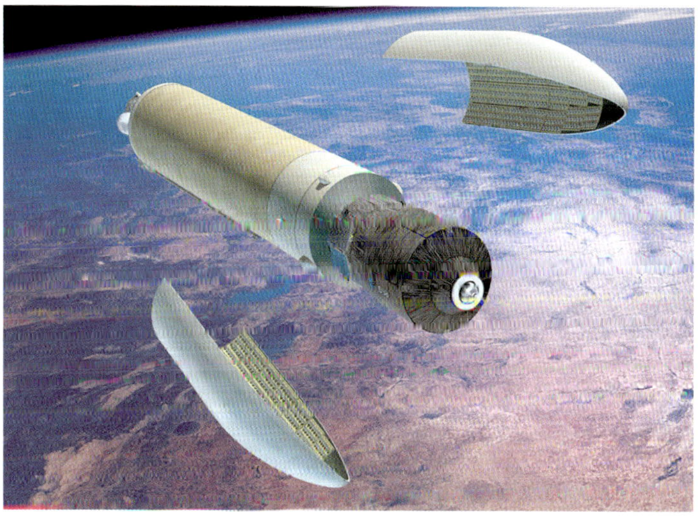

Automatische Transferraumschiffe (ATVs) werden in Zukunft den Nutzlastverkehr zur ISS übernehmen.

Die ISS als Sprungbrett

Durch den Shuttle-Betrieb zur ISS besteht die Möglichkeit, größere Objekte im All zu montieren und von dort zu starten. Das hätte den Vorteil, dass die dort zusammengebauten Raumschiffe die Erdanziehungskraft nicht noch einmal überwinden müssten. Die nächste Station der Entwicklung wäre dann der Aufbau einer Mondbasis. In einer Serie von Missionen würden die zum Aufbau notwendigen Materialien vorab in unbemannten Flugkörpern zu unserem Trabanten geschickt werden. Mithilfe moderner Steuerungstechnik könnte man die Objekte auf dem Mond so nahe beieinander landen lassen, dass sie ein menschliches Team bei seiner Landung leicht auffinden und zusammenbauen könnte.

Die Besatzung der zukünftigen Basis fliegt, nachdem ihre Ausrüstung erfolgreich abgesetzt wurde, in einem Shuttle zur ISS und steigt dort in das Raumschiff zum Mond. Dieses könnte eine viel größere Nutzlast mitführen als die früheren Apollo-Kapseln, da es nur die geringe Gravitation des Mondes überwinden müsste. Die Rückkehr auf die Erde würde nach einer erneuten Ankoppelung des Mondlandeschiffs dann wieder über einen Shuttle erfolgen.

Wie bei den Apollo-Missionen dient die obere Stufe zukünftiger Landefähren als Wiederaufstiegsmodul.

Erste Sonden sollen bereits 2008 starten und den Mond nach geeigneten Landemöglichkeiten für zukünftige Missionen absuchen. Zwischen 2009 und 2014 folgen mehrere robotische Lander, mit deren Hilfe man wiederverwendbare Start- und Landesysteme testen und Treibstoffvorräte auf der Oberfläche deponieren will.

Ab 2015 sind bemannte Flüge zum Mond geplant. Sie sollen dazu dienen, den längerfristigen Aufenthalt von Menschen auf fremden Himmelskörpern wie Mond und Mars vorzubereiten. Zu diesem Zweck wird man versuchen, dort eine eigene Energieversorgung, Wohnbereiche und Lebenserhaltungssysteme aufzubauen.

Rückkehr zum Mond: Eine bemannte Mondfähre umkreist den Erdtrabanten.

Eine zukünftige Mondfähre kurz nach der Landung auf der Mondoberfläche.

Landeanflug: Raketen bremsen die Mondfähre bei der Annäherung an die Oberfläche.

Ferngesteuerte Transportfahrzeuge bringen die Einzelkomponenten der Mondbasis zu einem zentralen Platz.

Der Lunar Discover Orbiter (LDO), eine Forschungssonde, soll den Mond nur 20 Kilometer über dessen Oberfläche umkreisen und zur Vorbereitung einer Mondbasis geeignete Plätze für deren Aufbau ausfindig machen.

„Rückkehr" zum Mond

Ausgehend von der eigenen Landefähre beginnen die Astronauten mit dem Zusammenbau der Raumstation.

Nachdem eine Expeditionsmannschaft auf dem Mond gelandet ist, wird sie zuerst das eigene Raumschiff als Unterkunft benutzen. Dann schafft sie die Materialien aus den bereits vorher gelandeten Versorgungsraketen zusammen, um damit ein Basiscamp bestehend aus Wohn-, Schlaf- und Forschungsräumen sowie einer Energieversorgung aufzubauen. Dabei ist auch der Einsatz von aufblasbaren Konstruktionen vorgesehen, da diese wegen ihres geringen Gewichts und der schnellen Einsetzbarkeit für Expeditionen auf der Mondoberfläche und als Notfalllager ideal geeignet sind. Das Basiscamp wäre zunächst für zehn Personen ausgelegt, die während ihrer sechsmonatigen Dienstzeit Forschungs- und Wartungsarbeiten durchführen sowie erste lunare Produktionsstätten errichten. Aktuelle Planungen sehen für die ersten Missionen eine Mannschaftsstärke von je sechs Mann vor, die sich zwischen 14 und 60 Tagen auf der Oberfläche aufhalten sollen. Das wichtigste Ziel besteht in der Sicherstellung der Eigenversorgung. Dafür muss sie aus den auf dem Mond vorhandenen Ressourcen Treibstoff, Wasser und Sauerstoff gewinnen, damit die Station auch unabhängig von Zusatzlieferungen von der Erde betrieben werden kann.

Am einfachsten wird sich die Energieversorgung gestalten. Die Solarzellenforschung ist bereits so weit fortgeschritten, dass Sonnenkollektoren den Energiebedarf decken könnten.

Konzept für einen unabhängigen Mondoberflächeneinsatz (ILSS, Independent Lunar Surface Sortie). Das Landefahrzeug (LTV, Lunar Transport Vehicle) enthält eine Wiederaufstiegseinheit, mit der die Astronauten den Mond wieder verlassen können, sowie zwei Frachtcontainer, in denen große Mengen von Ausrüstungsgegenständen untergebracht sind.

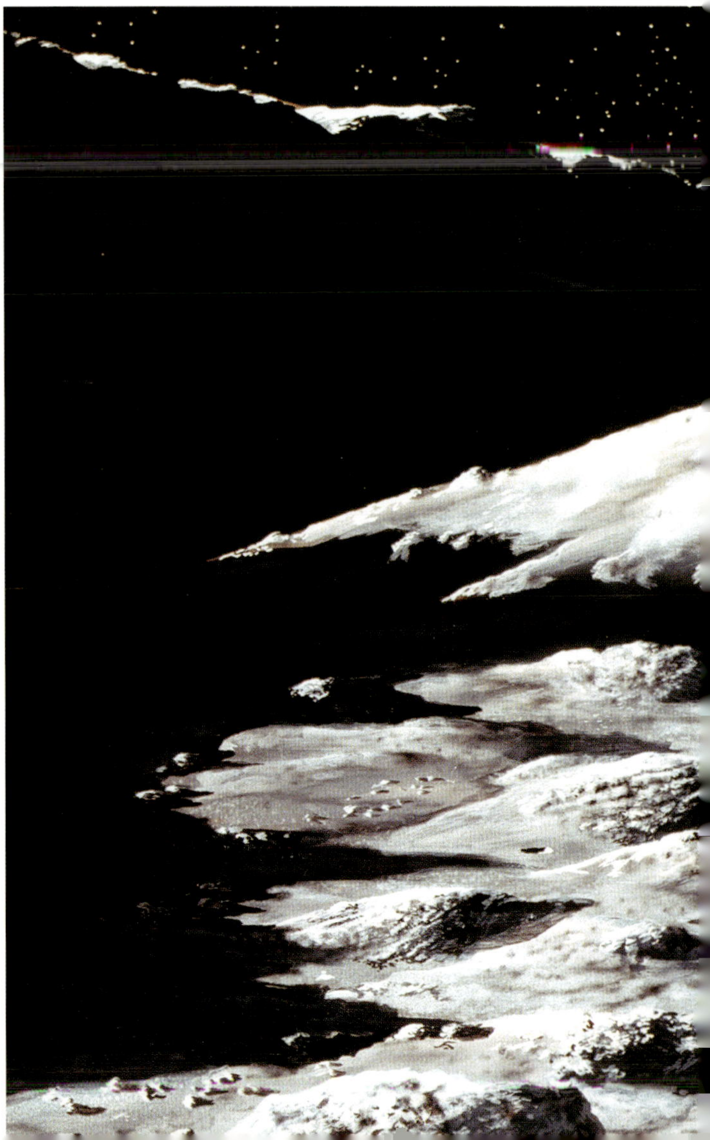

So könnte eine zukünftige Mondkolonie aussehen. Mondkrater, in denen zum Teil große Vorkommen an Wassereis vermutet werden, böten eine natürliche Umrandung für den neuen Außenposten der Menschheit.

Kleine mobile Bohrplattformen sind der erste Schritt, um Rohstoffquellen auf dem Mond zu finden und die benötigten Mineralien zu fördern.

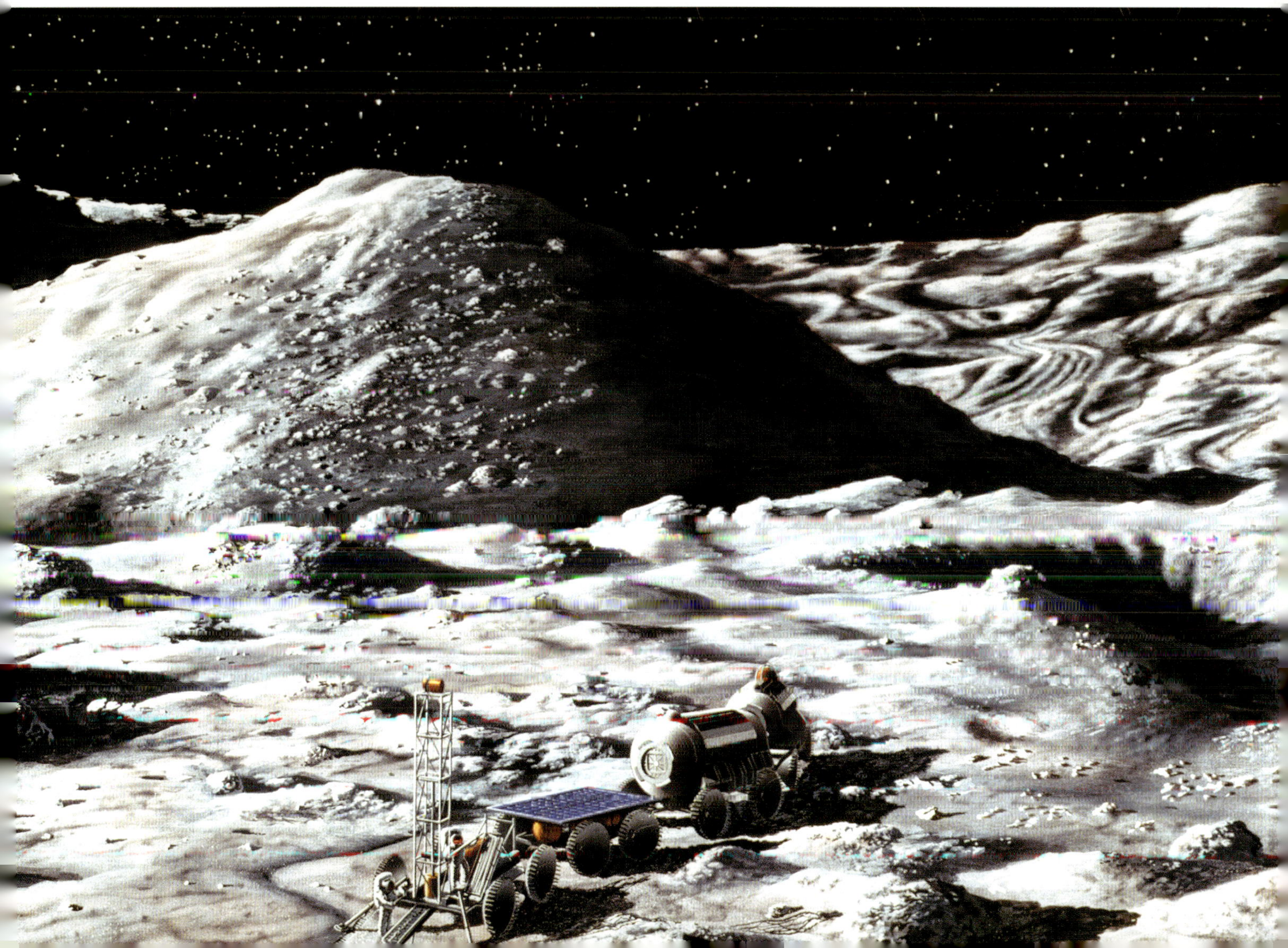

Wasser und Luft aus Ilmenit

Ein größeres Problem als die Energieerzeugung stellt die Versorgung mit Wasser und Sauerstoff dar. Aber auch hier haben Forscher schon Ansätze zu einer Lösung gefunden.

In den Kratern auf der Mondoberfläche hat man Basalt gefunden. Aus diesem Rohstoff kann in kleinen Fabrikanlagen an der Abbaustelle das Mineral Ilmenit gewonnen werden, das, mit Wasserstoffgas zusammmengebracht, nach einer chemischen Reaktion zu Wasser und festen Bestandteilen wird. Das entstandene Wasser wird dann zum einen für die Wasserversorgung der Mondbasis genutzt, zum anderen erzeugt man daraus per Elektrolyse Wasserstoff und Sauerstoff. Der Sauerstoff wird in flüssiger Form zur Station geschafft, wo er unter anderem als Atemluft verwendet wird. Der Wasserstoff verbleibt in der Fabrik und wird wieder mit Ilmenit zur Reaktion gebracht. Hinweise auf Eisvorkommen im permanenten Schatten tiefer, polnaher Krater nähren zudem die Hoffnung, einen Teil der Wasserversorgung auf diesem bequemen Weg sicherzustellen.

Aus Wasserstoff und Sauerstoff lässt sich auch Treibstoff herstellen, der für die Rückführung der Mondmannschaften zur Weltraumstation in der Erdumlaufbahn genutzt werden kann. Haben die ersten Expeditionen, die auf dem Mond landen, auf diese Weise die Voraussetzungen für eine Autonomie der Mondbasis geschaffen, kann die permanente Besiedlung des Mondes in Angriff genommen werden.

Die Hauptaufgabe für zukünftige Mondfahrer wird es sein, auf dem Mond geeignete Stellen für den Aufbau von bewohnbaren Mondstationen und für die Rohstoffgewinnung zu finden.

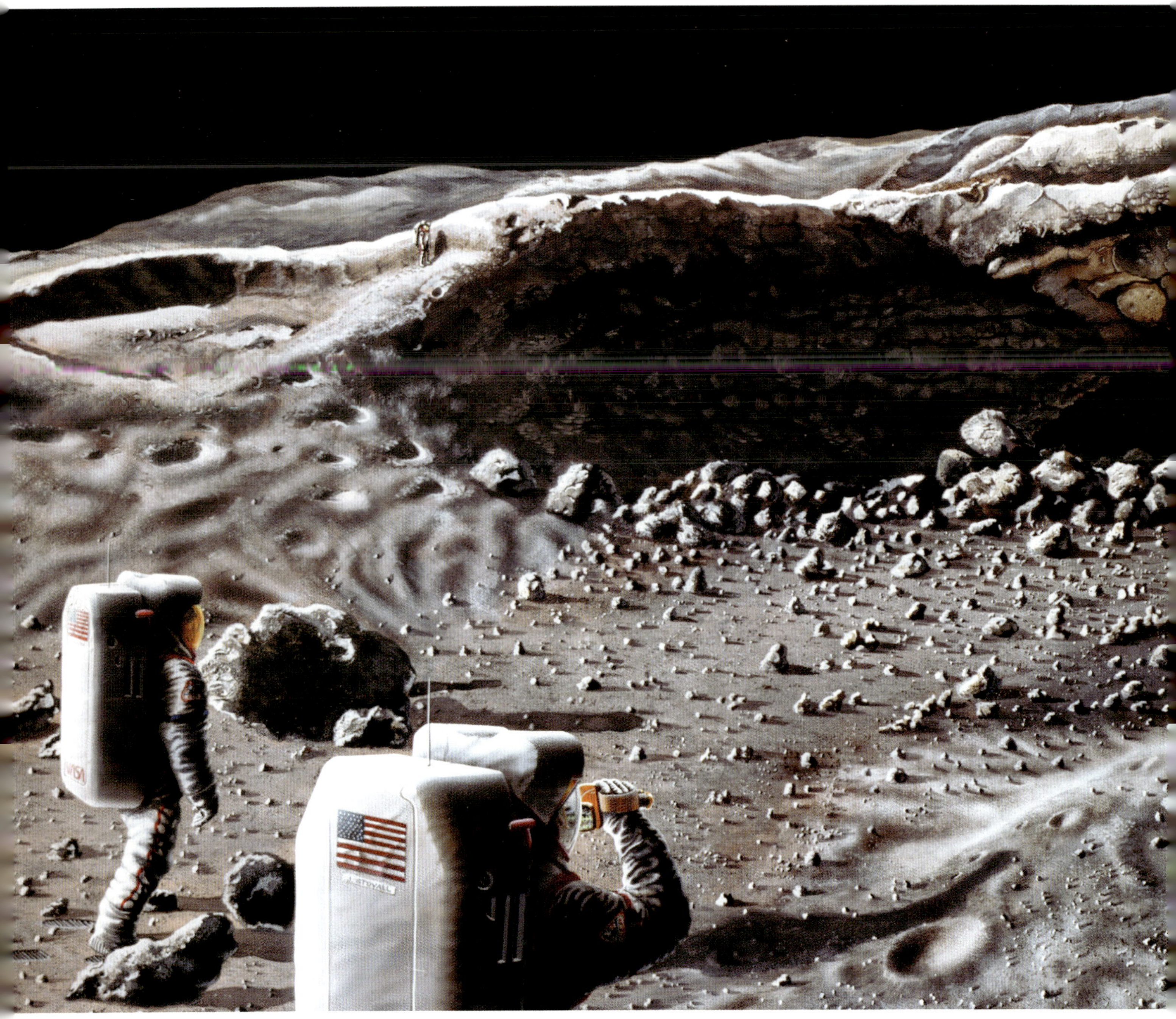

Nach der Aufbauphase werden größere mobile Fabrikanlagen zur Sauerstoffgewinnung eingesetzt.

Für den Rückweg zur Erde befüllt die Crew die Antriebstanks ihres Raumschiffs mit Sauerstoff. Das Gas wurde durch eine chemische Reaktion von Wasserstoff und Ilmenit in einer Fabrik auf der Mondoberfläche gewonnen.

Eine erste Mondbasis

Nach den Vorarbeiten der ersten kleineren Besatzungen, die um das erste Basiscamp herum Energiesammelanlagen errichtet, Mineralabbaugebiete erschlossen und Fabriken für die Produktion von Wasser, Sauerstoff und Treibstoff gebaut haben, wären die Voraussetzungen dafür erfüllt, eine permanente Besiedlung des Mondes in einer umfangreichen Mondbasis in Angriff zu nehmen.

Da der Bedarf an Versorgungsgütern und Maschinen von der Erde zu Beginn noch sehr groß sein wird, müssen die Kosten für solche Nachschubflüge nochmals verringert werden. Die NASA hat bereits Studien in Auftrag gegeben, die mit neuen Raumfähren und insbesondere mit ferngesteuerten, unbemannten Mondlanderaumschiffen die Kosten für Transportflüge ins All drastisch senken sollen. Angestrebt ist ein Preis pro Kilo Nutzlast von nur 20 US-Dollar.

Zum Aufbau einer Infrastruktur auf dem Mond sind eine Vielzahl ferngesteuerter Fahrzeuge und weitgehend automatisierter Maschinen notwendig.

Mit zahlreichen Versorgungsraketen sollen dann Materialien für den Bau größerer Siedlungen herangeschafft werden, die in Containerbauweise zusammengesteckt werden können. Die geringe Schwerkraft des Mondes, die ja nur ein Sechstel so groß ist wie die auf der Erde, begünstigt größere Konstruktionen aus leichteren Materialien. Zudem ist an ein weit verzweigtes System von Außenstationen gedacht, die, um Gewicht zu sparen, ebenfalls aufblasbar konzipiert sein könnten. Entwürfe sehen Konstruktionen vor, die bei einem Durchmesser von bis zu 16 Metern einer Besatzung von einem Dutzend Menschen Platz bieten. Aufgrund der schwierigen Lebensbedingungen und der gefährlichen Langzeitwirkungen der niedrigen Schwerkraft auf das menschliche Knochengerüst wird die Aufenthaltszeit der ersten Crews zunächst jedoch auf höchstens 60 Tage begrenzt sein.

Abgesehen davon dürfte die Selbstversorgung der Station zu den größten Problemen zählen. Eine autonome Versorgung der Mondbasis ist aber notwendig, da Lieferungen von der Erde, auch bei extrem reduzierten Transportkosten, wirtschaftlich nicht sinnvoll wären.

Eine Frachtlandefähre mit einer Sauerstoffproduktionsanlage im Landeanflug auf die Mondoberfläche.

Spezielle Frachtlandefähren bringen unter anderem Mondautos zur Oberfläche.

Nachdem unbemannte Flüge die ersten fahrfähigen Module für eine Raumstation auf den Mond befördert haben, beginnen Astronauten damit, diese von ihrer Landefähre aus per Fernsteuerung zusammenzufügen.

Wenn die Module zusammengefügt und der notwendige Luftdruck aufgebaut ist, nimmt die Station ihren Betrieb auf.

Rohstoffe vom Mond

Nachdem die Energiegewinnung mithilfe großer Solaranlagen nicht nur die eigene Versorgung der Mondbewohner deckt, sondern auch weitere Aktivitäten ermöglicht, macht sich der Außenposten der Menschheit daran, die Bodenschätze des Mondes auszubeuten.

Die Gewinnung von Sauerstoff aus Mondgestein wird bei der Monderschließung eine Schlüsselrolle spielen. Das gewonnene Sauerstoffgas kann als Treibstoff für die Flüge vom Mond zur Erde und zurück dienen und so helfen, die vermutlich astronomisch hohen Kosten für die geplanten Vorhaben zu senken.

Zunächst muss dafür die Umwandlung von Ilmenit zu Wasser und Sauerstoff in größeren Anlagen fabrikmäßig organisiert werden, um auch Abbaueinrichtungen mit Luft und die entsprechenden Maschinen mit Treibstoff zu versorgen. Auch für die weiterhin unerlässlichen Flüge vom Mond zur Erde kann der Treibstoff dann genutzt werden, was die Kosten für das ehrgeizige Projekt etwas reduzieren helfen würde. Die Mondbewohner werden sicher selbst in dauerhaften Kolonien nicht ihr ganzes Leben verbringen wollen und auch die medizinische Versorgung wird noch lange nicht in derselben Qualität wie auf der Erde gegeben sein. Bei ernsthaften Krankheitsfällen müssen daher auch kurzfristig Flüge zur Erde möglich sein.

Nachdem am Anfang die Maschinen für den Abbau der Erze von der Erde geliefert werden, kann später die Mondbevölkerung selbst deren Herstellung übernehmen. Weitere vorhandene Erze bieten Baumaterial für feste Siedlungen jenseits der zunächst aufgebauten Containerdörfer. Eine Studie der NASA verfolgt die Idee eines so genannten Lunar Mass Driver, einer elektromagnetischen Kanone mit einer Rohrlänge von rund 200 Metern, die bis zu vier Kilo schwere Pakete mit einer Geschwindigkeit von 2,4 Kilometern pro Sekunde von der Oberfläche des Mondes in eine Umlaufbahn schießen soll. Dort werden die von der Gravitation auf ca. 70 Meter pro Sekunde abgebremsten Pakete automatisch gefangen und von einer Fabrik im Orbit weiterverarbeitet. Die Endprodukte könnten dann entweder zur Erde oder zurück zum Mond transportiert werden.

Der Mond verfügt über enorme Rohstoffreserven, die in Zukunft erschlossen werden könnten.

Auf der Mondoberfläche gewonnener Sauerstoff wird per Tank in den Mondorbit transportiert. Hier wartet bereits ein unbemanntes Transportschiff, das die Tanks in Richtung Erde bringt. Der Sauerstoff könnte im Erdorbit beispielsweise zur Versorgung der erdorbitalen Raumstationen dienen.

Ein Raumschiff startet vom Mond mit Blick in Richtung Erde.

Automatische Mondfabriken

Die Entwürfe für solche Mineralverarbeitungsanlagen sind weit fortgeschritten. Sie sind so konzipiert, dass nur ein minimaler Einsatz menschlicher Arbeitskräfte notwendig wäre. Nach der Anlieferung der Erze sollen die Maschinen hypothetisch allein dazu in der Lage sein, das Erz zu zerkleinern, abzupacken und abzuschießen.

Weitere automatisierte Fertigungsanlagen könnten den wichtigen Bodenschatz Ilmenit verarbeiten. Schon heute gibt es Planungen für maschinell gesteuerte Fabriken, die aus einer entsprechenden Menge des Minerals bis zu zwei metrische Tonnen flüssigen Sauerstoff gewinnen könnten. Der Bedarf an Wasserstoffgas, das in den Fabrikanlagen mit dem Ilmenit zu Wasser reagiert, könnte dabei schon bald durch in der Anlage selbst gewonnenen Wasserstoff verringert werden, der als „Abfallprodukt" aus der Elektrolyse des Wassers entsteht. Dennoch bleibt das Problem, dass Wasserstoff wahrscheinlich auch weiterhin durch Versorgungsflüge von der Erde zugeliefert werden muss.

Aus anderen Mondmineralien lässt sich dann das Material für größere Behausungen und den Maschinenbau gewinnen, sodass sich bald ganze Industriekomplexe auf dem Mond bilden könnten – eine nicht nur schöne Vorstellung.

Rechts: Viele Anlagen auf dem Mond werden dank zukünftiger Computertechnik weitgehend automatisiert arbeiten.

In Zukunft könnten irdische Firmen Dependancen auf dem Mond eröffnen. Die kommerzielle Mondnutzung ließe so ganze Industriegebiete auf dem Mond entstehen.

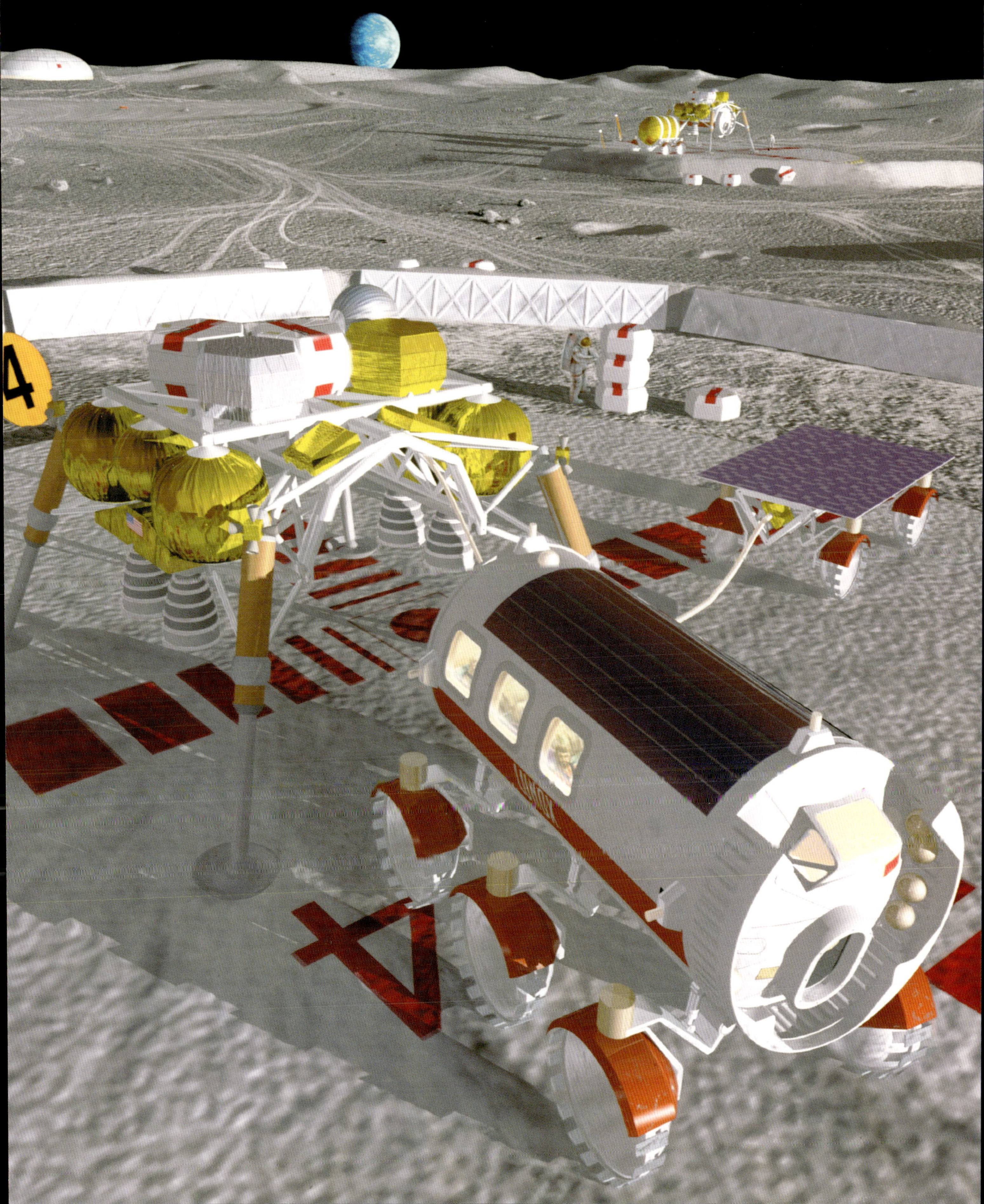

Dauerhafte Mondsiedlungen

Ein erstes Konzept für eine Mondstation zur Rohstoffgewinnung. In den vier großen Zylindern befinden sich die Wohn- und Arbeitsräume für die ca. 25 Menschen, die diese Station aufbauen und betreiben sollen. Links ist eine große im Aufbau befindliche Solaranlage, die den Strom für die Station erzeugen wird.

Auch für große, feste Siedlungen sind die Gedankenspiele der Ingenieure auf der Erde schon recht fortgeschritten. So ist zum Beispiel das Problem des auf dem Mond nahezu allgegenwärtigen Oberflächenstaubs von den Technikern des Johnson Space Center analysiert und – theoretisch – gelöst worden. Dieser Staub setzt sich normalerweise in den Gelenken der Atemanzüge fest und könnte im Dauereinsatz zu Fehlfunktionen oder Undichtigkeiten führen. Also haben die Planer spezielle Systeme für die Eingangsbereiche der Wohn- und Arbeitsmodule erdacht, die diese Schwierigkeit beseitigen könnten. So betritt man die Innenräume nicht direkt, sondern zunächst eine Art Bürstenanlage, die einen Großteil des Staubs von den über den Raumanzügen getragenen, so genannten „Coveralls" entfernt. In einer Staubschleuse sollen die Mondbewohner diese Überzieher dann ablegen und in einer Luftstrom-Waschanlage reinigen. Erst danach betreten sie die eigentliche Luftschleuse, legen ihre Raumanzüge ab und gelangen in die Gebäude.

Dort stünde den Siedlern mehr Platz und Komfort zur Verfügung als in den ersten, aus Containern zusammengesetzten Camps. Mit der Zeit entstehen dann größere Ansiedlungen, in denen auch ausgedehnte Gewächshäuser geplant sind, um die getrockneten, von der Erde importierten Lebensmittel durch frische Nahrung zu ergänzen, später sogar zu ersetzen. Schon für die erste Erforschungsmission sehen die NASA-Wissenschaftler Pflanzenzucht-Container vor. In der nun folgenden Phase sollen die Pflanzen, die sich in den ersten Anpflanzungen bewährt haben, großflächig angebaut werden. Sogar Tierzucht wäre möglich, wenn erst die Folgen der geringen Schwerkraft auf die Tierarten genau erforscht worden sind.

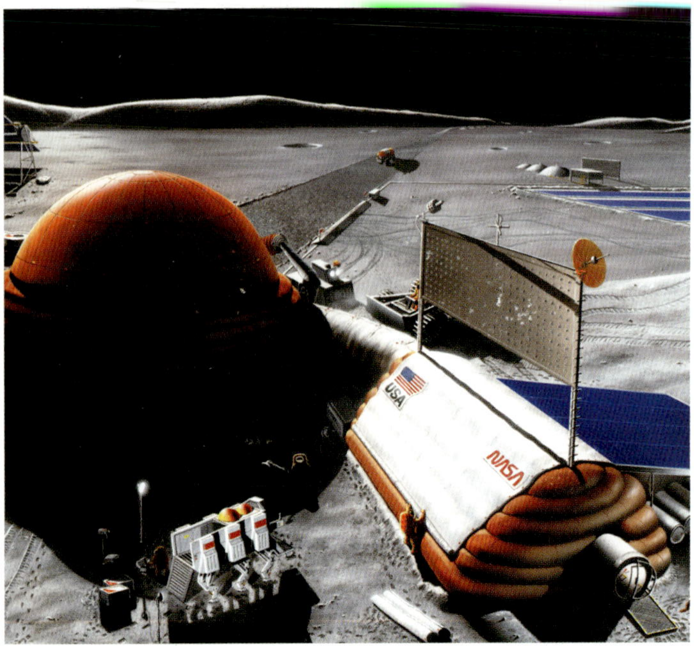

Eine wichtige Aufgabe für die Konstrukteure der geplanten Mondstationen bildet der Strahlenschutz für die Bewohner. Die gesamte kosmische Strahlung trifft auf dem Mond ungehindert auf die Oberfläche. Ähnlich wie die Raumanzüge der bisherigen Astronauten müssen daher alle Einrichtungen, in denen sich Menschen aufhalten sollen, gegen die gesundheitsschädlichen Strahlungen geschützt werden.

Neben der Rohstoffgewinnung werden Mondstationen vor allem wissenschaftlichen Aufgaben dienen. An erster Stelle steht dabei natürlich die weitere Erforschung des Mondes selbst. Dazu werden Forscher auf dem Mond arbeiten, die, wie hier dargestellt, die Mondoberfläche mit einem Mondauto erkunden – so, wie es bereits ihre Kollegen von Apollo 16 und 17, wenn auch in viel geringerem Umfang, getan haben

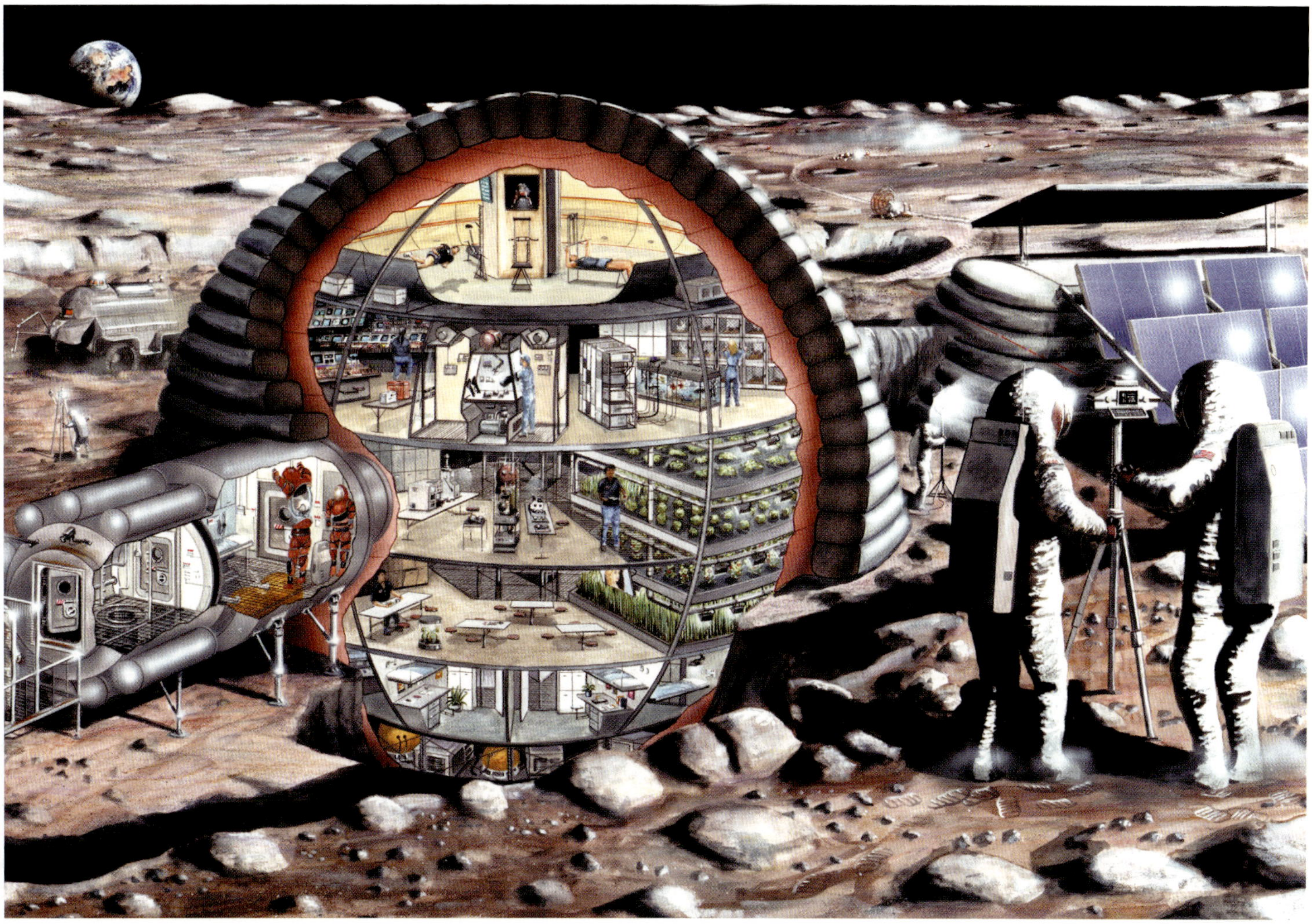

Ein Modell für eine ständig bewohnte Mondstation könnte eine solche Kuppelkonstruktion sein, deren isolierte Hülle die Weltraumstrahlung abschirmt. Im Inneren sind Wohn- und Arbeitsbereiche sowie Gewächshäuser untergebracht.

Eine Luftschleuse ermöglicht den Mondbewohnern, die Station zu verlassen und Arbeiten auf der Mondoberfläche zu verrichten. Vor der Luftschleuse befindet sich eine „Waschanlage", die die Raumanzüge von Mondstaub reinigt.

Der Mond als Arbeitsplatz

Schließlich soll sich die Mondkolonie – nach einem Entwicklungsprozess, der auch von optimistischen Wissenschaftlern auf rund 50 Jahre geschätzt wird – weitestgehend selbst versorgen können, ja vielleicht sogar „mondeigene" Produkte, wie unter den besonderen Schwerkraftbedingungen des Mondes hergestellte Kristalle, an die Erde „exportieren".

Beim Aufbau einer Mondstation werden Kräne und Transportfahrzeuge unerlässliche Hilfsmittel sein.

Bei allen Gedankenspielen zu einer Mondbesiedlung muss man aber immer im Auge behalten, dass der Mond nie eine lebensfreundliche Umwelt bieten wird. Die geringe Schwerkraft verhindert die Bindung einer für uns atembaren Atmosphäre, wie sie hypothetisch auf dem Mars künstlich zu erzeugen wäre, und wegen der Belastung durch hoch energetische Strahlung wird die Mondoberfläche auch nie ohne Schutz- und Atemanzüge begehbar sein.

Der Sinn einer Besiedlung des Mondes ist daher nicht eine „Landnahme", die einer neuen, freieren Lebensweise oder einer Verringerung der Überbevölkerung dient, wie dies im Falle der Auswanderungswellen nach Amerika und Australien der Fall war. Vielmehr werden sich wohl ausschließlich Wissenschaftler auf dem Mond zeitweise niederlassen, um dort in der besonderen Forschungsumgebung arbeiten zu können.

Nur wenige Kilometer von der Landestelle von Apollo 17 entfernt entsteht vielleicht in Zukunft eine Bergbaumine, in der sauerstoffreiches Mondgestein abgebaut wird.

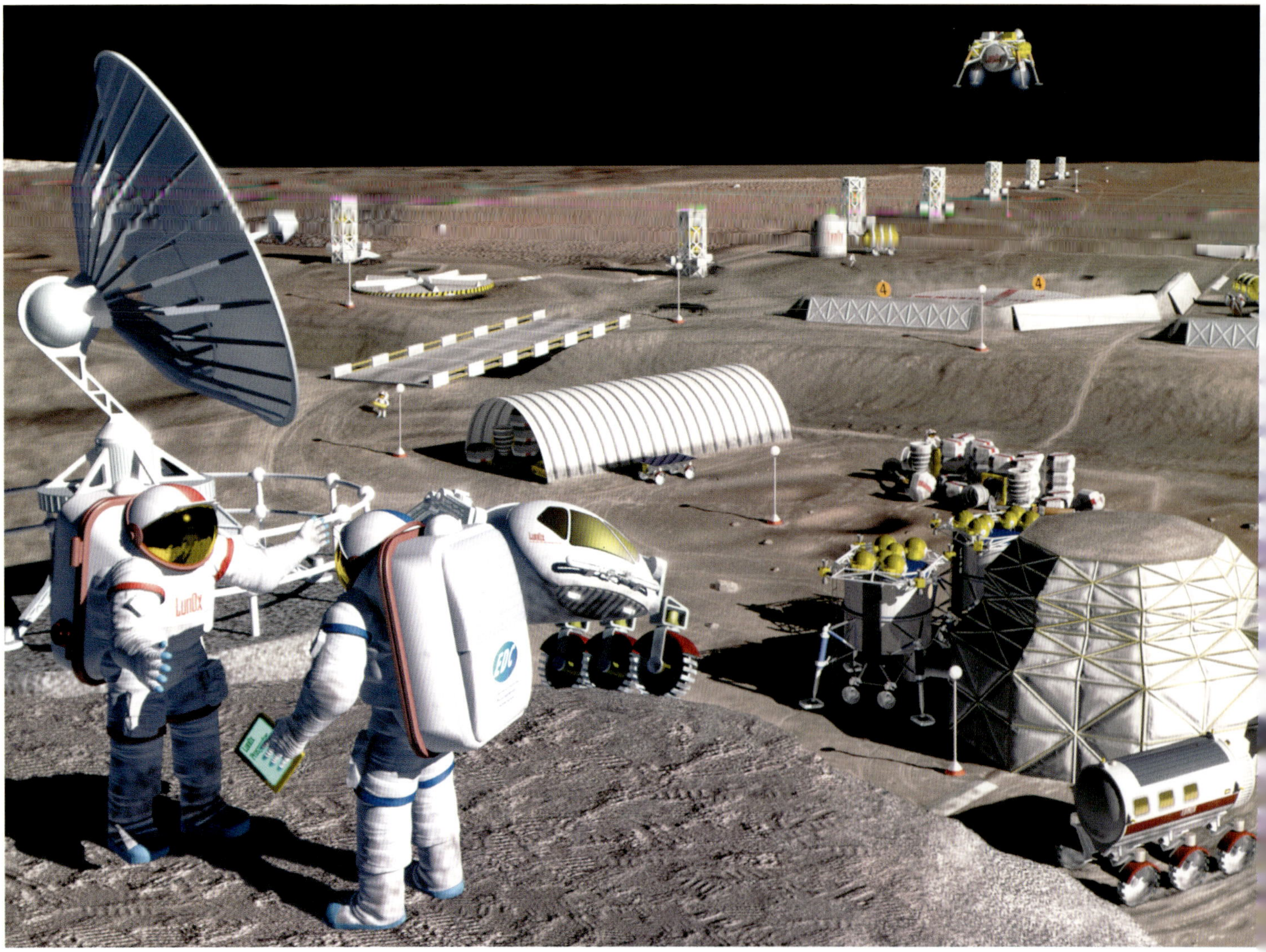

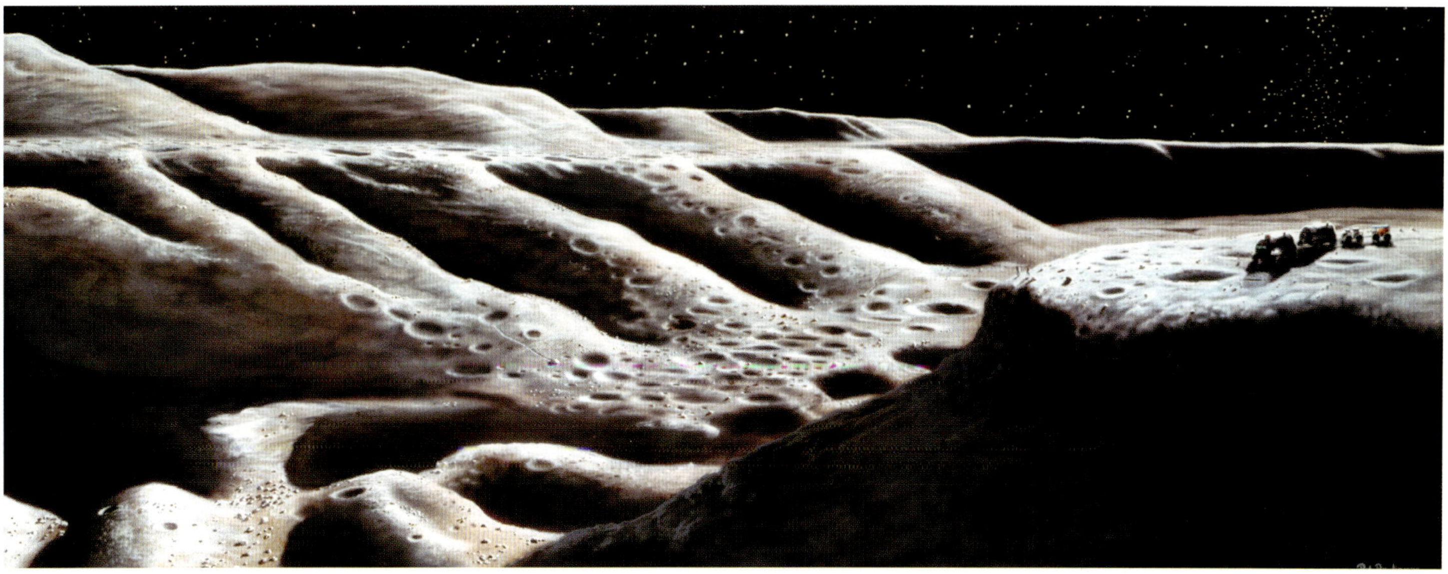

Die Mondoberfläche kann durch technisch hoch entwickelte Mondautos effektiver erkundet werden. Diese Verkehrsmittel könnten auch zwischen benachbarten Mondstationen eingesetzt werden.

Tagelange Ausflüge auf der Mondoberfläche sind in den Mondfahrzeugen der Zukunft möglich.

Astronomie auf dem Mond

Auf dem Mond gibt es weniger Oberflächenerschütterungen als auf der Erde. Seine vulkanische Aktivität ist zur Ruhe gekommen und auch die Einschläge von Meteoriten, die sein heutiges Aussehen vor Jahrmillionen und Jahrmilliarden geformt haben, sind selten. Daher könnten hier viel umfangreichere Anlagen zur planetaren und stellaren Beobachtung errichtet werden als auf der Erde, wo stärkere seismische Aktivität der Größe strikte Grenzen setzen. Geplant sind die Konstruktion von Radioteleskopen und optischen Teleskopen auf der Mondrückseite und am Südpol sowie der Aufbau eines großen Interferometers für Beobachtungen in den Tiefen des Weltraums. Viele neue Erkenntnisse könnten so über das Universum gewonnen werden.

Eine ganze Batterie von optischen Beobachtungsinstrumenten und Teleskopen soll auf mobilen Plattformen auf dem Mond installiert werden. Die einzelnen Einheiten werden per Lasermessung an vorher genau definierte Orte dirigiert. Anschließend können die Einzelteleskope interferometrisch zu einem Großteleskop zusammengeschaltet werden, eine Praxis, die sich auf der Erde bereits bewährt hat. Dabei muss verhindert werden, dass der allgegenwärtige Staub die optischen Flächen der Spiegel verunreinigt.

Auch die Züchtung von größeren Kristallstrukturen, als sie auf der Erde möglich sind, ist denkbar. In der Internationalen Raumstation ISS wird schon heute an solchen Projekten gearbeitet. Zudem werden die Ansiedlungen selbst ein großes Forschungsprojekt sein, das dazu dient zu erfahren, wie der Mensch auf veränderte Schwerkraftbedingungen reagiert. Die Langzeitaufenthalte russischer Kosmonauten im All haben gezeigt, dass Knochen und Muskeln besonders trainiert und behandelt werden müssen, damit kein Schwund auftritt. So können Ansiedlungen auf dem Mond den Wissenschaftlern wichtige Daten für das Verhalten des menschlichen Organismus jenseits irdischer Verhältnisse liefern.

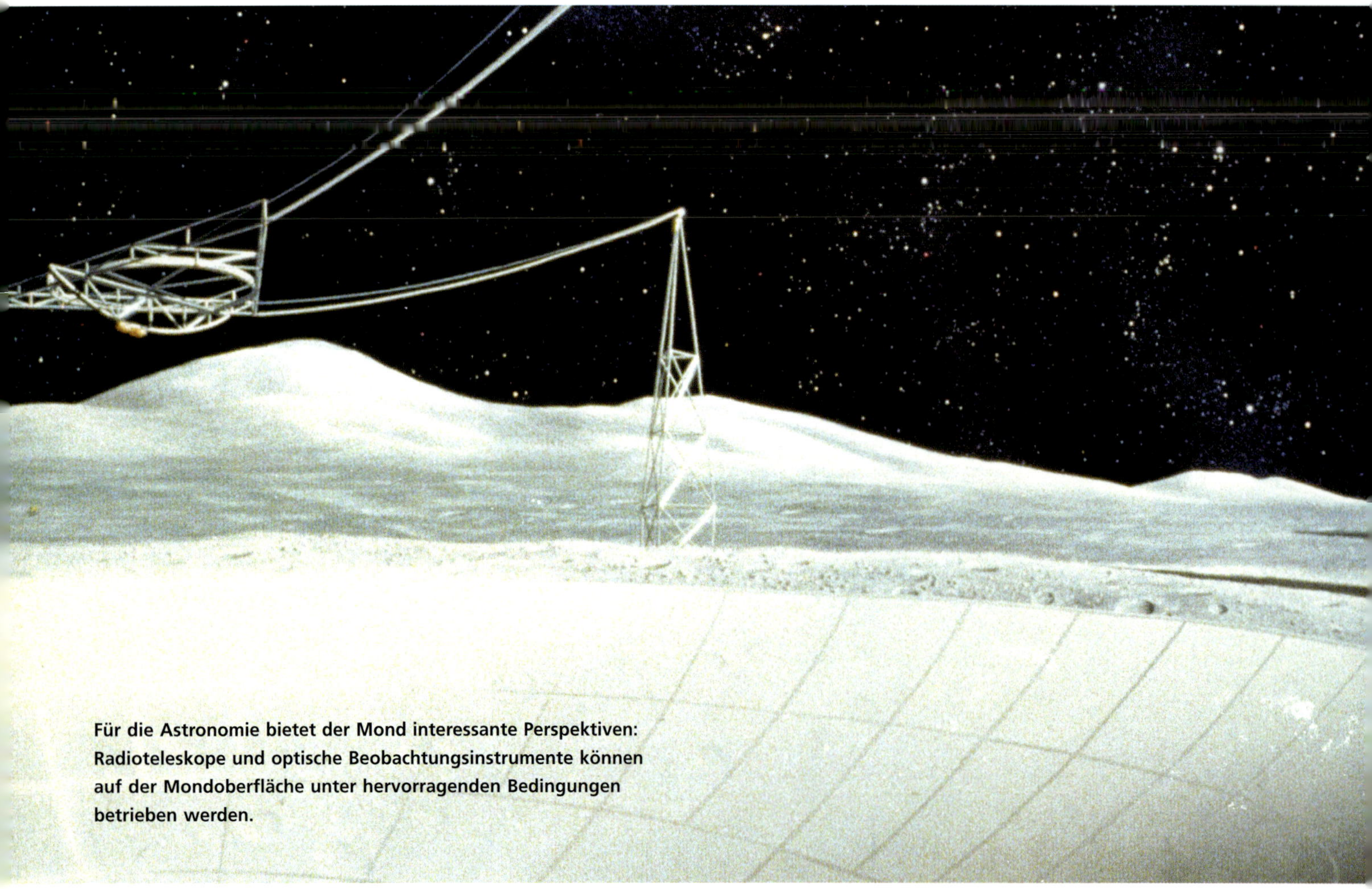

Für die Astronomie bietet der Mond interessante Perspektiven: Radioteleskope und optische Beobachtungsinstrumente können auf der Mondoberfläche unter hervorragenden Bedingungen betrieben werden.

Kleinere Teleskope können direkt mit unbemannten Landefähren auf der Mondoberfläche platziert werden.

Einige Mondkrater bieten optimale Voraussetzungen, um Radioteleskope nach dem Vorbild des Arecibo-Teleskops auf der Erde zu installieren.

Vom Mond zum Mars

Aus den Erfahrungen der Mondbesiedlung könnten viele Erkenntnisse für einen weiteren Meilenstein der Raumfahrtgeschichte gewonnen werden – die Besiedlung des Mars. Dieser ist nach allgemeiner Auffassung der Wissenschaftler derjenige Planet im Sonnensystem, der Menschen nach der Erde noch die angenehmste Umgebung bieten würde. Der Merkur befindet sich zu dicht an der Sonne, sodass dort unerträgliche Temperaturschwankungen herrschen. Zudem hat er so gut wie keine Atmosphäre. Die Venus ist mit einer Oberflächentemperatur von 500 Grad Celsius viel zu heiß. Die Gasriesen Jupiter, Saturn, Uranus und Neptun haben entweder eine giftige, säurereiche Atmosphäre und/oder eine sehr hohe Schwerkraft. Zudem bieten sie keine feste Oberfläche, auf der Menschen existieren könnten. Einige Monde dieser Planeten, allen voran der Jupitermond Europa und der Saturnmond Titan, wären vielleicht geeignet, aber sie sind wesentlich weiter entfernt und trotz allem weniger „einladend" als unser Nachbar Mars.

Die Mars-Oberfläche ist zwar kleiner als die der Erde (der Marsdurchmesser beträgt nur 6.794 km), aber die Landmasse entspricht ungefähr der unsrigen. Zudem ist der Marstag mit 24 Stunden und 37 Minuten dem irdischen Tag sehr ähnlich. Das Marsjahr mit 687 Tagen währt allerdings fast doppelt so lange wie das irdische. In vergangener Zeit glich Mars der Erde noch mehr. Er besaß eine dichtere Atmosphäre und es gibt Hinweise auf frühere Wasservorkommen. Allerdings hat er schon vor Urzeiten den größten Teil seiner Atmosphäre verloren und das Wasser verflüchtigte sich oder ist unterhalb der Oberfläche gebunden. Inzwischen ist es den Marsrovern Spirit und Opportunity gelungen, Spuren von Jarosit zu entdecken, einem Erz, das auf der Erde fast nur in Verbindung mit Wasser gebildet wird.

Der Rote Planet rückt in Zukunft in den Mittelpunkt des Interesses der bemannten Raumfahrt.

Die Internationale Raumstation im Erdorbit kann als „Sprungbrett" für die Raumfahrer auf dem Weg zum Mars dienen.

USA
Mars Habitat Testbed

Unbemannte Marsmissionen

Der Mars ist schon von etlichen Raumsonden untersucht worden. Die erste war die US-amerikanische Mariner 4, die 1965 den Planeten umrundete. Die russische Sonde Mars 2 landete auf ihm ebenso wie die beiden US-Landeroboter Viking 1 und 2. Mitte 1997 landete Pathfinder auf der Oberfläche des Roten Planeten. Ebenfalls seit 1997 umkreist die NASA-Raumsonde Mars Global Surveyor den vierten Planeten der Sonne und seit 2001 wird der MGS von der Sonde Mars Odyssey bei seiner Aufgabe unterstützt, den Mars zentimetergenau zu vermessen. Die daraus gewonnenen Erkenntnisse sind überwältigend. Obwohl sie teilweise konträr diskutiert werden, scheinen die Voraussetzungen für eine Mars-Expedition durchaus erfolgversprechend zu sein.

Im Dezember 2003 erreichte die europäische Raumsonde Mars Express den Roten Planeten. Leider misslang die Landung des mitgeführten Landefahrzeugs Beagle 2. Einen Monat später setzte die NASA ihre beiden Mars Exploration Rover, selbstfahrende Roboter, erfolgreich auf der Oberfläche ab. Zwischen 2005 und 2009 werden dann mehrere Vermessungssatelliten folgen und weitere Sonden abgesetzt, die Bodenproben entnehmen. Anders als ihre Vorgänger können sie auch wieder von der Marsoberfläche aufsteigen. Die Rückkehr einer solchen Sonde ist erstmals für 2014 geplant.

Danach wäre eine bemannte Expedition zum Mars denkbar. Erste Vorbereitungsmissionen für ein solches Unterfangen sind seitens der NASA für das Jahr 2011 geplant. Dabei gibt es zwei hauptsächliche Varianten: Die erste würde ein Umsteigen der Mars-Expeditionsmitglieder auf der Internationalen Raumstation ISS im Erdorbit vorsehen, die zweite hingegen einen Direktflug von der Erde aus. Derzeit wird diese letzte Variante von den Experten favorisiert.

Relikte aus vergangenen Zeiten: Seit den 70er-Jahren stehen die Landeroboter Viking 1 und Viking 2 auf dem Mars.

Rechts: Das Roboterfahrzeug Sojourner der Mars-Pathfinder-Mission wird von einem zukünftige Marsastronauten geborgen.

NASA
TRUTH

Das Problem der Flugzeit

Die Verschiedenheit der Umlaufbahnen von Erde und Mars um die Sonne bedingt, dass nur alle zwei Jahre eine günstige Konstellation für einen Raketenstart auf der Erde herrscht. Daher gibt es zwei Möglichkeiten, diesen Trip zum Mars durchzuführen. Im ersten Gedankenmodell macht die Flugzeit zum Mars und zurück zur Erde den Hauptteil der Reise aus (jeweils rund ein Jahr), die Verweildauer auf unserem Nachbarn wäre dagegen nur recht kurz (ebenfalls rund ein Jahr). Die zweite Überlegung spricht aus mehreren Gründen für eine schnellere Reise bei einer längeren Verweildauer. Die Gründe sind hauptsächlich von der Sorge um die Gesundheit der Astronauten bestimmt.

Während des Fluges im All sind die Crewmitglieder ständig der kosmischen Strahlung ausgesetzt. Man hat errechnet, dass sich die Gefahr, später an Krebs zu erkranken, für Astronauten bei einer „normalen", etwa zehn- bis 15-tägigen Fahrt ins All um drei Prozent erhöht. Bei einer ungeschützten Flugzeit von etwa zwei Jahren würde sich das Risiko also wahrscheinlich auf 30 Prozent erhöhen. Daher plant man in der zweiten Variante, mit einem thermonuklearen Antrieb zu fliegen, der die Flugzeit auf 150 bis 180 Tage reduzieren würde. Somit wäre auch das Krebsrisiko um die Hälfte kleiner, wenn man davon ausgeht, dass die, wenn auch weniger dichte, Atmosphäre des Mars in der Zeit, in der die Astronauten auf der Oberfläche des Planeten verweilen, große Teile der Strahlung absorbiert. Gleiches gilt für den Muskel- und den Knochenschwund, den Astronauten während der Dauer ihres Aufenthalts in der Schwerelosigkeit des Alls erleiden. Zwar verfügt der Mars über nur 40 Prozent der Schwerkraft der Erde, aber dies wäre immer noch wesentlich besser als die Null-Schwerkraft im Weltraum.

Ein Raumschiff mit thermonuklearem Antrieb startet aus dem Erdorbit in Richtung Mars. Ein Hauptvorteil dieses Antriebs besteht in seiner Effizienz: So benötigt er nur halb so viel Treibstoff wie herkömmliche Raketen.

Nach rund 150 bis 180 Tagen Flugzeit erreichen die Astronauten den äußeren Nachbarplaneten der Erde.

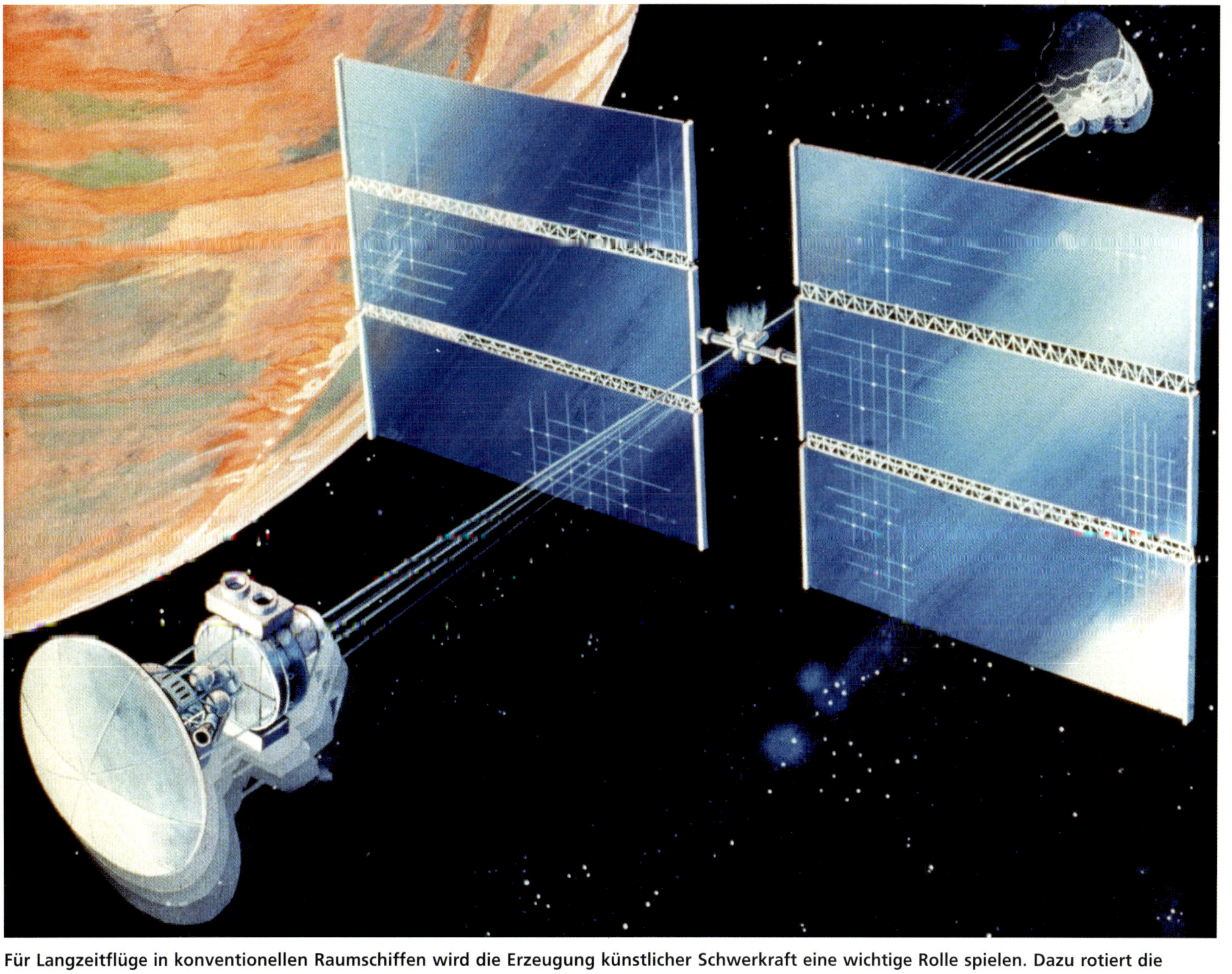

Für Langzeitflüge in konventionellen Raumschiffen wird die Erzeugung künstlicher Schwerkraft eine wichtige Rolle spielen. Dazu rotiert die Raumkapsel mit einem Gegengewicht um den gemeinsamen Schwerpunkt.

Start im Jahr 2016?

Die kürzere Mars-Expedition ist die wahrscheinlichere und wird heute auch von allen führenden Wissenschaftlern bevorzugt (sie würde frühestens in den für einen Marsflug günstigen Jahren 2016 und 2018 zu einem Hinflug von 150 Tagen, einer Verweildauer von 619 Tagen und einem Rückflug von 110 Tagen führen). Einem aktuellen Strategiepapier der NASA zufolge wird jedoch die erste Landung eines Menschen auf dem Roten Planeten im frühesten Fall auf die erste Hälfte der 2020er-Jahre datiert.

Die ISS würde bei einer möglichen Mars-Mission eine entscheidende Rolle spielen, denn hier sollen einige der benötigten Maschinenmodule und Raumschiffe zusammengesetzt werden. Ebenso würden von hier aus Versorgungsflüge starten, um Materialien zum Mars bringen, ehe der erste Mensch dessen Oberfläche betritt.

Die Landefähre wird wie der heutige Space Shuttle mit Hitzeschutzkacheln bestückt sein, um der entstehenden Hitze beim Eintritt in die Marsatmosphäre standhalten zu können.

Gedacht ist an mindestens sechs Flüge pro Mars-Expedition. Das erste unbemannte Raumschiff würde eine Rückkehr-Kapsel für die Expeditionsmitglieder in einer Marsumlaufbahn „parken". Dieses Earth Return Vehicle könnte dann nur für den Rückflug genutzt werden. Eine zweite Rakete landet dann eine unbetankte Startkapsel für den Flug von der Marsoberfläche zur Rückkehr-Rakete, eine Fertigungsanlage für die Herstellung von Raketen-Treibstoff inklusive des benötigten Wasserstoffs, einen kleinen Reaktor für die Stromerzeugung sowie 10 Tonnen Ausrüstungsgegenstände auf dem Mars an. Mit einem dritten Flug gelangen Wohn- und Forschungseinrichtungen sowie ein zweiter Reaktor auf die Marsoberfläche. Die vierte und die fünfte Rakete bringen nochmals die gleichen Inhalte wie die ersten beiden zum Mars, um die Sicherheit der Astronauten durch Redundanz zu erhöhen, falls während des Fluges oder bei der Landung Probleme auftreten sollten. Erst der sechste Start, rund zwei Jahre nachdem die ersten Zulieferraketen zur ISS geschickt wurden, wäre dann der des bemannten Raumschiffes, das die Crew zum Mars bringt. Da dieses Raumschiff schneller als die vorherigen fliegen könnte, würde es die vierte und die fünfte Rakete auf dem Weg zum Mars überholen und vor den beiden dort landen.

Wie ein Meteorit hinterlässt das in die Marsatmosphäre eintretende Raumschiff eine Leuchtspur am Marshimmel. Die Astronauten könnten so die nach ihnen landenden Versorgungsraketen ankommen sehen.

Bereits vorher gelandete unbemannte Versorgungsraumschiffe bringen wichtige Ausrüstungsgegenstände auf den Mars. So können die Astronauten Solaranlagen aufbauen, die den notwendigen Strom erzeugen.

Die Marsastronauten führen insbesondere geologische Untersuchungen an Gestein und Boden der Marsoberfläche durch.

Menschen auf dem Mars

Nach einem fünf- bis sechsmonatigen Flug würden dann erstmals Menschen einen anderen Planeten betreten. Deren erste Aufgabe wäre es, die vorab angelandeten Module für Wohn- und Forschungsstätten zusammenzusetzen. Danach stünde die Suche nach Spuren vergangenen oder vielleicht sogar noch existierenden Lebens auf dem Mars im Mittelpunkt der Arbeiten. Zu diesem Zweck würde man sich auf solche Stellen konzentrieren, an denen Wissenschaftler nach den aus den letzten Mars-Sonden-Missionen gewonnenen Erkenntnissen Wasser vermuten. Das Auffinden oder die Gewinnung von Wasser wäre zudem eine der wichtigsten Voraussetzungen für die spätere Besiedlung des Mars. Und auch für ein weiteres wichtiges Experiment der Mars-Crew bräuchten die Astronauten Wasser: die Aufzucht von Pflanzen.

Im näheren Umkreis der Landezone stehen bereits die vorausgeschickten unbemannten Versorgungssonden.

Im Prinzip stehen die Crew-Mitglieder vor den gleichen Aufgaben, die auch Mond Expeditionen zu bewältigen hätten: möglichst schnell Sauerstoff und Treibstoff, vielleicht sogar Lebensmittel mit den vor Ort vorhandenen Rohstoffen zu produzieren. Bei Durchschnittstemperaturen auf dem Mars von -55 Grad Celsius spielt die Versorgung mit Energie eine besonders wichtige Rolle. Anders als auf dem Mond kann man auf der Marsoberfläche nicht so viel Energie, wie benötigt wird, aus dem Sonnenlicht gewinnen, da dort nur knapp die Hälfte des Lichtes auftritt, das die Erde noch erreicht. Somit kommt den von der Erde angelieferten kleinen Kernreaktoren eine sehr große Bedeutung zu.

An Fallschirmen legen die Landefähren die letzte Strecke des Abstiegs zur Marsoberfläche zurück.

Nach dem Ausladen der Versorgungsgüter dienen die Schiffe den Marsastronauten als Unterkünfte.

Solche Bilder wird es wohl auch in Zukunft noch geben: Nach dem Landen hissen die Astronauten ihre Fahnen.

Forschung und Leben auf dem Mars

Bei ihren Forschungsarbeiten könnten die Teilnehmer der Marsexpedition von ferngesteuerten Roboter-Laboren unterstützt werden, so genannten Telerobotic Rovers (TROVs). Deren Aufgabe wäre die Durchführung von Experimenten in größerer Entfernung zur Basisstation. Ihre Reichweite liegt bei einigen Hundert Kilometern. Die Fernsteuerung vom Marscamp aus erspart den Astronauten viele Wege auf der Oberfläche. Allerdings ist auch eine Version mit Druckkabine zum Transport der Forscher geplant.

Nach knapp zwei Jahren auf dem Mars, während derer Proben entnommen, Experimente durchgeführt, Anlagen für die Produktion von Sauerstoff und Treibstoff errichtet sowie Mineralabbaugebiete erschlossen wurden, sollte die Crew zur Erde zurückkehren.

Zur Betankung des Startfahrzeuges müsste vor Ort hergestellter Treibstoff genutzt werden. Nach dem Start von der Oberfläche steigt die Mannschaft in der Umlaufbahn in eine Raumkapsel um und tritt den rund 110 Tage dauernden Flug zur Erde an. Die Reisezeit müsste von der Crew dazu genutzt werden, sich durch Training auf die ungewohnt hohe Erdschwerkraft vorzubereiten.

Nach dem Einschwenken in die Erdumlaufbahn koppelt die Landekapsel ab und landet, mit Fallschirmen gebremst, im Ozean. Rund 880 Tage nach ihrem Start wären die Pioniere der interplanetaren Raumfahrt dann wieder auf ihren Heimatplaneten zurückgekehrt. Als Ausbeute ihrer Reise würden sie viele Gesteinsproben und noch mehr neue Erkenntnisse zur Erde bringen.

Die Experten sind sich allerdings darüber einig, dass mehr als zwei Missionen erforderlich sind, um die notwendigen Erkenntnisse zu gewinnen und das Material mitzubringen, mit denen die Fragen einer längerfristigen Besiedlung des Mars von der Wissenschaft befriedigend beantwortet werden könnten.

Auch wenn es sich bei dem hier geschilderten Szenario um nicht mehr als das visionäre Ziel einiger Wissenschaftler handelt – schon heute sind in Europa und den USA Planungen im Gange, noch in der ersten Hälfte dieses Jahrhunderts die ersten bemannten Missionen zum Mars zu entsenden. Doch während das Aurora-Programm der Europäer eher den Charakter einer Absichtserklärung hat, bestehen bei den Amerikanern bereits konkrete Terminplanungen. Erste Vorbereitungsmissionen sollen ab 2011 starten.

Größere Fahrzeuge ermöglichen den Astronauten einen Bewegungsradius von einigen Kilometern auf der Marsoberfläche, um weitere Untersuchungen zur Oberflächenbeschaffenheit durchzuführen.

Die Versorgungsflüge bringen verschiedene Fahrzeuge zum Mars, die ferngesteuert Untersuchungen vornehmen.

... oder die Astronauten bei vielen ihrer Experimente direkt unterstützen.

Astronauten entladen ein Fahrzeug aus einem der unbemannten Versorgungsschiffe.

Der Mars – eine zweite Erde?

Der Mars hat die Fantasie der Menschheit schon immer angeregt. Nach der Venus, die sich so geheimnisvoll in ihre dichte Atmosphäre einhüllt, ist er der Erde am nächsten. Wenn nicht gerade globale Staubstürme herrschen, gibt die ihn umgebende, dünne Gashülle den Blick auf seine Oberfläche frei und in vergangenen Jahrhunderten meinte man gar Spuren einer eigenen Marsbevölkerung gefunden zu haben, die zum Beispiel für die „Bewässerungskanäle" verantwortlich sei. Wegen seiner roten Farbe von den alten Griechen und Römern dem Gott des Krieges gewidmet, schien nach der Ansicht der antiken Völker stets eine Bedrohung von ihm auszugehen. Diese Gefahr spiegelte sich später in den zahlreichen Science-Fiction-Geschichten wider, die eine Invasion der Erde durch die Marsbewohner beschrieben. Solche Vorstellungen hielten sich bis in die Anfänge des 20. Jahrhunderts: Erinnert sei hier nur an das berühmte Hörspiel in der Inszenierung von Orson Welles, das Teile der amerikanischen Bevölkerung kurzzeitig in Angst und Schrecken versetzte.

Mit dem Aufkommen leistungsfähigerer Fernrohre, spätestens aber mit den ersten künstlichen Satelliten, die dem Mars einen Besuch abstatteten, verschwanden diese Fantasievorstellungen und machten seriöseren Überlegungen Platz.

Unbestreitbar ist der Mars der erdähnlichste Planet im Sonnensystem und die Erkenntnis gilt als gesichert, dass er in seiner Frühgeschichte unserem Heimatplaneten noch stärker geglichen haben muss. Er besaß eine mit Sauerstoff angereicherte Atmosphäre, die für eine größere Oberflächenwärme gesorgt hat, und, wie unlängst durch die Marssonden Spirit und Opportunity bewiesen wurde, Wasservorräte. In dieser Phase könnte vielleicht – wahrscheinlich allerdings auch nur bakterielles – Leben auf dem Planeten existiert haben. Dann aber verlor der Mars auf nicht geklärte Weise seine Atmosphäre, die sich entweder in Eis niederschlug oder ins All verflüchtigte. Ein ehemals vielleicht globales Magnetfeld ist nur in einigen Regionen messbar. So ist die Oberfläche den Strahlungen der elektrisch geladenen Teilchen des Sonnenwindes größtenteils schutzlos ausgeliefert.

Rechts: Nach zweieinhalb Jahren kehren die Marsastronauten zur Erde zurück.

Nach Beendigung der ersten bemannten Marsmission startet die Crew in der Wiederaufstiegsstufe der Landefähre zurück in den Marsorbit.

Der Treibstoff für den Start der Fähre wird von den Astronauten auf dem Mars erzeugt. Möglicherweise nehmen sie einen Teil des Treibstoffs mit in den Marsorbit (in den kugelförmigen Tanks der Wiederaufstiegsstufe), um das dort wartende Raumschiff für den Rückflug zur Erde zu betanken.

Besiedlung des Roten Planeten

Wenn man eine Besiedlung des Mars in Angriff nehmen will, bieten sich zwei Lösungsmöglichkeiten an, die beide sehr langfristig ausgelegt sind. Der erste Vorschlag ist rein technischer Art und gleicht demjenigen einer möglichen Mondbesiedlung. Für die zweite ist das Schlagwort „Terraforming", das Umwandeln der Planetenoberfläche in einen erdähnlichen, zumindest aber menschenfreundlicheren Zustand, bestimmend. Für beide Möglichkeiten gelten im Prinzip die gleichen Voraussetzungen: Von zentraler Bedeutung sind die Fragen nach Energie und Wasser.

Da den Mars nur noch 44 Prozent des Sonnenlichtes erreichen, das auf der Erde ankommt, kann man die dort benötigte Energie nicht wie auf dem Mond ausschließlich durch Sonnenkollektoren erzeugen. Selbst große Kollektorenfelder in Äquatornähe würden dafür nicht ausreichen. Zudem herrschen auf dem Mars große, teilweise globale Staubstürme, die periodisch auftreten und teilweise Monate andauern. Dadurch wird der Himmel verdunkelt und die Solarzellen sind mit Staub belegt.

Aus diesem Grund sollen die ersten Marsexpeditionen von kleinen Atomreaktoren versorgt werden, deren Lebensdauer auf etwas mehr als 15 Jahre angelegt ist. Danach müssten größere Aggregate von der Erde herangeschafft oder in Eigenproduktion auf dem Mars errichtet werden. Wenn man davon ausgeht, dass eine erste bemannte Marsstation erst um 2020 entstehen soll und mindestens drei bemannte Missionen vorgesehen sind, bevor man über die Auswertung der gewonnenen Erkenntnisse in Hinsicht auf die Möglichkeiten für längere Aufenthalte schließen kann, hat sich die Reaktortechnik vielleicht in dieser Zeit so weit entwickelt, dass kleinere, leistungsstärkere Aggregate ausreichende Energiemengen liefern können.

Beim Aufbau der ersten Mars-Camps können die Raumfahrer bereits schweres Gerät nutzen, welches zuvor von unbemannten Sonden zum Mars geflogen worden ist. Die lange geplante Aufenthaltsdauer erlaubt den Astronauten auch aufwändige Installationen und Bauarbeiten.

Die Treibstoffgewinnung aus vorhandenen Rohstoffen wird bei der Marsbesiedlung eine wichtige Rolle spielen.

Bereits bei der Mondbesiedlung bewährte Fahrzeugkonzepte werden auf dem Mars in leicht modifizierter Form wieder eingesetzt werden.

Aufblasbare Kuppelkonstruktionen sowie die Nutzung von Modulen zum Aufbau einer Basisstation könnten sich zuvor bereits in der Mondkolonie bewährt haben.

Rohstoffimport

Nach der Lösung des Energieproblems ist die wichtigste Frage die nach einer ausreichenden Versorgung der Marsbewohner mit Wasser, nicht zuletzt um daraus zusammen mit dem auf dem Mars reichlich vorhandenen Kohlendioxid Wasserstoff und Sauerstoff, also Treibstoff und Atemluft, zu gewinnen. Nach den jetzigen Erkenntnissen liegt die Vermutung nahe, dass unter der Marsoberfläche große Mengen von gefrorenem Wasser vorhanden sind. Diese Reservoire aufzufinden und für die Siedler nutzbar zu machen muss daher eine der wichtigsten Aufgaben der ersten Marsexpeditionen sein.

Doch auch aus importiertem Wasserstoff von der Erde und dem Kohlendioxid auf dem Mars könnte man Wasser herstellen – und das mit durchaus ökonomisch sinnvollen Resultaten: So lassen sich aus einer Tonne Wasserstoff zwei Tonnen Methan und rund viereinhalb Tonnen Wasser produzieren. Nun würde der gleiche Prozess wie bei der potenziellen Mondbesiedlung beginnen: Zusammenbau größerer Containerwohnanlagen, Gewinnung von Metallen und festen Baumaterialien aus der Marsoberfläche, Eigenproduktion von größeren Mengen Wasserstoff, Atemluft und Treibstoff sowie der Anbau von Nutzpflanzen.

Der auf der Marsoberfläche erzeugte Treibstoff wird von den Marsbewohnern sowohl für die verwendeten Fahrzeuge als auch für Raketenstarts zurück in den Marsorbit benötigt.

Schwere körperliche Arbeiten fallen den Astronauten auf dem Mars leichter als auf dem Mond. Da eine, wenn auch wenig dichte Atmosphäre vorhanden ist, können die Astronauten auf die schweren Druckanzüge verzichten. Stattdessen reichen leichte Schutzanzüge mit einer Atemluftversorgung aus.

Sollten die visionären Pläne Wirklichkeit werden, so wären nach einigen Jahren auch auf dem Mars größere Siedlungen und Industrieanlagen nebst zugehöriger Infrastruktur vorhanden.

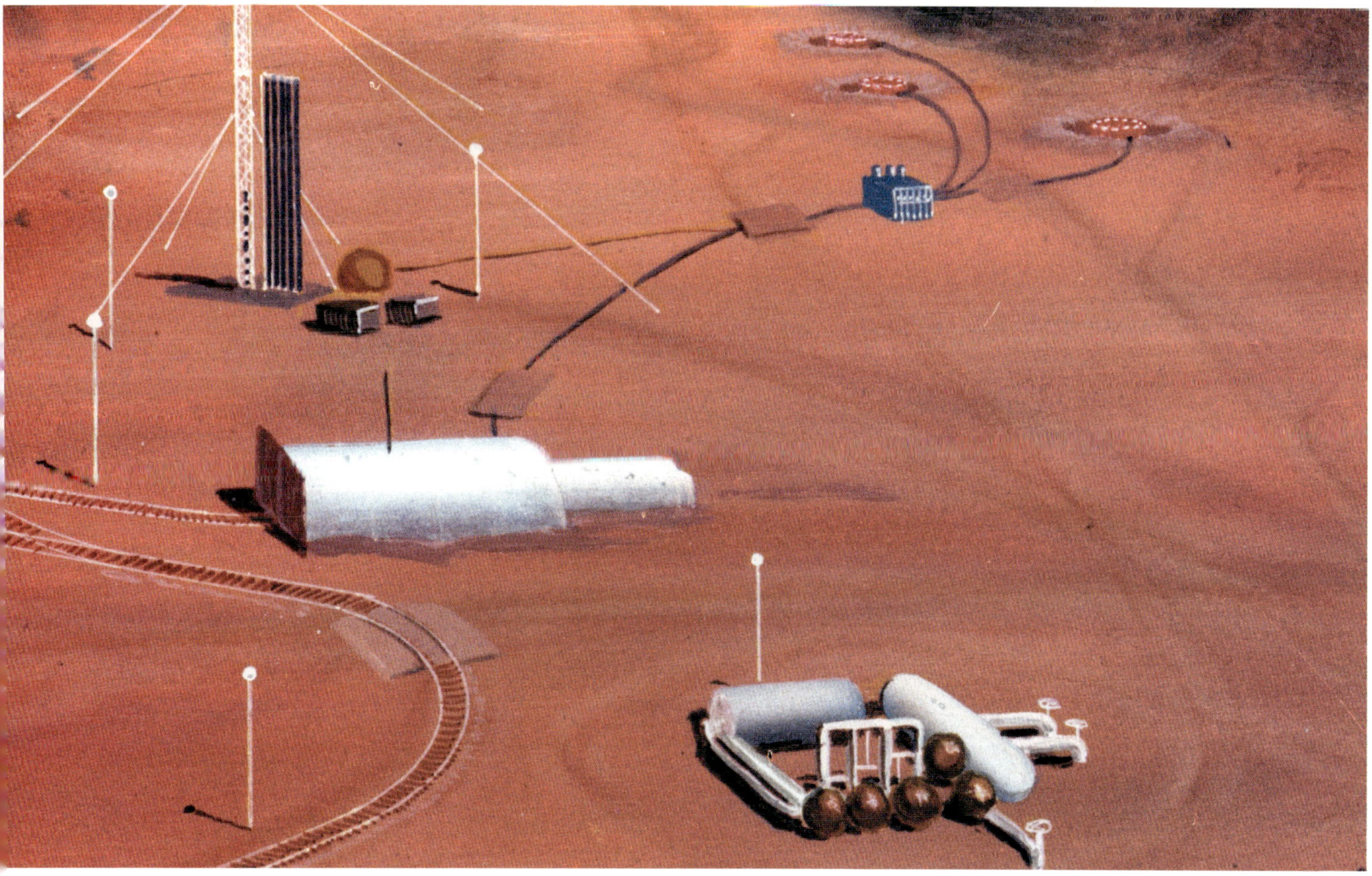

Terraforming

Während die technische Lösung es hierbei belassen würde und den Kolonisten auf dem Mars wie denen auf dem Mond ein karges Auskommen in einer feindlichen Umwelt bescherte, könnten die Lebensverhältnisse mit dem „Terraforming" grundsätzlich verbessert werden. Zu Beginn werden dabei die im Poleis oder unter der Oberfläche gebundenen Kohlendioxide erhitzt, damit sie in einen gasförmigen Zustand übergehen. Dieses Kohlendioxidgas verstärkt die Atmosphäre und führt zu einem auf der Erde bedrohlichen, hier aber erwünschten Treibhauseffekt. Die durchschnittliche Temperatur des Mars würde sich erhöhen, worauf noch mehr Kohlendioxid verdampfen würde. Das Gas verdichtet die Atmosphäre, die Temperatur steigt weiter und das wiederholt sich so lange, bis eine dichte Atmosphäre erreicht wäre, die etwa derjenigen der Erde in der Zeit des Erdaltertums entspräche. Allerdings wird die geringe Gravitation des Mars dem Aufbau einer dichteren Atmosphäre natürliche Grenzen setzen.

Um den Mars für eine weitergehende Besiedlung durch den Menschen vorzubereiten, sind geologische Untersuchungen der gesamten Marsoberfläche unerlässlich.

Kleine „Tankwagen" werden an den Treibstofftanks gefüllt und bringen...

... den Treibstoff zu den Abschussrampen für die Wiederaufstiegsfähren.

Künstlicher Treibhauseffekt

Auf dem Mars gewonnene Rohstoffe werden in den Marsorbit transportiert, um hier zum Beispiel die Raumschiffe, die zur Erde zurückfliegen, mit Treibstoff zu versorgen. Dieses Konzept sollte sich zuvor bei der Mondbesiedlung bewährt haben.

Dank der Marsatmosphäre ist der Einsatz von ultraleichten Flugzeugen möglich, die für die Fernaufklärung eingesetzt werden könnten.

So utopisch diese Idee klingen mag, sie könnte doch durchaus realisierbar sein. Es gibt schon zahlreiche Gedankenmodelle, die Möglichkeiten einer langsamen Erwärmung der Marsoberfläche aufzeigen. Sehr „rabiate" Methoden bestünden in der Explosion von Atombomben oder der Ablenkung von Kometen in Richtung Mars, die dann auf diesem aufschlagen und so eine Art „Initialzündung" durchführen. Es gibt aber auch weniger gewaltsame Vorstellungen, bei denen man zum Beispiel mit großen Aluminiumsegeln riesige Spiegel herstellt, die das am Mars vorbeiflutende Sonnenlicht sammeln und auf seine Oberfläche reflektieren könnten.

Dabei ist die Temperaturerhöhung, die für eine Verdichtung der Atmosphäre nötig wäre, gar nicht so hoch, wie man vielleicht vermuten würde. Ein Anstieg um einige Grad Celsius würde der Meinung vieler Wissenschaftler nach ausreichen. Sollte es gelingen, die Marsatmosphäre in dieser Weise zu beeinflussen, führte dies zur Freisetzung von flüssigem Wasser, einer Erhöhung des Luftdrucks und zu einer merklichen Verringerung der gefährlichen UV-Strahlung auf der Oberfläche. Das nun vorhandene Gasgemisch wäre für Menschen zwar immer noch nicht atembar, doch die positiven Auswirkungen auf mögliche Marskolonien erscheinen dennoch erheblich. So müsste man nur noch leichte Atemanzüge tragen, um sich auf der Oberfläche zu bewegen. Die schweren, steifen Druckanzüge wären zur Abwehr der gefährlichen kosmischen Strahlung nicht mehr nötig. Allerdings braucht all das Zeit: Der Umwandlungsprozess der Atmosphäre wäre nach den Berechnungen der Wissenschaftler nach rund 200 Jahren abgeschlossen. Das schwach ausgeprägte Marsmagnetfeld wäre für hoch energetische Teilchen allerdings immer noch transparent.

Steile Felshänge auf dem Mars könnten, ähnlich wie auf der Erde, geologischen Aufschluss über die früheren Umweltbedingungen und deren Veränderungen bis heute geben.

NASA

Neue Wohnstätte der Menschheit?

Nun könnte die Menschheit daran gehen, den Mars an die eigenen Bedürfnisse anzupassen, also mit einer sauerstoffreichen Atmosphäre zu versehen. Dafür ist an den Einsatz von so genannten anaeroben Bakterien gedacht. Dies sind Lebewesen, die ohne Sauerstoff existieren können. In Betracht kommen diverse Bakterienarten, die zu den Extremophilen (Extreme liebend) gehören. Einige dieser Organismen können bestimmte Gesteinsarten auflösen und so Kohlendioxid, Stickstoff und Sauerstoff freisetzen. Sie würden damit den Nährboden für aerobe Organismen (die nur mit Sauerstoff existieren können) schaffen. Das wären zum Beispiel einfache Moose und Gewächse, die durch ihre Photosynthese das Kohlendioxid langsam in Sauerstoff verwandeln, so, wie sie es auf der Erde in Jahrmillionen geschafft haben. Vom Menschen gesteuert, sollte dieser Prozess aber extrem beschleunigt werden. Trotzdem dürfte er allerdings immer noch eine Zeit von 10.000 bis vielleicht sogar 100.000 Jahren in Anspruch nehmen. Dagegen spricht das bisher geltende Prinzip, die Oberflächen anderer Planeten von irdischer Kontamination freizuhalten.

Diese Umwandlung ist so hypothetisch und ihre Umsetzung reicht so weit in die Zukunft, dass man vor deren Realisierung vielleicht schon in entfernten Sonnensystemen Planeten gefunden und erreicht hat, die für den Menschen ohne Transformierung geeigneter sind. Aber selbst bei diesen optimistischen Annahmen müsste dann noch zusätzlich das Problem der großen Entfernungen in Bezug auf neuartige Antriebe und die Strahlenbelastung gelöst werden.

Bis der Mars durch Terraforming auch nur ansatzweise für den Menschen nutzbar gemacht ist, müssen die irdischen Marsbewohner mit den teilweise harten atmosphärischen Bedingungen, wie etwa monatelangen Stürmen, kämpfen.

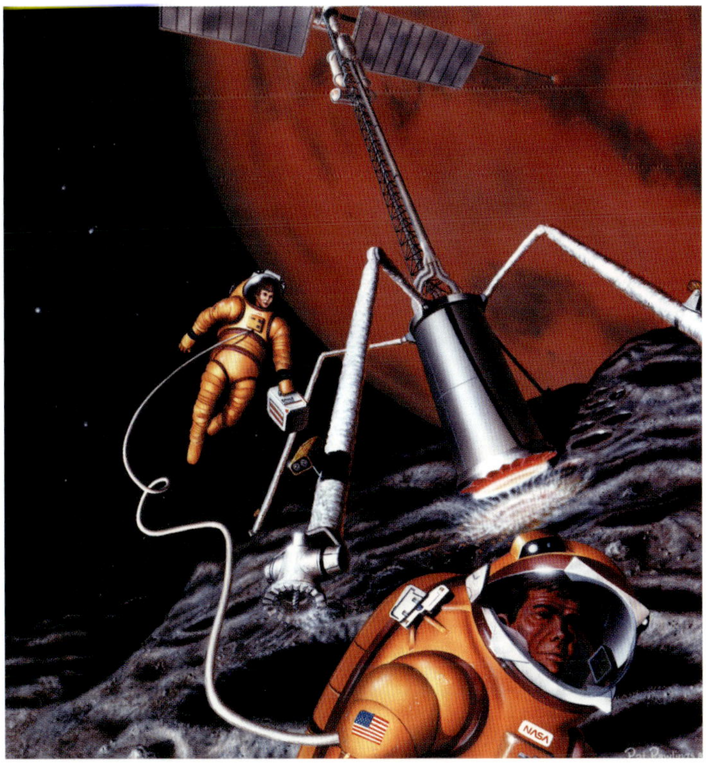

Wenn der Mars besiedelt ist, sind die Marsmonde an der Reihe. Missionen, die bereits völlig autonom vom Mars aus starten, werden Phobos und Deimos besuchen und hier Energiegewinnungsanlagen installieren.

Der Übergang vom rauen Marsklima hin zu einem erdähnlichen Klima mit atembarer Atmosphäre wird, falls überhaupt möglich, Jahrhunderte oder Jahrtausende in Anspruch nehmen.

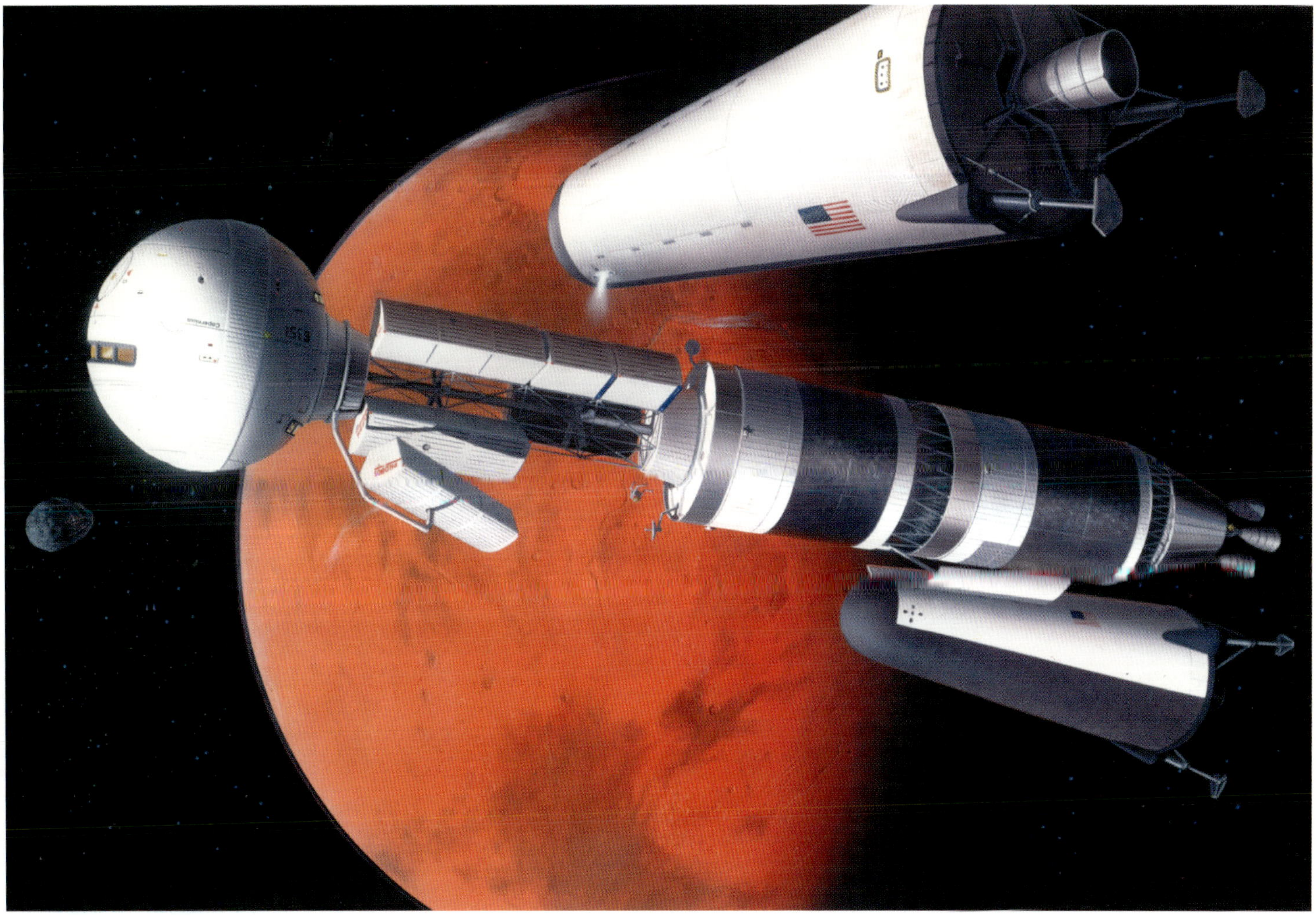

Sollte der Umwandlungsprozess der Atmosphäre gelingen, könnte der Mars als Zwischenstation für irdische Raumschiffe auf dem Weg ins äußere Sonnensystem dienen.

Forschungsziel Asteroiden

Zwischen den Umlaufbahnen von Mars und Jupiter umkreisen Millionen von Gesteinsbrocken die Sonne. Ihre Größe reicht von einigen hundert Metern bis zu rund 1.800 Kilometern Durchmesser. Der Astronom William Herschel entdeckte die ersten dieser Objekte zu Anfang des 19. Jahrhunderts und gab ihnen den Namen „Asteroiden", was „sternenähnlich" bedeutet. Vermutlich stammt der Asteroidengürtel aus der Frühzeit des Sonnensystems. Die Schwerkraft von Jupiter und Mars verhinderte wohl, dass sich die Materie im Asteroidengürtel zu einem Planeten vereinigte. Eine andere Theorie besagt, dass es sich um die Überreste eines Zusammenstoßes zweier Planeten handelt. Inzwischen sind mehr als 220.000 Asteroiden bekannt, von denen ca. 20.000 mit ihren Umlaufbahnen registriert sind. Der größte von ihnen ist mit einem Durchmesser von 1.800 Kilometern der Asteroid 2004 DW.

In der Entwicklung der Erde spielten Asteroiden eine wichtige Rolle. Obwohl ihre Umlaufbahnen in der Regel stabil sind, kommt es gelegentlich vor, dass einer von ihnen Mars oder Jupiter zu nahe kommt und durch die Schwerkraft in Richtung Erde abgelenkt wird. Noch heute findet man die Krater, die entstanden, als solche Asteroiden als Meteoriten auf der Erde einschlugen. Vermutlich sind größere Einschläge für die wiederholten Massensterben im Laufe der Erdgeschichte, wie das Verschwinden der Dinosaurier vor 65 Millionen Jahren, verantwortlich. Damals schlug ein Meteorit in der Nähe der mexikanischen Halbinsel Yucatan ein.

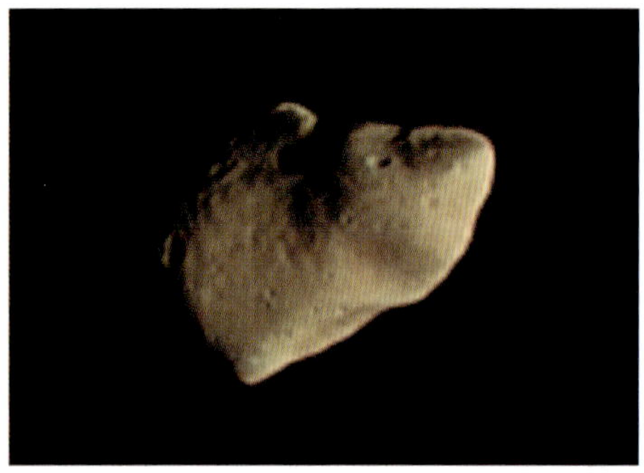

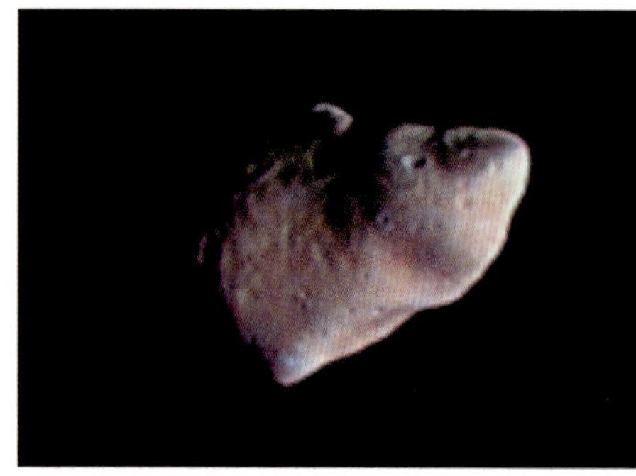

Zwei Farbfotos des Asteroiden Gaspra, aufgenommen von der Raumsonde Galileo. Links ist Gaspra in annähernd natürlicher Farbgebung zu sehen, das rechte Bild wurde optisch bearbeitet, um einzelne Oberflächendetails deutlicher herauszustellen. Die Oberfläche ähnelt stark der des Erdmondes.

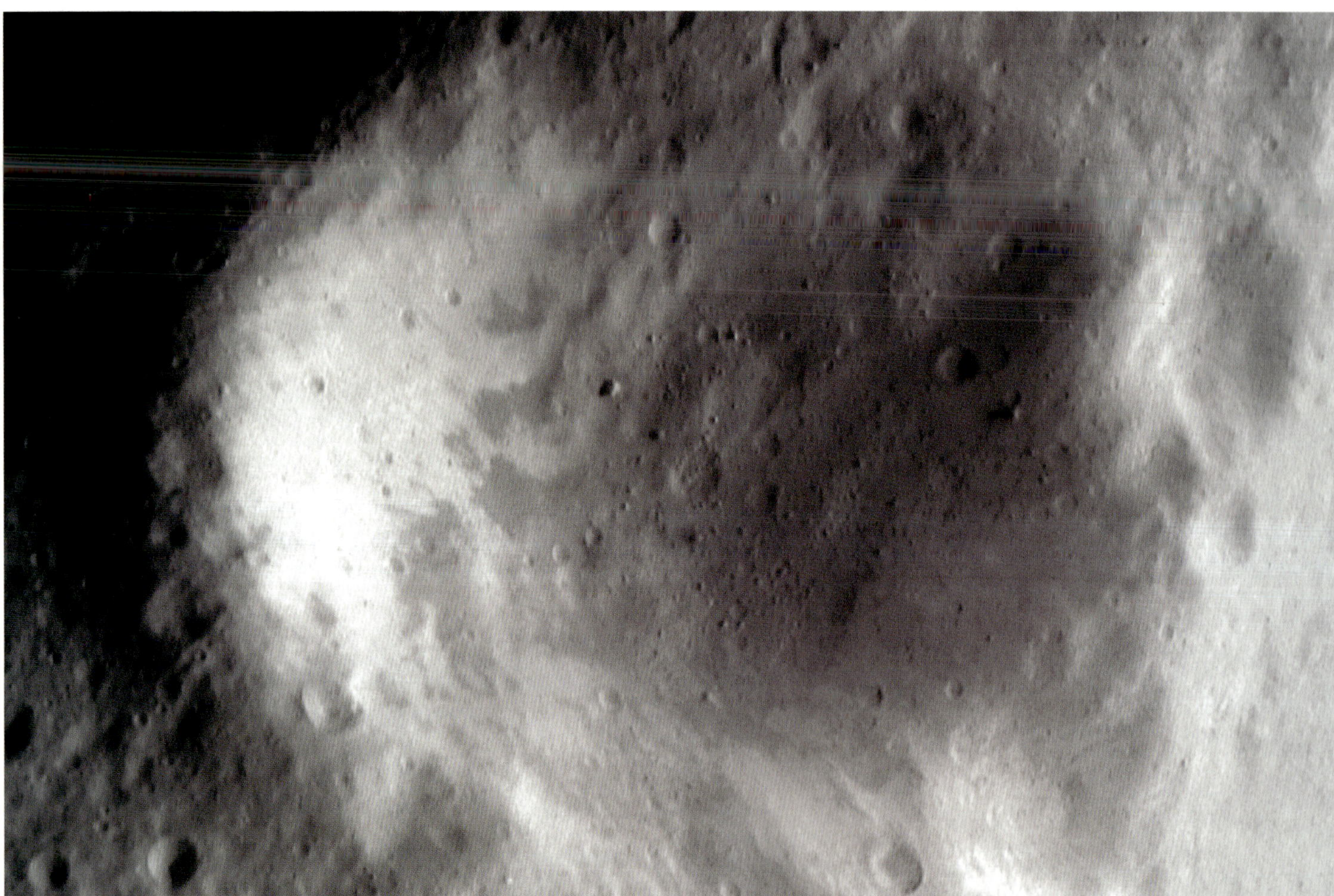

Aufnahme des Kraters Psyche auf dem Asteroiden Eros. Die Raumsonde NEAR machte dieses Foto aus einer Höhe von rund 100 Kilometern, der Krater weist einen Durchmesser von rund 5,3 Kilometern auf.

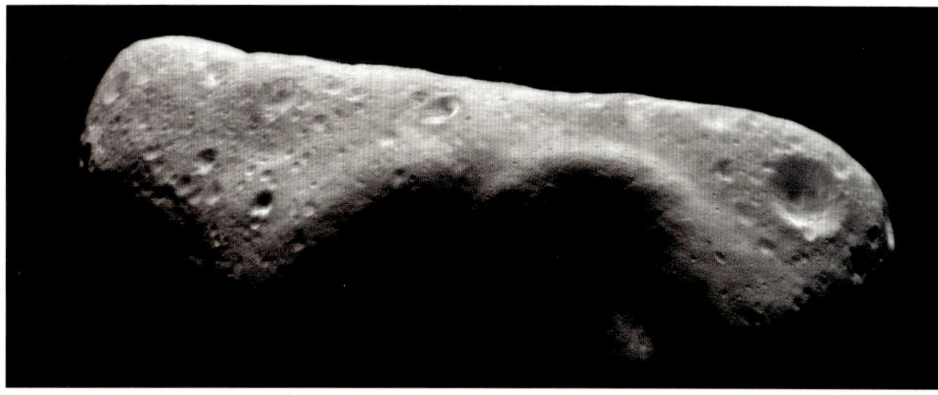

Der Asteroid Eros, aufgenommen von der Raumsonde NEAR im Jahr 2000. Der unregelmäßig geformte Himmelskörper ist etwa 33 Kilometer lang.

Die Raumsonde hat den Asteroiden mehrfach in geringer Höhe umkreist.

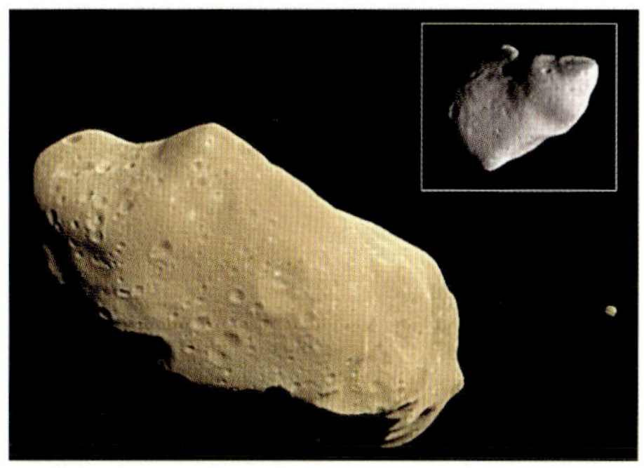

Der Asteroid Ida wird von einem kleineren Asteroiden-Mond umkreist.

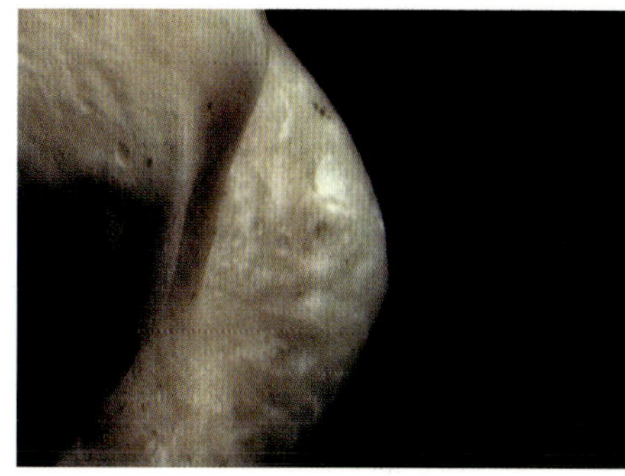

NEAR lieferte auch Farbaufnahmen von der Asteroidenoberfläche.

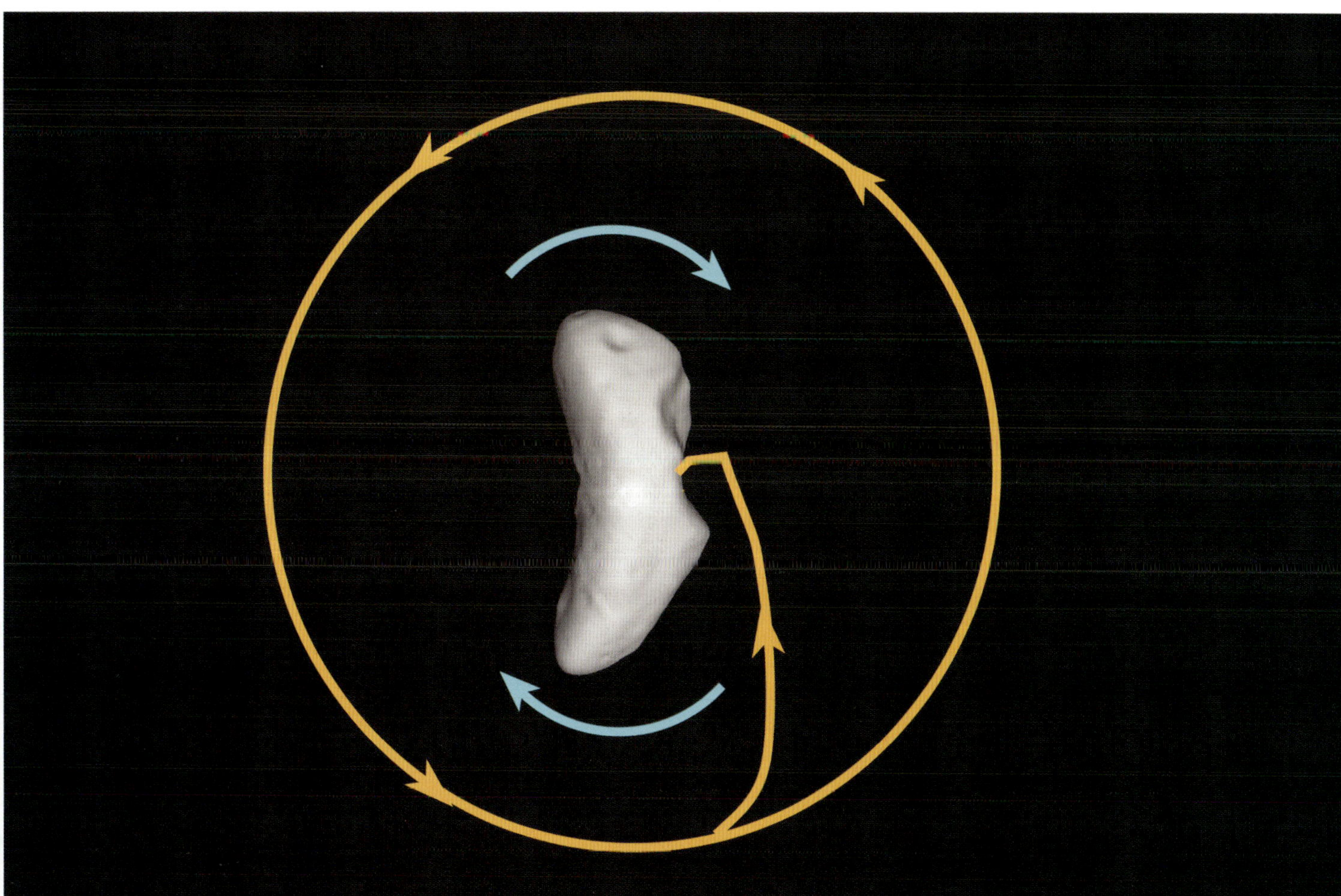

Nachdem die Sonde den Asteroiden rund ein Jahr umkreist hatte, wurde der Orbit so verändert, dass sie sich langsam der Oberfläche näherte. Die Sonde konnte schließlich relativ weich aufsetzen und wurde dann abgeschaltet.

Gefahr aus dem All

Auch heute gibt es Asteroiden, die der Erde gefährlich werden könnten. Die Beobachtungsstation NEAT (Near-Earth Asteroid Tracking) auf Hawaii überwacht Asteroiden, deren Umlaufbahnen in der Nähe von Mars oder Erde liegen.

Wenn man davon ausgeht, dass die Asteroiden aus der Frühzeit des Sonnensystems stammen, ist es von großer Bedeutung, etwas über ihre chemische Zusammensetzung zu erfahren, da man daraus Informationen über die Entwicklung des Sonnensystems gewinnen kann. Durch spektrografische Untersuchungen des von den Asteroiden reflektierten Sonnenlichts konnte man zwei größere Gruppen ausmachen: Drei Viertel der Asteroiden sind stark kohlenstoffhaltig und daher dunkel (C-Typ), während ein Sechstel wegen ihres hohen Eisengehalts rötlich erscheint (S-Typ).

Das Hubble Space Telescope kartografierte 1997 Vesta, einen der größten Asteroiden, und entdeckte dabei einen riesigen Krater, der vor etwa einer Milliarde Jahren entstanden sein könnte. Auf der Erde hat man Meteoriten gefunden, die die gleiche Zusammensetzung wie der Asteroid Vesta aufweisen. Da Vesta zu einer sehr ungewöhnlichen und daher seltenen Klasse von Asteroiden gehört, könnte es durchaus sein, dass man hier einige der Bruchstücke gefunden hat, die bei der damaligen Kollision aus dem Krater herausgeschlagen wurden.

Die Raumsonde Galileo der NASA war die Erste, die extrem dicht an einem Asteroiden vorbeiflog. 1991 beziehungsweise 1993 untersuchte sie Gaspra und Ida, die sich als unregelmäßig geformte, von Rissen und Kratern durchsetzte „Kartoffeln" erwiesen. Gaspra und Ida sind 19 beziehungsweise 52 Kilometer lang. Der Asteroid Ida besitzt sogar einen winzigen Mond, dem man den Namen Dactyl gab.

Rechts: Die Raumsonde Galileo untersuchte die Asteroiden Gaspra und Ida. Gaspra und Ida sind 19 beziehungsweise 52 Kilometer lang.

Auf dem Weg zum Gasriesen Jupiter flog die Sonde Galileo wie alle interplanetaren Missionen zuvor auch durch den Asteroidengürtel.

Asteroiden, die sich angeblich auf Kollisionskurs mit der Erde befinden, sorgen immer wieder für Schlagzeilen, zumindest in der Regenbogenpresse. Eine Aufgabe der zukünftigen Raumfahrt wird es auch sein, ein entsprechendes Frühwarnsystem vor solchen möglichen Irrläufern aufzubauen, um Gefahren von der Erde abzuwenden.

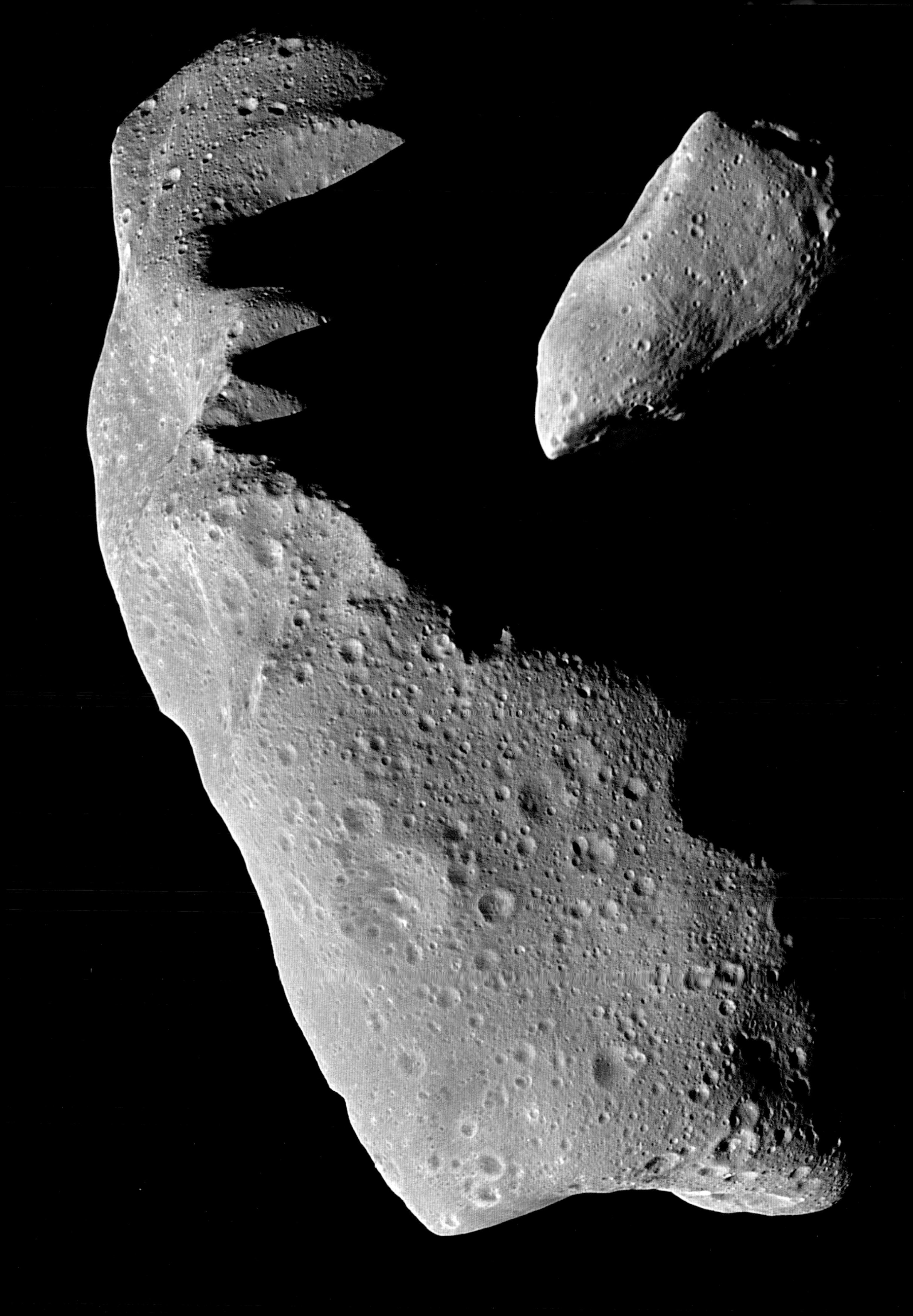

Kometen als Zeugen der Geschichte

Die NASA-Sonde NEAR Shoemaker (Near-Earth Asteroid Rendezvous) umkreiste ab Februar 2000 ein Jahr lang den Asteroiden Eros und untersuchte aus einer Position in der Umlaufbahn seine Oberfläche und chemische Zusammensetzung sowie das Magnetfeld. Zum Abschluss der Mission gelang mit dieser Sonde die erste Landung auf einem Asteroiden.

Eine andere Klasse von Objekten, aus der man sogar noch mehr Informationen über die Entstehung des Sonnensystems gewinnen könnte, sind die Kometen. Sie bestehen vermutlich aus Eis und Staub. Da sie auf ihren stark elliptischen Umlaufbahnen meist sehr weit von der Sonne entfernt sind, dürfte ihre Materie „tiefgefroren", also sehr gut konserviert sein. Vermutlich unterscheidet sich ihre Zusammensetzung deshalb heute nicht wesentlich von ihrer ursprünglichen aus der Zeit der Entstehung des Sonnensystems. Nur auf einem kleinen Teil ihrer Umlaufbahnen kommen die Kometen der Sonne so nahe, dass ihre Eishülle sichtbar „sublimiert" und sich die spektakulären Schweife bilden, die auch mit bloßem Auge am Himmel zu sehen sind. Im Gegensatz zu den Asteroiden sind sie daher seit dem Altertum bekannt und wurden häufig sowohl als Glücks- wie auch als Unheilsboten gedeutet.

Als hauptsächliche Herkunftsorte für Kometen gelten der nach dem niederländischen Astronomen Peter Gerard Kuiper benannte Kuiper-Gürtel jenseits der Umlaufbahn des Pluto und die Oort'sche Wolke (nach dem ebenfalls niederländischen Astronomen Jan Hendrik Oort), die sich am Rande des interstellaren Raums befindet. Wegen der großen Entfernungen und der kleinen Objekte wurde sie noch nicht direkt nachgewiesen. Aus dem Kuiper-Gürtel stammen die kurzperiodischen Kometen mit Umlaufzeiten von bis zu 200 Jahren, zum Beispiel der Halley'sche Komet (76 Jahre). Diese Kometen haben eine Lebensdauer von „nur" einigen Millionen Jahren, weil bei jedem Umlauf ein Teil ihrer Materie verdampft. Die Oort'sche Wolke gilt als Quelle der langperiodischen Kometen. Da man annimmt, dass sich langperiodische Kometen nicht in kurzperiodische umwandeln können, ist es erstaunlich, dass es heute in einem alten Planetensystem noch kurzperiodische Kometen gibt.

In der Frühzeit der Erdgeschichte schlugen zahlreiche Kometen auf der Erde ein. Vermutlich lieferten sie einen Teil der Gas- und Wasservorräte unseres Planeten. Da man auf Kometen auch organische Moleküle nachweisen konnte, dienten sie möglicherweise sogar als „Starthilfe" für die Entwicklung des Lebens.

In Zukunft können ganze Flotten zu erdnahen Asteroiden aufbrechen, um dort vorhandene Rohstoffe zu gewinnen.

Die Sonde NEAR umkreiste im Jahr 2000 den Asteroiden Eros und lieferte viele wissenschaftliche Erkenntnisse.

Im Orbit eines Asteroiden werden leistungsfähige Solaranlagen installiert, die mithilfe neuartiger Technologien die Anlagen auf der Oberfläche des Himmelskörpers mit Strom versorgen sollen.

Landung auf einem Kometen

Schon in der Vergangenheit haben einige Raumsonden Kometen aus der Nähe untersucht, darunter den Halleyschen Kometen, der im März 1986 Besuch von der Sonde Giotto bekam. Für März 2004 hatte die europäische Raumfahrtagentur ESA den Beginn einer besonders interessanten Mission namens Rosetta geplant. Der Name spielt auf den berühmten „Stein von Rosetta“ an, mit dessen Hilfe der Franzose Jean François Champollion im 19. Jahrhundert die ägyptischen Hieroglyphen entschlüsselte, und soll die Aufgabe der Mission, die Enträtselung des Unbekannten, symbolisieren. Die Raumsonde besteht aus zwei Teilen, dem Orbiter und dem Lander, und sie soll im Jahr 2014 den Kometen Churyumov-Gerasimenko besuchen, der auf seiner Bahn alle 6,6 Jahre einmal die Sonne umkreist. Auf dem Weg dorthin wird die Sonde mittels so genannter „Swing-by“-Manöver Schwung im Gravitationsfeld von Mars und Erde holen. Während dieser Manöver soll sie im Vorbeiflug Aufnahmen von mehreren Asteroiden machen, ehe sie sich endgültig auf den Weg zum Kometen Churyumov-Gerasimenko macht.

An Bord des Orbiters befinden sich Messinstrumente zur Analyse der chemischen Zusammensetzung, zur Untersuchung von Staubpartikeln und der Wechselwirkungen zwischen Kometenplasma und anströmendem Sonnenwind. Höhepunkt der Mission wird das Absetzen des etwa 21 Kilogramm schweren Rosetta-Landers direkt auf der Kometenoberfläche sein. Damit der Lander bei der geringen Schwerkraft des nur ca. vier Kilometer großen Kometenkerns nicht direkt nach der Landung wieder abhebt, ist vorgesehen, dass er sich mit einer Harpune im Boden „festkrallen“ soll. Sobald die Beine des Landers aufgesetzt haben, bohren sie sich in die Kometenoberfläche und verankern sich. Danach kommen die Messinstrumente zum Einsatz. Sie werden die chemische Zusammensetzung des Kometen nochmals direkt an der Oberfläche untersuchen, seine akustischen, thermischen und elektrischen Eigenschaften bestimmen, Bohrproben nehmen und ihn mit Radiowellen „durchleuchten“. Anschließend werden die Daten über den Orbiter mittels einer 2,2 Meter großen Parabolantenne zur Erde gefunkt.

Diese Mission, die zum großen Teil von deutschen Forschungsinstituten entwickelt wurde, wird wertvolle Erkenntnisse über die Materie im frühen Sonnensystem liefern und zum Verständnis von dessen Entwicklung beitragen.

Rechts: Zukünftige Planungen sehen eine Sonde mit Wiederaufstiegsstufe vor, die auf einem Kometenkern landen, Bodenproben entnehmen und mit diesen wieder starten wird. Wissenschaftler erhoffen sich davon weit reichende Erkenntnisse über die Frühzeit des Sonnensystems.

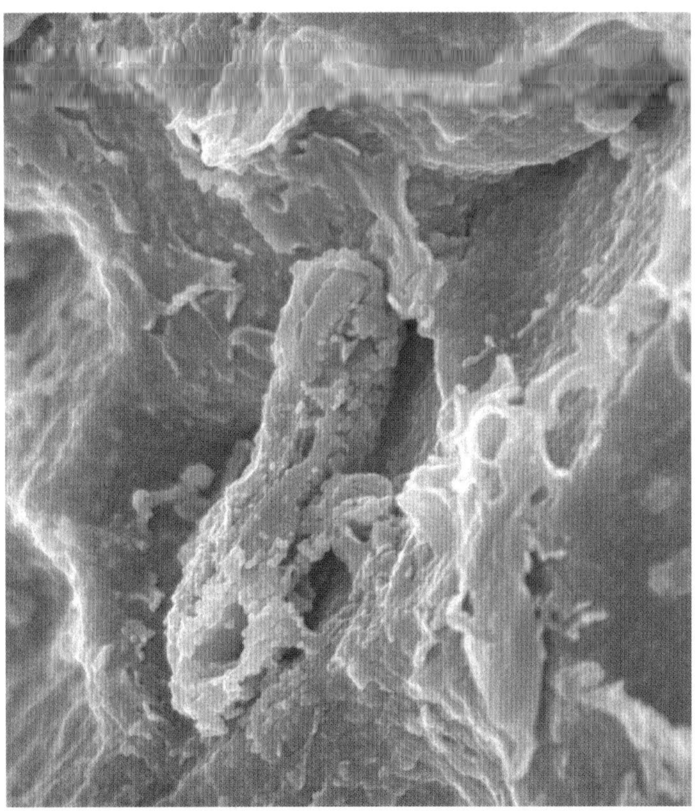

Diese versteinerte „Mikrobe“ stammt aus dem Meteoriten Nakhla. Sie ähnelt zahlreichen irdischen Bakterien, könnte aber auch anorganischen Ursprungs sein.

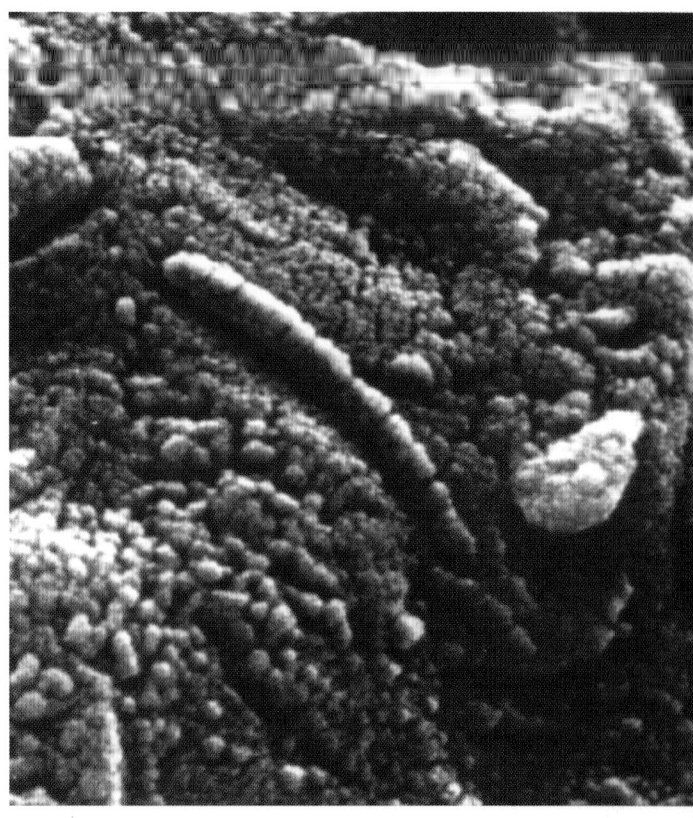

Bereits heute wurden in Meteoriten mikroskopisch kleine Strukturen gefunden, die versteinerte Überreste von bakterienartigen Lebewesen sein könnten.

Reise zu den Sternen

Nach der Erforschung unseres Sonnensystems werden wir vor einer ganz anderen Herausforderung stehen: der Reise zu anderen Sternen. In unserem Sonnensystem sind die Entfernungen gewaltig, darüber hinaus werden sie erst recht „astronomisch". Der Stern, der uns am nächsten liegt, heißt Proxima Centauri. Er ist schon 4,3 Lichtjahre von uns entfernt, d.h. sein Licht braucht 4,3 Jahre, bis es bei uns eintrifft. Genauso lange würde eine Reise dorthin dauern – wenn man mit Lichtgeschwindigkeit reisen könnte, was nach der Relativitätstheorie für uns aber gar nicht möglich ist. Falls in diesem Punkt nicht irgendjemand Einstein widerlegt oder eine ganz andere Möglichkeit findet, müssen wir uns also auf noch sehr viel längere Zeiträume einstellen.

Die üblichen Raketenantriebe sind aus verschiedenen Gründen nicht für Reisen zu anderen Sternen zu gebrauchen. Ein Problem ist zum Beispiel die Masse des Treibstoffs, die für einen interstellaren Flug benötigt würde. Heutige Raketenantriebe verbrauchen große Mengen an Treibstoff. Für ein Raumschiff von der Größe des aktuellen Space Shuttle, der von den bekannten Feststoffraketen angetrieben wird, müsste man unvorstellbar viel Treibstoff mitnehmen, da mit jedem Kilogramm Antriebsstoff auch das Startgewicht größer wird. Aber selbst wenn man dieses Problem überwinden könnte, würde der Flug über 1.000 Jahre dauern. Diese Vorstellung ist also absurd. Übrigens ist in dieser Rechnung der Treibstoff, den man benötigt, um das Raumschiff am Ziel abzubremsen, noch gar nicht enthalten!

Unbemannte, ferngesteuerte Fahrzeuge werden Kometen und Asteroiden untersuchen.

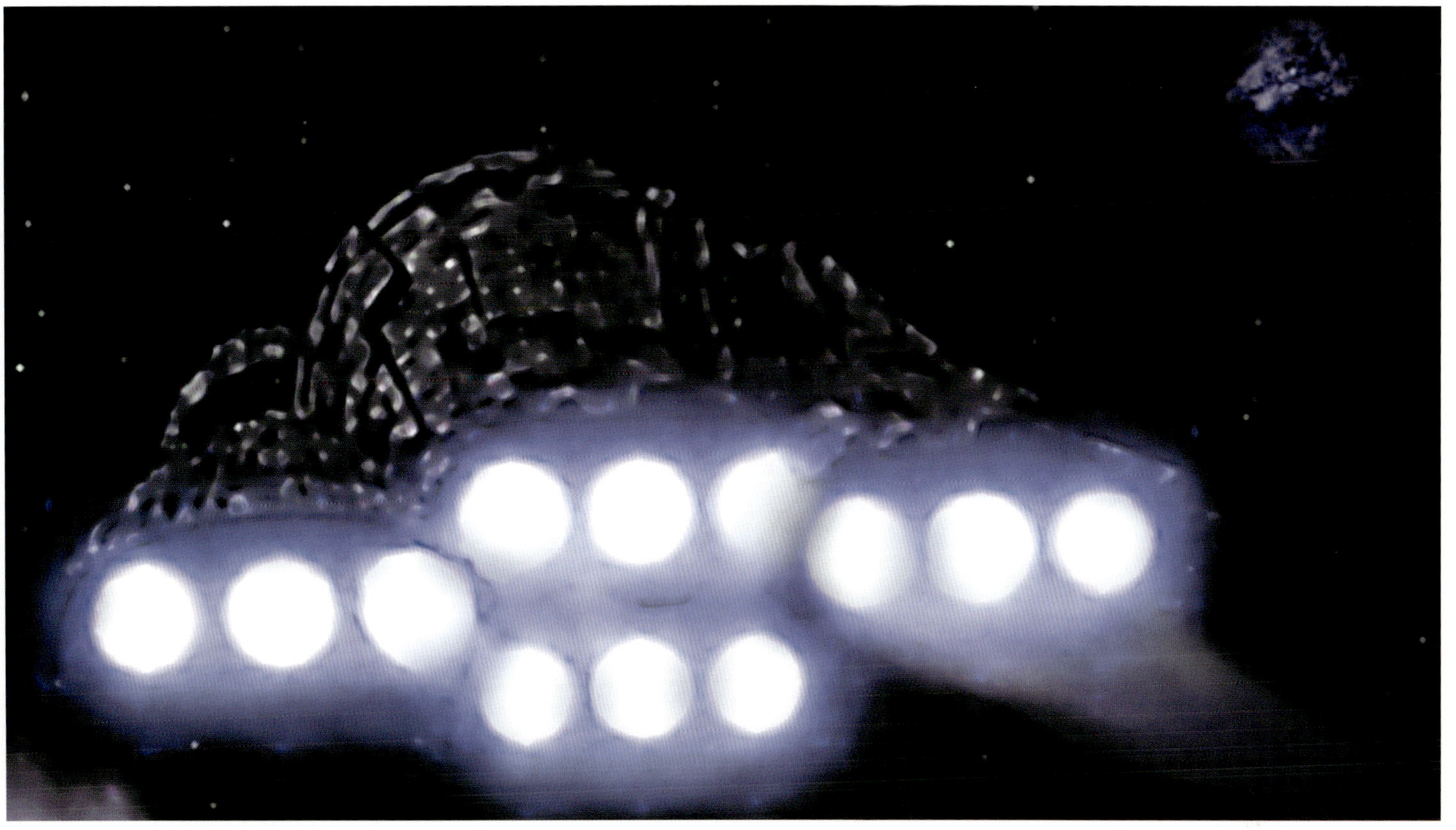

Riesige Raumschiffe benötigen riesige Mengen Treibstoff, riesige Mengen Treibstoff bringen aber auch eine gigantische Startmasse mit sich. Herkömmliche Raketenantriebe sind in der interstellaren Raumfahrt nicht verwendbar.

Ein irdisches Raumschiff landet auf einem Planeten in einem fremden Sonnensystem: Ob und wenn ja, wann eine solche Szene realisiert wird, steht im wahrsten Sinn des Wortes „in den Sternen".

Das Problem Reisezeit

Eine andere große Schwierigkeit betrifft die Geschwindigkeit und damit die Dauer der Reise. Selbst mit der beeindruckenden Geschwindigkeit von knapp 60.000 Kilometern pro Stunde, mit der die Raumsonde Voyager unser Sonnensystem verlassen hat, würde eine Fahrt zu Proxima Centauri an die 80.000 Jahre dauern.

Es ist sehr unwahrscheinlich, dass in absehbarer Zeit Lösungen für diese grundsätzlichen Probleme gefunden werden, die interstellare Reisen in akzeptablen Zeitspannen (sagen wir einigen Jahrzehnten) ermöglichen könnten. Dennoch lohnt sich natürlich die Entwicklung alternativer Antriebskonzepte auch für die Raumfahrt innerhalb unseres Sonnensystems.

Mit Ideen für alternative Antriebe beschäftigt man sich schon recht lange. In den 1950er-Jahren gab es bereits das Projekt Orion, das auf dem Konzept basierte, in regelmäßigen Abständen hinter dem Raumschiff Atombomben zu zünden und es dadurch immer weiter zu beschleunigen. Mit dem Atomwaffenteststopp in den 60er-Jahren des 20. Jahrhunderts wurde dieses Projekt allerdings begraben.

In den 1970er-Jahren griff die Britische Interplanetare Gesellschaft dieses Konzept leicht verändert wieder auf. Diesmal sollte eine Raumsonde innerhalb von 50 Jahren Barnards Pfeilstern erreichen, der etwa sechs Lichtjahre von uns entfernt ist. Der Antrieb würde durch kleine Wasserstoffbomben erfolgen, den dazu benötigten Treibstoff hätte die Sonde beim Vorbeiflug am Jupiter aufsammeln sollen. Über das Planungsstadium kam auch dieses Projekt nicht hinaus.

Eine weitere Idee aus den 60er-Jahren des vergangenen Jahrhunderts bestand darin, auf dem Flug durchs Weltall Protonen aufzusammeln, die im interstellaren Raum herumfliegen, und sie als Treibstoff für eine Nuklearrakete zu verwenden. Bei diesem Projekt namens „Bussard" blieben jedoch wichtige Fragen offen, zum Beispiel wie viele Protonen man überhaupt würde aufsammeln können, wie groß der Bremseffekt durch das Aufsammeln wäre und natürlich wie man die Protonen zu einer Kernreaktion bringen sollte.

Ein anderes Konzept der 1950er-Jahre wurde inzwischen zur Serienreife entwickelt: der Ionen-Antrieb. Im Gegensatz zu den üblichen Raketenantrieben, die feste oder flüssige Treibstoffe verbrennen und die entstehenden Verbrennungsgase zum Vortrieb nutzen, arbeitet der Ionen-Antrieb mit ionisiertem, also elektrisch geladenem Gas, das dann mittels eines elektrischen Feldes beschleunigt wird. Als Treibgas wird heute Xenon verwendet, früher benutzte man auch Quecksilber und Cäsium. Beide müssen für den Antrieb noch verdampft werden, was zusätzliche Energie erfordert. Die Antriebskraft von Ionen-Triebwerken ist winzig. Sie entspricht dem Gewicht eines Blatts Papier, das man auf der Handfläche hält. Für Starts und Landungen ist der Ionen-Antrieb deshalb natürlich nicht zu gebrauchen. Sein Hauptvorteil liegt darin, dass er über eine lange Betriebsdauer insgesamt zehnmal mehr Beschleunigung pro Kilogramm Treibstoff liefert als herkömmliche Raketenantriebe. Dies wird

Ein futuristischer Raumgleiter durchfliegt die Atmosphäre eines extrasolaren Planeten.

durch die im Vergleich sehr viel höhere Austrittsgeschwindigkeit des Treibstoffs ermöglicht. Die dadurch erreichbare Gewichtsersparnis ist für lange Missionen von unschätzbarem Wert.

Im Herbst 1998 wurde der Ionen-Antrieb erfolgreich bei der Deep-Space-1-Mission der NASA eingesetzt. Ursprünglich sollte der Flug der Sonde nur elf Monate dauern, aber der Antrieb funktionierte so reibungslos, dass man die Sonde erst im Dezember 2001 deaktivierte. Ihr Hauptziel, den Verschleiß und die Zuverlässigkeit des Antriebs zu untersuchen, hat die Sonde mit Bravour erreicht. Quasi „nebenbei" flog sie noch am Kometen Borelly vorbei und lieferte die bis dahin besten Bilder und Daten von einem Kometen. Insgesamt war der Antrieb 24.750 Stunden lang in Betrieb, ein Zwillingsaggregat auf der Erde lief sogar noch länger. Vergleicht man das mit einem Auto, das im selben Zeitraum mit einer Durchschnittsgeschwindigkeit von 90 Stundenkilometern fährt, so hätte der Motor 2,23 Millionen Kilometer ohne Ölwechsel oder Inspektion durchhalten müssen!

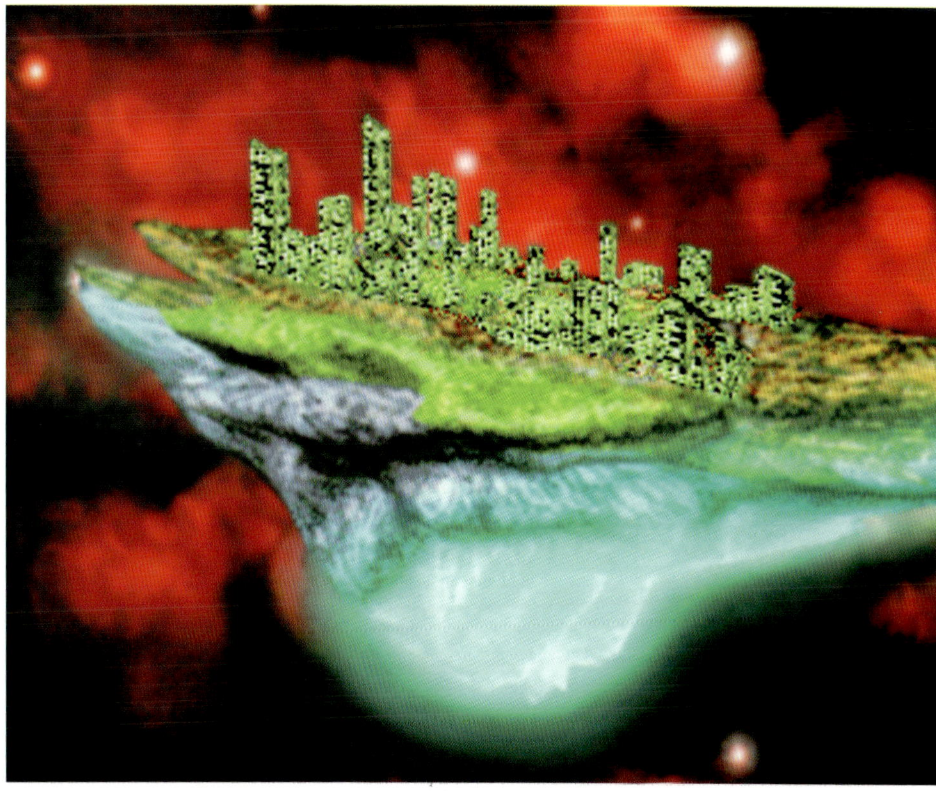

Eine künstliche Welt auf einem Asteroiden, der dann durch einen Superantrieb auf Kurs zu einem anderen Sonnensystem gebracht wird, ebenfalls eine Theorie, die aus der Feder von Science-Fiction-Autoren stammt.

Eine menschliche Kolonie auf einem fernen, extrasolaren Planeten.

Antriebskonzepte

Ein völlig anderes Antriebskonzept steckt hinter den Solarsegeln, die Robert Foward in den 1980er-Jahren vorgeschlagen hat. Zugrunde liegt die Überlegung, dass Licht, das auf einen Körper auftritt, auf diesen einen winzigen, aber messbaren Druck ausübt. Ist die Lichtquelle stark genug, sollte man damit ein Raumschiff antreiben können. Zunächst hatte Foward einen Laser vorgeschlagen, der eine Leistung von zehn Millionen Gigawatt haben sollte. Das ist mehr als 10.000-mal so viel Leistung, wie zur Zeit auf der gesamten Erde produziert wird. Dieser Laser sollte durch eine Fresnel-Linse (das ist eine „plattgedrückte" Sammellinse) mit einem Durchmesser von 1.000 Kilometern auf ein Segel mit ähnlichen Ausmaßen gebündelt werden. Ein zweiter, etwas realistischerer Vorschlag kommt mit einem Zehn-Gigawatt-Mikrowellenlaser aus; das Segel hat einen Durchmesser von nur noch einem Kilometer und besteht aus einem feinen Drahtgeflecht mit einem Gesamtgewicht von nur 16 Gramm. Zur Zeit wird genauer untersucht, wie sich solche Segel, was die Form und die Erwärmung angeht, unter dem Einfluss des Lasers verhalten, um ihre optimale Beschaffenheit herauszufinden. Die von dem bekannten Astronomen Carl Sagan gegründete Planetare Gesellschaft entwickelt mit dem Projekt Cosmos 1 ein Segel mit einem Durchmesser von 27 Metern, um zu demonstrieren, dass dieser Antrieb prinzipiell funktioniert. Er kommt übrigens dem Ideal eines „treibstofflosen" Antriebs ziemlich nahe und wird zum Beispiel auch für das Abbremsen am Zielort diskutiert. Der Vorteil ist, dass man den zum Abbremsen benötigten Treibstoff anderer Antriebssysteme nicht erst als Ballast mitführen müsste, da dieser die zum Beschleunigen nötige Treibstoffmenge erhöht.

Solarsegelraumschiffe sollen dank einer gigantischen Segelfläche durch die Energie von Photonen angetrieben werden. Maßnahmen, mit denen das Segel vor Beschädigungen durch Mikrometeoriten und andere Kleinteile geschützt werden kann, fehlen in den ansonsten zukunftsweisenden Konzepten.

Lasergetriebene Raumschiffe könnten
in Zukunft viel schneller als konventionelle
Raumschiffe durchs Sonnensystem fliegen.

Schneller als das Licht?

Die bis jetzt besprochenen Antriebskonzepte haben alle zwei Dinge gemeinsam: Sie sind prinzipiell realisierbar; für Reisen zu anderen Sternen, die eine vertretbare Dauer haben sollen, aber ungeeignet. Science-Fiction-Autoren (und viele Wissenschaftler) haben sich daher immer schon auch mit Ideen befasst, die in ihrer Zeit als verrückt und unrealisierbar galten. Eines dieser Gedankenspiele ist das Reisen mit Überlichtgeschwindigkeit. Nach der Relativitätstheorie ist das zwar schlichtweg unmöglich, für wirklich interstellare Reisen aber leider unabdingbar. Eine gewagte Idee, wie man Einstein dabei „austricksen" könnte, ist die Überlegung, dass sich die Lichtgeschwindigkeit als größtmögliche Geschwindigkeit auf die Messung relativ zum Raum-Zeit-Kontinuum bezieht. Der Weltraum selbst kann sich aber unter Umständen mit sehr viel größeren Geschwindigkeiten bewegen. In einigen Modellen zur Frühzeit des Universums expandiert dieses zu Beginn mit Überlichtgeschwindigkeit. Außerdem beeinflusst nach der Allgemeinen Relativitätstheorie jede Masse die Geometrie der Raumzeit, sie „krümmt" den Raum um sich herum. Hätte man jetzt eine Möglichkeit, den Raum hinter dem Raumschiff zu strecken, den davor aber zusammenzustauchen, hätte man das Problem gelöst. Man kann sich das mithilfe einer Gedankenbrücke so vorstellen, dass man auf einer Art Rolltreppe läuft: Laufen kann man nur mit einer bestimmten Geschwindigkeit (Lichtgeschwindigkeit), durch die Bewegung der Rolltreppe kommt man insgesamt aber schneller voran. Im Moment weiß aber niemand, ob das praktisch überhaupt möglich ist.

Eine andere Möglichkeit eröffnen die „Wurmlöcher". Man stelle sich ein Blatt Papier vor (der Weltraum), auf dem zum Beispiel ein Käfer mit einer bestimmten Geschwindigkeit von A nach B läuft. Wenn man das Blatt geschickt faltet, könnte man für den Käfer die Entfernung zwischen A und B drastisch oder sogar auf Null reduzieren. Theoretisch scheint es möglich zu sein, dass der Weltraum in ähnlicher Weise gekrümmt werden könnte, wozu aber, wenn man dies selbst herbeiführen wollte, gigantische Massen und Energien notwendig wären. Wiederum anders würden so genannte „Space Drives" funktionieren: Wenn man eine Möglichkeit finden könnte, eine (Antriebs-)Kraft zu erzeugen, ohne dass man sich dabei an anderen Massen abstößt oder nach dem Rückstoßprinzip Masse entgegen der Flugrichtung ausstößt, käme man ohne Treibstoff aus.

Ein Wurmloch stellt in zahlreichen Hollywood-Fantasien das Tor in andere Bereiche des Universums dar.

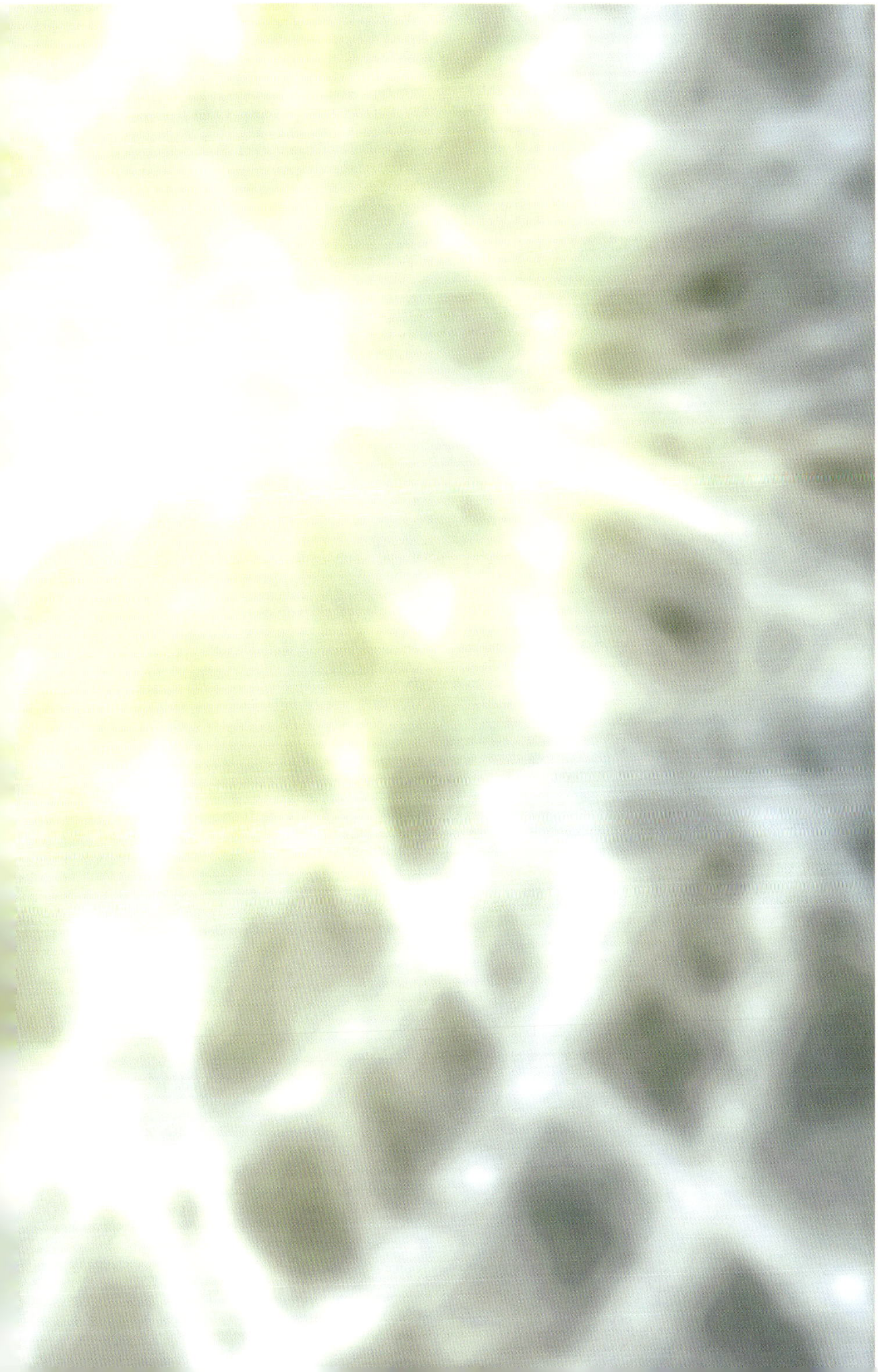

Einige theoretische Möglichkeiten sind folgende:

- Differential-Segel: Ein Segel, das auf einer Seite Strahlung absorbiert und auf der anderen reflektiert, würde einen Unterschied im Strahlungsdruck zwischen Vorder- und Rückseite erzeugen, den man als Antrieb nutzen könnte. Dazu bräuchte man eine in allen Richtungen gleichmäßige Strahlung, wie sie beispielsweise mit der kosmischen Hintergrundstrahlung gegeben sein könnte.

- Dioden-Segel: Ähnlich wie bei einer Diode oder einem halbdurchlässigen Spiegel soll die Strahlung das Segel in einer Richtung ungehindert passieren und in der anderen Richtung reflektiert werden.

- Induktionssegel: Verringert man die Energie der Strahlung vor dem Segel und erhöht sie dahinter gleichzeitig, entsteht ebenfalls ein Unterschied im Strahlungsdruck, der zum Antrieb genutzt werden kann.

- Diametrisches Segel: Eine Hintergrundeigenschaft des Raumes, wie das Potenzial des Gravitationsfeldes, wird durch zwei entgegengesetzte Quellen vor und hinter dem Raumschiff so beeinflusst, dass ein Gefälle entsteht, welches das Raumschiff vorantreibt (ähnlich wie bei der gängigen Elektrophorese, bei der ein elektrisches Feld geladene Teilchen in Bewegung versetzt).

- „Pitch Drive": Wie beim diametrischen Segel wird ein Gefälle erzeugt, diesmal aber nur um das Raumschiff herum und ohne Benutzung zweier Quellen.

- „Bias Drive": Eine Eigenschaft der Materie, wie die Gravitationskonstante, wird so verändert, dass wieder ein Gefälle entsteht.

- „Disjunction Drive": Wenn man bei Objekten, die ein Feld erzeugen, wie beispielsweise Elektronen, den Teil, der das Feld erzeugt, und den, der mit dem Feld reagiert, trennen könnte, hätte man eine weitere Möglichkeit, eine Antriebskraft zu erzeugen.

„Grüner Schleim?"

Alle diese Ideen zu den „Space Drives" sind rein hypothetisch. Niemand weiß zurzeit, ob etwas davon realisierbar ist. Für viele der bisher erwähnten Antriebskonzepte benötigt man vermutlich große Mengen an Energie. Die Quantentheorie liefert unter Umständen eine Möglichkeit, „billig" an diese benötigte Energie zu kommen. Die Heisenbergsche Unschärferelation zeigt unter anderem, dass das Vakuum niemals vollständig „leer" ist, sondern immer eine gewisse Energie behält, die so genannte „Nullpunktenergie". Addiert man die Energie, die allein aus den elektromagnetischen Wellen (Licht) resultiert, kommt man auf Werte zwischen 1036 und 1070 Joule pro Kubikmeter. Das ist unglaublich viel: Die Energie, die im Volumen einer Tasse Kaffee enthalten ist, würde ausreichen, um alle Ozeane der Erde zu verdampfen. Zuerst wurde die Existenz dieser Vakuumenergie 1948 vorausgesagt. Inzwischen gibt es Indizien dafür, dass es sie wirklich gibt. Allerdings wird es extrem schwierig sein, sie anzuzapfen, schließlich handelt es sich um das niedrigste Energieniveau, das für uns erreichbar ist. Normalerweise kann man Energie aber nur von einem höheren Niveau entnehmen.

Alle beschriebenen Konzepte sind echte „Zukunftsmusik". Das letzte Wort dazu hat deshalb der Science-Fiction-Autor Arthur C. Clarke: „Jede hinreichend fortgeschrittene Technologie lässt sich von Magie nicht mehr unterscheiden."

Wenn die Menschheit irgendwann tatsächlich das Sonnensystem verlassen sollte – und wenn die Sonne in einigen Milliarden Jahren ihren Brennstoffvorrat an Wasserstoff verbraucht hat, wird es langsam Zeit –, wird sie dies mit Sicherheit in Generationenraumschiffen tun, die als autarke Biosphären gestaltet sein werden. Ein Aufsehen erregendes Experiment der letzten Jahre war die Biosphäre II, in der einige Wissenschaftler isoliert von der Außenwelt gelebt und sich selbst mit Trinkwasser, Luft und Nahrung versorgt haben. Zwar endete es damit, dass das kleine Ökosystem des Experiments außer Kontrolle geriet. Doch daraus lässt sich für die Zukunft lernen. Schon auf der russischen Raumstation Mir wurde beispielsweise ein geschlossener Wasserkreislauf aufrechterhalten, und es ist vermutlich nur eine Frage der Zeit, bis man auch komplexere Ökosysteme in den Griff bekommen kann.

Ein anderes Problem, die Erzeugung künstlicher Schwerkraft, lässt sich dagegen auf geradezu banale Weise lösen, indem man das Raumschiff oder die Raumstation um die eigene Achse rotieren lässt, wie es etwa in Stanley Kubricks Science-Fiction-Klassiker „2001 – Odyssee im Weltraum" in grandiosen Bildern gezeigt wurde.

Was uns dann „da draußen" erwartet, kann natürlich niemand ahnen. Inzwischen hat man aber einige Sterne gefunden, die von Planeten in erdähnlichen Konstellationen umkreist werden. Da man auch auf der Erde Lebensformen findet, die unter extremsten Bedingungen existieren (die so genannten Archaeen, denen auch Temperaturen über dem Siedepunkt und ein hoher Säuregehalt des Lebensraums nichts ausmachen), erscheint die Existenz niedriger Lebensformen doch als recht wahrscheinlich. Anders sieht es mit komplexeren oder gar intelligenten Lebewesen aus. Der Astrophysiker Harald Lesch von der Universität München sagte dazu ironisch überspitzt: „Jede Menge grüner Schleim ist kein Problem. Aber schöne und intelligente Frauen sind im Universum wahrscheinlich sehr selten."

Zukünftige Sternschiffe mit heute rein hypothetischen Superantrieben fliegen zu weit entfernten Welten; es wird dort verschiedene Landschaften und Platz für Tausende Menschen geben.

Durch eine Rotation um die eigene Achse ließe sich in zukünftigen Raumschiffen eine künstliche Schwerkraft erzielen.

Bei vielen beginnt das Interesse an der Astronomie mit dem Blick in den Nachthimmel mit seinen Tausenden von Sternen und Planeten. Und jeder, der diese verwirrende Vielfalt vor Augen hat, wird in Gedanken einige Sterne zu Figuren verbinden, die etwas Halt und Orientierung bieten: Ganz ähnlich dürften auch die heute gültigen Sternbilder im Lauf der Jahrhunderte entstanden sein.

Atlas der Sternbilder

Mit der Beobachtung der Sterne begann der Mensch vor Tausenden von Jahren den Himmel zu erkunden. Alle bekannten Kulturen hielten die Himmelskörper dabei für göttliche Zeichen, die sie zu Symbolen und Bildern zusammenfassten. So ist die Astrognosie, wie die Lehre von den Sternbildern wissenschaftlich genannt wird, die älteste astronomische Disziplin und reicht weit in die Frühzeit der Menschheit zurück.

Manche Sternzeichen wurden von verschiedenen Kulturen unabhängig voneinander gleich gruppiert und sogar gleich benannt, viele andere sind gänzlich unterschiedlich. Die Gründe für ihre Herausbildung sind vielfältig und sicher nicht alle aufzuklären. Eine ganz nahe liegende Motivation lag aber in der Orientierung, die solche Sternbilder in der Nacht auch in unbekannten Gegenden geben konnten. Dabei musste allerdings beachtet werden, dass sich die Sternbilder auf sehr langen Reisen vom Norden in den Süden oder umgekehrt ändern oder gar verschwinden konnten.

Zu den ältesten Sternbildern gehören die Tierkreiszeichen, von denen die meisten aus babylonischer und ägyptischer Zeit stammen. Die ursprünglichen Bedeutungen sind zwar oft nicht mehr bekannt, doch die Bilder selbst lassen sich schon auf uralten Sternkarten nachweisen. Ihre Verwendung zur Schicksalsbestimmung ist zwar ebenfalls uralt, aber eigentlich keine astronomische Disziplin und wird von den Wissenschaftlern heute als Irrlehre verworfen.

Aus der großen Vielfalt an Sternbildern, die sich im Laufe der Zeit in den verschiedenen Regionen der Erde gebildet hatten, sind viele wieder verloren gegangen. Heute hat man sich durch einen Beschluss der Astronomischen Union im Jahr 1925 auf 88 Sternbilder am gesamten Himmel geeinigt, wobei 37 nur auf der Nordhalbkugel zu sehen sind, 47 nur auf der Südhalbkugel und neun teilweise auf der einen, teilweise auf der anderen. Viele von ihnen kann man aber ohnehin kaum ohne technische Hilfsmittel wie Fernglas oder Teleskop identifizieren. Man hat die Anzahl der Sterne, die mit bloßem Auge gerade noch sichtbar sind (die Sterne der 6. Größenordnung), mit 6.000 beziffert. So unendlich viele Lichter, wie man vielleicht glaubte, stehen also doch nicht an unserem „Himmelszelt".

Im Folgenden stellen wir die bekanntesten Sternbilder vor und klären den oft aneinander anknüpfenden mythologischen Hintergrund.

Andromeda (And)

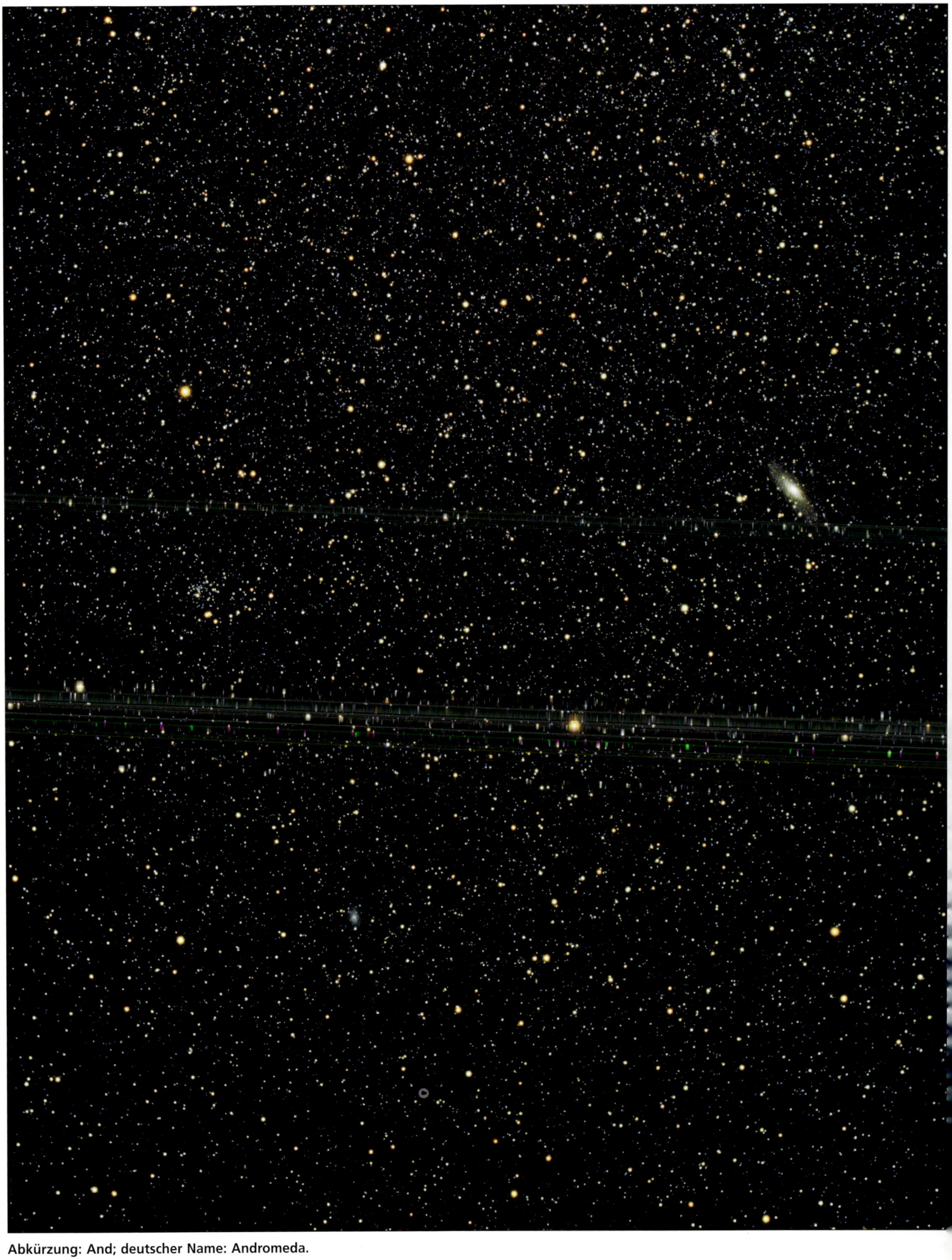

Abkürzung: And; deutscher Name: Andromeda.

Besondere Objekte: M31, M32, M110, NGC 752.

Andromeda

Allgemeines:
Andromeda befindet sich südlich vom „Himmels-W" der Cassiopeia. Ihr blauweißer Kopfstern Sirrah bildet einen Eckpunkt im Pegasus-Viereck. Weitere Hauptsterne sind Mirach und Alamak, der auch schon mit einem kleineren Fernrohr als Doppelstern erkennbar ist. Das Sternbild bleibt das ganze Jahr über sichtbar und ist insbesondere wegen der in ihm aufzufindenden Galaxie, dem Andromeda-Nebel (M31), bekannt. Andromeda gehört zur Sternbildfamilie des Perseus. Der Andromeda-Nebel ist mit einer Entfernung von ca. 2,2 Millionen Lichtjahren nach den der Milchstraße vorgelagerten Kleinen und Großen Magellan´schen Wolken die uns am nächsten gelegene Galaxie. Der Spiralnebel ähnelt in seinen Dimensionen und seiner Struktur denen unserer Milchstraße. In klaren Nächten ist der Andromeda-Nebel mit dem bloßen Auge zu erkennen. Ein weiteres beachtenswertes Objekt im Bereich des Sternbildes ist der offene Sternhaufen NGC 752, der zwischen Andromeda und Triangulum (Dreieck) aufzufinden ist. Um ihn beobachten zu können, ist allerdings mindestens ein Fernglas nötig.

Mythologischer Hintergrund:
Andromeda war die Tochter des Königspaares Cepheus und Cassiopeia aus Äthiopien. Ihre Mutter Cassiopeia hielt sich für schöner als die Töchter von Nereus. Zur Strafe ließ dessen Sohn Poseidon Andromeda an einen Felsen ketten, wo sie einem schrecklichen Walfisch (Cetus) geopfert werden sollte. Perseus sah die Tochter, verliebte sich und rettete sie. Anschließend nahm er Andromeda zur Frau. Zusammen mit den Schwiegereltern wurde das Paar an den Himmel gesetzt.

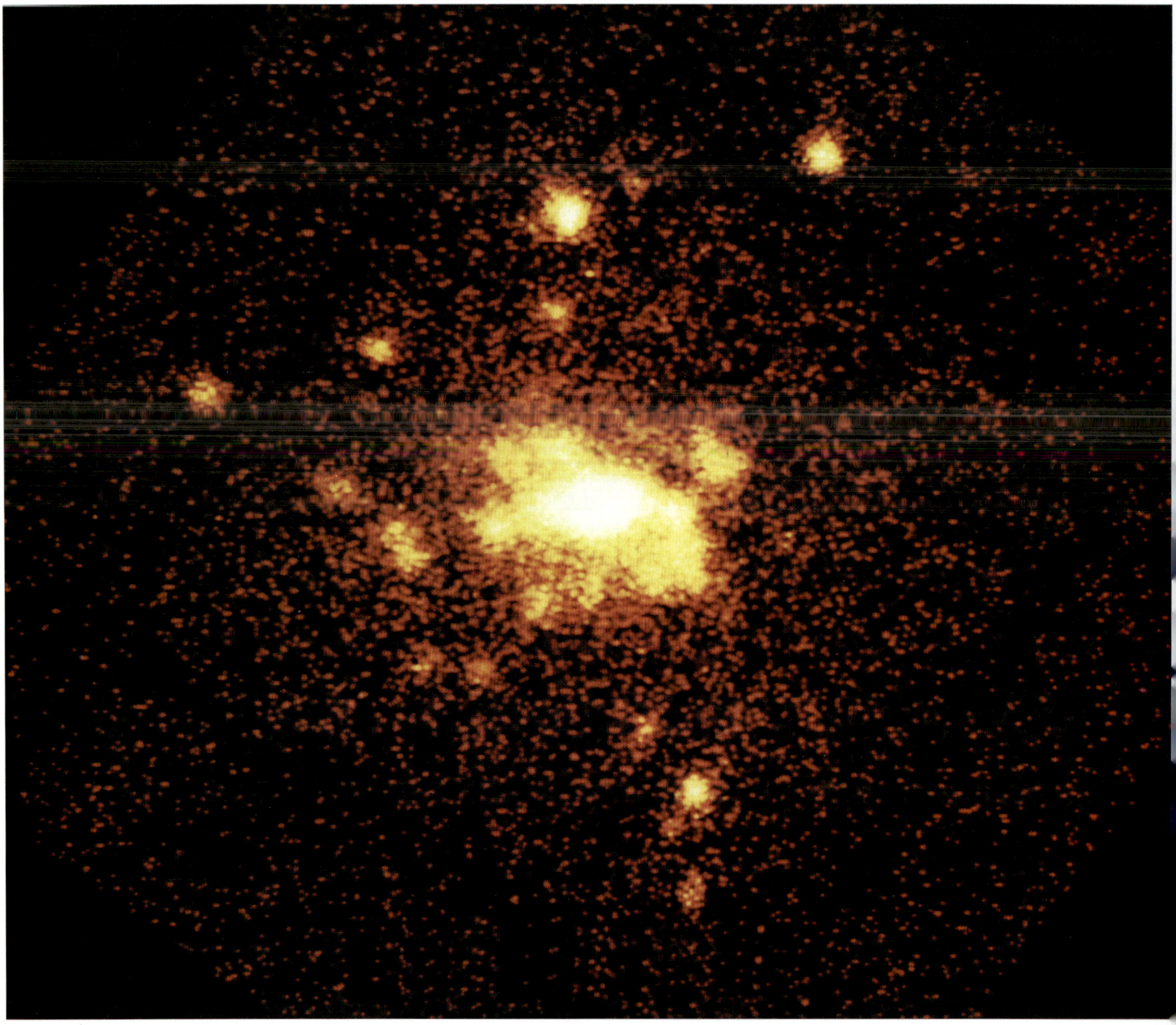

Aufnahme des Großen Nebels in der Andromedagalaxie. Das Bild zeigt den Kern des Nebels, ein Sternentstehungsgebiet in der Galaxie. Dieses Bild lieferte das so genannte Einstein-Observatorium. Beim Einstein-Observatorium handelt es sich um den am 12. November 1978 gestarteten Forschungssatelliten HEAO-2 mit einem Röntgenteleskop Wolter I. HEAO-2 lieferte Daten bis zum April 1981.

Das Hubble-Teleskop machte diese Aufnahme von extrem heißen, Helium verbrennenden Sternen in der Galaxie M32, einer Begleitgalaxie von M31. Diese Sterne befinden sich bereits in ihrem Endstadium, der Wasserstoffvorrat ist gänzlich verbraucht, Helium wird in der Kernfusion zu schwereren Elementen umgeformt.

Die Spiralgalaxie M31, fotografiert durch ein optisches Teleskop von der Erde. Mit „nur“ 2,2 Millionen Lichtjahren Entfernung ist sie die unmittelbare Nachbargalaxie der Milchstraße. Von außen betrachtet dürfte der Andromedanebel unserer Milchstraße in Form und Gestalt sehr ähnlich sehen.

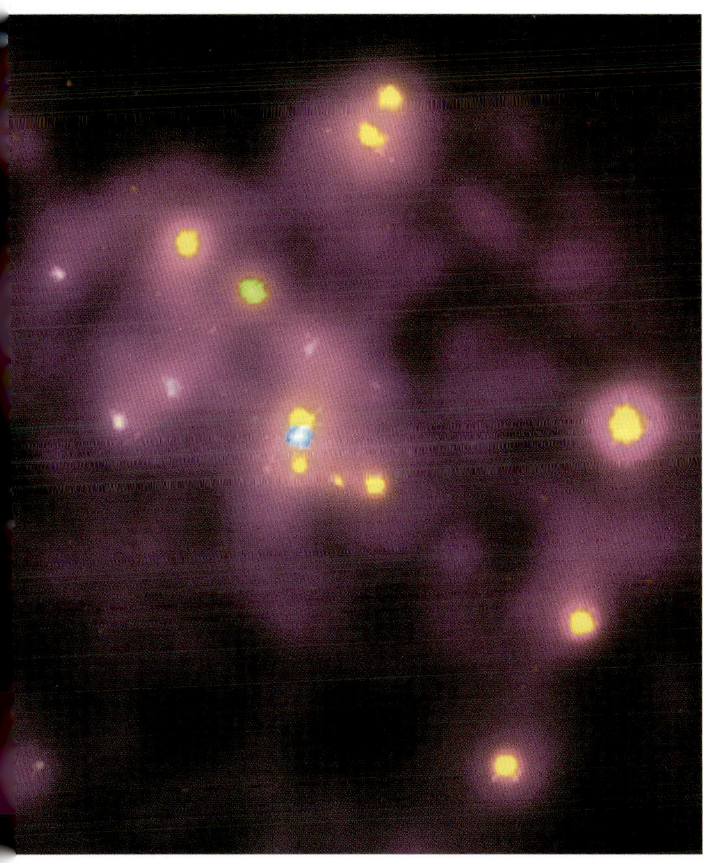

Auf der Röntgenaufnahme des Galaxiekerns sind mehrere Röntgenquellen zu erkennen. Die blau gefärbte Stelle in der Bildmitte ist ein supermassereiches Objekt, vermutlich ein schwarzes Loch.

Die Andromedagalaxie wird von zwei Satellitengalaxien begleitet. Die 130.000 Lichtjahre vom Kern der Galaxie entfernte G1 ist ein gewaltiger Sternhaufen, der aus über 300.000 alten Sternen besteht.

Aquarius (Aqr)

Abkürzung: Aqr; deutscher Name: Wassermann.

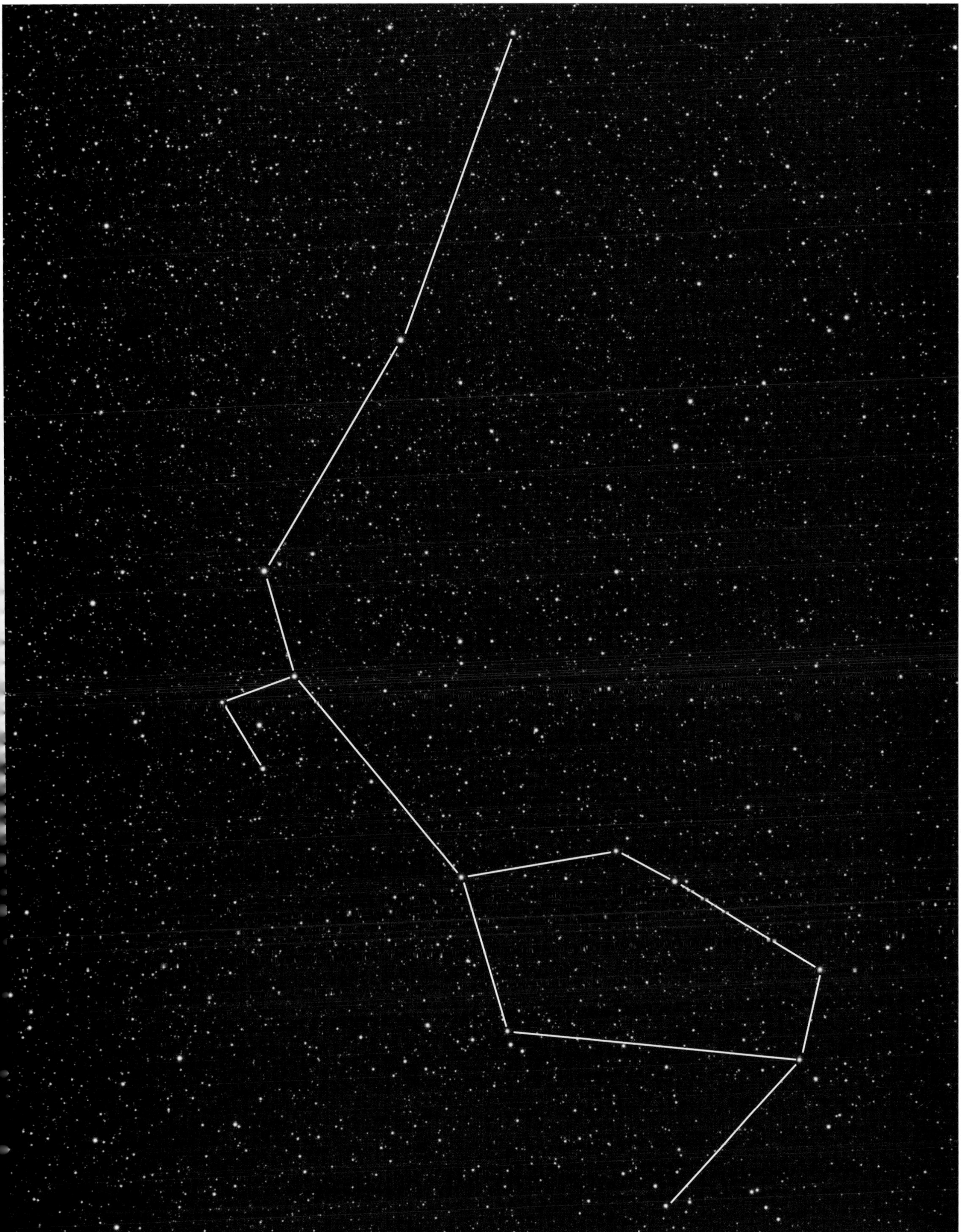

Besondere Objekte: M2, M72, NGC 7009, NGC 7293.

Aquarius

Allgemeines:
Das Tierkreiszeichen zählt zu den ältesten bekannten Sternbildern. Da die lichtschwachen Sterne wenig Profil besitzen, ist es allerdings nur schlecht zu erkennen. Am besten eignet sich der Abendhimmel in den Herbstmonaten zur Beobachtung des Wassermanns. Der Hauptstern Sadalmelek („Glück des Königs") ist ca. 1.100 Lichtjahre entfernt und leuchtet eigentlich 600-mal heller als die Sonne. Der Wassermann befindet sich zwischen Pegasus und Südlichem Fisch.

Den Kugelsternhaufen M2 kann man nördlich zwischen den Sternen Alpha und Beta Aquarii schon mit dem bloßen Auge entdecken. Eine Auflösung in Einzelsterne ist mit Amateurfernrohren allerdings nicht möglich, da der Haufen sehr kompakt und gleichmäßig durchsetzt ist.

Mythologischer Hintergrund:
Nachdem Zeus erfahren hatte, dass auf der Erde Mord, Raub und Krieg herrschten, strafte er die Menschen mit Wolkenbrüchen, unter deren Wassermengen Häuser, Tempel und Gebirge verschwanden. Einzig die beiden unschuldigen Menschen Deukalion und dessen Gemahlin Pyrrha konnten sich retten. Ihretwegen stoppte Zeus die Sintflut. Er erlegte Deukalion und Pyrrha einen Orakelspruch auf, nach dessen Erfüllung sie die Stammeltern eines neuen Menschengeschlechts wurden.

Im Randgebiet des Helix-Nebels konnte das Hubble-Teleskop kollidierende Gasmassen fotografieren. Aufgrund ihrer eigentümlichen, kaulquappenartigen Form gaben die Astronomen den Objekten rechts oben den Namen „Kometenknoten".

Der Kugelsternhaufen M2 ist 32.600 Lichtjahre von der Erde entfernt.

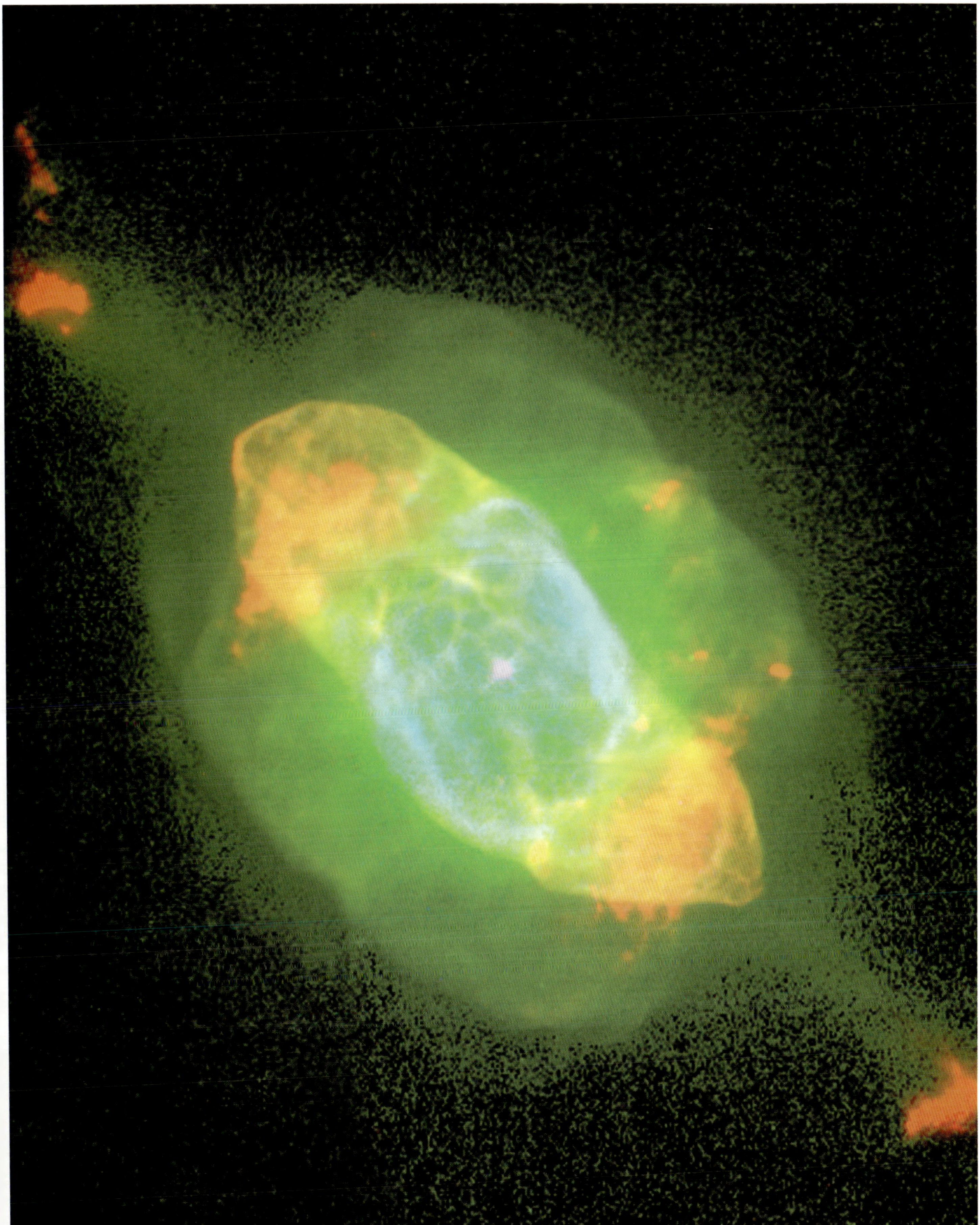

Ein weiteres interessantes Objekt ist der planetarische Nebel NGC 7009, auch als Saturn-Nebel bezeichnet. Den Zentralstern bildet ein blauer Zwergstern, der rund 3.900 Lichtjahre von der Erde entfernt liegt.

Aquila (Aql)

Abkürzung: Aql; deutscher Name: Adler.

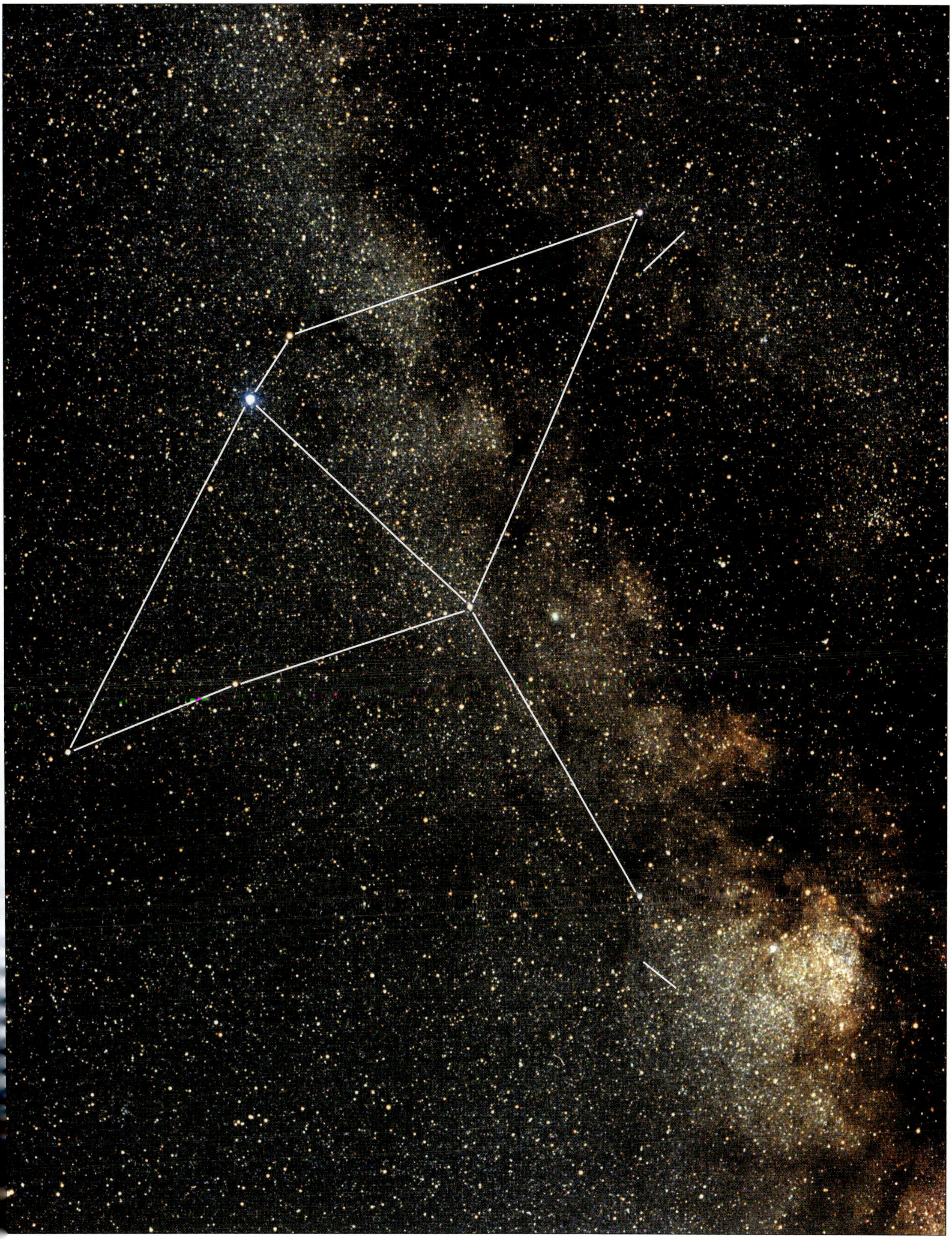

Besondere Objekte: NGC 6751, Atair.

Aquila

Rechts: Der planetarische Nebel NGC 6751 besteht aus Überresten einer Sternexplosion. Wegen seiner Form wird dieses Objekt auch als „Glowing Eye", das „Glühende Auge", bezeichnet.

Allgemeines:
Aquila (der Adler) „fliegt" mit ausgebreiteten Schwingen über das helle Band der Milchstraße. Dieses auffällige Sommersternbild ist wegen seiner Nähe zum Himmelsäquator auf der ganzen Erde zu beobachten. Sein hellster Stern ist der bekannte Atair, der zusammen mit Deneb (aus dem Sternbild Schwan) und Wega (aus dem Sternbild Leier) das Sommerdreieck bildet. Dabei wird Atair von seinen beiden Begleitern Alshain und Tarazed flankiert.

In der Umgebung von Tarazed findet sich der Barnard-Dunkelnebel. Diese nach dem amerikanischen Astronomen Edward Barnard benannten Erscheinungen bestehen aus einer Wolke unbeleuchteten galaktischen „Staubs", der die dahinter liegenden Sterne und Galaxien verdeckt, sodass der Raum dort „leer" erscheint.

Mythologischer Hintergrund:
Zum Sternbild Adler gibt es zwei unterschiedliche Legenden. Zum einen galt der Adler als ein Helfer der Götter auf dem Olymp. Als diese einen neuen Diener suchten, flog der Adler zur Erde und entführte den Jüngling Ganymed. Zeus war von diesem so angetan, dass er den Adler zur Belohnung an den Himmel versetzte.

Eine andere Erklärung weist auf Herkules hin. Dieser fand auf einer seiner Wanderschaften den an einen Felsen geketteten Prometheus, der den Menschen das Feuer gebracht hatte und von den Göttern damit bestraft worden war, dass ihm ein Adler täglich ein Stück seiner Leber aus dem Körper pickte, das nachts nachwuchs. Herkules wollte Prometheus helfen und schoss einen Pfeil auf den Adler ab. Er verfehlte den Adler jedoch und das Leiden des Prometheus war nicht beendet. Diese Szene wird in der Kombination der Sternbilder Hercules, Sagitta (Pfeil) und Aquila gesehen.

Über 100.000 Sterne sind in dieser Teilaufnahme der Großen Magellan´schen Wolke zu erkennen. Dies ist eine kleine Begleitgalaxie unserer Milchstraße, die aber nur von der südlichen Erdhalbkugel aus beobachtet werden kann.

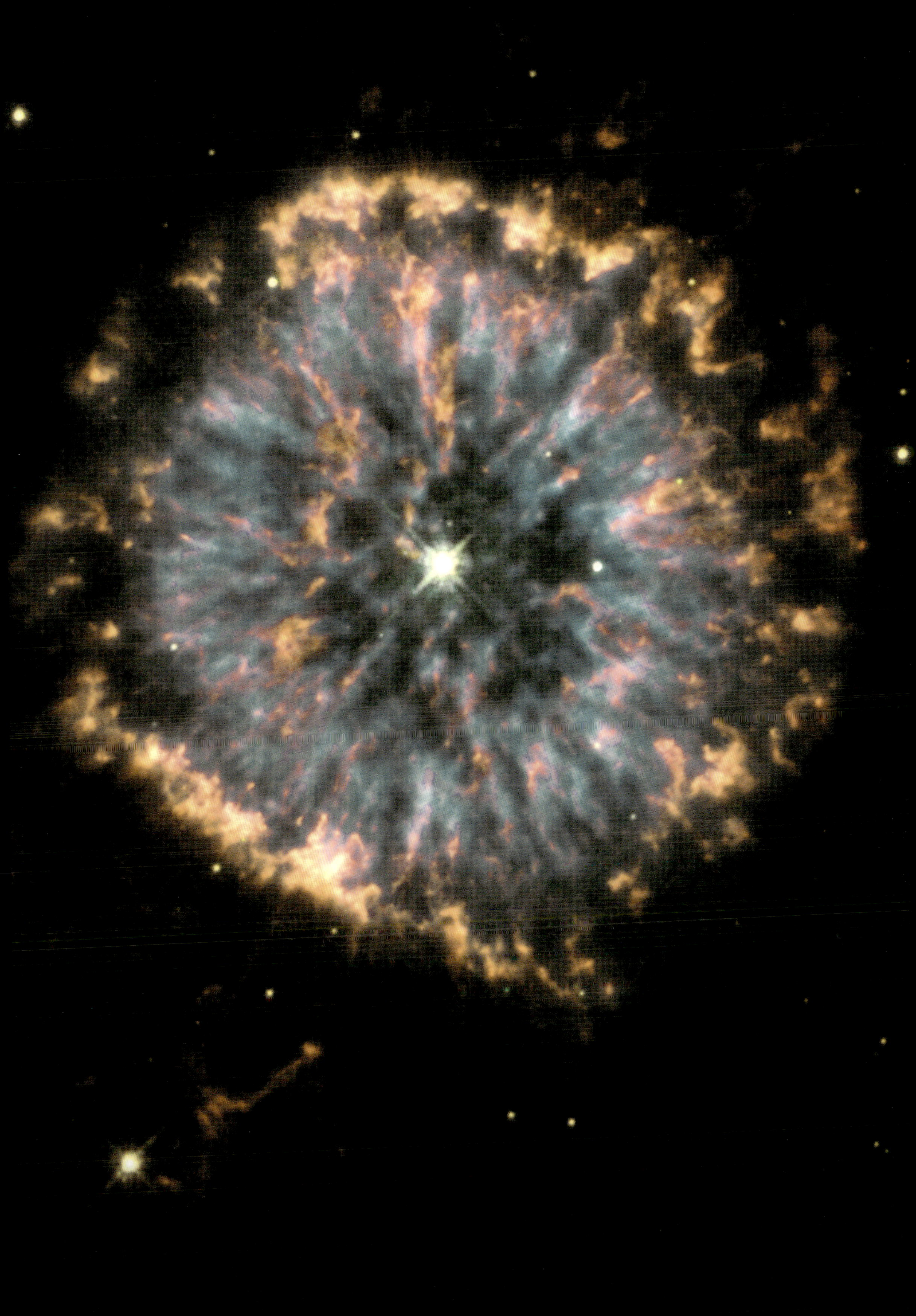

Aries/Triangulum (Ari/Tri)

Allgemeines:

Das Tierkreissternbild Aries (Widder), in dem viele Doppel- und Mehrfachsterne liegen, kann man am besten im November, Dezember und Januar beobachten. Es ist relativ leicht zu finden. Die beiden Hauptsterne, Hamal und Sheratan, befinden sich westlich des Sternhaufens der Plejaden. Vor rund 2.000 Jahren bildete das Sternbild Aries den Schnittpunkt zwischen Himmelsäquator und Ekliptik, der von der Sonne zum Frühlingsanfang überschritten wird. Dieser Frühlingspunkt (Sonnenstand am 21. März) trägt daher auch den Namen Widderpunkt.

Zwischen Andromeda, Perseus, Aries (Widder) und Pisces (Fische) liegt das kleine Sternbild des Dreiecks. Es ist nicht besonders hell, aber markant und von August bis April sichtbar. Am besten lässt es sich im Herbst beobachten. Es enthält einige diffuse Nebel und Galaxien, darunter die Spiralgalaxie M33, nach dem Andromedanebel die zweitgrößte Galaxie.

Abkürzung: Ari und Tri; deutsche Namen: Widder und Dreieck.

Mythologischer Hintergrund:
Athamas hatte mit seiner ersten Ehefrau, der Wolkengöttin Nephele, zwei Kinder: Phrixos und Helle. Er verstieß seine Gemahlin jedoch und nahm sich Ino zur Frau. Ino war voller Hass auf die beiden Kinder und wollte sie opfern lassen. In letzter Minute wurden Phrixos und Helle von einem Widder mit Goldenem Vlies gerettet, den ihnen ihre Mutter geschickt hatte. Der Widder flog mit ihnen davon und Helle stürzte ins Meer, während Phrixos gerettet wurde. Den Widder versetzte man als Retter an den Sternenhimmel. Für die Griechen stellte das Dreieck die Insel Sizilien dar, die von Zeus dadurch geehrt wurde, dass sie am Himmel zu sehen ist. Die Ägypter sahen darin ein Abbild des Nildeltas.

Besondere Objekte: M33 (Tri).

Auriga (Aur)

Abkürzung: Aur; deutscher Name: Fuhrmann.

Besondere Objekte: M36, M37, M38.

Auriga

Allgemeines:
Zwischen den beiden Tierkreisbildern Stier und Zwillinge findet man das Sternbild Fuhrmann (Auriga). Sein Hauptstern Capella (Ziegenböcklein), der sechsthellste Stern, der bei uns zu beobachten ist, leuchtet etwa 150-mal heller als die Sonne. Ebenfalls reizvoll ist der rötlich schimmernde Aldebaran, der eigentlich schon dem Sternbild Stier angehört.

Im südlichen Teil des Fuhrmann findet man drei weitere interessante Objekte: Dort liegen die offenen Sternhaufen M36, M37 und M38. Alle drei sind bereits mit einem Fernglas gut zu erkennen. Mit einem besseren Amateurteleskop kann man etliche der insgesamt rund 200 Einzelsterne des Sternhaufens M37 sogar deutlich als Einzelsterne sehen.

Mythologischer Hintergrund:
Ursprünglich hieß dieses Sternbild „Ziege mit dem Böcklein", erst später wurde es in „Fuhrmann" umbenannt. In alten Sternkarten trägt der Fuhrmann eine Ziege auf dem Rücken und häufig auch noch ein paar Zicklein in der Hand. Eine Ziege war die Amme des Zeus, die ihn nährte, als dieser sich vor seinem Vater Kronos verstecken musste. Nachdem Zeus die Herrschaft im Olymp übernommen hatte, versetzte er die Ziege aus Dankbarkeit an den Himmel. Der Begriff des Fuhrmanns wird auf verschiedene Weise erklärt. Zum einen soll es sich um Phaeton, den Sohn des Helios handeln, der im Eridanus, dem Fluss am Ende der Welt, ertrunken war, zum anderen soll er Erichthonius darstellen, einen schlangenfüßigen König, der Zeus durch den Bau eines Wagens so beeindruckt hatte, das dieser ihn an den Himmel setzte.

Rechts: Der diffuse Nebel IC 405 (auch „Flaming Star Nebula") wird vom Stern AE Aurigae beleuchtet.

Auch ohne aufwändige optische Hilfsmittel sind die Sternhaufen M36, M37 und M38 im Fuhrmann zu beobachten.

Bootes (Boo)

Allgemeines:

In dem zwischen Corona Borealis (Nördliche Krone) und Ursa Maior (Großer Bär) gelegenen Sternbild des Bootes (Bärenhüter) findet man zwei schöne Doppelsterne, die schon mit einem guten Fernglas beziehungsweise einem kleinen Fernrohr in Einzelsterne aufgelöst werden können. Als Hauptstern fungiert aber der helle, rötlich-gelbe Arcturus, der gleichzeitig auch der hellste Stern des Bootes ist. Haris, der die rechte Schulter des Bärenhüters markiert, ist eigentlich fast genauso hell wie Arcturus, erscheint am Firmament jedoch aufgrund seiner größeren Entfernung deutlich schwächer.

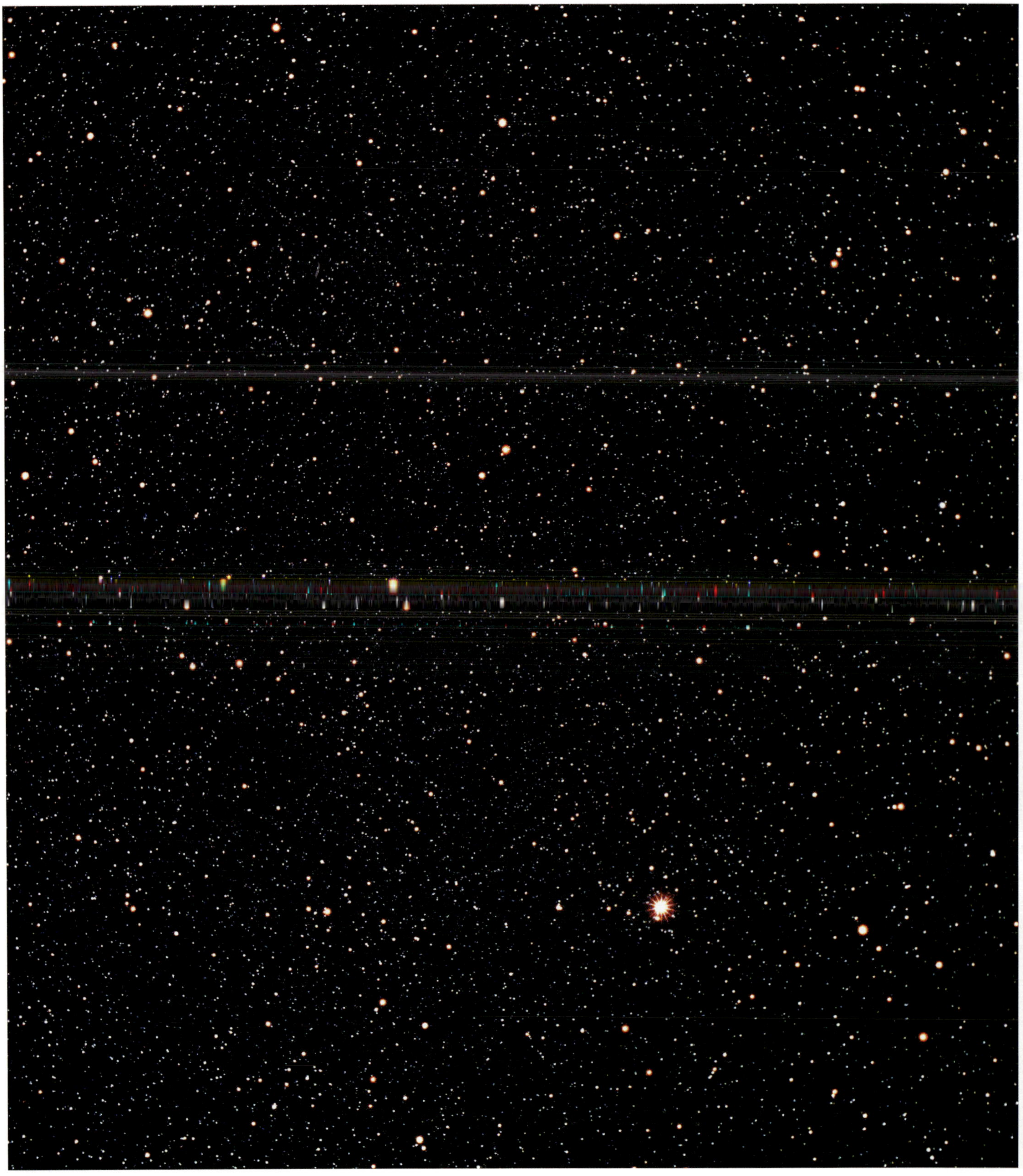

Abkürzung: Boo; deutscher Name: Bärenhüter oder Ochsentreiber.

Mythologischer Hintergrund:
Für dieses Sternbild gibt es viele mythologische Erklärungen. Die Ägypter sahen in ihm den Hüter des Großen Bären oder den Ochsentreiber des Großen Wagens. Die griechische Mythologie verbindet ihn zum einen mit Ikarios. Dieser wurde von Schäfern erschlagen, woraufhin sich seine Tochter Erigone erhängte und sich deren Hund ertränkte. Alle drei wurden daraufhin als Bootes, Virgo und Canis minor an den Himmel versetzt. Zum anderen steht er für Arkas, den Sohn der Kallisto und des Zeus. Hera verwandelte Kallisto in eine Bärin, die Arkas, der sie nicht als Mutter erkannte, in einen Zeustempel jagte. Der Göttervater ergriff beide und versetzte sie als Bootes und Ursa maior an den Himmel.

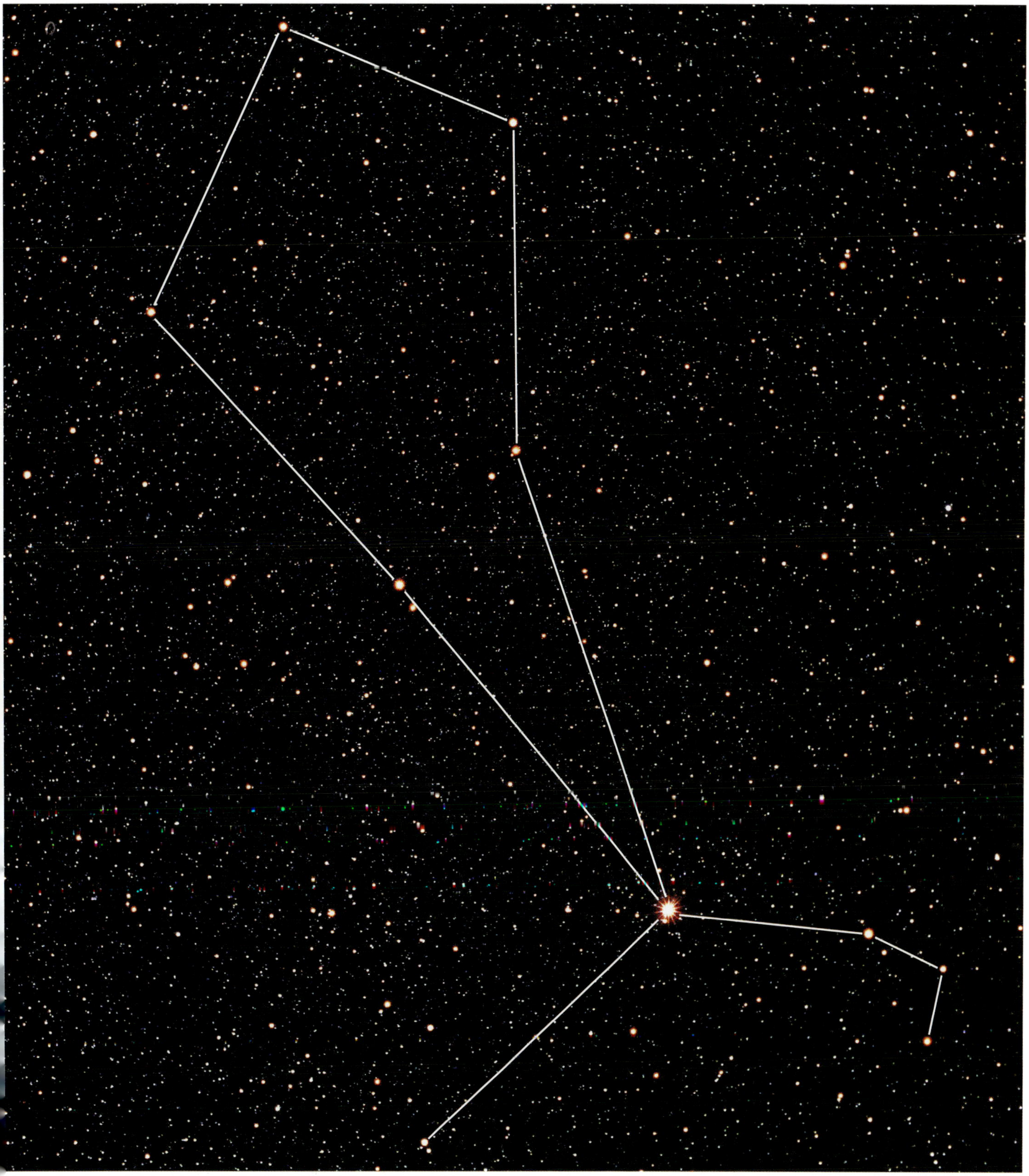

Besondere Objekte: das Dreifachsternsystem Alkalurops und der Doppelstern Izar.

Camelopardalis (Cam)

Abkürzung: Cam; deutscher Name: Giraffe.

Besondere Objekte: NGC 1502, NGC 2403, NGC 2523.

Camelopardalis

Allgemeines:
Das eher unscheinbare Sternbild Camelopardalis (Giraffe) ist das ganze Jahr über zu beobachten. Man findet es zwischen den Sternbildern Cassiopeia und Auriga (Fuhrmann) beziehungsweise dem Polarstern und Perseus. Camelopardalis enthält einige offene Sternhaufen, Galaxien und Reflexionsnebel, die sich aber erst bei der Betrachtung mit großen, lichtstarken Fernrohren als lohnende Objekte darstellen.

Mythologischer Hintergrund:
Zum Sternbild der Giraffe gibt es keine alte mythologische Legende. Es wurde erst zu Beginn des 17. Jahrhunderts von dem deutschen Mathematiker Jakob Bartsch beschrieben.

Rechts: Eine solche Galaxie vom Typ Sc ist auch im Sternbild Camelopardalis zu finden (NGC 2403). Die hier gezeigte Galaxie NGC 4603 ist jedoch eines der am weitesten entfernten Objekte, das je vom Hubble-Teleskop fotografiert wurde. Die Distanz der Galaxie zu unserer Erde beträgt ca. 108 Millionen Lichtjahre.

Der planetarische Nebel IC 3568 ist rund 9.000 Lichtjahre von uns entfernt. Er hat einen Durchmesser von 0,4 Lichtjahren, das entspricht dem rund 800fachen des Durchmessers unseres Sonnensystems.

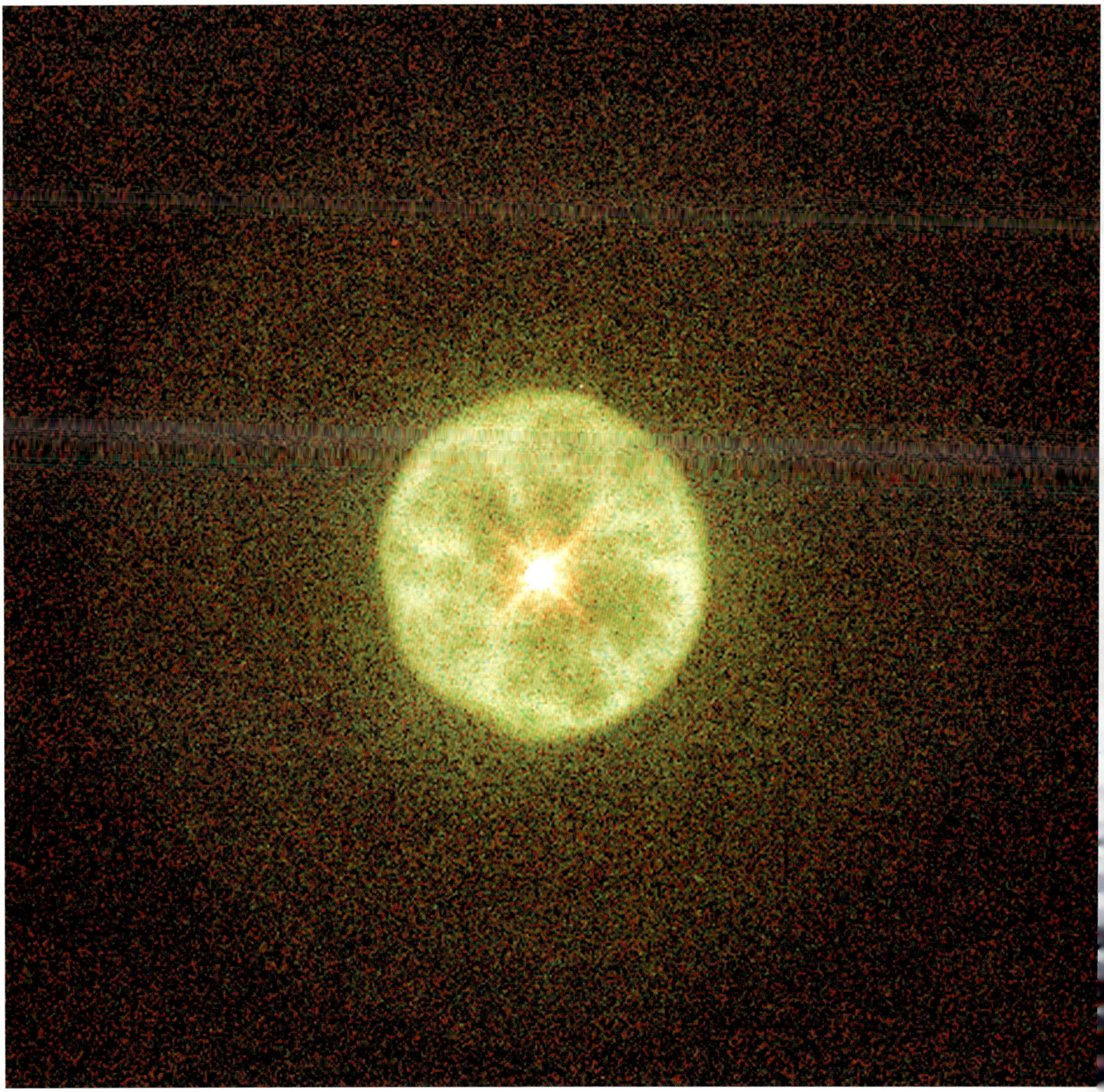

Cancer (Cnc)

Allgemeines:
Krebs (Cancer) ist ein wenig auffälliges Sternbild am Abendhimmel. Es liegt zwischen den Zwillingen und dem Löwen und ist am besten von Februar bis April zu beobachten. Der Hauptstern Acubens gehört lediglich zur 4. Größenklasse.

Im Krebs befindet sich der offene Sternhaufen Praesepe, der ca. 600 Sterne umfasst und zu den schönsten am Himmel zählt. Bereits mit einem Fernglas gelingt die Auflösung in Einzelsterne.

Mythologischer Hintergrund:
Hera, die Gemahlin des Zeus, hasste dessen unehelichen Sohn Herkules. Als dieser mit einer Wasserschlange kämpfte, sandte Hera einen Krebs aus, der Herkules zusätzlich in Bedrängnis bringen sollte.

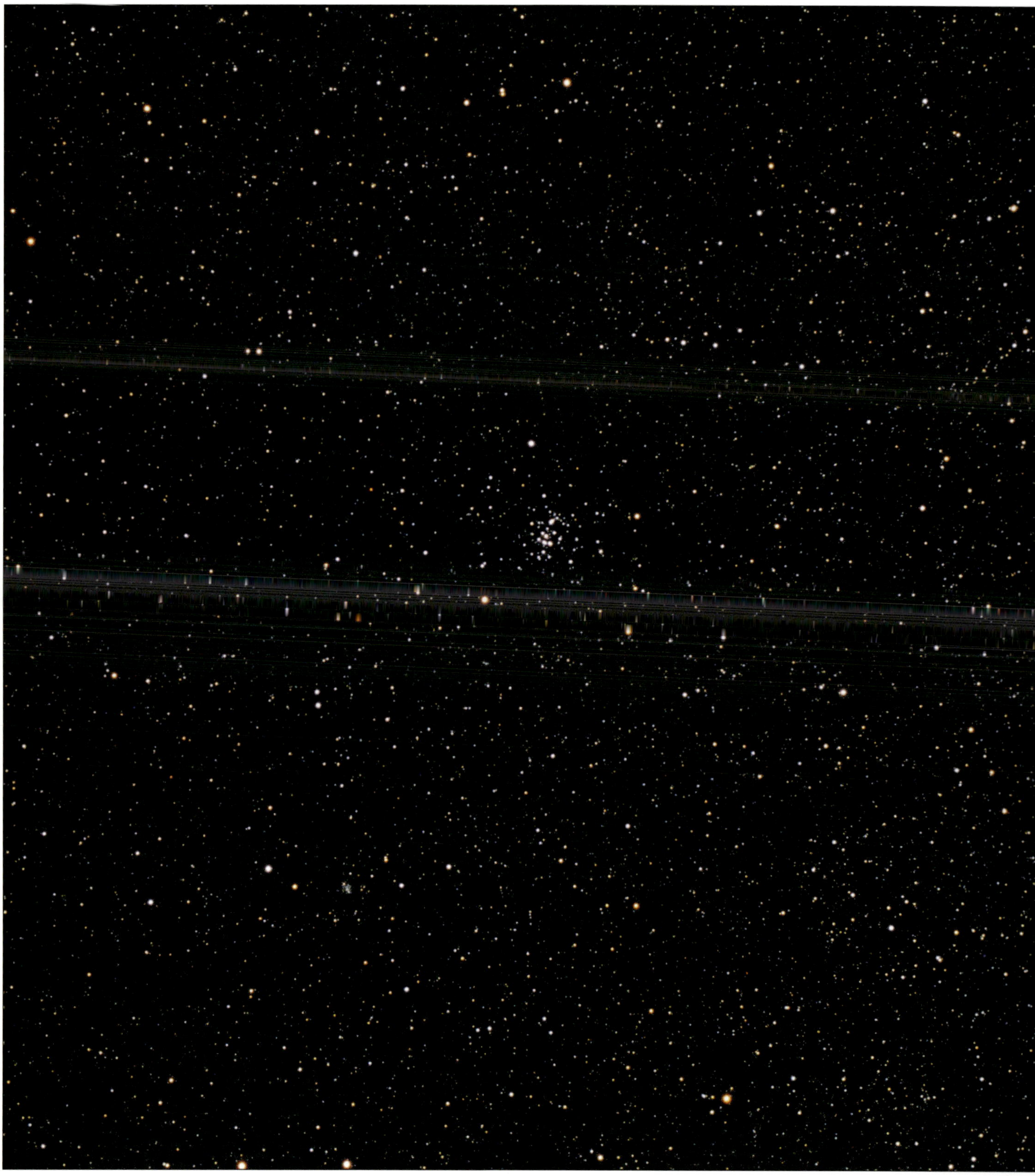

Abkürzung: Cnc; deutscher Name: Krebs.

Der Held Herkules besiegte jedoch nicht nur die Wasserschlange, sondern auch den Krebs. Um ihn dennoch zu ehren, setzte Hera daraufhin den Krebs als Sternbild an den Himmel. In seiner unmittelbaren Nähe befindet sich auch das mythologisch verwandte Sternbild der Wasserschlange.

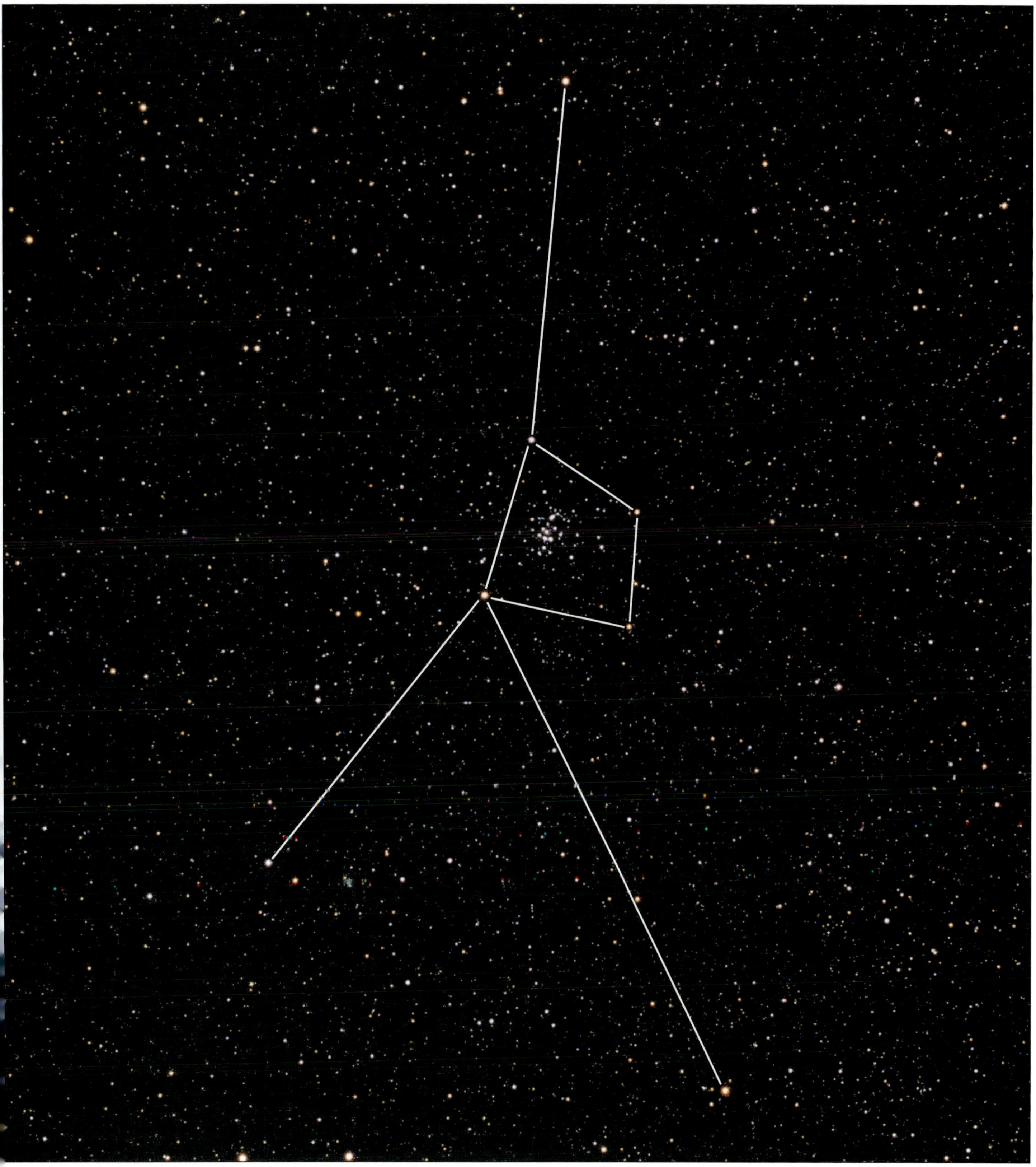

Besondere Objekte: M44 (Praesepe), M67, NGC 2623.

Canes Venatici/Coma Berenices (CVn/Com)

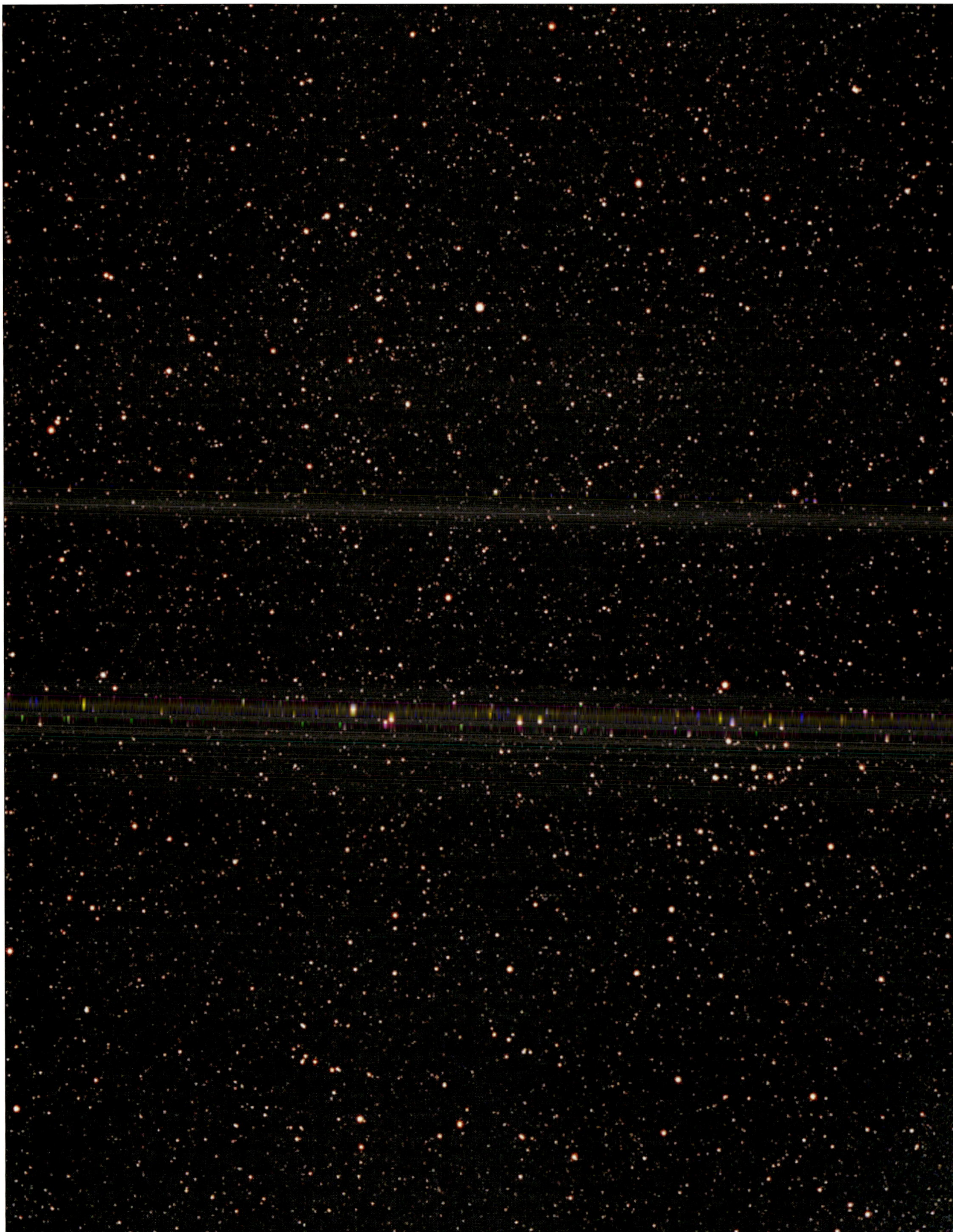

Abkürzung: CVn und Com; deutsche Namen: Jagdhunde und Haar der Berenike.

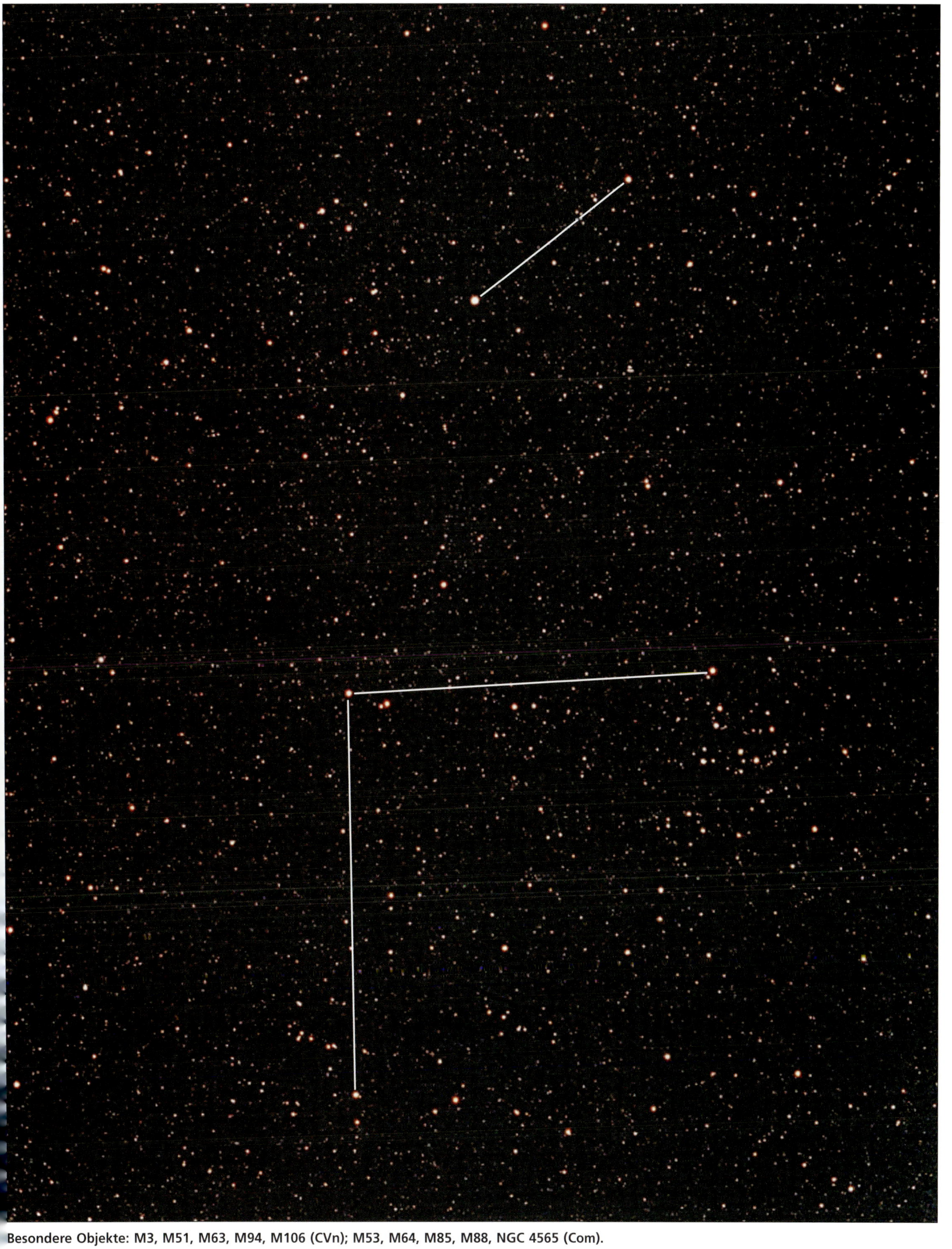

Besondere Objekte: M3, M51, M63, M94, M106 (CVn); M53, M64, M85, M88, NGC 4565 (Com).

Canes Venatici und Coma Berenices

Rechts: Die Spiralgalaxie M51 in den Jagdhunden ist eine der am häufigsten fotografierten Galaxien überhaupt. Sie ist sowohl für Amateur- als auch für Profiastronomen ein lohnendes Beobachtungsobjekt.

Allgemeines:
Das Sternbild Jagdhunde (Canes Venatici) gehört mit seinen Sternen der 4. und 5. Größenkategorie zu den eher unscheinbaren Konstellationen. Beachtung verdient es wegen mehrerer Spiralnebel (zum Beispiel M63 und M94) in seiner Nähe, die sich allerdings erst mithilfe eines größeren Fernrohrs zufriedenstellend betrachten lassen. Ebenfalls interessant ist der Stern Canum venaticorum, auch Cor Caroli (Karls Herz) genannt: Er ist ein Doppelstern, dessen eine Sonne darüber hinaus ein physikalisch veränderlicher Stern ist, d.h. dessen Gashülle pulsiert.

Auch im Sternbild Haar der Berenike (Coma Berenices) sind viele Galaxien zu finden. Sie bleiben Hobbyastronomen aber überwiegend verborgen, da für ihre genauere Betrachtung sehr lichtstarke Fernrohre notwendig sind. Bei der Beobachtung der Galaxie M88 lässt sich wenigstens deren Spiralstruktur erkennen.

Mythologischer Hintergrund:
Das Sternbild der Jagdhunde hat keinen klassischen Ursprung. Der deutsche Astronom Johannes Hevelius beschrieb es erstmalig 1690. Demnach sollen die Jagdhunde Asterion und Chara heißen und zusammen mit Bootes den Großen Bären um den Himmel jagen.

Das Sternbild Haar der Berenike wurde zu Beginn des 17. Jahrhunderts von dem bekannten Astronomen Tycho Brahe eingeführt. Es gibt dennoch eine klassische Geschichte dazu: Berenike, die Gattin des Königs Ptolomaeus Euergetes war in Sorge um ihren Mann, da dieser gegen die Assyrer in den Krieg gezogen war. Sie versprach den Göttern ihre schönen Haare, falls ihr Mann gesund zurückkäme. Dies geschah auch so und Berenike opferte ihre Haare in einem Tempel. Als der König eines Abends die Haare nochmals betrachten wollte, verweigerten ihm die Tempelwächter den Eintritt. Sie zeigten ihm das jetzige Sternbild und sagten ihm, die Haare seien von den Göttern an den Himmel versetzt worden.

Galaxienkollision in Coma Berenices: Zwei Spiralgalaxien sind gerade dabei, zu einer Supergalaxie (NGC 4676) zu verschmelzen. Wegen des langen Schweifes aus Gas und Sternen wird diese Konstellation auch schlicht „Die Maus" genannt. Sie gewährt uns einen Blick in die Zukunft unserer Galaxie: In mehreren Millionen Jahren wird die Milchstraße mit der Andromedagalaxie kollidieren; hier könnte sich dann ein ähnliches Bild ergeben.

Canis Maior (Cma)

Allgemeines:
Der Große Hund (Canis Maior) ist von Dezember bis April zu sehen und liegt südöstlich des Orion. Er beherbergt mit Sirius den hellsten Fixstern des Nordhimmels. Diesen findet man im Südosten des Gürtels des Orion. Zusammen mit Procyon, Castor und Pollux, Capella, Aldebaran und Rigel bildet er das Wintersechseck.

Mythologischer Hintergrund:
Der Große Hund folgt gemeinsam mit dem Kleinen Hund (Canis Minor) dem Himmelsjäger Orion. In einer anderen Legende steht der Große Hund für den Höllenhund Kerberos, der die Schwelle zur Unterwelt bewacht und die Aufgabe hat, jeden zu verschlingen, der der Unterwelt zu entkommen versucht. Zudem darf er keinen lebendigen Sterblichen hineinlassen. Kerberos war ein Nachkomme von Echidne und Typhon, zwei furchtbaren Ungeheuern: Echidne war zur Hälfte eine Frau, zur anderen Hälfte eine abscheuliche Schlange. Sie lebte in einer tiefen Höhle und fraß nur Menschenfleisch. Typhon hatte Schlangen anstelle von Bei-

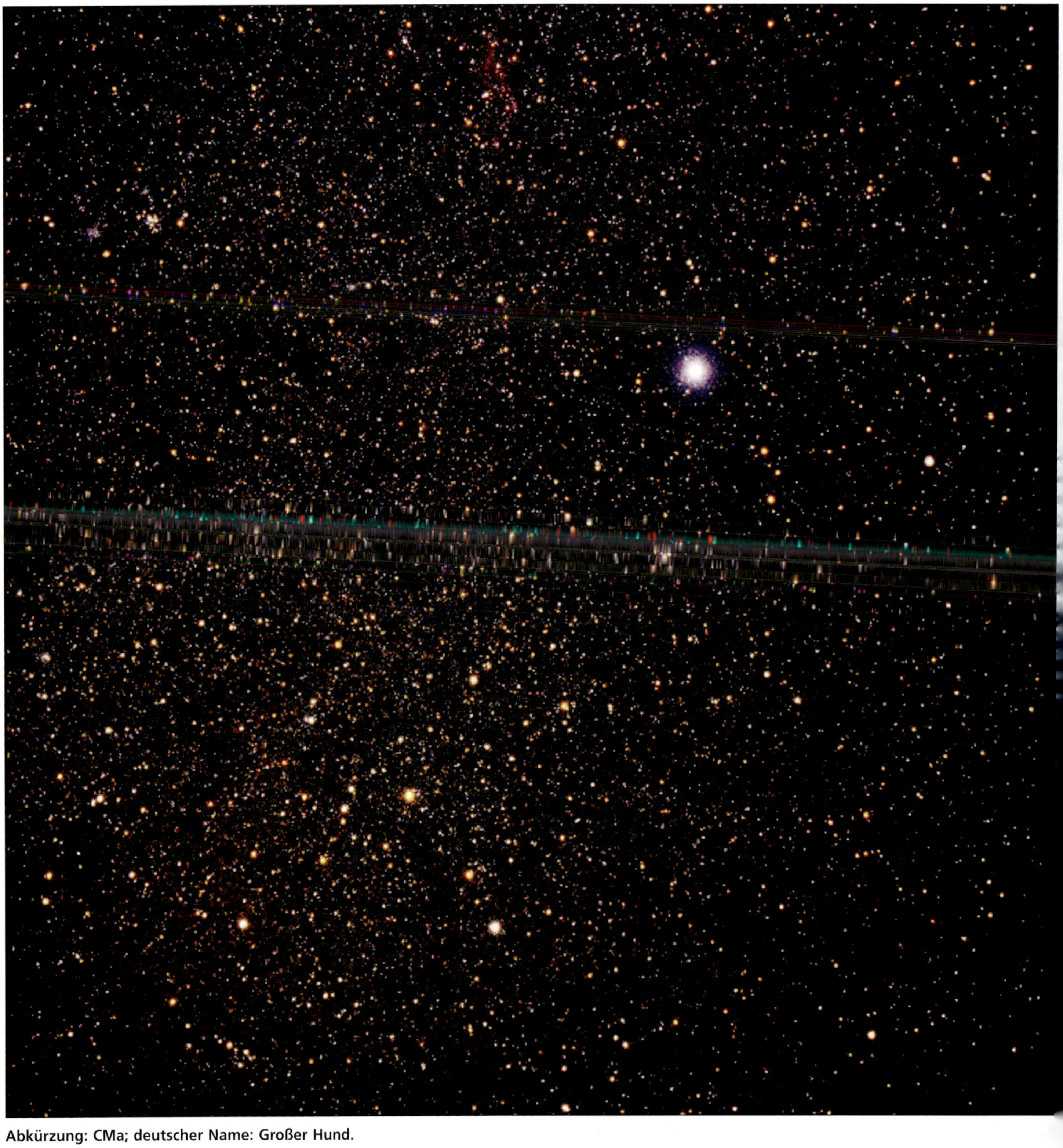

Abkürzung: CMa; deutscher Name: Großer Hund.

nen, statt Händen trugen seine Arme Schlangenköpfe und aus dem Maul seines grässlichen Eselshauptes brach glühende Lava hervor, sobald er es öffnete. Kerberos stand seinen Eltern an Hässlichkeit in nichts nach: Er hatte drei Köpfe und auch aus seinem Rücken wuchsen Schlangenköpfe; zudem verfügte er über einen stacheligen Schwanz, der eine gefährliche Waffe war. Die zwölfte Aufgabe, die Eurysteus dem Herakles stellte, bestand darin, Kerberos zu fesseln und aus der Unterwelt ans Tageslicht zu bringen. Als Herkules dies gelang, bellte und brüllte Kerberos. Aus seinen Mäulern spritzte dabei widerlicher Geifer auf die Wiesen und Felder. Aus jedem Tropfen wuchs eine Giftpflanze, der blaue Eisenhut.

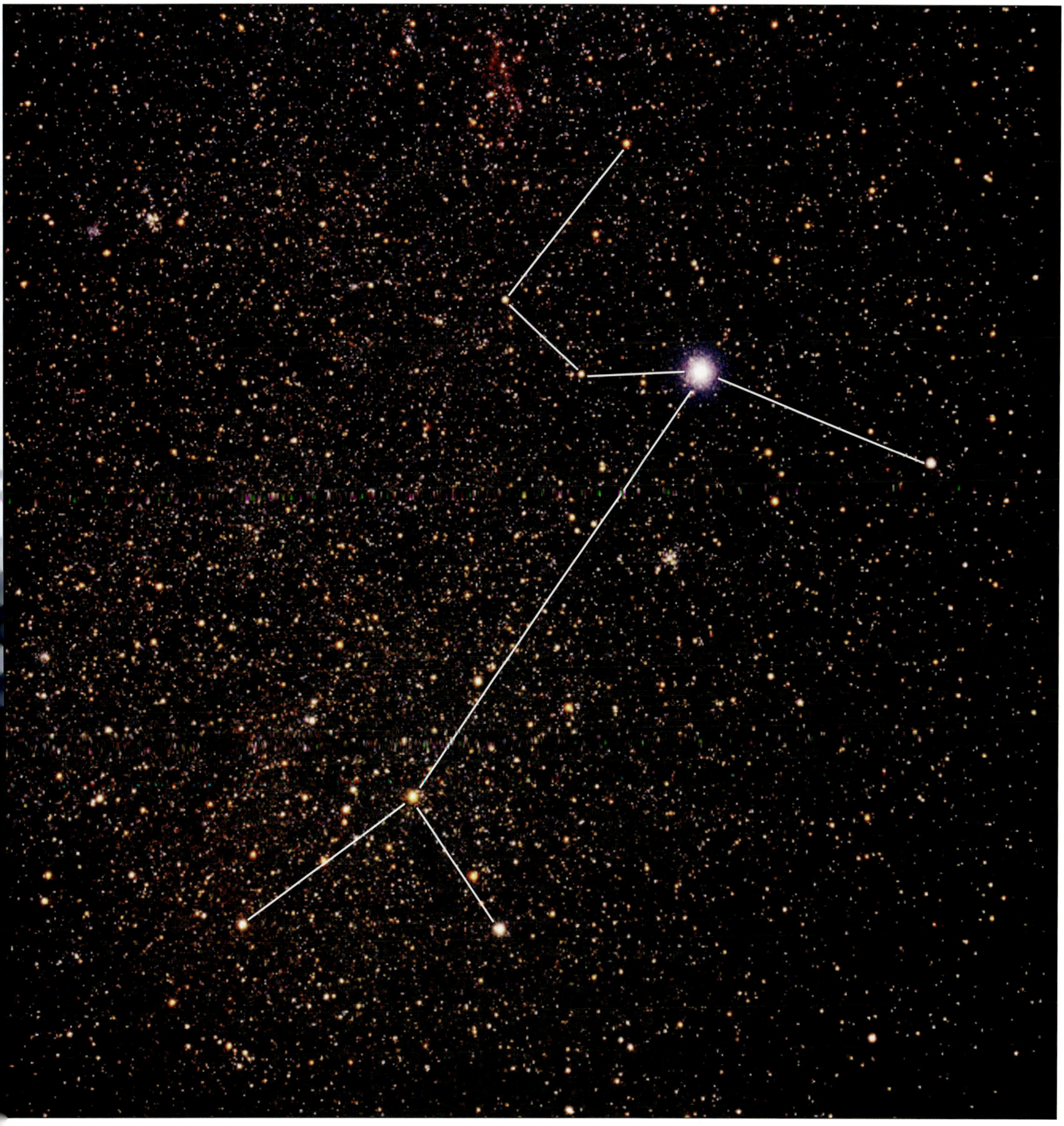

Besondere Objekte: der Doppelstern Izar sowie das Dreifachsternsystem Alkalurops.

Canis Minor/Monoceros (CMi/Mon)

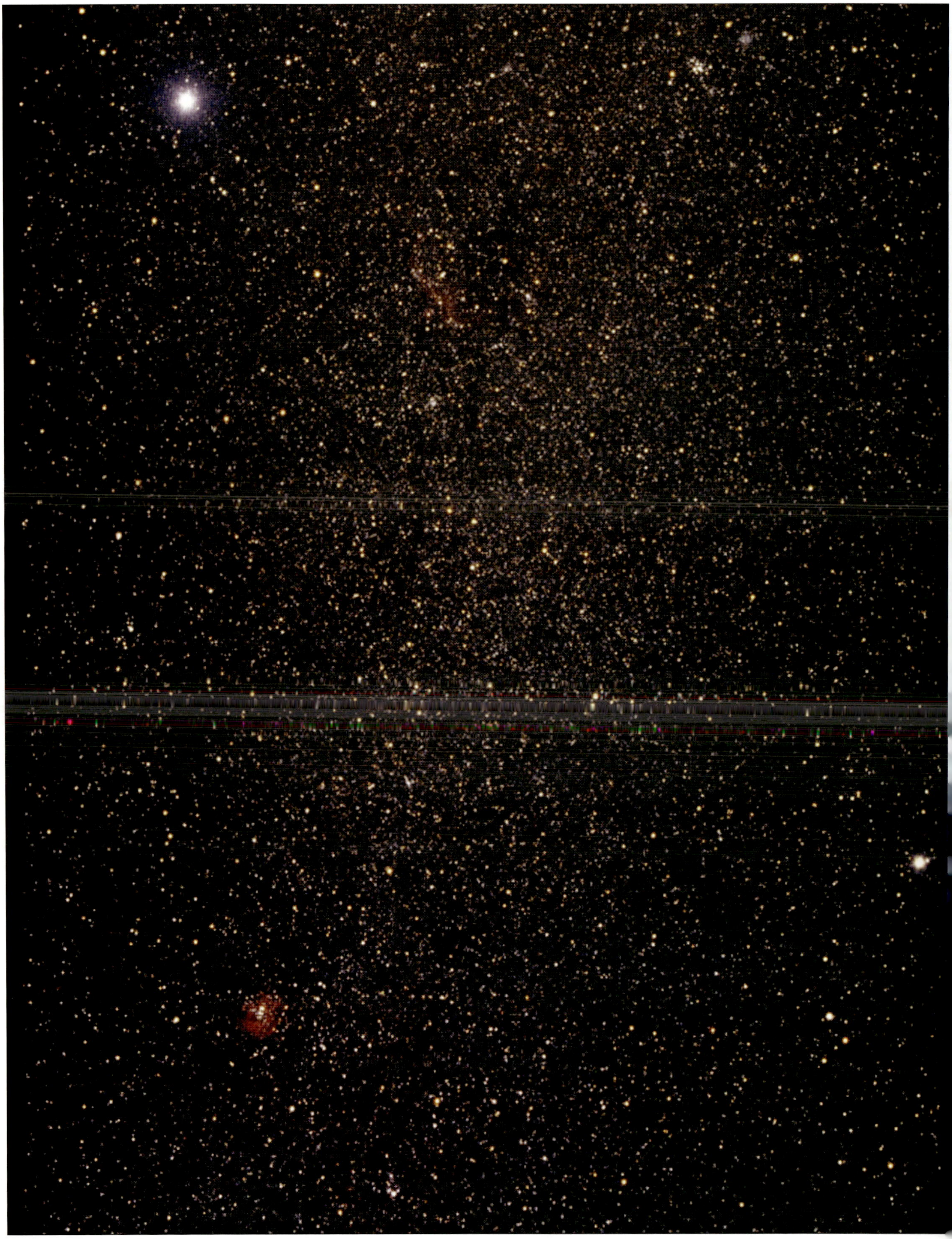

Abkürzung: CMi und Mon; deutsche Namen: Kleiner Hund und Einhorn.

Besondere Objekte: NGC 2237-9, NGC 2244, NGC 2264.

Canis Minor und Monoceros

Allgemeines:
Das Sternbild Kleiner Hund (Canis Minor) ist wenig ausgedehnt und recht unscheinbar. Am besten lässt es sich von Dezember bis Mai beobachten. Es liegt östlich des Orion auf der Höhe des linken Schultersterns Beteigeuze (Betelgeuse). Mit bloßem Auge sind nur die beiden hellsten Sterne, Procyon und Gomeisa, gut zu sehen. Procyon bildet mit Castor und Pollux, Capella, Aldebaran, Rigel und Sirius das Wintersechseck.
Das Einhorn (Monoceros) ist ebenfalls zwischen Dezember und Mai zu beobachten. Das unauffällige Sternbild liegt zwischen den Zwillingen (Gemini), Orion und dem Großen Hund (Canis Maior). Das Band der Milchstraße durchzieht das Einhorn, das viele offene Sternhaufen sowie helle, diffuse Nebel enthält. Zu ihnen gehört auch der Rosettennebel, der in seinem Inneren einen Sternhaufen beherbergt. Ihn kann man sogar mit bloßem Auge beobachten.

Mythologischer Hintergrund:
Für die Griechen war Canis Minor der kleinere der beiden Hunde, die dem Jäger Orion folgten. Anderen Legenden nach gehören beide Hunde zu Diana, der Göttin der Jagd, beziehungsweise zu Helena von Troja, der legendären Schönheit.

Einer weiteren Erzählung nach handelt es sich beim Kleinen Hund um den Hund der Erigone, der Tochter des einfachen Bauern Ikarios. Von Dionysos hatte dieser die Kunst des Weinkelterns erlernt. Eine Kostprobe hatte er einer Gruppe von Schafhirten angeboten, die sich aber aus Leichtsinn am Wein betranken. Da sie sich von Ikarios vergiftet oder verzaubert glaubten, töteten sie diesen im Rausch. Nachdem sie wieder nüchtern geworden waren, beseitigten sie sorgfältig alle Spuren und begruben Ikarios unter einer Tanne. Seine Tochter Erigone wurde von ihrem Hund Maria an die Stelle geführt, an der die Hirten ihren Vater verscharrt hatten. Voller Verzweiflung erhängte sie sich an der Tanne. Das Orakel von Delphi klärte das Verbrechen auf. Die Hirten wurden bestraft und Maria als Kleiner Hund (Canis Minor) ans Firmament gesetzt. Dort findet man auch Ikarios als Bootes (Ochsentreiber), der den Winzerwagen (Großer Wagen) führt. Erigone leuchtet seitdem als Jungfrau (Virgo) am Himmel.

Das Einhorn war im Altertum nicht bekannt und wurde erst 1624 von Keplers Schwiegersohn Jakob Bartsch als Sternbild eingeführt.

Rechts: Eine kegelförmige Dunkelwolke liegt über NGC 2264. Wegen ihrer markanten Form wird sie auch „Conus" genannt. Die Entfernung von NGC 2264 im Sternbild Monoceros zur Erde beträgt etwa 4.500 Lichtjahre.

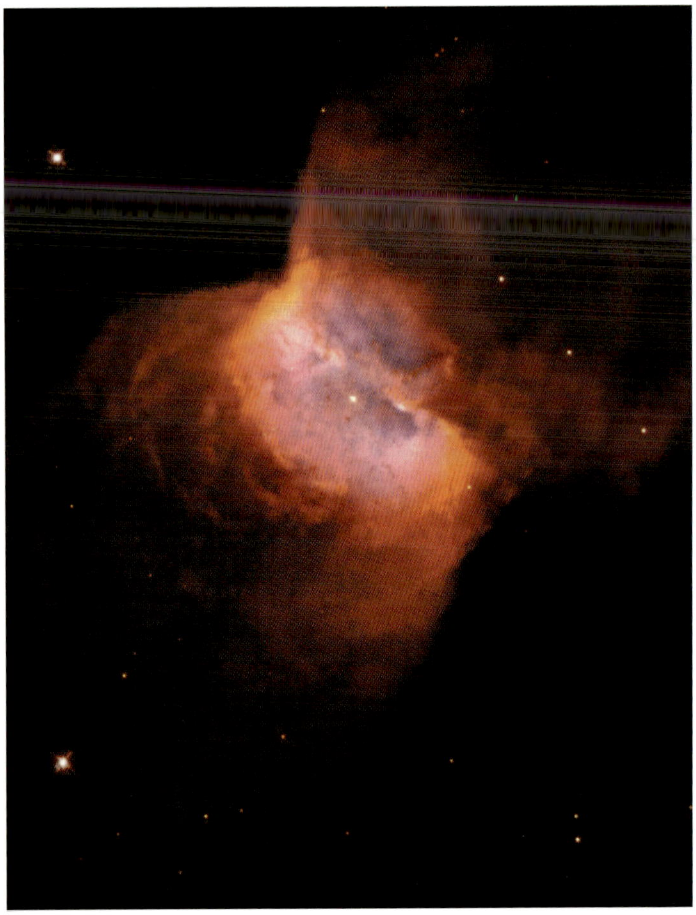

Beim Butterfly-Nebel (NGC 2346) im Monoceros handelt es sich um einen planetarischen Nebel, der wahrscheinlich aus einem Doppelsternsystem hervorging.

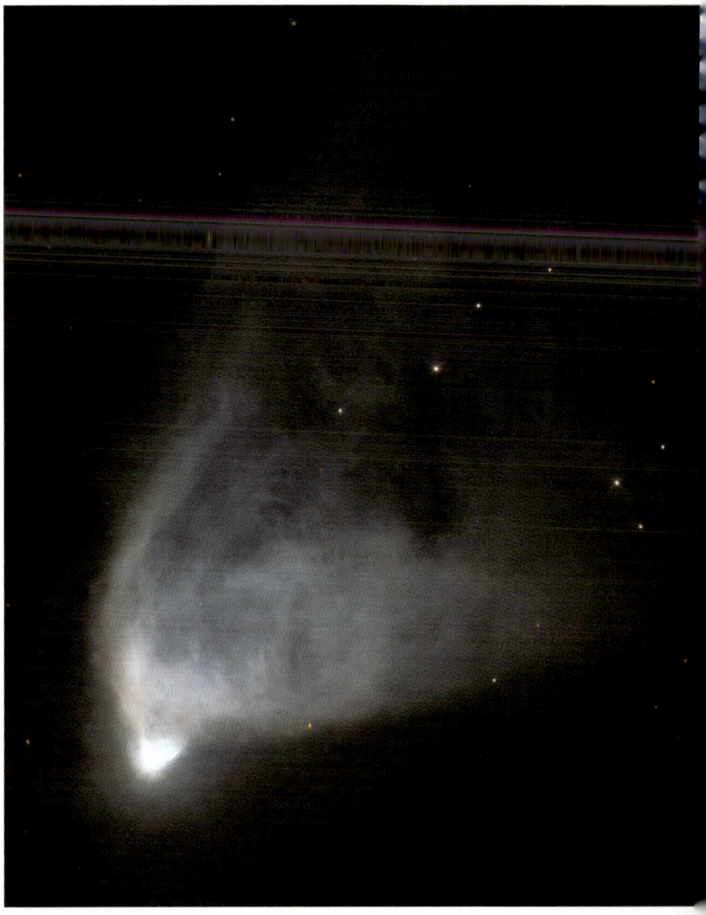

Hubble's veränderlicher Nebel (NGC 2261) um den Stern R Monocerotis. Der Stern selbst ist nur als heller Fleck links unten zu erkennen. Durch Bewegungen in der Gas- und Staubwolke ändert sich die Beleuchtung der Wolken durch den Stern.

Capricornus (Cap)

Allgemeines:
Das Tierkreissternbild Steinbock (Capricornus) kann man besonders gut in den Monaten August bis Oktober beobachten. Es liegt relativ weit südlich vom Kleinen Delphin. Das Sternbild des Steinbock ist eher unauffällig, da es lediglich von Sternen der 3. und der 4. Größenklasse gebildet wird. Sein Hauptstern heißt Al Giedi. In früherer Zeit nannte man den Steinbock selbst noch „Ziegenfisch".

Mythologischer Hintergrund:
Der Steinbock ist auf alten Bildern häufig als eine Mischung aus Ziege (stellvertretend für den Steinbock) und Fisch dargestellt. Folgende Legende erklärt die Herkunft dieses Zwitterwesens: Als die Tita-

Abkürzung: Cap; deutscher Name: Steinbock.

nen den Himmel stürmen wollten, verwandelten sich dessen Bewohner in Tiere. Der Wald- und Hirtengott Pan nahm dabei die Gestalt eines Ziegenfisches an. Zeus, der sich selbst in einen Leithammel verwandelt hatte, war von Pans Idee so begeistert, dass er den „Ziegenfisch" an den Himmel versetzte.

Besondere Objekte: M30.

Cassiopeia (Cas)

Abkürzung: Cas; deutscher Name: Kassiopeia.

Besondere Objekte: M52, NGC 7635, SN 1572.

Cepheus (Cep)

Abkürzung: Cep; deutscher Name: Kepheus.

Besondere Objekte: NGC 6946, IC 1396, NGC 7380.

Cassiopeia

Allgemeines:
Das Sternbild der Cassiopeia wird auch als „Himmels-W" bezeichnet und ist das ganze Jahr über sichtbar. Es liegt zwischen Andromeda, Camelopardalis (Giraffe) und Cepheus. Der hellste Stern ist der veränderliche Stern Schedir. Die offenen Sternhaufen M103 und M52 kann man mit einem normalen Fernglas beobachten.

Mythologischer Hintergrund:
Die äthiopische Königin Cassiopeia war die Gemahlin des Cepheus und die Mutter der Andromeda. Cassiopeias Hochmut, schöner zu sein als die Töchter des Nereus, beschwor dessen Zorn herauf. Zur Strafe sollte ihre Tochter Andromeda dem Meeresungeheuer (Cetus, Wal) geopfert werden. Perseus aber rettete Andromeda und heiratete sie. Cassiopeia, Cepheus, Andromeda und Perseus wurden an den Himmel gesetzt.

Der Emissionsnebel NGC 7635 (Bubble-Nebel) wird durch einen Wolf-Rayet-Stern zum Leuchten angeregt. Dieser Sterntyp ist extrem kurzlebig und sehr aktiv.

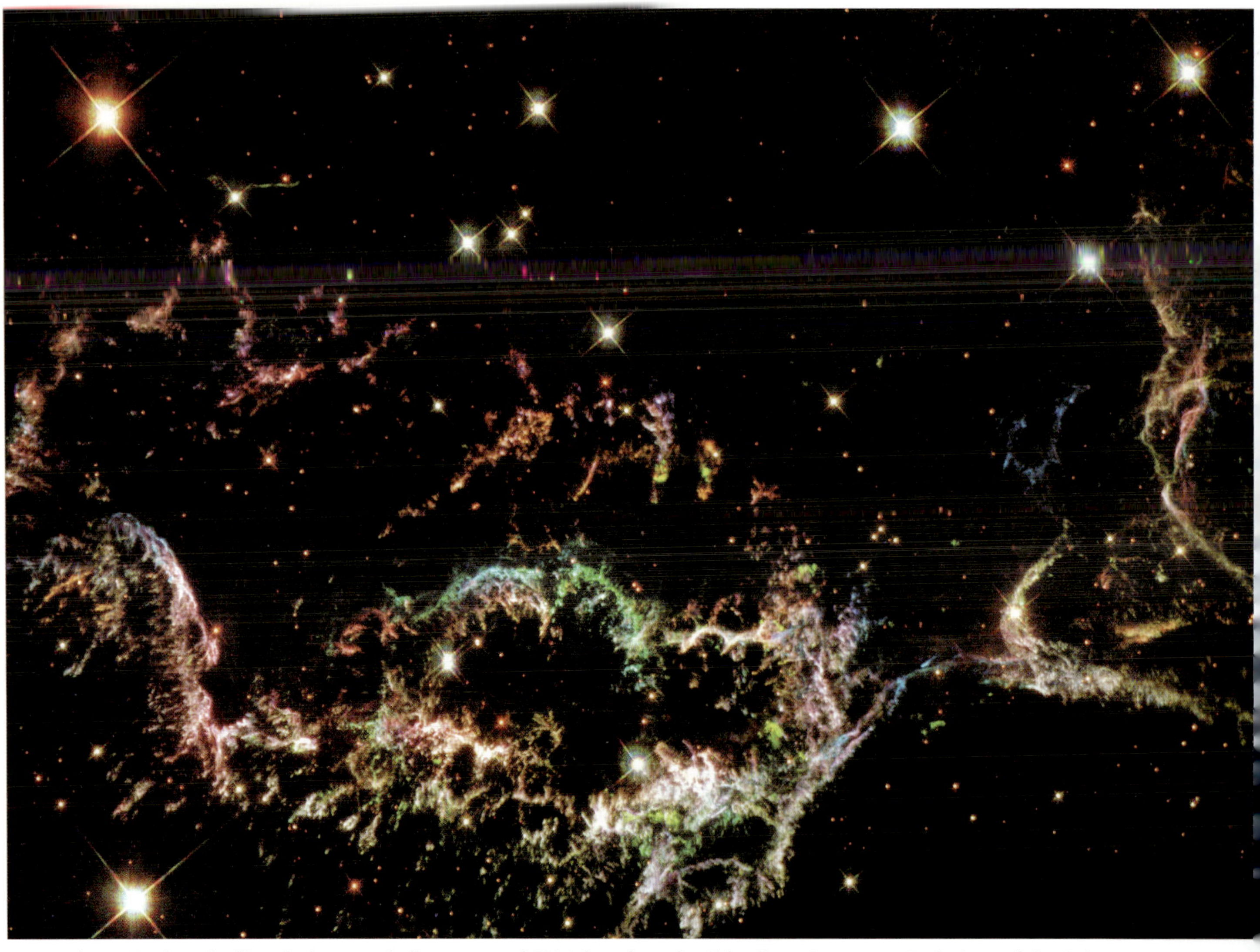

Vor rund 10.000 Jahren ist hier ein Stern explodiert, vor rund 320 Jahren kam das Licht dieser Supernova-Explosion auf der Erde an. Heute ist an dieser Stelle der jüngste Supernova-Überrest unserer Milchstraße zu beobachten.

Cepheus

Allgemeines:
Südlich des Polarsterns, eingerahmt von den Sternbildern Camelopardalis (Giraffe), Cassiopeia, Lacerta (Eidechse) und Draco (Drache), findet sich das Sternbild des Cepheus (Kepheus). Seine hellsten Sterne sind Alderamin und Alphirk. Der berühmteste jedoch ist Delta Cephei, ein streng periodisch pulsierender Stern, der zum Namensgeber der Cepheiden, einer ganzen Klasse von veränderlichen Sternen, wurde. Sein Pulsationsrhythmus beträgt etwas mehr als fünf Tage und ist gut zu beobachten. Nach einem raschen Anstieg der Helligkeit um fast eine Größenklasse fällt diese in der Folge langsam ab. Astronomen nutzen diesen strikten Helligkeitsrhythmus der Cepheiden für Entfernungsmessungen im All.

Weitere lohnende Beobachtungsobjekte im Sternbild Cepheus sind der tiefrot gefärbte Granatstern (My Cephei) und weiter südlich der offene Sternhaufen M39, der bereits zum Sternbild Cygnus (Schwan) gehört.

M39 lässt sich schon mit einem Fernglas in seine etwa 30 Einzelsterne auflösen. Hinter den dunklen Stellen, die sich in diesem Bereich gegen das helle Band der Milchstraße abheben, verbergen sich Dunkelwolken, unter anderen der Cocon-Nebel, ein Gasnebel.

Mythologischer Hintergrund:
Cepheus war ein legendärer äthiopischer König, Gatte der Cassiopeia und Vater der Andromeda. Als seine Frau die Nereiden, die 50 Töchter des Nereus, beleidigte, sollte seine Tochter dem schrecklichen Meeresungeheuer (Cetus, Wal) geopfert werden. Der antike Held Perseus aber rettete Andromeda und nahm sie zu seiner Gemahlin. Zusammen mit diesen beiden und seiner Frau Cassiopeia wurde Cepheus später in den Himmel gesetzt.

In rund 20 Millionen Lichtjahren Entfernung ist die Galaxie NGC 6946 vom Typ SABcd zu beobachten. Galaxien, die so wie diese sozusagen in der Draufsicht beobachtet werden können, nennt man auch „Face-on"-Spiralgalaxien.

Cetus (Cet)

Abkürzung: Cet; deutscher Name: Wal.

Besondere Objekte: M77, NGC 246, NGC 247.

Cetus

Allgemeines:

Das Sternbild des Wals (Cetus) ist sehr ausgedehnt und liegt zwischen dem Tierkreissternbild der Fische (Pisces) und dem galaktischen Südpol. Sein hellster Stern ist Deneb Kaitos, besonders beachtenswert aber vor allem der veränderliche Stern Mira, der bereits seit dem Ende des 16. Jahrhunderts von Astronomen beobachtet wird. Die Helligkeit dieses roten Riesen schwankt unregelmäßig zwischen der 3. und der 9. Größenklasse, die Veränderungsperiode selbst liegt zwischen 320 und 370 Tagen.

Etwas oberhalb von Mira befindet sich der Spiralnebel M77, der zu einer Gruppe von etwa 40 Galaxien gehört, die sich hier versammelt haben. Leider lohnt sich die Beobachtung all dieser Objekte nur mit sehr starken Fernrohren.

Mythologischer Hintergrund:

Der Wal steht für das Meeresungeheuer Ketos, das als Strafe für den Hochmut der Cassiopeia die Küste Äthiopiens verwüstete. Ihm sollte Perseus' spätere Ehegattin Andromeda geopfert werden. Ketus gehört somit zum Sagenkreis um diesen antiken Helden.

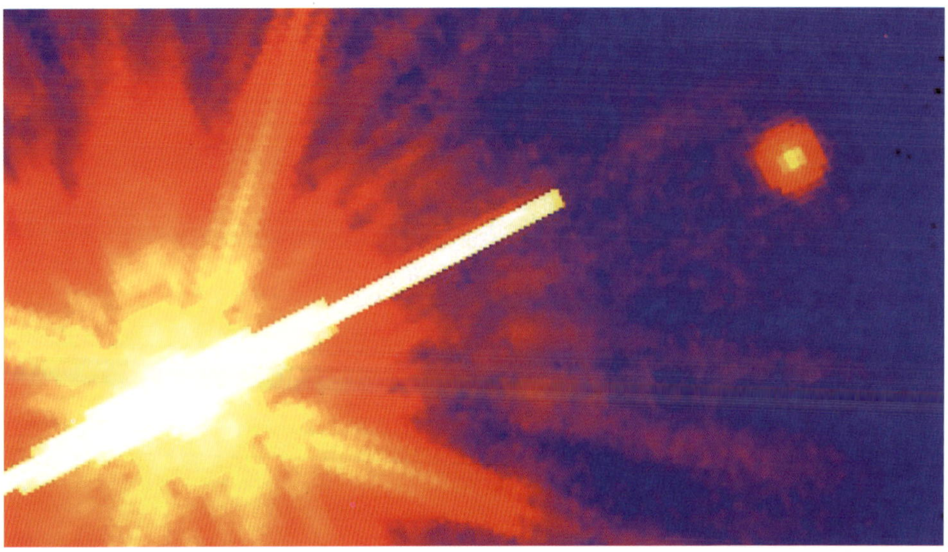

Das Bild zeigt den 27 Lichtjahre entfernten Zwergstern Gliese 105 a mit seinem Begleiter Gliese 105 c im Sternbild Cetus. Die Temperatur des Sterns Gliese 105 c von 2.600 Grad Celsius liegt zwischen den Normtemperaturen von Sternen und Planeten.

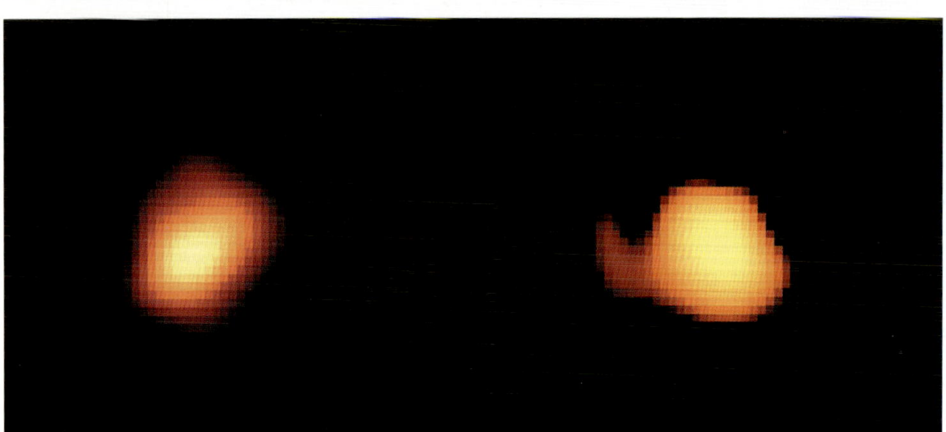

Omicron Ceti ist der hellste und vermutlich bekannteste Stern mit einer periodischen Helligkeitsschwankung. Der rote Riese (im Bild oben rechts) hat einen Begleitstern (im Bild oben links). Unten ist Omicron Ceti einmal im optischen Bereich (links) und einmal im ultravioletten Bereich (rechts) abgebildet.

Im Kern der Galaxie M77 (NGC 1068), Typ Sb, befindet sich eine starke Radioquelle.

Corona Borealis/Serpens (CrB/Ser)

Abkürzung: CrB und Ser; deutsche Namen: Nördliche Krone und (Haupt der) Schlange.

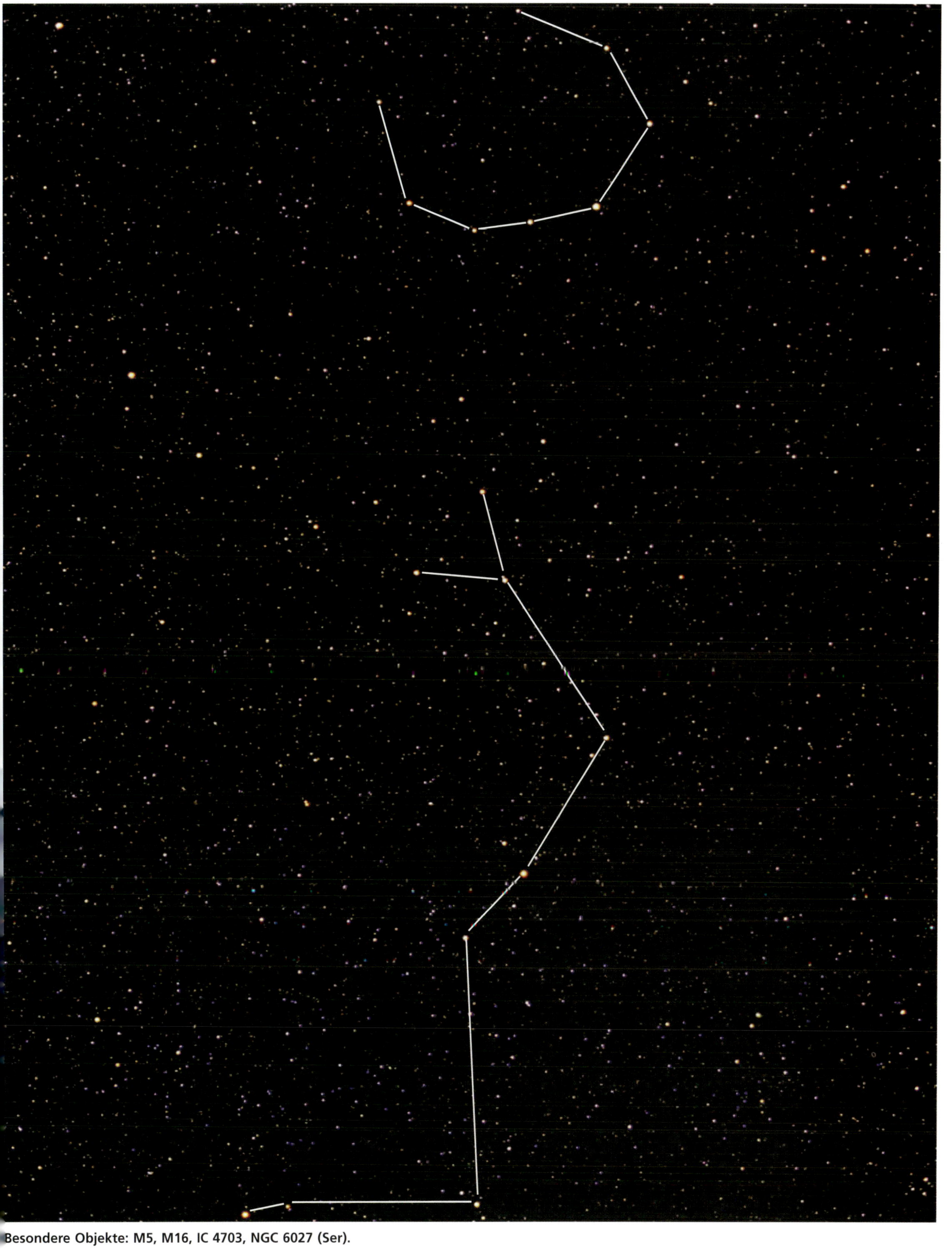

Besondere Objekte: M5, M16, IC 4703, NGC 6027 (Ser).

Corona Borealis und Serpens (Caput)

Allgemeines:

Die von März bis Oktober sichtbare Nördliche Krone (Corona Borealis) liegt östlich des „Cornets" (Eiswaffel) aus dem Sternbild Bärenhüter (Bootes). Mit Ausnahme ihres Hauptsterns Gemma (Edelstein) der 2. Größe gehören ihre Sterne der 4. Größenklasse an und bilden einen nach Norden offenen Bogen.

Das Sternbild Schlange teilt sich in den Kopf der Schlange (Serpens Caput) – ein von April bis Oktober sichtbares, kleines gleichseitiges Dreieck, das im Süden der Nördlichen Krone und des Herkules liegt – und dem sich im Süden anschließenden Schlangenschwanz (Serpens cauda). Der hellste Stern Unuk bildet den Nacken der Schlange. In diesem Sternbild gibt es einige offene Sternhaufen, Kugelsternhaufen und den hellen diffusen Nebel IC 4703, der auch als Adler-Nebel bekannt ist. Außerdem findet man in der Schlange Seyferts Sextett, das aus den Galaxien NGC 6027a–e besteht.

Mythologischer Hintergrund:

Die Nördliche Krone stellt das mit Edelsteinen besetzte Diadem dar, das Dionysos der Ariadne zum Hochzeitsgeschenk machte. Nach deren Tod schleuderte er es verzweifelt in den Himmel. Eine andere Deutung besagt, dass es sich um die Krone handelt, die Theseus der Ariadne als Dank für seine Rettung aus dem Labyrinth des Minotaurus schenkte.

Bei den Ureinwohnern Australiens heißt dieses Sternbild Woomera („Boomerang"). Die südamerikanischen Indianer im Gebiet des Rio Negro in Nordbrasilien sehen in der Nördlichen Krone ein Gürteltier, weil es dort am Himmel als nach unten offener Bogen erscheint.

Die Schlange gilt als das Tier, das dem Asklepios (Schlangenträger) ein Wunderkraut brachte, das Kranke heilt und Tote wiedererweckt.

Im Sternbild Corona Borealis ist der Galaxienhaufen Zw 7420 zu finden. Das Bild zeigt eindrucksvoll den Zusammenstoß zweier Galaxien: NGC 4038 und NGC 4039 bilden im Sternbild Rabe (Corvus) die „Antennengalaxie".

Der Kugelsternhaufen M5 im Sternbild der Schlange ist etwa 13 Milliarden Jahre alt und einer der massivsten Kugelhaufen, die unsere Galaxis umkreisen. Seine Entfernung zur Erde beträgt rund 25.000 Lichtjahre.

Crater/Corvus (Crt/Crv)

Allgemeines:
Der Becher (Crater) ist ein unauffälliges Sternbild westlich des Raben (Corvus). Seine drei hellsten Sterne bilden ein rechtwinkliges Dreieck, dessen Basis nach Süden zeigt. Alpha Crateris trägt auch den Namen Alkres („Krug"). Sichtbar ist Becher von März bis Juli. Der ebenfalls von März bis Juli sichtbare Rabe (Corvus) bildet ein fast rechteckiges, hohes Trapez südwestlich von Spica, dem hellsten Stern der Jungfrau. Die Sterne des Raben sind nicht sehr hell, dafür beherbergt dieser die interessante „Antennengalaxie" NGC-4038-39.

Mythologischer Hintergrund:
Der Becher stellt ursprünglich den goldenen Kelch des Apollon dar. Im Zuge der Christianisierung hat man ihn in Europa später aber auch zu einem der aus der Bibel bekannten steinernen Wasserkrüge von Kanaa oder dem „Kelch der Leiden Christi" umgedeutet.

Abkürzung: Crt und Crv; deutsche Namen: Becher und Rabe.

Der Rabe wurde einst von Apollon ausgesandt, um mit dem goldenen Becher frisches Quellwasser zu holen. Dabei tat er sich an süßen Feigen gütlich. Bei seiner Rückkehr brachte er zur Erklärung für seine Verspätung die Wasserschlange mit, die ihn aufgehalten habe. Zur Strafe verbannte Apollon alle drei an den Himmel.

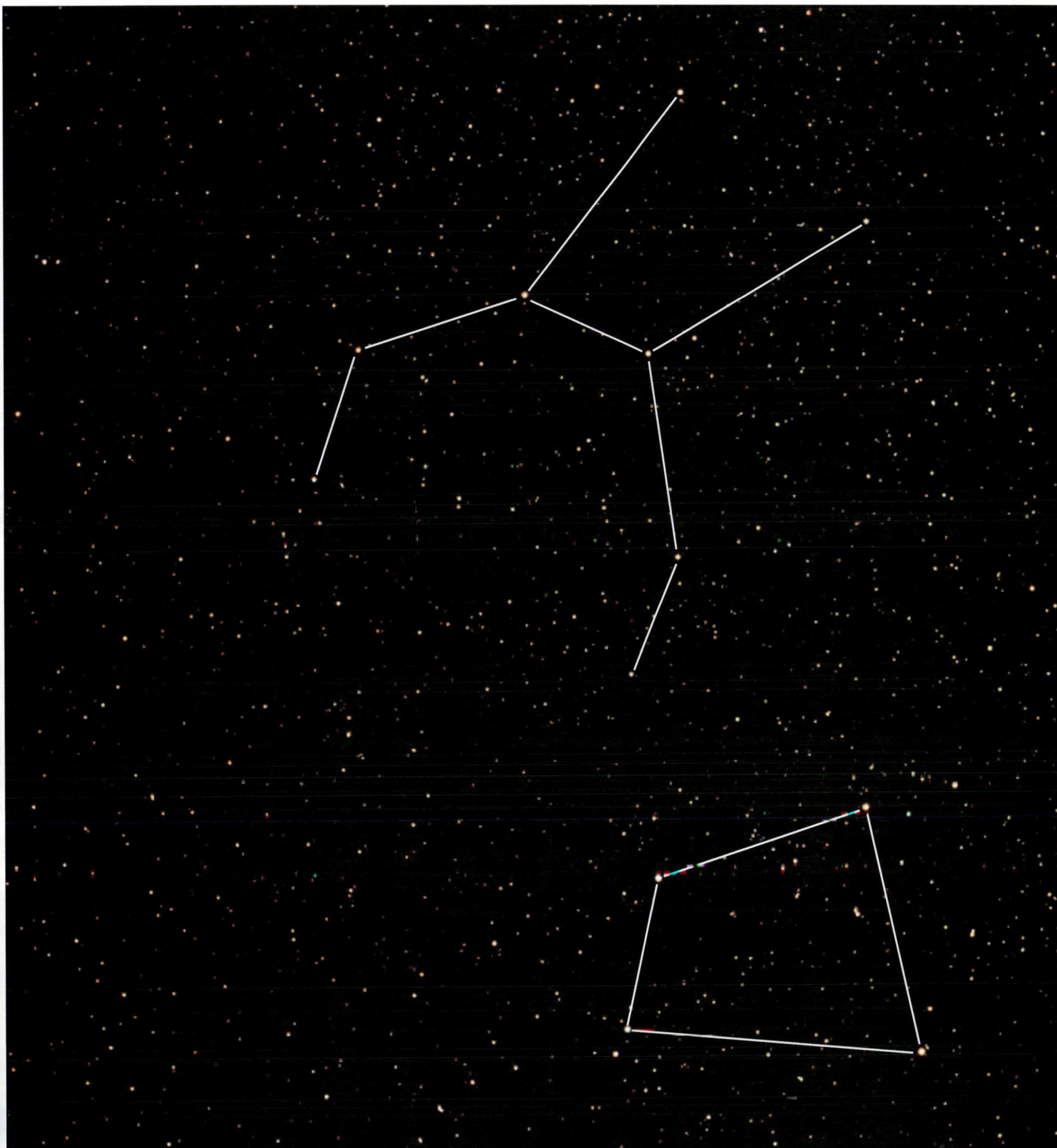

Besondere Objekte: NGC 4038–39, die „Antennengalaxie".

Cygnus/Lyra (Cyg/Lyr)

Abkürzung: Cyg und Lyr; deutsche Namen: Schwan und Leier.

Besondere Objekte: M56, M57 (Lyr); M39, NGC 7000, NGC 7027 (Cyg).

Cygnus und Lyra

Allgemeines:
Zwischen Lyra (Leier) und Pegasus liegt das Sternbild Cygnus (Schwan), das einen „fliegenden" Schwan mit ausgebreiteten Schwingen darstellt. Den Kopfstern Albireo kann man schon im Fernglas als Doppelstern mit unterschiedlichen Farben erkennen. Den Schwanzstern bildet Deneb, neben dem der berühmte Nordamerika-Nebel zu finden ist.

In der Nachbarschaft des Schwans liegt die Lyra (Leier), ein sehr kompaktes, aus fünf Hauptsternen bestehendes Sternbild. Ihr hellster Stern, Wega, ist einer der hellsten Sterne des nördlichen Himmels und sticht deutlich hervor. Doch auch die anderen Sterne sind interessant. Eine astronomische Besonderheit ist zum Beispiel Beta Lyrae – ein Doppelstern, der schon mit dem Fernglas als solcher zu erkennen ist. Epsilon Lyrae ist bei gutem Sehvermögen sogar mit bloßem Auge als Doppelstern erkennbar. Betrachtet man ihn jedoch mit einem stärkeren Fernrohr, erkennt man, dass beide Komponenten dieses Doppelsternsystems selbst wieder Doppelsterne sind!

Zwischen Beta und Gamma Lyrae liegt der planetarische Nebel M57, der besser unter dem Namen „Ringnebel in der Leier" bekannt ist. Größere Fernrohre zeigen die Ringform des Nebels, sehr starke Instrumente lassen sogar den Zentralstern erkennen, dessen ultraviolette Strahlung den Nebel zum Leuchten bringt.

Mythologischer Hintergrund:
Zur Entstehung des Sternbilds Schwan gibt es zwei unterschiedliche Legenden: Zum einen erzählt die Mythologie von König Kygnos, einem Freund Phaetons, dem Sohn des Sonnengottes Helios. Als Phaeton ausnahmsweise seines Vaters Himmelswagen fuhr, verlor er die Kontrolle über diesen und verwüstete dabei die Erde. Daraufhin schleuderte Zeus einen seiner Blitze nach ihm. Phaeton stürzte in den Eridanus, den Fluss am Ende der Welt. Kygnos sah den Absturz seines Freundes und sprang in den Fluss, um Phaeton zu retten. Als er immer wieder nach dem Körper seines Freundes tauchte, soll er wie ein Schwan ausgesehen haben. Am Ende hatten die Götter ein Einsehen mit dem Verzweifelten und versetzten ihn an den Himmel.

Die zweite Legende geht wieder einmal auf eine Verwandlung des Zeus zurück: Dieser näherte sich der schönen Leda in Gestalt eines Schwanes. Aus der Verbindung mit ihr entstanden der unsterbliche Pollux, der zusammen mit seinem Zwilling, dem sterblichen Kastor, geboren wurde. Dem Brüderpaar ist das Sternbild Gemini (Zwillinge) gewidmet.

Die Leier wurde nach der griechischen Mythologie von Hermes erfunden. Sie kam später in den Besitz Apollons, der sie wiederum seinem Sohn Orpheus schenkte. Dieser wusste sie so vortrefflich zu spielen, dass er sogar Hades, den Herrscher der Unterwelt, mit seinem Spiel erweichen konnte: Orpheus erwirkte mit seinem Gesang von Hades die Erlaubnis, seine verstorbene Gattin Euridyke aus der Totenwelt zurück ins Leben zu führen. Er musste allerdings versprechen, sich auf dem Weg ins Licht nicht nach ihr umzudrehen. Da er gegen diese Bedingung verstieß, verlor er Euridyke ein zweites Mal. Das Sternbild erinnert an diese traurige Geschichte.

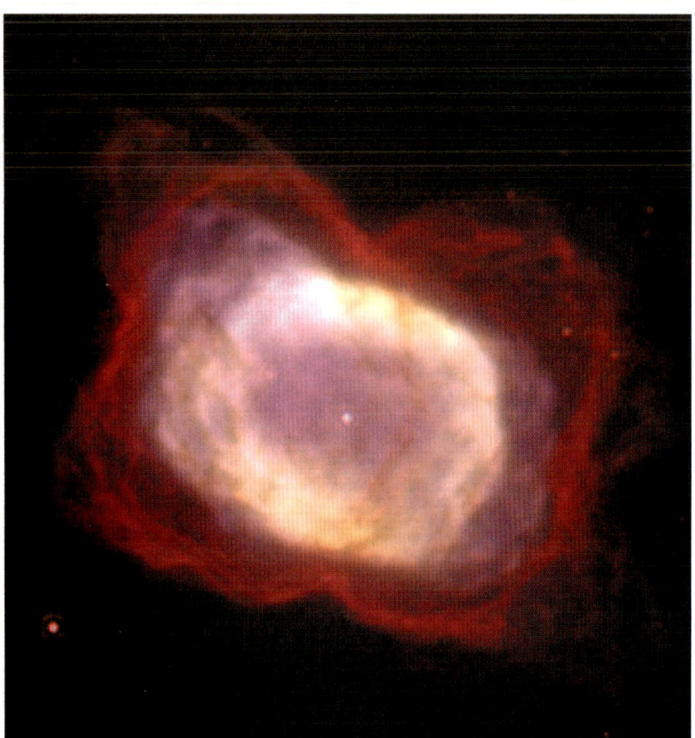

Der kleine planetarische Nebel NGC 7027 im Schwan ist rund 3.000 Lichtjahre von der Erde entfernt.

Eine große Galaxie (NGC 6745) verleibt sich eine kleinere Nachbarin ein. Dabei entstehen keine Schäden, die Galaxien „gleiten" ineinander.

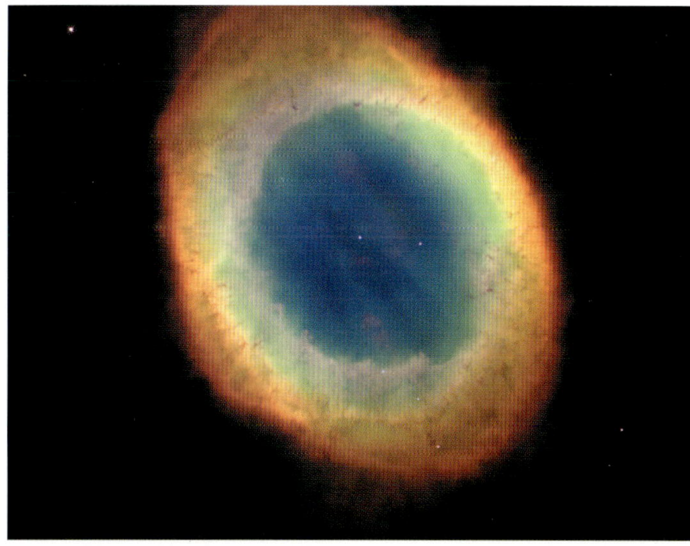

Der Ringnebel in der Leier (M57), ein Paradebeispiel für einen planetarischen Nebel. Die Gasblase expandiert mit einer Geschwindigkeit von 20 Kilometern pro Sekunde.

Der Crescent-Nebel im Schwan, der den superaktiven, extrem kurzlebigen Stern Wolf-Rayet 139 umgibt.

Delphinus/Equuleus (Del/Equ)

Allgemeines:
Das kleine, von Juni bis Dezember sichtbare Sternbild des Delphins hat die Form einer Raute mit einem Schwänzchen am südlichen Ende. Es gehört zu den wenigen Sternbildern, dessen Form auch heute noch zu seinem Namen passt, und liegt nordöstlich von Atair, dem hellsten Stern im Sternbild Adler (Aquila). In diesem sehr sternreichen Gebiet der Milchstraße sind häufig auch Supernovae zu beobachten. In der Nachbarschaft des Delphins liegen das Füchslein (Vulpecula) und der Pfeil (Sagitta). Die beiden hellsten Sterne des Delphins, Sualocin und Rotanev, tauchen das erste Mal im Palermo-Katalog von 1814 auf. Rückwärts gelesen lauten ihre Namen Nicolaus Venator, was die latinisierte Form von Niccolo Cacciatore ist. Dieser italienische Astronom war als Assistent von Giuseppe Piazzi Mitarbeiter am Palermo-Observatorium.

Das Füllen oder kleine Pferd (Equuleus) ist das zweitkleinste Sternbild und sehr unscheinbar. Es liegt östlich des Delphins neben dem Kopf des Pegasus und ist von Juni bis Dezember zu beobachten. Der hellste Stern, Alpha Equulei, trägt auch den Namen Kitalpha beziehungsweise Kitel Phard („kleines Pferd").

Abkürzung: Del und Equ; deutscher Name: Delphin und Füllen.

Mythologischer Hintergrund:
Das Sternbild des Delphins war schon den Griechen bekannt. Der Sage nach waren Delphine Boten des Meeresgottes Poseidon. Als Poseidons Sohn Arion auf einem Schiff angegriffen wurde, retteten Delphine ihm das Leben und noch heute gelten sie als Freunde des Menschen.

Eine andere Sage handelt vom römischen Meeresgott Neptun, der in der römischen Sagenwelt den Platz des Poseidon in der griechischen einnimmt. Neptun überredete einen Delphin, für ihn um die schöne Seenymphe Amphitrite zu werben, da diese anfangs kein Interesse an Neptun gezeigt hatte. Nachdem der Delphin erfolgreich gewesen war, erhob Neptun ihn zum Dank ans Firmament. Das Füllen gilt der Sage nach als Celeris, der Bruder des Pegasus. Einer anderen Deutung nach soll es ein Geschenk von Hermes (Merkur) an Kastor, den Bruder des Pollux, sein.

Besondere Objekte: NGC 6934, NGC 7006 (Del).

Draco (Dra)

Allgemeines:

Eingerahmt von den Sternbildern Cepheus sowie dem Großen und dem Kleinen Bären, reckt der Drache sein Maul dem Herkules entgegen. Im Drachen gibt es einige schöne Doppelsterne, für deren Auflösung man allerdings ein Fernrohr benötigt. Schon mit einem einfachen Fernglas ist der Doppelstern Ny Draconis aufzulösen, der mit den „Maul-Sternen", Alwaid und Etamin, ein rechtwinkliges Dreieck bildet.

Mythologischer Hintergrund:

Eine der zwölf Aufgaben, die Eurysteus, König von Argos, Herkules gestellt hatte, bestand darin, die goldenen Äpfel der Hesperiden herbeizuschaffen, deren Verzehr ewige Jugend versprach. Die Äpfel

Abkürzung: Dra; deutscher Name: Drache.

wurden von dem Drachen Ladon und den Töchtern des Atlas bewacht. Herkules tötete den Drachen mit einem Pfeil und bat dann Atlas, die Äpfel für ihn zu pflücken. Er versprach, so lange die Welt für ihn zu tragen. Atlas holte die Äpfel, war dann aber nur mit List dazu zu bringen, seine alte Bürde wieder auf sich zu nehmen.

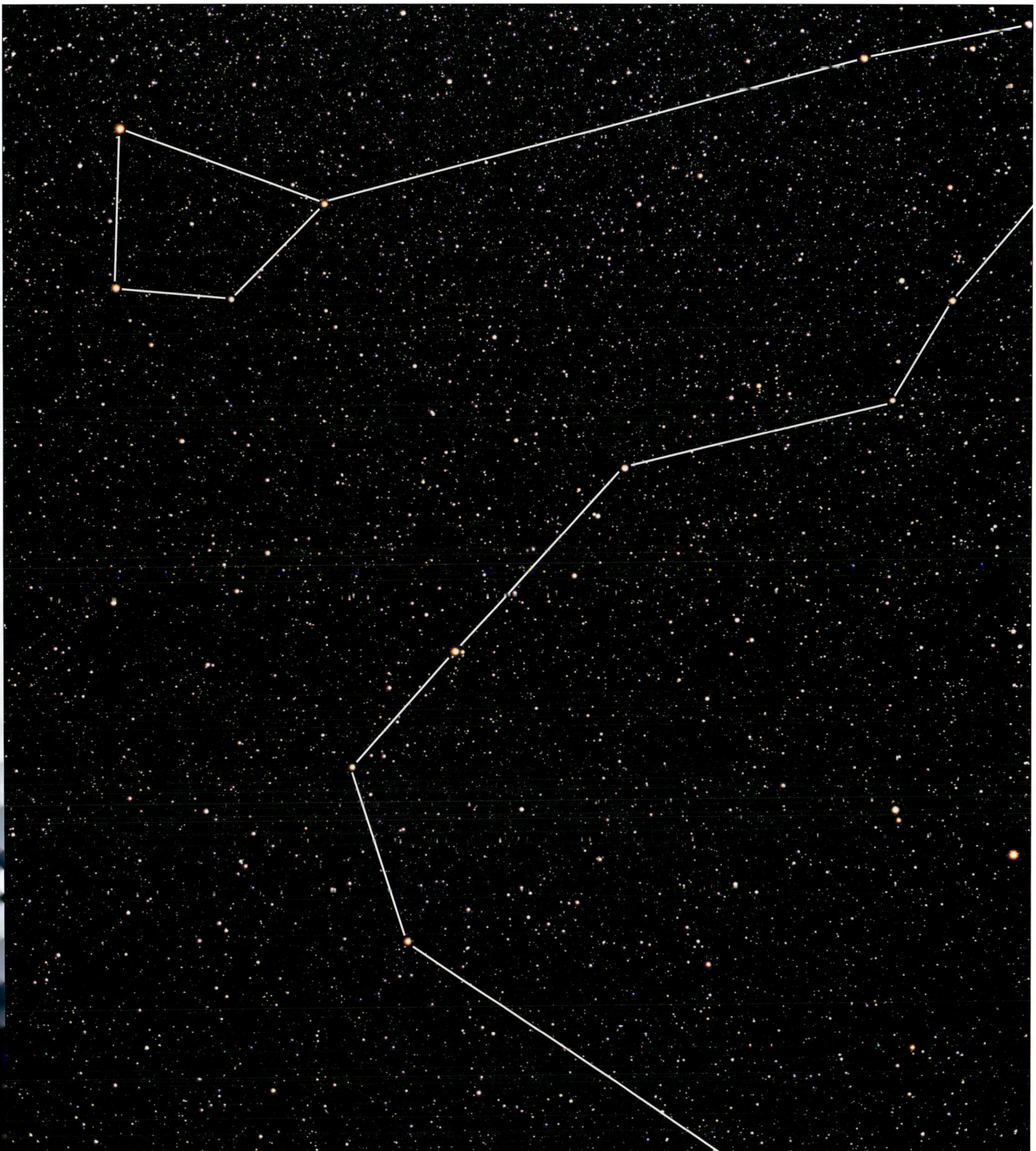

Besondere Objekte: NGC 5866, NGC 6543.

Eridanus (Eri)

Allgemeines:
Vom Sternbild des Orion zieht das Sternbild des Eridanus eine große Schlangenlinie bis weit in den Südhimmel hinein. Seine hellsten Sterne sind der Hauptstern Achernar (arabisch: „Ende des Flusses"), der neunthellste Stern am Himmel, sowie Cursa und Zaurak. Interessant ist vor allem der Stern F Eridani, der schon in einem stärkeren Fernglas oder einem kleinen Fernrohr als Doppelstern wahrgenommen werden kann. Sehr bekannt ist auch Epsilon Eridani, da man unter seinen Planeten erdähnliche Verhältnisse vermutet.

Mythologischer Hintergrund:
Eridanus ist in der griechischen Mythologie der Fluss am Ende der Welt. Phaeton, der halbwüchsige Sohn des Sonnengottes Helios, wollte unbedingt einmal den Sonnenwagen seines Vaters steuern, mit dem dieser jeden Tag über den Himmel fuhr. Helios gab ihm schließlich die Er-

Abkürzung: Eri; deutscher Name: Eridanus.

laubnis und Phaeton fuhr los. Die Pferde aber bemerkten den ungeschickten Lenker und brachen aus. Dabei kam der Sonnenwagen der Erde zu nahe und setzte sie teilweise in Brand. Um die Erde zu retten, schleuderte Zeus einen seiner Blitze gegen den Sonnenwagen. Dabei stürzte Phaeton in den Eridanus, in dem er ertrank.

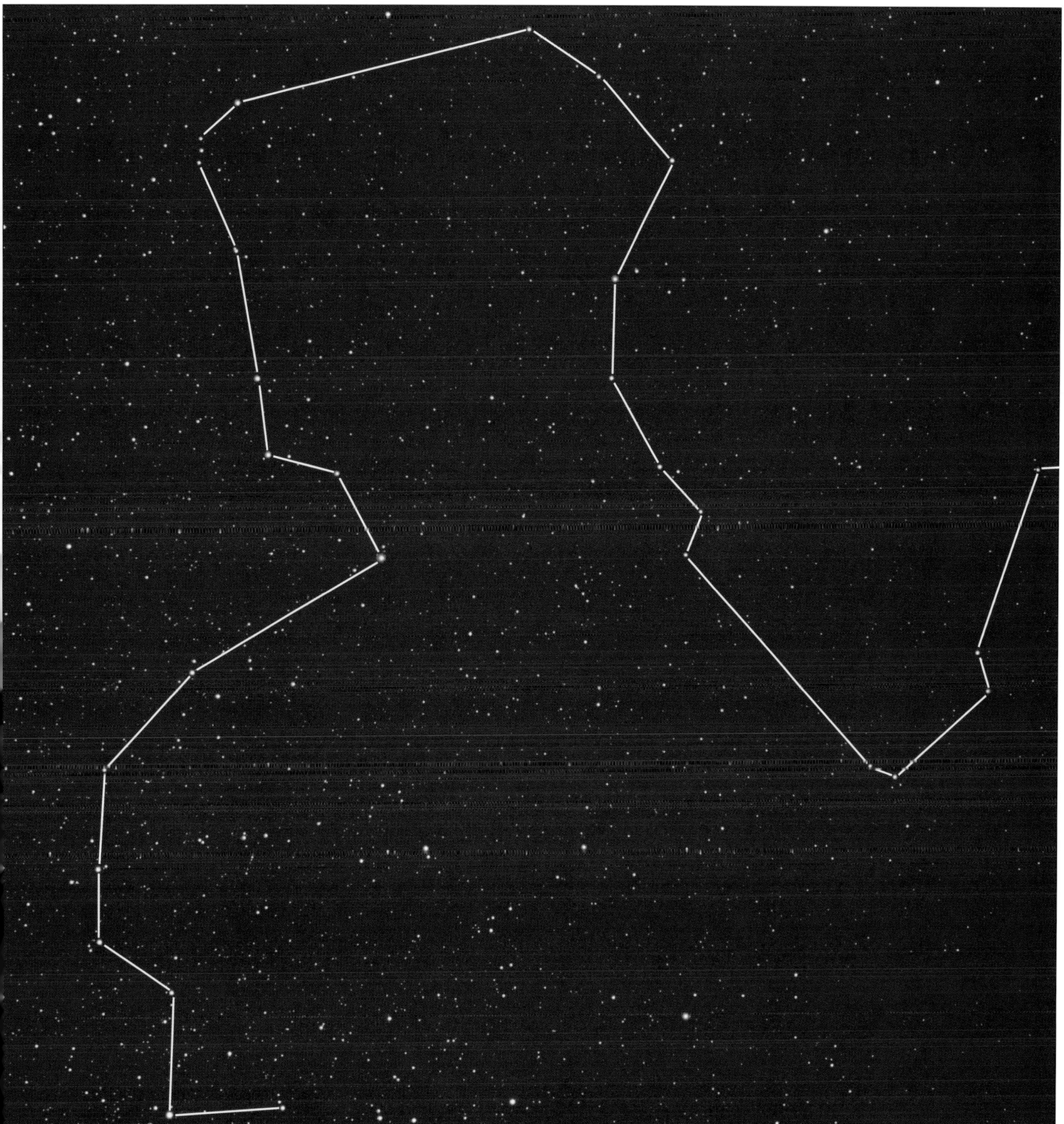

Besondere Objekte: NGC 1232, NGC 1300, NGC 1535.

Gemini (GEM)

Abkürzung: Gem; deutscher Name: Zwillinge.

Besondere Objekte: M35, NGC 2392.

Gemini

Allgemeines:
Die Zwillinge (Gemini) sind das nördlichste Tierkreissternbild. Mit ihnen erreicht die Sonne am 22. Juni den nördlichsten Punkt ihrer Bahn. Das Sternbild wird von den beiden auffälligen Sternen Castor und Pollux beherrscht und lässt sich am besten in den Wintermonaten zwischen Dezember und März beobachten. In den Zwillingen fallen mehrere offene Sternhaufen auf, zu denen auch der mit bloßem Auge sichtbare M35 gehört. Im Fernrohr werden viele Details des aus über 200 Einzelsternen bestehenden Haufens sichtbar. Die Nachbargalaxie NGC 2158 lässt sich nur mit einem Teleskop beobachten.

Mythologischer Hintergrund:
Leda, die Gemahlin des spartanischen Königs Tyndareos, empfing am gleichen Tag erst von Zeus und danach von ihrem Mann je einen Sohn. Sie gebar die Zwillinge Kastor und Pollux. Pollux war als Sohn des Zeus unsterblich, Kastor als Sohn des Tyndareos dagegen sterblich. Bei einem Kampf wurde Kastor tödlich getroffen. Als Pollux seinen Vater Zeus bat, seinen Bruder Kastor zu retten, stellte dieser Pollux vor die Entscheidung, entweder allein für alle Ewigkeit auf dem Olymp zu leben oder mit Kastor zusammen eine Hälfte des Jahres im Olymp und die andere Jahreshälfte in der Unterwelt. Pollux entschied sich für Letzteres und machte damit auch Kastor unsterblich.

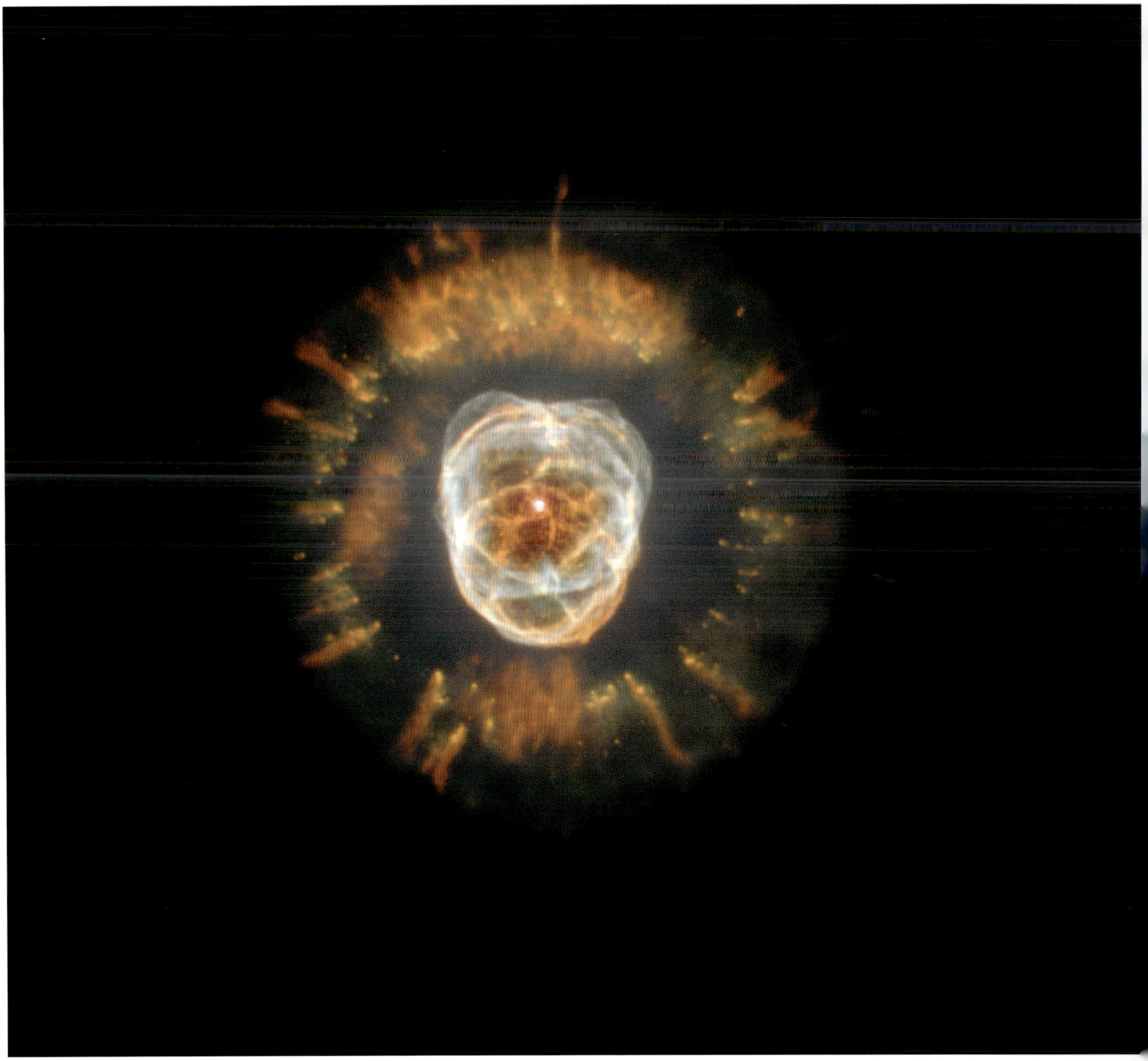

Der Eskimo-Nebel (NGC 2392) im Sternbild Zwillinge erhielt seinen Namen, weil er in kleineren Amateurteleskopen wie das von einer Fellkapuze eingerahmte Gesicht eines Eskimos aussieht.

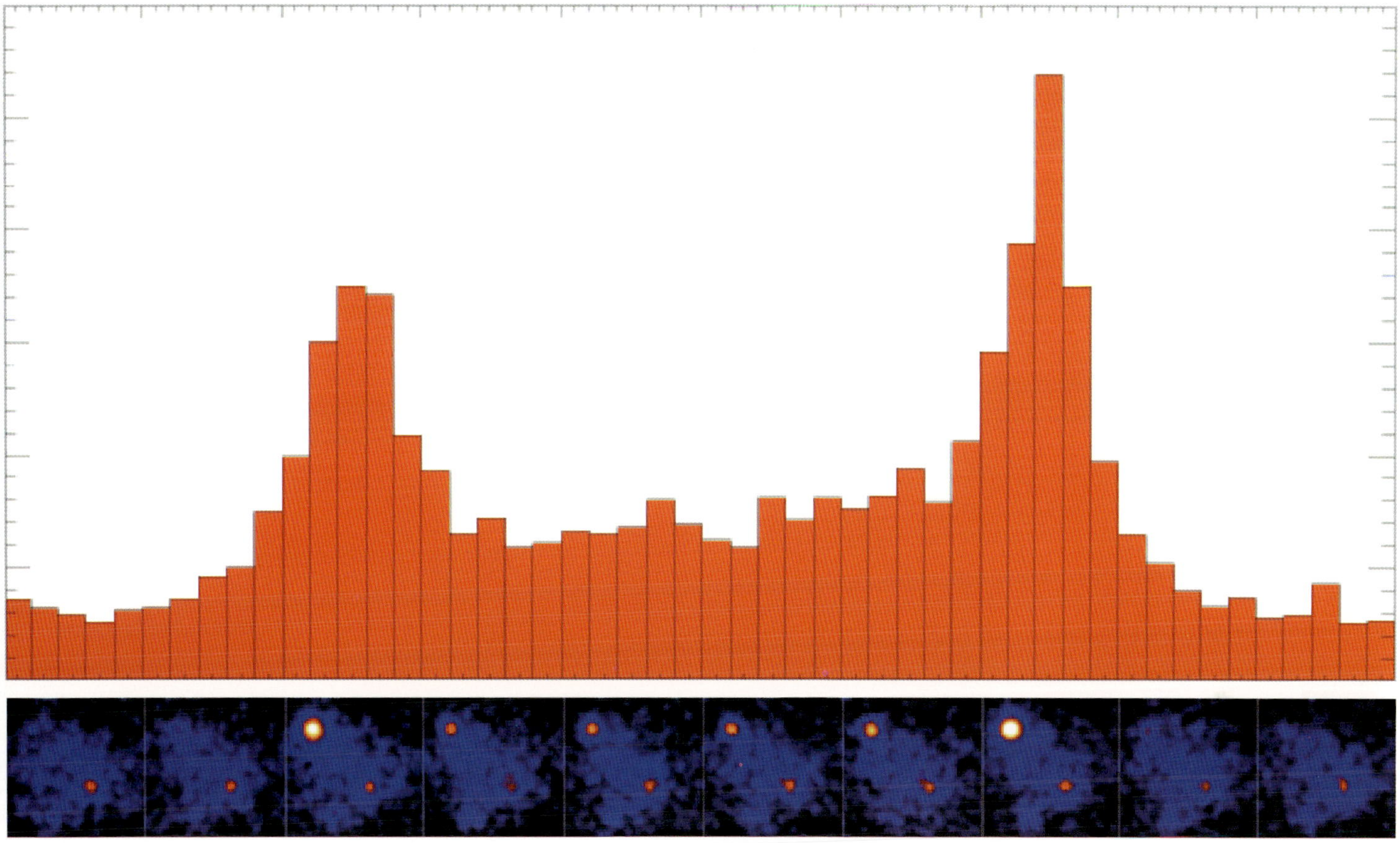

Im Sternbild Zwillinge ist der uns am nächsten gelegene Pulsar zu finden: Geminga ist allerdings im optischen Bereich praktisch nicht zu beobachten, dafür macht er sich im Gammastrahlenbereich deutlich bemerkbar. In der Grafik oben ist sein pulsierender Energieausstoß aufgezeichnet, in den kleinen Bildern darunter ist der Helligkeitsanstieg zu sehen. Geminga dreht sich in 0,237 Sekunden einmal um seine Achse, ist also ein recht langsamer Pulsar.

Der offene Sternhaufen M35 ist bereits mit einem Fernglas in Einzelsterne aufzulösen.

Hercules (HER)

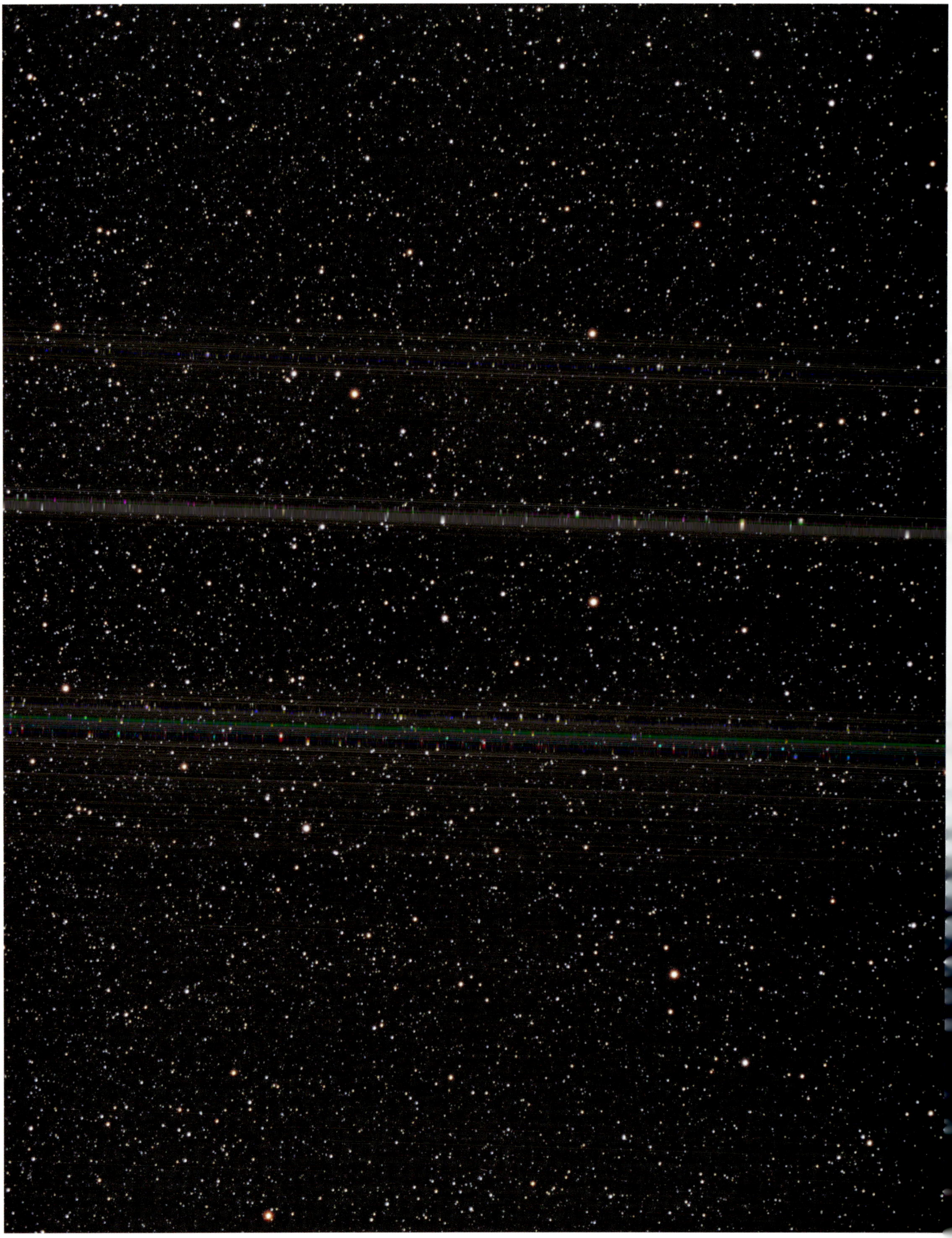

Abkürzung: Her; deutscher Name: Herkules.

Besondere Objekte: M13, M92, NGC 6210.

Hercules

Allgemeines:

Dem aufgerissenen Maul des Drachen Ladon streckt sich der antike Held Herkules entgegen und scheint auf dessen Kopf zu knien. Er hält dabei einen Bogen im ausgestreckten Arm und hat gerade einen seiner gefährlichen Pfeile (das Sternbild Sagitta) in Richtung der beiden Vögel Schwan (Sternbild Cygnus) und Adler (Sternbild Aquila) abgeschossen.

Der Hauptstern Ras Algethi ist ein roter Riesenstern, der gemeinsam mit seinem kleineren Begleiter ein veränderliches Doppelsternsystem bildet. Schon in einem kleinen Fernrohr kann man die beiden voneinander unterscheiden. Nur in einem sehr starken Instrument sieht man aber, dass dieser Begleiter selbst ein Doppelstern ist. Im Hercules gibt es zwei bekannte Kugelsternhaufen: M13 und M92. M13, der Hercules-Haufen, ist der spektakulärste Kugelsternhaufen des Nordhimmels. Schon mit den Fernglas erkennt man viele Details, seine volle Pracht aber entfaltet er beim Blick durch ein Fernrohr. Nicht weniger als 40.000 Sterne sind hier zu finden.

Einer der schönsten Sternhaufen des nördlichen Himmels ist M13 im Zentrum des Sternbilds Hercules. M13 ist bereits mit bloßem Auge sichtbar, schon kleinere Teleskope enthüllen spektakuläre Einzelheiten.

Die Auflösung in Einzelsterne ist beim Kugelsternhaufen M92 dagegen schwierig. Man braucht schon ein großes Fernrohr, um wenigstens am Rand Einzelsterne erkennen zu können.

Mythologischer Hintergrund:
Herkules ist der Sohn des griechischen Göttervaters Zeus und von Alkmene, der Frau des Amphitryon. Zeus hatte diese in Gestalt ihres Gatten verführt. Hera, die Gemahlin des Zeus, hasste dessen unehelichen Sohn und versuchte, Herkules zu vernichten. Nachdem es ihr gelungen war, an seiner Stelle dessen Halbbruder Eurystheus zum König von Argos zu machen, veranlasste sie diesen, Herkules zwölf scheinbar unlösbare Aufgaben zu stellen. Der antike Held meisterte sie aber alle und wurde daraufhin als Gott in den Olymp aufgenommen. Der griechische Name des Herkules ist Herakles, „der durch Hera Berühmte".

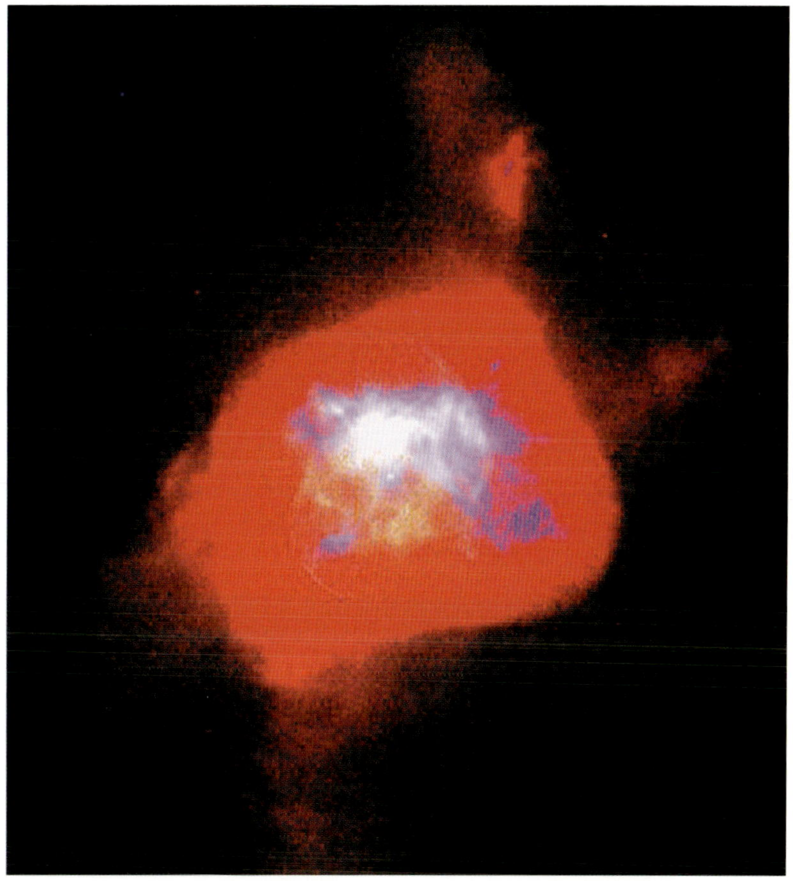

Der planetarische Nebel NGC 6210.

M92 ist ebenfalls ein Kugelsternhaufen, wenn auch weniger lichtstark als M13.

Hydra/Sextans (Hya/Sex)

Abkürzung: Hya und Sex; deutsche Namen: Wasserschlange und Sextant.

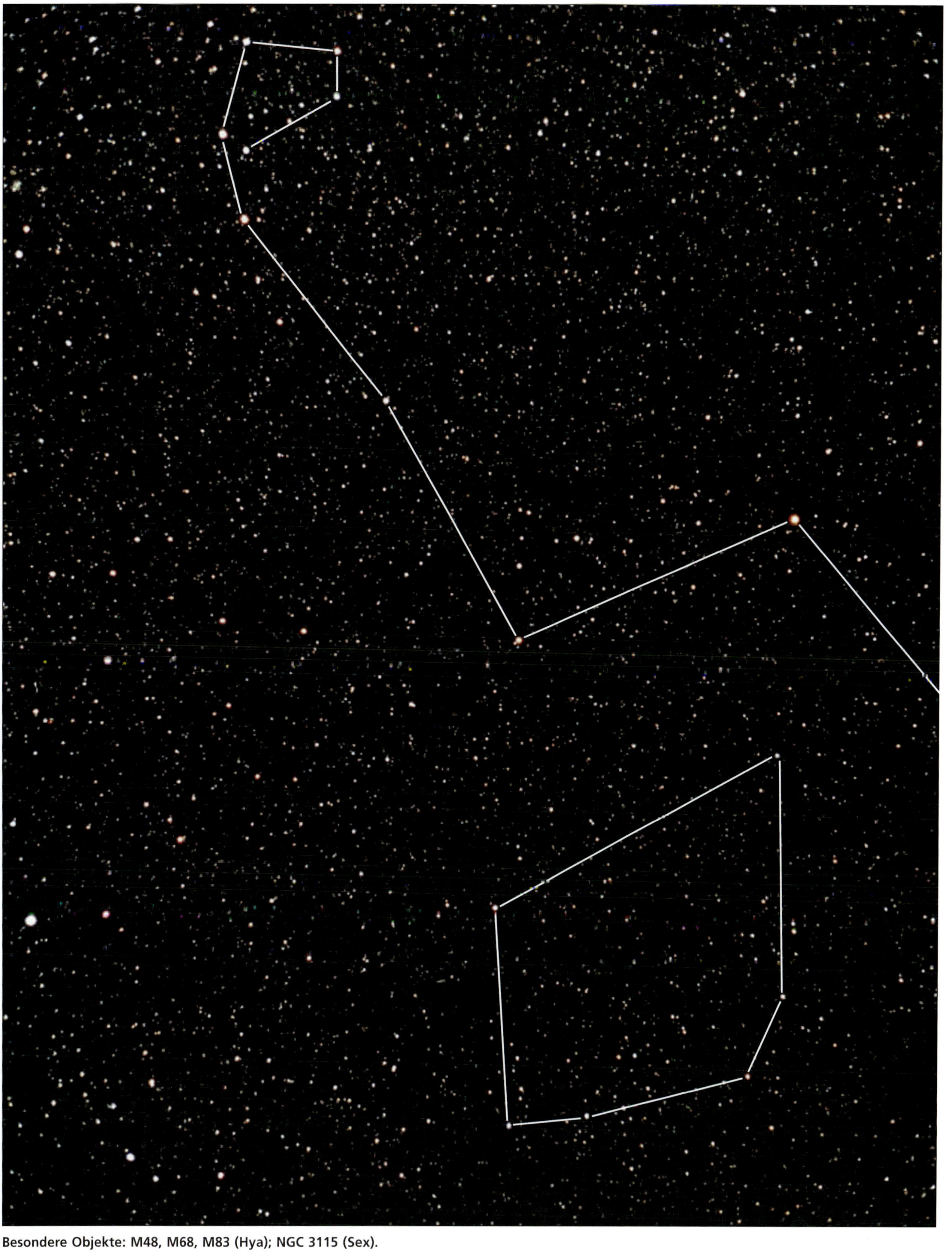

Besondere Objekte: M48, M68, M83 (Hya); NGC 3115 (Sex).

Hydra und Sextans

Allgemeines:

Das von Januar bis Juli sichtbare Sternbild der Wasserschlange (Hydra) hat von allen Sternbildern die größte Fläche und Länge, ist jedoch wegen der vielen lichtschwachen Sterne trotzdem nur schwer zu erkennen. Leicht zu entdecken sind dagegen der hellste Stern Alpha Hydrae (Alphard) – das Herz der Schlange – sowie der aus sechs Sternen gebildete Kopf des Bildes. Er liegt südlich des Sternbildes Krebs (Cancer). Der Körper der Wasserschlange windet sich im Süden von Sextant, Becher (Crater), Rabe (Corvus) und der Jungfrau (Virgo) nach Osten unter den Äquator bis hin zur Waage (Libra). Jeweils am 9. Februar um Mitternacht erreicht Alphard seinen Kulminationspunkt.

Innerhalb der Wasserschlange verläuft der Radiant der Hydraiden. Dieser Meteorschauer ist jedes Jahr zwischen dem 12. März und dem 5. April zu beobachten und erreicht am 25. März sein Maximum. Das unscheinbare Sternbild des Sextanten ist von Februar bis Juli zu sehen. Es besteht nur aus Sternen der 4. und 5. Größenklasse und liegt südlich von Regulus im Sternbild des Löwen (Leo). „Erfunden" wurde das Sternbild Sextant erst 1690: Jan Hevelcke (lat.: Johannes Hevelius), Bürgermeister der Stadt Danzig, führte in seinem Buch „Prodromus Astronomiae" einige neue kleine Sternbilder ein, um die damals herrschende Verwirrung über die Grenzen der Sternbilder zu beenden. Helvelius verstand selbst die Herstellung von Sextanten und verwendete sie auch zur Vermessung von Sternpositionen.

Die Sterne dieses Haufens bringen die Gaswolken des zugehörigen Emissionsnebels zum Leuchten.

Mythologischer Hintergrund:

Zur Wasserschlange gibt es zwei unterschiedliche Legenden. In der ersten wurde der Rabe von Apollon ausgesandt, um mit einem goldenen Becher frisches Quellwasser zu holen. Stattdessen aß er aber süße Feigen. Seine verspätete Rückkehr erklärte der Rabe mit der mitgebrachten Wasserschlange, die ihn angeblich aufgehalten hatte. Als Bestrafung wurde er samt Becher und Wasserschlange an den Himmel gesetzt.

Die Wasserschlange der zweiten Legende war ein gefährliches und grässliches Ungeheuer, das in einem Sumpf hauste und die Stadt Lerna an der Küste von Argo heimsuchte. Diese Schlange hatte mehrere Köpfe (manche sprechen von fünf, andere von bis zu 100), von denen der in der Mitte unverwundbar war. Den Mäulern der Schlange entwich zu jeder Zeit ein fauliger, tödlicher Atem, und kaum schlug ein Todesmutiger dem Untier einen Kopf ab, so wuchsen an seiner Stelle zwei neue, noch fürchterlichere Häupter heran. Eine der zwölf Aufgaben, die Herkules von Eurystheus, dem König von Argos, erhalten hatte, bestand darin, diese Schlange zu töten. Dabei begleitete ihn sein Neffe Iolaos. Der Versuch, die Schlange mit Brandpfeilen aus ihrem Versteck zu treiben, schlug ebenso fehl, wie die Attacken mit Keule und Sichelschwert. Schließlich sandte Herkules Iolaos in den Wald, damit dieser dort ein Feuer entfachte und Brandfackeln herstellte. Mit ihnen brannte Herkules die frischen Wunden der Schlange aus, sodass keine neuen Köpfe nachwachsen konnten. Daraufhin sandte Hera den Krebs, der den ihr verhassten unehelichen Sohn ihres Mannes töten sollte. Doch dieser Versuch schlug fehl. Der Krebs stach Herkules zwar in die Ferse, doch dieser konnte ihn zertreten und wegschleudern. Am Ende hatten Herkules und Iolaos die Schlange vollends enthauptet und die Stadt Lerna von einer großen Gefahr befreit. Herkules tauchte seine Pfeilspitzen in das giftige Blut der Schlange, wodurch seine Waffen noch viel gefährlicher wurden als vorher.

Der Adlernebel (M16) im Sternbild Serpens ist ein Emissionsnebel mit dazugehörigem Sternhaufen.

Die Spiralgalaxie M83 im Sternbild der Jungfrau. Seit 1923 konnten allein in dieser Sc-Galaxie vier Supernova-Explosionen beobachtet werden.

Lacerta (Lac)

Allgemeines:
Das Sternbild der Eidechse (Lacerta), liegt zwischen dem des Schwanes (Cygnus) und dem der Andromeda, in etwa auf der Höhe des Sternes Deneb. Es ist ein eher unscheinbares Bild, enthält keine hellen Sterne und schließt, wenn man so will, nur die Lücke zwischen den beiden anderen Sternbildern.

Mythologischer Hintergrund:
Das Sternbild der Eidechse hat keinen mythologischen Hintergrund. Es gehört zu insgesamt zehn heute anerkannten Sternbildern, die erst gegen Ende des 17. Jahrhunderts von dem deutschen Astronomen

Abkürzung: Lac; deutscher Name: Eidechse.

Jan Hevelius (1611 bis 1687) eingeführt wurden. Sein Werk „Prodromus Astronomiae" erschien im Jahr 1690 posthum. Es enthielt viele weitere Sternbilder, die sich aber nicht alle durchgesetzt haben.

Besondere Objekte: NGC 7209.

Leo (Leo)

Abkürzung: Leo; deutscher Name: Löwe.

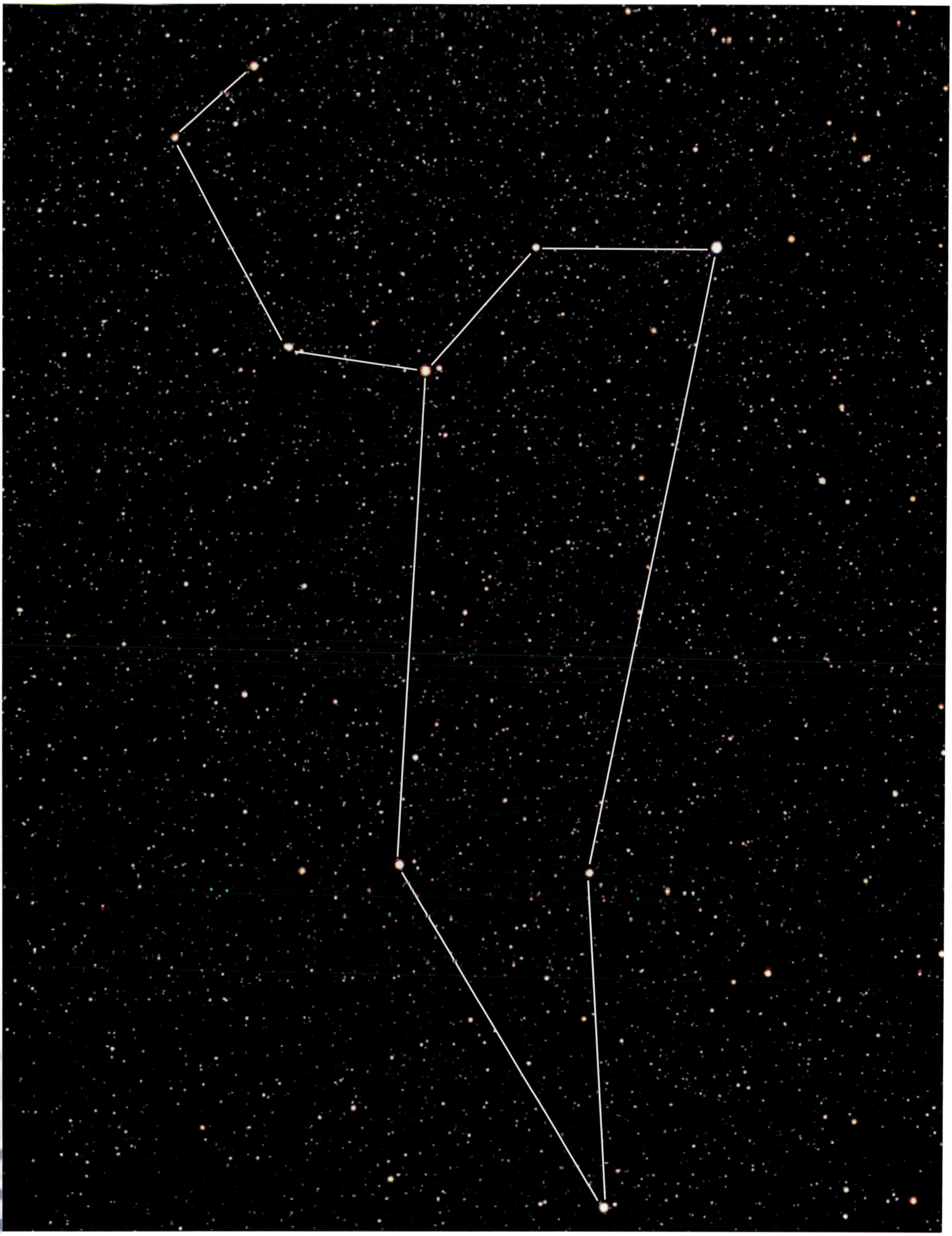

Besondere Objekte: M65, M66, M95, M96, M105.

Leo

Allgemeines:
Das Tierkreissternbild des Löwen (Leo) ist am Himmel leicht zu finden, da es direkt unter dem Großen Bären liegt. Am besten lässt es sich von Februar bis April beobachten. Die helleren Sterne bilden den Umriss eines liegenden Löwen. Der Hauptstern Regulus (Kleiner König) ist ein Stern der 1. Größenklasse und etwa 70 Lichtjahre von uns entfernt. Da Regulus sich nur ein halbes Grad nördlich der Ekliptik befindet, wird er häufig vom Mond verdeckt. Der Doppelstern Gamma Leonis ist schon durch ein kleines Fernrohr zu erkennen.

Mythologischer Hintergrund:
Die Halbinsel Peloponnes in Griechenland beheimatete in legendenhafter Zeit einst einen gefährlichen Löwen, der von Herkules in einer seiner zwölf Aufgaben zur Strecke gebracht werden sollte. Dieses Unterfangen erwies sich jedoch insofern als schwierig, als der Löwe ein stahlhartes Fell und Krallen hatte, die so scharf wie Diamanten waren. Nachdem der Held vergeblich versucht hatte, das Tier mit Pfeil und Bogen zu töten, erwürgte er es schließlich mit bloßen Händen. Das einzigartige Fell des Löwen, das sich nur mit dessen eigenen Diamantkrallen abziehen ließ, trug Herkules von da an als gepanzerten Mantel.

Bei der Balkengalaxie M95 wird ein polarer Galaxienring vermutet.

M96, eine Galaxie vom Typ Sa, gehört ebenfalls zur Galaxiengruppe im Sternbild Löwe.

M95 in der Leo-Galaxiengruppe, eine Galaxie vom Typ SBb.

Leo Minor (LMi)

Allgemeines:
Der Kleine Löwe ist mit seinen drei Sternen der 4. Größe ein eher unspektakuläres Sternbild zwischen Großem Bär (Ursa Maior) und Löwe (Leo). Zwar finden sich in seiner Umgebung zahlreiche außergalaktische Objekte, doch da diese durchweg lichtschwach sind, erschließen sie sich dem Beobachter nur durch große Fernrohre.

Mythologischer Hintergrund:
Dieses Sternbild wurde erst 1690 von dem deutschen Astronomen Johannes Hevelius eingeführt und hat keinen Hintergrund aus der griechischen oder der römischen Mythologie.

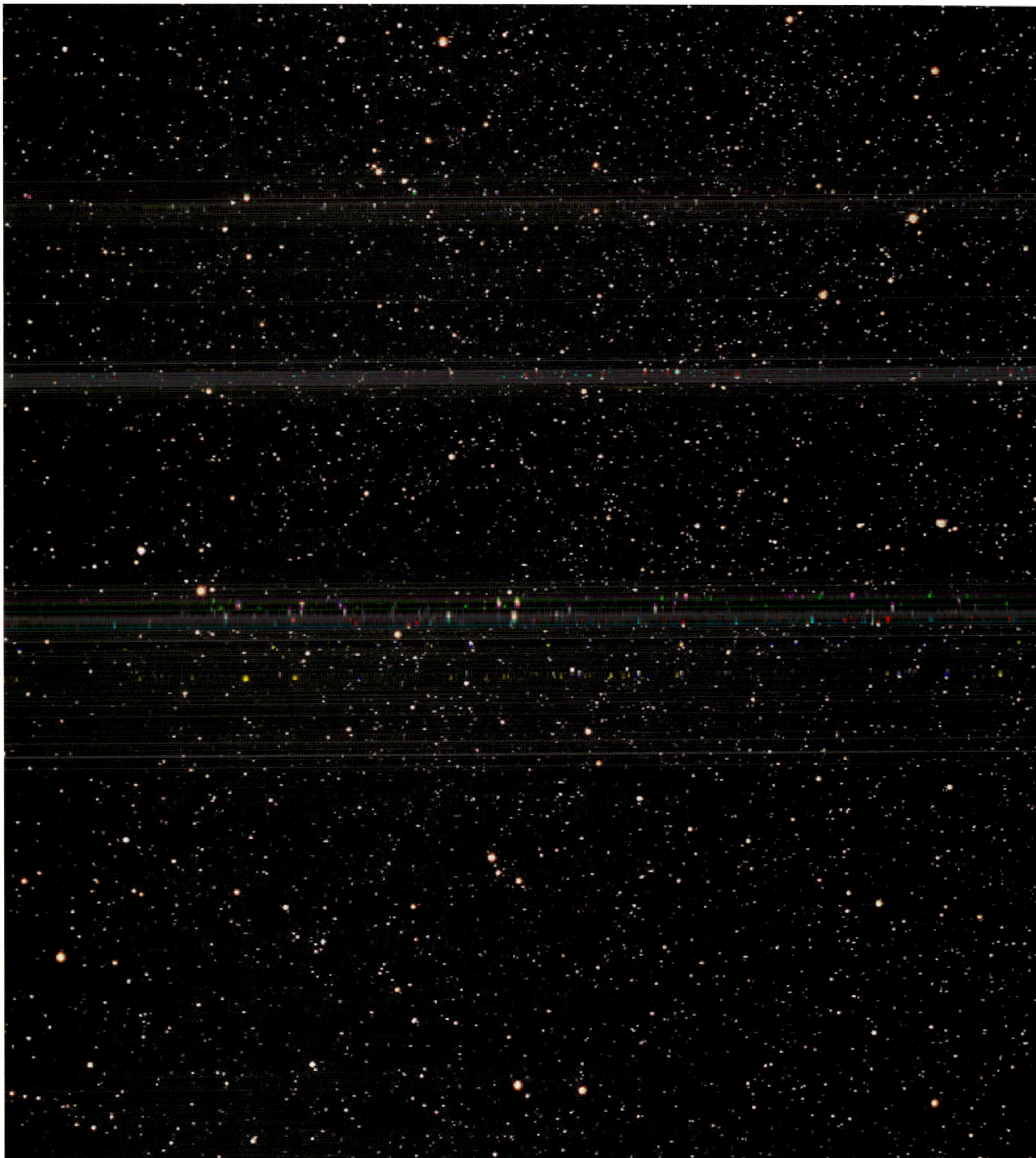

Abkürzung: LMi; deutscher Name: Kleiner Löwe.

Zu den übrigen Sternbildern, die Hevelius' Werk „Prodromus Astronomiae" aus dem Jahre 1690 eingebürgert hat, zählen die Eidechse, das Füchslein, die Giraffe, die Jagdhunde, der Luchs, der Schild und der Sextant.

Besondere Objekte: keine.

Lepus (Lep)

Allgemeines:
Das Sternbild des Hasen (Lepus) liegt südlich des Orion und ist am besten in den Wintermonaten zu beobachten. Seine hellsten Sterne sind Arneb und Nihal. Im Sternbild Hase gibt es einen offenen Sternhaufen, einen Kugelsternhaufen, einen planetarischen Nebel sowie einige Galaxien, die zur Beobachtung alle große Fernrohre erfordern.

Mythologischer Hintergrund:
Das Sternbild des Hasen war zwar schon den Griechen und Römern bekannt, doch es ranken sich keine besonderen Geschichten oder Legenden darum. In vielen anderen Sagen wird der Hase mit dem

Abkürzung: Lep; deutscher Name: Hase.

Erdtrabanten, dem Mond, in Verbindung gebracht. Ebenso galt er als Symbol für die Geschwindigkeit, die als Eigenschaft wiederum Hermes, dem griechischen Gott des Handels, zugesprochen wurde.

Besondere Objekte: M79, NGC 2017.

Lynx (Lyn)

Allgemeines:
In der sternarmen Gegend zwischen den Zwillingen (Gemini) beziehungsweise dem Fuhrmann (Auriga) und dem Großen Bären (Ursa Maior) liegt das für den Beobachter eigentlich weniger interessante Sternbild des Luchses (Lynx). Der Doppelstern 38 Lyncis ist allerdings schon mit dem Fernrohr als solcher erkennbar.

Hintergrund:
Der Luchs ist ein weiteres, erst von Johannes Hevelius 1690 beschriebenes Sternbild ohne mythologischen Hintergrund. Der Danziger Bürgermeister schloss mit den von ihm neu geschaffenen Sternbilder die Lücken, die sich aus den anerkannten antiken Bildern noch ergaben. Allerdings sind auch nicht alle seine Vorschläge übernommen worden, weitere Sternbilder gehen auf J. Bayer und N. L. de Lacaille zurück.

Abkürzung: Lyn; deutscher Name: Luchs.

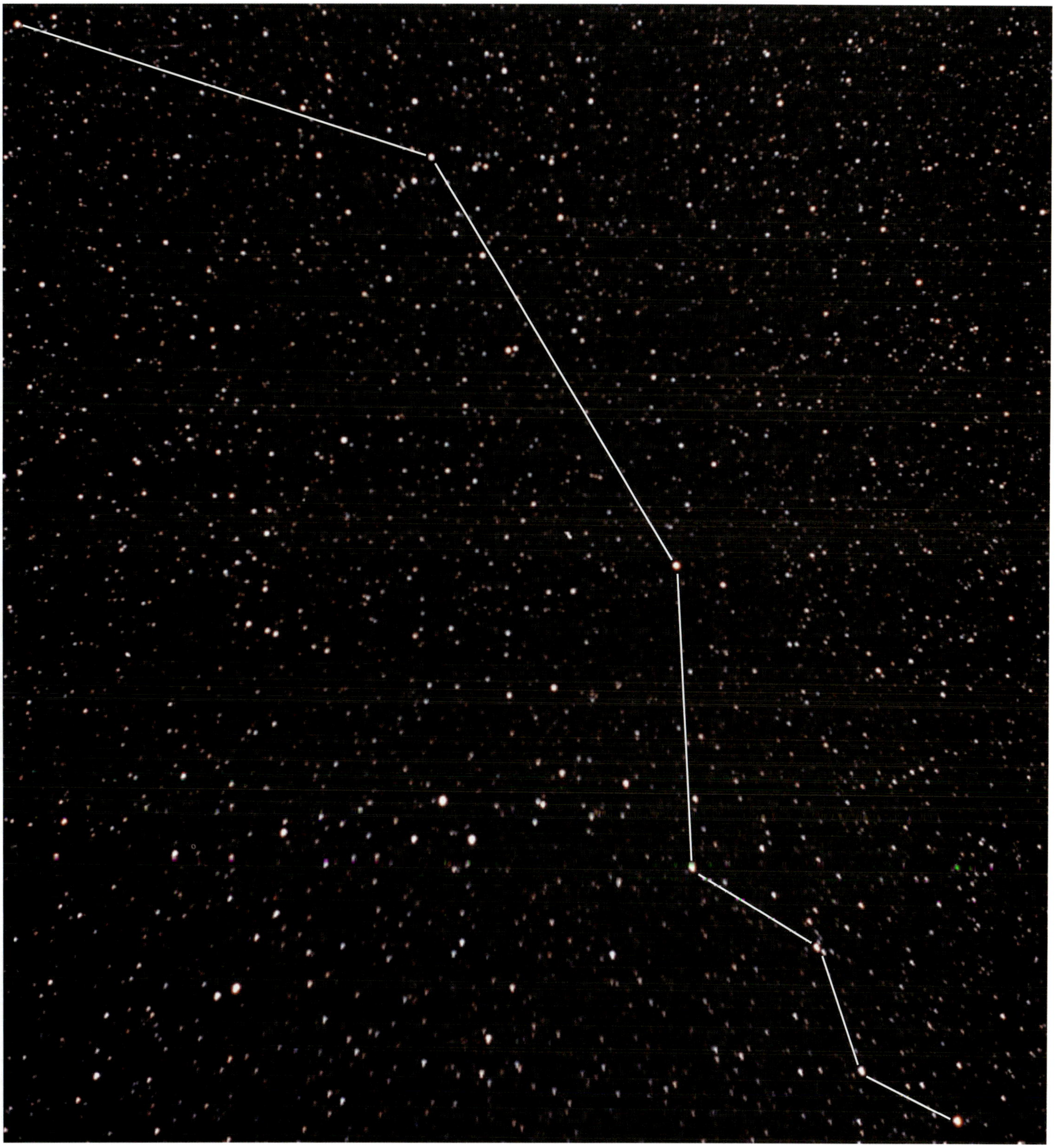

Besondere Objekte: NGC 2419, NGC 2683.

Ophiuchus (Oph)

Allgemeines:
Das zwar große, aber eher unscheinbare Sternbild des Schlangenträgers (Ophiuchus) liegt zwischen Herkules und Skorpion (Scorpius). Es teilt das Bild der Schlange, das somit das einzige geteilte Sternbild ist, in den Serpens Caput und den Serpens Cauda. Der hellste Stern des Schlangenträgers ist sein Kopfstern, Ras Alhague. Sowohl im Schlangenträger selbst als auch in seiner Umgebung gibt es viele Kugelsternhaufen, offene Sternhaufen und planetarische Nebel.

Obwohl der Schlangenträger auf der Ekliptik liegt, stieg er nie in den Kreis der Tierkreissternzeichen auf – es wären sonst 13 Bilder geworden, eine Zahl, der häufig negative Eigenschaften zugesprochen werden.

Mythologischer Hintergrund:
Der Legende nach steht der Schlangenträger für Asklepios, den Stammvater der Heilkunst. Dieser hatte seine Kunst zu ei-

Abkürzung: Oph; deutscher Name: Schlangenträger.

ner solchen Perfektion gebracht, dass er selbst Tote wieder erwecken konnte. Allerdings musste er schwören, dieses Wissen niemals anzuwenden. Als Asklepios einst auf den Leichnam des zu Unrecht getöteten Hippolytos traf, erweckte er diesen dennoch zum Leben und wurde zur Strafe von einem der Blitze des Göttervaters Zeus getötet.

Da er nur aus Mitleid gehandelt hatte und auch um ihn wegen seiner Heilkunst zu ehren, wurde Asklepios als Gott in den Olymp aufgenommen und an den Himmel versetzt. Um seine Schultern windet sich eine Schlange (Serpens), von der er einer anderen Legende nach die Heilkunst erlernt haben soll.

Besondere Objekte: M9, M10, M12, M14, M19, M107.

Orion (Ori)

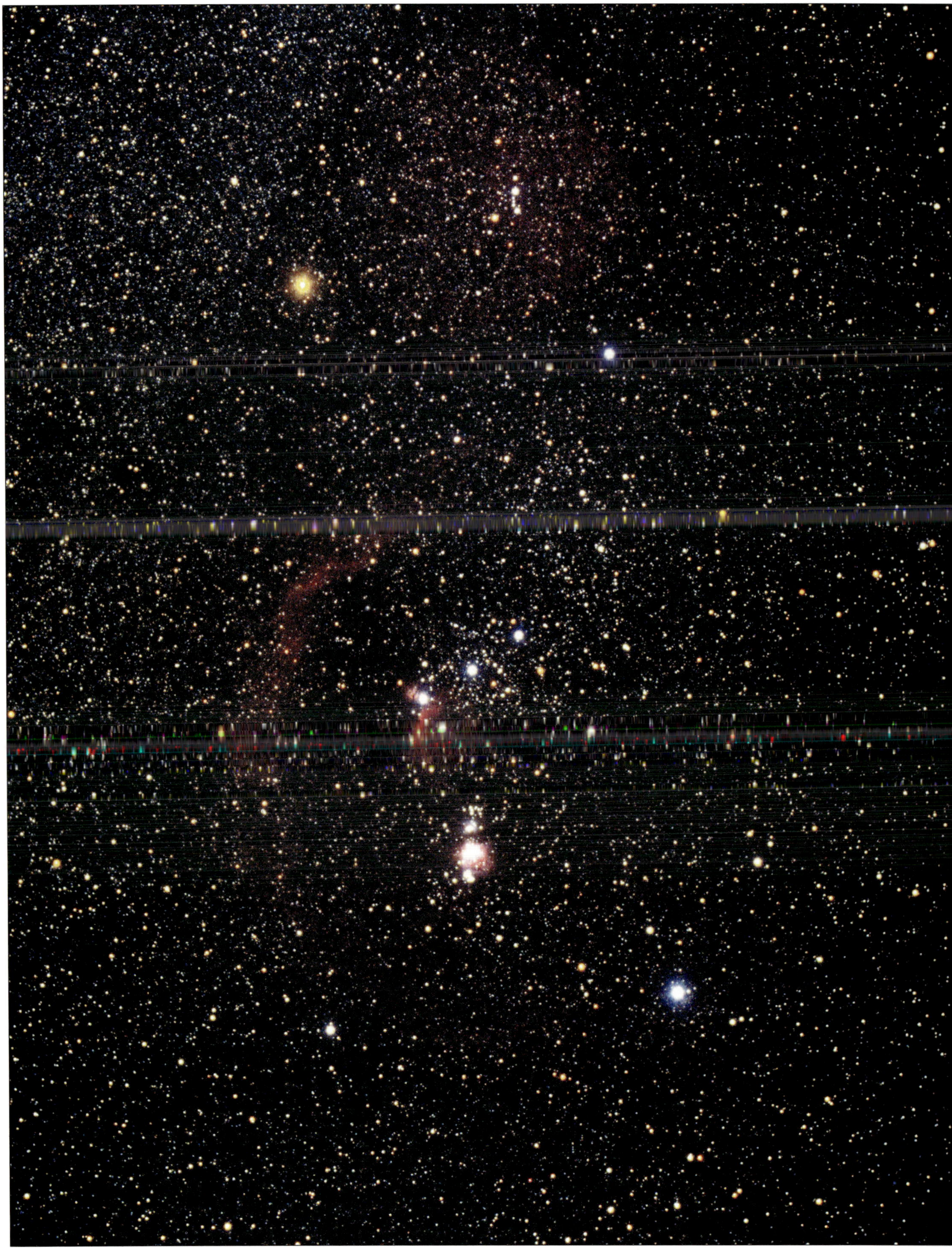

Abkürzung: Ori; deutscher Name: Orion.

Besondere Objekte: M42, M43, M78, NGC 2024, IC 434.

Orion

Allgemeines:
Das Sternbild des Orion ist eines der hellsten und schönsten Sternbilder. In unseren Breiten ist es insbesondere im Winter gut zu beobachten. Da es auf dem Himmelsäquator liegt, kann man es im Laufe eines Jahres auf der ganzen Erde sehen. Die drei hellen Gürtelsterne (Alnitak, Alnilam und Mintaka), die gerne zur Orientierung am Himmel genutzt werden, tragen auch den Namen Jakobsstab. Der auffälligste Stern im Orion ist der Hauptstern Beteigeuze (Betelgeuse), ein roter Riesenstern, der 10.000-mal heller ist als unsere Sonne. Auch der zweite Schulterstern, Bellatrix, sowie die Fußsterne Saiph und Rigel sind einen genaueren Blick durchs Fernrohr wert.

Im Orion und seiner Umgebung gibt es viele interessante Beobachtungsobjekte, allen voran den Orion-Nebel, einen galaktischen Gasnebel, der mit dem bloßen Auge beobachtet werden kann. In seiner Nähe liegt auch der berühmte Pferdekopf-Nebel.

Mythologischer Hintergrund:
Orion war ein großer Krieger, der von den drei Göttern Zeus, Poseidon und Hermes geschaffen worden war. Neben besonderem Mut wird ihm vor allem große Schönheit nachgesagt, sodass sogar Göttinnen um seine Gunst gebuhlt haben sollen. So blieb es nicht aus, dass Missgunst aufkam, weshalb Orion von Artemis, der Göttin der Jagd, aus Eifersucht getötet worden sein soll. Eine andere Version der Geschichte erzählt, dass Artemis ihn getötet habe, weil er als Jäger zu viele Tiere erlegte, deren Schutzgöttin sie war. Wiederum eine andere Sage berichtet, dass er von einem Skorpion getötet worden sei.

Zu den Mythen um Orion gehört auch der, dass er in die Plejaden, die Töchter des Atlas, verliebt gewesen sei und nunmehr am Himmel hinter ihnen hereilt, ohne sie jemals einzuholen.

Neben dem Großen Orion-Nebel bietet Orion weitere interessante Objekte wie etwa den Nebel NGC 1999.

Rechts: Der Große Orion-Nebel M42 ist für Amateurastronomen eines der schönsten Objekte am Winterhimmel.

Beim Pferdekopf-Nebel im Orion handelt es sich streng genommen um zwei verschiedene Nebel: Der Dunkelnebel (der Pferdekopf) trifft dabei auf einen Emissionsnebel (die rote Gaswolke). Der Pferdekopf-Nebel liegt in der unmittelbaren Umgebung von Alnitak, dem unteren der drei Gürtelsterne des Orion.

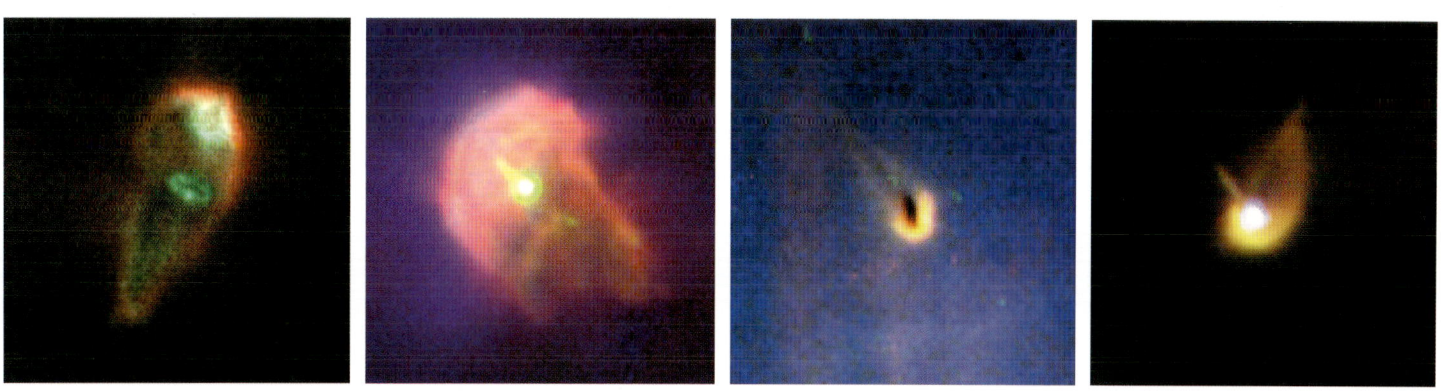

Im Orion-Nebel konnten mit dem Hubble-Teleskop erstmals so genannte Protoplaneten nachgewiesen werden. In einer um einen jungen Stern rotierenden Scheibe aus Gas und Staub bilden sich an einigen Stellen Ansammlungen von größeren Staubmengen, die man als Protoplaneten bezeichnet. Aus ihnen entstehen im Laufe der Zeit vermutlich „echte" Planeten. Auch unser Sonnensystem ist wahrscheinlich vor etlichen Millionen Jahren aus einem solchen Entwicklungsprozess hervorgegangen.

Pegasus (Peg)

Abkürzung: Peg; deutscher Name: Pegasus (Geflügeltes Pferd).

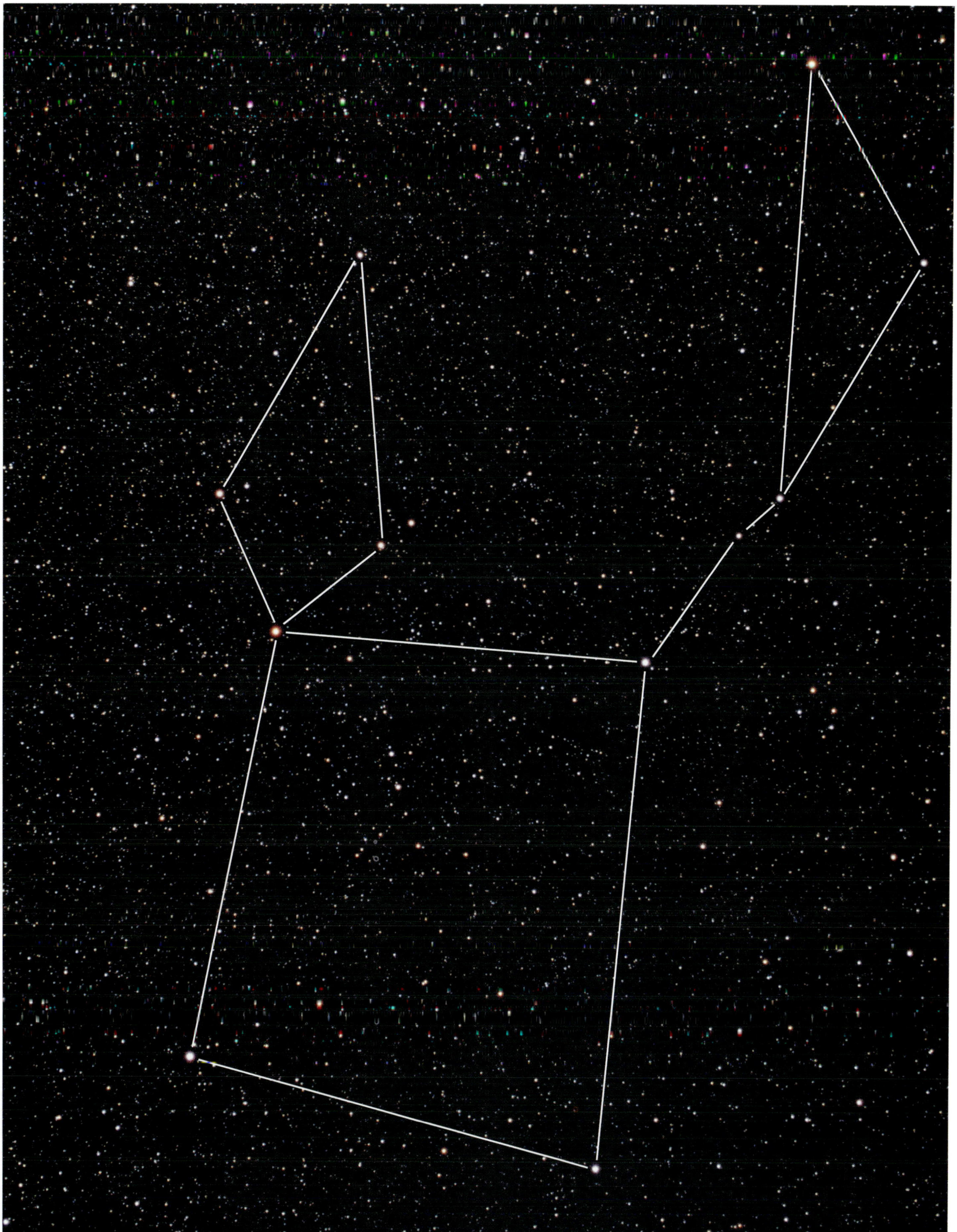

Besondere Objekte: M15, NGC 7331, NGC 7479.

Pegasus

Allgemeines:
Das in den Monaten von Juli bis Februar sichtbare Sternbild des Flügelrosses Pegasus ist zwar groß, doch trotzdem eher unauffällig. Am markantesten ist noch das große Pegasus-Rechteck mit einem kleinen gleichseitigen Dreieck im Nordwesten, das meist für den Kopf des Pferdes gehalten wird, in Wirklichkeit stellt es aber den Ansatz der beiden Vorderläufe dar. Pegasus teilt sich Sírrah, den Stern an seiner nordöstlichen Ecke, mit dem Sternbild Andromeda. Im Pegasus findet man recht viele Galaxien, darunter das aus NGC 7317 bis 20c bestehende so genannte Stephan's Quintett. Nordwestlich des Sterns Enif findet sich der schon mit einem Fernglas sichtbare, sehr schöne Kugelsternhaufen M15.

Mythologischer Hintergrund:
Für die Griechen galt Pegasus (auch: Pegasos) als das Kind von Medusa und Poseidon. Medusa war eine der Gorgonen, die Schlangen anstelle von Haaren hatte und bei deren Anblick jeder Sterbliche zu Stein erstarrte. Nachdem Perseus die Medusa enthauptet hatte, entsprang Pegasus ihrem abgeschlagenen Hals. Pegasus trug für Zeus Blitz und Donner, und nur der Held Bellerophontes konnte ihn mit Hilfe des goldenen Zaumzeugs zähmen, das ihm die Göttin Athene geschenkt hatte. Bellerophontes und Pegasus besiegten die Chimaira (Chimäre), ein Ungeheuer mit Feuer speiendem Löwenhaupt auf einem Ziegen- und Drachenkörper. Als Bellerophontes übermütig wurde und den Himmel erstürmen wollte, warf ihn Pegasus jedoch ab und kehrte zum Wohnsitz der Götter zurück.

Stephan's Quintett, eine Gruppe wechselwirkender Galaxien, ist 300 Millionen Lichtjahre von der Erde entfernt.

Der Kugelsternhaufen M15, dessen Entfernung auf 32.000 bis 50.000 Lichtjahre geschätzt wird.

Die Kernregion von M15 kann nur mit großen Teleskopen aufgelöst werden.

Rechts: Im Universum liegen „Geburt" und „Tod" oft dicht beieinander. Im Pegasus ist das so genannte Stephan's Quintett zu finden. In dem hier abgebildeten Teilbereich sind gleich drei kollidierende Galaxien zu sehen. In der Bildmitte befindet sich NGC 7319, oben rechts sind die Überreste der Galaxien NGC 7318b und NGC 7318a zu finden. Oben in der Bildmitte lassen sich verschiedene kleine Sternhaufen unterscheiden, die bei der kosmischen Massenkarambolage entstanden sind.

Perseus (Per)

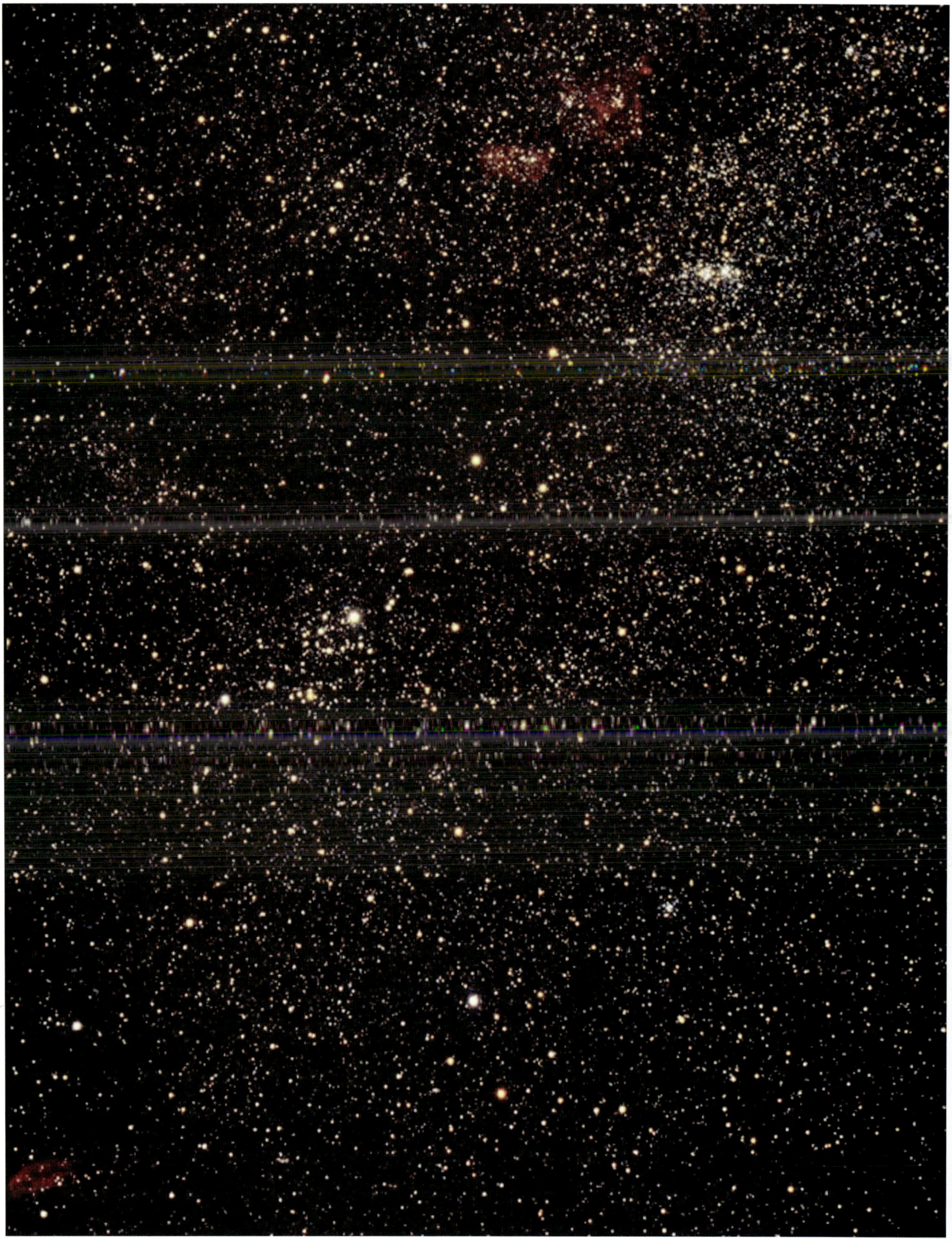

Abkürzung: Per; deutscher Name: Perseus.

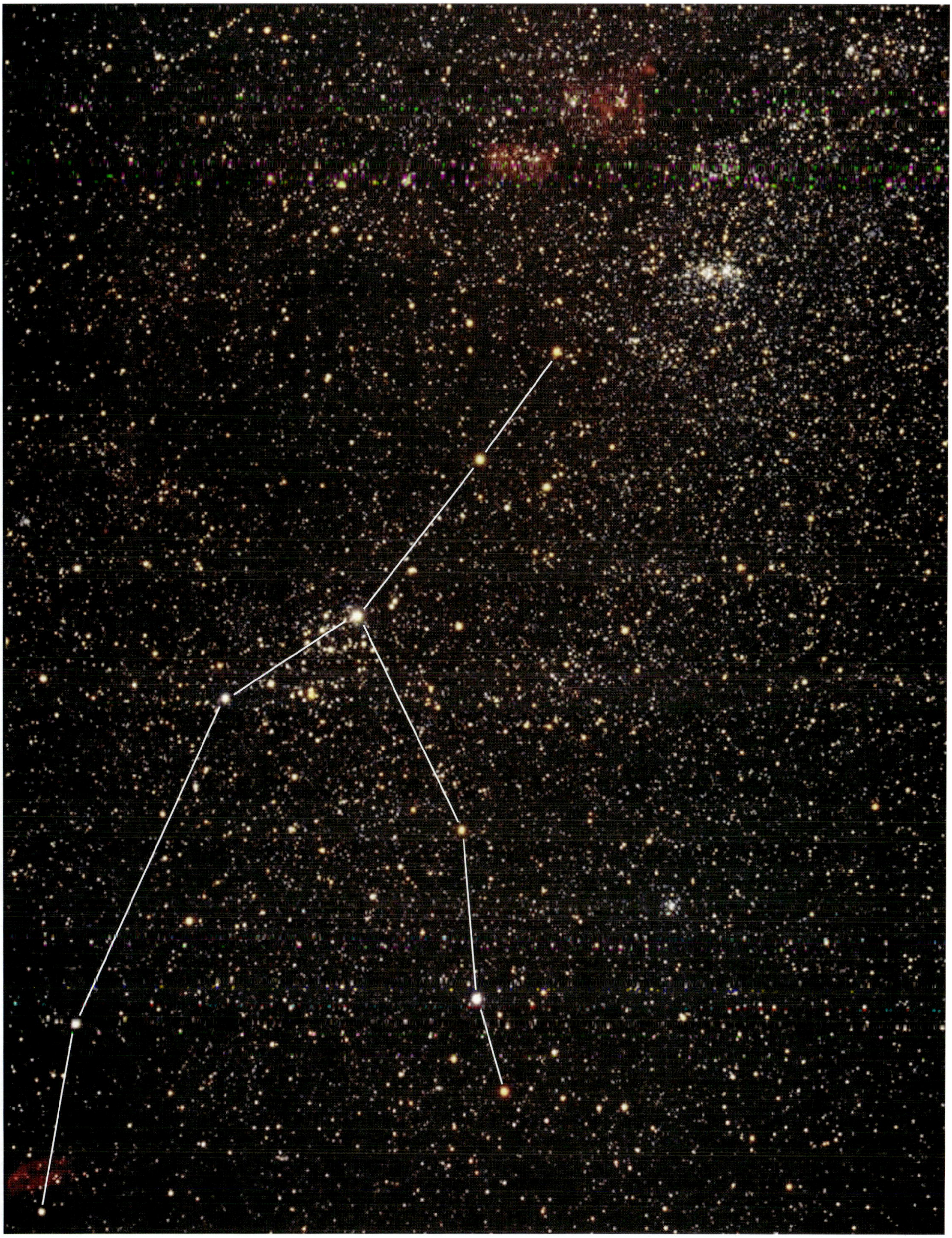

Besondere Objekte: NGC 869, NGC 884, NGC 1499.

Perseus

Allgemeines:
Das Sternbild des Perseus ist am besten im Winter zu beobachten, wenn es in unseren Breiten vollständig am Himmel steht. Man findet es zwischen Andromeda und Auriga (Fuhrmann). Perseus ist durch viele lichtstarke Sterne markiert, die hellsten sind Algenib und der veränderliche Doppelstern Algol. Der Teufelsstern Algol oder „Dämon am Himmel", wie die Übersetzung des arabischen Namens lautet, ist ein so genannter Bedeckungsveränderlicher. Wenn die beiden Sonnen, von der Erde aus betrachtet, nebeneinander stehen, ist ihre Helligkeit größer, als wenn eine Sonne die andere verdeckt. Dieser Helligkeitswechsel hat eine Periode von 2,9 Tagen und ist gut zu beobachten.

Die beiden offenen Sternhaufen NGC 869 und NGC 884, die sich zwischen den Sternbildern Perseus und Cassiopeia befinden, sind mit dem bloßen Auge als milchige Flecken zu erkennen. Schon mit einem Fernglas sind schöne Details, wie kleine Farbunterschiede, sichtbar.

Mythologischer Hintergrund:
Perseus, der Sohn des Zeus und der Danae ist einer der ganz großen Helden der griechischen Mythologie. Gemeinsam mit Athene und dem Götterboten Hermes tötete er die schreckliche Medusa. Das Sternbild zeigt ihn, wie er ihren Kopf triumphierend in die Höhe hält. Eine weitere Heldentat ist sein Kampf mit einem Meeresungeheuer (Cetus), das die äthiopische Küste verwüstete und Andromeda geopfert werden sollte. Nach seinem Sieg befreite Perseus die Schöne und heiratete sie. Zusammen mit ihr und ihren Eltern Cassiopeia und Cepheus wurde Perseus später an den Himmel gesetzt.

Der kleine Hantelnebel M76.

Unten:
Ein schönes Objekt für die Beobachtung mit Feldstecher oder kleinem Teleskop: der Doppelsternhaufen (NGC 884 und NGC 869) im Perseus.

Pisces (Psc)

Allgemeines:
Das Tierkreissternbild der Fische (Pisces) ist zwar ziemlich groß, aber wegen seiner eher lichtschwachen Sterne nur schlecht zu sehen. Am besten lässt es sich noch in den Monaten Oktober, November und Dezember beobachten.

Mythologischer Hintergrund:
Die Titanen versetzten die Götter in Angst und Schrecken, als sie den Himmel erstürmten. Besonders Typhon wurde gefürchtet, da er über hundert Köpfe besaß, die die unterschiedlichsten Geräusche von sich gaben. Aphrodite flüchtete mit ihrem Sohn Eros vor den Titanen ans Ufer des Euphrat, um sich dort in den Weiden zu verbergen. Da sie das Waldesrauschen am Flussufer fälschlicherweise für ein Geräusch des Typhon hielt, bat sie voller Furcht die Flussnymphen um Hilfe. Daraufhin eilten zwei Fische herbei und brachten Aphrodite und Eros in Sicherheit. Aus Dankbarkeit dafür wurden sie von Aphrodite später an den Himmel versetzt.

Abkürzung: Psc; deutscher Name: Fische.

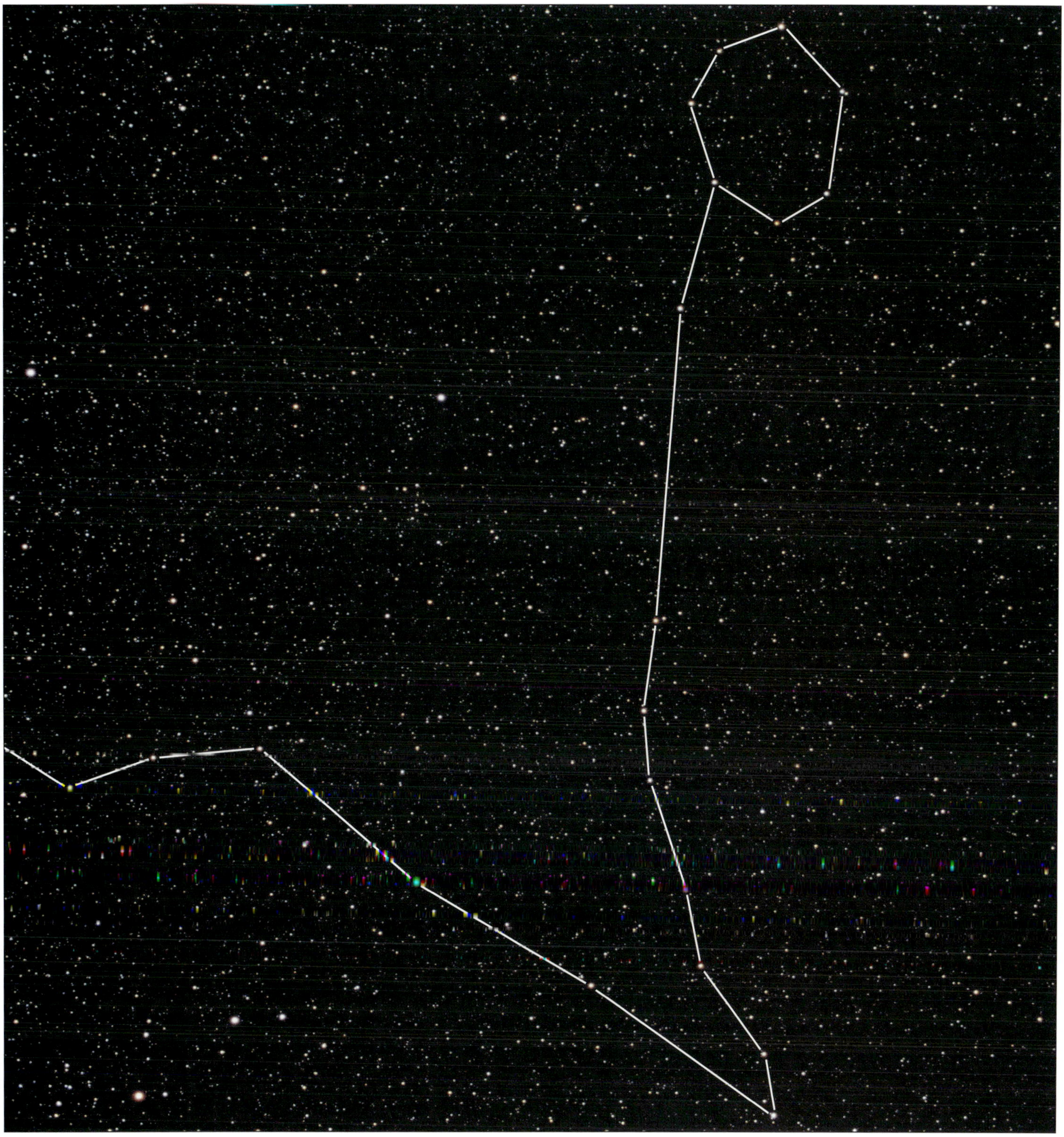

Besondere Objekte: der offene Sternhaufen M47.

Sagitta/Vulpecula (Sge/Vul)

Abkürzung: Sge und Vul; deutsche Namen: Pfeil und Füchslein.

Besondere Objekte: M71 (Sge), M27 (Vul).

Sagitta und Vulpecula

Allgemeines:
Der von Juni bis Dezember sichtbare Pfeil (Sagitta) ist ein kleines, aber markantes Sternbild in Form eines von West nach Ost „fliegenden" Pfeils. Es liegt in einer sternreichen Gegend der Milchstraße nördlich des Sterns Atair im Sternbild Aquila (Adler).

Das von Juni bis Januar sichtbare Sternbild Füchslein (Vulpecula) liegt neben dem Kopf des Schwanes (Cygnus). Da es nur aus einigen Sternen der 4. Größenklasse besteht und seine Konstellation auch über keine besonders markante Form verfügt, ist es recht unscheinbar. Eingeführt wurde es im Jahr 1690 von dem Danziger Astronomen Johannes Hevelius.

Mythologischer Hintergrund:
Sagitta stellt den Pfeil dar, mit dem Herkules den Adler vertrieb, der täglich ein Stück aus der Leber des Prometheus hackte. Zu dieser Strafe war Prometheus verurteilt worden, weil er den Menschen das Feuer gebracht hatte. Nach einer anderen Deutung ist der Pfeil das Sinnbild des kosmischen Lichts.

Eine Falschfarbenaufnahme vom Kerngebiet des Hantelnebels (M27)

Der Hantelnebel ist rund 850 Lichtjahre von der Erde entfernt. Diese S/W-Aufnahme entstand bereits 1973.

M71 ist ein kleiner Kugelsternhaufen im Sternbild Sagitta von „nur" 30 Lichtjahren Durchmesser.

Der Hantelnebel M27 (NGC 6853) befindet sich im Sternbild Vulpecula.

Sagittarius (Sgr)

Abkürzung: Sgr; deutscher Name: Schütze.

Besondere Objekte: M8, M17, M20, M21, M22, M23, M24, M25.

Sagittarius

Allgemeines:
Das Tierkreissternbild des Schützen (Sagittarius) lässt sich am besten in den Sommermonaten Juli bis August beobachten. Selbst dann ist es aber aufgrund seiner großen Ausdehnung und seiner sehr südlichen Lage in Deutschland nicht vollständig sichtbar. Der Schütze liegt im Osten des Skorpions und umfasst den hellsten Teil der Milchstraße. Seine Hauptsterne lassen sich so verbinden, dass sie wie die Silhouette einer Teekanne aussehen. Einer dieser Sterne trägt den Namen Kaus Australis („südlicher Teil des Bogens"). Seine Leuchtkraft ist 250-mal höher als die der Sonne.

Mythologischer Hintergrund:
Der Schütze, ein so genannter Kentaur, ist ein Wesen, dessen menschlicher Oberkörper auf einem Pferderumpf sitzt. Einer der bekanntesten Kentauren war der unsterbliche Dichter Chiron. Er hatte das Amt des Erziehers einer ganzen Reihe von Helden und Göttern, darunter auch von Herkules und Achilles. Neben seiner musischen Begabung galt Chiron als guter Schütze und zudem als der Erfinder von Pfeil und Bogen. Als Chiron einmal mit vergifteten Pfeilen hantierte, drang eine der vergifteten Spitzen in seinen Huf ein. Zwar konnte das Gift ihn, den Unsterblichen, nicht töten, bereitete ihm aber derartige Schmerzen, dass er Zeus bat, ihn durch den Tod zu erlösen. Daraufhin versetzte dieser Chiron als Schützen an den Himmel.

Sternengeburt im Lagunen- oder Trifidnebel M8

Unten: M17, auch unter dem Namen Omega- oder Schwanen-Nebel bekannt, ist ebenso wie der große Orion-Nebel ein Ort, an dem neue Sterne entstehen. Die Region, die in diesem Foto gezeigt wird, ist rund 3.500-mal so groß wie unser Sonnensystem und etwa 5.700 Lichtjahre entfernt.

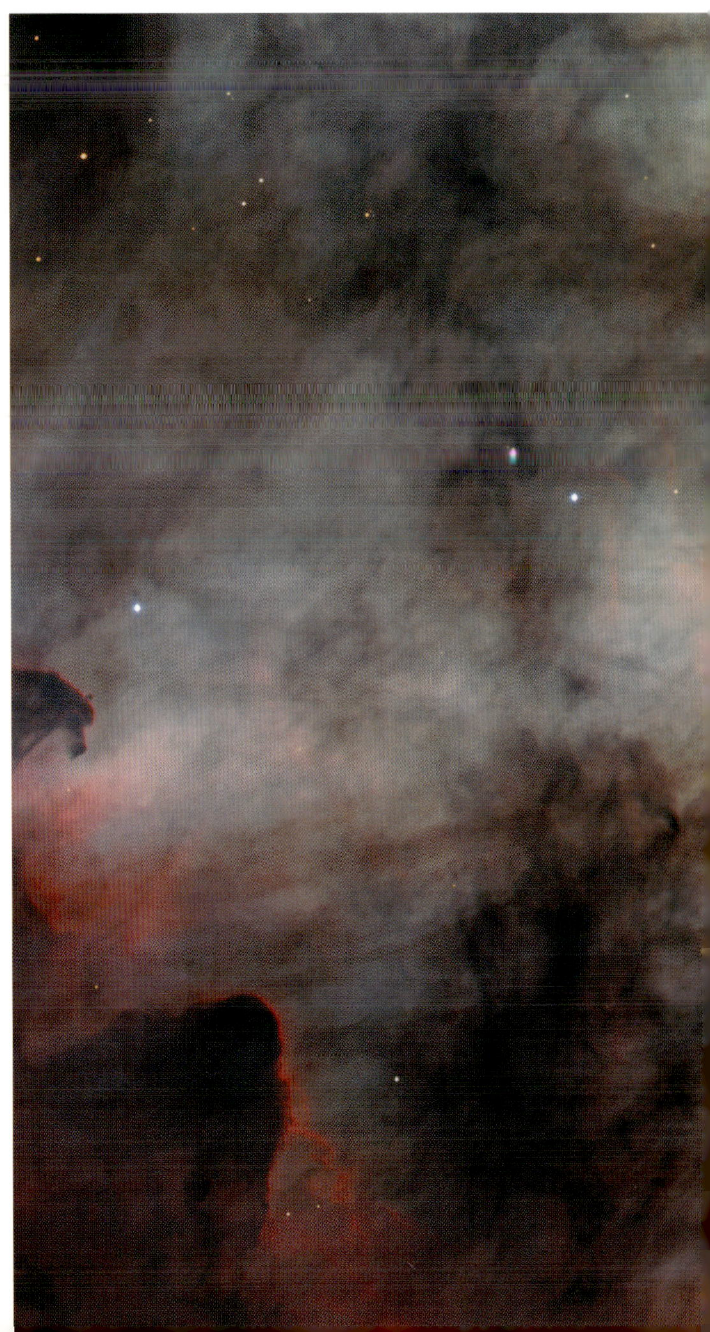

Einen „interstellaren Hamburger" konnte das Hubble-Teleskop am 22. Februar 2002 fotografieren. Ein sonnenähnlicher Stern ist am Ende seines Lebens angekommen und stößt nun seine äußere Gashülle ab. Das Bild zeigt also die Frühphase der Entstehung eines planetarischen Nebels.

Dieses Sternentstehungsgebiet in der Galaxie NGC 6822 im Sternbild Sagittarius ist rund 1.630.000 Lichtjahre von uns entfernt. Das Objekt selbst hat dabei ein Alter von nur rund vier Millionen Jahren, was, verglichen mit dem geschätzten Alter des Universums von rund zehn bis 15 Milliarden Jahren, noch sehr jung erscheint.

Scorpius (Sco)

Abkürzung: Sco; deutscher Name: Skorpion.

Besondere Objekte: M4, M6, M7.

Scorpius

Allgemeines:
Das Tierkreissternbild des Skorpions (Scorpius) lässt sich am besten im Frühsommer beobachten. Es liegt teilweise im Band der Milchstraße und gilt als eines der prächtigsten des nördlichen Himmels. Die Umrisse dieses Sternbilds erinnern tatsächlich sehr stark an die Gestalt eines Skorpions. Bemerkenswert ist der Hauptstern Antares, der zu den roten Riesensternen zählt. Er gehört der 1. Größenklasse an und ist schätzungsweise 520 Lichtjahre entfernt. Im Skorpion gibt es zahlreiche Sternhaufen aller Art.

Mythologischer Hintergrund:
Der Himmelsjäger Orion war ein so schöner Mann, dass sich selbst Göttinnen in ihn verliebten. Orion zog daher auch Neid auf sich. Zudem war er der Großtuerei zugetan und behauptete, dass er jedes Tier zur Strecke bringen könne. Eine seiner Feindinnen, Gaia, die Göttin der Erde, trachtete Orion nach dem Leben und sandte ihm deswegen einen giftigen Skorpion, der seinen tödlichen Auftrag erfolgreich erfüllte. Am Himmel liegen Orion und Skorpion daher weit voneinander getrennt. Andere Sagen zum Skorpion sind in der Beschreibung des Sternbilds Orion nachzulesen.

Die Entfernung des Sternhaufens M4 zur Erde wird auf etwa 5.700 bis 7.000 Lichtjahre geschätzt.

In der Nachbarschaft von M6 liegt ein weiterer offener Sternhaufen: M7. Er wurde bereits 130 n. Chr. von dem griechischen Philosophen Ptolemäus beschrieben.

Der offene Sternhaufen M6 (NGC 6405) wird auch als Schmetterlingshaufen bezeichnet und ist unter guten atmosphärischen Bedingungen bereits ohne irgendwelche optischen Hilfsmittel zu beobachten.

Mehrere Hunderttausend Sterne verteilen sich auf einen Galaxiedurchmesser von etwa 85 Lichtjahren. Der dichte Kugelsternhaufen M80 ist rund 27.000 Lichtjahre von der Erde entfernt.

Scutum und Serpens (Sct/Ser)

Abkürzung: Sct und Ser; deutsche Namen: (Sobieskischer) Schild und (Schwanz der) Schlange.

Besondere Objekte: M11 (Sct); M5 (Ser).

Scutum und Serpens (Cauda)

Allgemeines:
Der Schild (Scutum) ist ein kleines und wenig markantes Sternbild zwischen Adler (Aquila) und Schütze (Sagittarius), dessen Sterne knapp die 4. Größenklasse erreichen. Im nördlichen Teil des Sternbilds liegt die helle Schildwolke (auch: Barnard's Gem), eine Sternenwolke der Milchstraße, die manchmal sogar durch eine Nebeldecke hindurch zu erkennen ist. Der Schild wird erstmals 1690 von Johannes Hevelius erwähnt, der es zu Ehren des in Danzig herrschenden Königs, Johann Sobieski III., und der Befreiung Wiens von der türkischen Belagerung Scutum Sobieski nannte.

Der Schwanz der Schlange ist der zweite Teil der Schlange neben der Serpens Caput. Beide liegen – getrennt durch das Sternbild des Schlangenträgers (Ophiuchus) – südlich von Hercules und der Corona Borealis. Der Schwanz der Schlange ist von April bis Oktober sichtbar.

Mythologischer Hintergrund:
Serpens (Schlange) ist das Sinnbild der Schlange, die Asklepios das Wunderkraut brachte, mit dem er Kranke heilte und Tote wiedererweckte.

Die Galaxiengruppe NGC 6027a–e im Sternbild Serpens. Nach ihrem Entdecker wird sie auch als Seyfert's Sextett bezeichnet.

Mit rund 3.000 Sternen zählt M11 (Scutum) zu den kompaktesten offenen Sternhaufen. Er ist rund 5.500 Lichtjahre von der Erde entfernt.

Unter optimalen Beobachtungsbedingungen kann der Sternhaufen M5 im Sternbild Serpens bereits mit bloßem Auge beobachtet werden.

Taurus (Tau)

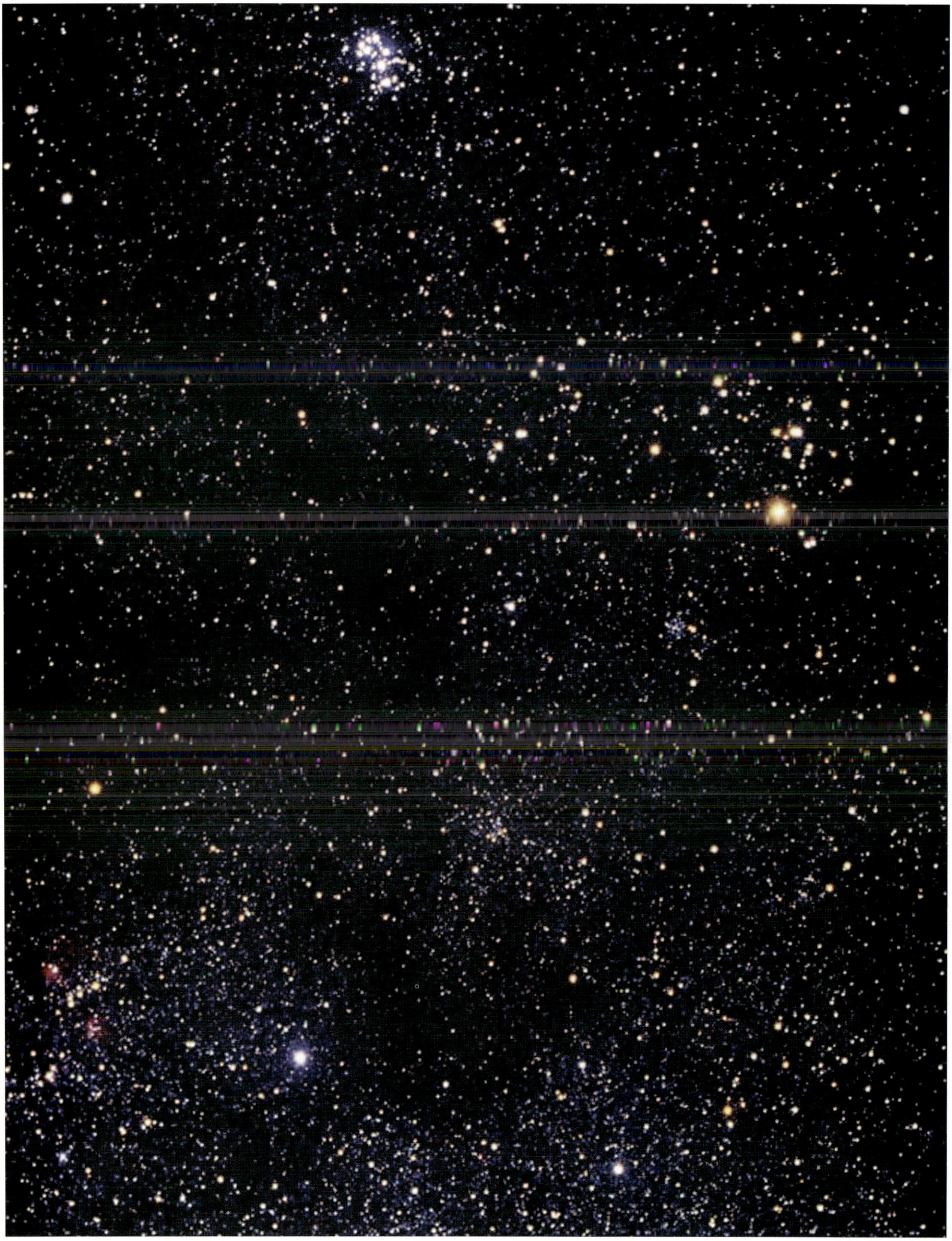

Abkürzung: Tau; deutscher Name: Stier.

Besondere Objekte: M1, M45.

Taurus

Allgemeines:
Das Tierkreissternbild Taurus (Stier) kann von November bis Januar am Abendhimmel gut beobachtet werden. Der Stier liegt nordwestlich von Orion und südlich des Fuhrmanns (Auriga). Er besitzt zwei auffällige offene Sternhaufen, die schon mit bloßem Auge gut zu beobachten sind: die beiden offenen Sternhaufen der Hyaden (Regengestirn) sowie die der Plejaden (Siebengestirn). Der Hauptstern des Stiers ist der rötliche Aldebaran, der rund 65 Lichtjahre von uns entfernt liegt. Er stellt das Auge des Stierkopfes dar, den man mit ein wenig Vorstellungskraft erkennen kann.

Mythologischer Hintergrund:
Zeus begehrte Europa, die einzige Tochter des phönizischen Königs Agenor, die als die schönste Frau der Erde galt. Zeus näherte sich ihr in der Gestalt eines prächtigen weißen Stieres und legte sich ihr zu Füßen. Nach anfänglichem Zögern [illegible] Rücken des Stieres, der daraufhin mit ihr in Richtung der griechischen Insel Kreta davonstürmte. Dort angekommen verwandelte sich Zeus in seine ursprüngliche Gestalt zurück und nahm Europa zu seiner Geliebten. Sie wurde die Mutter von dreien seiner Söhne.

Die Hyaden waren in der griechischen Mythologie die Töchter des Atlas. Sie wurden unter die Sterne versetzt, weil sie den Tod ihres Bruders Hyas betrauerten und nicht mehr zu weinen aufhörten – daher auch der Name „Regengestirn".

IC 349 (Barnard's Merope-Nebel) ist eine Gaswolke, die durch den in der Nähe stehenden Stern Merope beleuchtet wird. Merope gehört zu den Plejaden.

Im Jahr 1054 n. Chr. glaubten chinesische Astronomen, die Geburt eines neuen, sehr hellen Sterns im Sternbild Stier zu beobachten. Tatsächlich war es eine Supernova, also der Tod eines Sterns.

Die Spiralgalaxie NGC 4622 dreht sich in die „falsche" Richtung: Obwohl ihre Spiralarme die Astronomen eine Drehbewegung entgegen dem Uhrzeigersinn hatten vermuten lassen, rotiert sie im Uhrzeigersinn.

M1, der so genannte Crab-Nebel. Auf Deutsch heißt er eigentlich Krabben-Nebel, gebräuchlicher ist aber die englische Schreibweise. In diesem Bild wurden eine Röntgenaufnahme (blauer Bereich) und eine optische Aufnahme (rötlicher Bereich) zusammengefügt. Im Jahr 2002 veröffentlichte die NASA einen „Film", der das Pulsieren des Nebels zeigt. Er besteht aus dem Zusammenschnitt von Bildern des Hubble-Teleskops und des Chandra-Satelliten.

Ursa Maior (UMa)

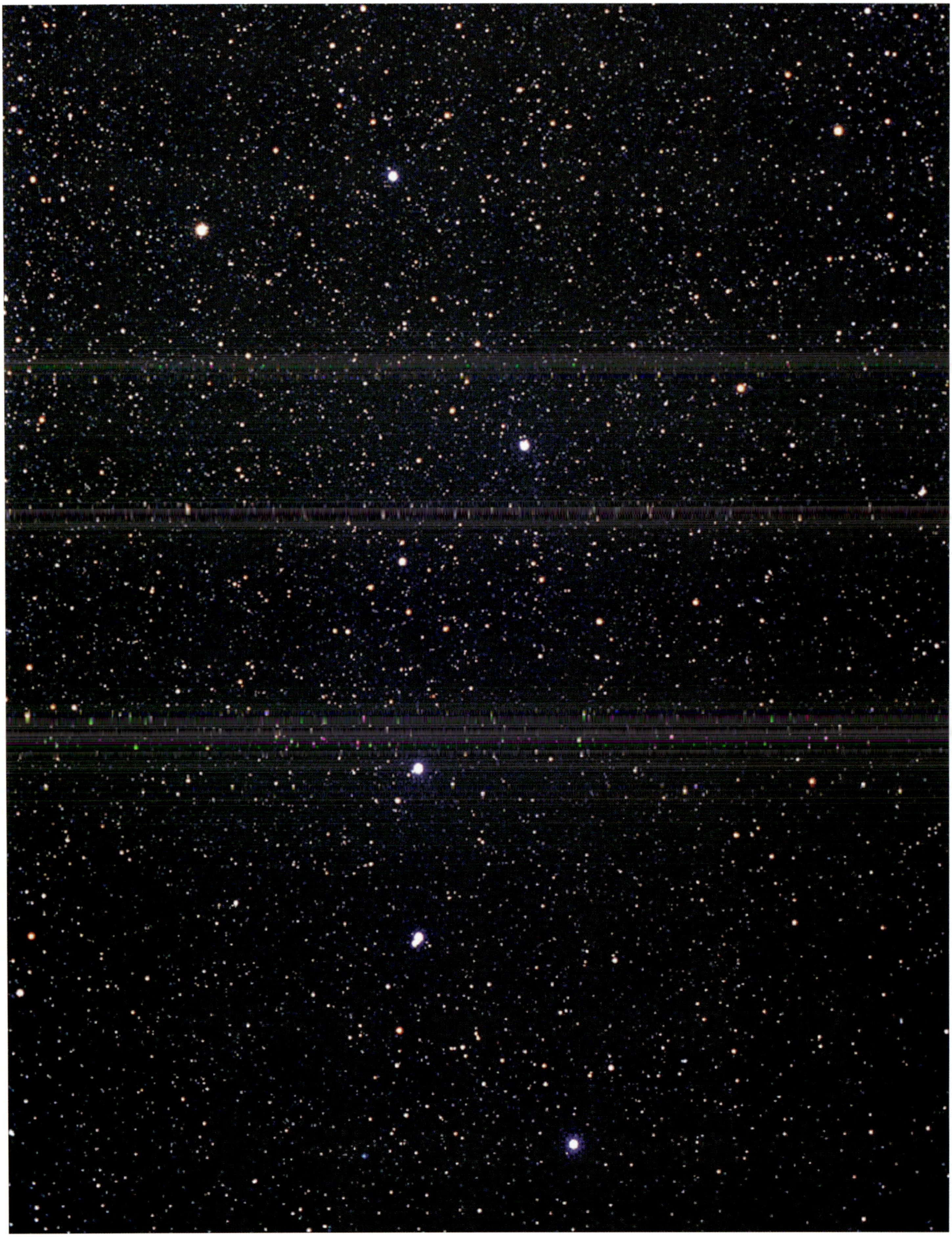

Abkürzung: UMa; deutscher Name: Großer Bär.

Besondere Objekte: M81, M82, M97, M108.

Ursa Major

Allgemeines:
Der Große Bär (Ursa Maior) liegt zwischen Kleinem Löwen (Leo Minor) und Drache (Draco) und ist wohl das bekannteste Sternbild von allen. Oft wird es auch als Großer Wagen bezeichnet. Alle vier Sterne des Wagens sind, ebenso wie die drei Deichselsterne, sehr lichtstark. Der Wagenkasten wird von Megrez, Dubhe, Merak und Phekda gebildet.

Dubhe ist ein Doppelstern, in dessen Nähe die beiden Galaxien M81 und M82 zu finden sind. Leider sind sie im Fernglas nur als Nebelflecke zu erkennen, sodass beide Objekte eher für die Beobachtung mit größeren Fernrohren geeignet sind. In direkter Umgebung von Merak liegen der Spiralnebel M108 und der planetarische Nebel M97 (Eulennebel). Auch diese Objekte erschließen sich dem Beobachter erst durch größere Fernrohre, ebenso wie der Spiralnebel M109 in direkter Nachbarschaft von Phekda. Verlängert man eine gedachte Linie zwischen Merak und Dubhe fünfmal nach Norden, gelangt man zum Polarstern.

Die Deichsel wird von Benetasch, Mizar und Alioth gebildet. Ganz knapp oberhalb von Mizar, einem nur mit dem Fernrohr zu trennenden Doppelstern, liegt der Stern Alkor, genannt „Reiterlein". Er gilt als eine Art „kosmischer Sehtest", denn mit guten Augen kann man ihn klar von Mizar unterscheiden.

Kollision im All: Die Galaxien UGC 06471 und UGC 06472 im Sternbild Großer Wagen sind 145 Millionen Lichtjahre von der Erde entfernt.

Mythologischer Hintergrund:
In Island wurde der Große Bär als „Wagen des höchsten Gottes" bezeichnet, die altgriechische Mythologie sah in ihm die Nymphe Helike, die Schneestürme, Hagelschauer und eisige Kälte auf die Erde schickte. Erst später wurde aus dem Großen Wagen der Große Bär.

Gemäß der klassischen griechischen Sage handelt es sich beim Großen Bären um Kallisto, die von Zeus verführt und von Hera in eine Bärin verwandelt worden war. Ihr Sohn Arkas begegnete ihr eines Tages auf der Jagd. Sie konnte sich ihm nicht zu erkennen geben und Arkas jagte sie in einen Zeustempel. Zeus ergriff beide und versetzte sie als Bootes (Bärenhüter) und Ursa Maior (Großer Bär) an den Himmel.

Die Spiralgalaxie NGC 3310 (UMa) ist etwa 59 Millionen Lichtjahre von der Erde entfernt.

Die Galaxie NGC 4013 im Sternbild Jungfrau entspricht in Form und Größe unserer Milchstraße.

In der Galaxie NGC 3079 haben Astronomen eine riesige Blase aus Gas entdeckt, die vermutlich durch Sternentstehungsprozesse gebildet wurde. Diese Gasblase hat einen Durchmesser von über 3.000 Lichtjahren.

Diese Aufnahme des Hubble-Teleskops zeigt den Kern der Galaxie M82 (rechte Bildhälfte). Links oben im Bild ist die Galaxie vollständig zu sehen.

Ursa Minor (UMi)

Allgemeines:

Das Sternbild Ursa Minor (Kleiner Bär), auch Kleiner Wagen genannt, wird von Polaris, dem Polarstern, beherrscht, der den letzten Deichselpunkt darstellt. Polaris ist vom nördlichen Pol des Himmels nur ein Grad entfernt. Er wandert immer weiter auf den Pol zu und wird ihn im Jahre 2115 gänzlich erreicht haben. Diese scheinbare Bewegung wird durch die Präzession verursacht, eine Art „Kreiselbewegung" der Erdachse. Der hellste Stern ist Kochab, der den rechten oberen Eckpunkt des Wagens markiert.

Mythologischer Hintergrund:

Bei den nordischen Völkern wurde der Kleine Bär als „Kleiner Streitwagen" oder „Thors Thron" bezeichnet. In der griechischen Mythologie gibt es keinen Hintergrund für dieses Sternbild, da es ursprünglich ein Teil des Sternbilds Drache (Draco) war. Thales von Milet bildete aus einem der Drachenflügel das neue Sternbild des Kleinen Wagen oder Kleinen Bären.

Abkürzung: UMi; deutscher Name: Kleiner Bär.

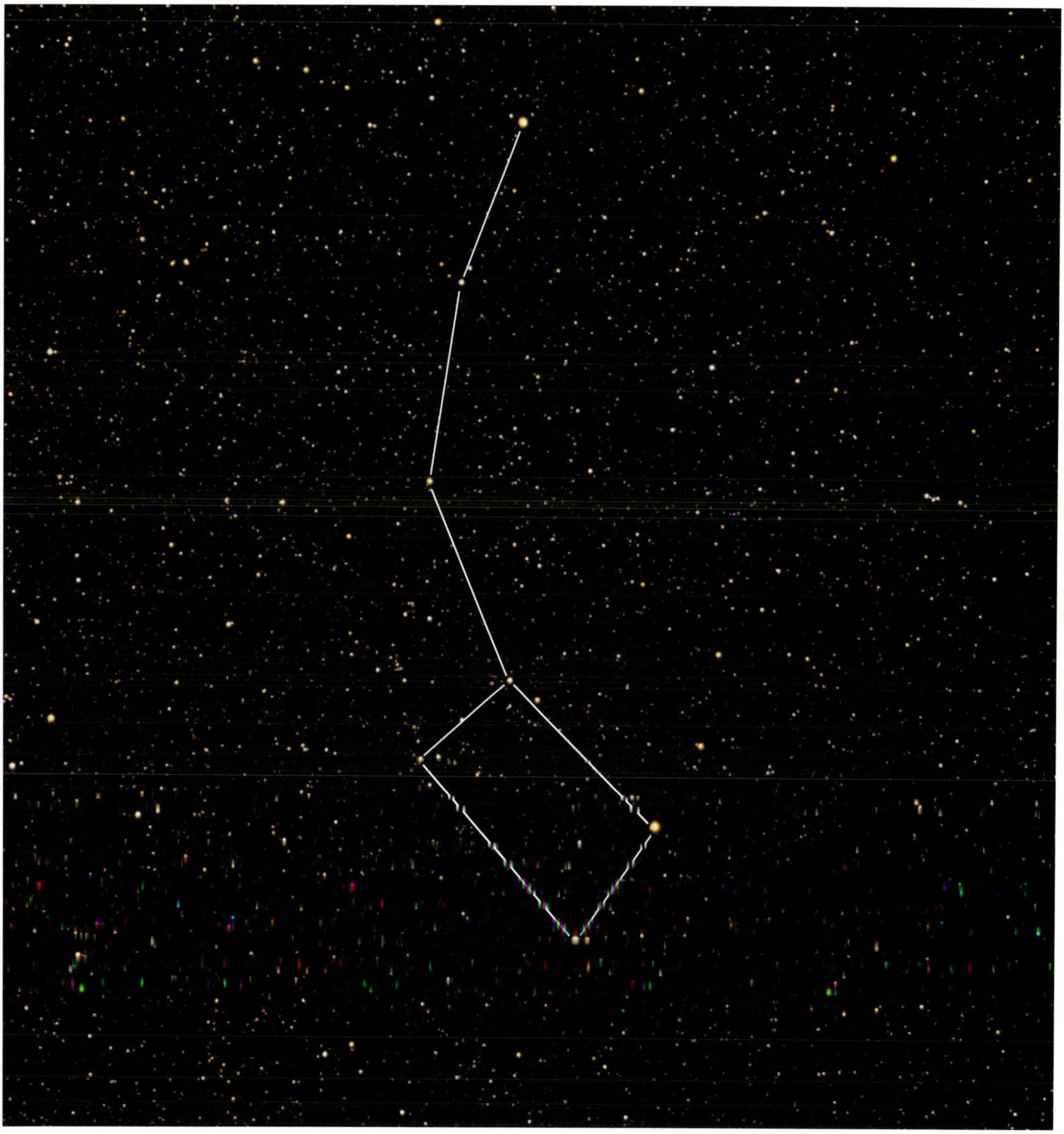

Besondere Objekte: Alpha UMi.

Virgo (Vir)

Abkürzung: Vir; deutscher Name: Jungfrau.

Besondere Objekte: M49, M59, M60, M61, M84, M86, M87, M90, M104.

Virgo

Allgemeines:
Das größte aller Tierkreissternbilder ist Virgo (Jungfrau). Es lässt sich am besten in den Frühjahrsmonaten am Abendhimmel beobachten. Der Hauptstern Spica, ein Stern der 1. Größenklasse, ist ca. 275 Lichtjahre von der Erde entfernt und leuchtet etwa 2.300-mal heller als unsere Sonne. Der Name Spica bedeutet „Kornähre" und wurde im Altertum als Bezeichnung für das ganze Sternbild verwendet. Im alten Ägypten begann man mit der Ernte, sobald das Sternbild Jungfrau am Morgenhimmel zu sehen war. In der Jungfrau sind viele Galaxien zu finden, die jedoch alle nur mit großen Teleskopen beobachtet werden können.

Die Galaxie M104 wird wegen ihres Erscheinungsbildes im Fernrohr auch als Sombrero-Galaxie bezeichnet.

Mythologischer Hintergrund:
Die Jungfrau steht in der griechischen Sage für Persephone, die Tochter von Demeter, der Göttin der Fruchtbarkeit. Hades, der Gott der Unterwelt, entführte Persephone in sein Reich und nahm sie zu seiner Frau. Demeter war so betroffen vom Verlust ihrer Tochter, dass sie vergaß, ihren Pflichten nachzukommen: Ernten fielen aus, Menschen verhungerten. Schließlich griff Zeus ein und bestimmte, dass Persephone jeweils ein halbes Jahr in der Unterwelt und das andere halbe Jahr bei ihrer Mutter leben solle. Dieser Zyklus entspricht dem der Kornähre, die sechs Monate unter der Erde liegt, bevor sie Früchte trägt.

Die Galaxie M87 vom Typ E0 ist eine auffallend starke Radioquelle.

In der Jungfrau ist ein Galaxienhaufen zu beobachten, von denen einige (hier M90) mit dem Fernrohr zu sehen sind.

Glossar

Abendrot
Rotfärbung des Himmels am Abend. Das Licht der tief stehenden Sonne färbt den Himmel rot, da auf dem verhältnismäßig langen Weg des Lichts durch die Atmosphäre der blaue, kurzwellige Anteil stärker gestreut wird und so hauptsächlich das langwelligere, rote Licht beim Beobachter ankommt.

Abendstern
Der Planet Venus wird als Abendstern bezeichnet, wenn er kurz vor oder nach Sonnenuntergang im Westen sichtbar ist. Er steht dann östlich von der Sonne und ist so hell, dass er schon vor Sonnenuntergang zu sehen ist.

Aberration
(lateinisch: Abweichung) Abweichung der tatsächlichen Position eines Gestirns von der beobachteten. Dieses Phänomen wird durch die endliche Ausbreitungsgeschwindigkeit des Lichts und die Eigenbewegung des Beobachters verursacht. Jeder kennt den Effekt, dass man, um nicht nass zu werden, den Regenschirm schräg halten muss, wenn man durch den Regen geht. Da wir uns mit der Erde um die Sonne bewegen, müssen auch wir unser Fernrohr gegenüber der Verbindungslinie vom Stern zum Fernrohr leicht neigen.

Aberration des Lichts, jährliche
Die jährliche Aberration des Lichts ergibt sich aus der vektoriellen Addition der Lichtgeschwindigkeit und der Geschwindigkeit der Erde auf ihrer Bahn um die Sonne bei einer vollen Umkreisung pro Jahr. Sie bewirkt eine Verschiebung der sichtbaren Position der Gestirne.

Aberration des Lichts, säkulare
Als säkulare Aberration des Lichts bezeichnet man die Verschiebung der sichtbaren Positionen der Gestirne, die durch die Bewegung unseres eigenen Sonnensystems durch den Raum verursacht wird. Das Sonnensystem bewegt sich mit einer Geschwindigkeit von ungefähr 20 Kilometern pro Sekunde um das Zentrum der Milchstraße.

Aberration des Lichts, tägliche
Die tägliche Aberration des Lichts wird durch die Rotation der Erde um die Erdachse verursacht. Am Äquator beträgt die Rotationsgeschwindigkeit 465 Meter pro Sekunde, sie verringert sich zu den Polen hin; dort ist sie dann gleich Null.

Ablation
(lateinisch: Wegnahme) Durch die Sonneneinstrahlung verursachte Abschmelzung von Schnee- und Eismassen, etwa an Gletschern oder dem Festlandeis in Arktis und Antarktis.

Abplattung
Abweichung eines (Rotations-)Körpers von der Kugelform. Durch die Drehung wird ein elastischer Körper an den Polen flacher und in der Mitte breiter (man nennt einen solchen Körper Rotationsellipsoid).

Abrasion
(lateinisch: Abschabung) Durch die Meeresbrandung hervorgerufene Abtragung von Küstenformationen; sie führt zu einer Bildung von flachen, nur wenig unterhalb des Meeresspiegels liegenden Abrasionsebenen.

Absorption
Durchläuft eine Teilchen- oder Wellenstrahlung, zum Beispiel die elektromagnetische Strahlung des Lichts, Materie, wird sie abgeschwächt. Das bedeutet, dass ein Teil der Strahlung von der Materie „verschluckt" und in Wärme umgewandelt wird (Absorptionswärme). Ein einfaches Beispiel ist schwarzes Papier, auf das Sonnenstrahlen fallen. Die schwarze Farbe absorbiert eine große Menge des Lichts – das Papier wird warm. Weiße Flächen reflektieren mehr Licht und heizen sich deswegen in der Sonne weniger stark auf. Je nach Art der durchdrungenen Materie werden bestimmte Farbbestandteile des Lichts absorbiert. Wenn ursprünglich weißes Licht aus der Materie wieder austritt, zeigen sich dunkle Linien (so genannte Absorptionslinien). Die Auswertung dieser Absorptionslinien lässt auf die Beschaffenheit und Zusammensetzung der durchstrahlten Materie schließen.

Absorptionslinien
Absorptionslinien erscheinen als dunkle Linien im Farbspektrum eines strahlenden Körpers. In diesem Farbbereich überwiegen die Absorptionsprozesse. Umgekehrt spricht man bei hellen Streifen im Spektrum von Emissionslinien.

Abtragungsgebirge
Als Abtragungsgebirge werden die erdgeschichtlich jüngeren Hochgebirge bezeichnet, die durch ihr ausgeprägtes Relief im Vergleich zu den Mittelgebirgen verstärkt der Erosion und Abtragung ausgesetzt sind.

Achernar
Achernar (Alpha Eri) ist der Hauptstern des Sternbilds Eridanus. Entfernung von der Erde: 78 Lichtjahre; Farbe: weiß.

Achondriten
Achondriten sind Steinmeteoriten, die keine kugeligen Einschlüsse (Chondren) aufweisen. Sie ähneln in ihrer chemischen Zusammensetzung irdischem Basalt und sind in etwa 4,4 bis 4,6 Milliarden Jahre alt. Achondriten machen etwa neun Prozent der Steinmeteoriten aus.

Achse
Eine gedachte Gerade, um die sich ein Körper (zum Beispiel ein Himmelskörper) dreht.

Adler
(Aquila) Sternbild, Kurzbezeichnung Aql. Im Sommer am nördlichen Himmel sichtbar.

AE
Abkürzung für „astronomische Einheit", sie beschreibt die mittlere Entfernung zwischen Erde und Sonne (149,59787 Millionen Kilometer).

Agglomerat
Als Agglomerat bezeichnet man das verfestigte vulkanische Auswurfprodukt, das aus bei großer Hitze verbackenem Gesteinsmaterial besteht.

Akkretion
Durch Gravitationswirkung verursachter Massenzuwachs, der durch das „Aufsammeln" von Materie zustande kommmt.

Akkretionsscheibe
Akkretionsscheiben sind rotierende Ansammlungen aus Gas und Staub und das Ergebnis kollabierender Gas- und Staubwolken. Auch unser Sonnensystem entstand aus einer Akkretionsscheibe. Diese Gebilde stehen am Anfang eines Sternenlebens und seiner Planeten.

Akzeleration
(lateinisch: Beschleunigung) Durch die Gezeitenreibung verlangsamt sich die Rotationszeit der Erde, während die Bewegung der anderen Himmelskörper scheinbar zunimmt.

Akzeleration, säkulare
Durch eine Abnahme der Exzentrizität der Erdbahn verringert sich im Lauf der Jahrhunderte auch die Umlaufzeit des Mondes um die Erde: Die Dauer eines Mondumlaufes verkürzt sich in 100 Jahren um etwa acht Sekunden.

Albedo
Als Albedo bezeichnet man allgemein das Reflexionsvermögen eines nicht strahlenden Körpers. In der Astronomie sind dies vor allem die Monde und die Planeten, die nicht selbst strahlen, sondern nur das Licht „ihrer" Sonne reflektieren. Ein Himmelskörper, der das empfangene Licht vollständig zurückstrahlt, hat ein Albedo von 1.

Albireo
Kopfstern des Sternbildes Schwan (Cygnus). Albireo ist ein Doppelsternsystem, dessen Komponenten gelb und blau erscheinen. Entfernung von der Erde: 410 Lichtjahre.

Aldebaran
Aldebaran (Alpha Tau) ist der Hauptstern des Sternbilds Stier (Taurus). Die Entfernung von der Erde beträgt 64 Lichtjahre; seine Farbe ist rötlich.

Alderamin
Alderamin (Alpha Cep) ist der Hauptstern des Sternbilds Cepheus. Entfernung von der Erde: 49 Lichtjahre; Farbe: weiß.

Almagest
Sternenatlas des griechischen Astronomen Claudius Ptolemäus. Im 2. Jahrhundert n. Chr. fasste Ptolemäus 48 Sternbilder in dem Katalog Almagest zusammen.

alpha Centauri
Hellster Stern im Sternbild Centaurus (Kentaur). Er ist mit einer scheinbaren Helligkeit von 0,27 mag der dritthellste Stern am Himmel und mit einer Entfernung von 4,32 Lichtjahren das uns am nächsten stehende Sternobjekt überhaupt. Alpha Centauri ist ein Doppelstern, der in größerem Abstand noch von einem dritten Stern, Proxima Centauri, umkreist wird.

Alphard
Kurzbezeichnung alpha Hya, Hauptstern im Sternbild Wasserschlange (Hydra). Scheinbare Helligkeit: 2,1 mag. Entfernung von der Erde: 95 Lichtjahre. Der Name stammt aus dem Arabischen und bedeutet „der Einzelne".

Alpheratz
Hauptstern im Sternbild Andromeda (auch Sirrah, kurz: alpha And). Scheinbare Helligkeit: 2,0 mag. Entfernung von der Erde: 105 Lichtjahre. Farbe: blau-weiß. Der Name stammt aus dem Arabischen und bedeutet „Schulter des Pferdes" bzw. „Nabel".

Alpidische Faltung
Zusammenfassende Bezeichnung für die jüngsten Gebirgsbildungsphasen der Erdgeschichte mit Schwerpunkt in der Kreidezeit und im Tertiär (in der unter anderem die Alpen, Karpaten, Dinariden, Pyrenäen und der Apennin entstanden).

Altair
S. Atair.

Altar
(Ara) Sternbild, das nur am südlichen Sternhimmel beobachtbar ist. Kurzbezeichnung Ara.

Altokumulus
(Altocumulus, Ac) Größere Schäfchenwolken aus flachen Wolkenballen in zwei bis sieben Kilometern Höhe, die in Form von Wolkenfeldern oder -bänken auftreten.

Altostratus
(Altostratus, As) Gleichmäßige, graue oder blaue Wolkenschicht, die in zwei bis sieben Kilometern Höhe den ganzen Himmel bedecken, die Sonnenscheibe jedoch stellenweise noch erkennen lassen.

Amalthea
Mond des Planeten Jupiter.

Analemma
Im Lauf eines Jahres verändert sich die Stellung der Sonne am Mittagshimmel. Im Sommer verschiebt sich ihr Wendepunkt gegenüber dem Horizont nach oben, im Winter nach unten. Würde man all diese so genannten Meridiandurchgänge der Sonne auf eine einzige Aufnahme kopieren, entstünde die Figur einer Acht, das so genannte Analemma. Der Sonnenwendepunkt bewegt sich im Lauf eines Jahres nämlich nicht nur nach oben und unten, sondern er oszilliert auch nach rechts und links. Dabei ist die Rechtsbewegung im Frühling und Herbst festzustellen, während sich der Punkt im Sommer und Winter nach links verschiebt.

Andromeda
Sternbild am Nordhimmel, Kurzbezeichnung And. Der Name stammt aus der griechischen Sage: Andromeda war die Tochter des Königspaares Cepheus und Cassiopeia. Als Andromeda zur Strafe für die Eitelkeit ihrer Mutter einem Meerungeheuer geopfert werden sollte, wurde sie von Perseus gerettet.

Andromedagalaxie
S. Andromeda-Nebel.

Andromeda-Nebel
Gut sichtbare Galaxie am nördlichen Sternhimmel. Sie ist ohne Fernrohr zu beobachten und offenbart bereits durch ein kleines Teleskop eine Vielzahl von Details. Der Andromeda-Nebel ist eine rotierende Galaxie mit Spiralarmen an ihrer Außenseite. In dieser Galaxie befinden sich unter anderem die so genannten Cepheiden, pulsierende Sterne, mit deren Hilfe Henrietta Leavitt 1917 zum ersten Mal die Entfernungsbestimmung von Objekten außerhalb unserer eigenen Milchstraße gelang. Im Zentrum der Andromedagalaxie lassen sich sehr intensiv strahlende Doppelsterne lokalisieren. Entfernung zur Erde: 2,2 Millionen Lichtjahre.

Antares
Hauptstern im Sternbild Skorpion (Scorpius), Kurzbezeichnung alpha Sco. Ein roter Überriese, scheinbare Helligkeit: 1,2 mag. Entfernung von der Erde: ca. 500 Lichtjahre. Farbe: rot.

Antennengalaxien
Zwei Galaxien im Sternbild Rabe (Corvus). Bei der Kollision der beiden Galaxien NGC 4038 und NGC 4039 haben sich zwei Materieschweife gebildet, die wie Antennen aussehen.

Antiklinale
Falte im Gestein, bei der die Faltenschenkel nach unten gerichtet sind und auseinander weisen.

Antimaterie
Materie, die aus Elementarteilchen mit umgekehrter elektrischer Ladung zusammengesetzt ist.

Antlia
Sternbild am Südhimmel, Kurzbezeichnung Ant, zu deutsch Luftpumpe. Den Namen erhielt das Sternbild im 18. Jahrhundert während der Kartografierung des südlichen Sternhimmels.

Anziehungskraft
Massenanziehung oder Gravitation; die Kraft, mit der sich Körper gegenseitig anziehen. Die Anziehungskraft der Erde nennt man Schwerkraft. Erst durch die Schwerkraft bekommen Gegenstände auf der Erde ihr Gewicht. Der Mond hat eine geringere Gravitation als die Erde, weswegen Körper auf dem Mond nur 16 Prozent ihres Erdgewichts haben.

Apertur
(lateinisch: Öffnung) Durchmesser der Licht sammelnden Linse oder des Spiegels eines Fernrohrs.

Apex
Punkt des Himmels, auf den sich die Erde bzw. das Sonnensystem scheinbar zubewegen. Der Apex der Sonne liegt südwestlich des Sterns Wega (Alpha Lyrae). Der Begriff stammt aus dem Lateinischen und bedeutet Spitze.

Aphel
(lateinisch: Sonnenferne) Derjenige Punkt auf der Bahn eines Planeten, Asteroiden oder Kometen, der am weitesten von der Sonne entfernt ist.

Apogalaktikum
Derjenige Punkt auf der Umlaufbahn eines Sterns um das Zentrum seiner Galaxie, der vom galaktischen Zentrum am weitesten entfernt ist.

Apogäum
(lateinisch: Erdferne) Derjenige Punkt auf der Umlaufbahn eines Satelliten (Mond oder auch künstlicher Satellit), der am weitesten vom Erdmittelpunkt entfernt ist.

Apollo
Kleinplanet, dessen Bahn die Erdumlaufbahn kreuzt. Dieser Planetoid wurde 1932 entdeckt.

Apollo-Missionen
USA-Raumfahrtprogramm, das insgesamt 17 Flüge umfasste, darunter von 1969 bis 1972 sechs bemannte Mondexpeditionen: Apollo 11 (die erste bemannte Landung auf dem Mond), Apollo 12, Apollo 14, Apollo 15, Apollo 16, Apollo 17. Die Mission Apollo 13 (1970) gestaltete sich besonders dramatisch, da die Mannschaft trotz eines explodierten Sauerstofftanks nach Umrundung des Mondes unversehrt zur Erde zurückkehrte (in Hollywood verfilmt).

Apside
Bezeichnung für die beiden Punkte auf der elliptischen Bahn eines Himmelskörpers um einen anderen, für die die Entfernung zwischen den Körpern am größten bzw. am kleinsten ist. Bei Planeten, die auf elliptischen Bahnen um die Sonne kreisen, spricht man vom Perihel (Sonnennähe) und Aphel (Sonnenferne). Bei der Umlaufbahn des Mondes um die Erde spricht man von Perigäum (Erdnähe) und Apogäum (Erdferne). Bei den Sternen, die das Zentrum unserer Milchstraße umkreisen, verwendet man die Begriffe Perigalaktikum (Zentrumsnähe) und Apogalaktikum (Zentrumsferne).

Apus
Sternbild, Kurzbezeichnung Aps. Apus liegt in der Nähe des Himmelssüdpols, deutsche Bedeutung „Paradiesvogel".

Aquarius
(lateinisch: Wassermann) Sternbild, Kurzbezeichnung Aqr.

Äquator
Kreis um die breiteste Stelle einer Kugel (Großkreis). Die Mittelsenkrechte auf diese Kreisebene bildet die Verbindungslinie zwischen den beiden Polen, d.h. die Rotationsachse im Falle einer sich um sich selbst drehenden Kugel. Die Äquatorlänge der Erde beträgt 40.075,036 Kilometer. Sie übertrifft den Umfang über die Pole (40.007,881 Kilometer), da die Erde an den Polen etwas abgeflacht ist.

Äquatorebene
Ebene, die durch den Äquator begrenzt wird und senkrecht zur Verbindungslinie der beiden Pole liegt.

Aquila
(lateinisch: Adler) Sternbild, Kurzbezeichnung Aql.

Äquinoktien
Schnittpunkte zwischen der Ekliptik und dem Himmelsäquator. Beim Durchgang der Sonne durch diese Punkte herrschen die so genannten Tagundnachtgleichen; diese Tage markieren den Frühlings- bzw. Herbstbeginn und liegen am 21. März bzw. am 23. September.

Archaikum
Ältestes geologisches Erdzeitalter; Zeitraum zwischen ca. vier und 2,8 Milliarden Jahren vor unserer Zeit, Bildungszeitraum der festen Erdkruste und der Meere.

Argelander, Friedrich Wilhelm August
Deutscher Astronom, geboren am 22. März 1799 in Memel (Preußen), gestorben am 12. Februar 1875, Assistent von Friedrich Wilhelm Bessel an der Königsberger Sternwarte, legte seine Doktorprüfung zur Sternenbeobachtung ab und erhielt später eine Professur in Finnland. Er erstellte den Sternenatlas „Uranometria nova", der alle mit bloßem Auge erkennbaren Sterne zusammenfasst. Die Argelandersche Stufenschätzungsmethode wurde als ein Mittel zur Helligkeitsbestimmung von Sternen benutzt. Argelander war an der so genannten „Bonner Durchmusterung" beteiligt, der dabei entstandene Sternenkatalog wurde 1883 veröffentlicht.

Ariane
Raketenprogramm der europäischen Raumfahrtagentur ESA. Erster Start einer Ariane-Rakete: 24. Dezember 1979 vom Weltraumbahnhof Kourou in Französisch-Guayana. Seither hat sich das Programm dank der Ariane 4 zu einem der erfolgreichsten Raketenprogramme aller Zeiten entwickelt. Aktuell ist bereits die fünfte Generation der Ariane im Einsatz.

Ariel
Einer von 21 bekannten Uranusmonden, der 1851 von Lassel entdeckt wurde. Er erhielt, wie alle Uranusobjekte, seinen Namen nach einer Dramenfigur von William Shakespeare. Radius: 580 Kilometer. Dichte: 1,27 g/cm³. Abstand zum Uranus: 191.140 Kilometer. Ariel besitzt nur wenige Meteoritenkrater, vermutlich aufgrund von Aktivitäten im Inneren.

Aries
(lateinisch: Widder) Sternbild, Kurzbezeichnung Ari.

Arktur
Auch Arctur(us); hellster Stern im Sternbild Bootes (Bärenhüter).

Assoziation
Assoziationen nennt man eine Anhäufung junger Sterne mit gleichen oder ähnlichen Eigenschaften, die gemeinsam entstanden sind. In unserer Galaxis, der Milchstraße, sind ungefähr 100 Assoziationen bekannt, die sich überwiegend in

den Spiralarmen befinden. Assoziationen können aus nur wenigen Sternen bestehen, aber auch Tausende von Sternen umfassen.

asterisch
Sternähnlich.

Asteroid
Kleinplanet, der die Sonne umkreist. Die meisten Asteroiden haben einen Durchmesser von 40 bis 80 Kilometern, mit rund 1.000 Kilometern Durchmesser ist Ceres der größte. Die ersten entdeckten Asteroiden waren Ceres (1801 von Piazzi), Pallas (1802 von Olbers), Juno (1804 von Harding), Vesta (1807 von Olbers). Weitere recht bekannte Kleinplaneten sind Hebe, Iris, Hygiea, Eunomia, Psyche, Nemausa, Davida, Ikarus, Geographos, Apollo, Adonis, Hermes.

Asteroidengürtel
Aus einer großen Zahl von Asteroiden bestehender Gürtel zwischen den Umlaufbahnen von Mars und Jupiter.

astral
Die Sterne betreffend.

Astrofotografie
Bezeichnung für die Fotografie astronomischer Objekte.

Astrolabium
Beobachtungsinstrument zur Bestimmung von Form und Größe der Gestirne. Bereits die alten Griechen (Hipparchos von Nikaia) erfanden mit dem Astrolabium ein Instrument zur Positionsbestimmung von Himmelskörpern. Damit konnte man den Auf- und Untergang der Sterne errechnen und ihren Standort am Himmel zu unterschiedlichen Zeiten feststellen. Im 16. Jahrhundert baute der dänische Astronom Tycho Brahe ein solches Gerät mit drei Metern Durchmesser, mit dem er sehr exakte Beobachtungen des Sonnensystems machen konnte. Bis in das 18. Jahrhundert hinein war das Astrolabium auch ein wichtiges Instrument für die Navigation.

Das Astrolabium besteht aus einer senkrecht aufgehängten, kreisrunden Scheibe mit einem beweglichen Rahmen. Auf die-[illegible] Durch Drehen des Rahmens kann der Astronom die Sternenbewegung nachahmen. Zur Bestimmung der Sternenhöhe wird ein Peilstab auf den Stern ausgerichtet.

Astrologie
Pseudowissenschaft. Die Astrologie versucht Ereignisse oder Handlungen von Menschen mit der Position von Himmelskörpern in Beziehung zu bringen. Aufgrund der Sternkonstellationen werden Voraussagen über die Zukunft gemacht. Frühere Astronomen beschäftigten sich oft auch mit Astrologie.

Astrometrie
Teilgebiet der Astronomie, auch Positionsastronomie genannt. Messung und Bestimmung der Position (Koordinaten) von Sternen im Raum. Die Positionsbestimmung durch die Astrometrie schafft die Grundlage für die weitere Bahnbestimmung, die Bestimmung der Eigenbewegung und die Zeitbestimmung.

Astronom
Sternenforscher.

Astronomie
Wissenschaft der Erforschung des Universums außerhalb der Erdatmosphäre, wissenschaftliches Studium mit den Schwerpunkten Mathematik und Physik.

astronomisch
Die Astronomie betreffend.

Astronomische Einheit
S. AE.

astronomischer Ort
Sternort.

Astrophysik
Teilgebiet der Astronomie und der Physik, das sich mit den physikalischen Eigenschaften der Himmelskörper und Sternensysteme beschäftigt.

Atair
Hellster Stern im Sternbild Adler (Aquila). Scheinbare Helligkeit: 0,89 mag. Entfernung von der Erde: 16 Lichtjahre. Zusammen mit den Sternen Wega und Deneb bildet Atair das Sommerdreieck. Sein Name stammt aus dem Arabischen und bedeutet „fliegender Adler".

Ataxit
Seltener Eisenmeteorit mit feinkörniger Struktur und hohem Nickelgehalt. Der be-[illegible], der in Namibia gefunden wurde.

Atmosphäre
Schützende Hülle aus Gasen und Dämpfen, die einen Himmelskörper umgibt.

atmosphärische Erscheinungen
Optische Phänomene am Tag- oder Nachthimmel, zum Beispiel Regenbogen, Himmelsblau, Luftspiegelungen, Halos, Nebensonnen, Glorien, Abendrot oder Grüner Strahl. Sie alle lassen sich physikalisch-optisch durch Lichtbrechung, Lichtreflexion oder Lichtstreuung erklären.

Atom
(griechisch: unteilbar) Kleinste Einheit eines chemischen Elements. Ein Atom besteht aus einem Atomkern mit Protonen (positive geladenen Teilchen) und Neutronen sowie der Elektronenhülle mit negativ geladenen Elektronen.

Atomkern
Zentraler Bestandteil eines Atoms mit positiver Ladung, hier ist der größte Teil der Atommasse konzentriert.

AU
Abkürzung für „astronomical unit"; deutsch: Astronomische Einheit, abgekürzt AE.

Auflösungsvermögen
Fähigkeit eines optischen Systems, zwei eng beieinander liegende Punkte als getrennte Bildpunkte abzubilden (auch Trennschärfe genannt). Eine große Trennschärfe eines Teleskops (also ein hohes Auflösungsvermögen) bewirkt, dass auch eng beieinander liegende Sterne als einzeln erkennbare Bildpunkte sichtbar werden.

Auriga
(lateinisch: Fuhrmann) Sternbild, Kurzbezeichnung Aur.

Aurora australis
Südliches Polarlicht. Unterschiedlich gefärbte Lichterscheinung am Himmel. Ursache sind Atome in der Ionosphäre der Erde, die durch die von der Sonne ausgehende Strahlung zum Leuchten angeregt werden.

Aurora borealis
Nördliches Polarlicht. Farbige Lichterscheinung am nördlichen Himmel. Atome der Ionosphäre der Erde werden durch bewegte Teilchen der Sonnenstrahlung zum Leuchten gebracht.

Äußere Planeten
Planeten, die von der Sonne weiter entfernt sind als die Erde. Zu den äußeren Planeten zählen Mars, Jupiter, Saturn Uranus, Neptun und Pluto.

Ausstrahlung
Abgabe von Wärmeenergie (unsichtbare, langwellige Strahlung) an die Atmosphäre und den Weltraum.

AXAF
Amerikanischer Satellit. Ausgestattet mit einem Wolter-Röntgenteleskop an Bord.

Azimut
Winkel zur Bestimmung der Position eines sich bewegenden Objektes an der Himmelshalbkugel. Der Azimut bezieht sich auf den Schnittpunkt zwischen dem horizontalen Großkreis (Himmelsäquator) und dem so genannten Vertikalkreis, der durch den Zenit und das zu beschreibende Objekt verläuft: An diesem Schnittpunkt ist der Azimut gleich Null.

Azoikum
S. Archaikum.

Azorenhoch
Stabile Hochdruckwetterlage über dem mittleren Atlantik nahe der portugiesischen Inselgruppe der Azoren. Ausweitung bis nach Nord- und Mitteleuropa möglich.

Baade, Walter
Deutsch-amerikanischer Astronom, geboren am 24. März 1893 in Schröttinghausen (Preußen), gestorben am 25. Juni 1960 in Göttingen. Baade arbeitete 1932 bis 1958 am Mount-Wilson- und Mount-Palomar-Observatorium in Kalifornien. Später Professur in Göttingen. Forschungsschwerpunkt: die Struktur von Spiralnebeln.

Bahn
Als Bahn bezeichnet man den Weg eines Himmelskörpers innerhalb eines Gravitationsfeldes, d.h. für gewöhnlich um ein Gravitationszentrum – im Falle der Planeten verläuft die Bahn also um die Sonne. Aus dem Verlauf der Bahnen von Himmelskörpern lässt sich auf ihre Größe, Form und Orientierung schließen.

Bahn, relative
Als relative Bahn bezeichnet man eine Bahn, welche die Bewegung eines Himmelskörpers (beispielsweise der Erde) relativ zu einem als ruhend behandelten Körper (zum Beispiel der Sonne) beschreibt.

Bahn, scheinbare
Von der scheinbaren Bahn spricht man, wenn man die Bahn eines Himmelskörpers von der Erde aus betrachtet. Die Positionsveränderungen eines Körpers sind dann nicht allein auf seine Eigenbewegung zurückzuführen, sondern auch durch die Bewegung der Erde um ihre Achse und um die Sonne.

Bahn, wahre
Wahre Bahnen werden unter der Berücksichtigung der Schwerkraft und des Schwerpunkts des Sonnensystems beschrieben.

Bahnbestimmung
Bestimmung der Bewegung von Himmelskörpern. Die Bahnen der Sterne und anderer Himmelskörper lassen sich aus dem Newtonschen Gravitationsgesetz herleiten. Dieses Gesetz beschreibt die Kraft, die von einem Körper auf einen anderen bzw. umgekehrt ausgeht, als Produkt ihrer Massen im Verhältnis zum Quadrat Ihres gegenseitigen Abstandes. Bei Systemen mit mehreren Körpern lassen sich meist nur noch Näherungswerte errechnen. Aus drei vollständigen Positionsbeobachtungen können die Bahnelemente berechnet werden, die Größe und Lage einer Planetenbahn bestimmen.

Bahnelemente
Zur exakten Beschreibung der Bahn eines Himmelskörpers werden folgende Bahnelemente verwendet: die große Halbachse, die nummerische Exzentrizität (Verformung der Bahnellipse), die Bahnneigung, die Länge des aufsteigenden Knotens und die Länge des Perihels.

Bahnknoten
Schnittpunkte der Mondbahn mit der Ekliptik; auch Drachenpunkte genannt. Überquert der Mond die Ekliptik von Süden nach Norden spricht man von aufsteigenden Bahnknoten, überquert er sie von Norden nach Süden, spricht man von absteigenden Bahnknoten.

Balken-Spiralgalaxie
Spiralgalaxie, durch deren Kern ein Materiebalken verläuft.

Bärenhüter
(Bootes) Sternbild, Kurzbezeichnung Boo. Der Hauptstern des Bärenhüter ist Arktur.

Barnards Stern
Roter Zwergstern. Entfernung zur Erde: sechs Lichtjahre. 1916 von Edward Barnard entdeckt. Barnards Stern ist der Stern mit der größten Eigenbewegung pro Jahr.

Basalt
Dunkles vulkanisches Ergussgestein, entstanden aus sich rasch abkühlender und meist dünnflüssiger Lava; in der unteren Erdkruste zu finden.

Bayer, Johannes
Deutscher Jurist und Astronom, geboren 1572 in Rain (Bayern), gestorben am 7. März 1625 in Augsburg. Herausgeber des ersten umfassenden Sternatlas „Uranometria". Er katalogisierte die Sterne aller Sternbilder nach ihrer relativen Helligkeit – erstmals auch die Sternbilder des südlichen Sternhimmels. Zwölf neue Sternbilder fügte er hinzu. Johannes Hevelius ergänzte einige weitere, der Franzose Lacaille nochmals vierzehn. Bayer ordnete die Sterne erstmalig hierarchisch nach ihrer Helligkeit und bezeichnete sie mit griechischen Buchstaben. alpha nannte er den hellsten Stern eines Sternbilds, beta den zweithellsten, gamma den dritthellsten Stern etc.

Becher
(Crater) Sternbild, Kurzbezeichnung Crt.

Becken
Großes, in seiner landschaftlichen Erscheinung flaches, hohlförmiges Gebiet, das von Gebirgs- oder Höhenzügen umgeben ist. Beckenformen können sowohl am Land wie auch am Meeresboden auftreten.

Bedeckung
Die Verfinsterung eines Himmelskörpers durch einen anderen nennt man Bedeckung.

Bedeckungsstern
Stern, dessen Helligkeit sich periodisch verändert, da er durch einen oder mehrere andere Sterne in gewissen zeitlichen Abständen ganz oder teilweise bedeckt wird.

Bedeckungsveränderliche
Bedeckungsveränderliche sind Doppelsterne, deren Bahnen für einen Beobachter auf der Erde in einer Ebene liegen. Wenn der eine Stern vor dem anderen vorbeiläuft, verdeckt er ihn zeitweise – die Gesamtleuchtkraft des Doppelsterns scheint abzunehmen. Tatsächlich bleiben Leuchtkraft, Radius und Oberflächentemperatur aber gleich. Lediglich das Licht, das unser Auge auf der Erde erreicht, ist durch die teilweise Bedeckung des anderen Sterns verringert. Bedeckungsveränderliche können einen sehr großen Ab-

stand voneinander haben oder sehr nah beieinander stehen. Ihre Umlaufperioden liegen dementsprechend zwischen einer halben Stunde und mehreren Jahren. Bekannte Bedeckungsveränderliche sind Algol, die beta-Lyrae-Sterne und die W-UMa-Sterne.

Bell, Jocelyn
Die Astrophysikerin Jocelyn Bell entdeckte im Jahr 1967 weit entfernte Radioimpulse, die sich in regelmäßigen Abständen von 1,3 Sekunden wiederholen. Mit der Entdeckung dieses so genannten Pulsars war auch die Existenz des Neutronensternes bewiesen. Schon seit 1918 hatte man unter österreichischen Physikern (Thirring und Lense) dieses Phänomen theoretisch diskutiert und erwogen, dass der Raum um einen rotierenden Neutronenstern ebenfalls „weggestrudelt" werden könnte.

Bessel, Friedrich Wilhelm
Deutscher Astronom und Mathematiker, geboren am 22. Juli 1784 in Minden, gestorben am 17. März 1846 in Königsberg (Preußen). Zuerst Tätigkeit als Kaufmann, 1810 erhielt er dann – ohne vorher je eine Universität besucht zu haben – eine Professur der Astronomie. Er wurde Direktor der Sternwarte Königsberg und lieferte wichtige Erkenntnisse zur Vermessung und Positionsbestimmung von Sternen und der Erde. Bessel berechnete die Eigenbewegung der Fixsterne und schloss aus fehlerhaften Ergebnissen auf die Existenz von Doppelsternen. Vermessung erster Fixsternparallaxen mit dem Heliometer 1838. Seine Entfernungsangabe für den Stern 61 Cygni liegt mit 10,3 Lichtjahren bereits sehr nahe an dem heute angenommenen Wert von 10,9 Lichtjahren. Bessel sagte auch die Existenz des Planeten Neptun voraus, der kurz nach seinem Tod entdeckt wurde. Seine Thesen zur Polhöhenschwankung wurden später ebenso bestätigt, wie seine Vorhersage, dass der Stern Sirius einen Begleiter hat.

beta-Lyrae-Bedeckungsveränderliche
Gehören zur Gruppe der Veränderlichen Sterne, die nicht nur aufgrund der Bedeckung durch den Begleitstern Schwankungen in ihrer beobachteten Helligkeit aufweisen. Die beiden Komponenten des Doppelsterns liegen sehr dicht zusammen und stehen zueinander in Wechselwirkung. Dadurch kann es zu Verformungen der Sterne und möglicherweise zu Materieaustausch (der massereichere Stern gibt Materie an den materieärmeren Stern ab) kommen. Beta-Lyrae-Veränderliche zeigen kein konstantes Licht. Ihre Helligkeitsschwankungen sind also nicht nur auf die Bedeckung zurückzuführen, sondern auch auf Schwankungen in der insgesamt abgestrahlten Lichtmenge.

beta-Cephei-Sterne
Auch beta-Canis-Maioris-Sterne. Sie sind Pulsationsveränderliche. Ihre Lichtwechselperioden sind mit drei bis sieben Stunden verhältnismäßig kurz.

Betelgeuze
Auch Betelgeuse, zweithellster Stern im Sternbild Orion, markiert die östliche Schulter des Orion. Helligkeit: 0,4 bis 1,3 mag. Farbe: rot. Riesenstern, 400-mal so groß wie die Sonne. Einer der hellsten Fixsterne. Sein Name stammt aus dem Arabischen und bedeutet „Hand der Riesin".

Beugungsstrahl
Beugung des Lichts an Kanten, wie beispielsweise an Fangspiegelhalterungen.

Bewegung
Die Bewegung bezeichnet den Zustand der Ortsänderung eines Objektes mit der Zeit und ist stets in Relation zum Beobachter zu betrachten.

Big Bang
Bezeichnung für den Urknall.

Big Crunch
Bezeichnung für einen eventuellen Zusammenfall des Universums. Diese Hypothese gilt heute als fraglich.

Bildhauer
(Sculptor) Kleines Sternbild des Südhimmels, Kurzbezeichnung Scl; Bildhauer enthält den Südpol der Milchstraße, außerdem die schöne Galaxie NGC 253.

Blazar
Hypothetische Gruppe außergalaktischer Objekte, die schnelle Helligkeitsschwankungen aufweisen. Obwohl sie Ähnlichkeit mit Quasaren haben, besitzen Blazare anders als diese keine ausgeprägte Gashülle. Daher werden sie auch „Hüllenlose" Quasare genannt.

Bode, Johann Elert
Deutscher Astronom, geboren 1747 in Hamburg, gestorben 1826 in Berlin; begründete im Jahr 1776 das „Berliner Astronomische Jahrbuch". Bode gab 1801 den ersten größeren Sternenatlas heraus.

Boden
Der Boden ist die oberste, belebte Verwitterungsschicht der Erde. Die Bodenbildung wird durch das verwitternde Ausgangsgestein und das jeweilige Klima ebenso beeinflusst wie durch die geografische Lage und weitere lokal herrschende Standortverhältnisse. Zudem spielt die Vegetation eine wichtige Rolle. Da der Mond keine Atmosphäre besitzt, spricht man dort oder im Fall anderer Himmelsobjekte nicht von Boden, sondern von Oberfläche.

Bodenprofil
Vertikaler Anschnitt des Bodens von der Oberfläche bis zum unverwitterten Grundmaterial. Bodenprofile werden in Bodenhorizonte unterteilt. Diese unterscheiden sich unter anderem in ihrer chemischen Zusammensetzung, Farbe, Belebtheit, Körnung und dem Wasserhaushalt. Allgemein werden die Horizonte unterteilt in: A-Horizont oder Oberboden (meist humushaltig, grau bis dunkel gefärbt, im Wald mit organischer Auflage), B-Horizont oder Unterboden (durch Verwitterung und Infiltration meist braun gefärbt) und C-Horizont oder Untergrund (das unveränderte Ausgangsgestein bzw. Muttergestein). In den Tropen verwendet man wegen der stark abweichenden Bodenbildung Ziffern für die einzelnen Schichten.

Bodentyp
Grundeinheit der Bodensystematik. Zusammenfassung von Böden mit ähnlichen Eigenschaften und Entwicklung. Die unterschiedlichen Typen werden durch das Klima bestimmt. Wichtige Bodentypen sind: Laterite, Roterden, Gelberden, Tschernosem (Schwarzerde), Braunerden und Podsole (mineralsalzarme, gräuliche Bleicherde).

Bogenmaß
Maß für die Größe eines ebenen Winkels.

Bogenminute
Eine Bogenminute ist der 60ste Teil eines Grades oder der 21.600ste Teil eines Kreises. Zur Darstellung setzt man das Zeichen ' hinter den Wert. 60' (60 Bogenminuten) entsprechen einem Grad.

Bogensekunde
Der 3.600ste Teil eines Grades oder weniger als ein Millionstel eines Kreises.

Bonner Durchmusterung
Die „Bonner Durchmusterung“ (BD) bezeichnet einen Sternenkatalog, den Friedrich Wilhelm August Argelander erstellte. Er fasste in diesem Werk in den Jahren von 1852 bis 1859 die Positionen von 324.198 Sternen zusammen.

Bootes
(lateinisch: Bärenhüter) Sternbild, Kurzbezeichnung Boo.

boreal
(griechisch-lateinisch: nördlich, kalt, trocken) Landstriche, die zur nördlichen Klimaregion Asiens, Amerikas und Europas gehören.

Brahe, Tycho
Dänischer Astronom, geboren am 14. Dezember 1546 in Knudstrup, gestorben am 24. Oktober 1601 in Benátky (bei Prag), der noch vor der Erfindung des Fernrohrs hervorragende Beobachtungsergebnisse lieferte. Mit 26 Jahren entdeckte Brahe im Sternbild Cassiopeia eine Supernova, die er für einen neuen Stern hielt. Er erhielt vom dänischen König die Insel Hveen im Sund, wo er die Sternwarten Uranienborg und Sternenborg errichten ließ. Brahe konstruierte astronomische Instrumente und beobachtete mit ihrer Hilfe die Mondbewegungen. Da er das Kopernikanische oder heliozentrische Weltbild (die Erde und Planeten drehen sich um die Sonne) für falsch hielt, entwickelte er auf Basis des geozentrischen Weltbildes (die Erde als Zentrum der Welt) ein eigenes, das so genannte Tychonische Weltbild.

Braune Zwerge
Braune Zwerge können während ihrer Entwicklung nicht genügend Masse an sich binden, damit in ihrem Inneren die Temperatur erreicht wird, die für die Ingangsetzung der Fusionsreaktion von Wasserstoff nötig ist. Braune Zwerge leuchten deswegen nur schwach rötlich. Im Laufe ihres Daseins verblassen sie und verdichten sich zu Schwarzen Zwergen. Braune Zwerge bilden das Bindeglied zwischen Sternen und Planeten. Wenn ihre Masse über 0,07 bis 0,09 Sonnenmassen liegt, werden sie zu Sternen, liegt sie unter 0,01 bis 0,02 Sonnenmassen, entstehen Planeten.

Brechung
Auch Refraktion. Als Brechung bezeichnet man im Allgemeinen die Richtungsänderung von sich ausbreitenden Wellen (Licht, Schall, elektromagnetische Wellen etc.), wenn diese von einem Medium in ein anderes wechseln. So wird zum Beispiel das Licht beim Übertritt aus der Luft in Wasser gebrochen.

Brechungs-Halo
Farbige Zerlegung des Lichts in seine Spektralfarben. Halos entstehen häufig um Sonne oder Mond, wenn deren Licht beispielsweise an Eiskristallen in der Erdatmosphäre gebrochen oder gespiegelt wird.

Breite
Winkel zwischen dem Lot eines Punktes auf die Erdoberfläche (Richtung der Schwerkraft) und der Äquatorebene.

Breitengrad
Gedachte geografische Linien (Kreise) parallel zum Äquator. Es gibt je 90 Breitengrade südlich und nördlich des Äquators.

Brennpunkt
Punkt auf der optischen Achse einer Linse oder eines optischen Systems (in diesen kann es auch mehrere Brennpunkte geben), wo sich alle einfallenden Lichtstrahlen nach der Brechung treffen, bevor sie wieder auseinander laufen.

Buntsandstein
Bunter, oft rotfarbiger Sandstein aus der älteren Triaszeit (rund 210 Millionen Jahre alt), bis zu 1.000 Meter mächtig. Das Schichtungsgefüge zeigt Flachwasserablagerungen zum Teil auch Verwitterungsbildungen auf dem Festland an. In diesen Schichten kann man sowohl pflanzliche Fossilien, als auch Saurierspuren und Knochenreste finden.

C-14-Methode
Geologische Altersbestimmung, die bei allen kohlenstoffhaltigen Materialien angewendet werden kann. Das Alter errechnet sich aus dem Verhältnis der Kohlenstoffisotope C-12 und C-14 in der Probe.

Caelum
(lateinisch: Grabstichel) Sternbild, Kurzbezeichnung Cae.

Calar Alto
Deutsch-spanisches Observatorium in der Sierra de los Filabres (Spanien). In über 2.000 Metern Höhe befinden sich fünf Kuppeln mit je einem Spiegelteleskop. Sie haben einen Durchmesser von 0,8 Metern, 1,2 Metern, 1,5 Metern, 2,2 Metern und 3,5 Metern. Das Max-Planck-Institut für Astronomie in Heidelberg ist diesem astronomischen Zentrum angeschlossen.

Caldera
(spanisch: Kessel) Kesselartige Form eines Vulkankraters, entsteht entweder durch Einsturz über entleertem Herd oder, was seltener der Fall ist, durch Einsturz nach Explosion. Oft erfährt die Caldera eine Erweiterung durch Erosion.

Callisto
(auch Kallisto) Mond des Jupiter. Seine Umlaufzeit um den Jupiter beträgt 16,69 Tage. Durchmesser: 4.800 Kilometer. Der Name stammt aus der griechischen Mythologie: Callisto hieß die Geliebte des Gottvaters Zeus, dessen lateinischer Name Jupiter lautet.

Camelopardalis
(lateinisch: Giraffe) Sternbild, Kurzbezeichnung Cam.

Cancer
(lateinisch: Krebs) Sternbild, Kurzbezeichnung Cnc.

Canes Venatici
(lateinisch: Jagdhunde) Sternbild; Kurzbezeichnung CVn.

Canis Maior
(lateinisch: Großer Hund) Sternbild, Kurzbezeichnung CMa.

Canis Minor
(lateinisch: Kleiner Hund) Sternbild, Kurzbezeichnung CMi.

Canopus
Stern; Hauptstern des Sternbilds Carina. Kurzbezeichnung: Alpha Car. Canopus ist nach Sirius der zweithellste Stern – jedoch nur am Südhimmel sichtbar. Helligkeit: minus 0,7 mag.

Canyon
Tief eingeschnittene Schlucht mit steilen Wänden. Am bekanntesten ist der Grand Canyon in den USA.

Cape Photographic Durchmusterung
Die Cape Photographic Durchmusterung (CPD) ist eine Ergänzung der Bonner Durchmusterung. Die Sterne werden mit dem Kürzel „CPD“ versehen.

Capella
(lateinisch: kleine Ziege) Hauptstern im Sternbild Fuhrmann (Auriga), Kurzbezeichnung Alpha Aur.

Capricornus
(lateinisch: Steinbock) Sternbild, Kurzbezeichnung Cap.

Carina
Sternbild, zu deutsch Schiffskiel, Kurzbezeichnung Car.

Cassegrain-Teleskop
Nach seinem französischen Erfinder Cassegrain benanntes Spiegelteleskop. Der große Hauptspiegel des Teleskops wirft das eingefallene Licht zurück auf einen kleineren konvexen Spiegel der im Brennpunkt des Hauptstrahlengangs angebracht ist. Dort werden die Strahlen nochmals gebündelt und durch ein Loch im Hauptspiegel zum Beobachter reflektiert.

Cassini, Giovanni Domenico
(auch Giovanni Dominique). Französischer Astronom, geboren am 8. Juni 1625 bei Nizza, gestorben am 14. September 1712, Direktor der Académie des Sciences in Paris ab 1669. Cassini entdeckte unter anderem die Cassini-Teilung (eine Lücke innerhalb des Saturnrings), das Zodiakallicht, die Abplattung des Jupiter und vier neue Saturnmonde. Er bestimmte die Rotationsperiode von Jupiter, Mars und Venus und berechnete die Periode der Jupitermonde.

Cassini-Teilung
Benannt nach Giovanni Domenico Cassini. Innerhalb des Saturnrings ist ein dunkler Streifen erkennbar, der wie eine Lücke aussieht. Heute weiß man, dass diese Lücke eigentlich aus mehreren eng beieinander stehenden Ringen besteht.

Cassiopeia
Sternbild, deutsch Kassiopeia, Kurzbezeichnung Cas.

Castor
Hellster Stern im Sternbild Zwillinge (Gemini); Kurzbezeichnung alpha Gem. Castor ist ein dreifaches Doppelsternsystem, besteht also aus sechs Sternen. Entfernung zur Erde: 47 Lichtjahre. Helligkeit: 1,6 mag. Gehört zum Wintersechseck. Castor und sein „Zwilling" Pollux entstammen der griechischen Mythologie. Während Pollux (oder griechisch Polydeukes) unsterblich war, wurde Castor im Kampf tödlich verwundet. Als Pollux allein nicht weiterleben wollte, wurden beide in den Himmel gesetzt.

Caverna
(lateinisch) Höhlung, Loch.

Centaurus
Sternbild; deutsch Kentaur, Kurzbezeichnung Cen.

Cepheiden
Veränderliche Sterne mit kurzen Perioden und regelmäßigen Helligkeitsschwankungen (Pulsationen). Sie dienen als Messindex für Entfernungen im All. Durch ihre große Leuchtkraft sind sie auch in großen Entfernungen erkennbar. Meist findet man Cepheiden in den Spiralarmen der Galaxien.

Cepheus
Sternbild, deutsch Kepheus, Kurzbezeichnung Cep.

Ceres
Kleinplanet. Durchmesser etwa 1.000 Kilometer. Sonnenabstand: 2,55 bis 2,95 AE.

Cetus
(lateinisch: Walfisch) Sternbild, Kurzbezeichnung Cet.

Chamaeleon
Kleines Sternbild, Kurzbezeichnung Cha. Das Sternbild liegt in der Nähe des Himmelsüdpols.

CHANDRA
Röntgenteleskop, seit 1999 im All; Nachfolger der Teleskope ROSAT und EINSTEIN. Zuvor hieß das Teleskop AXAF, wurde dann aber zu Ehren des Astrophysikers Subrahmanyan Chandrasekhar umgetauft.

Chandrasekhar, Subrahmanyan
Indischer Astrophysiker, geboren am 19. Oktober 1910 in Lahore, gestorben am 21. August 1995 in Chicago, arbeitete am Yerkes Observatorium. Professur für Astrophysik in Chicago. Er untersuchte den Aufbau und die Entwicklung der Sterne auf Basis der modernen Atomtheorie und erhielt 1983 den Nobelpreis für die Bestimmung der Massegrenze Weißer Zwerge.

Chandrasekhar-Grenze
Nach seinem indischen Entdecker und Astrophysiker Subrahmanyan Chandrasekhar benannte Massegrenze. Sie besagt, dass ein Weißer Zwerg nicht über 1,44 Sonnenmassen haben kann. Liegt die Masse höher, wandeln sich Weiße Zwerge in Neutronensterne oder Schwarze Löcher um.

Charge-Coupled-Devices (CCD)
Elektronische Fotoplatten. Sie werden in Digitalkameras, aber auch zum Beispiel im Hubble Space Telescope zur Aufnahme von Bildern eingesetzt.

Charon
Mond des Planeten Pluto.

Chemischer Ofen
(Fornax) Sternbild, Kurzbezeichnung For.

Chondrit
Häufig vorkommende Steinmeteoritenart. In den Chondriten findet man maximal erbsengroße, runde Kügelchen, die Chondren. Sie bestehen aus schnell erstarrten Schmelztröpfchen. Steinmeteorite setzen sich in erster Linie aus Sauerstoff (24 Prozent), Silicium (20,6 Prozent), Magnesium (15,8 Prozent) und Eisen (15,6 Prozent) zusammen.

Chromosphäre
Schicht der Sonnenatmosphäre. Die Chromosphäre ist eine 10.000 bis maximal 12.000 Kilometer dicke Schicht, durch die Energie aus der dünnen, inneren Photosphäre nach außen in die Korona der Sonne fließt.

Chronologie
Dokumentation und Auswertung aller physikalischen und astronomischen Daten, die zur Zeitmessung oder Zeiteinteilung dienen.

Circinus
(lateinisch: Zirkel) Sternbild, Kurzbezeichnung Cir.

Cirrus-Nebel
Nebel im Sternbild Schwan (Cygnus).

CNO-Zyklus
Chemischer Prozess im Inneren der Sterne; auch Bethe-Weizsäcker-Zyklus. Dabei wird Kohlenstoff (C) zu Stickstoff (N) und Stickstoff in Sauerstoff (O) umgewandelt.

Columba
(lateinisch: Taube) Sternbild, Kurzbezeichnung Col.

Coma Berenices
(lateinisch: Haar der Berenike) Sternbild, Kurzbezeichnung Com.

Coma-Haufen
Sternhaufen und Galaxienhaufen im Sternbild Coma Berenices. Der offene Sternhaufen besitzt etwa 100 Sterne, ist mit bloßem Auge sichtbar und liegt in 260 Lichtjahren Entfernung. Der Coma Galaxienhaufen umfasst etwa 1.000 Galaxien,

die etwa 300 Millionen Lichtjahre von der Erde entfernt sind.

Cor Caroli
Stern des Sternbilds Canes Venatici (früher Teil des nicht mehr gebräuchlichen Sternbilds Robur Carolinum).

Cordoba-Durchmusterung
Zweite Weiterführung der Bonner Durchmusterung für den Südhimmel. Sie erfolgte für Sterne mit einer Deklination von unter minus 23 Grad und umfasste 613.953 Sterne. Die Sterne sind mit dem Kürzel „CD" gekennzeichnet.

Coriolis-Kraft
Die neben der durch die Erddrehung entstehenden Zentrifugalkraft zusätzlich auf einen Körper wirkende Trägheitskraft. Als Folge der Coriolis-Kraft werden Wasser- und Windströmungen auf der Nordhalbkugel der Erde nach rechts und auf der Südhalbkugel nach links abgelenkt.

Corona
(auch Korona) Strahlenkranz um die Sonne. Ist die Sonne selbst während einer Sonnenfinsternis verdeckt, so lässt sich die Corona um die Sonne deutlich erkennen. In ihr herrschen Temperaturen von bis zu zwei Millionen Grad Celsius.

Corona Australis
(lateinisch: südliche Krone) Sternbild, Kurzbezeichnung CrA.

Corona Borealis
(lateinisch: nördliche Krone) Sternbild, Kurzbezeichnung CrB.

Corvus
(lateinisch: Rabe) Sternbild, Kurzbezeichnung Crv.

COSTAR
Corrective Optics Space Telescope Axial Replacement: So hieß die Korrektureinrichtung für den falsch geschliffenen Hauptspiegel des Hubble Space Telescope. Sie wurde zum Ende des Jahres 1993 während eines erfolgreichen Einsatzes einer Space-Shuttle-Mission installiert.

Crab-Nebel
(englisch/deutsch: Krebsnebel) Nebel im Sternbild Stier (Taurus). Im Jahr 1054 beobachteten chinesische Astronomen einen „neuen" Stern, der einige Wochen so hell leuchtete, dass er auch tagsüber sichtbar war. Danach verschwand er wieder. Diese Erscheinung dürfte eine Supernova gewesen sein, deren Reste (die explodierende Gashülle) wir noch heute als Crab-Nebel beobachten können. Ihre Gasmassen dehnen sich mit einer Geschwindigkeit von 1.000 bis 5.000 Kilometer pro Sekunde aus. Der Crab-Nebel ist eine starke Radioquelle, in seinem Zentrum befindet sich der heißeste aller bekannten Pulsare, der Krebspulsar.

Crater
(lateinisch: Becher) Sternbild, Kurzbezeichnung Crt.

Crusta
(lateinisch) Rinde, Schale.

Crux
(lateinisch: Kreuz) Auch Kreuz des Südens, Sternbild, Kurzbezeichnung Cru.

Culmen
(lateinisch) Höchster Punkt, Gipfel.

Cygnus
(lateinisch: Schwan) Sternbild, Kurzbezeichnung Cyg. Das Sternbild Schwan liegt mitten in der Milchstraße und enthält zahlreiche offene Sternhaufen, planetarische Nebel (zum Beispiel Nordamerika-Nebel, Pelikan-Nebel, Cirrus-Nebel) sowie den Doppelstern Albireo. Nach der griechischen Sage verwandelte sich der Göttervater Zeus in einen Schwan um zu seiner Geliebten Leda zu gelangen.

Dämmerung
Übergang vom Tag zur Nacht und umgekehrt. (Abenddämmerung und Morgendämmerung). Die Dämmerung währt, solange die Sonnenmitte nicht tiefer als 6,5 bis 18 Grad (je nach Art der Dämmerung) unter dem Horizont steht. Das optische Phänomen dieser gleitenden Übergänge wird durch die Brechung des Sonnenlichts verursacht. Luftmoleküle und Staubteilchen in der Erdatmosphäre streuen das Licht und geben dem Horizont die typischen Farben.

Dämmerung, astronomische
Die astronomische Dämmerung währt, solange die Sonnenmitte zwischen zwölf und 18 Grad unter dem Horizont steht.

Dämmerung, bürgerliche
Die bürgerliche Dämmerung ist beendet, wenn sich die Mitte der Sonne 6,5 Grad unter dem Horizont befindet.

Datumsgrenze
Linie, die auf Höhe des 180sten Längengrads von Norden nach Süden durch den pazifischen Ozean verläuft. Überquert man diese Linie in westlicher Richtung, überspringt man einen Tag; eine Überquerung nach Osten hat die Wiederholung eines Tages zur Folge.

Dauerfrostboden
(auch Permafrostboden) Durch anhaltend tiefe Temperaturen ständig gefrorener Boden in polaren Gebieten und Hochgebirgen, der im Sommer nur oberflächlich antaut.

Deckgebirge
Schichtgestein, das den gefalteten Untergrund des Grundgebirges diskordant (d.h. nicht in gleichartiger Lagerung) überdeckt. In Mitteleuropa auf dem Zechstein der älteren Mittelgebirge zu finden; heute größtenteils von der Erosion abgetragen.

Deep Sky
Zum Deep Sky werden diejenigen Objekte gezählt, die außerhalb des Sonnensystems liegen.

Deklination (1)
Winkelabstand eines Himmelskörpers vom Himmelsäquator. Positive Vorzeichen markieren einen nördlichen Abstand, negative einen südlichen.

Deklination (2)
Abweichung zwischen dem geografischen Nordpol und dem Ausschlag der Magnetnadel am Kompass.

Delphin
(Delphinus) Kleines, rautenförmiges Sternbild, Kurzbezeichnung Del. Hellste Sterne sind Sualocin (Alpha Delphini) und Rotanev (Beta Delphini). Der Delphin gehört zu den wenigen Sternzeichen, deren Gestalt noch heute ihrem Namen gerecht wird.

Deneb
Hellster Stern im Schwan (Cygnus); Kurzbezeichnung alpha Cyg. Überriese. Entfernung zur Erde: 1.500 Lichtjahre, Helligkeit: 1,33 mag. 10.000-fache Sonnenleuchtkraft. Im Arabischen bedeutet Deneb „Schwanz".

Deneb Kaitos
Stern im Sternbild Walfisch (Cetus), zu deutsch „Schwanz des Walfisches", Kurzbezeichnung beta Cet. Helligkeit 2,20 mag.

Denebola
Stern im Sternbild Löwe (Leo), zu deutsch „Schwanz des Löwen", Kurzbezeichnung beta Leo. Helligkeit 2,23 mag. Entfernung von der Erde: 42 Lichtjahre.

Depression
Weitläufige Vertiefung gegenüber der Umgebung.

Deserta
(lateinisch) Wüste, Steppe.

Devon
Erdgeschichtlicher Zeitbegriff, System des Paläozoikum (Erdaltertum), vor 410 bis 330 Millionen Jahren.

Dichte
Astronomisch: Maß für die Masse innerhalb eines bestimmten Raums. Maßeinheit: g/cm^3.

Diluvium
Heute nicht mehr verwendeter geologischer Zeitbegriff. Eiszeitalter, das dem heutigen Zeitalter vorausging; begann vor ca. zwei Millionen Jahren und endete vor ungefähr 12.000 bis 15.000 Jahren.

Dogger
Geologischer Zeitbegriff, auch Brauner Jura oder Mittlerer Jura; Erdzeitalter vor 185 bis 161 Millionen Jahren.

Doline
Durch Kalklösung oder Einsturz entstandene, trichterförmige Vertiefung in Kalkgesteinen, weit verbreitete kleinere Hohlform in Karstgebieten.

Dolomit
Nach dem französischen Mineralogen Dieudonné (Diodat) de Gratet de Dolomieu (1750–1801) benanntes Mineral, das auch den Dolomiten seinen Namen gegeben hat. Es ist ein Kalzium-Magnesium-Karbonat, meist sekundär durch die Zufuhr von Magnesium aus Kalkgesteinen gebildet.

Doppelsterne, optische
Auch „scheinbare Doppelsterne" genannt; für das Auge sehen manche Sterne wie Doppelsternsysteme aus, da sie für den Beobachter auf der Erde zufällig fast genau in der gleichen Blickrichtung stehen. Tatsächlich sind die Sterne aber unterschiedlich weit von uns entfernt – gehören also nicht zum gleichen System. Optische Doppelsterne lassen sich meist mit einem Teleskop voneinander trennen – allerdings kann mit optischen Hilfsmitteln und mithilfe der Bahnbewegung der beiden Sterne manchmal erst nach Jahren festgestellt werden, ob es sich tatsächlich um einen optischen oder doch um einen physikalischen Doppelstern handelt.

Doppelsterne, physikalische
Als physikalische Doppelsterne bezeichnet man Sternenpaare, die tatsächlich räumlich nah beieinander stehen und ihre Bewegung um einen gemeinsamen Schwerpunkt ausführen. Auf den ersten Blick könnte man glauben, dass alle Sterne am Himmel eine genau definierte, fixe Position haben. Schaut man genauer hin, erkennt man, dass sich nicht nur alle Sterne bewegen, sondern es darüber hinaus zahlreiche Mehrfachsternsysteme gibt, deren Einzelsterne zusätzlich einander umkreisen. Mittlerweile weiß man, dass fast die Hälfte aller Sterne (innerhalb von 30 Lichtjahren Entfernung) Teile eines Doppelsternsystems sind. Echte, also physikalische Doppelsterne, werden durch die Wechselwirkung ihrer Schwerkraft zusammengehalten. Ihre Umlaufbahnen hängen vom Massenverhältnis der beiden Körper zueinander ab. Sind ihre Massen etwa gleich groß, ist die Umlaufbahn kreisförmig, der Kreismittelpunkt ist der Schwerpunkt. Ist der eine Stern deutlich schwerer als der andere, bewegt sich der kleinere um den größeren oder beide Sterne verfolgen elliptische Bahnen um einen gemeinsamen Schwerpunkt. Doppelsternsysteme besitzen manchmal noch zusätzliche Komponenten, die man auf den ersten Blick nicht sehen kann. Für das bloße Auge bilden beispielsweise Alkor und Mizar ein Doppelsternsystem in der Deichsel des Großen Wagens, dessen Komponenten sich in etwa 800.000 Jahren einmal umkreisen. Im Fernrohr entpuppt sich das System bereits als Dreifachsternsystem, im Spektroskop wird deutlich, dass alle drei Sterne wiederum spektroskopische Doppelsterne sind.

Doppelsystem
Zwei Sterne, die sich gegenseitig umkreisen und sich um einen gemeinsamen Schwerpunkt bewegen.

Doppler-Effekt
Änderung der Frequenz von Schall- und Lichtwellen infolge der relativen Bewegung von Quelle und Beobachter. Benannt nach seinem Entdecker Christian Doppler (1842).

Drache
(Draco) Sternbild, Kurzbezeichnung Dra. Altes Sternbild, dessen Sterne sich um den Polarstern gruppieren.

Drachenpunkte
Schnittpunkte der Mondbahn mit der Ekliptik, auch Bahnknoten.

Draco
(lateinisch: Drache) Sternbild, Kurzbezeichnung Dra.

Dreieck
(Triangulum) Sternbild, Kurzbezeichnung Tri.

Druck
Maß für die auf eine Oberfläche wirkende Kraft.

Dunkelnebel
Auch Dunkelwolken. Bereiche aus interstellarer Materie, die Licht absorbieren („schlucken"). Sie erscheinen als sternenfreie Bereiche am Himmel, die jedoch nicht wirklich „leer" sind, sondern in denen die Sterne durch dunkle Wolken verdeckt werden.

Dunkelwolken
Dunkelwolken (auch Dunkelnebel genannt) sind Teile der Milchstraße und bestehen aus interstellarer Materie, die Licht absorbiert. Es handelt sich um Staubwolken, die es uns unmöglich machen, durch sie hindurch in entferntere Gebiete des Weltalls zu schauen. Von benachbarten Sternen sind sie meist so weit entfernt, dass sie deren Licht nicht reflektieren können. Auch die dahinter befindlichen Sterne kann man nicht sehen, sodass der Eindruck entsteht, es gäbe große Bereiche ohne Sterne. Beispiele für Dunkelwolken sind der berühmte Pferdekopf-Nebel im Orion, die „Dunkle Höhle" im Bereich der Sternbilder Adler (Aquila) und Schwan (Cygnus) und auf der südlichen Himmelskugel der „Kohlensack". Insgesamt ist etwa ein Drittel der einsehbaren Bereiche der Milchstraße von Dunkelwolken bedeckt.

Dunkle Materie
Jede Art von Materie, die wir nicht direkt oder indirekt sehen können, wird als dunkle Materie bezeichnet (auch Dunkelnebel oder Dunkelwolken). Dunkle Materie setzt sich in erster Linie aus molekularem Wasserstoff zusammen. Röntgenstrahlen und ultraviolettes Licht können nicht durch Dunkle Materie hindurchdringen.

Dunst
Wasserdampf oder Luftverunreinigungen (Staub, Ruß und Rauch), die eine Trübung der Atmosphäre hervorrufen. Vielfach eine Begleiterscheinung von Inversionswetterlagen (Temperaturumkehr) und von Smog in Ballungsräumen.

duplex
(lateinisch) Doppelt, zweifach.

Durchgang
Bewegung eines Himmelskörpers vor dem Hintergrund eines anderen, größeren Körpers (zum Beispiel der Durchgang des Jupitermondes Io vor dem Jupiter).

Ebbe
Eine der beiden Gezeiten. Durch die Anziehungskraft des Monds sinkt der Meeresspiegel an der Küste regelmäßig zweimal täglich ab. Im Gegensatz dazu steht die Flut.

Ebene
Landschaftsform mit geringen Höhenunterschieden. Je nachdem, wie weit eine Ebene über dem Meeresspiegel liegt, unterscheidet man Hoch- (höher als 200 m) und Tiefebenen (tiefer als 200 m).

„Echo des Urknalls"
Das Echo des Urknalls macht sich als kosmische Hintergrundstrahlung, ein beständiges Rauschen in den Radiofrequenzen, bemerkbar. Die Hintergrundstrahlung gilt unter anderem als Beweis für die Richtigkeit der Urknall-Theorie.

Eddington, Sir Arthur Stanley
Englischer Physiker und Astronom, geboren am 28. Dezember 1882 in Kendal, gestorben am 22. November 1944 in Cambridge. 1913 Professur für Astronomie und Experimentalphysik in Cambridge. 1914 Direktor der Sternwarte in Cambridge. Früher Vertreter der Allgemeinen Relativitätstheorie. Bewies 1919 anlässlich einer totalen Sonnenfinsternis die Ablenkung von Licht durch Schwerkraft. Ausarbeitung der Masse-Leuchtkraft-Beziehung 1924.

Effusivgestein
Gestein, das aus Lava oder anderen vulkanischen Auswürfen besteht und an der Erdkruste erstarrt ist (Magmatische Gesteine).

Eidechse
(Lacerta) Kleines Sternbild, Kurzbezeichnung: Lac. Liegt zwischen den Sternbildern Andromeda und Schwan (Cygnus).

Eigenbewegung
Langsame, scheinbare Positionsänderung von Fixsternen am Himmel. Der Stern mit der größten Eigenbewegung (EB) ist Barnards Pfeilstern (10,3 Bogensekunden im Jahr). Die Eigenbewegung vollzieht sich so langsam, dass sie erst über sehr lange Zeiträume sichtbar wird – und auch dann nur bei seitlichen Bewegungen. Bewegungen auf die Erde zu oder von ihr weg werden nicht sichtbar.

Eigenrotation
Drehung eines (Himmels-)Körpers um seine Achse.

Einstein, Albert
Deutscher Physiker, geboren am 14. März 1879 in Ulm, gestorben am 18. April 1955 in Princeton (USA), Begründer der Relativitätstheorie. Galt als schlechter Schüler und eignete sich nach dem Abitur 1895 autodidaktisch die Grundlagen der Physik an. 1900 Abschluss des Studiums. Veröffentlichte 1905 erste Schriften zur Relativitätstheorie und zur Quantentheorie und begründete damit die spezielle Relativitätstheorie, die er wenig später um die inzwischen weltberühmte Formel E = mc2 ergänzte. 1907 Beginn seiner Universitätskarriere in Bern, anschließend Professuren in Zürich (1909, 1912) und Prag (1911); 1914 Direktor der Preußischen Akademie der Wissenschaften. Formulierte 1915 die Allgemeine Relativitätstheorie (Feldtheorie der Gravitation), die seit der beobachteten Ablenkung von Sternenlicht bei einer Sonnenfinsternis im Jahr 1919 als erwiesen gilt. Erhielt 1921 den Nobelpreis für Physik. Lebte aufgrund seiner jüdischen Herkunft seit der Machtergreifung Hitlers 1933 in den USA und lehrte am Institute of Advanced Study in Princeton. Beteiligte sich aktiv am Kampf gegen den Nationalsozialismus und warnte 1939 mit anderen Wissenschaftlern in einem Brief an Roosevelt vor dem Bau einer deutschen Atombombe. Nach dem Abwurf der ersten Atombomben in Hiroshima und Nagasaki engagierte er sich verstärkt für einen friedlichen Einsatz der Atomenergie sowie für die weltweite Abrüstung.

Einsteinring
Mikrogravitationslinseneffekt (Microlensing). Lichtablenkung, die entsteht, wenn vor einem sichtbaren Stern ein anderer vorbeizieht und der vorbeiziehende Stern das Licht des dahinter liegenden Sterns ablenkt.

Epizentrum
Der Ort an der Erdoberfläche, der senkrecht über dem Ausgangspunkt eines Erdbebens steht.

Eisenmeteorit
Eisenmeteorite bestehen aus Eisen-Nickel-Legierungen, die auf der Erde in dieser Form sonst nicht vorkommen. Sie besitzen ein hohes Gewicht sowie eine schwarze Schmelzkruste aus Eisenoxid, die durch die beim Durchdringen der Erdatmosphäre entstandene Hitze gebildet wurde.

Eiszeit
Auch als Kaltzeit oder Glazial bezeichnet; der Zeitraum zwischen zwei Warmzeiten. Eiszeiten zeichnen sich durch ein kälteres Klima und die damit in Zusammenhang stehende Bildung von ausgedehnten Inlandeismassen aus. Die durchschnittlichen Temperaturen der Eiszeiten lagen bis zu 13 Grad Celsius unter den heutigen. Die Ursachen für das Anbrechen einer Eiszeit sind noch ungeklärt.

Eklipse
(griechisch: Ausbleiben). Totale oder teilweise Verfinsterung eines Himmelskörpers beim Durchgang durch den Schatten eines anderen.

Ekliptik
Als Ekliptik bezeichnet man die scheinbare Bahn, auf der die Planeten und die Sonne über den Himmel laufen. Die Ekliptik steigt im Osten auf, erreicht im Süden ihre größte Höhe über dem Horizont und sinkt im Westen wieder unter dem Horizont. Von der Sonne aus betrachtet ist die Ekliptik die an den Himmel projizierte Umlaufbahn der Erde. Die Ekliptik schneidet den Himmelsäquator an zwei Punkten: dem Frühlings- und dem Herbstpunkt.

Elektromagnetische Wellen
Sie umfassen das gesamte Spektrum der elektromagnetischen Strahlung: von der hochenergetischen Gamma- und Röntgenstrahlung über das Licht bis hin zu Infrarot- und Radiowellen.

Elektron
Negativ geladenes, massearmes Teilchen; ein oder mehrere Elektronen bilden die Elektronenhülle um den Atomkern.

Element
Einfachste, aus baugleichen Atomen bestehende chemische Form, die sich nicht in weitere Bestandteile zerlegen lässt. Die

verschiedenen Elemente werden im Periodensystem nach ihrem Gewicht und ihren Eigenschaften angeordnet.

Ellipse, elliptisch
Astronomisch: Form der Planetenbahnen. Die Bewegung der Planeten auf ihren elliptischen Bahnen um die Sonne beschrieb Johannes Kepler mit den drei Keplerschen Gesetzen.

Elongation
Winkelabstand zwischen einem Planeten und der Sonne oder einem Planeten und seinem Satelliten.

Emission
Astronomisch: Als Emission bezeichnet man die Aussendung einer Wellen- oder Teilchenstrahlung.

Emissionslinien
Emissionslinien erscheinen als helle Linien im Farbspektrum eines strahlenden Körpers. In diesem Farbbereich bzw. bei dieser Frequenz überwiegen die Emissionsprozesse: Elektronen gehen dabei unter Abgabe von Energie (Emission) von einem höheren in ein tieferes Energieniveau über. Umgekehrt spricht man bei dunklen Streifen im Spektrum von Absorptionslinien.

Emissionsnebel
Emissionsnebel sind helle, leuchtende Gasnebel aus Wasserstoff (mit Anteilen von Helium, Sauerstoff, Kohlenstoff und anderen schwereren Elementen), die im Unterschied zum Reflexionsnebel teilweise aus sich selbst heraus leuchten: Sie werden durch die Ultraviolettstrahlung heißer, sehr leuchtkräftiger Sterne in ihrer Nachbarschaft zum Leuchten angeregt.

Endmoräne
Gesteinsablagerungen am Gletscherende, also an der Stelle seines weitesten Vorstoßes. Diese, meist aus fluvioglazialem Schotter bestehenden Gesteinsmassen sind oft zu girlandenartig um die ehemalige Gletscherzunge angeordneten, blockreichen und wallartigen Gebilden zusammengestaucht, weswegen sie auch Stauch- oder Staumoränen genannt werden.

Entfernungsmodul
Differenz zwischen scheinbarer Helligkeit (m) und absoluter Helligkeit (M) eines Sterns.

Eozän
Geologische Zeitbezeichnung. Zeitraum des Tertiärs; vor ca. 50 bis 40 Millionen Jahren.

Ephemeriden
Für die Zukunft vorausberechnete Position der Gestirne am Himmel. Sie werden in astronomischen Tafeln oder nautischen Jahrbüchern veröffentlicht und dienen der Positions-, Orts- und Zeitbestimmung.

Epoche
Die Epoche bestimmt den Zeitraum, für den angegebene astronomische Phänomene und Größen gelten. Diese Eingrenzung der Geltungsdauer ist wichtig, da sich die scheinbaren Positionen der Gestirne durch die Eigenbewegung der Körper sowie die Taumelbewegung der Erdachse (Präzession) ändern.

Erdachse
Achse, um die die Erde rotiert.

Erdaltertum
S. Paläozoikum.

Erdatmosphäre
Die Erde ist von einer Atmosphäre umgeben. Erst sie macht höheres Leben auf unserem Planeten möglich, da sie den dafür notwendigen Sauerstoff zum Atmen enthält. Zudem schirmt sie die Erde von gefährlichen Strahlen und Teilchen aus dem Weltraum ab. Die Erdatmosphäre besteht zu 78 Prozent aus Stickstoff und zu 21 Prozent aus Sauerstoff. Darüber hinaus gibt es noch kleine Anteile an anderen Gasen. Die äußerste Atmosphärenschicht der Erde ist die Exosphäre. Sie geht ab etwa 500 Kilometer fließend in den Weltraum über. In dieser Schicht haben Wettersatelliten ihre Umlaufbahnen.

Erdbahnebene
(auch Ekliptik) Die elliptische Bahn, auf der sich die Erde um die Sonne bewegt. Die übrigen Planeten befinden sich alle auf einer nur um wenige Grad von der Ekliptik geneigten Bahn. Die größte Differenz weist Pluto mit einer Neigung von 17 Grad, die kleinste Uranus mit einer Neigung von weniger als einem Grad auf.

Erdbeben
Sie sind als mehr oder weniger starke Erschütterungen an der Erdoberfläche zu verspüren. Man unterscheidet vulkanische, tektonische und Einsturzerdbeben. Tektonische Erdbeben, ca. 90 Prozent aller Erdbeben, sind die Folge von plötzlichen Spannungsausgleichen in der Erdkruste, die durch interne Bewegungen hervorgerufen werden. Jährlich ereignen sich rund 150.000 fühlbare Erdbeben, mithilfe der Seismografie werden rund eine Million Erdbeben pro Jahr registriert.

Erdgas
Natürlich vorkommendes, leicht entzündliches Gas, das hauptsächlich aus Methan und geringen Mengen Ethan, Propan und Butan besteht. Durch seinen hohen Heizwert ein beliebter Energielieferant; wird zunehmend auch in der Industrie eingesetzt.

Erdinneres
S. Erdkern.

Erdkern
Innerster Bereich der Erde, etwa ab 2.900 Kilometer Tiefe bis zum Erdmittelpunkt. Der äußere Erdkern (Dichte ca. 9,9 bis 12,2 g/cm³) ist zähflüssig, besteht aus Eisen und vermutlich Schwefel, der innere Kern ist dagegen fest und besteht aus Eisen und Nickel (Dichte ca. 12,3 bis 12,5 g/cm³). Für die hohen Temperaturen im Erdkern (3.600 bis 5.100 Grad Celsius) dürften radioaktive Prozesse verantwortlich sein.

Erdkruste
Bezeichnung für die äußerste Schale der Erde, die bis zur Mohorovicic-Diskontinuität (kurz: Moho) reicht. Man unterscheidet kontinentale Erdkruste (vorherrschende Elemente Silicium und Aluminium mit einer Dichte von ca. 2,7 g/cm³) und ozeanische Erdkruste (vorherrschende Elemente Silicium und Magnesium, Dichte ca. 3,0 g/cm³). Die kontinentale Kruste erreicht eine Dicke von etwa 30 bis 40 Kilometern, unter Gebirgen bis zu 60 Kilometern. Die ältesten Gesteine der kontinentalen Kruste sind ca. 3,8 Milliarden Jahre alt. Die ozeanische basaltische Kruste ist dagegen nur etwa fünf bis acht Kilometer dick. An den mittelozeanischen Rücken wird ständig neue ozeanische Kruste gebildet, die an anderen Stellen wieder in den Erdmantel subduziert oder zurückgeführt wird.

Erdlicht
Auch Erdschein (aschgraues Mondlicht). Das vom Mond reflektierte Licht der Erde.

Erdmagnetfeld
Das dipolförmige Magnetfeld der Erde

Erdmagnetismus
Eigenschaft der Erde, als großer, einheitlicher Magnet zu wirken.

Erdmantel
Als Erdmantel wird die Schicht der Erde bezeichnet, die sich zwischen Erdkruste und Erdkern befindet. Aufgrund seiner physikalischen Eigenschaften lässt sich der Erdmantel in den oberen und unteren Erdmantel unterteilen. Die Dichte beträgt zwischen 3,6 und 5,6 g/cm³, die Temperaturen steigen mit zunehmender Tiefe von etwa 600 auf 3.600 Grad Celsius an. Die Gesteine des Erdmantels mit den Hauptmineralen Olivin, Pyroxen und Granat sind zäh fließfähig und unterliegen den so genannten Konvektionsströmungen, die durch die vom Erdkern ausgehende Wärme verursacht werden. In Folge dieser Strömungen bewegen sich auch die Kontinentalplatten, die auf dem Erdmantel schwimmen, über die Erdoberfläche. Mantelmaterial, das an den ozeanischen Rücken an die Oberfläche aufsteigt, bildet die ozeanische Kruste der Erde. Im äußeren Erdmantel gibt es so genannte „heiße Zellen": das von ihnen aufsteigende Material verursacht an der Erdoberfläche Vulkanismus (zum Beispiel. Hawaii-Inseln).

Erdmittelalter
S. Mesozoikum.

Erdmond
Ständiger Begleiter der Erde. Er umkreist die Erde innerhalb von 27 Tagen, sieben Stunden, 43 Minuten und 11,5 Sekunden (siderische Umlaufzeit). Dabei rotiert er einmal um seine eigene Achse. Durch die Verbindung beider Bewegungen sehen wir den Mond immer von der gleichen Seite an. Diese Übereinstimmung von Umlaufdauer und Rotationsdauer nennt man gebundene Rotation. Die Geschwindigkeit, mit der sich der Mond um die Erde bewegt, liegt bei 3.680 Kilometern pro Stunde. Nach letzten Erkenntnissen liegt das Alter des Mondes bei ca. 4,5 Milliarden Jahren. Der Mond hat ein Achtel der Erdmasse und er entfernt sich pro Jahr um 12,5 Zentimeter von der Erde. Mit einem Durchmesser von 3.476 Kilometern entspricht seine Größe etwa einem Viertel des Erddurchmessers. Sein Abstand zur Erde beträgt im Mittel 384.405 Kilometer. Er schwankt ein wenig, da die Umlaufbahn des Mondes nicht ganz kreisförmig ist. Damit variiert auch seine Laufgeschwindigkeit. Ist der Mond der Erde während seines Umlaufs etwas näher, wird er schneller, bei größerem Abstand zur Erde wird er langsamer. So passiert es, dass die Rotation des Mondes manchmal ein wenig hinter dem Umlauf herhinkt und wir in dieser Zeit ein kleines Stück der eigentlich erdabgewandten Seite sehen können.

Erdneuzeit
S. Känozoikum.

Erdöl
Natürlich auftretendes Gemisch aus bis zu 500 Kohlenwasserstoffen, entstanden aus tierischen und pflanzlichen Substanzen. Je nach Fundort erscheint es in verschiedenen Farben bis hin zu Schwarz. Erdöl wird in Russland, Nordamerika, im Nahen Osten und vereinzelt in Asien, Afrika sowie in Mitteleuropa mit Hilfe von Bohrtürmen (am Festland) und Bohrinseln (im Meer) gefördert und zur weiteren Verarbeitung in Raffinerien gebracht. Erdöl ist Grundlage vieler kunststoff- und treibstoffherstellender Industrien.

Erdrotation
Innerhalb von 23 Stunden, 56 Minuten und vier Sekunden dreht sich die Erde einmal um ihre Achse. Die Erdachse ist eine durch den Mittelpunkt der Erde gezogene, gedachte Linie zwischen Nord- und Südpol, um die sich die Erde von Westen nach Osten dreht.

Erdsatellit
(Auch künstlicher) Begleiter der Erde, der sich auf Umlaufbahnen um die Erde bewegt.

Erdschatten
Schatten, den die Erde auf der sonnen abgewandten Seite wirft.

Erdumlaufbahn
Die Erde bewegt sich gemeinsam mit dem Erdmond auf einer elliptischen Bahn um die Sonne. Ihre Geschwindigkeit beträgt dabei etwas mehr als 100.000 Kilometer pro Stunde. Für einen Umlauf um die Sonne benötigt die Erde 365,256 Tage, also ein Jahr. Die Ebene der Erdbahn um die Sonne (Ekliptik) ist gegen die Ebene des Erdäquators um 23,4 Grad geneigt. Dadurch entstehen während eines Erdumlaufs die Jahreszeiten.

Erdzeitalter
Bestimmte Zeitabschnitte der Erdgeschichte; Gliederung in Stufen, Formationen und Abteilungen.

Ereignishorizont
Die Grenze um ein Schwarzes Loch, an der die Entweichgeschwindigkeit genau der Lichtgeschwindigkeit entspricht.

Erosion
Prozess, durch den Boden, Gesteine und Minerale einer Planetenoberfläche (auch die der Erde) abgetragen werden.

Eruptio
(lateinisch) Ausbruch.

Eruption (1)
Die durch aufsteigende Gase oder Magma verursachte Explosion eines Vulkans.

Eruption (2)
Ausbrechen von Materie aus der Chromosphäre der Sonne.

Eruptivveränderliche
Veränderliche Hauptreihensterne, die häufig einen unregelmäßigen, eruptionsartigen Intensitätswechsel zeigen. Man geht davon aus, dass der Helligkeitsanstieg durch Materieauswürfe hervorgerufen wird.

Eustatische Meeresspiegelschwankungen
Weltweite Hebungen und Senkungen des Meeresspiegels, wie sie zum Beispiel zu Beginn und Ende von Eiszeiten auftreten. Durch die Bindung großer Wassermengen während einer Eiszeit als Eis auf dem Festland und dem Meer kommt es zu Veränderungen des Wasserhaushaltes der Erde. Während dieser Phasen liegen große Teile des Festlandsockels über dem Meeresspiegel, zum Beispiel gibt es dann Verbindungen von Mitteleuropa zur britischen Insel und von Alaska nach Asien. Beim Abschmelzen des Eises kommt es zum Meeresspiegelanstieg und damit zu Transgressionen.

Evektion
Durch den Einfluss der Sonne hervorgerufene Veränderung der Mondbahn; Abweichung der tatsächlichen Position des Mondes von der mittleren Position des Mondes.

Extinktion
Scheinbare Abschwächung der Helligkeit eines Himmelskörpers durch die Atmosphäre.

extragalaktisch
Außerhalb der Milchstraße liegend.

extraterrestrisch
Außerirdisch.

Exzentrizität
Abstand zwischen Mittelpunkt und Brennpunkt einer Ellipse im Verhältnis zur Länge der großen Halbachse.

Fackeln
Große, helle Strukturen, die aus der Chromosphäre der Sonne hervorgehen.

Falte
Verkrümmung einer ursprünglich horizontal gelagerten Gesteinseinheit. Je nach Form und Entstehung unterscheidet man Knick- und Biegefalten, Scherfalten und Fließfalten.

Farbenindex
Maß für die Farbe und Oberflächentemperatur von Sternen. Bestimmte Wellenlängen (Farben) des Lichts werden vom Auge oder von optischen Geräten besonders gut wahrgenommen. Das Auge erkennt beispielsweise besser Gelbtöne, Fotoschichten erkennen besser Blautöne. Der internationale Farbenindex gibt die Differenz an, die sich aus fotografischer und visueller Helligkeit eines Sterns ergibt.

Feldsterne
Einzelne Sterne, die keinem Sternhaufen zugehören.

Feuerkugel
Bei seinem Durchtritt durch die Atmosphäre hell aufglühender Meteor, der bei seinem Absturz in der Erdatmosphäre explodieren kann.

Finsternis
Astronomisch: Wandert ein Himmelskörper durch den Schatten eines anderen hindurch, wird er verfinstert, man spricht von einer Finsternis.

Fische
(Pisces) Sternbild, Kurzbezeichnung Psc.

Fixsterne
Selbst leuchtende Himmelskörper; je etwa 3.000 sind am südlichen und nördlichen Himmel mit bloßem Auge sichtbar. Ihr Name stammt aus dem Altertum: Man dachte, dass sich diese Sterne im Gegensatz zu den Planeten nicht bewegen, ihre Position am Himmel also „fixiert" ist.

Flares
Plötzliche, starke Eruptionen in der Chromosphäre der Sonne, die meist nur wenige Minuten dauern. Sie treten meist in der Nähe von Sonnenflecken auf.

Flare-Stern
Roter Zwergstern mit kurzzeitigem Helligkeitsanstieg.

Fliehkraft
Astronomisch: Zentrifugalkraft in einem rotierenden System.

Fluchtbewegung
Die auseinander strebende Bewegung aller Gestirne und Galaxien vom Zentrum des Urknalls weg.

Fluchtgeschwindigkeit
Mindestgeschwindigkeit, die ein Körper haben muss, um dem Gravitationsfeld eines anderen Körpers auf tangentialer Bahn zu entkommen.

Fluoreszenz
Sichtbares Leuchten von Molekülen nach der Bestrahlung mit weißem Licht, Ultraviolett-Strahlung, Röntgen-Strahlung oder Elektronenstrahlen. Durch die Bestrahlung nehmen die Elektronen dieser Moleküle Energie auf, die sie beim Zurückkehren in den ursprünglichen Zustand als Leuchten wieder abgeben.

Flüssigtreibstoff
Flüssiger Treibstoff (meist für Raketen); diese Treibstoffart besteht normalerweise aus flüssigem gekühlten Wasserstoff und flüssigem gekühlten Sauerstoff.

FOC
Faint Object Camera; Instrument des Hubble Space Telescope, das Bilder eines kleinen Himmelsausschnitts erfassen kann.

Fornax
(lateinisch: Ofen) Sternbild, Kurzbezeichnung For. Das Sternbild enthält zahlreiche Galaxien und Galaxiengruppen.

Fotometrie
In der Astronomie wird die Fotometrie zur Messung der Helligkeiten von Sternen und deren Farben verwendet.

Foton
Kleinste Energiemenge der elektromagnetischen Strahlung.

Fotosphäre
(auch Photosphäre) Stellt die Übergangsschicht von der inneren zur äußeren Atmosphäre der Sonne dar. Aus dieser Schicht wird das sichtbare Licht abgestrahlt, sodass sie als die sichtbare Oberfläche der Sonne erscheint.

Fraunhofer, Josef von
Deutscher Physiker, geboren am 6. März 1787 in Straubing, gestorben am 7. Juni 1826 in München, auch tätig als Spiegelmacher und Glasschleifer. 1823 Beschäftigung im Physikalischen Kabinett der bayerischen Akademie. Entscheidende Entwicklungen bei der Herstellung optischer Linsen. Entdeckte die dunklen Absorptionslinien im Sonnenspektrum (unabhängig von W. H. Wollaston); Beschäftigung mit der Beugung des Lichts; förderte die Durchsetzung der Wellentheorie des Lichts.

Fraunhoferlinien
Dunkle (Absorptions-)Linien im Sonnenspektrum, benannt nach Josef von Fraunhofer.

Frequenz
Allgemein: Schwingungen pro Sekunde (Maßeinheit Hertz).

Frontalzone
Grenzschicht zwischen zwei Luftmassen unterschiedlicher Eigenschaften. Voraussetzung für die Bildung von Zyklonen und Wetterfronten in gemäßigten Breiten.

Frühlingspunkt
Einer der Schnittpunkte zwischen Ekliptik und Himmelsäquator, Tagundnachtgleiche (Äquinoktium); der Frühlingspunkt liegt im Sternbild der Fische (Pisces).

Fuhrmann
(Auriga) Sternbild, Kurzbezeichnung Aur. Position über dem Sternbild Stier (Taurus). Form eines Fünfecks. Höchster Stand am nördlichen Sternenhimmel im Spätherbst.

Fundamentalsterne
Sterne, deren Positionen exakt bestimmt sind. Ihre Lage dient der Bestimmung weiterer Sternpositionen.

galaktisch
Zu einer Galaxie gehörend.

Galaxie
Bezeichnung für riesige Sternensysteme unterschiedlichster Form (vgl. Galaxienformen). Unser Sonnensystem gehört zur Milchstraße, einer Spiralgalaxie.

Galaxie, aktive
Aktive Galaxien zeigen gewaltige Energieausbrüche. Zu ihnen gehören Quasare, Seyfertgalaxien und Radiogalaxien.

Galaxienformen
Unterscheidung von Galaxien nach Größe und Aufbau. Hauptgalaxieformen sind elliptische Galaxien, balkenförmige Galaxien und Spiralgalaxien. Je nach Ausprägung werden sie in Untergruppen eingeteilt: E0 bis E7 bei elliptischen, Sa bis Sm bei normalen Spiralgalaxien und SBa bis SBm bei balkenförmigen Spiralen. Neben den klassifizierten Galaxien gibt es auch solche, die keine erkennbaren regelmäßigen Strukturen aufweisen, diese irregulären Galaxien werden in Typ I und Typ II gegliedert.

Galaxienhaufen
Ansammlung von Galaxien, die durch ihre gegenseitige Schwerkraft zusammengehalten wird. Sie werden auch als Cluster bezeichnet und enthalten einige Dutzend bis mehrere Tausend Galaxien.

Galaxis
Bezeichnung für unser Milchstraßensystem.

Galilei, Galileo
Italienischer Astronom und Physiker, geboren am 15. Februar 1564 in Pisa, gestorben am 8. Januar 1642 in Arcetri. Galilei richtete als einer der ersten um 1600 ein Linsenfernrohr zum Himmel.

Galileische Monde
Die vier von Galilei Galileo entdeckten Jupitermonde: Io, Europa, Ganymed und Kallisto (auch Callisto).

GALILEO
Jupiterraumsonde; Start: 1989. Erreichte 1995 die Umlaufbahn des Jupiter und setzte eine Atmosphärensonde aus.

Gamma-Ray-Burst
(englisch: Gamma-Strahlen-Ausbruch) Kurze, extrem starke Gamma-Blitze aus dem Universum. Gammastrahlen stammen möglicherweise von explodierenden Schwarzen Löchern, aus dem Zentrum der Milchstraße oder aus Pulsaren und Quasaren. Die von Gamma-Bursts ausgehende Strahlung ist in zehn Sekunden höher als die der Sonne in zehn Milliarden Jahren.

Gammastrahlen-Astronomie
Röntgenastronomie, die sich mit den kürzesten Strahlen im elektromagnetischen Spektrum, den Gammastrahlen, befasst (etwa 0,1 Angström bis zu 0,000001 Angström). Je kurzwelliger eine Strahlung ist, desto energiereicher ist sie. 1912 wurden die ersten Gammastrahlen aus dem All gemessen.

Gammastrahlung
Hochenergetische elektromagnetische Strahlung mit außerordentlich kurzen Wellenlängen.

Ganymed
Mond des Jupiter und größter Mond des Sonnensystems.

Gasnebel
Galaktischer Nebel; besteht aus heißem Gas, bildet meist kugelförmige Wolken, wie etwa der bekannte Pferdekopf-Nebel.

Gasriesen
Die Planeten Jupiter, Saturn, Uranus und Neptun.

Geburt des Sonnensystems
Der Urknall (Big Bang) rief vor rund 13 bis 14 Milliarden Jahren das Universum ins Leben, die Milchstraße ist wahrscheinlich nicht älter als zehn Milliarden Jahre. Unser Sonnensystem wird dagegen wesentlich jünger geschätzt, es dürfte etwas mehr als 4,6 Milliarden Jahre alt sein. Nach der Sonnennebel-Theorie, die von vielen Astrophysikern vertreten wird, ist unser Sonnensystem aus der Verdichtung einer kosmischen Staubmasse hervorgegangen. Das Material dafür stammte von einem Stern, der implodierte und so eine Supernova bildete, die die Materie als Nebel bzw. Wolke abstieß. Möglich ist dabei, dass erst die Sonne entstand und danach eine weitere Wolke kosmischen Staubs einfing, aus der sich dann die Planeten bildeten, oder auch, dass Sonne und Planeten aus derselben Staubwolke hervorgingen.

Gegenschein (1)
Stellung eines Planeten in Opposition (von der Erde aus gesehen der Sonne genau gegenüber).

Gegenschein (2)
Durch interplanetaren Staub verursachtes sehr schwaches nebliges Objekt etwa 20 Grad entlang der Ekliptik um den Punkt, der zur Sonne in Opposition steht.

Gegensonne
Lichtfleck gegenüber der Sonne, auf gleicher Höhe (Spiegelungshalo).

Gelber Zwerg
Sonnenähnlicher Stern, der sich in einer ähnlichen Entwicklungsphase wie die Sonne befindet.

gemäßigte Zone
Klimaregion zwischen dem Polar- und Wendekreis einer Halbkugel, d.h. zwischen den subtropischen und den (ant-)arktischen Zonen.

Geminga
Pulsar im Sternbild Zwillinge. Geminga hat mit 0,237 Sekunden eine langsame Rotationsdauer und ist der sonnennächste Pulsar. Entfernung zur Erde: 47 Lichtjahre.

Gemini
(lateinisch: Zwilling) Sternbild, Kurzbezeichnung Gem.

Geminiden
Meteorstrom, der seinen Ursprung scheinbar im Sternbild Zwillinge hat.

Gemma
Hellster Stern im Sternbild Nördliche Krone (Corona Borealis).

GENESIS
Die im November 2001 gestartete Sonde hatte die Aufgabe, den Sonnenwind zu untersuchen.

Geodäsie
Vermessungskunde.

geografische Breite
horizontale Linien im Gradnetz; Breitengrad, Parallelkreis.

geografische Länge
vertikale Linien im Gradnetz; Längengrad, Meridian.

Geologie
Wissenschaft, die sich mit Entstehung und Aufbau der Erde und den damit im Zusammenhang stehenden Vorgängen befasst.

Geomorphologie
Wissenschaft, die sich mit den Gegebenheiten und Entstehungen der Erdoberflächenformen befasst.

Geophysik
Wissenschaft, die sich mit den physikalischen Vorgängen im Erdinneren, der Erdoberfläche und der Atmosphäre befasst.

Geosynklinale
Lang gestreckte Gebiete, die mehrere 100 Kilometer breit und über 1.000 Kilometer lang sein können. Sie sind meist über lange Zeiträume hinweg aktive Sen-

kungsgebiete der Erdkruste, in denen sich größere Mengen Sedimentgesteins ansammeln können. Nach einer älteren Theorie zur Gebirgsbildung sind aus den Ablagerungen in den Geosynklinaltrögen durch Auffaltung die Gebirge der Erde entstanden.

geozentrisch
Die Erde als Mittelpunkt (Zentrum) betrachtend.

geozentrisches Weltbild
Altes Weltbild, das die Erde unbeweglich in den Mittelpunkt des Universums stellte. Demnach kreiste unter anderem die Sonne um die Erde.

Gesteine
Gesteine sind natürliche Bildungen aus Mineralien, Resten von Organismen, Bruchstücken von Mineralien oder anderen Materialien. Mineralien sind die häufigsten Verbindungen in der unbelebten Natur. Sie setzen sich aus nur wenigen chemischen Elementen zusammen, die meisten von ihnen sogar nur aus zwei verschiedenen Elementen. Nur wenige Elemente wie Gold oder Silber treten in der Erdkruste in reiner (unvermischter) Form auf. Nach ihrer Entstehung unterscheidet man drei verschiedene Gesteinsarten: magmatische Gesteine, Sedimentgesteine und metamorphe Gesteine. Die unbelebte Natur ist – wie die belebte – einem permanenten Wandel unterzogen. Durch den Gesteinskreislauf wird die Erdoberfläche ständig erneuert. Magmatisches oder vulkanisches Gestein gelangt aus dem Erdinneren nach oben, wird abgetragen und zu Sedimentgestein umgeformt. Dieses wie auch die anderen Gesteine kann durch Überlagerung und die dabei entstehenden Drücke und Temperaturen in metamorphes Gestein umgewandelt werden. An Subduktionszonen können die Gesteine in den Erdmantel zurückgeführt werden; der Kreislauf beginnt erneut. An der Erdoberfläche sind Sedimentgesteine die häufigste Gesteinsart, in der tieferen Erdkruste dominieren die metamorphen und magmatischen Gesteine.

Gestirn
Himmelskörper.

Gewitter
Entladung von elektrischer Spannung zwischen Wolken, innerhalb einer Wolke oder zwischen Wolke und Erdoberfläche durch Blitze. Die Blitze erhitzen die sie umgebenden Luftmassen plötzlich sehr stark, diese dehnen sich mit großer Geschwindigkeit aus, wobei Donnergeräusche entstehen. Gewitter werden oft von heftigem Regen begleitet.

Gewitterwolken
Quellwolken, die die typische Gewitter-Ambossform zeigen.

Gezeiten (1)
Periodische Veränderungen der Form eines Planeten, Mondes oder Sterns durch die Anziehungskraft eines in der Nähe befindlichen Körpers. So geht etwa die außergewöhnlich intensive Vulkantätigkeit auf dem Jupitermond Io auf den Einfluss der Nachbarmonde Europa und Ganymed zurück.

Gezeiten (2)
Der Wechsel von Ebbe und Flut der Weltmeere aufgrund der Mondbewegungen und die dadurch sich ändernde Anziehungskraft des Mondes auf die Erde. Auch die Gravitation der Sonne spielt eine – wenn auch geringe – Rolle. Stehen Sonne und Mond in einer Linie entsteht daher die Springflut. Der Meeresspiegel sinkt bei Ebbe und steigt bei Flut.

GHRS
Goddard High Resolution Spectrograph; Gerät zur Aufnahme von Spektren von Objekten.

Giotto
Europäische Sonde zur Erforschung des Halleyschen Kometen.

Giraffe
(Camelopardalis) Wenig deutliches Sternbild am nördlichen Sternhimmel, Kurzbezeichnung Cam. Das Sternbild enthält einige offene Sternhaufen, Galaxien und Reflexionsnebel.

glazial
Eis bzw. Gletscher betreffend, umschreibend. Eiszeiten werden demgemäß auch als Glazialzeiten bezeichnet.

Globus
Verkleinertes Modell des Erd- oder eines anderen Himmelsköpers. Der Globus geht auf Martin Behaim (1492) zurück.

Gondwana
Südkontinent, in dem zu Ende des Paläozoikums alle heutigen auf der Südhalbkugel liegenden Kontinente einschließlich Afrika und Indien vereinigt waren; durch Bewegungen der Erdplatten auseinander gebrochen.

Grabstichel
(Caelum) Sternbild, Kurzbezeichnung Cae.

Gradnetz
Aus Längen- und Breitengraden bestehendes, imaginäres, erdumspannendes Netz zur Bestimmung der geografischen Position eines Ortes. Die Längengrade werden auch als Meridiane, die Breitengrade als Parallelkreise bezeichnet. Der Nullmeridian verläuft durch Greenwich (London).

Granit
Hauptbestandteile dieses magmatischen Tiefengesteins sind Feldspäte, Quarz und Glimmer, daneben Hornblenden und andere. Da dieses Gestein langsam abgekühlt und erstarrt ist, weist es im Gegensatz zu vulkanischen Gesteinen deutlich sichtbare, große Kristalle auf.

Granulen
Körnige Struktur der Sonnenoberfläche, die durch Aktivitäten der Sonne entsteht. Heiße Materie brodelt an die Oberfläche, kühlt ab und sinkt wieder tiefer.

Gravitation
Kraft, mit der zwei Massen sich gegenseitig anziehen.

Gravitationslinse
Beugung von Licht an einem sehr massereichen Objekt. Wenn beispielsweise zwei Galaxien hintereinander liegen, wirkt die vordere als eine Gravitationslinse. Das heißt, ihre Gravitationskräfte beugen die Lichtstrahlen der hinteren Galaxie: Sie erscheint nach oben, unten, links oder rechts verschoben. Das Licht wird dabei kreisförmig verzerrt. Albert Einstein hatte bereits auf die Eigenschaft der Materie, Licht zu beugen, hingewiesen, noch bevor dieses Phänomen am Sternenhimmel entdeckt wurde.

Gravitationswellen
Wellenförmige Störungen eines Gravitationsfeldes; Gravitationswellen breiten sich im Vakuum mit Lichtgeschwindigkeit aus.

Greenwich
Stadtbezirk von London mit einer 1675 erbauten Sternwarte. Durch Greenwich verläuft der Nullmeridian.

Größenklasse
Maßeinheit für die Helligkeit eines Sterns.

Großer Bär
(Ursa Maior) Sternbild, Kurzbezeichnung: UMa. Die hellsten Sterne des Großen Bären bilden den Großen Wagen.

Großer Hund
(Canis Maior) Sternbild, Kurzbezeichnung CMa. Sichtbar am nächtlichen Winterhimmel. Der Große Hund ist der „Begleiter" des Orion. Der hellste Stern dieses Sternbilds ist Sirius (Hundsstern). Der Große Hund enthält offene Sternhaufen, einige Nebel, Galaxien und einen planetarischen Nebel.

Großer Wagen
Sternbild; Teil des Großen Bären (Ursa Maior). Der Große Wagen besteht aus dem Kasten (mit den Sternen Dubhe, Merak, Phekda, Megrez) und der Deichsel (mit den Sternen Alioth, Mizar, Benetnasch).

Grundgebirge
Gesteinskomplex, der sich unter dem in einem bestimmten Winkel auflagernden Deckgebirge befindet; im Gegensatz zum Deckgebirge besitzt das Grundgebirge ein höheres geologisches Alter und einen davon abweichenden Deformations- bzw. Metamorphosegrad.

Grundwasser
Wasser, das durch Versickerung von Niederschlägen und Absinken oberirdischer Gewässer in den Untergrund eindringt und dort Hohlräume ausfüllt; dabei wird der Grundwasserkörper gebildet.

Grus
(lateinisch: Kranich) Sternbild, Kurzbezeichnung Gru.

Haar der Berenike
(Coma Berenices) Unscheinbares Sternbild, Kurzbezeichnung Com. Liegt zwischen Bärenhüter (Bootes) und Löwe (Leo). Höchster Stand im Mai. Beinhaltet zahlreiche schöne Galaxien sowie den Coma-Haufen. Dieses Sternbild ist nach der ägyptischen Königin Berenike benannt: Sie hatte versprochen, ihr Haar abzuschneiden, wenn ihr Gatte unversehrt und als Sieger von einem Kampf zurückkehrte. Einen Tag, nachdem sie ihr Opfer erbracht hatte, war das Haar aus dem Tempel, in dem sie es abgelegt hatte, verschwunden. Dafür war am Himmel eine neue Sternengruppe sichtbar, das „Haar der Berenike".

Halbmondphase
Mondphase, in der von der Erde aus genau die Hälfte des vom Sonnenlicht beschienenen Mondes sichtbar ist.

Hale-Bopp
Komet, der für das bloße Auge von März bis April 1997 am Nachthimmel sichtbar war. Durchgang durch das Perihel am 1. April 1997, Umlaufzeit um die Sonne ca. 2.700 Jahre.

Halley, Edmond
Englischer Astronom und Mathematiker, geboren am 8. November 1656 in Haggerston, gestorben am 25. Januar 1742 in Greenwich. Ab 1720 königlicher Astronom, Direktor der Sternwarte Greenwich. Halley wurde durch seine Kometenbeobachtungen berühmt. Er erkannte, dass Kometen auf lang gestreckten, elliptischen Bahnen die Sonne umkreisen und bei jedem Umlauf von neuem sichtbar werden. Außerdem erstellte Halley einen Katalog des südlichen Sternhimmels, beschäftigte sich mit dem Magnetfeld der Erde, maß die Abweichung vom magnetischen zum geografischen Nordpol, erfasste den Zusammenhang zwischen Erdmagnetismus und Nordlicht. Er empfahl, das Alter der Erde nach dem Versalzungsgrad der Meere zu bestimmen und die Entfernung der Erde zur Sonne anhand der Venusdurchgänge zu messen.

Halleyscher Komet
Nach Edmond Halley benannter Komet, der alle 76 Jahre von der Erde aus sichtbar ist. Halley berechnete die Wiederkehr des Kometen aufgrund einer Kometenbeobachtung im Jahr 1682 und alten Kometenbeobachtungen, deren Bahndaten und Beschreibungen zu dem Objekt passten: Er vermutete, dass es sich auch bei den Beobachtungen von 1531 und 1607 um „seinen" Kometen gehandelt hatte und sagte daher die Wiederkehr dieses Kometen für das Jahr 1758 voraus. Er behielt Recht: Alle 76 Jahre passiert der Halleysche Komet die Erde, das letzte Mal 1986. Der Komet hat einen Kern von etwa 15 Kilometern Länge und 7,5 bis zehn Kilometern Breite. Er besitzt eine Rotationsperiode von 53 Stunden und eine Temperatur um die 300 Kelvin. Sein Schweif (Koma) besteht zum überwiegenden Teil aus Wasserstoff.

Halo, astronomischer
Annähernd kugelförmiger Raum um eine Galaxie.

Halo, optischer
Eine Lichterscheinung in der Atmosphäre, die durch an Eiskristallen in der Atmosphäre gespiegeltes, gebrochenes oder gebeugtes Licht hervorgerufen wird.

Hantelnebel
Planetarischer Nebel; Entfernung zur Erde: zwischen 500 und 900 Lichtjahren.

Harvard Revised Photometry
Sternkatalog; 1907 veröffentlicht; Kennzeichnung der Sterne durch das Kürzel „HR".

Hauptreihe
Diagonale Zone des so genannten Hertzsprung-Russel-Diagramms, in der sich mehr als 90 Prozent der beobachteten Sterne befinden.

Hawking, Stephen
Britischer Physiker und Mathematiker, geboren am 8. Januar 1942 in Oxford, England. Seit seinem 21sten Lebensjahr leidet er an der unheilbaren Krankheit Amyotrophe Lateralsklerose, die ihn inzwischen nahezu vollständig gelähmt hat. Seit 1979 lehrt er an der Universität von Cambridge Angewandte Mathematik und Theoretische Physik und beschäftigt sich insbesondere mit dem Aufbau des Universums und den komplexen Vorgängen der Astrophysik.

Heisenberg, Werner
Deutscher Physiker, geboren am 5. Dezember 1901 in Würzburg, gestorben am 1. Februar 1976 in München. Mitbegründer der Quantenmechanik (Physiknobelpreis 1932). Von 1946 bis 1957 arbeitete er in leitender Funktion am Max-Planck-Institut für Physik in Göttingen und beschäftigt sich dabei unter anderem mit der durch Atomspaltung im Weltall entstehenden kosmischen Strahlung.

Helioskop
Beobachtungsintrument; Vorrichtung zur Abschwächung des Sonnenlichts bei Beobachtung der Sonne durch das Fernrohr.

Heliosphäre
Atmosphäre der Sonne, die sich über die äußeren Planeten hinaus erstreckt; sie wird durch Sonnenwinde beeinflusst.

heliozentrisches Weltbild
Theorie einer Welt, in der sich die Planeten um die Sonne (Helios) als Mittelpunkt (Zentrum) der Welt drehen. Sie geht auf Nikolaus Kopernikus zurück. Diese Vor-

stellung löste das geozentrische Weltbild ab, wonach die Erde der Mittelpunkt der Welt ist. Nur schwer konnte sich dieses Weltbild gegen das geozentrische, von der Kirche vertretene Weltbild durchsetzen. Heute weiß man, dass die Sonne zwar das Zentrum unseres Planetensystems ist, aber nicht der Mittelpunkt des Weltalls.

Heliumbrennen
Eine Stufe der Sternentwicklung; die Energiegewinnung erfolgt in dieser Phase durch die Verschmelzung von Heliumkernen zu Kohlenstoffatomen.

Helligkeit
Gesamte, von einem Stern pro Sekunde ausgesandte Menge an Licht oder anderer Strahlung. Aufgrund der unterschiedlichen Entfernung der Sterne zur Erde entspricht die wahrgenommene (scheinbare) Helligkeit eines Sterns nicht exakt seiner tatsächlichen (absoluten) Helligkeit. Um die Leuchtkraft der Sterne vergleichen zu können, gibt man an, welche Helligkeit ein Stern in einer Entfernung von zehn Parsec (entspricht 33 Lichtjahren) haben würde (absolute Helligkeit). Man definiert, dass bei einem Stern in dieser Entfernung scheinbare Helligkeit und tatsächliche Leuchtkraft gleich sind. Hipparchos von Nikaia, ein griechischer Astronom, unterteilte die Sterne erstmals in sechs unterschiedliche Größenklassen, wobei die Klasse 1 die hellsten Sterne umfasste. Sterne, die mit bloßem Auge gerade noch sichtbar sind, wurden der Klasse 6 zugeordnet. Aus der angenommenen Entfernung und der scheinbaren Helligkeit eines Sterns lässt sich seine absolute Helligkeit errechnen.

Helligkeit, absolute
Die absolute Helligkeit eines Sternes entspricht seiner Helligkeit aus einer Entfernung von zehn Parsec (33 Lichtjahren). Sie wird durch ein hochgestelltes, großes M gekennzeichnet (für lateinisch magnitudo).

Helligkeit, scheinbare
Als scheinbare Helligkeit bezeichnet man die von einem Beobachter auf der Erde tatsächlich wahrgenommene Helligkeit eines Objekts. Da diese jedoch auch von der Entfernung des Objekts beeinflusst wird, gibt die scheinbare Helligkeit keine Auskunft über die Menge der tatsächlich abgegebenen Strahlung. Aus diesem Grund wurde die absolute Helligkeit eingeführt: Sie gibt die Helligkeit eines Objekts in einer Standardentfernung an und berücksichtigt so auch die Komponente Entfernung. Die scheinbare Helligkeit wird durch ein hochgestelltes, kleines m gekennzeichnet (ähnlich wie bei der absoluten Helligkeit für lateinisch magnitudo).

Hemisphäre
Nach der Himmelsrichtung benannter Teil der Erdhalbkugel oder des Himmels.

Henry Draper Catalogue
Sternkatalog; die Himmelskörper erhalten das Kürzel „HD".

Herbig-Haro-Objekte
Emissionsnebel in der Nähe kürzlich entstandener Sterne, die vermutlich von diesen zum Leuchten angeregt werden.

Hercules
Sternbild, Kurzbezeichnung Her, Hauptstern Ras Algethi. Sternbild des nördlichen Himmels.

Herschel, Sir John Baronet
Englischer Astronom, geboren am 7. März 1792 in Slough, gestorben am 11. Mai 1871 in Collingwood. Fand die erste Methode zur Berechnung der Bahnen von Doppelsternen; Durchmusterung des Südhimmels.

Herschel, Sir William
(Friedrich Wilhelm)
Deutsch-britischer Astronom, geboren am 15. November 1738 in Hannover, gestorben am 25. August 1822 in Slough. Entdeckte den Uranus (1781) und die Uranusmonde Titania und Oberon, später auch die beiden inneren Saturnmonde Encleadus und Mimas (1789). Nahm Himmelsdurchmusterungen vor.

Hertzsprung-Russel-Diagramm (HRD)
Grafische Darstellung der Leuchtkraft eines Sternes in Abhängigkeit von seiner Spektralklasse oder Oberflächentemperatur. In einem Koordinatensystem wird auf der x-Achse (Abzisse) die Oberflächentemperatur und auf der y-Achse (Ordinate) die absolute Helligkeit der Sterne eingetragen. Diese Darstellung ermöglicht die Klassifizierung von Sternen und Sternengruppen. Die meisten Sterne (90 Prozent) liegen auf einer von links oben nach rechts unten verlaufenden Hauptreihe. Für diese Sterne gilt, dass eine höhere Temperatur einer höheren Leuchtkraft entspricht.

Hesperos
(griechisch) Abendstern.

Hexaedrite
Meteoritenart.

H-II-Region
Eine Gaswolke aus ionisiertem Wasserstoff.

Himmel
Das über dem Horizont sichtbare Gewölbe.

Himmelsäquator
Projektion des Erdäquators auf die gedachte Himmelskugel, die dadurch in zwei gleiche Hemisphären, den Nord- und den Südhimmel geteilt wird.

Himmelskugel
Auch Himmelssphäre; gedachte Hohlkugel, in deren Mitte der Beobachter steht und auf deren Innenseite die Himmelskörper projiziert werden.

Himmelskunde
S. Astronomie.

Himmelsmechanik
Teilgebiet der Astronomie, das sich mit der Bewegung und den auf die Himmelskörper wirkenden Kräften beschäftigt.

Himmelspole
Punkte, an denen die verlängerte Rotationsachse der Erde die Himmelskugel durchstößt. Es gibt daher einen Himmelsnord- und einen Himmelssüdpol.

Hintergrundstrahlung
Kosmische 3-Kelvin-Strahlung, die sich nicht auf eine einzige Quelle zurückführen lässt, sondern von strahlendem Staub abgegeben wird. Sie gilt als „Restenergie" des Urknalls und damit als einer der Hauptbeweise für die Urknalltheorie.

Hipparchos von Nikaia
Griechischer Astronom und Geograf, ca. 190 bis 125 v. Chr. Hipparchos begründete die wissenschaftliche Astronomie, unterteilte die Sterne nach ihrer Helligkeit in Klassen und fertigte den ersten Sternkatalog der Antike an. Er errechnete annähernd genau die Entfernung zwischen Erde und Mond und erkannte auch, dass sich diese Entfernung verändert. Namensvater des Vermessungssatelliten HIPPARCOS.

HIPPARCOS
Vermessungssatellit; Hauptaufgabe: Sternvermessung und Parallaxenberechnung. Messbereich bis zu einer Millionstel Bogensekunde. Start 1989.

Hochdruckgebiet
Auch als Antizyklone bezeichnet. Gebiet mit hohem Luftdruck. Hochdruckgebiete sind mit absinkenden Luftbewegungen verbunden, die zu einer Wolkenauflösung führen. Das Absinken erfolgt in einzelnen Schichten. Im Winter sowie im Herbst führen beständige Hochdruckgebiete vereinzelt zu einer Schadstoffanreicherung (Smog) in unmittelbarer Bodennähe.

Hochgebirge
Gebirge, das stark ausgeprägte vertikale Klimazonen aufweist und in der Höhe in der Regel die Schnee- und Baumgrenze überragt. Die oft viele 1.000 Meter hohen Gebirge auf anderen Himmelskörpern sind aufgrund der fehlenden Klimazonen daher meist keine Hochgebirge im geologischen Sinn.

Hochland
Ein von geringen Höhenunterschieden gekennzeichnetes Flachland oberhalb von 200 Metern über dem Meeresspiegel.

Hof (1)
Strahlenkranz um den Mond, die Sonne oder einen Planeten.

Hof (2)
Durch Brechung und Reflexionen beeinflusste Lichtstrahlen in der oberen Atmosphäre der Erde. Eiskristalle können diese Leuchterscheinung, die in den unterschiedlichsten Formen und Farben auftreten, hervorrufen.

Höhenstrahlung
Energiereiche, atomare Strahlung aus dem Weltraum, die auf die Atmosphäre der Erde trifft. In einer Höhe von ca. 16 Kilometern wird sie abgefangen und ausgefiltert. Ungefilterte Strahlung kann die Erbmasse der Lebewesen verändern, es kommt zu Zellmutationen.

Holozän
Früher auch als Alluvium bezeichnet, umfasst das jüngste Erdzeitalter mit Beginn nach der letzten Eiszeit bis heute.

Horizont
Schnittlinie einer Ebene mit der Himmelskugel, senkrecht zur Lotrichtung am Beobachtungsort.

horizontales Koordinatensystem
Gedachtes Koordinatennetz, das den Himmel überzieht. Wie beim Koordinatensystem der Erde gibt es auch am Himmel einen Himmelsäquator, der den Himmel in eine nördliche und eine südliche Hälfte unterteilt. Statt der Längen- und Breitengrade wie auf der Erde heißen die Himmelskoordinaten Rektaszension bzw. Deklination. Die Deklination beschreibt den Winkelabstand eines Sterns vom Äquator aus. Nach Norden wird die Winkelgröße mit einem Plus versehen, nach Süden mit einem Minus. Die Rektaszension verläuft senkrecht zum Himmelsäquator. Gezählt wird von dem Großkreis aus, der dem irdischen Meridian entspricht. Dieser Großkreis verläuft durch den so genannten Frühlingspunkt – den einen Schnittpunkt zwischen Himmelsäquator und Tierkreis (Ekliptik). Mithilfe dieses Koordinatensystems lassen sich die genauen Positionen der Himmelskörper beschreiben.

Horizontalkreis
Heller, weißer Lichtkreis, der parallel zum Horizont verlauft.

Horologium
(lateinisch: Pendeluhr) Südliches Sternbild, Kurzbezeichnung Hor.

HSP
High Speed Photometer; misst Veränderungen in der Lichtintensität bestimmter Objekte in Abhängigkeit von der Zeit.

HST
Abkürzung für das Hubble Space Telescope; ein nach Edwin Hubble benanntes Teleskop, das die Erde auf einer festen Bahn umkreist.

Hubble Space Telescope
Abkürzung HST, Weltraumteleskop der NASA und ESA.

Hubble, Edwin Powell
Amerikanischer Astronom, geboren am 20. November 1889 in Marshfield (Montana), gestorben am 28. September 1953 in San Marino (Kalifornien). Begründer der modernen extragalaktischen Astronomie. Bewies die Existenz von Himmelskörpern außerhalb der Milchstraße durch die Entfernungsbestimmung des Andromeda-Nebels. War tätig am Mount-Wilson-Observatorium in Pasadena.

Hubble-Effekt
Zusammenhang zwischen Rotverschiebung und Entfernung extragalaktischer Sternsysteme. Aus diesem Zusammenhang lässt sich die Fluchtbewegung der Galaxien berechnen. Je weiter eine Galaxie von der Milchstraße entfernt ist, desto schneller bewegt sie sich von uns weg. Dieser nach außen gerichteten Bewegung unterliegt das ganze Universum, das sich stetig ausdehnt. Den Zusammenhang kann man sich am einfachsten anhand eines Luftballons (Universum) mit aufgemalten Punkten (Galaxien) vorstellen: Bläst man den Ballon auf, entfernen sich die Punkte voneinander. Je weiter zwei Punkte auseinander liegen, desto schneller entfernen sie sich voneinander, wenn sich der „Raum" vergrößert.

Hubble-Gesetz
Gesetz des sich ausdehnenden Universums.

Hubble-Konstante
Konstante, aus der hervorgeht, mit welcher Geschwindigkeit die Expansion (Ausdehnung) des Universums linear zunimmt. Mithilfe dieser Konstante (Formelzeichen H) sowie der Rotverschiebung der Spektrallinien extragalaktischer Sternsysteme lässt sich ihre Größe errechnen.

Hubble-Weltraumteleskop
Abkürzung HST, Weltraumteleskop der NASA und ESA.

Hundstage
Tage vom 23. Juli bis 23. August. Der Begriff „Hundstage" geht auf das Sichtbarwerden des Sirius am Sommerhimmel zurück. Er bezeichnet sehr heiße Tage. Sirius ist der Hauptstern des Sternbilds Großer Hund (Canis Maior), der deswegen auch „Hundsstern" genannt wurde. Die Hundstage wurden bei den Griechen und Römern mit Wassermangel, Dürre und Hunger in Verbindung gebracht und haben noch heute eine negative Bedeutung.

Hurrikan
Tropischer Wirbelsturm, der von starken Niederschlägen begleitet wird; tritt häufig an den Küsten Mittelamerikas auf.

Hyaden
Offener Sternhaufen im Sternbild Stier (Taurus); zu Deutsch Regengestirn; enthält mehr als 350 Sterne.

Hydra
(lateinisch: Wasserschlange) Sternbild, Kurzbezeichnung: Hya.

Hydrologie
Wissenschaft, die sich mit der Bildung, den Erscheinungsformen und den biologischen Eigenschaften des Wassers oder von Wasserkörpern befasst.

Hydrosphäre
Die Gesamtheit des auf der Erde befindlichen Süß- und Salzwassers; umfasst Meer-, See-, Fluss-, Gletscher- und Grundwasser sowie das Wasser in der Atmosphäre.

Inclinatio
(lateinisch) Neigung, Biegung.

Index Catalogue
Erweiterung des New General Catalogue.

Infrarotastronomie
Teilgebiet der Astronomie. Ein Großteil des Infrarotlichtes wird durch die Erdatmosphäre absorbiert. Aus diesem Grund können von der Erde aus nur die wenigen Wellenbereiche beobachtet werden, für die die Erdatmosphäre durchlässig ist. Infrarotteleskope werden daher häufig auf Satelliten in eine Umlaufbahn außerhalb der Atmosphäre gebracht.

Infrarotlicht
Elektromagnetische Strahlung im Spektrum zwischen dem langwelligen Ende des sichtbaren Lichts und den Radiowellen. Bei Infrarotquellen im Weltall handelt es sich meist um sehr kühle Hauptreihensterne oder um Riesensterne mit dichten Staubhüllen, die die übrige Energie „schlucken".

Infrarotstrahlung
Elektromagnetische Strahlung mit geringerer Energie als sichtbares Licht.

Interferometer
Messgerät; die von einem Objekt ausgesandten Strahlen werden durch zwei Empfänger beobachtet, deren Abstand variiert werden kann. Dabei entsteht ein Interferenzmuster, das Rückschlüsse auf verschiedene Strahlungseigenschaften des beobachteten Objekts ermöglicht.

intergalaktisch
(griechisch) Zwischen den Galaxien.

Interglazial
Zwischeneiszeit oder Warmzeit. Zeitraum zwischen zwei Vereisungsperioden. Solche Zeiten sind durch ein wärmeres Klima und das Abschmelzen des Inlandeises charakterisiert.

interplanetar
(griechisch) Zwischen den Planeten.

interplanetare Materie
Innerhalb unseres Sonnensystems auftretende feine Partikel des Sonnenwindes, Meteoritenstaubs sowie von Gaspartikeln aus den Planetenatmosphären.

interplanetarer Staub
S. interplanetare Materie.

Interstadial
Kurzer Zeitabschnitt mit wärmerem Klima zwischen zwei kälteren Zeitabschnitten innerhalb einer Eiszeit.

interstellar
(lateinisch) Zwischen den Sternen.

interstellare Materie
Als interstellare Materie bezeichnet man Gas- und Staubpartikel, die sich im Raum zwischen den Sternen und Galaxien befinden. Je nach Erscheinungsform und Auftreten unterscheidet man Reflexionsnebel, Emissionsnebel und Dunkelwolken.

interstellarer Staub
Kleine, feste Materieteilchen, die im Raum zwischen den Sternen dünn verteilt sind.

interstellares Gas
Materie, meist Wasserstoff mit Anteilen von Helium und anderen Elementen, die zwischen den Sternen verteilt ist.

Inversion
Luftschicht, in der die Temperatur entgegen den normalen Verhältnissen mit steigender Höhe zunimmt (Temperaturumkehrschicht). Inversionsschichten können durch verschiedene atmosphärische Prozesse hervorgerufen werden. Sie sind vor allem durch die Unterdrückung des vertikalen Luftmassenaustausches gekennzeichnet.

Io
Mond des Planeten Jupiter.

Ion
Als Ion bezeichnet man ein Atom, das mehr oder weniger Elektronen besitzt, als im Grundzustand zu seiner Elektronenhülle gehören würden. Es weist daher eine positive oder negative Ladung auf.

Ionisation
Durch Aufnahme von Energie, zum Beispiel durch starke Ultraviolettstrahlung, kann ein Atom oder Molekül ein oder mehrere Elektronen verlieren. Das Atom bzw. Molekül ist nun elektrisch geladen. Bei der Rückgewinnung der Elektronen wird Energie in Form von Strahlung freigesetzt.

Ionosphäre
Oberste Schicht der Atmosphäre: Sie erstreckt sich ab einer Höhe von etwa 80 Kilometern bis in eine Höhe von ca. 400 Kilometern. Ab einer Höhe von ca. 85 Kilometern sind die Gase zum Teil durch Röntgenstrahlung und Ultraviolettstrahlung der Sonne ionisiert, sodass elektromagnetische Wellen reflektiert werden. Die Ionosphäre ist als Reflexionsschicht ein wichtiger Strahlenschutzschild, zum Beispiel aber auch wichtig für den Weitstreckenfunkverkehr über Kurzwellen.

Jagdhunde
(Canes Venatici) Sternbild, Kurzbezeichnung CVn. Innerhalb dieses Sternbildes findet man die berühmte Galaxie M51.

Jahreszeit
Das Jahr wird in Frühling, Sommer, Herbst und Winter unterteilt; die vier Jahreszeiten sind auf der Nord- und Südhalbkugel jeweils entgegengesetzt. Sie werden vom Lauf der Erde um die Sonne in Verbindung mit der Neigung der Erdachse verursacht.

Jakobsstab
Zur Orientierung im Raum benutzte man im Mittelalter bei der astronomischen Winkelmessung einen so genannten Jakobsstab. Damit konnte die Höhe von Gestirnen gemessen, aber auch Orte auf See bestimmt werden. Der Jakobsstab war ein einfaches Gerät, bestehend aus einem Längsstab mit Skala und einem Querstab, der im rechten Winkel dazu angebracht war und sich verschieben ließ. Wollte man einen Stern messen, visierte man ihn über das Ende des Längsstabes an und verschob den Querstab so weit, bis der Stern von ihm überdeckt wurde. Der Jakobsstab war der Vorläufer des Sextanten.

Jansky, Karl Guthe
US-amerikanischer Astronom, geboren am 22. November 1905 in Norman (Oklahoma), gestorben am 14. Februar 1950, Begründer der Radioastronomie. Wies zum ersten Mal die kosmische Radiofrequenzstrahlung nach.

Jetstream
Starker, schmaler Windstrom, der entlang einer horizontalen Achse in der Troposphäre oder auch in der Stratosphäre auftritt. Vertikale und horizontale Windgeschwindigkeiten von 30 bis 300 Metern pro Sekunde sind charakteristisch.

Jodrell Bank
In Jodrell Bank befindet sich das 76 Meter durchmessende große Radioteleskop der Universität Manchester (England).

Jungfrau
(Virgo) Sternbild, Kurzbezeichnung Vir. Ihr Hauptstern Spica ist der einzig auffällige Stern des zum Tierkreis gehörenden Sternbildes. Der Mythologie nach handelt es sich bei Virgo um Persephone, die Tochter der Demeter, über deren Verlust sich diese so grämte, dass Zeus beschloss, Persephone eine Jahreshälfte in der Unterwelt, die andere bei der Mutter leben zu lassen.

Jupiter
Jupiter ist der mit Abstand größte Planet im Sonnensystem. Mit dem 318-fachen der Erdmasse entfallen etwa 70 Prozent der Gesamtmasse aller Planeten auf Jupiter. Jupiter hat den zwölffachen Durchmesser der Erde, was etwa dem 1.400-fachen Erdvolumen entspricht. Aus dem Volumen und der Masse folgt, dass Jupiter nur etwa ein Viertel der Erddichte hat. Jupiter ist in vielerlei Hinsicht ein Planet der Extreme. So besitzt er auch die höchste Rotationsgeschwindigkeit aller Planeten. Für eine Umdrehung um die eigene Achse, also einen Jupitertag, benötigt er weniger als zehn Stunden. Die hohe Drehgeschwindigkeit sorgt für ein außerordentlich starkes Magnetfeld. Ausläufer der Magnetstrahlung des Jupiter erreichen sogar den Saturn. Die Strahlungsintensität des Jupiter liegt 10.000-fach über der unseres Heimatplaneten.

Die Temperatur auf dem Jupiter beträgt etwa minus 150 Grad Celsius. Für einen Umlauf um die Sonne benötigt er bei einer mittleren Entfernung von 778 Millionen Kilometern 11,9 Jahre. Seine Hauptbestandteile sind Helium und Wasserstoff. Im Inneren vermutet man jedoch einen etwa 25.000 Kilometer durchmessenden Gestein-Eisen-Kern, in dem Temperaturen um 30.000 Grad Celsius herrschen.

Die vier galileischen Monde, benannt nach ihrem Entdecker Galileo Galilei, erreichen zum Teil die Größe von Planeten. Die vier am längsten bekannten Jupiterbegleiter wurden 1609 entdeckt – sie heißen Io, Europa, Ganymed und Callisto.

Jura
Erdzeitalter, das den Zeitraum zwischen 190 und 136 Millionen Jahren vor unserer Zeit umfasst. Gesteine aus der Jurazeit sind in der Schwäbisch-fränkischen Alb zu finden.

Kaltfront
Kaltluft, die an einer Luftmassengrenze in Richtung Warmluft fortschreitet. Von der Abkühlung können, müssen aber nicht alle Höhenschichten erfasst werden.

kaltgemäßigte Zone
Gebiet, das südlich der polaren, jedoch nördlich der gemäßigten Zone liegt; Steppenklima.

Känozoikum
Erdneuzeit, Tertiär und Quartär.

Karbon
Erdzeitalter im Erdaltertum, das dem Zeitraum zwischen ca. 355 und 290 Millionen Jahren vor unserer Zeit entspricht.

Kassiopeia
(Cassiopeia) Sternbild, Kurzbezeichnung Cas. Die hellsten Sterne der Kassiopeia bilden ein „W". In der griechischen Mythologie ist Kassiopeia die selbstherrliche Mutter Andromedas. Zur Strafe für ihre Überheblichkeit wurde sie an den Himmel gesetzt. Sie gehört zu jenen Sternbildern, die für einen Beobachter in Mitteleuropa nie hinter dem Horizont verschwinden (zirkumpolare Sternbilder).

Keck-Observatorium
Zur Zeit das größte optische Spiegelteleskop der Welt mit einem Hauptspiegeldurchmesser von 9,82 Metern. Das Teleskop steht in Hawaii auf dem Vulkanberg Mauna Kea in einer Höhe von gut 4.100 Metern. Der Hauptspiegel setzt sich aus 36 Einzelsegmenten zusammen, die auf aktiven Trägerelementen montiert sind und per Computer überwacht und gesteuert werden. Damit ist eine maximale Auflösung von 0,04 Bogensekunden möglich.

Kelvin
Nach dem britischen Physiker Lord Kelvin benannte Einheit der Temperatur. Null Kelvin entspricht der Temperatur des absoluten Nullpunkts von minus 273,15 Grad Celsius.

Kentaur
(Centaurus) Sternbild, Kurzbezeichnung: Cen. Sein Name entstammt der griechischen Mythologie: Kentauren waren Wesen mit einem menschlichen Oberkörper und dem Unterleib eines Pferdes.

Kepheus
(Cepheus) Sternbild, Kurzbezeichnung Cep. Nördliches Sternbild im Band der Milchstraße. Hauptstern Alderamin.

Kepler, Johannes
Deutscher Astronom und Mathematiker, geboren am 27. Dezember 1571 in Weil der Stadt, gestorben am 15. November 1630 in Regensburg. Mathematiklehrer in Graz und Prag, Nachfolger von Tycho Brahe als kaiserlicher Mathematiker, beschrieb die drei Gesetze zur Bewegung der Planeten um die Sonne.

Keplersche Gesetze
Beschreiben die Bewegungen der Planeten um die Sonne.

Kern
Astronomisch: Gebiet im Zentrum eines Planeten, Sterns oder einer Galaxie.

Kernfusion
Kerne leichterer Atome verschmelzen unter Freisetzung von Energie zu schwereren Kernen.

Kernschatten
Innere dunkle Zone des Schattenkegels, zum Beispiel während einer Finsternis.

Kleine Ziege
(Capella) Stern, Hauptstern im Sternbild Fuhrmann (Auriga); Kurzbezeichnung: alpha Aur. Capella gehört zu den Sternen, die das Wintersechseck bilden.

Kleiner Bär
(Ursa Minor) Sternbild, Kurzbezeichnung UMi. Wird häufig auch als Kleiner Wagen bezeichnet. Der letzte Deichselstern ist der Polarstern.

Kleiner Hund
(Canis Minor) Sternbild nordöstlich des Großen Hundes (Canis Maior), Kurzbezeichnung CMi. Zweiter „Begleiter" des Jägers Orion. Sein Hauptstern Procyon bildet mit den Sternen Aldebaran, Castor, Capella, Rigel und Sirius das Wintersechseck.

Kleiner Wagen
S. Kleiner Bär.

Kleinplaneten
Auch als Asteroiden bezeichnete, kleine Himmelskörper, die ebenso wie die neun großen Planeten auf regelmäßigen Umlaufbahnen die Sonne umkreisen. Eine bedeutende Ansammlung von Kleinplaneten findet sich im so genannten Asteroidengürtel zwischen den Umlaufbahnen von Mars und Jupiter. Auch die Trojaner, die die Sonne auf der Jupiterumlaufbahn vor bzw. hinter Jupiter in zwei Gruppen umkreisen, gehören zu den Kleinplaneten. Größter Kleinplanet ist Ceres mit rund 1.000 Kilometern Durchmesser.

Klima
Mittlerer und damit langfristiger Zustand der Atmosphäre und Wetterverhältnisse an einem bestimmten Ort. Zu seinen Kenngrößen gehören auch statistische Eigenschaften wie Extremwerte, Variabilitäten und Trends.

Kohlensack
Dunkelwolke am südlichen Sternenhimmel.

Kohlenstoffbrennen
Form der Kernfusion, die einsetzt, wenn Sterne beginnen, Kohlenstoff zu schwereren Elementen zu fusionieren.

Koma
(griechisch) Bezeichnet den „Kopf" eines Kometen. Besteht vornehmlich aus Gas und Staub, im Zentrum befindet sich der eigentliche Kometenkern.

Kometen
Kleinkörper, die die Sonne auf oftmals stark elliptischen Bahnen umkreisen. Kometen bestehen zumeist aus gefrorenen Gasen und darin eingeschlossenen Staub- und Gesteinspartikeln. Auf ihrer Umlaufbahn kommen sie der Sonne sehr nahe, dann werden durch den Sonnenwind die auftauenden Gase und Staubpartikel vom Kometenkopf weggerissen und bilden den charakteristischen Kometenschweif.

Kometenkern
Feste Materie im Zentrum der Koma (Kometenkopf).

Kometenschweif
In Sonnennähe beginnt ein Kometenkern zu schmelzen, es entsteht die so genannte Koma (Kometenkopf). Durch den Sonnenwind formt sich aus der größer werdenden Koma der Staubschweif und der Ionenschweif des Kometen. Beim Staubschweif handelt es sich um Staubteilchen, die Sonnenlicht reflektieren. Der Ionenschweif besteht aus ionisierten Atomen und Molekülen, die zum Leuchten angeregt werden.

Kompass
Dient zur Ermittlung der Himmelsrichtungen. In einfacher Form soll es ihn als Magnetkompass bereits im 13. Jahrhundert gegeben haben. Heute wird er vor allem in der Schifffahrt sowie zur Orientierung im freien Gelände eingesetzt. Zu Beginn des 20. Jahrhunderts wurden vor allem der schon lange bekannte Magnetkompass sowie der so genannte Kreiselkompass weiterentwickelt.

Komposit
Fotografische Aufnahme, die aus mehreren Einzelaufnahmen zusammengesetzt ist.

Konjunktion
Wenn zwei Objekte die gleiche ekliptische Länge haben (also scheinbar eine nahe Begegnung haben) spricht man von Konjunktion. Steht ein Planet in Konjunktion zur Sonne, befindet er sich mit ihr am Taghimmel und ist nicht zu beobachten. Bei den inneren Planeten Merkur und Venus wird zwischen oberer (der Planet steht hinter der Sonne) und unterer Konjunktion (der Planet steht zwischen Erde und Sonne) unterschieden.

konkav
Unter konkav versteht man eine Wölbung nach innen. Ein konkaver Spiegel wird auch als Hohlspiegel bezeichnet und bei Spiegelteleskopen zur Lichtsammlung eingesetzt.

Kontinent
Erdteile. Es gibt sieben Kontinente: Nordamerika, Südamerika, Europa, Asien, Afrika, Australien und die Antarktis, wobei die Grenze zwischen Europa und Asien nicht geografisch, sondern historisch-kulturell bedingt ist.

Kontinentalverschiebung
Die Kontinente driften als leichtere Gesteinsplatten über den Erdmantel. Sie werden dabei durch Konvektionsströmungen im Erdmantel bzw. durch die Bildung neuer ozeanischer Erdkruste bewegt. Die Kontinentalverschiebung wurde von Alfred Wegener 1912 in die Theorie eingeführt.

Konvektion
Vertikale Wärmeströmung; zum Beispiel Luftbewegungen nach oben.

Konvektionszone
Wärmeströmungszone. Teilchen in der Nähe einer Wärmequelle erhalten eine höhere Bewegungsenergie und wandern nach oben.

konvex
Nach außen gewölbt. Konvexspiegel zerstreuen Licht.

Kopernikus, Nikolaus
Polnischer Astronom, geboren am 19. Februar 1473 in Thorn, gestorben am 24. Mai 1543 in Frauenburg, Domherr in Frauenburg. Bewies, dass die Erde die Sonne umkreist und sich dabei um sich selbst dreht und löste damit das geozentrische Weltbild durch das heliozentrische ab. Er glaubte allerding noch, dass die Planeten die Sonne auf exakten Kreisbahnen umrunden. Erst Johannes Kepler fand die Gesetze, die die elliptischen Laufbahnen der Planeten um die Sonne korrekt beschreiben.

Korona
S. Corona

kosmisch
(griechisch: ordnen) Den Kosmos betreffend.

kosmische Strahlung
S. Höhenstrahlung.

Kosmologie
Lehre von Ursprung, Entwicklung und allgemeinem Aufbau des gesamten Universums.

Kosmos
Bezeichnet allgemein die Welt als Ganzes und ist gleichbedeutend mit Universum und Weltall. Es enthält die Gesamtheit aller Massen, Energien und Strahlungen.

Kranich
(Grus) Sternbild, Kurzbezeichnung Gru.

Krater
Erloschene Vulkane oder Einschläge von Meteoriten können einen Krater hinterlassen. Die Krater auf der Mondoberfläche sind besonders gut zu erkennen, da sie sich im Laufe der Zeit, bedingt durch den fehlenden Verwitterungsprozess, nur sehr wenig verändern.

Krebs
(Cancer) Sternbild, Kurzbezeichnung Cnc. Unauffälliges Sternbild am nördlichen Sternhimmel. Das Sternbild Krebs hat sei-

ne Geschichte in der griechischen Mythologie: Der Krebs sollte Herkules während des Kampfes mit der Hydra stören, wurde aber von dem Helden bemerkt und zertreten. Göttermutter Hera, die den Krebs gesandt hatte, setzte ihn als Sternbild ans Firmament.

Krebsnebel
Gasnebel im Sternbild Stier (M1, 1. Objekt im Messierkatalog), Beispiel für den Überrest einer Supernova.

Krebspulsar
Der Krebspulsar ist der jüngste und heißeste der bisher bekannten Pulsare. Er ist ein Neutronenstern, der sich unglaublich schnell um seine eigene Achse dreht und eine außerordentlich kurze Periodendauer hat. Seine Strahlungspulse überstreichen die Erde etwa 30-mal pro Sekunde (!). Entfernung zur Erde: 6.000 Lichtjahre.

Kreidezeit
Erdzeitalter im Erdmittelalter, das den Zeitraum von ca. 136 bis 64 Millionen Jahren vor unserer Zeit umfasst.

Kreuz des Südens
(Crux) Sternbild, Kurzbezeichnung Cru. Es enthält mit verschiedenen offenen Sternhaufen, Doppelsternen, Mehrfachsternsystemen und dem so genannten Kohlensack (Dunkelnebel) viele interessante Beobachtungsobjekte.

Kruste
Feste Oberflächenschicht eines Planeten oder eines anderen Festkörpers.

Kugelsternhaufen
Kugelförmige Ansammlung von Sternen auf relativ engem Raum, die durch ihre gemeinsame Schwerkraft stabil zusammengehalten werden. Kugelsternhaufen gehören mit zum Teil weit über 13 Milliarden Jahren zu den ältesten Objekten des Weltalls.

Kulmination
Höchster Stand, den ein Gestirn in Bezug auf den Beobachter erreicht. Astronomische Objekte kulminieren im Süden.

Kumulonimbus
(Cumulonimbus, Cb) Hochaufgetürmte Haufenwolken, die kräftige Schauer und Gewitter bringen.

Kumulus
(Cumulus, Cu) Dichte Haufenwolken, nach unten flach. Schönwetterkumuli sind auch nach oben hin flach. Nach oben aufgetürmte Haufenwolken bringen meist Schauer oder Gewitter, insbesondere wenn die Unterseite dunkelgrau ist. Sie entstehen durch konvektiv aufsteigende Luft, die das Kondensationsniveau überschritten hat.

Lacerta
(lateinisch: Eidechse) Sternbild, Kurzbezeichnung Lac.

Land- und Seewind
Tagesperiodisches Windsystem, das aufgrund unterschiedlicher Wärmeeigenschaften von Festland und Wasser an Meeresküsten entsteht. Tagsüber erwärmt sich die Landoberfläche stärker als die Wasseroberfläche; es entsteht ein Druckgefälle vom Meer zum Land, das eine landeinwärts gerichtete, kühle und feuchte Luftströmung (Seewind) zur Folge hat. Zum Abend hin stellen sich durch die stärkere Abkühlung des Festlandes gegenüber dem Meer umgekehrte Verhältnisse ein. Es entsteht ein Druckgefälle vom Land zum Meer, d.h. es weht ein seewärts gerichteter, etwas schwächerer Landwind.

Längengrad
In der Äquatorebene gemessener Winkelabstand zwischen einem Punkt auf der Erdoberfläche und dem Nullmeridian (Greenwich).

Längenkreis
Vertikaler Kreisbogen im Gradnetz der Erde: Meridian. Im Gegensatz dazu steht der Breiten- oder Parallelkreis.

Laterit
Vor allem im subtropischen und tropischen Klimabereich auftretender, extrem trockener und verfestigter rötlicher Verwitterungsboden.

Laurasia
Im Paläozoikum großer Kontinent auf der Nordhalbkugel. Laurasia war durch einen Ozean von dem zur gleichen Zeit auf der Südhalbkugel liegenden Kontinent Gondwana getrennt. Aufgrund der Bewegung der Erdplatten brach der Kontinent später auseinander.

Laurentiustränen
Bezeichnung des Volksmunds für den Meteorenschwarm der Perseiden.

Lava
Bei vulkanischen Eruptionen ausfließende Gesteinsschmelze.

Leier
(Lyra) Sternbild, Kurzbezeichnung Lyr. Der Hauptstern Wega ist Bestandteil des Sommerdreiecks.

Leitfossilien
Tierische oder pflanzliche Versteinerungen kurzlebiger Gattungen und Arten mit möglichst überregionaler Verbreitung, die der zeitlichen Einstufung und Parallelisierung von Gesteinsfolgen dienen.

Leoniden
Meteorenschwarm im November, dessen Radiant im Sternbild Löwe (Leo) liegt.

Leuchtkraft
Ein Maß für die von einem Stern abgegebene Gesamtenergiemenge.

Lias
Zum Erdzeitalter Jura gehörender ältester Teilabschnitt, in Süddeutschland auch als Schwarzer Jura bezeichnet.

Libra
(lateinisch: Waage) Sternbild, Kurzbezeichnung Lib.

Libration
(lateinisch) Scheinbare Schwankung des Mondes für einen Beobachter auf der Erde. Sie entsteht dadurch, dass der Mond die Erde nicht auf einer Kreisbahn, sondern auf einer elliptischen Bahn umläuft.

Licht
Bestandteil des elektromagnetischen Wellenspektrums.

Lichtgeschwindigkeit
Geschwindigkeit, mit der sich das Licht ausbreitet. Der Wert liegt im Vakuum bei ca. 300.000 Kilometer pro Sekunde. Für die Strecke von der Sonne zur Erde benötigt das Licht ungefähr acht Minuten.

Lichtjahr
Die Strecke, die das Licht in einem Jahr zurücklegt. Umgerechnet sind es fast 9,5 Billionen Kilometer.

Lichtkreuz
Verbindung von Lichtsäule und Horizontalkreis innerhalb eines Halos.

Lichtsäule
Auffallend heller Lichtstreifen ober- oder unterhalb von Sonne oder Mond (Spiegelungshalo).

Linsenfernrohr
S. Refraktor.

Lithosphäre
In der Plattentektonik eine von der Erdoberfläche bis in eine Tiefe von etwa 100 Kilometern reichende Schicht mit stofflich ähnlicher Zusammensetzung. Sie umfasst die Erdkruste und Teile des oberen Erdmantels und wird von der Asthenosphäre unterlagert.

LMC
Large Magellanic Cloud; große Magellansche Wolke.

Lokale Gruppe
Kleiner Galaxienhaufen, zu dem neben etwa 30 anderen Galaxien auch unsere Milchstraße gehört.

Löwe
(Leo) Sternbild im Tierkreis, Kurzbezeichnung Leo.

Luftdruck
Klimafaktor. Der von der Masse einer Luftsäule unter Wirkung der Schwerkraft ausgeübte Druck auf eine bestimmte Fläche. Es gibt verschiedene Einheiten, mit denen der Luftdruck angegeben werden kann: ein Newton pro Meter entspricht einem Pascal. Ältere Einheit: ein Millibar ist ein Hektopascal.

Luftpumpe
(Antlia) Sternbild, Kurzbezeichnung Ant.

Luna
(lateinisch) Mond; der Erdtrabant.

Lunar
Den Mond betreffend.

Lunation
Bezeichnung für den Zeitraum, in dem der Mond einen synodischen Umlauf vollzieht.

Lupus
(lateinisch: Wolf) Sternbild, Kurzbezeichnung Lup.

Lyriden
Meteorenstrom, dessen Radiant im Sternbild Leier (Lyra) liegt.

„M" Nummern
Bezeichnung der Objekte des Messier-Katalogs. Nach Charles Messier (1730–1817).

Mäander
Die ausgeprägte s-förmige Kurvenführung bei Flüssen mit geringem Gefälle.

Machzahl
Die Machzahl beschreibt die Geschwindigkeit eines Flugzeugs bezogen auf die Schallgeschwindigkeit in der Atmosphäre, in der es sich bewegt. In Erdnähe beträgt die Schallgeschwindigkeit (Mach 1) etwa 1.200 Kilometer pro Stunde.

Magellansche Wolken
Kleine, nur am südlichen Sternenhimmel sichtbare Galaxien. Ihren Namen erhielten sie von dem portugiesischen Seefahrer Magellan (1489–1521). Die große Magellansche Wolke (LMC für Large Magellanic Cloud) ist etwa 185.000 Lichtjahre von uns entfernt und damit die uns nächste Galaxie. Die kleine Magellansche Wolke (SMC für Small Magellanic Cloud) ist etwa 250.000 Lichtjahre entfernt. Aufgrund ihrer großen Tiefe wird angenommen, dass die kleine Magellansche Wolke durch Gezeitenkräfte auseinander gerissen wurde. Der Tarantel-Nebel (30-Doradus-Komplex) in der großen Magellanschen Wolke lässt sich aufgrund seiner geringen Entfernung gut beobachten. Im Jahr 1987 konnten die Astronomen in der LMC eine Supernova beobachten.

Magma
Natürliche, gashaltige Gesteinsschmelze aus den tieferen Bereichen des Erdmantels. Steigt bei Vulkanausbrüchen als Lava an die Oberfläche oder bleibt beim Aufstieg in der Erdkruste stecken und bildet dort nach Erkalten ein Tiefengestein.

Magnetfeld
Viele Planeten und Sterne können die turbulenten Strömungen in ihrem Inneren oder die durch ihre Eigenrotation entstehende Bewegungsenergie in ein elektromagnetisches Feld umwandeln, das den Körper umgibt.

magnetischer Schweif
Deutliche Ausweitung der Magnetosphäre in Richtung der der Sonne abgewandten Seite eines Planeten. Verantwortlich dafür sind die vorbeiströmenden Sonnenwinde.

magnetischer Sturm
Plötzliche Störungen des Erdmagnetfeldes, hervorgerufen durch den Sonnenwind. Etwa 24 Stunden, nachdem die Teilchen die Erde erreicht haben und sich die untere Ionosphäre verändert hat, beginnt der magnetische Sturm: Man bemerkt ihn an Störungen im Funkverkehr oder auch Abweichungen der Kompassnadel.

Magnetohydrodynamik
Mit den Wechselwirkungen zwischen elektrisch leitfähigen Flüssigkeiten und Magnetfeldern beschäftigt sich die Magnetohydrodynamik. Ihr Begründer ist der Schwede Hannes Alfvén (1908–1995). Er untersuchte unter anderem die Ausbreitung von magnetischen Wellen in Flüssigkeiten. Diese Wellen wurden nach ihm Alfven-Wellen genannt.

Magnetosphäre
Die Magnetosphäre ist das um einen Körper herrschende Magnetfeld. Es bestimmt die Bewegung der bereits vorhanden Ladungsträger oder der, die in die Magnetosphäre eintreten. In unserem Sonnensystem besitzt der Planet Jupiter die größte Magnetosphäre. Mond und Venus verfügen dagegen über gar kein Magnetfeld. Die Magnetosphäre der Erde ist asymmetrisch: Auf der sonnenzugewandten Seite wird sie durch den Sonnenwind abgeflacht, auf der sonnenabgewandten Seite bildet sich hingegen ein Schweif. Nach innen wird die Magnetosphäre von der so genannten Ionosphäre begrenzt, nach außen von der Magnetopause.

Magnetschweif
Gerät ein Komet in die Nähe der Sonne, so entsteht ein charakteristischer, aus zwei Komponenten bestehender Schweif: der Staubschweif sowie der Magnetschweif, der auch als Ionenschweif bezeichnet wird. Er entsteht, wenn geladene Teilchen des Sonnenwindes ionisierend auf die frei werdenden Gase wirken.

Magnitudo
Die Helligkeit von Sternen wird in der Größeneinheit Magnitudo angegeben; abgekürzt M, mag oder m.

Malm
Zum Erdzeitalter Jura gehörender jüngster Teilabschnitt, in Süddeutschland auch als Weißer Jura bezeichnet.

Mann im Mond
Produkt der menschlichen Fantasie. In einer Vollmondnacht können die Mondmeere (Maria) als Form eines knienden Mannes interpretiert werden.

Mantel
Gesteinsschicht zwischen dem Kern und der Kruste eines terrestrischen Planeten oder eines Mondes.

Mare
S. Maria.

Maria
(aus dem Lateinischen, bedeutet so viel wie Mondmeere, Einzahl: Mare) Ausgedehnte Tiefebenen auf der Mondoberfläche, die als große, dunkle Flecken zu beobachten sind. Sie sehen wie Meere aus und erhielten aus diesem Grund von Galilei den Namen „Mare“. Die einzelnen Gebiete heißen Oceanus, Sinus (Bucht), Lacus (See) oder Palus (Sumpf).

Mars
Auch als Roter Planet bezeichneter, vierter Planet des Sonnensystems mit einem Durchmesser von ca. 6.800 Kilometern (etwas mehr als dem halben Erddurchmesser) und einer Masse von ca. einem Zehntel der Erdmasse. Ein Sonnenumlauf dauert 687 Erdtage, ein Tag auf dem Mars währt 24 Stunden und 37 Minuten. Die Polkappen bestehen aus Trockeneis (Kohlendioxid) und Wassereis, die dünne Atmosphäre besteht zu etwa 95 Prozent aus Kohlendioxid, zu drei Prozent aus Stickstoff, zu 1,5 Prozent aus Argon und zu weniger als 1,5 Prozent aus Sauerstoff. In kleinen Mengen enthält die Marsatmosphäre auch Krypton und Xenon, Kohlenmonoxid und Wasserdampf. Auf dem Mars gibt es große, lang anhaltende Staubstürme. Die zwei unregelmäßig geformten Marsmonde heißen Deimos (griechisch: Terror) und Phobos (griechisch: Angst), sie waren die Begleiter des Kriegsgottes Mars. Der Planet bietet nach den bisherigen Erkenntnissen am ehesten die notwendigen Bedingungen, unter denen sich in geschützten Lagen unter der Oberfläche primitive Lebensformen ausbilden könnten.

Mars Climate Orbiter
Die Raumsonde Mars Climate Orbiter sollte 1999 die Atmosphäre und Bodenbeschaffenheit des Mars auskundschaften. Ein Umrechnungsfehler von englischen „feet“ zu „Metern“ brachte das 125-Millionen-Dollar-Projekt der NASA kurz vor seiner Landung auf dem Mars buchstäblich zum Absturz.

Mars Exploration Rovers (MER)
Die beiden US-amerikanischen Rover Spirit und Opportunity sollten ab 2004 die Marsoberfläche nach Spuren von ehemals vorhandenem Oberflächenwasser absuchen. Während Spirit Spuren von Olivin fand, was alleine noch nicht als eindeutiger Beweis für das Vorhandensein von Wasser gelten kann, entdeckte Opportunity mehrere Hämatitvorkommen sowie das Eisenerz Jarosit, das sich auf der Erde fast nur in Verbindung mit Wasser bildet. Bemerkenswert ist außerdem die Entdeckung von Schrägschichtungen, die auf ehemals vohandenen Wellenschlag hindeuten könnten. Ursprünglich für eine Lebensdauer von 90 Marstagen konzipiert, wurde die Mission der beiden Rover um mehrere Monate verlängert.

Mars Express & Beagle 2
Die erste europäische Marsmission erreichte den Roten Planeten an Weihnachten 2004. Während Mars Express in eine Umlaufbahn einschwenkte und planmäßig seine Tätigkeit aufnahm, riss der Kontakt zu Beagle 2 kurz nach dessen Eintritt in die Atmosphäre ab. Man vermutet, dass der Lander in einem Gebiet namens Isidia Planitia zerschellte. Mars Express lieferte hochauflösende Bilder von der Marsoberfläche und konnte mittels seiner wissenschaftlichen Ausrüstung die Existenz von Wasser- und Kohlensäureeis auf der Oberfläche nachweisen.

Mars Odyssey
Im Frühjahr 2001 startete in Cape Canaveral (Florida) mithilfe einer Delta-2-Rakete die Raumsonde Mars Odyssey, um auf dem Roten Planeten nach Wasser und zukünftigen Landeplätzen für andere Raumsonden zu suchen. Hochsensible Kameras, Wärmestrahlendetektoren und Strahlenmonitore untersuchen seit Ende 2001 die Marsoberfläche auf der Suche nach Spuren von Wasser.

Mars Polar Lander
Die NASA-Raumsonde Mars Polar Lander sollte 1999 kurz nach dem abgestürzten Mars Climate Orbiter auf dem Südpol des Mars landen. Die geplanten geologischen Untersuchungen konnte sie jedoch nicht durchführen, denn die 165 Millionen Dollar teure Raumsonde stürzte ebenfalls kurz vor dem Aufsetzen auf dem Mars ab.

Mascon
Kunstwort (mass concentration bzw. Massekonzentration). Bezeichnet ein Gebiet überdurchschnittlich hoher Gravitation auf dem Mond.

Maser
(englische Abkürzung: Microwave Amplification by Stimulated Emission of Radiation = Mikrowellenverstärkung durch stimulierte Strahlungsemission). Ein Maser verstärkt elektromagnetische Wellen. Er arbeitet nach demselben Prinzip wie ein Laser, indem er Mikrowellen verstärkt – nur dass beim Maser statt der Lichtwellen Radiowellen aus dem Gigahertzbereich verstärkt werden. Mithilfe des Masers können schwache akustische Signale mit einer sehr hohen Frequenz rauscharm wiedergegeben werden. Das Rauschen würde diese Signale sonst übertönen. Maser kommen im Satellitennachrichtenverkehr, in radioastronomischen Empfangsanlagen und in Atomuhren zum Einsatz.

Masse
Die Masse eines Körpers beschreibt sein Verhalten bezüglich Bewegungsänderung und Anziehungskraft. Die Masse wird unabhängig vom Gewicht eines Körpers (das eine Kraft ist und eigentlich in Newton angegeben wird) berechnet, ihre Einheit sind g oder kg. Träge Masse ist das Maß für den Widerstand, den ein Körper einer Bewegungsänderung entgegensetzt. Schwere Masse ist das Maß für die Kraft eines Körpers, zum Beispiel in Form des Gewichtes eines Körpers auf der Erde oder in Form von Gravitationskräften zwischen den Planeten.

Masse-Leuchtkraft-Beziehung
Je massereicher ein Stern ist, desto größer ist seine Leuchtkraft. Für im Gleichgewicht befindliche Hauptreihensterne (im Hertzsprung-Russel-Diagramm) gilt annähernd folgende Regel: Die Leuchtkraft eines Sterns verhält sich proportional zur Potenz von 3,5 seiner Masse.

Materie
Die aus atomaren Teilchen (Atomen und Molekülen) bestehende Substanz des Universums.

Mehrfachstern
Stern, der aus mehr als zwei physischen Komponenten besteht, die sich um einen gemeinsamen Schwerpunkt bewegen. Liegt eine Gruppe von Sternen dicht beieinander, können sie von der Erde aus wie ein einziger (Mehrfach-)Stern erscheinen.

Mercalli-Skala
Zwölfteilige Skala zur Beschreibung der Stärke von Erdbeben.

Meridian
Großkreis, der durch die Pole der Himmelskugel verläuft (auf der Erde durch Nord- und Südpol). Der Meridian ist somit ein Längenkreis, der den Zenit (der senkrecht über dem Beobachter stehende Punkt am Himmel), den Nadir (Fußpunkt) und die Himmelspole verbindet. Er steht

senkrecht zum Horizont und schneidet den Himmelsäquator. Verlaufen die Gestirne für den Beobachter auf dem Meridian, haben sie entweder ihren höchsten oder ihren niedrigsten Stand (Mittagshöhe und Mitternachtstiefe).

Meridiandurchgang
Durchquert ein Himmelskörper oder ein Punkt der Himmelskugel den Meridian eines Beobachters, spricht man von einem Meridiandurchgang.

Meridiankreis
Astronomisches Fernrohr, das nur um die waagerechte Achse – also auf der Meridianebene – auf und ab geschwenkt werden kann, nicht aber seitwärts. Mit ihm lässt sich der Zeitpunkt eines Meridiandurchgangs bis auf 0,05 Sekunden genau bestimmen. Auch der höchste Stand eines Sterns (obere Kulmination) lässt sich so genau ermitteln.

Merkur
Sonnennächster Planet des Sonnensystems (mittlerer Abstand zur Sonne 59 Millionen Kilometer) ohne nennenswerte Atmosphäre. Die Oberflächentemperaturen schwanken zwischen minus 180 Grad Celsius im Schatten und 480 Grad Celsius in der Sonne. Sein Durchmesser beträgt 4.880 Kilometer, ein Sonnenumlauf dauert 88 Tage, die Eigenrotation 58,7 Tage.

Mesonen
Mesonen gehören zu den instabilen Elementarteilchen, den kleinsten Teilchen, die wir kennen. Sie wandeln sich leicht um und sind nach dem bisherigen Kenntnisstand nicht in weitere Teilchen zerlegbar.

Mesosphäre
Die Mesosphäre ist eine Schicht der Erdatmosphäre, die zwischen etwa 50 bis 80 Kilometern Höhe liegt. Nach unten wird sie durch die Stratopause begrenzt, oben schließt die Mesopause an. Die Temperatur in der Mesosphäre reicht von null Grad im inneren Bereich bis minus 80 Grad Celsius im äußeren Bereich. Die Bezeichnung „meso" bedeutet so viel wie „Mitte".

Mesozoikum
Erdmittelalter, zu dem die Formationen Trias, Jura und Kreide gehören.

Messier, Charles
Französischer Astronom, geboren am 26. Juni 1730, gestorben am 11. April 1817. Er spezialisierte sich auf die Entdeckung von Kometen. In diesem Zusammenhang erstellte er den berühmten Messier-Katalog, ein Verzeichnis von Sternhaufen und Nebeln.

Messier-Katalog
Katalog mit 110 Nebeln und Sternhaufen, veröffentlicht von Charles Messier im Jahr 1784. Er wird heute noch in der Amateurastronomie genutzt. Bekannte Objekte des Messier-Katalogs sind zum Beispiel M42, der Orion-Nebel oder der Kugelsternhaufen M13 im Sternbild Hercules.

Meteor
Im Volksmund auch als Sternschnuppe bezeichnet. Treten Kleinstkörper, die sich im Sonnensystem befinden (Meteoroide), mit hoher Geschwindigkeit in die Erdatmosphäre ein, wird diese komprimiert und erhitzt sich. Die Atmosphäreteilchen entlang der Flugbahn des Meteors werden ionisiert (elektrisch geladen) und sind als helle Leuchtspur zu erkennen.

Meteorit
Ein Meteor, der beim Durchgang durch die Erdatmosphäre nicht vollständig verglüht und auf die Erdoberfläche trifft.

Meteoroide
Kleinstkörper in unserem Sonnensystem, deren Größe von Bruchteilen eines Millimeters bis zu einem Meter variiert. Treffen Meteoroide auf eine Atmosphäre, verglühen sie und sind als Meteor zu sehen. Gelangen Sie bis zur Oberfläche eines Planeten, spricht man von einem Meteorit.

Meteorologie
Wissenschaft, die sich mit physikalischen und chemischen Vorgängen in der Atmosphäre befasst; Wetterkunde.

Meteorstrom
Auch als Sternschnuppenschwarm bezeichnet. Durchqueren Kometen unser Sonnensystem, hinterlassen sie eine Spur von kleinen Meteoroiden. Diese bestehen weiter, auch wenn der Komet das innere Sonnensystem bereits lange verlassen hat. Bewegt sich unsere Erde durch ein solches Gebiet, kommt es zu einer Anhäufung von Meteoren. Bekannte Meteorströme sind zum Beispiel die Perseiden im August (auch Laurentius-Tränen genannt) oder die Leoniden im November.

Methan
Gas, das entsteht, wenn sich die Reste von Pflanzen oder Tieren zersetzen.

Milchstraße
Schimmerndes Band von Millionen von Sternen unserer eigenen Galaxis, die mit bloßem Auge nicht einzeln erkennbar sind. Besonders gut ist die Milchstraße von Mitteleuropa aus in den Sommermonaten zu beobachten. Die der Milchstraße nächst gelegene „fremde" Galaxie ist die große Magellan´sche Wolke.

Milchstraßensystem
Name für unser Sternensystem, auch Galaxis genannt. Unsere eigene Galaxis besitzt ca. 100 Milliarden Sterne, die sich in einer Spiralstruktur anordnen. Nach neuesten Messungen hat diese einen Durchmesser von etwa 100.000 Lichtjahren. Unser eigenes Sonnensystem befindet sich in einem der Spiralarme, im äußeren Bereich der Milchstraße. Im Zentrum der Milchstraße vermuten die Astronomen ein Schwarzes Loch. Das Zentrum ist optisch nicht zu beobachten, da Dunkelwolken die Sicht dorthin versperren.

Mineral
Natürlich gebildete chemische Substanzen, die eine bestimmte, meist homogene Zusammensetzung und eine typische Kristallstruktur aufweisen. Sie bilden sich entweder aus wässriger Lösung oder aus (Gesteins-)Schmelzen.

Miozän
Erdzeitalter; zweitjüngstes System des Tertiärs vor ca. 23 bis 5,3 Millionen Jahren.

Mira-Ceti
Stern (auch Omikron Ceti) im Sternbild Walfisch (Cetus). Veränderlicher Stern, wurde Ende des 16. Jahrhunderts entdeckt.

Mirasterne
So genannte Pulsationsveränderliche, deren Helligkeit sich analog der Variation ihres Durchmessers verändern. Ihren Namen verdanken sie Mira, dem Stern Omikron Ceti, im Sternbild Walfisch (Cetus).

Mitternachtssonne
Die durch die Schrägstellung der Erdachse in den Sommermonaten zwischen den Polarkreisen und den Polen dauerhaft sichtbare Sonne.

Mizar
Mittlerer Deichselstern im Großen Wagen. Bei genauerer Beobachtung von Mizar mit bloßem Auge erkennt man, dass Mizar aus zwei nah beieinander liegenden Sternen (A und B) besteht. Bei der Beobachtung mit Teleskopen lässt sich der eine Stern nochmals in zwei Sterne auflösen. Bei der Zerlegung der beiden Doppelsterne in ihre Farben (Spektroskopie) findet man weitere Sterne in ihrer Nähe.

Mohs'sche Härteskala
Skala zur Bestimmung der Ritzhärte von Mineralien. Die aufsteigende Ordnungszahl entspricht dem höheren Härtegrad.

Molekül
Zwei oder mehr chemisch miteinander verbundene Atome.

Monat
Zeitraum eines Mondumlaufs um die Erde. Man unterscheidet zwischen dem synodischen Monat (zum Beispiel zwischen zwei Vollmonden) und dem siderischen Monat (vollständiger Umlauf des Mondes um die Erde; Stern als Bezugspunkt). Der synodische Monat hat im Mittel eine Länge von 29 Tagen, zwölf Stunden, 44 Minuten und drei Sekunden. Der siderische Monat dauert hingegen nur 27 Tage, sieben Stunden, 43 Minuten und zwölf Sekunden.

Mond
Natürlicher Satellit eines Planeten.

Mond, abnehmender
Mondphase. Die der Erde zugewandte Mondseite ist nur zum Teil von der Sonne beschienen, die Sichelform ist linksgeneigt, was bedeutet, dass sie in den Bogen eines „C" passt.

Mond, zunehmender
Mondphase. Die der Erde zugewandte Mondseite ist nur zu einem Teil von der Sonne beschienen, die Sichelform des Mondes ist rechtsgeneigt.

Mond-Erde-System
Der Erdmond ist im Mittel 384.000 Kilometer von der Erde entfernt. Bedingt durch die fehlende Atmosphäre entstehen auf seiner Oberfläche große Temperaturschwankungen. Auf der Tagseite steigt die Temperatur bis auf plus 130 Grad Celsius an. Dort, wo die Sonne nicht scheint, sinkt sie dagegen bis auf minus 180 Grad Celsius ab.

Durch frühere Vulkanaktivität entstanden die noch heute zu sehenden Maria (Mondmeere). Aufgrund der fehlenden Atmosphäre ist unser Erdmond nicht vor eintreffenden Meteoroiden geschützt. Diese stürzen ungehindert auf die Oberfläche und hinterlassen eine Vielzahl von Kratern unterschiedlicher Größe. Da es auf dem Mond keine Atmosphäre gibt, verwittert die Oberfläche des Mondes erst im Lauf von Hunderttausenden oder gar Millionen von Jahren. Am 21. Juli 1969 Neil Armstrong als erster Mensch einen Fuß auf den Erdtrabanten.

Mondfinsternis
Durchläuft der Mond auf seiner Bahn um die Erde den Erdschatten, entsteht eine totale oder partielle Mondfinsternis. Da die Bahn des Mondes um ca. fünf Grad gegen die Ekliptik geneigt ist, wandert der Erdtrabant normalerweise unter- oder oberhalb des Erdschattens vorbei. Nur wenn Sonne, Erde und Mond sich auf einer Linie befinden, kann dem Mond das Sonnenlicht genommen werden.

Mondlicht
Der Mond erzeugt selbst kein Licht, sondern reflektiert lediglich das einfallende Sonnenlicht. Je nach Konstellation von Erde und Mond erscheint er am Himmel als Vollmond oder als zu- bzw. abnehmende Mondsichel. Während der Neumondphase ist der Mond von der Erde aus nicht zu beobachten.

Mondlicht, aschgraues
Als aschgraues Mondlicht bezeichnet man den schwachen Schein, der die sonnenabgewandte Seite des Monds sichtbar macht. Dieses Licht ist von der Erde reflektiertes Sonnenlicht, das den Mond schwach beleuchtet.

Mondphasen
Bedingt durch die unterschiedliche Sonneneinstrahlung nehmen wir von der Erde aus unterschiedliche Phasengestalten des Mondes wahr. Steht die Erde zwischen Sonne und Mond, wird dieser vollständig angeleuchtet – wir haben Vollmond. Befindet sich der Mond zwischen Erde und Sonne, wird nur die Rückseite angestrahlt und wir haben Neumond.

Mondumlaufbahn
Die elliptische, um fünf Grad gegen die Ekliptik geneigte Umlaufbahn des Mondes um die Erde. Neben der Gravitation der Erde wird die Mondumlaufbahn auch durch die Gravitationswirkung der Sonne beeinflusst.

Mondwechsel
Zeitintervall zwischen zwei gleichen Phasen des Mondes, zum Beispiel von einem Vollmond bis zum nächsten.

Montierung
System, das ein Teleskop trägt und dieses bewegt.

Morgenstern
Die Venus wird als Abendstern und auch als Morgenstern bezeichnet. Sie steht mit Merkur näher zur Sonne als die Erde, sodass die Umlaufbahnen dieser beiden Planeten auch innerhalb der Umlaufbahn der Erde verlaufen. Dies hat zur Folge, dass sie für eine Sonnenumrundung viel weniger Zeit brauchen, als die Erde. Zeitweise gehen sie daher kurz vor der Sonne auf oder kurz nach der Sonne unter. Befindet sich die Venus in ihrer westlichen Elongation, ist sie kurz vor Sonnenaufgang am Morgenhimmel sichtbar und wird auch als Morgenstern bezeichnet. Befindet sich die Venus in ihrer östlichen Elongation, erscheint sie kurz vor Sonnenuntergang am Abendhimmel und wird Abendstern genannt. Steht die Venus (oder auch der Planet Merkur) mit der Erde und der Sonne in einer Sichtlinie (in Konjunktion) erscheint sie zugleich mit der Sonne am Taghimmel und ist für uns daher nicht sichtbar.

Morgenweite
Bezeichnet den Winkel zwischen Aufgangspunkt eines Gestirns zum Ostpunkt.

Nachrichtensatellit
Künstlicher Satellit, der dazu dient, Nachrichten, wie zum Beispiel Telefongespräche oder Radio- und Fernsehsignale, um die Erde zu vermitteln.

Nacht
Zustand der Dunkelheit auf dem Teil der Erde, welcher der Sonne abgewandt ist. Durch die Neigung der Erdachse gegen die Ekliptik verlängert sich die Nacht im Winter und verkürzt sich im Sommer. Nördlich bzw. südlich der Polarkreise geht die Sonne zum Höhepunkt des Winters ein oder mehrere Tage nicht auf. An den Polen selbst herrscht ein halbes Jahr lang Tag bzw. Nacht.

Nachtbogen
Scheinbare Bahn eines Gestirns unterhalb des Horizonts.

Nachtschatten
Schatten auf der der Sonne abgewandten Seite der Erde.

Nadir
Theoretischer Punkt, der sich am nicht sichtbaren Teil des Firmamentes direkt unter dem Beobachter befindet. Gegenpunkt ist der Zenit.

NASA
National Aeronautics and Space Administration; die Raumfahrtbehörde der USA.

Navigation
Führen eines Fahrzeugs von einem Ausgangspunkt zum Zielpunkt einschließlich aller Rechenvorgänge zur Ermittlung des gegenwärtigen Standortes und der eigenen Bewegung.

Nebel
Wolke aus Gas und Staub, die häufig mehrere Millionen Sonnenmassen aufweisen kann. Es werden Dunkelnebel, Reflexionsnebel und Emissionsnebel unterschieden.

Nebel, bipolare
Bipolare, also zweipolige Nebel, sind durch eine dunkle Linie in zwei Teile geteilt. In ihrem Mittelpunkt steht der Stern, der die Nebel erzeugt; auf je zwei Seiten erstrecken sich die beiden Nebelblasen. Eine zweite Ursache von bipolarem Nebel könnten junge, leuchtkräftige Sterne sein, die während ihrer Entwicklung für beschränkte Zeit starke, stellare Winde abblasen. Diese Winde blähen die Gaswolke auf, in der sich die noch jungen Sterne befinden; an den Polen bilden sich Nebelblasen. Bringt die von dem jungen Stern ausgesandte Energie den blasigen Nebel zum Selbstleuchten, spricht man gemäß der allgemein üblichen Einteilung von interstellaren Nebeln von einem bipolaren Emissionsnebel. Bestrahlt der junge Stern die Staubwolke seiner früheren Geburtsstätte, bezeichnet man ihn als bipolaren Reflexionsnebel.

Nebensonne
Durch Brechung und Reflexion in der Erdatmosphäre entstehende Lichterscheinung einer zweiten Sonne.

Neigung
Winkel zwischen der Umlaufebene eines Planeten und der Ebene der Ekliptik.

Neptun
Gasplanet, der die Sonne in einer mittleren Entfernung von 4,5 Milliarden Kilometern umkreist. Er hat einen Durchmesser von 50.500 Kilometern und die etwa 17-fache Erdmasse. Ein Tag auf dem Neptun dauert nur gut 16 Stunden. Ein Neptunjahr, also ein Umlauf um die Sonne, entspricht dagegen 165 Erdenjahren. Neptuns größter Mond ist mit einem Durchmesser von ca. 2.700 Kilometern Triton. Er ist der einzige große Mond in unserem Sonnensystem mit einer retrograden, d.h. rückläufigen Umlaufbahn.

Neuer Stern
S. Nova.

Neumond
Eine der Mondphasen. Der Mond befindet sich genau zwschen der Erde und der Sonne. Die Rückseite des Mondes wird von der Sonne beleuchtet, sodass uns seine nicht beleuchtete Seite zugewandt ist.

Neutrino
Neutrinos gehören zu den so genannten Elementarteilchen. Das sind winzigste Teilchen, die nach dem heutigen Stand der Physik nicht mehr teilbar sind. Die Physik kennt zwölf Arten von Elementarteilchen, aus denen unsere ganze Welt aufgebaut ist. Zu diesen Teilchen gehören die sechs Quarks, aus denen die Protonen und Neutronen und somit die Atomkerne aufgebaut sind, sowie die sechs Leptonen, zu denen das Elektron und die Neutrinos gehören. Neutrinos sind die einzigen Elementarteilchen ohne elektrische Ladung. Daher stammt auch ihr Name, sie sind elektrisch neutral. Auf sie wirken weder die elektromagnetische Kraft noch die starke Kernkraft. Auch die Gravitation spielt bei den extrem leichten Neutrinos keine Rolle. Somit können Neutrinos nur über die schwache Kernkraft mit ihrer Umwelt reagieren und sind daher in der Lage, Materie fast ungehindert zu durchdringen. Neutrinos entstehen unter anderem bei der Kernfusion in der Sonne und geben uns Hinweise auf das Sonneninnere.

Da Neutrinos aber auch bei Supernova-Explosionen (Sternenexplosionen) in großer Anzahl entstehen, können sie uns auch Informationen über derartige Ereignisse liefern. Jeder Mensch wird pro Sekunde von 400 Milliarden Neutrinos durchquert, die jedoch keinerlei Gefahr darstellen.

Neutron
Elektrisch neutrales Teilchen, dessen Masse geringfügig größer ist als die eines Protons.

Neutronensterne
Neutronensterne markieren das Ende einer Sternenentwicklung und entstehen vermutlich bei einer Supernovaexplosion. Rotierende Neutronensterne heißen Pulsare, sie senden in regelmäßiger Folge Strahlungsimpulse aus. Die Größe von Neutronensternen liegt bei einem Radius von etwa zehn Kilometern. Sie besitzen einen festen Kern, um den herum sich mehrere neutronenreiche Schichten befinden. Ihre Dichte ist sehr hoch, etwa eine Billiarde Mal höher als die von Wasser. Keine wie auch immer geartete Kraft auf der Erde wäre in der Lage, Materie eines solchen Körpers zu heben. Ein Teelöffel davon würde eine Milliarde Tonnen wiegen! Die Leuchtkraft von Neutronensternen ist dagegen sehr gering.

New General Catalogue of Nebulae and Clusters of Stars (NGC)
Nachdem mit modernen Instrumenten immer weitere astronomische Beobachtungsobjekte identifiziert wurden, entstand der umfangreiche NGC-Katalog. Später wurde dieser durch den IC (Index Catalogue) ergänzt.

Newton, Isaac
Englischer Mathematiker und Naturwissenschaftler, geboren am 4. Januar 1643 in Woolsthorpe, gestorben am 31. März 1727 in Kensington; Entdecker der Gravitation (Schwerkraft) und Konstrukteur eines Spiegelteleskops. Neben seinen astronomischen Forschungen betrieb er auch die Mathematik mit sehr großem Erfolg, er gilt dort als ein Begründer der Infinitesimalrechnung.

NGC-Nummern
Klassifikationsnummer aus dem New General Catalog of Nebulae and Clusters of Stars.

Nimbostratus
(Nimbostratus, Ns) Gleichmäßige, graue bis dunkelgraue Wolkenschicht in null bis zwei Kilometern Höhe.

Nimbus
(lateinisch) Wolke.

Nördliche Krone
(Corona Borealis) Sternbild der nördlichen Hemisphare, mit dem Hauptstern Alphekka, der auch Gemma genannt wird.

Nordlicht
S. Aurora Borealis.

Norma
(lateinisch: Winkelmaß) Sternbild der südlichen Hemisphäre, Kurzbezeichnung Nor.

Nova
„Neuer Stern". Novae sind keine „echten" neuen Sterne, sondern Objekte mit plötzlich steigender Helligkeit und anschließender Helligkeitsabnahme zum Ausgangsniveau. In der Vergangenheit wurden einige Sterne während ihres Maximums so hell, dass sie am Taghimmel zu beobachten waren. Novae entstehen, wenn in einem Doppelsternsystem ein Roter Riese Materie an einen Weißen Zwerg abgibt und dieser einen immer größer werdenden Druck aufbaut. Wenn der Weiße Zwerg den Druck durch „Zünden" der Oberfläche abbaut, erkennen wir das Aufflammen als Nova.

Nullpunkt, absoluter
Tiefste mögliche Temperatur von null Kelvin, was minus 273,15 Grad Celsius entspricht.

Nutation
Periodische Schwankung der Erdachse. Sie äußert sich in der Variation der Schiefe der Ekliptik.

Objektiv
Licht sammelndes Element eines optischen Instruments.

Observatorium
Eine astronomische, meteorologische oder geophysikalische Beobachtungsstation.

Ofen
(Fornax), eigentlicher Sternbildname „Chemischer Ofen". Sternbild der südlichen Hemisphäre, Kurzbezeichnung For.

Offener Sternhaufen
Lose Ansammlung meist junger Sterne, die in einem räumlichen Bezug stehen. Ein Beispiel sind die Plejaden (M45) im Sternbild Stier (Taurus).

Öffnung
Oberflächendurchmesser des Licht sammelnden Elementes eines optischen Systems (Spiegel und/oder Linse).

Okkulation
Bedeckung eines Himmelskörpers durch einen anderen.

Okular
Optisches Element bei Teleskopen oder Mikroskopen. Das Objektiv erzeugt ein umgekehrtes und vergrößertes Bild des betrachteten Objekts, das wiederum mit dem Okular nochmals vergrößert werden kann. Die Brennweite des Teleskops und die Vergrößerung des Okulars bestimmen die Gesamtvergrößerung des optischen Systems.

Olbers, Wilhelm
Deutscher Astronom, geboren am 11. Oktober 1758, gestorben am 2. März 1840, Entdecker der Planetoiden Vesta und Pallas.

Oligozän
Zeitabteilung des Tertiärs; ca. vor 37 bis 23 Millionen Jahren.

Oort, Jan Hendrik
Niederländischer Astronom, geboren am 28. April 1900, gestorben am 5. November 1992, der die Ansammlung von Kometen am Rande des Sonnensystems in der so genannten Oortschen Wolke postulierte.

Oortsche Wolke
Ansammlung von vielen Milliarden Kometen in einem kugelschaligen Bereich (Halo) am Rande des Sonnensystems.

Ophiuchus
(griechisch: Schlangenträger) Sternbild, Kurzbezeichnung Oph. Es liegt in der Nähe des Himmelsäquators.

Opposition
Zwei Gestirne liegen sich vom Beobachter aus betrachtet direkt gegenüber. Steht ein Planet in Opposition zur Sonne, ist dieser von der Erde aus die ganze Nacht über sichtbar.

Optik, adaptive
Mithilfe der adaptiven Optik vermindert man die Unschärfe von Teleskopaufnahmen, die durch Turbulenzen in der Erdatmosphäre entstehen. Der Teleskopspiegel wird zu diesem Zweck mit hydraulischen Stützen den Bewegungen der Turbulenzen nachgeführt. Diese Anpassung (Adaption) des Teleskops hat einen ähnlichen Effekt, wie wenn man mit einem Fotoapparat die Bewegung eines Objekts mitverfolgt.

Ordovizium
Zweitälteste Periode des Erdaltertums; vor rund 510 bis 438 Millionen Jahren.

Orion
Sternbild, Kurzbezeichnung Ori. Bekanntes Sternbild am Winterhimmel mit dem Hauptstern Rigel. Der Himmelsäquator verläuft fast genau durch die drei Gürtelsterne.

Ozon
Besondere Form des Sauerstoffs, bei der sich ein Molekül aus drei Sauerstoffatomen, statt wie beim normalen Sauerstoffmolekül aus zwei Atomen, bildet.

Ozonloch
Durch Schadstoffe (vor allem Fluor-Chlor-Kohlenwasserstoffe) entstandenes, gefährliches, stetig größer werdendes Loch in der Ozonschicht.

Ozonschicht
Atmosphärenschicht in einer Höhe zwischen ca. 20 und 50 Kilometern, deren Dichte von jahreszeitlichen und geografischen Schwankungen abhängig ist. Sie spielt eine bedeutende Rolle im Strahlungshaushalt der Atmosphäre, da hier energiereiche kurzwellige Solarstrahlung absorbiert und in Wärme umgesetzt wird. Die Ozonschicht absorbiert schädliche Ultraviolettstrahlung der Sonne und ist somit für Menschen und andere Lebewesen lebensnotwendig.

Paläontologie
Wissenschaft, die sich anhand von Fossilien mit der vorzeitlichen Tierwelt und damit der Entwicklung des Lebens und der Lebewesen befasst.

Paläozän
Erstes Zeitalter des Tertiärs; vor ca. 65 bis 53 Millionen Jahren.

Paläozoikum
Erdaltertum, das den Zeitraum von 570 bis 225 Millionen Jahren vor unserer Zeit umfasst. Zum Paläozoikum gehören Kambrium, Ordovizium, Silur, Devon, Karbon und Perm.

Paradiesvogel
(Apus) Sternbild, Kurzbezeichnung Aps.

Parallaxe
Winkel zwischen den Sichtlinien zweier unabhängiger Beobachtungsorte zum selben Objekt. Betrachtet man beispielsweise einen Himmelskörper von der Erde aus im Frühling und im Herbst, so ist die Erde in dieser Zeit auf ihrem Weg um die Sonne weiter gewandert. Zieht man jeweils eine Gerade von den beiden Beobachtungspositionen zum beobachteten Himmelsobjekt, ergibt sich ein Winkel. Aus dem Winkel und dem Abstand der beiden Beobachtungsorte kann die Entfernung des Objekts berechnet werden.

Parsec
Astronomische Entfernungseinheit, Abkürzung pc. Zusammensetzung aus den Wörtern „parallax" und „second" für Parallaxensekunde. Entfernung eines Sterns, von dem aus der mittlere Abstand Erde–Sonne unter einem Winkel von einer Bogensekunde erscheint. Ein Parsec (1 pc) = 3,26 Lichtjahre = 3,0856776 x 1013 Kilometer.

Pegasus
Sternbild des Nordhimmels, Kurzbezeichnung Peg. Der Name bezeichnet ein geflügeltes Pferd.

Pendeluhr
(Horologium) Sternbild am südlichen Himmel, Kurzbezeichnung: Hor.

Penumbra
(lateinisch: Halbschatten) Diese Bezeichnung wird unter anderem bei der Beschreibung von Sonnenflecken benutzt: Hier benennt die Penumbra den etwas helleren Rand eines Sonnenflecks, der die Umbra umgibt.

Perigalaktikum
Derjenige Punkt auf der Umlaufbahn eines Sterns um das Zentrum seiner Galaxie, der dem Galaxiszentrum am nächsten ist.

Perigäum
(griechisch: Erdnähe) Derjenige Punkt auf der Umlaufbahn eines Satelliten, der der Erde am nächsten ist.

Perihel
(griechisch: Sonnennähe) Sonnennächster Punkt auf der Umlaufbahn eines Planeten, Kometen oder Planetoiden.

Perm
Erdzeitalter des Paläozoikums, das den Zeitraum von 280 bis 225 Millionen Jahren vor unserer Zeit umfasst.

Perseiden
Meteorstrom im August jeden Jahres, auch als Laurentius-Tränen bezeichnet. Der Radiant der Perseiden liegt im Sternbild Perseus.

Perseus
Sternbild der nördlichen Hemisphäre, das zum Teil zirkumpolar ist, Kurzbezeichnung Per. Enthält den interessanten Doppelsternhaufen „h und chi".

Phase
Wechselnde Lichtgestalt eines nicht selbstleuchtenden Himmelskörpers.

Phobos
Größerer der beiden Marsmonde mit einem Durchmesser von 27 mal 19 Kilometern.

Photometrie
s. Fotometrie.

Photon
s. Foton.

Photosphäre
s. Fotosphäre.

Piazzi, Giuseppe
Italienischer Astronom, geboren am 16. Juli 1746, gestorben am 22. Juli 1826, entdeckte mit Ceres, den ersten und bislang größten Planetoiden.

Pictor
(lateinisch: Maler) Sternbild der südlichen Hemisphäre. Kurzbezeichnung Pic.

Pioneer-Programm
Serie von Raumsonden zur Erkundung des Planetensystems und der darin wirkenden Kräfte und Gesetze. Am bekanntesten sind die beiden Planetensonden Pioneer 10 und 11, die zur Erforschung des Jupiters und Saturns eingesetzt wurden. Für den Fall, dass Pioneer 10 jemals auf intelligentes Leben trifft, trägt die Sonde eine Plakette, die den Fremden den Weg zur Erde weisen soll.

Pisces
(lateinisch: Fische) Sternbild im Tierkreis am nördlichen Sternhimmel, Kurzbezeichnung Psc.

Planck, Max
Deutscher Physiker, geboren am 23. April 1848 in Kiel, gestorben am 4. Oktober 1947 in Göttingen, Entwickler der Quantentheorie, verfasste Arbeiten zur Thermodynamik und Strahlentheorie (1918 Nobelpreis für Physik). Das heutige weltbekannte Max-Planck-Institut ist nach dem großen Forscher benannt.

Planet
Großer, rotierender Körper, der durch die Anziehungskraft eines Sterns auf seiner Umlaufbahn gehalten wird. Die Bezeichnung Planet stammt aus dem Griechischen und bedeutet „der Umherschweifende" (auch Wandelsterne im Gegensatz zu Fixsternen), da diese Objekte ihre scheinbare Position zwischen den Sternen verändern. Unser eigenes Sonnensystem besteht aus neun großen Planeten sowie Hunderten von Kleinplaneten, so genannten Planetoiden und Monden. Auch in der Nähe anderer Sterne konnten Planeten nachgewiesen werden. Die Planeten unseres Sonnensystems sind die „erdähnlichen" Merkur, Venus, Erde, Mars und die „Gasriesen" Jupiter, Saturn, Uranus und Neptun sowie zuletzt der kleinste: Pluto.

planetarisch
Zu einem Planetensystem gehörend.

Planetarische Nebel
Zum Ende ihres Lebens können Sterne ihre äußere Hülle in den Weltraum abblasen. Das Gas wird durch die kurzwellige Ultraviolettstrahlung ionisiert (elektrisch geladen) und zum Leuchten angeregt. Im Laufe von Zehntausenden Jahren wird die Konzentration des Gases immer dünner, der planetarische Nebel verblasst. Der Name planetarischer Nebel geht auf frühere Beobachtungen dieser Objekte zurück, die in Teleskopen aussahen wie Planeten. Bekannte planetarische Nebel sind M57, der Ringnebel in der Leier (Lyra) oder der bekannte Hantelnebel (M27).

Planetarium
In einem Planetarium werden die Sterne an eine Kuppel projiziert, wo dann astronomische Besonderheiten oder Vorgänge erläutert werden können. Dies hat den Vorteil, dass auch tagsüber Sternbilder gezeigt und erläutert werden können.

Planeten, extrasolare
Planeten, die nicht zu unserem Sonnensystem gehören. Eine Vielzahl von extrasolaren Planeten konnte bereits indirekt bei anderen Sternen lokalisiert werden.

Planetesimale
Himmelskörper, die vermutlich eine Vorstufe bei der Entstehung von Planeten darstellen und deren Größe zwischen einigen Millimetern und der Größe eines Asteroiden liegt.

Planetensonde
Raumsonde, die zur Erkundung der Planeten unseres Sonnensystems eingesetzt wird. Bis auf Pluto wurden bereits alle Planeten besucht. Bekannte Sonden waren etwa die Viking- und die Voyager-Sonden

Planetensystem
S. Sonnensystem.

Planetoiden
Kleine Himmelskörper die Teil des so genannten Planetoiden- oder Asteroiden-

gürtels sind, einem Gürtel zwischen den Umlaufbahnen von Mars und Jupiter. Der erste bekannte Planetoid war Ceres – er wurde im Jahr 1801 von dem italienischen Astronom Giuseppe Piazzi entdeckt.

Plasma
Aggregatzustand eines Stoffes. Als Plasma wird ein Stoff beschrieben, in dem es viele freie Elektronen gibt.

Plattenbewegung
Geologische Bewegungen in großräumigen Strukturen. Die Plattenbewegung oder Plattentektonik spielt sich in der Lithosphäre ab und bewirkt die Bewegungen der Kontinente ebenso wie auch ihr Zerbrechen.

Plattentektonik
Theorie, die die Entstehung von Gebirgen, die Bewegungen der Kontinente, das Auftreten von ozeanischen Rücken und Tiefseegräben sowie von Erdbeben- und Vulkanzonen durch Vorgänge in der Lithosphäre erklärt.

Pleistozän
Eiszeitalter des Quartärs mit vier bzw. fünf Eiszeiten und drei bzw. vier Wärmeperioden im Zeitraum von vor 1,6 Millionen Jahren bis 20.000 Jahren vor der heutigen Zeit; erstes Auftreten des Menschen.

Plejaden
Im Volksmund auch als Siebengestirn bezeichnet. Trägt die Messier-Bezeichnung M45. Die Plejaden sind ein offener Sternhaufen in 410 Lichtjahren Entfernung. Derzeit gibt es rings um die Plejaden ein Gebiet aus Nebelfragmenten, das von den Sternen angestrahlt und daher als Reflexionsnebel sichtbar ist.

Pliozän
Jüngster Zeitabschnitt des Tertiärs; vor 5,3 bis 1,6 Millionen Jahren.

Pluto
Gemeinsam mit seinem Mond Charon bildet der letzte Planet des Sonnensystems einen Doppelplaneten. Die Bahn von Pluto ist stark elliptisch und schwankt in der Sonnenentfernung zwischen 4,4 und 7,4 Milliarden Kilometern. Auf seiner 248 Erdenjahre dauernden Sonnenumkreisung ist Pluto für 20 Jahre nicht der äußere Planet. Das letzte Mal verlief seine Bahn zwischen 1979 und 1999 innerhalb der des Neptuns. Für die nächsten 228 Jahre ist Pluto nun wieder der sonnenfernste Planet. Seine Temperatur liegt bei minus 230 Grad Celsius. Masse und Größe (Durchmesser 2.300 Kilometer) liegen unter der unseres Erdmondes. Die Dichte ist vermutlich geringer als die von Eis.

Pol
Ausgangspunkte der Erdachse; Nord- und Südpol.

Polachse
Gedachte Achse, die durch die beiden Pole der rotierenden Erdkugel führt.

Polarlicht
Lichterscheinungen in den oberen Schichten der Atmosphäre (in ca. 100 Kilometern). Diese entstehen, wenn elektrisch geladene Teilchen der Sonne mit der Atmosphäre eines Planeten in Wechselwirkung stehen.

Polarstern
Alpha Ursa Minoris. Hauptstern im Sternbild Kleiner Bär (Ursa Minor) oder Kleiner Wagen. Markiert mit einer Abweichung von ca. einem Grad den nördlichen Himmelspol.

Poldistanz
Abstand eines Gestirns in Grad vom Himmelsnordpol. Die Poldistanz wird von null bis 180 Grad gemessen.

Polhöhe
Bezeichnet die Höhe des Himmelspols über dem Horizont. Am Nordpol würde der Wert 90 Grad, am Äquator null Grad betragen.

Pollux
Stern des Sternbilds Zwilling (Gemini); sein „Zwillingsstern" heißt Castor.

Porphyr
Magmatischer Gesteinstyp, bei dem einzelne größere Kristalle in einer feinkörnigen Grundmasse eingebettet sind.

Positionswinkel
Findet bei der Beschreibung von Doppelsternen Verwendung. Er gibt – ausgehend von Norden über Osten – den Winkel zwischen den beiden Sternen an.

Praesepe
Offener Sternhaufen im Sternbild Krebs (Cancer). Die Zahl der zugehörigen Sterne beträgt ca. 500.

Präzession
(lateinisch: Vorangehen) Lageänderung der Erdachse, die primär durch die Gravitation von Sonne und Mond hervorgerufen wird. In 25.000 Jahren vollzieht die Erdachse eine Kreiselbewegung. Für die Erstellung präziser Sternenatlanten ist der Faktor Präzession mit einzuberechnen.

Präkambrium
Erdfrühzeit, von der Entstehung der Erde bis ca. vor 570 Millionen Jahre, umfasst Archaikum (älter) und Proterozoikum.

Prisma
Keilförmiges Glasstück, mit dessen Hilfe sich weißes Licht in sein Spektrum zerlegen lässt. Das Licht wurde erstmals von Isaac Newton in seine Spektralfarben zerlegt.

Procyon
Alpha Canis Minoris. Hauptstern im Kleinen Hund (Canis Minor) und Bestandteil des Wintersechsecks.

Proterozoikum
Jüngeres System der Erdfrühzeit; von ca. 2,5 Milliarden Jahren bis vor 570 Millionen Jahren.

Proton
Massereiches Teilchen mit positiver Ladung.

Proton-Proton-Reaktion
Kernfusionsprozess im Inneren eines Sterns. Durch Verschmelzung von Atomkernen entsteht ein neues Element und Energie wird freigesetzt.

Protostern
Vorstufe eines Sterns. Wenn sich interstellare Materie immer weiter komprimiert und zu einem Stern verdichtet, wird dieser Vorgang zu einem bestimmten Zeitpunkt gestoppt. Der Protostern ist geboren. Im weiteren Verlauf verdichtet sich die Materie weiter und mit dem Erreichen einer Temperatur von ca. 15 Millionen Grad Celsius setzen Kernfusionsprozesse ein.

Protuberanzen
(lateinisch) Materieauswürfe auf der Sonne, die um so stärker werden, je mehr sich die Sonne ihrem Aktivitätsmaximum nähert. Normalerweise erreichen Protuberanzen eine Höhe von mehreren 10.000 Kilometern. Besonders große Auswürfe können auch Höhen von bis zu 200.000 Kilometern erreichen. Häufig verlaufen Protuberanzen entlang von Magnetfeldlinien der Sonne und erscheinen als Bogen über deren Oberfläche.

Proxima Centauri
Dritter Stern des Mehrfachsterns Alpha Centauri im Sternbild Kentaur (Centaurus); dieser Fixstern ist zur Zeit der Sonne mit 4,26 Lichtjahren am nächsten.

Ptolemäisches Weltbild
Von Claudius Ptolemäus im ersten und zweiten Jahrhundert n. Chr. entwickeltes Weltbild. Dieses Weltbild stellt die Erde, in den Mittelpunkt des Universums (geozentrisches Weltbild). Sonne, Mond, Planeten und die Fixsterne bewegen sich auf so genannten Sphären um die Erde.

Ptolemäus, Claudius
Alexandrinischer Astronom, Mathematiker und Geograf, geboren um 85 in Ägypten, gestorben 165 in Canopus, entwickel te das geozentrische Ptolemäische Weltbild.

Pulsar
Schnell rotierender Neutronenstern, der Strahlung im Radiobereich aussendet. Da die Rotation sehr schnell ist (0,03 Sekunden bis 0,4 Sekunden) und die Pulse die gleiche kurze Frequenz haben, dachte man bei der Erstentdeckung an eine außerirdische Lebensform. Wie sich schnell herausstellte, handelte es sich aber lediglich um einen rotierenden Neutronenstern.

Pulsation
Rhythmische Ausdehnungs- und Zusammenziehungsbewegung. In der Astronomie bei pulsationsveränderlichen Sternen von Interesse.

Pulsationsveränderliche
Die meisten veränderlichen Sterne gehören zur Kategorie der Pulsationsveränderlichen. In regelmäßigen Abständen dehnen sich diese Sterne aus, um nach einer gewissen Zeitspanne wieder ihre Ursprungsgröße anzunehmen.

Quadrant
Der vierte Teil einer Fläche. Bezeichnet auch ein Winkelmessgerät zur Bestimmung der Höhe eines Gestirns.

Quark
Elementarteilchen, das zu den zwölf letzten Bausteinen der Materie gehört.

Quartär
Jüngstes System der Erdzeitalter, das den Zeitraum von 1,6 Millionen Jahren bis heute umfasst.

Quarz
In Sedimenten und Magmagesteinen häufig auftretendes, nicht spaltbares, glänzendes Mineral, das aus Silicium und Sauerstoff besteht.

Quasar
Die Bezeichnung steht für „quasistellare Radioquelle". Es handelt sich hierbei um Objekte in sehr großer Entfernung, die eine extrem intensive Radiostrahlung abgeben und im Bereich des sichtbaren Lichts aussehen wie Sterne, obwohl sie ein Vielfaches von deren Masse besitzen. Wissenschaftler gehen heute davon aus, dass die Quasare das Zentrum einer Galaxie bilden, in dem sich ein supermassereiches Schwarzes Loch befindet. Ganz geklärt ist dieser Zusammenhang aber noch nicht.

Quellwolken
Sich nach oben auftürmende Wolkenschichten.

Rabe
(Corvus) Sternbild, Kurzbezeichnung Crv.

Radar
Ausgesandte Radiostrahlung, die von einem Körper zurückgeworfen wird und Aufschluss über die Entfernung zu dem angestrahlten Punkt gibt. RADAR ist die Abkürzung für den englischen Ausdruck Radio Detecting And Ranging. In der Weltraumfahrt wird das Radar zum Beispiel zur Vermessung der Venusoberfläche eingesetzt, die aufgrund ihrer außerordentlich großen Dichte mit optischen Instrumenten aus dem Venusorbit nicht zu durchdringen wäre.

Radialgeschwindigkeit
Geschwindigkeit, mit der sich ein Himmelskörper auf den Beobachter zu oder von ihm weg bewegt. Sie wird in Kilometern pro Sekunden gemessen und zum Beispiel mithilfe des Doppler-Effekts aus dem Spektrum eines Sterns bestimmt. Bewegt sich ein Stern auf die Erde zu, wird die Radialgeschwindigkeit negativ, im umgekehrten Fall positiv.

Radiant
Punkt am Firmament, von dem die Meteore eines Meteorschauers scheinbar herkommen. Meteorströme werden oft nach der Lage ihres Radianten bezeichnet. Bei den Perseiden liegt der Radiant im Sternbild Perseus, die Leoniden finden ihren scheinbaren Ausgangspunkt im Sternbild Löwe (Leo), die Orioniden im Orion etc.

Radioastronomie
Die Radioastronomie ist ein wichtiger Fachbereich der Astrophysik. Astronomische Objekte geben neben einer Vielzahl von Strahlungsarten auch radiofrequente Strahlung ab, die mit Radioteleskopen empfangen werden kann.

Radiowellen durchdringen auch interstellare Dunkelwolken, die den optischen Frequenzbereich des Lichtes absorbieren. So hat es erst die Radioastronomie ermöglicht, das Zentrum unserer Milchstraße zu vermessen. Auch können in der Radioastronomie Atome und Moleküle bestimmt werden, die sich im interstellaren Raum befinden. Die aus dem Weltall stammende Radiostrahlung wurde bereits im Jahr 1931 von Karl Guthe Jansky entdeckt.

Eine wichtige Wellenlänge in der Radioastronomie ist die so genannte „21-cm-Wasserstofflinie", die von neutralem Wasserstoff abgegeben wird; sie wurde 1951 entdeckt.

Radiogalaxie
Galaxie, die einen Großteil ihrer Strahlung im Bereich der Radiostrahlung abgibt. Eine bekannte Radiogalaxie ist Cygnus A im Sternbild Schwan (Cygnus).

Radioquellen
Alle astronomischen Objekte, die Radiostrahlung aussenden. Neben Galaxien und interstellarer Materie gehören auch die Sonne und einige Planeten zu den Radioquellen.

Radioteleskop
Teleskop zur Beobachtung von Himmelskörpern im Frequenzbereich der Radiowellen. Da Radiowellen langwelliger sind, als die des sichtbaren Lichts, ist die Auflösung von Radioteleskopen geringer. Um dies auszugleichen, haben Radioteleskope einen größeren Durchmesser. Das mit 100 Metern Durchmesser größte bewegliche Radioteleskop steht in Effelsberg (Deutschland). In Arecibo (Puerto Rico) wurde in einen Felskessel ein feststehendes Radioteleskop mit einem Durchmesser von 305 Metern eingebaut. Schaltet man Radioteleskope im Interferenzverfahren zusammen, erhöht sich die Auflösung weiter.

Radiowellen
Teil der elektromagnetischen Strahlung. Ihre Wellenlänge liegt im Bereich von einem Zentimeter bis zu 100 Kilometern.

Radiowellen durchdringen mit Lichtgeschwindigkeit den Raum und sind ein unentbehrlicher Informationsträger der Menschheit geworden. Für die Übertragung von Radiowellen müssen Sender und Empfänger vorhanden sein. Der Sender verschickt Wellen in ausgewählten Frequenzbereichen, also einer bestimmten Wellenform. Über eine Antenne können diese Wellen empfangen werden. Die Elektronen in der Antenne beginnen, entsprechend der eingehenden elektromagnetischen Energie zu schwingen. Ein Wechselstrom entsteht. Bei einem Radiogerät können nur die Wellen passieren, deren Frequenz durch die Wahl eines bestimmten Senders festgelegt wurde. Diese elektrischen Signale werden über den Lautsprecher des Radios als Schallwellen abgegeben.

Raketen
Flugkörper mit Strahlantrieb. Der in großen Tanks mitgeführte Treibstoff wird verbrannt, der dabei entstehende Rückstoß treibt die Rakete voran. Je nach Art des Antriebes unterscheidet man Flüssigkeitsantrieb, Feststoffantrieb, Antrieb durch Kernenergie und elektrische Antriebe. Die Saturn-V-Rakete ist mit einem Startgewicht von 2.800 Tonnen die bisher größte Rakete; sie wurde beim Apollo-Programm der NASA eingesetzt.

Raumflugkörper
Künstliche Körper im Weltraum. Zu ihnen zählen die Raketen, aber zum Beispiel auch Raumsonden zur Erforschung der Planeten.

Raumgeschwindigkeit
Wahre Geschwindigkeit eines astronomischen Objekts. Sie ergibt sich aus der Relativgeschwindigkeit und der Eigenbewegung des Objekts.

Raumsonden
Künstliche Körper, die zur Erforschung der Erde und des Sonnensystems eingesetzt werden.

rechtläufig
Die wahre Bewegung eines Körpers im Sonnensystem wird als rechtläufig bezeichnet, wenn diese von West nach Ost erfolgt. Bewegt sich ein Himmelskörper in entgegengesetzter Richtung, wird die Bewegung als rückläufig definiert.

Reflektor
(lateinsch) Bezeichnung für ein Spiegelteleskop. In diesem Instrument wird Licht durch einen Hohlspiegel gesammelt und gebündelt.

Reflexionsnebel
Reflexionsnebel sind schwach leuchtende Nebel mit diffusem Aussehen. Sie werden erst durch die Lichtstreuung an Staubteilchen in der Nähe nicht besonders heißer Sterne sichtbar. Der Reflexionsnebel selbst hat nur eine schwache Energie und kann daher seine zwar vorhandenen Gaspartikel nicht zum Selbstleuchten anregen, wohl aber die mit dem Gas auftretenden Staubteilchen durch Streuung erhellen. Beispiele für Reflexionsnebel sind die Nebel, die die Plejaden umgeben sowie Teile des Orion-Nebels.

Refraktion
(lateinisch: Brechung) Ein Lichtstrahl, der durch unterschiedlich „dichte" Medien läuft, wird beim Übergang vom einen in das andere Medium gebrochen. Ein Übergang kann zum Beispiel da erfolgen, wo Strahlung aus dem Weltraum (Vakuum) in die Atmosphäre eines Planeten eindringt. Für die Astronomie ist die Refraktion unserer Atmosphäre von großer Bedeutung, da Sterne und andere Objekte scheinbar an einer anderen Position stehen, als sie sich in Wirklichkeit befinden.

Refraktor
(lateinisch) Bezeichnung für ein Linsenteleskop. Linsenteleskope brechen und bündeln das Licht durch den Einsatz von geschliffenen Linsen.

Regulus
Eigenname des Sterns Alpha Leonis. Hauptstern im Sternbild Löwe (Leo). Regulus bedeutet so viel wie „kleiner König". Da Regulus fast auf der Ekliptik liegt, kann er immer wieder vom Mond oder den Planeten bedeckt werden. Er ist Bestandteil des Frühlingsdreiecks.

Rektaszension
Projektion der Längengrade der Erde an die Himmelskugel. Ein Vollkreis wird in Stunden, Minuten und Sekunden unterteilt.

Relativitätstheorie
Theorie Albert Einsteins. Die Spezielle Relativitätstheorie, die die Basis der modernen Astronomie darstellt, besagt, dass alle bewegten physikalischen Systeme gleichwertig zu betrachten sind. Die Allgemeine Relativitätstheorie beschreibt den Zusammenhang zwischen Raum, Zeit und Gravitation.

Richter-Skala
Zehnteilige Skala zur Beschreibung der Stärke von Erdbeben.

Riesensterne
Sie befinden sich im Hertzsprung-Russel-Diagramm auf dem so genannten Riesenast. Bei einer effektiv gleichen Temperatur wie Sterne anderer Hauptreihen sind sie um ein Vielfaches leuchtkräftiger. Diese Tatsache resultiert aus ihrer großen Oberfläche bzw. ihrer großen Masse.

Rigel
Beta Orionis. Stern im Sternbild Orion und Bestandteil des Wintersechseckes.

Riss-Würm-Interglazial
Warmzeit zwischen den beiden letzten Eisperioden des Pleistozäns; etwa vor 120.000 bis 70.000 Jahren.

Röntgenstrahlung
Extrem kurzwellige und somit energiereiche Strahlung. Benannt nach ihrem Entdecker, dem Physiker Wilhelm Conrad Röntgen, der am 27. März 1845 geboren wurde und am 10. Februar 1923 starb. Die Erdatmosphäre absorbiert diesen Bereich der elektromagnetischen Strahlung und schützt so die Lebewesen auf der Erdoberfläche. Soll die Röntgenstrahlung, die auch als X-Ray bezeichnet wird, untersucht werden, müssen entsprechende Instrumente auf Satelliten außerhalb der Atmosphäre positioniert werden.

Rotation, allgemeine
Umdrehung eines Himmelskörpers um seine Achse, wobei diese ihre feste Lage im Raum beibehält.

Rotation, Erde
Drehung der Erde um die durch Nord- und Südpol verlaufende Erdachse; eine Drehung der Erde um ihre eigene Achse definiert dabei einen Tag.

Rotation, gebundene
Die Zeit, die ein Körper für eine Umdrehung um sich selbst benötigt, entspricht genau der, die er für einen Umlauf um seinen Mutterkörper braucht.

Rote Riesen
Wenn Sterne ihren Energievorrat im Zentrum aufgebraucht haben und die Zone der Wasserstoffverbrennung nach außen wandert, können sich diese Sterne aufblähen. Dabei sinkt die Oberflächentemperatur, der Stern erscheint rot. In etwa fünf Milliarden Jahren wird voraussichtlich

auch unsere Sonne zu einem Roten Riesen werden und dabei die inneren Planeten Merkur und Venus „verschlucken".

Roter Zwerg
Allgemeine Bezeichnung für alle Sterne mit weniger als einer Sonnenmasse.

Rotverschiebung
Verschiebung der Spektrallinien zum (roten) Ende des Spektrums. Dieses Phänomen wird durch eine vom Beobachter weggerichtete Bewegung einer Lichtquelle hervorgerufen. Die Rotverschiebung ist ein wichtiger Indikator für die Entfernungsbestimmung im Universum.

Rückläufig
s. rechtläufig

Rückstoßeffekt
Die Kraft, die auf einen Körper wirkt, wenn von ihm eine Masse mit einer bestimmten Kraft aus- oder abgestoßen wird. Durch diesen Impuls bewegt sich der ausstoßende Körper entgegengesetzt der Wirkrichtung der Kraft.

Ruhemasse
Die Masse eines Körpers in Relation zum Bezugssystem, in dem er ruht.

Sagittarius
(lateinisch: Schütze) Sternbild, Kurzbezeichnung Sgr.

Salztektonik
Tektonische Vorgänge und Strukturen, die durch die Bewegungen von Salzen (Halokinese) im Untergrund hervorgerufen werden.

Sarosperiode
Die Zeitspanne von 223 synodischen Monaten, die 18 Jahren und 11,3 Tagen entspricht. In diesem Zeitraum wiederholt sich die periodische Abfolge gleichartiger Sonnen- und Mondfinsternisse.

Satellit
Kleinerer Körper, der um einen Planeten kreist. Man unterscheidet natürliche Satelliten (wie den Mond) und künstliche Satelliten (zum Beispiel Fernsehsatelliten). Der erste künstliche Satellit war Sputnik, der 1957 in eine Umlaufbahn gebracht wurde.

Saturn
Nach Jupiter der zweite große Gasplanet im Sonnensystem. Im Aufbau ähnelt er dem Jupiter, sein Durchmesser liegt bei 120.000 Kilometern. Ein Saturntag dauert zehn Stunden und 40 Minuten, in 29 Jahren umkreist er einmal die Sonne. Das ausgeprägte Ringsystem mit über 260.000 Kilometern Durchmesser macht Saturn zu einer einzigartigen Erscheinung im Sonnensystem. Die Ringe sind vermutlich bei der Kollision von zwei Monden entstanden: Durch die Anziehungskraft des Planeten und seine extrem hohe Rotationsgeschwindigkeit entstanden aus den Bruchstücken die über 100.000 Einzelringe des Saturnrings. Neben seinem Ringsystem wird Saturn von mindestens 21 Monden umkreist, der größte ist mit einem Durchmesser von ca. 5.100 Kilometer Titan; er ist damit größer als der Planet Merkur.

Saturn-Nebel
Planetarischer Nebel im Sternbild Wassermann (Aquarius).

Saturn-V-Rakete
Große Trägerrakete für die Apollo Mond-Missionen.

Schaltjahr
Im Gegensatz zum normalen Jahr hat das Schaltjahr 366 Tage. Dieser zusätzliche Tag resultiert aus der Tatsache, dass die Erde nicht 365 Tage für einen Umlauf um die Sonne benötigt, sondern 365,25 Tage. In vier Jahren addiert sich diese Zahl auf einen Tag, der durch das Schaltjahr ausgeglichen wird.

Schalttag
Eingeschobener Tag im Schaltjahr, der 29. Februar.

Scheitelabstand
Abstand in Grad, gemessen vom Scheitelpunkt des Beobachters aus.

Scheitelpunkt
(auch Zenit) Punkt direkt über dem Beobachter.

Schiaparelli, Giovanni
Italienischer Astronom, geboren am 14. März 1835 in Savigliano, gestorben am 4. Juli 1910 in Mailand, beschrieb als Erster die so genannten Marskanäle.

Schichtstufe
Geländestufe, die in Gebieten mit meist horizontal gelagerten Schichten durch die unterschiedliche Widerstandskraft der Gesteine gegen die Verwitterung hervorgerufen wird.

Schiffskiel
(Carina) Sternbild, Kurzbezeichnung Car.

Schlangenträger
(Ophiuchus) Sternbild, Kurzbezeichnung Oph. Obwohl die Ekliptik durch den Schlangenträger verläuft, zählt das Sternbild des Schlangenträgers nicht zu den Tierkreiszeichen.

Schmidt-Teleskop
Spiegelteleskop, das fotografische Abbildungen großer Sternfelder liefert und Abbildungsfehler minimiert. Fehler werden durch eine spezielle Korrektionsplatte behoben. Die Schmidt-Kamera wird häufig zur Astrofotografie eingesetzt.

Schnellläufer
Himmelskörper, die im Vergleich zur Sonne eine sehr hohe Raumgeschwindigkeit besitzen.

Schütze
(Sagittarius) Sternbild, Kurzbezeichnung Sgr. Gehört zu den Tierkreiszeichen. Von der Erde aus gesehen befindet sich das Zentrum unserer Galaxie in diesem Sternbild.

Schwan
(Cygnus) Sternbild, Kurzbezeichnung Cyg. Hauptstern ist Deneb, ein Stern des Sommerdreiecks. Der Schwan wird auch als Kreuz des Nordens bezeichnet.

Schwarzer Körper
Körper, der die Eigenschaft besitzt, elektromagnetische Strahlung vollständig zu absorbieren, aber auch vollständig zu emittieren.

Schwarzer Zwerg
Zwergstern, der keine Energie mehr abstrahlt und daher für uns unsichtbar ist.

Schwarzes Loch
Vom deutschen Astronom Karl Schwarzschild bereits 1916 postuliertes, bis heute aber nur indirekt nachgewiesenes Objekt. Beim Kollaps eines sehr massereichen Sterns entsteht nach Schwarzschild ein instabiles Gebilde, bei dem kein Ausgleich zwischen dem Druck der eigenen Masse und der Gravitationskraft stattfinden kann. Das Objekt müsste theoretisch in sich zusammenfallen und zu einem Schwarzen Loch werden. Dieses wäre so massereich, dass selbst Licht der Anziehungskraft nicht mehr entkommen kann. Somit bleibt ein Schwarzes Loch unsichtbar und nur indirekt beobachtbar. Im Zen-

trum der Milchstraße, aber auch anderer Galxien wie etwa dem Andromeda-Nebel werden solche Objekte vermutet.

Schwarzschildradius
Definiert den Radius eines Körpers, an dessen Oberfläche die Entweichgeschwindigkeit gleich der Lichtgeschwindigkeit ist. Körpern, deren Durchmesser gleich oder kleiner sind als der Schwarzschildradius, kann auch das Licht nicht mehr entweichen und sie werden als Schwarze Löcher bezeichnet.

Schwerkraft
Auch als Gravitation bezeichnet. Sie definiert die gegenseitige Anziehungskraft zweier Körper. Die Gravitation ist von den Massen der beiden Körper sowie deren Entfernung voneinander abhängig. Isaac Newton beschrieb als erster die Wirkung der Schwerkraft als Produkt der Massen im Verhältnis zum Quadrat der Distanz der Objekte. Im 20. Jahrhundert wurde diese Theorie von Albert Einstein mithilfe der Relativitätstheorie modifiziert.

Sculptor
(lateinisch: Bildhauer) Sternbild, Kurzbezeichnung Scl.

Seismologie
Auch als Seismografie bezeichnet. Wissenschaft, die sich mit den Eigenschaften, Ursachen, Folgen und Dokumentationen von Erdbeben befasst.

Selenografie
Teilgebiet der Astronomie. Sie beschreibt Strukturen und Gebilde auf der Oberfläche des Mondes.

Sextant
Winkelmessinstrument; zur Messung des Winkelabstands zweier Sterne oder der Höhe eines Sterns über dem Horizont; große Bedeutung in der Navigation.

Sextans
Sternbild, deutsch Sextant, Kurzbezeichnung Sex. Lässt sich am besten im Frühjahr am Abendhimmel beobachten.

Seyfert-Galaxien
Radiogalaxien mit einem kleinen, dafür aber sehr hellen und aktiven Kern.

Sial
Kontinentale Erdkruste mit vorherrschend Silizium- und Aluminium-Verbindungen, Dichte: ca. 2,7 g/cm^3.

Siebengestirn
Bezeichnung für den offenen Sternenhaufen der Plejaden mit der Messier-Bezeichnung M45.

Silikate
Große Gruppe von Mineralen, die Silizium und Sauerstoff, meist in Kombination mit Metallen, enthalten.

Silur
Erdzeitalter des Paläozoikums, das den Zeitraum von ungefähr 435 bis 410 Millionen Jahren vor unserer Zeit umfasst.

Sima
Ozeanische Erdkruste mit vorherrschend Silizium- und Magnesium-Verbindungen, Dichte ca. 2,9 g/cm^3.

Singularität
Einzelner, nicht definierter Wert in einer Funktion oder Gleichung. Die bekannteste Singularität ist der Wert f(x) = 1/x an der Stelle x = 0. Die Lösungen der Gleichungen der Allgemeinen Relativitätstheorie beinhalten auch Singularitäten, die man wegen ihrer Eigenschaften als Schwarze Löcher bezeichnet.

Sirius
(lateinisch-griechisch) Hauptstern im Sternbild Großer Hund (Canis Maior). Sirius ist der hellste Fixstern am nördlichen Sternhimmel und Teil des Wintersechsecks.

Skorpion
(Scorpius) Sternbild, Kurzbezeichnung Sco. Der Skorpion gehört zu den Tierkreiszeichen und ist ein markantes Sternbild am Südhimmel. Hauptstern ist Antares.

SMC
Small Magellanic Cloud, kleine Magellansche Wolke.

Smithsonian Astrophysical Observatory
Abkürzung „SAO". Katalog von 258.997 Sternen.

SOHO
Solar and Heliospheric Observatory. Satellit zur Beobachtung der Sonne und ihrer Aktivität.

Solarkonstante
Beschreibt einen Energiewert pro Quadratmeter, den die Erde außerhalb der Atmosphäre von der Sonne erhält. Dieser liegt bei ca. 1,4 Kilowatt pro Quadratmeter.

Solstitium
Der Zeitpunkt, an dem die Sonne ihre größte bzw. kleinste Deklination erreicht (am 21. Juni zur Sommersonnenwende und am 21. Dezember zur Wintersonnenwende).

Sommerdreieck
Große Figur aus den Hauptsternen mehrerer Sternbilder am Sommersternenhimmel. Besteht aus den Sternen Deneb im Schwan (Cygnus), Wega in der Leier (Lyra) und Atair im Adler (Aquila).

Sommersonnenwende
S. Solstitium.

Sonne
Zentralgestirn des Sonnensystems. Im Kern des zu 71 Prozent aus Wasserstoff und 27 Prozent aus Helium bestehenden Gasballs findet bei ca. 16 Millionen Grad Celsius die Kernfusion statt. Nach außen hin nimmt die Temperatur ständig ab, an ihrer Oberfläche ist die Sonne dann „nur" noch rund 5.500 Grad Celsius heiß. Die Sonne hat einen Durchmesser von 1,4 Millionen Kilometern, sie vereinigt 99,9 Prozent der Gesamtmasse des Sonnensystems auf sich. Die Erde umkreist die Sonne in ca. 150 Millionen Kilometern Entfernung.

Sonnenaktivität
Zusammenfassung verschiedener Ereignisse auf und in der Sonne, dazu gehören Protuberanzen, Sonnenflecken, Sonnenfackeln und der Sonnenwind. Hauptursache für alle Phänomene ist die gewaltige Energiemenge von 386 Trillionen Megawatt, die in jeder Sekunde von der Sonne emittiert wird. Die Intensität der Sonnenaktivität schwankt in einem elfjährigen Zyklus, während besonders starker Aktivität sind ihre Auswirkungen auch auf der Erde zu spüren (zum Beispiel vermehrte Polarlichter, Beeinträchtigung des Funkverkehrs).

Sonnenaufgangszeit
Definiert den Zeitpunkt, zu dem sich die Sonnenscheibe über den Horizont schiebt. Im Lauf eines Jahres variiert die Aufgangszeit der Sonne an einem definierten Punkt auf der Erde.

Sonnenbildung
Im Jahr 1998 wurde das Alter der Sonne von anerkannten Wissenschaftern auf 4,5 Milliarden Jahre (plus-minus 0,1 Milliarden Jahre) festgelegt. Dieser Wert lässt sich aus theoretischen Berechnungen zum Aufbau

von Sternen herleiten. Demnach trieb vor 4,5 Milliarden Jahren eine riesige Wolke aus Staubpartikeln und Wasserstoff als Dunkelnebel, wie sie auch heute noch existieren, durch den Weltraum. Druckwellen einer gewaltigen Explosion brachten die Wolke in Bewegung, sodass die Materie begann, sich allmählich unter ihrer eigenen Schwerkraft zusammenzuziehen. Schließlich schrumpfte der Nebel zu einer kleinen Wolke, der späteren Sonne, zusammen. Während der nächsten 50 Millionen Jahre setzte sich der Schrumpfungsvorgang bis zur heutigen Sonnengröße weiter fort. Durch das Zusammenziehen der Materie kam es zu einem Temperatur- und Druckanstieg im Inneren. Als eine bestimmte Temperatur erreicht war, endete der Kontraktionsvorgang und im Inneren setzte die Wasserstoffverschmelzung ein. Die Sonne begann hell zu strahlen.

Sonnenfackeln
Erscheinung von Aktivitätszentren in der Sonnenatmosphäre.

Sonnenferne
Entferntester Punkt eines Körpers im Sonnensystem vom Zentralgestirn. Griechische Bezeichnung: Aphel.

Sonnenfinsternis
Schiebt sich der Mond auf seiner Bahn um die Erde genau zwischen Sonne und Erde, kann er die Sonne aufgrund der scheinbaren Größengleichheit der beiden Gestirne vollständig (totale Finsternis) oder nur teilweise (ringförmige oder partielle Finsternis) bedecken. Während einer totalen Sonnenfinsternis können verschiedene Phänomene beobachtet werden. So wird für den kurzen Zeitraum der Totalität die Sonnenkorona sichtbar. Für einen bestimmten Ort auf der Erde ist eine totale Sonnenfinsternis im Durchschnitt nur alle paar 100 Jahre zu erwarten, da die Totalitätszone nur einen maximalen Durchmesser von 273 Kilometern erreichen kann.

Sonnenfleck
Dunkler Fleck in der Sonnenphotosphäre mit einem sehr starken Magnetfeld. Die Temperatur in der Region eines Sonnenflecks liegt ca. 1.500 Grad unter der der ihn umgebenden Oberfläche, weshalb er dunkler erscheint. Ein Sonnenfleck lässt sich in einen Kern (Umbra) und einen ihn umgebenden Hof (Penumbra) unterteilen.

Sonnenfleckenzyklus
Die Häufigkeit der Sonnenflecken ist vom Aktivitätszustand der Sonne abhängig. Somit unterliegen auch die Sonnenflecken einem Zyklus von ca. 11,2 Jahren. Im Aktivitätsmaximum der Sonne können meist eine Vielzahl von Flecken beobachtet werden.

Sonnenkorona
S. Corona.

Sonnenmasse
Gesamtmasse der Sonne. Sie liegt bei 333.000 Erdmassen. Beim Vergleich mit anderen Sternen und Galaxien wird die Sonnenmasse mit der Größe „eins" definiert.

Sonnennähe
Sonnennächster Punkt eines Körpers unseres Sonnensystems auf seiner Umlaufbahn. Griechisch Perihel.

Sonnenspektrum
Zerlegung des weißen Lichts der Sonne in dessen Spektralfarben. Im Spektrum der Sonne können damit einzelne Elemente und deren Häufigkeit nachgewiesen werden.

Sonnensystem
Bezeichnung aller Körper, die von der Gravitation der Sonne erfasst werden. Neben den neun Planeten, den Monden, Asteroiden und Kometen gehören auch eine Vielzahl von Kleinstkörpern zum Sonnensystem. Gemeinsam kreist das Sonnensystem mit einer Geschwindigkeit von etwa 20 Kilometern pro Sekunde um das Zentrum der Milchstraße.

Sonnentag
Zeiteinheit zwischen zwei Meridiandurchgängen der Sonne. Diese weicht vom Sterntag (360 Grad Drehung der Erde) um drei Minuten und 56 Sekunden ab, da sich die Erde während eines Tages gleichzeitig um die Sonne bewegt.

Sonnenuhr
Vorrichtung zum Messen der Sonnenzeit, bereits von frühen Kulturvölkern in Ägypten und Mesopotamien hergestellt. Bei einer Sonnenuhr wird ein senkrechter Stab parallel zur Erdachse in die Erde gesteckt. Der von diesem Stab geworfene Schatten dient als Zeiger auf einem Zifferblatt.

Sonnenwende
Nördlichster bzw. südlichster Punkt der Sonne am Himmel, der erste Tag des Winters bzw. Sommers.

Sonnenwind
Von der Sonne ausgehender Strom aus elektrisch geladenen Teilchen, dessen Stärke von der Aktivität der Sonne abhängig ist. Der Sonnenwind ist unter anderem verantwortlich für die Entstehung von Polarlichtern und die charakteristische Schweifentwicklung bei Kometen.

Sonnenzeit
Die Sonnenzeit weicht von der Zonenzeit ein wenig ab. Sie gibt die wahre Ortszeit an und hängt vom exakten Längenkreis des Beobachtungsortes ab.

Space Shuttle
Wiederverwendbarer Raumtransporter der amerikanischen Raumfahrtbehörde NASA. Der Space Shuttle startet wie eine Rakete und landet wie ein Flugzeug.

Spektralanalyse
Zerlegung des von einem (astronomischen) Objekt ausgesandten Lichts in seine Spektralfarben. Unter anderem können damit die chemischen Elemente und deren Häufigkeit in diesem Objekt bestimmt werden.

Spektralklassifikation
Klassifikation der Sterne nach Vorkommen und Intensität von bestimmten Linien in ihrem Spektrum.

Spektroskop
Gerät zur Zerlegung des weißen Lichts in seine Spektralfarben. Das Spektrum kann visuell betrachtet werden.

Spektrum
In seine Einzelfarben zerlegtes (weißes) Licht. Das Spektrum differenziert sich in die Farben violett, blau, grün, gelb, orange und rot. Innerhalb der Farben können die Fraunhoferschen Absorptionslinien erkennbar sein.

Spiegelteleskop
Spezieller Teleskoptyp, bei dem das einfallende Licht zunächst von einem Hohlspiegel gebündelt und reflektiert wird. Anschließend wird das Licht über einen Sekundärspiegel in den Fokus gelenkt. Ein verbreitetes Spiegelteleskop unter Amateurastronomen ist der „Newton", der nach seinem Erfinder Isaac Newton benannt ist.

Spiegelungs-Halo
Weiße oder farblose Spiegelungen in der Atmosphäre; Gegensonnen, Lichtsäulen, Lichtkreuze und Horizontalkreise sind Erscheinungen von Spiegelungs-Halos.

Spikulen
Bei Spikulen handelt es sich um dünne „Flammenzungen" in der Chromosphäre der Sonne. Sie können eine Höhe von 10.000 Kilometern erreichen.

Spiralarme
Ausläufer bei Spiralgalaxien, deren Randgebiete die Form einer Spirale bilden.

Spiralgalaxie
Galaxie mit der Form einer Spirale. Wissenschaftler gehen davon aus, dass 60 Prozent aller Galaxien diesem Typ entsprechen – zu ihnen gehört auch unsere Milchstraße.

Spiralnebel
S. Spiralgalaxie.

Standardkerze
Umgangssprachliche Bezeichnung für Objekte, deren Helligkeit genau bekannt ist.

Steinbock
(Capricornus) Sternbild, Kurzbezeichnung Cap. Tierkreissternbild.

Stein-Eisen-Meteorit
Meteorit, der sowohl aus elementarem Eisen wie auch aus Gestein besteht.

Stellarastronomie
Teilgebiet der Astronomie. Sie befasst sich mit der räumlichen Verteilung und Bewegung von Sternen, Galaxien und interstellarer Materie.

Stern
Selbst leuchtender Himmelskörper, Ansammlung von verdichtetem Wasserstoff und Helium. Durch Verdichtung kommt es zur Kernfusion und zum Selbstleuchten des Sterns. Die Sonne ist der uns am nächsten gelegene Stern.

Sternbedeckung
Bedeckung eines Sterns durch seinen physikalischen Begleiter oder durch den in der Sichtlinie von der Erde aus befindlichen Mond oder Planeten.

Sternbild
Virtuelle Gruppierung verschiedener Sterne, häufig mit mythologischem Hintergrund. Einzelsterne wurden zu oft fantasievollen Figuren zusammengeführt. Diese Sternbilder bestehen auch heute noch, sind aber zusätzlich durch Himmelskoordinaten beschrieben. Die heute gültigen Sternzeichen entstanden zum Teil schon in babylonischer und ägyptischer Zeit, andere wurden aber auch wesentlich später hinzugefügt.

Sternenentwicklung
Teilgebiet der Astrophysik; Bezeichnung für den Lebensweg eines Sterns von einer Gas- und Staubwolke zum Zeitpunkt seiner Entstehung bis hin zu unterschiedlichen Endstadien in Abhängigkeit von Masse, Energie. Eine mögliche Verlaufsform des Sternsterbens ist die Entwicklung zu einem Roten Riesen, so wie es auch unserer Sonne bevorsteht, wenn sich der Stern aufbläht und etwas kälter wird. Danach schrumpft er, wird erst zu einem Weißen, später zu einem Schwarzen Zwerg.

Sternfarben
Die Farbe eines Sterns steht in Bezug zu dessen Oberflächentemperatur. Je kühler ein Stern ist, desto röter erscheint er. Heiße Sterne besitzen eine weiß-bläuliche Farbe.

Sternhaufen
Sternhaufen sind eine Ansammlung von Sternen, die physikalisch zusammen gehören. Zusammenschlüsse von Einzelsternen können offene Sternenhaufen, Kugelsternhaufen oder Assoziationen bilden. Die Zahl der Einzelsterne ist in Kugelhaufen erheblich höher als in offenen Haufen.

Sternkarte
Karte, auf der die Position und einige weitere Angaben zu den Sternen zu finden sind. Drehbare Sternkarten können den Verlauf sowie den Auf- und Untergang von Sternen und Sternbildern simulieren. Ausführliche Sternkarten werden in Buchform veröffentlicht.

Sternkunde
Befasst sich mit Phänomenen und der Vermessung astronomischer Objekte und Vorgänge. Die griechische Bezeichnung für Sternenkunde ist Astronomie.

Sternparallaxe
S. Parallaxe.

Sternschnuppe
S. Meteor.

Sternsystem
S. Galaxie.

Sterntag
Zeit zwischen zwei Meridiandurchgängen eines Fixsterns im Lauf einer Rotation der Erde um 360 Grad. Ein Sterntag dauert genau 23 Stunden, 56 Minuten und vier Sekunden.

Sternwarte
Anlage zur Beobachtung, Registrierung und Auswertung von Erscheinungen und Vorgängen im Weltall.

Sternzeichen
S. Sternbild.

Sternzeit
Die Sternzeit bezieht sich auf die scheinbare Bewegung der Sterne. Die Sternzeit geht der Sonnenzeit täglich um drei Minuten und 56 Sekunden voraus.

Stier
(Taurus) Sternbild im Tierkreis, Kurzbezeichnung Tau. Hauptstern ist Aldebaran, der auch Teil des Wintersechseckes ist. Im Stier befinden sich zwei schöne offene Sternhaufen, die Plejaden und die Hyaden.

Störungen
Störungen im astronomischen Sinne bezeichnen alle Einflüsse, die auf Himmelskörper einwirken und nicht durch diese hervorgerufen wurden.

Strahlung
Energie in Form von Wellen oder Partikeln, die sich im Raum ausbreitet.

Strahlungsgürtel
Bereich mit hoher Teilchendichte. Der Strahlungsgürtel der Erde wird nach seinem Entdecker van Allen als Van-Allen-Gürtel bezeichnet.

Stratokumulus
(Stratocumulus, Sc) Große, grobe Schäfchenwölkchen in null bis zwei Kilometern Höhe; weiße bis dunkelgraue Färbung.

Stratosphäre
Atmosphärenschicht zwischen Tropopause (in acht bis 17 Kilometern Höhe) und Stratopause (in etwa 50 Kilometern Höhe). Im unteren Teil herrschen konstante Temperaturen, die nach oben hin aufgrund von Strahlungsabsorbierung durch die Ozonschicht zunehmen.

Stratus
(Stratus, St) Tiefhängende gleichmäßig graue Wolkenschicht in null bis zwei Kilometern Höhe; auch als Hochnebel; entlässt feine Niederschläge wie beispielsweise Sprühregen.

Struwe, Friedrich Georg Wilhelm
Deutscher Astronom und Erforscher von Doppelsternen. Er lebte von 1793 bis 1864.

Stundenkreis
Äquivalent zum irdischen Breitengrad. Gibt die Entfernung eines astronomischen Objekts vom Himmelsäquator in Grad wieder.

Stundenwinkel
Abstand eines Objekts vom Horizont, wenn es im Meridian des Beobachters steht. Der Stundenwinkel variiert im Lauf eines Jahres und stellt keine Konstante dar.

Sturm, magnetischer
In ihrem Aktivitätsmaximum kann die Sonne vermehrt elektromagnetische Strahlung in das Sonnensystem abgeben. Gerät dieser Teilchenstrom in Wechselwirkung mit dem Magnetfeld eines Planeten, kommt es zu Turbulenzen im Magnetfeld des entsprechenden Himmelskörpers.

Subkontinent
Durch besondere Größe und Lage bestimmter Teil eines Kontinents, zum Beispiel Indien als Subkontinent von Asien.

Sucherfernrohr
Kleines Fernrohr mit großem Blickfeld zum Auffinden von Beobachtungsobjekten; angebracht an einem astronomischen Teleskop.

Südliche Bonner Durchmusterung
Teil der Bonner Durchmusterung, die die Sterne von minus zwei Grad bis minus 23 Grad Deklination beinhaltet.

Südliche Krone
(Corona Australis) Sternbild, Kurzbezeichnung CrA.

Südliches Dreieck
(Triangulum Australe) Sternbild, Kurzbezeichnung TrA.

Sumerer
Bewohner von Sumer (Mesopotamien) im vierten und den ersten beiden Dritteln des dritten Jahrtausends v. Chr. Sie führten bereits intensive astronomische Beobachtungen durch.

Superhaufen
Bezeichnung für die Anhäufung von Galaxienhaufen, die untereinander in einer Gravitationsverbindung stehen.

Supernova
Stellare Explosion mit Helligkeitszunahme eines Sterns, die die einer Nova um viele Tausend Male übersteigt. Die Leuchtkraft des Sterns ist dann identisch mit der einer ganzen Galaxie. Bei Supernovae unterscheidet man Typ I und II. Der Typ II stellt die Detonation eines Riesensternes dar. Typ-I-Supernovae entstehen beim Gravitationskollaps eines Weißen Zwerges.

Symbiotische Sterne
Sehr enge Doppelsterne mit einer Distanz von der Entfernung Sonne–Jupiter. Beide Komponenten sind von einer gemeinsamen Gashülle umgeben.

Synklinale
Geologischer Begriff für eine Mulde. Durch Faltung hervorgerufene tektonische Gesteinsform. Die Faltenschenkel sind nach oben gerichtet.

Synodische Umlaufzeit
Zeitintervall zwischen zwei aufeinander folgenden Oppositionen eines äußeren Planeten.

Szintillation
(lateinisch) Funkeln einer Punktlichtquelle. Verursacht durch Brechung in den turbulenten Strömungen in der Atmosphäre. Dieses Phänomen entsteht in ca. zehn Kilometern Höhe.

Tag
Zeitspanne, in der sich die Erde um 360 Grad dreht. Je nach dem Bezugspunkt unterscheidet man zwischen einem Sonnentag und einem Sternentag.

Taube
(Columba) Sternbild, Kurzbezeichnung Col. Der Hauptstern heißt Alpha Columbae (auch Phact genannt, dies kommt aus dem Arabischen und steht für Ringeltaube).

Taurus
Sternbild im Tierkreis, Kurzbezeichnung Tau, zu Deutsch Stier.

Tektite
Beim Aufschlag eines Meteorits kann irdisches Gestein verdampfen. Bei der Abkühlung entstehen unter anderem charakteristische kleine Glaskörper, die so genannten Tektite.

Tektonik
Teilgebiet der Geologie. Lehre vom Bau der Erdkruste und den in ihr wirkenden Kräften sowie auftretenden Bewegungen. Oft auch im Sinne von Gebirgsbildung verwendet.

Teleskope
Fernrohre, die vor allem für die optische Beobachtung von Sternen eingesetzt werden und bereits im 17. Jahrhundert zu diesem Zweck gebaut wurden. Bezeichnend für Teleskope sind ihre Objektive mit großer Brennweite. Um den Störungen der Erdatmosphäre auszuweichen, installiert man Teleskope häufig auf Bergen.

Tellurium
Modell zur Veranschaulichung des Erde-Mond-Sonne-Systems.

Temperaturskala, absolute
Skala zur Temperaturmessung, deren niedrigster Wert der absolute Nullpunkt ist (Null Kelvin oder entsprechend minus 273,15 Grad Celsius).

Terminator
Schattenlinie zwischen der Tag- und Nachtseite eines Planeten oder Mondes.

Terrae
(lateinisch) Helle Hochländer und Berge auf dem Mond. Die Bezeichnung Terra bedeutet eigentlich „Erde".

Terraforming
Die Schaffung einer erdähnlichen Umwelt auf einem fremden Planeten. Mithilfe eines vom Menschen angestoßenen, kontrollierten Treibhauseffekts wird die Atmosphäre des Planeten so lange mit Fluorchlorkohlenwasserstoffen und anderen Gasen angereichert, bis sich Druck und Temperatur weit genug erhöht haben, um Pflanzen auf dem ehemals unbewohnbaren Himmelskörper anzusiedeln. Jahrtausende später wäre der Planet dann für Menschen bewohnbar.

Tertiär
Erdzeitalter, das den Zeitraum vor 65 bis 1,6 Millionen Jahren umfasst.

Thermosphäre
Schicht der Erdatmosphäre, in der die Luft bereits so dünn ist, dass sie durch die kurzwellige Strahlung der Sonne auf bis zu 1.000 Grad Celsius aufgeheizt wird. Die darunter liegende Schicht ist um ein Vielfaches kälter.

Tiefdruckgebiet
Gebiet mit niedrigem Luftdruck. Tief-

druckgebiete sind mit aufsteigenden Luftbewegungen verbunden, die zur Wolkenbildung führen. Diese wird wiederum von Wind und Niederschlägen begleitet.

Tiefengestein
Magma, das in der Erde erstarrt ist, bevor es an die Oberfläche gelangen konnte.

Tiefland
Von geringen Höhenunterschieden gekennzeichnetes Flachland unterhalb von 200 m über dem Meeresspiegel.

Tierkreis
Auch Zodiakus genannt. Das die Himmelskugel umspannende Band in dessen Mitte die Ekliptik verläuft. Es enthält die zwölf Tierkreissternbilder.

Tierkreiszeichen
Sternbilder des Tierkreises. Sie sind in einem Abstand von etwa 30 Grad angeordnet.

Titan
Saturnmond. Mit einem Durchmesser von 5.150 Kilometer ist Titan nach dem Jupitermond Ganymed der zweitgrößte Mond unseres Sonnensystems.

Titius, Johann Daniel
Astronom, geboren 1729, gestorben 1796. Titius formulierte eine mathematische Beschreibung, die näherungsweise die Abstände der Planeten unseres Sonnensystems vom Zentralgestirn angibt.

Titius-Bode-Gesetz
1766 von Titius formulierte Abstandsregel. Näherungsformel für den Abstand der Planeten unseres Sonnensystems von der Sonne. Eine Ausnahme stellt der Planet Pluto dar. Nach dem Titius-Bode-Gesetz sollte es zwischen Mars und Jupiter, in etwa 2,8 AE Entfernung von der Sonne, noch einen Planeten geben. Erst suchte man nach diesem Himmelskörper vergeblich. Anstelle eines Planeten entdeckte schließlich der Astronom Giuseppe Piazzi einen kleinen Himmelskörper mit nur 1.000 Kilometern Durchmesser, den er anfangs für einen schweiflosen Kometen hielt. Bei der Bahnberechnung stellte sich heraus, dass das Objekt ein kleiner Planet auf einer Bahn von 2,77 AE war – diesem ersten Asteroiden sollten noch viele weitere folgen. Er erhielt seinen Namen nach der Schutzgöttin Ceres. Später wurde das Titius-Bode-Gesetz weiter verfeinert, sodass es sich nun auch auf Mondsysteme anwenden lässt.

TLP's
Transient Lunar Phenomena; hierbei handelt es sich um eine nur wenige Sekunden bis Minuten sichtbare Leuchterscheinung auf der Mondoberfläche, deren Ursprung bis heute nicht genau bekannt ist. Eine Theorie besagt, dass es sich um Reflexionen an bestimmten Strukturen auf der Mondoberfläche handelt. Eine andere Meinung hält die TLP's für Meteoriteneinschläge auf der Mondoberfläche.

TNO's
Trans Neptun Objects; kleine Objekte mit einem Durchmesser von bis zu mehreren hundert Kilometern, die weiter von der Sonne entfernt sind, als der Planet Neptun. Auch der Planet Pluto wird manchmal zu den TNO's gezählt.

Topographie
Darstellung von Geländeformen, Gewässern, Siedlungen und Verkehrswegen in Form einer Karte.

Transit
Durchgang eines kleinen Himmelskörpers vor einem größeren. Ein interessanter Transit ist der Vorübergang der inneren Planeten Merkur und Venus vor der Sonnenscheibe.

Treibhauseffekt
Durch einen erhöhten CO_2-Ausstoß in die Erdatmosphäre verändert sich deren Struktur. Ozon, welches das Leben vor der gefährlichen Ultraviolettstrahlung der Sonne schützt, sinkt ab und lässt die eintreffende Energie der Sonnenstrahlung zur Oberfläche passieren. Die Strahlung wird von der Erdoberfläche reflektiert, kann nun aber nicht mehr in den Weltraum abgegeben werden. Es kommt zu einem globalen Temperaturanstieg.

Triangulum
(lateinisch: Dreieck) Sternbild, Kurzbezeichnung Tri.

Triangulum Australe
(lateinisch: Südliches Dreieck) Sternbild, Kurzbezeichnung TrA.

Trias
Erdzeitalter, das den Zeitraum von 250 bis 205 Millionen Jahren vor unserer Zeit umfasst.

Triton
Größter Mond des Planeten Neptun. Durchmesser 2.705 Kilometer.

Trojaner
Gruppe von Planetoiden, die eine besondere Stellung zum Planeten Jupiter und zur Sonne haben. Aus diesem Grund können sie die Sonne auf der gleichen Bahn umkreisen wie Jupiter.

Tropopause
In einer Höhe von etwa zwölf Kilometern (über den Polen) bis 17 Kilometern (über dem Äquator) befindliche Obergrenze der Troposphäre, in der die Lufttemperaturen aufgrund von Strahlung wieder ansteigen. Am Äquator liegt sie durch die starke Sonneneinstrahlung und die damit verbundene, hochreichende Konvektion höher.

Troposphäre
Atmosphärenschicht zwischen Erdoberfläche und Tropopause. Temperaturgefälle von durchschnittlich 15 Grad Celsius in Bodennähe auf ca. minus 56 Grad Celsius. Wetterschicht, die den nahezu gesamten Wasserdampf der Atmosphäre beinhaltet. Die Troposphäre ist bis zu ca. 20 Kilometer hoch. In ihr spielen sich die Wettervorgänge ab.

Tuff
Verfestigtes, vulkanisches Auswurfprodukt.

Überriese
Großer, massereicher Stern mit geringer Dichte und sehr hoher Leuchtkraft.

ultraviolettes Licht
Der sich an das blaue Ende des sichtbaren Spektrums anschließende Teil der elektromagnetischen Strahlung.

Ultraviolettstrahlung
Teil der elektromagnetischen Strahlung mit einer Wellenlänge zwischen zehn und 300 Nanometer. Sie schließt sich somit dem sichtbaren Spektrum an. Die UV-Strahlung der Sonne wird von der Erdatmosphäre zum größten Teil absorbiert. Sie lässt sich in Typ A und B unterscheiden und ist unter anderem für Sonnenbrände verantwortlich.

Umbra
(lateinisch: (Kern)Schatten) Bezeichnet den inneren Bereich eines Sonnenflecks.

Umlaufzeit
Zeitspanne, die ein Körper benötigt, um einen anderen zu umkreisen. Je näher sich die Körper sind, desto kürzer ist die Umlaufzeit.

Umlaufzeit, siderische
Von einem festen Punkt außerhalb des Systems Erde-Mond gemessene Umlaufzeit des Mondes um die Erde. Sie beträgt 27,3 Tage.

Umlaufzeit, synodische
Von einem Punkt innerhalb des Erde-Mond-Systems (zum Beispiel von der Erde aus) gemessene Umlaufzeit des Mondes um die Erde. Die synodische Umlaufzeit ist beispielsweise der Zeitraum zwischen Vollmond und Vollmond. Der synodische Umlauf des Mondes dauert 29,5 Tage. Wenn nach zwei aufeinanderfolgenden Vollmonden der siderische Monat um ist, also nach 27,3 Tagen, muss – von der Erde aus gesehen – der Mond aber noch jene Strecke zurücklegen, um die sich die Erde selbst während dieses Zeitraums um ihr Zentralgestirn, die Sonne, bewegt hat.

Universal Time
Weltzeit. Bezieht sich auf die aktuelle Uhrzeit im Nullmeridian, der durch Greenwich (nahe London) verläuft, und wird daher auch Greenwich Mean Time (GMT) genannt.

Universum
Gesamtheit dessen, was existiert. Das gesamte Weltall und die in ihm vorhandene Materie. Es entstand nach heutiger Auffassung vor 13 bis 14 Milliarden Jahren im Urknall.

Uranus
Der siebte Planet und dritte große Gasplanet des Sonnensystems. Uranus weist die größte Achsneigung aller Planeten auf, seine Rotationsachse ist um fast 90 Grad zur Umlaufbahn geneigt. Ein Sonnenumlauf dauert 84 Jahre, ein Uranustag nur 17 Stunden und 54 Minuten, die Rotation ist retrograd (rückwärts gerichtet). Uranus besitzt ein Ringsystem, welches aber deutlich schwächer ausgeprägt ist als das des Saturns. Seine Masse entspricht der 14,6-fachen Erdmasse, der Aufbau ähnelt dem der anderen Gasplaneten (fester Kern aus Gestein, darüber Gas). Außer von dem Ring wird Uranus noch von mindestens 17 Monden umkreist.

Urknall
Auch als „Big Bang" bezeichnet. Explosion, mit der vermutlich das Universum entstanden ist. Dieses Ereignis dürfte vor etwa 13 bis 14 Milliarden Jahren stattgefunden haben.

Ursa Maior
(lateinisch: Großer Bär) Sternbild, Kurzbezeichnung UMa.

Ursa Minor
(lateinisch: Kleiner Bär) Sternbild, Kurzbezeichnung UMi.

UV-Ceti Sterne
Veränderliche Sterne, die einen unregelmäßigen Helligkeitsanstieg von wenigen Sekunden bis Minuten aufweisen. Sie werden auch als Flare-Sterne bezeichnet.

Vakuum
Theoretisch materiefreier Raum.

Van-Allen-Gürtel
Unterschiedlich dichter Strahlungsgürtel, der die Erde in einer Höhe zwischen 1.000 und 20.000 Kilometern umgibt. Im Bereich des Van-Allen Gürtels werden elektrisch geladene Teilchen durch die Erdatmosphäre eingefangen.

Venus
Auch als Morgen- oder Abendstern bekannter, zweiter Planet des Sonnensystems. Der innere Nachbarplanet der Erde hat einen Durchmesser von 12.103 Kilometern und umkreist die Sonne in einer mittleren Entfernung von 108 Millionen Kilometern. Dabei rotiert die Venus sehr langsam, nämlich in 243 Erdtagen um ihre eigene Achse.

Die sehr dichte, kohlendioxidhaltige Venusatmosphäre verursacht auf dem Planeten einen globalen Treibhauseffekt, der die Temperatur konstant bei rund 470 Grad Celsius hält. Die Atmosphäre besteht zu 96 Prozent aus Kohlendioxid, den Rest stellen verschiedene Edelgase.

Bedingt durch ihre Nähe zur Sonne ist die Venus von der Erde aus entweder kurz vor Sonnenaufgang am östlichen bzw. kurz nach Sonnenuntergang am westlichen Himmel zu beobachten, dabei erscheint sie im Vergleich zu den anderen Planeten und Sternen sehr hell. Aus diesem Umstand resultieren die wechselnde Bezeichnungen Morgen- oder Abendstern.

Veränderliche Sterne
Sterne, die in ihrer Helligkeit schwanken. Man unterscheidet periodisch Veränderliche und unregelmäßig Veränderliche. Weiterhin werden diese Sterne nach der Art ihrer Helligkeitsänderung in Gruppen kategorisiert. Auch die Bedeckungsveränderlichen gehören zu den veränderlichen Sternen.

Veränderliche, Typ Algol
Auch EA, abgekürzt für „Eclipsing binary, type Algol", was übersetzt so viel wie „Bedeckungsveränderlicher vom Typ Algol" bedeutet. Damit wird ein Doppelsternsystem bezeichnet, dessen Helligkeit sich allein deswegen verändert, weil sich die Sterne von der Erde aus betrachtet zeitweise gegenseitig bedecken. Vermutlich sind Algol-Sterne sehr weit voneinander entfernt, sodass es recht lange dauert, bis sich die beiden Sterne gegenseitig umkreist haben. Damit erfolgt auch die Helligkeitsveränderung in relativ langen Zeiträumen.

Bei anderen Veränderlichen stehen die beiden Komponenten miteinander in direkter Wechselwirkung und tauschen untereinander Gasströme aus. Dabei gibt der Stern mit der größeren Masse immer mehr von seiner Masse an den zweiten Stern ab. Die so entstehenden Gasströme machen es sehr schwierig, die Bahnelemente und Lichtkurven dieser Sterne zu berechnen.

Verbindung
Substanz, die sich bei der chemischen Vereinigung von mindestens zwei Elementen bildet. Wasserstoff und Sauerstoff verbinden sich zum Beispiel zu Wasser.

Vertikalkreis
Jeder Halbkreis, der den Zenit mit dem Nadir verbindet.

Viking-Sonden
US-Missionen zum Mars (Viking 1 und Viking 2), die im Jahr 1975 gestartet wurden.

Virgo
Sternbild im Tierkreis, Kurzbezeichnung Vir.

VLT
Very Large Telescope. Insgesamt vier Teleskope mit einem Durchmesser von jeweils acht Metern werden zu einem Interferometer zusammen geschaltet.

Vollmond
Befindet sich die Erde zwischen Sonne und Mond, ist die gesamte, von der Sonne beleuchtete Hälfte des Mondes von der Erde aus sichtbar. Wir beobachten einen Vollmond.

Waage
(Libra) Sternbild, Kurzbezeichnung Lib. Gehört zu den Tierkreissternbildern.

Walfisch
(Cetus) Sternbild, Kurzbezeichnung Cet. In der griechischen Mythologie ein Ungeheuer, dem die Königstochter Andromeda geopfert werden sollte. Der Held Perseus errettete sie und nahm sie zu seiner Gattin.

Wandelsterne
Umgangssprachliche Bezeichnung für Planeten, da diese ihre Position gegenüber den Fixsternen verändern.

Warmzeit
Zeitabschnitt, dessen Jahresdurchschnittstemperaturen deutlich höher liegen als diejenigen des vorangegangenen und nachfolgenden Zeitabschnittes; das Gegenteil davon sind die Kalt- oder Eiszeitperioden.

Wassermann
(Aquarius) Sternbild, Kurzbezeichnung Aqr. Im Herbst am nördlichen Himmel sichtbar. Im Sternbild Wassermann befinden sich der Helix-Nebel und der Saturn-Nebel.

Wasserschlange
(Hydra) Sternbild, Kurzbezeichnung Hya.

Wasserstoff
Das leichteste und am einfachsten aufgebaute Element. Gleichzeitig ist es das häufigste Element im Universum, das den wesentlichen Bestandteil aller Sterne bildet.

Wega
Alpha Lyrae. Hauptstern im Sternbild Leier (Lyra) und Bestandteil des Sommerdreiecks.

Weißer Zwerg
Kollabierter Stern am Ende seines Lebens. Nachdem der Stern sich aufgebläht hat, schleudert er seine äußeren Hüllen in den Weltraum ab. Zurück bleibt ein heißer Sternenkern, der sich zu einem Weißen, später zu einem Schwarzen Zwerg entwickelt.

Weizsäcker, Carl Friedrich Freiherr von
Deutscher Physiker, geboren am 28. Juni 1912 in Kiel. Beschäftigte sich nach seinem Studium der Physik, Astronomie und Mathematik insbesondere mit den ethischen Problemen der Naturwissenschaften und versuchte, eine ganzheitliche, Mensch und Natur mit einbeziehende „Weltformel" zu definieren. Als Abteilungsleiter des Max-Planck-Institut für Physik präsentierte er im Jahr 1946 eine neue Theorie zur Entstehung des Planetensystems.

Wellenlänge
Der Abstand zwischen zwei aufeinanderfolgenden Wellenbergen. Je kleiner die Wellenlänge, desto energiereicher ist die Strahlung.

Weltraum
S. Universum.

Weltzeit
S. Universal Time.

Wettersatellit
Künstlicher Erdtrabant der präzise Informationen zur Situation des Wetters aufzeichnen und übermitteln soll.

Widder
(Aries) Sternbild, Kurzbezeichnung Ari. Im Sternbild Widder befindet sich der Frühlingspunkt.

Winkelmaß
(Norma) Sternbild, Kurzbezeichnung Nor

Wintersechseck
Figur des Wintersternenhimmels aus den Sternen Capella (Fuhrmann), Aldebaran (Stier), Rigel (Orion), Sirius (Großer Hund), Prokyon (Kleiner Hund) und Pollux (Zwillinge).

Wolf
(Lupus) Sternbild, Kurzbezeichnung Lup.
Wolf-Rayet-Sterne Mit einer Temperatur von bis zu 100.000 Kelvin sehr heiße Sterne, die einen Großteil ihrer Materie mit hoher Geschwindigkeit als Sonnenwind ausstoßen.

X-Ray
S. Röntgenstrahlung.

Yerkes Observatorium
Sternwarte mit dem größten Linsenfernrohr (Refraktor) der Welt, dessen Öffnung 1,02 m beträgt. Die Sternwarte liegt in Wisconsin in den USA.

Zeeman-Effekt
Nach dem niederländischen Physiker P. Zeeman benannter optischer Effekt, wonach sich Spektrallinien verdoppeln oder verdreifachen, wenn sich die Strahlungsquelle in einem Magnetfeld befindet.

Zeit
Wichtige physikalische Größe. In der Frühzeit richtete sich die Zeit allein nach dem Verlauf der Gestirne. Heute wird Zeit auch nach Schwingungsvorgängen in bestimmten Caesiumatomen definiert.

Zeitbestimmung
Aufgabe der Astrometrie. Die Zeitbestimmung kann entweder mithilfe einer Uhr oder mit astronomischen Instrumenten, zum Beispiel anhand der Kulmination eines Sterns, erfolgen.

Zenit
Punkt, der sich senkrecht über dem Beobachter befindet.

Zenitteleskop
Spezielles Fernrohr, das sich zur Beobachtung im Zenit eignet.

Zentralstern
Stern im Inneren eines planetarischen Nebels.

Zirkel
(Circinus) Sternbild, Kurzbezeichnung: Cir.

Zirkumpolarsterne
Sterne, die für einen bestimmten Beobachtungsort nicht unter den Horizont sinken. Der Zirkumpolarkreis, also der Bereich am Firmament, in dem Sterne den Horizont nicht unterschreiten, ist abhängig vom Breitengrad des Beobachters.

Zirrokumulus
(Cirrocumulus, Cc) Feine Schäfchenwölkchen; geflockte, regelmäßige Wolkenformation in sieben bis 13 Kilometern Höhe.

Zirrostratus
(Cirrostratos, CS) Weißer, dünner Eiswolkenschleier in ein bis 13 Kilometern Höhe; verursacht oft Haloerscheinungen.

Zirrus
(Cirrus, Ci) Auch Federwolken, in einer Höhe von sieben bis 13 Kilometern Höhe; bestehen aus feinen Fasern, weiße Eiswolken.

Zodiakallicht
Leichte Aufhellung des Himmels über dem Auf- bzw. Untergangspunkt der Sonne. Hervorgerufen durch Streuung des Sonnenlichts an interplanetarer Materie.

Zodiakus
(Tierkreis) Zone entlang der Ekliptik, in der sich die Sonne, der Mond, die neun Planeten und die zwölf Tierkreissternbilder befinden.

Zöllner, Johann Karl Friedrich
Deutscher Physiker und Astronom, geboren 1834, gestorben 1882. Er entwickelte das Zöllnersche Photometer, mit dem durch ein Prisma eine künstliche Lichtquelle messbar so weit abgeschwächt wird, bis sie mit dem beobachteten Stern gleiche Helligkeit aufweist.

Zwerg-Cepheiden
Die Helligkeitsschwankung dieser veränderlichen Sterne ist nicht besonders ausgeprägt. Ihre Periode liegt normalerweise unter sechs Stunden.

Zwergsterne
Auch normale Sterne genannt; Hauptreihensterne, zu denen in der Umgebung unserer Sonne die meisten Sterne gehören.

Zwilling
(Gemini) Sternbild im Tierkreis, Kurzbezeichnung Gem, Hauptstern Castor. Der Stern Pollux gehört zum Wintersechseck. Das Sternbild ist am besten im Winter am Abendhimmel sichtbar.

Zyklus
Ein Kreislauf. In einem Zyklus laufen in einer bestimmten Zeitspanne immer wieder die gleichen Dinge oder Erscheinungen ab.

Sachregister

A

B

C

D

E

F

G

N

O

P

Bildnachweis

Umschlagabbildung vorne: © Robert Gendler/SPL/Agentur Focus
S. 164 unten, 172, 186: © Space Telescope Science Institute
S. 63 oben, 268 unten: NASA/JPL
S. 311 (2x): © dpa, Frankfurt
S. 334, 335, 354, 355, 370: ESA
Bilder, soweit nicht anders benannt: © Contmedia GmbH